xEV-sEries

S A

차세대
미래자동차
공학

GoldenBell
www.gbbook.co.kr

chapter 09 천연가스 자동차

chapter 10 하이브리드 및 플러그인 하이브리드

chapter 11 전기자동차

01
chapter

대기환경 오염과 배출가스 규제

1 지구 대기환경 오염과 대책

(1) 지구 온난화 현상과 온실효과

지난 100년간 지구의 평균기온은 점점 증가하는 추세를 보이면서 지구온난화(Global Warming)현상이 나타나고 있다. 이것은 이산화탄소(CO_2) 등과 같은 온실가스(Greenhouse Gas)의 증가로 대기의 온도가 상승하는 온실효과(Greenhouse Effect)에 의한 것으로, 지구의 자동온도조절 능력(Natural Temperature Control System)이 한계에 도달하고 있음을 보여준다. 이러한 지구온난화 현상은 기상이변, 해수면 상승 등을 초래하여 생태계와 사회, 경제 분야에 큰 영향을 끼치고 있다.

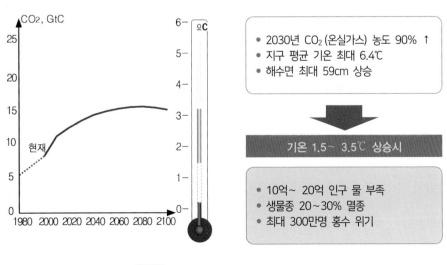

그림 지구온난화 현상

지구온난화란 대기 중에 이산화탄소, 메탄, 오존, 아산화질소, 수증기 등의 농도가 높아지면서 나타나는 온실효과에 의해 지구의 온도가 서서히 상승하는 것을 말하는데 이러한 현상은 난방이나 동력을 얻기 위해 석유나 석탄 등의 화석연료를 태울 때 발생하는 이산화탄소가 가장 큰 영향을 미친다.

특히 화석연료는 산업의 발전과 더불어 사용량이 점점 증가되고 있는데 지구온난화에 가장 큰 영향을 주는 물질들의 비율을 살펴보면 석탄이나 석유와 같은 화석연료가 연소될 때 발생되는 이산화탄소가 50%에 이르며, 다음은 프레온이 20%를 차지하고, 메탄이 16%, 나머지 오존과 아산화질소가 각각 8%와 6%의 순으로 나타나고 있다.

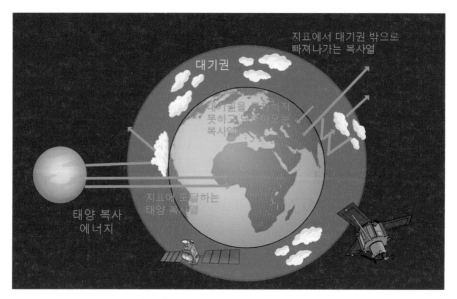

그림 온실가스에 의한 온실효과

이러한 온실가스는 18세기 산업혁명 이후 석탄, 석유의 사용 증가와 함께 과학 기술 문명의 산물인 냉장고, 에어컨 등에 사용되는 프레온 같은 인공 합성 물질이 대량으로 쓰이면서 급격히 증가하기 시작하였다. 이로 인해 지구의 온도가 높아지면서 극지방의 빙산이 녹아 해수면이 상승하여 낮은 곳에 있는 도시와 섬들이 침수하고, 농경지 감소, 해안선의 변화 등이 일어나 수자원 관리에 많은 문제점이 발생하게 된다. 또한 온도 상승으로 미생물의 활동이 활발해짐에 따라 병충해의 피해가 크게 늘어나 농작물 수확이 줄어들게 되고, 이외에도 강수량과 수분 증발량을 변화시켜 이상기후가 발생하게 되며 생태계에 변화를 초래하게 되었다.

이러한 추세가 100년간 지속된다면 지구의 평균기온을 2.5℃에서 5.5℃ 정도 상승하게 되고 해수면이 0.5m에서 최고 2m까지 높아져 적어도 10억 명 이상의 환경 난민이 발생할 것으로 예상된다. 이산화탄소 등의 일정량의 온실가스는 지구대기에 온실의 유리처럼 작용하여 지구표면의 평균온도를 15℃로 일정하게 유지하여 생명체가 살아갈 수 있는 환경을 조성하는데 매우 중요한 역할을 하고 있으며 이러한 온실효과가 없다면 지구의 평균기온은 -18℃까지 내려가 대부분의 생명체는 살 수 없게 된다.

그러나 앞서 설명한 바와 같이 지난 100년 동안 이러한 온실효과를 일으키는 물질들의 대기 중 농도가 증가하여 인류는 기후변화라는 전 세계적인 문제에 직면하게 되었으며 삼림벌채 등에 의하여 자연의 자정능력이 약화되고, 산업발전에 따른 화석연료의 사용량 증가로 인하여 인위적으로 발생되는 이산화탄소의 양이 증가됨에 따라 두터운 온실이 형성되어 온실효과가 커지고 있다. 이로 인하여 지구의 평균기온이 올라가는 지구온난화 현상 및 이상기후 현상이 지속적으로 나타나고 있다.

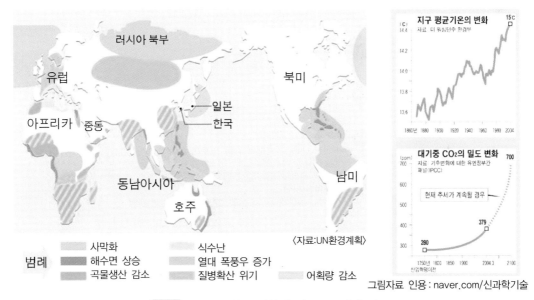

〈자료:UN환경계획〉

그림자료 인용 : naver.com/신과학기술

그림 지구온난화로 변하게 될 2050년의 지구

(2) 온실가스(Greenhouse Gas, GHG)와 이산화탄소

대기를 구성하는 여러 가지 기체들 가운데 온실효과를 일으키는 기체를 '온실가스'라 하며, 온실가스로는 이산화탄소(CO_2), 메탄(CH_4), 아산화질소(N_2O), 프레온(CFCs, 수소화불화탄소 HFC, 불화탄소 PFC, 불화유황 SF_6), 오존(O_3) 등이 있다. 이 중 제3차 당사국총회

(COP: Conference of the Parties)에서는 이산화탄소(CO_2), 메탄(CH_4), 아산화질소(N_2O), 수소화불화탄소(HFCs), 불화탄소(PFCs), 불화유황(SF_6)을 6대 온실가스로 지정하였다. 이들 온실가스들이 지구온난화에 기여하는 정도는 IPCC가 제시한 지구온난화지수(Global Warming Potential, GWP)를 통해 알 수 있으며, 이산화탄소를 1로 보았을 때, 메탄은 21, 아산화질소 310, 프레온가스는 1,300 ~ 23,900이다.

온실가스	CO_2	CH_4	N_2O	PFCs, HFCs, SF_6
배출원	에너지사용/산업공정	폐기물/농업/축산	산업공정/비료사용	냉매/세척용
대기중 농도(ppm)	353	1.72	0.31	0.002
국내 총배출량(%)	88.6*	4.8	2.8	3.8
대기체류시간(년)	50~200	20	120	65~130
증가율/년(%)	0.5	0.9	0.25	40
온실효과기여도(%)	55	15	6	24
지구온난화지수(GMP)	1	21	310	1,300~23,900

• ppm(part per million) : 백만분율
* 88.6% : 에너지 관련 CO_2 배출량이 82.2%, 기타 부분 CO_2 배출량이 6.4% 차지

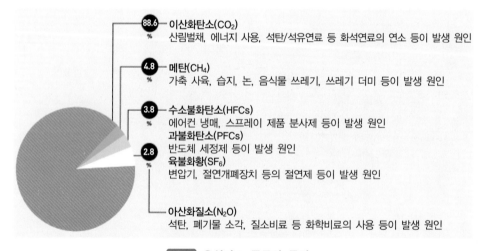

88.6% 이산화탄소(CO_2)
산림벌채, 에너지 사용, 석탄/석유연료 등 화석연료의 연소 등이 발생 원인

4.8% 메탄(CH_4)
가축 사육, 습지, 논, 음식물 쓰레기, 쓰레기 더미 등이 발생 원인

3.8% 수소불화탄소(HFCs)
에어컨 냉매, 스프레이 제품 분사제 등이 발생 원인
과불화탄소(PFCs)
반도체 세정제 등이 발생 원인

2.8% 육불화황(SF_6)
변압기, 절연개폐장치 등의 절연제 등이 발생 원인

아산화질소(N_2O)
석탄, 폐기물 소각, 질소비료 등 화학비료의 사용 등이 발생 원인

그림 온실가스 종류와 특징

이 중 이산화탄소는 지구온난화지수는 낮지만, 규제 가능한 가스(Controllable Gas)로써 전체 온실가스 배출 중 80%를 차지하고 있기 때문에 6대 온실가스 중 가장 중요한 온실가스로 분류되고 있다.

탄소(carbon, C) 성분이 포함된 화석연료의 연소 등에 의해 배출되는 이산화탄소는 일반적으로 자연계의 흡수원(sink)에 의해 균형을 유지하게 된다. 즉, 생물적·물리적 과정 등을 통해 바다에 용해되거나 식물의 성장과정에서 흡수된다. 인위적으로 배출된 양이 많지 않을

경우에는 흡수원과의 균형에 의해 대기 중 이산화탄소 농도는 적정수준을 유지하게 된다. 그러나 연간 인위적 배출량이 자연배출량의 3%만 초과하여도 흡수원과의 균형효과가 파괴되고, 대기 중에 이산화탄소가 축적되어 지구온난화가 발생한다.

2 자동차 배출가스와 규제

(1) 자동차 배출가스

자동차로부터 배출되어 대기를 오염시키는 배출가스는 크게 3가지로 분류된다. 연소 후 배기관으로부터 배출되는 배기가스와 엔진의 크랭크 케이스로부터 배출되는 블로바이 가스(blow-by gas), 연료 탱크나 연료 공급 계통으로부터 배출되는 증발가스(evaporating gas)이다.

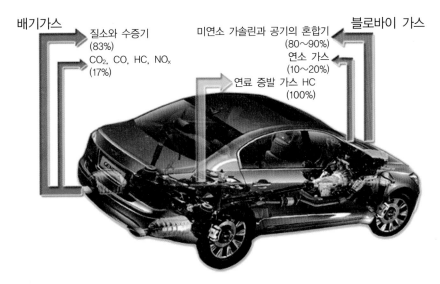

배기가스

질소와 수증기
(83%)
CO_2, CO, HC, NO_x
(17%)

미연소 가솔린과 공기의 혼합기
(80~90%)
연소 가스
(10~20%)

블로바이 가스

연료 증발 가스 HC
(100%)

그림 자동차 배출가스의 발생

1) 배기가스

배기가스(exhaust gas)는 배출가스의 60% 정도를 차지하며 연료가 연소실에서 연소된 후 배기관을 거쳐 대기 중으로 배출되는 가스를 말한다. 이 가스의 성분은 완전연소한 경우에는 대부분이 무해한 질소(N_2), 수증기(H_2O), 이산화탄소(CO_2) 및 여분으로 들어간 산소(O_2)나, 불완전연소한 경우에는 오염물질인 일산화탄소(CO), 블로바이에 의한 탄화수소(HC), 엔진에 흡입된 공기속의 산소(O_2)와 질소(N_2)가 고온에서 반응하여 발생하는 질소산화물(NOx), 황산화물(SOx), 매연(smoke) 및 입자상 물질(PM)과 납(Pb) 등이 포함된다.

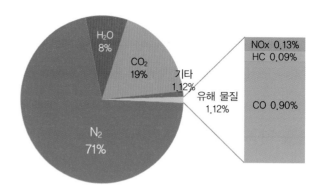

가솔린 자동차의 배출가스 중에서 유해가스로 규제하는 성분은 일산화탄소(CO), 탄화수소(HC), 질소산화물(NOx)이 있으며, 디젤 자동차의 경우에는 이들에 추가하여 입자상물질(PM)과 매연(smoke)이 규제되고 2007년 이후 이산화탄소(CO_2)가 추가되었다.

① 일산화탄소의 발생 원인

일산화탄소(CO)는 독성이 있는 무색·무취의 가연성 기체로서, 탄소

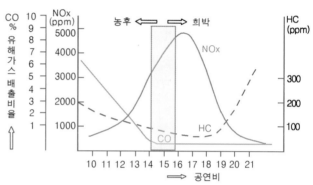

그림 중형 가솔린 승용차 배출물 분포와 공연비에 따른 배출가스 특성

와 수소의 화합물인 가솔린과 같이 탄소를 포함한 연료가 내연기관 및 용광로에서 연소할 때 공기가 부족하거나 또한 농후한 혼합기가 공급되어 산소가 부족하여 불완전한 연소가 되는 경우에도 발생한다. 완전연소될 때에는 탄소는 이산화탄소로 변화되고 수소는 수증기로 변화되어 인체에 무해가스가 된다.

② 탄화수소의 발생 원인

탄화수소(HC)는 엔진의 작동 온도가 낮을 때, 혼합비가 희박하여 실화되는 경우에 발생한다. 급가속이나 급감속으로 인하여 혼합기가 완전 연소되지 않는 경우에 가솔린의 성분이 분해되거나 증발되어 발생한다. 또한 밸브 오버랩 시 미연소 연료가 누출되어 발생하며 연소실 내의 소염 경계층으로 인하여 발생한다.

③ 질소산화물의 발생 원인

질소산화물은(NOx)은 질소와 산소의 화합물로 질소는 상온에서 다른 원소와 반응하지 않으나 연소실 내의 온도가 1,600℃ 이상이 되면 반응성이 활발해져 발생량이 급증한다. 연소실의 온도가 상승하면 질소는 산소와 반응하여 산화질소(NO : $N_2 + O_2 = 2NO$)가 발

생되고 대기로 배출되면 대기의 산소와 다시 반응하여 이산화질소(NO_2 : NO + O_2 = $2NO_2$)로 변화된다.

2) 블로바이 가스

블로바이 가스(blow-by gas)는 연소되기 전에 미량의 혼합기가 압축행정에서 피스톤과 실린더 틈새 사이로 누설되어 크랭크 케이스로 유출되는 가스를 말한다. 이 가스의 주요 성분은 70~95%가 연료와 공기의 혼합가스와 연료의 미연소가스로서 주로 탄화수소(HC)이며 나머지는 연소가스 및 부분적으로 산화된 가스이다.

블로바이 가스가 크랭크 케이스 안에 체류하면 엔진 내부가 부식하고, 엔진 오일이 나빠지므로 크랭크 케이스의 환기를 목적으로 대기로 방출하였으나 유해 물질인 탄화수소(HC)의 배출 비율이 크기 때문에 이것을 재 연소시키는 방식을 사용하고 있다. 블로바이 가스는 배출가스의 약 25%정도를 차지하고 있다.

3) 증발가스

증발가스(evaporating gas)는 연료 탱크나 연료 공급 계통에서 휘발성 연료가 증발하여 대기 중으로 방출되는 가스를 말하며 주된 성분은 탄화수소(HC)이다. 증발가스는 배출가스 중 약 15%정도의 비율을 차지하며 엔진이 정지되어 있을 때 대기로 방출되지 않도록 캐니스터에 일시 저장하였다가 엔진이 작동되면 저장된 증발가스를 재연소시켜 배출한다.

배출가스 비율

배출원	배출비율
배기가스	60%
블로바이 가스	25%
증발가스	15%

(2) 배출가스와 대기오염

자동차에 의한 대기오염 즉 자동차의 배출가스가 지구 환경에 미치는 영향은 심각하다. 지구온난화에 영향을 주는 이산화탄소(CO_2), 프레온(freon), 할론(halon), 산화질소(N_2O) 등이 있으며, 지구의 오존층을 파괴하는 프레온(freon), 할론(halon), 수증기(H_2O), 산화질소(N_2O) 및 산성비로 대지와 환경을 오염시키는 황산화물(SOx), 질소산화물(NOx) 등이 배출가스에 포함되어 있기 때문이다. 또한 배출가스가 인체에 미치는 영향으로는 주로 호흡기 및 신경성 장애로 탄화수소(HC)와 질소산화물(NOx)에 의한 광화학 반응으로 오존 발생 문제 및 입자상 물질(PM)이 폐암의 원인으로 밝혀지고 있어 자동차 배출가스가 인체에 미치는 영향에 대한 관심은 증폭하고 있다.

자동차 배출가스가 환경에 미치는 영향

환경 파괴	유해 물질	환경 파괴	유해 물질
지구 온난화	CO_2, Freon, Halon, N_2O	광화학 스모그	HC, NO_X
오존층 파괴	Freon, Halon, H_2O, N_2O	호흡기 장애	NO_X, PM(입자상 물질)
산성비	SO_X, NO_X	신경성 장애	CO

1) 대기오염의 정의

세계보건기구(WHO)에서는 「대기오염이란 대기 중에 인위적으로 배출된 오염 물질이 한 가지 이상 존재하여, 오염물질의 양, 농도 및 지속 시간이 어떤 지역의 불특정 다수에게 불쾌감을 일으키거나 해당 지역에 공중보건상 위해를 끼친다. 대기오염은 인간이나 동물, 식물의 활동에 해를 주어 생활과 재산을 향유할 정당한 권리를 방해받는 상태를 말한다」라고 정의하고 있다. 우리나라의 대기환경보전법은 「대기오염으로 인한 국민 건강 및 환경상의 위해를 예방하고 대기환경을 적정하게 관리·보전함으로써 모든 국민이 건강하고 쾌적한 환경에서 생활할 수 있게 함을 목적으로 한다」라고 규정하고 있다.

이러한 대기오염 물질은 물리적인 특성에 따라서 가스상 물질과 입자상 물질로 분류되기도 하고, 생성 과정에 따라서 1차 오염물질과 2차 오염물질로 구분되기도 한다. 1차 오염물질은 공장의 굴뚝, 자동차의 배기관 등을 통해 직접 배출되는 오염물질을 말하며, 2차 오염물질은 1차 오염물질이 대기 중에서 물리·화학반응을 일으켜 생성하는 오염물질을 말한다. 그중에서 자동차에서 배출되는 1차 오염물질로는 일산화탄소(CO), 탄화수소(HC), 질소산화물(NOx)과 같은 가스상 물질과 검댕이와 같은 입자상 물질(PM)이 있으며, 탄화수소와 질소산화물이 대기 중에서 광화학 반응을 일으켜 생성되는 2차 오염물질인 오존(O_3)과 이산화질소(NO_2)가 있다.

2) 배출가스가 인체에 미치는 영향

자동차에서 배출되는 각종 대기오염 물질은 CO, HC, NOx, PM과 같이 배출 허용 기준에 의해 규제하고 있는 오염물질 뿐만 아니라 발암 영향을 미치는 유해 대기오염 물질인 벤젠(benzene), 1,3 −부타디엔(1,3−butadiene), 포름알데히드(formaldehyde), 다환방향족 탄화수소류(PAHs), 다이옥신(dioxin), 디젤 배출물질(diesel exhaust) 등을 포함하고 있어서 인체에 미치는 영향도 매우 복잡하다. 일반적으로 대기오염 물질은 노출된 사람에게 눈, 코 및 입안 점막에 대하여 자극적인 영향을 주고, 지속적으로 노출되면 증상이 악화되어 급성 질환이 유발된다. 이러한 질환이 반복되면 만성적인 결과를 나타내고 결국 만성질환의 원인이 될 수 있다.

① 일산화탄소

일산화탄소(CO)는 자동차 유해 배출물 중 발생량이 가장 많아 영향이 크다. 무색, 무미, 무취 가스로 피부나 점막에 대한 자극도 없어 감지가 어려우며 물에 잘 녹지 않고 공기에 비해 비중이 0.967배이다.

헤모글로빈(Hb)과의 결합력이 산소에 비해 300배 이상 커서 체내 산소 운반 작용을 저해하여 조직의 저산소증을 일으켜 중독 내지는 사망에 이르게 된다. 인지 작용과 사고 능력 감퇴, 반사작용 저하, 졸음 및 협심증 유발, 무의식 및 사망을 유발한다. 또한 임신 여성에 있어 태아 성장 및 어린아이의 조직 발달에도 영향을 미친다.

일산화탄소가 인체에 미치는 영향

일산화탄소 포화도 (% COHb)	10%	20%	40%	60%	70%
증 상	자각 증상	두통, 현기증, 수족 마비감	구토, 판단력 감쇠	경련, 혼수	사망

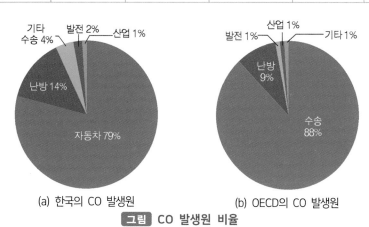

(a) 한국의 CO 발생원   (b) OECD의 CO 발생원

그림 CO 발생원 비율

② **탄화수소**

자동차에서 배출되는 미연소 탄화수소 연료와 연료의 열분해에 의해 생성되는 저분자량 탄화수소가 있다. 이러한 탄화수소는 인체에 대하여 해롭지 않으나 저분자량의 것은 어느 정도 마취 작용이 있다. 점차 고분자량으로 되면 마취작용 및 자극성이 증대된다.

그리고 파라핀계 탄화수소는 몇 가지의 지방산과 더불어 암 유발을 촉진하는 성질이 있다고 한다. 불포화탄화수소는 불포화 결합의 수가 늘어날수록 마취작용과 자극성이 증대된다. 배기가스 중에는 에틸렌이 비교적 많이 함유되어 있는데 이의 광화학적 반응은 높아서 대기 중에 광화학 스모그를 생성시키는 주원인 물질이 된다. 방향족 탄화수소 중에는 발암성이 아주 높은 것도 있다.

③ **질소산화물**

질소산화물(NO_x)은 일산화질소(NO)와 이산화질소(NO_2)를 합해서 통칭하는 용어이며 일산화질소(NO)가 대부분을 차지하나 유해성은 이산화질소(NO_2)가 더 심하다. 일산화질소(NO)는 무색, 무취의 기체로 물에 녹기 어렵고 공기와 서서히 반응하여 이산화질소(NO_2)로 산화한다. 이산화질소(NO_2)는 적갈색의 자극적인 냄새가 있는 기체로 물에 녹기 쉽고 물과 반응하여 아초산이나 초산이 된다. 산화질소(NO_2)는 호흡 시 체내의 폐 세포에 침투하여 점막 분비물에 흡착되어 강한 질산을 형성함으로서 호흡기 질환을 유발시킨다.

따라서 독감과 같은 호흡기성 전염병에 대한 감수성이 증가하고 폐수종, 기관지염, 폐렴을 일으킬 수 있다. 또한 천식 환자에게는 먼지나 꽃가루에 대한 감수성을 증가시키며 탄화수소와 반응하여 광화학 스모그의 원인이 되기도 한다. 발생 원인별로 보면 자동차 등 수송 분야에서 50% 이상 배출되며 산업, 발전(국내의 경우) 순으로 나타난다.

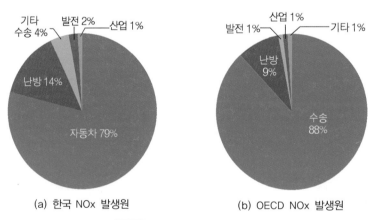

(a) 한국 NOx 발생원   (b) OECD NOx 발생원

그림 NOx 발생원 비율

④ 입자상 물질

입자상 물질(PM : particulate matters)은 크기가 미세하여 75% 이상이 직경 $1\mu m$이하로서 $0.1{\sim}0.25\mu m$가 대부분이다. 탄소 입자가 주성분이나 용해성 유기물(SOF : Soluble Organic Fraction)도 다량 포함되어 있다. 호흡기에 쉽게 흡입되며 탄화수소와 중금속의 운반체인 것으로 규명되고 있고 점막 염증 등 여러 가지 호흡기 질환을 유발한다. 또한 폐암의 원인이라는 연구 보고가 발표되고 있다.

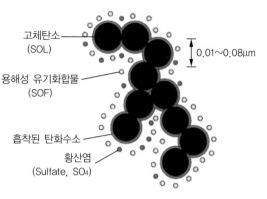

고체탄소 (SOL)
0.01~0.08μm
용해성 유기화합물 (SOF)
흡착된 탄화수소
황산염 (Sulfate, SO₄)

그림 입자상 물질의 구조

⑤ 오존

오존(O_3)은 자동차에서 직접 발생하는 것보다는 질소산화물과(NOx) 탄화수소가(HC) 햇빛과 반응하여 생성되는 광화학 옥시던트(photochemical oxidants)의 주성분으로 자동차 배출가스의 2차 생성물이며 광화학 스모그현상의 주범이다. 옥시던트의 주성분은 오존이며 일부 알데히드(RCHO)와 판(PAN)과 같은 과산화물도 섞여있다. 공기에 대한 비중은 1.72이며 30km 상층 대기에서 자연히 소량 생산된다. 오존은 호흡계 점막에 염증을 일으키고 기침이나 질식을 일으키며 폐 기능을 손상시킨다. 또한 눈의 염증, 두통 및 신체적 불쾌감 유발, 감기 및 폐렴에 대한 저항성을 감소, 만성적 심장 질환, 천식, 기관지염 및 기종을 악화시킨다.

오존의 농도별 인체 영향	
0.12 ppm	호흡기 자극, 기침 눈물
0.18 ppm	호흡 가쁨
0.37 ppm	가벼운 운동중 호흡 곤란
0.50 ppm	호흡 곤란, 마른기침, 가슴 답답
4.0 ppm	점막 침해
5.0~10.0 ppm	사망

⑥ 이산화탄소(CO_2)

이산화탄소(CO_2)는 지구온난화(green effect)의 주범으로 문제시 되고 있으며 주요 물질로는 이산화탄소(50%), 메탄(19%), CFC(17%), 오존(8%), 질소(6%) 등이 있다. 지역별 국가별 이산화탄소(CO_2) 배출량을 보면 북미, 중국, 러시아, 일본, 인도 순이며 이들 국가에서 전 세계 발생량의 50% 이상을 차지하고 있다. 이산화탄소 배출 측면에서는 디젤 엔진이 가솔린 엔진의 70~80% 배출로 유리하여 디젤 자동차 증가 추세에 이르렀다. 1992년 6월에 채택된 기후변화 협약 이후 이산화탄소 규제에 대한 국제적 규제가 본격화되고 있으며 EU에서는 2008년부터 자동차 배출물로서 이산화탄소 규제의 시행을 결정하였다.

화석연료의 연소에 의해 배출되는 이산화탄소는 정상적인 대기 중에 약 0.03% 정도가 존재하며, 동식물의 성장에 필수 불가결한 물질이다. 그러나 이산화탄소가 재료에 손상을 입히며, 기온의 변화를 가져온다는 대기의 온실 효과설이 발표되면서 이에 대한 연구가 활발히 진행되고 있다. 또한 이산화탄소는 실내 공기 오염의 지표로 활용되기도 한다.

이산화탄소의 배출원은 석탄, 석유 또는 천연가스 등 화석연료의 연소, 산림의 화재, 기타 인간의 호흡 등이 있는데 그 일부는 바다에 용해되어 순환하거나 식물에 의해 흡수된다. 인체에 미치는 영향으로 흡입 공기 중 이산화탄소의 농도가 20~30%이면 인체의 조직은 적당량의 산소 공급을 받지 못하게 되어 저산소증을 나타내게 된다. 혈중 이산화탄소의 농도가 달라지면 연수와 동맥에 있는 화학수용기를 자극하여 뇌의 호흡 조절 부위와 자율신경계에 자극을 전달함으로 호흡과 혈류를 조절한다.

이산화탄소 농도와 인체에 미치는 영향

공기 중의 CO_2농도	인체에 미치는 영향
2%	불쾌감이 있다.
3%	호흡수가 늘어나고 호흡이 깊어진다.
4%	눈의 자극, 두통, 귀울림, 현기증, 혈압상승
6%	호흡이 현저히 증가한다.
8%	호흡 곤란
9%	구토, 감정 둔화
10%	시력장애, 1분 이내 의식상실, 장기간 노출시 사망
20%	중추신경 마비, 단시간 내 사망

3) 배출가스가 대기에 미치는 영향

① 광학 스모그

탄화수소(HC)와 질소산화물(NOx)은 강한 태양 광선을 받아서 광화학 스모그 현상이 생긴다. 광학 스모그는 질소산화물(NOx)과 휘발성유기화학물질(VOCs : Volatile Organic

Compounds)이 햇볕을 받아 광화학 반응을 일으켜 생성된 오존(O_3), 알데히드 및 PAN (peroxyacetyl nitrate)과 같은 과산화물에 의하여 일어나는 대기오염 현상이다.

역사적으로 대표적인 대기오염의 사건으로는 1940년에 로스앤젤레스 스모그 현상으로 처음에는 식물에 피해를 주었고, 1950년경에는 사람에게도 큰 피해를 주었으며, 1954년부터는 대부분의 로스앤젤레스 시민이 눈, 코, 기도, 폐 등의 점막에 지속적이고 반복적인 자극과 일상생활에 있어서 불쾌감을 호소하였다. 또한 농작물에 피해가 나타났고, 고무 제품의 노화 등 재산상의 피해가 컸다.

② 지구온난화

지구온난화(global warming)는 대기를 구성하는 여러 기체들 가운데 온실효과를 일으키는 기체 즉 온실가스에 의해서 발생하며, 화석연료의 연소 등에 의해 배출되는 가스는 이산화탄소(CO_2), 메탄(CH_4), 일산화이질소(N_2O), 수소불화탄소(HFCs), 과불화탄소(PFCs)와 육불화황(SF_6) 등이 있다.

지구온난화에 가장 큰 영향을 끼치는 이산화탄소는 휘발유나 경유와 같은 연료의 연소 과정에서 배출된다. 수소불화탄소는 자동차 에어컨의 냉매로부터 배출되고, 일산화이질소는 배기가스 저감 촉매장치의 질소산화물(NOx) 여과 과정에서, 메탄은 불완전 연소에 의해 발생되거나 천연가스 자동차로부터도 배출된다.

지구온난화가 심해지면 기상이변, 해수면 상승, 사막화, 질병, 물 부족, 농작물 피해, 식량난 등을 초래한다. 지난 30년간 북극에서는 우리나라 면적의 1/30 정도의 큰 빙산이 사라졌으며, 미국 항공우주국(NASA)에 의하면 북극 빙하가 10년마다 9% 감소하는 것으로 조사되었다.

또한 육지의 1/3에 달하는 넓은 지역에서 사막화 현상이 진행되고 있으며, 최근에는 말라리아와 같은 열대성 질병이 온대 지역으로 확산되고 있으며, 인류의 건강을 위협하는 등 온난화에 의한 피해는 점차 심각해져가고 있다. 이러한 이상기후 현상은 지구 곳곳에서 발생하고 있으며 기상재해는 날이 갈수록 규모가 커지고 빈도 또한 높아지고 있다.

③ 산성비

자동차나 공장, 가정에서 사용하는 화석연료의 연소 시 발생하는 질소산화물 및 황산화물, 이산화탄소 등이 대기 중에 과도하게 분포하면 비가 내릴 때 이러한 물질들과 섞여 산성비가 된다.

산성비의 산성 성분은 사람을 비롯한 동물의 피부를 자극하고 질병을 유발하고 토양이 산성화되어 식물이 잘 자라지 못하게 된다. 또한 금속이나 건축물을 부식시키는 성질이 강하며 하천이나 호수를 산성으로 변화시켜 생태계에 나쁜 영향을 미친다.

④ 오존층 파괴

지상 15 ~ 35km 사이의 성층권에는 많은 양의 오존(O_3)으로 형성된 오존층이 있다. 오존층은 태양의 자외선을 흡수하여 자외선이 지구로 그대로 들어오는 것을 차단하는 역할을 한다. 과도한 자외선은 피부 질환이나 안과 질환 등을 유발하고 면역 체계에도 영향을 미치게 한다. 대기 오염물질인 질소산화물이나 염화불화탄소(CFC) 등은 오존층과 화학적인 반응을 하여 급격한 속도로 오존층을 파괴하고 있으며 이로 인한 피해가 점차 증가하고 있다.

(3) 세계 각국의 배출가스 규제

지구 환경 문제가 범세계적 관심사로 등장하면서 선진국을 중심으로 환경 규제가 강화되고 있다. 이는 산업의 발전에 따른 지구온난화, 오존층 파괴, 산성비 등 대기오염의 악화와 지구 환경 파괴에 대한 우려에서 비롯된 것으로 배기가스 규제, 연비 규제, 프레온가스 규제 등을 중심으로 더욱 확대되는 추세를 보이고 있다. 특히 세계 에너지 소비량 중에서 자동차에 의한 것이 24% 정도로 자동차 부분에서의 에너지 절약이 큰 과제로 대두되고 있으며 자동차 유해 배출가스를 감소시키기 위해 각 나라에서 유해 배출가스를 제도적으로 규제하고 있다. 또한, 배출가스 규제의 효과를 높이기 위해 다양한 제도를 통해 구체적인 규제가 이루어지고 있으며 제조사는 이에 발맞추어 다양한 기술 개발을 하고 있는 것이 지금의 현실이다.

미국 캘리포니아 주에서는 2003년부터 주요 자동차 메이커에게 무공해차 2% 이상의 생산을 의무화하고 있으며, 이러한 규제강화는 미국 전역으로 확대될 것으로 예상되고 있고 미국 에너지부 교통기술국(OTT)에 따르면 기존의 가솔린 자동차는 2030년부터 생산이 전면 중단된다. 반면 서서히 커지고 있는 하이브리드 자동차 시장은 2010년 전체의 24%를 차지하게 되었고 2030년에는 거의 50%에 이를 것이라는 예측이다.

1) 미국 및 캘리포니아주의 배출가스 규제

자동차 배출가스를 세계 최초로 규제한 곳은 로스앤젤레스 스모그 사건이 발생하던 미국의 캘리포니아주로서 1966년에 가솔린 자동차의 배출가스 중 일산화탄소(CO)와 탄화수소(HC)를 규제하였고 1971년에 질소산화물(NO_x)을 추가로 규제하였다.

연방정부에서는 2년 후인 1968년에 일산화탄소와 탄화수소를 규제하였고 1973년에 질소산화물을 추가로 규제하면서 제작 자동차 배출가스 규제가 본격적으로 시작되었다.

1992년 대기정화법을 개정하여 1994년부터 질소산화물과 탄화수소를 각각 60%와 36%로 강화하였고 배출가스 보증기간도 8만km/5년에서 16만km/10년으로 강화하였다. 우리나라도 2000년부터 미국의 1994년 기준으로 규제가 강화되었다.

캘리포니아주는 1996년부터 자동차의 배출가스 규제 정도에 따라 임시 저공해 자동차(TLEV), 저공해 자동차(LEV), 초저공해 자동차(ULEV), 무공해 자동차(ZEV)로 구분하여 적용시기 및 적용 비율을 단계적으로 구분하여 실시하고 있다. 이러한 저공해 자동차 프로그램은 가솔린 승용차뿐만 아니라 디젤 승용차 및 소형 화물 자동차, 중형 화물 자동차에도 적용하였다.

저공해 자동차의 배출가스 기준(미국)

단위 ; g/mile

공해 등급	인증 기준치(Useful life=120,000miles)				
	NMOG	CO	NOx	PM	HCHO
LEV	0.090	4.2	0.07	0.01	0.018
ULEV	0.055	2.1	0.07	0.01	0.011
SULEV	0.010	1.0	0.02	0.01	0.004
ZEV	0	0	0	0	0

일반 자동차의 배출가스 기준(미국)

단위 ; g/mile

미국 캘리포니아 자동차 배기가스 허용 기준				
구분		일산화탄소(CO)	질소산화물(NOx)	탄화수소(NMOG)
일반 자동차 (승용차)	LEV	2.11(2.61)	0.12(0.19)	0.047(0.056)
	ULEV	1.06(1.31)	0.031(0.044)	0.025(0.034)
	ZEV	0	0	0

1996년 캘리포니아주 저공해 자동차 보급 프로그램(LEV 1) 도입 적용, 1999년 연방정부 국가 저공해 자동차 도입, 2004년 모델부터 질소산화물 및 입자상 물질 기준이 한층 강화된 프로그램(LEV 2)을 적용 시행 중이다. 또한 자동차 메이커로 하여금 일정 비율의 무공해 차량 판매를 의무화함으로써 청정 연료 자동차의 시장 확대를 추진하고 있다.

2) 일본의 배출가스 규제

일본에서는 1973년에 제작차 배출가스 규제를 본격적으로 실시하였으며 독자적인 배출가스 시험모드를 사용하여 배출가스를 검사하고 있다. 일본은 미국보다 배출가스 규제는 늦게 시작하였으나 가솔린 승용차의 저공해화는 미국보다 일찍 추진되었다.

1972년 미국 머스키 상원 위원이 제안하여 입법화된 엄격한 자동차 배출가스 규제를 만족시키기 위한 기술 개발에 심혈을 기울여 미국보다 먼저 엄격한 배출가스 규제를 만족시킬 수 있는 기술을 개발하고 1975년도에 산화 촉매를 사용하여 머스키 위원이 제안한 일산화탄소(CO)와 탄화수소(HC)의 규제를 만족시켰으며, 1978년에는 세계 최초로 삼원 촉매장치를 사용하여 질소산화물(NOx)의 규제를 만족시켰다.

일본에서는 정부, 자동차 제작자, 연구기관 및 학교의 전문가들이 삼원 촉매 장치라고 하는 획기적인 기술을 개발하여 미국을 비롯한 세계 자동차 시장의 선두 주자가 된 것이다. 환경 규제가 기업의 경쟁력을 떨어뜨리는 것이 아니라 기업의 경쟁력을 키워 세계시장을 선점한 좋은 사례이다.

3) 유럽 연합의 배출가스 규제

유럽 연합(EU) 국가에서는 1975년에 본격적인 배출가스를 규제하였다. 유럽 연합 국가의 독일, 프랑스, 이태리, 스웨덴 등은 자동차 공업 선진국임에도 불구하고 가솔린 승용차의 삼원 촉매 도입이 우리나라보다 늦은 1992년도였으며 대형 디젤 자동차에 있어서도 1993년에 미국의 1991년 수준의 배출가스 규제를 실시하는 등 전체적으로 배출가스 규제 강화 시기가 늦다. 이는 EU국가들의 경유 자동차 정책은 휘발유 자동차와 동일한 수준으로 저감 후 보급하고 있다.

그리고 배출가스 규제 방법에 있어서도 미국 및 일본과 상이하여 상호 비교가 어려웠으나 1992년부터 하나의 규제 값을 사용하고 배출 가스량의 표시도 g/km로 하며 단계적으로 배출가스 규제를 강화하였다.

대형 경유 자동차 배출가스 기준

	CO (g/kWh)	HC+NOx (g/kWh)	NOx (g/kWh)	PM (g/kWh)	기술
EURO-3(00)	2.1	0.7	5.0	0.1	
EURO-4(05)	1.5	0.46	3.5	0.02	DPF/SCR
EURO-5(08)	1.5	0.46	2.0	0.02	DPF/+SCR (NOx 촉매)
	4.0	0.55	2.0	0.03	

※ • EURO 4 기준 : EU 2005년, 한국 2007년 • EURO 5 기준 : EU 2008년, 한국 2009년
　 미국 : 2007년 기준 강화

경유 승용차 배출가스 기준

단위 : g/mile

	CO (g/km)	HC+NOx (g/km)	PM (g/km)	비 고
EURO-3(00)	0.64	0.56	0.05	
EURO-4(05)	0.50	0.30	0.025	DPF 적용
EURO-5(09)	0.50	0.23	0.003	DPF+SCR(NOx 촉매)
EURO-6(14)	0.50	0.125	0.003	

※ ● EURO 3 기준 : EU 2000년, 한국 2005년 ● EURO 4 기준 : EU 2005년, 한국 2006년
  ● EURO 5 기준 : EU 2010년, 한국 2010년

1993년 EURO-1은 일반 승용차와 경트럭 대상, 1996년 EURO-2는 승용차 대상, 2000년 EURO-3 부터는 전 자동차가 준수 대상으로 확대되는 등 각 차종에 따라 적용 시기가 다르다. 특히 2011년부터는 모든 자동차에 대해서 EURO-5의 기준이 적용되고 2014년 9월부터는 더욱 강화된 EURO-6의 기준을 충족해야 한다. 갈수록 강화되는 유럽 배기가스 규제 기준은 EURO-5의 미세먼지 배출량은 EURO-4보다 80% 강화, 질소산화물 배출량은 경유 자동차의 경우 EURO-4보다 20%를 강화시키고 있다.

NOx와 PM의 규제치 비교

기준	EURO-5(2011년 전면 의무화)		EURO-6(2014년 9월 시행)	
	질소산화물(NOx)	미세먼지(PM)	질소산화물(NOx)	미세먼지(PM)
경유	180mg/km	5mg/km	80mg/km	5mg/km
가솔린	60mg/km	5mg/km	60mg/km	5mg/km

(4) 우리나라의 배출가스 규제

가솔린 자동차의 경우는 1980년에 일본의 1973년도의 배출 허용 기준과 시험 방법(10모드)을 도입하였다. 그러나 배출가스 규제를 대폭 강화하면서 1987년 7월1일부터는 미국의 1981년도의 배출 허용 기준과 시험 방법(CVS-75모드)을 도입하여 사용하게 되었다.

디젤 자동차는 2003년부터 국내 디젤 승용차 및 디젤 소형 자동차의 기술이 확보되고 디젤 승용차가 유럽시장에 진출하게 되자 자동차 제작자는 디젤 승용차의 국내시장 확보를 위하여 디젤 승용차 배출 허용 기준의 현실화를 정부에 요구하여 정부는 디젤 승용차의 기준을 2005년도에 EURO-3 기준, 2006년부터는 2005년에 EU에서 적용하는 EURO-4기준을 만족하는 자동차를 보급하도록 허용하였다. 2000년 이후의 가솔린 및 가스 자동차는 종

전과 같이 미국의 배출 허용 기준과 시험 방법을 적용하기로 하고 디젤 자동차와 대형 가솔린 및 가스 자동차에 있어서는 EU의 배출 허용 기준 및 시험 방법을 적용한다는 원칙하에 배출가스 규제 강화가 실시되었다.

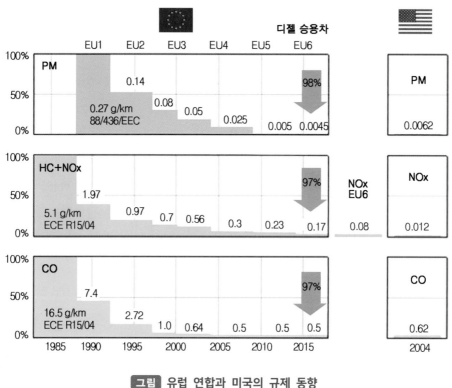

그림 유럽 연합과 미국의 규제 동향

(5) 국내 제작차 배출가스 허용기준

국내에서 생산 판매되고 있는 자동차는 1980년 배출가스 규제가 실시된 후 여러 차례에 걸쳐 기준이 강화되어 오늘날에는 오염물질이 아주 작게 배출되는 저공해 자동차가 판매되고 있다.

1) 제작차 배출가스 규제

자동차를 생산 판매하기 전에 시제품(prototype)을 생산하여 배출가스에 대한 인증을 취득한 후 자동차를 생산하여 생산중인 자동차에 대한 품질 검사를 실시하도록 하고 있다.

휘발유 또는 가스 자동차(2009년 1월 1일 이후)

차 종			일산화 탄소	질 소 산화물	탄 화 수 소			포름 알데히드	측정 방법
					배기관 가 스	블로바 이 가스	증발 가스		
경자동차 소형 승용 소형 화물 중형 승용 중형 화물	기준 1	가	2.11g/km 이하	0.031g/km 이하	0.047g/km 이하	0g/1 주행	2g/테스트 이하	0.009g/km 이하	CVS −75 모드
		나	2.61g/km 이하	0.044g/km 이하	0.056g/km 이하	0g/1 주행	2g/테스트 이하	0.011g/km 이하	
	기준 2	가	1.06g/km 이하	0.031g/km 이하	0.025g/km 이하	0g/1 주행	2g/테스트 이하	0.005g/km 이하	
		나	1.31g/km 이하	0.044g/km 이하	0.034g/km 이하	0g/1 주행	2g/테스트 이하	0.007g/km 이하	
	기준 3		0.625g/km 이하	0.0125g/km 이하	0.00625g/km 이하	0g/1 주행	2g/테스트 이하	0.0025g/km 이하	
	기준 4		0g/km 이하	0g/km 이하	0g/km 이하	0g/1 주행	0g/테스트 이하	0g/km 이하	
대형 승용·화물 초대형 승용·화물			4.0g/kWh 이하	2.0g/kWh 이하	0.55g/kWh 이하	0g/1 주행	—	—	ETC 모드

경유 사용 자동차(2009년 1월 1일 이후)

차 종	구 분	일산화 탄소	질 소 산화물	탄화수소 및 질소산화물	입자상물질	매 연	측정 방법
경자동차 소형 승용차		0.50g/km 이하	0.18g/km 이하	0.23g/km 이하	0.005g/km 이하	—	ECE−15 및 EUDC 모드
소형 화물차 중형 승용차 중형 화물차	RW≤ 1,305㎏	0.50g/km 이하	0.18g/km 이하	0.23g/km 이하	0.005g/km 이하	—	
	1,305㎏ 〈RW≤ 1,760㎏	0.63g/km 이하	0.235g/km 이하	0.295g/km 이하	0.005g/km 이하	—	
	RW〉 1,760㎏	0.74g/km 이하	0.28g/km 이하	0.35g/km 이하	0.005g/km 이하	—	
대형 승용차·화물차		1.50g/kWh 이하	2.0g/kWh 이하	0.46g/kWh 이하	0.02g/kWh 이하	K=0.5m−1	ND−13 모드
초대형 승용차·화물차		4.0g/kWh 이하	2.0g/kWh 이하	0.55g/kWh 이하	0.03g/kWh 이하		ETC 모드

(6) 운행차 배출가스 규제

　운행차 배출가스 관리는 자동차가 처음 도로에서 운행하여 폐차될 때까지의 전체 사용 기간에 대한 배출가스를 관리하는 제도이다. 운행차 배출가스 정기 검사는 가솔린 자동차의 경우 정지 가동 상태(저속 공회전 모드, 고속 공회전 모드)에서 일산화탄소(CO), 탄화수소(HC) 및 공기 과잉률(λ)을 측정하고, 디젤 자동차에서는 무부하 급가속시에 매연을 측정한다.

　그리고 운행중인 자동차에서 배출되는 배출가스가 운행차 배출가스 허용 기준에 적합한지를 도로 또는 주차장에서 수시로 검사하는 수시 검사가 있다. 수시 검사는 대기환경보전법에 의하여 시·도에서 매연 단속반을 설치하여 운영하고 있다.

③ 화석연료 및 에너지 자원 문제

(1) 화석연료

　화석연료는 과거에 살았던 생물이 오랜 시간에 걸쳐 온도와 압력의 변화로 만들어진 것으로, 석탄, 석유, 천연가스가 대표적이다. 이들 연료는 지하에 매장되어 있어 채굴하거나 채취해야 하며, 그 양도 한정되어 있으며 고갈성 자원으로 분류된다.

　석유는 현재까지 인류의 가장 중요한 에너지원으로 20세기 초 산업화가 본격적으로 이루어지면서 차량, 선박, 공장의 에너지원으로 그 수요가 본격적으로 증가하게 되었으며 수송기관, 화력발전, 난방 연료 및 화학공업의 원료로 많이 사용되고 있다. 특히 자동차가 널리 보급되면서 오늘날까지 100년이 훨씬 넘는 동안 석유는 쉽고 편한 에너지원으로 널리 사용되어 오고 있다. 석유는 신생대 3기층 배사구조나 단층 구조에 많이 매장되어 있으며 지역적으로 고르게 매장되어 있지 않고 일부 지역에 편중되어 있으며 국제적으로 이동이 활발하기 때문에 많은 자본과 고도의 기술이 필요하다.

　1960년대까지 메이저(국제석유자본)가 개발하고 이권을 독점하였으나 석유수출국기구(OPEC)를 결성하여 석유 자원을 국유화하고 석유의 무기화 및 자원 민족주의가 대두되었다. 1973년과 1978년 1, 2차 석유 파동을 거치면서 선진국과 개발도상국 등 세계적인 경제에 큰 영향을 주었고 현재의 고유가 정책에 따른 대체에너지 개발의 중요성이 대두되고 있다.

(2) 주요 분포지역

세계의 석유 총매장량은 약 70조 배럴로 페르시아만(60%), 멕시코만과 카리브해(16%), 러시아(9%)로 편중되어 있으며 그 분포는 아래와 같다.

① **페르시아만 연안** : 사우디아라비아(매장량과 수출량 세계 1위), 쿠웨이트, 이란(중동 최초 산유국), 이라크, 바레인, 카타르, 아랍에미리트, 오만, 리비아, 알제리
② **아메리카** : 미국(세계 최대 석유소비국), 캐나다, 멕시코, 베네수엘라, 콜롬비아
③ **러시아** : 카스피해 연안, 흑해 연안, 우랄·볼가 유전, 서시베리아 유전, 야쿠트 유전
④ **기타** : 아프리카(리비아, 알제리, 나이지리아, 가봉), 인도네시아, 중국, 유럽(북해 유전 - 영국, 노르웨이)

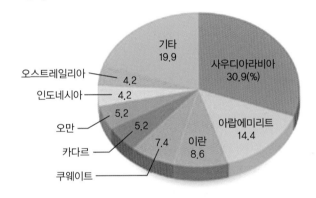

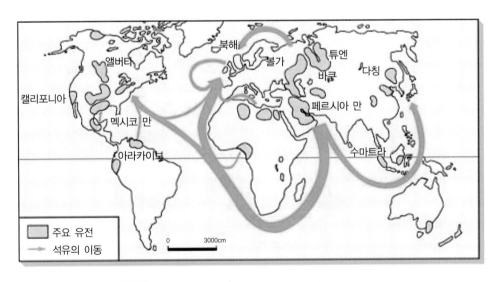

그림 석유매장량 분포 및 주요생산지와 이동 경로

(3) 에너지 자원 문제

석유는 20세기 초 산업화가 본격적으로 이루어지면서 차량, 선박, 공장의 에너지원으로 그 수요가 본격적으로 증가하게 되었다. 특히 자동차가 널리 보급되면서 오늘날까지 100년 이 훨씬 넘는 동안 석유는 쉽고 편한 에너지원으로 널리 사용되어 오고 있다.

지구상의 석유는 각 지역에 두루 매장되어 있는 것으로 파악되지만 지역 별로 매장량의 규모는 큰 차이를 보이고 있으며 세계적인 산유지인 중동은 최대 석유매장량을 보유하고 있다. 인류가 이룩한 고도의 산업사회는 많은 양의 양질의 에너지를 필요로 하게 되었고 제 한된 생산 물량에 대한 에너지 수요의 증가는 이해관계 국가 간의 점유권 쟁탈로 이어지게 되었다. 그 결과 산유국을 비롯하여 곳곳에서 분쟁이 발생하고 그로 인한 에너지 쇼크로 세 계 경제가 어려움을 겪게 되었다.

세계에서 새로운 유전이 발견되지 않는 한, 석유는 시한적인 에너지일 수밖에 없다. 지구 가 가지고 있는 석유 자원의 매장량에 대한 가채 년 수는 향후 약 40~50여 년일 것으로 파 악하고 있다. 선진국을 비롯한 세계의 여러 국가에서는 이와 같은 석유 자원의 고갈 위기에 대처하기 위하여 새로운 대체에너지 개발에 매진하고 있다. 우리나라도 정부차원에서 신재 생 에너지(new renewable energy) 개발 프로젝트를 추진하고 있다. 신재생 에너지는 기존 의 화석연료를 변환시켜 이용하거나 태양, 물, 지열, 생물 유기체 등을 포함하는 재생 가능 한 에너지를 변환시켜 이용하는 에너지로서 지속 가능한 에너지 공급 체계를 위한 미래의 에너지원을 그 특성으로 한다.

그림 에너지와 산업 변천사

신재생 에너지는 새로운 에너지원의 확보라는 의미 외에 강화되는 기후변화협약의 규제에 대응하는 차원에서 그 중요성이 더욱 크게 인식되고 있다. 우리나라의 경우 신재생 에너지에는 미래형 에너지로서 수소 에너지, 연료 전지, 석탄액화가스화 등 3종의 신에너지와 태양열, 태양광, 바이오에너지, 풍력, 수력, 지열, 해양, 폐기물재생 등 8종의 재생 에너지를 지정하고 있다.

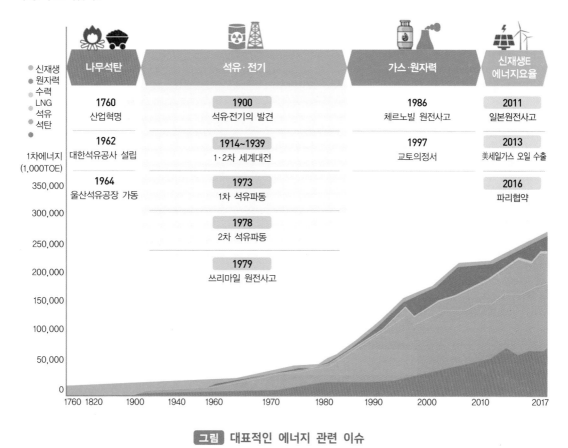

그림 대표적인 에너지 관련 이슈

(4) 4차 산업 혁명과 신재생 에너지

전기의 활동 영역이 늘어남에 따라, 전기를 만드는 에너지원도 석탄, 천연가스, 원자력 그리고 태양과 바람 등 자연을 이용한 재생에너지와 수소, 연료전지 등으로 다양해지고 있다. 특히 1, 2차 석유파동 이후, 세계 각국은 에너지 안보에 대한 심각한 위협을 느끼고 석유의 대체에너지를 찾기 위해 노력하면서 가스와 원자력, 신재생 에너지의 중요성이 부각되기 시작했다.

이에 따라 1990년대 초반에는 세계 원자력 발전량이 급격히 증가한 데 이어, 2000년 이후 탈석탄 및 탈원전 기조로 인해 글로벌 가스 수요가 가파르게 상승했다. 최근에는 글로벌 기후변화 대응과 잇따른 원전사고로 태양, 바람, 수소, 연료전지와 같은 신재생 에너지가 주목받고 있다. 재생에너지의 발전단가가 낮아지고 관련 투자가 증가하면서 글로벌 전력시장 전체 발전량 중 재생에너지 발전 비중은 점점 늘어나는 추세이다.

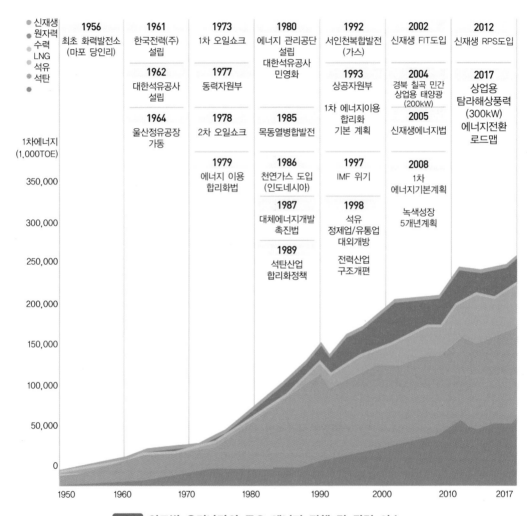

그림 연도별 우리나라의 주요 에너지 정책 및 관련 이슈

현재 신재생 에너지는 4차 산업혁명에 힘입어 빠르게 발전하고 있다. 빅데이터와 네트워크, 정보통신기술(ICT)에 기반한 기술 혁신이 에너지 산업을 이전과 다른 방향으로 바꿔놓았다. 에너지전환의 흐름은 에너지원의 변화 외에도 에너지 소비 및 전달체계와 관련된 산업 전반까지 획기적으로 변화시킬 것으로 예상된다. 이러한 변화는 실제 기업 경영에서도

포착된다. 기업활동에 필요한 에너지의 100%를 태양광, 풍력과 같은 친환경 재생에너지원으로 생산된 전력만으로 충당하겠다는 'RE100'을 자발적으로 선언하고 실천하는 기업들이 늘어나고 있다. 애플, 페이스북, 구글은 이미 100%를 달성했으며, BMW, 폭스바겐, GM, 월마트 등과 같은 기업들도 제품의 생산과 유통에 필요한 에너지를 100% 재생에너지로 사용하겠다고 선언하고 약속대로 이행 중이다.

가장 큰 전력 소비자 중 하나인 IT기업의 에너지 시장 진출도 활발한데, 구글, 애플 등은 에너지 자회사를 설립하여 재생에너지를 생산·판매하고 있으며, 테슬라는 태양광, 가정용 ESS를 출시해 종합 에너지기업으로 변모하고 있다.

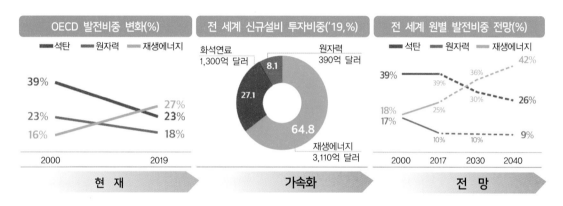

그림 에너지 전환 동향 및 전망

02
chapter

화석연료와 대체 에너지

1 화석연료의 변천

열에너지로 사용되던 화석연료는 증기기관의 발명을 계기로 사용범위가 넓어졌다. 산업혁명 이전의 열에너지는 추위를 쫓고 음식을 조리해주는, 열의 원천으로서의 역할만 했다. 그러나 석탄의 열에너지를 물리적인 운동에너지로 전환하는 방법을 찾아내면서 화석연료의 열은 공장의 기계를 움직이기 시작하였다.

에너지원의 주요 사용처도 금속 제련과 난방에서 내연기관을 가동시켜 다양한 일을 하는 방향으로 확장됐다. 증기 동력이 선박이나 기차와 같은 운송수단으로 확대되면서 대량 수송 및 대량 생산이 가능해졌으며, 전 세계적인 산업혁명으로 인류는 역사상 유례없는 번영을 누리기 시작했다. 그러나 석탄을 널리 사용하면서 부작용도 나타나기 시작했다. 석탄은 부피가 크고 무거운 고체연료로 운송비용이 높았다. 또한 이산화탄소, 분진, 황산화물, 질산화물 등 대기오염이 발생하고 취급이 불편한 문제 때문에 1900년대부터는 새로운 액체 연료, 석유의 시대가 도래하였다.

석유는 증기기관보다 작으면서도 힘은 더 강한 내연기관을 탄생시켰다. 자동차, 선박, 항공기, 군사용 무기처럼 내연기관을 이용한 운송수단이 개발되면서 세계는 더 가까워졌다. 한편 석유에서 추출한 다양한 물질로 합성섬유와 플라스틱을 만들어내면서 현대 문명의 기반을 이룬 소재 혁명을 이끌었다. 석유의 사용이 늘어나면서 화석연료는 인류의 경제와 사회, 일상생활을 지탱하는 근간이 되었다.

제1차 세계대전(1914~1918)은 20세기 석유가 지정학의 중심에 있음을 입증했다. 전투기와 함대의 연료는 석탄에서 석유로 전환되었다. 석유의 중요성이 높아지면서 유전 지역을 둘러싼 국가 간 확보 경쟁은 점점 치열해졌다. 제2차 세계대전(1939~1945)을 거치면서 석유는 더 많은 전쟁 기계에 이용되기 시작했고, 석유는 전략자원의 지위를 확고하게 다졌다. 그러나 20세기 후반 중동전쟁과 이란혁명으로 인한 1, 2차 오일쇼크를 거치면서 석유처럼 편재성이 강한 에너지원에 대한 의존도를 줄이려는 시도가 일어나기 시작했다. 이후 석유 수급 불안정성이 점점 높아지자 세계는 에너지원을 다양화하기 위한 노력을 지속화하고 있다.

2 화석연료의 종류와 특성

자동차의 연료 즉 가솔린 및 경유 등 대부분이 원유로부터 얻어진다. 원유는 원산지에 따라 밀도, 화학적 조성, 비등점 등이 다양하고, 구성 탄소화합물의 분자량 및 구조가 다양하다. 모든 정유공정의 기본은 온도에 따라 가벼운 분자부터 증류되어 온도가 올라감에 따라 점차 무거운 분자들이 증류된다. 또한 증류탑의 효율에 따라 증류의 정도가 달라지지만 완전한 분리는 없다.

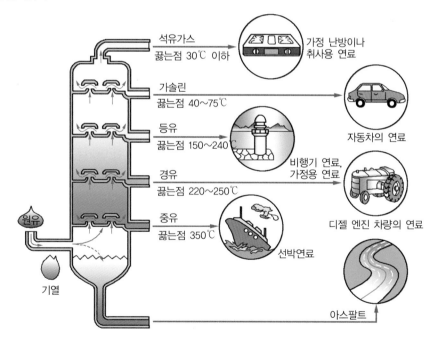

그림 원유의 정제 과정

(1) 가솔린

가솔린은 국내에서 가장 널리 사용되는 연료로서 자동차용 가솔린으로 지칭되며 자동차 외에도 항공기용, 공업용 등의 가솔린이 있다. 우수한 가솔린이란 충분한 안티노크성, 시동의 용이성, 고출력성, 연료저소비, 적정휘발성 등이 요구된다. 옥탄가는 엔진의 노킹(knocking)에 대한 저항을 나타내는 연료기준으로 노킹발생이 쉬운 n-헵탄(heptane)을 0으로 하고, 노킹발생이 힘든 이소옥탄(isooctane)을 100으로 하여 나타낸다.

점화가 이루어지기 전에 미연가스 영역의 온도가 자연발화온도를 넘어서는 경우, 일부 미연가스가 자연발화함으로써 비정상적인 압력변화로 이상음을 발생시키게 되는데, 이것을 노크현상(knocking)이라고 한다. 노크 센서가 장착된 차량은 낮은 옥탄가에서 점화시기를 늦춰서 조절한다. 한편, 고옥탄가 연료의 사용이 반드시 엔진의 성능을 향상시키고 연비가 좋아지는 것은 아니며, 자동차 압축특성 등을 고려한 차량특성에 맞는 옥탄가 연료의 사용이 바람직하다.

(2) 경유

압축착화 엔진이 1893년에 Diesel에 의해 제시되면서 자동차용 경유는 디젤 엔진의 개발과 함께 사용되어 왔는데 정제 과정에서 등유의 증류 다음에 유출되는 연료로서 비점이 200~370℃ 범위에 속하는 석유제품이다. 자동차용 경유의 품질은 우수한 착화성, 적당한 점도와 휘발성, 고형물질 및 부식물질이 없을 것, 연소생성에 따른 고형물이 적을 것, 왁스의 석출온도가 낮아 저온 유동성이 우수할 것 등이 요구된다.

세탄가(cetane number ; CN)는 연료의 압축착화 거동의 판단기준으로 사용되며 냉시동성, 배출가스 및 연소소음 등 자동차 성능이나 대기환경에 영향을 미친다. 경유의 가장 중요한 특성은 연료가 얼마나 쉽게 자연발화 하는가를 나타내주는 세탄가이다. 엔진을 너무 낮은 세탄가의 연료로 운전하면 디젤 노크가 발생하는데 이는 착화지연기간이 길어지기 때문에 일어난다. 착화는 압력과 온도가 충분한 상태에서만 일어나며, 높은 세탄가의 연료는 자발점화가 쉽다. 세탄가는 높을수록 연료분사 후 착화지연이 짧아지고 소음과 연비를 향상시킨다. 세탄가는 착화성이 좋은 n-세탄(n cetane)을 100으로 하고, 점화성이 나쁜 헵타메틸노난(heptamethyl nonan)을 15로 하거나 a-메틸나프탈렌을 0으로 하여 정한다.

(3) 등유

등유는 무색이며, 특유한 냄새가 나는 액체로서 기화가 어렵고 연소속도가 느려 완전연소가 불가능하다. 상온에서 위험성이 적고, 난방용 연료와 등유 엔진 및 디젤 엔진의 연료로도 사용된다.

(4) 제트 연료

제트 연료의 특성은 등유와 비슷하나 대기온도가 낮은 고공에서 연료를 분사시켜 연소시키므로 응고점이 -60℃로 낮고 비중도 낮으며, 발열량이 큰 특징이 있다. 램제트(Ramjet) 엔진과 펄스제트(Pulse Jet) 엔진에 사용된다.

(5) 중유

중유는 검정색을 띠고 특유한 냄새가 나며 점성이 크고 유동성이 나쁘다. 회분 성분과 황 함량이 많고 저급 중유는 벙커C유라 하여 보일러용의 연료로 사용되고 있다.

(6) 메틸알코올(methyl alcohol)

메틸알코올은 메탄올(Methanol)이라고 하며 목재의 타르(Tar)를 분류하면 생성되어 목정이라고도 한다. 현재에는 원유에서 정제하여 제조하고 있으며 또한 메탄올은 알루미늄(Aluminum) 금속을 부식시키는 성질이 있다.

(7) 에틸알코올(ethyl alcohol)

에틸알코올은 곡물류를 발효시켜 정제한 것으로 주정이라고도 한다. 또한 원유에서 정제하여 얻은 공업용 알코올을 에탄올(Ethanol)이라 하며 메탄올과 마찬가지로 알루미늄 금속을 부식시키는 성질이 있다.

(8) LPG

액화석유가스(LPG)는 석유나 천연가스의 정제과정에서 얻어지며 한국, 일본 등을 포함하는 전세계에서 수송용 연료로 사용이 점차 확대되고 있다. LPG는 프로판(Propane)과 부탄(Butane)이 주성분으로 이루어져 있고, 프로필렌(Propylene)과 부틸렌(Butylene) 등이 포함된 혼합가스로 상온에서 압력이 증가하면 쉽게 기화되는 특성이 있다.

국내에서 수송용으로 사용되는 LPG는 부탄을 주로 사용하나 겨울철에는 증기압을 높여주기 위해서 프로판 함량을 증가시켜 보급한다. LPG는 다른 연료에 비해 열량이 높고 냄새나 색깔이 없으나 누설될 때 쉽게 인지하여 사고를 예방할 수 있도록 불쾌한 냄새가 나는 메르캅탄(Mercaptan)류의 화학물질을 섞어서 공급한다.

안전성 측면에서 LPG는 CNG보다 낮은 압력으로 보관, 운반할 수 있는 장점이 있으나 공기보다 밀도가 커서 대기 중에 누출될 경우 공중으로의 확산이 어려워 누출된 지역에 화재 및 폭발의 위험성 있다. 또한 가솔린이나 경유에 비해 에너지 밀도가 70~75% 정도로 낮아 연료의 효율이 낮은 단점이 있다.

연료 종류별 특성

구분	비중	착화점	인화점	증류온도	저위발열량
가솔린	0.69~0.77	400~450℃	−50~−43℃	40~200℃	11,000~11,500kcal/kg
경유	0.84~0.89	340℃	45~80℃	250~300℃	10,500~11,000kcal/kg
등유	0.77~0.84	450℃	40~70℃	200~250℃	10,700~11,300kcal/kg
중유	0.84~0.99	400℃	50~90℃	300~350℃	10,000~10,500kcal/kg
LPG	0.5~0.59	470~550℃	−73℃	−	11,850~12,050kcal/kg
에틸알코올	0.8	423℃	9~13℃	−	6,400kcal/kg
메틸알코올	0.8	470℃	9~12℃	−	4,700kcal/kg

3 대체 에너지

앞서 살펴본 바와 같이 에너지의 변천사를 살펴보면 19세기에는 탄소를 함유한 석탄이 주로 사용되었고, 20세기에는 탄소와 수소를 포함한 탄화수소연료인 석유계 연료가 주류를 이루었다.

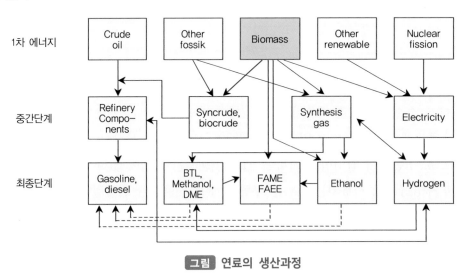

그림 연료의 생산과정

연료는 탄소가 적고 수소가 많을수록 그리고 연료 내에 산소를 포함하고 있을수록 보다 청정하기 때문에 21세기의 자동차 연료로서는 탄소수가 상대적으로 적은 천연가스와 같은 가스연료, 산소를 함유한 바이오 디젤이나 바이오 에탄올과 같은 바이오연료나 DME와 같은 합성연료, 궁극적으로는 탄소성분이 전혀 없는 수소가 바람직하다.

아래의 그림과 표는 석유계 연료 및 각종 대체연료의 연료 생산 공정 체인과 연료의 대표적인 배출가스 특성을 나타낸다. 바이오 에탄올은 옥탄가가 높아서 스파크 점화 엔진에 적합하며, 바이오 디젤, GTL, DME 등은 세탄가가 높아서 압축착화 엔진에 적합하고, 수소는 스파크 점화 엔진에 보다 적합한 특성을 가진다.

대체 연료의 배출가스 특성

연료	NOx	CO	HC	PM	CO_2
휘발유	100 (=0.2~0.4g/km)	100 (=2.1~6.0g/km)	100 (=0.1~0.8g/km)	≈0	100 (=181~256g/km)
경유	305	20	57	100 (=0.2g/km)	77
LPG	100~110	25~46	43~71	≈0	79~89
천연가스	67~100	23~25	75~129	≈0	68~83
메탄올	81~100	69~100	79~145	≈0	82~95
에탄올	33	40	100	≈0	100
바이오디젤	367	18	50	87	78
수소	25	≈0	≈0	0	0
DME	39	12	4	≈0	ND

출처 : IEA AFIS

(1) 천연가스(NG, Natural Gas)

천연가스는 지하에 묻혀 있던 유기물이 고압과 지열의 영향을 받아 장기간에 걸친 완만한 분해 작용에 의해 생성된 것으로, 해저, 유전지대 등의 지하에서 채취하는 천연적인 화석연료를 말한다.

천연가스는 탄화수소의 혼합물인, 메탄(CH_4)이 주성분인 가연성 가스로, 메탄은 상온에서 고압으로 가압해도 기체 상태로 존재하기 때문에 부피가 너무 커서 운송에 어려움이 있다. 따라서 채취한 천연가스는 냉각(-162℃)하여 부피를 약 600배로 압축, 액화시킨 액화천연가스(LNG, liquified natural gas)상태로 운반하게 된다. 천연가스 매장지역은 석유계 연료처럼 중동지역에 편중되어 있지 않고 세계 각지에 분포되어 있으며, 매장량도 풍부하여 장기적인 공급이 가능한 석유대체 에너지라 할 수 있다. 현재 발견된 양만으로도 약 70년간 사용할 수 있다고 한다.

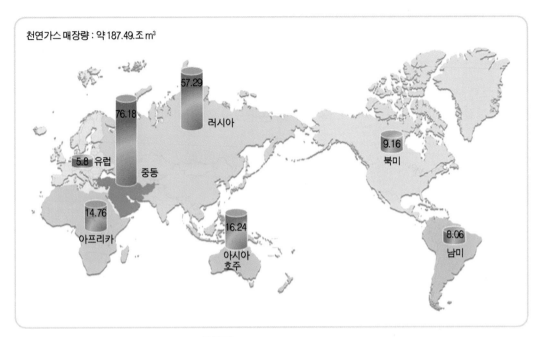

그림 천연가스 매장 분포

천연가스는 액화 과정에서 미세먼지나 황, 질소 등의 불순물이 제거되기 때문에 다른 연료에 비해 청정성이 우수하다. 따라서 연소 시 공해물질이 거의 발생되지 않는 무공해 청정 연료로, 자동차 배출가스 저감 및 지구온난화 방지를 위한 최적의 연료라 할 수 있으며, 가정에서 사용하는 도시가스로도 널리 사용되고 있다.

천연가스는 공기보다 가벼워 대기 중으로 누출되어도 빠르게 확산되고, 자기착화 온도도 높아 화재 및 폭발성 측면에서 안전성이 매우 우수하다. 또한 옥탄가가 높아 가솔린 엔진보다 압축비를 높이면서도 노킹발생 없이 운전이 가능하여, 열효율과 출력향상을 도모할 수 있다. 그리고 연소 한계 범위가 넓어서 희박연소가 가능하여, 연비향상과 질소산화물(NO_x)의 저감에 효과적이며, 화염전파 속도가 느리고 자기착화 온도는 높기 때문에 디젤 엔진보다는 불꽃점화방식인 가솔린 엔진에 적합하다.

천연가스는 사용 형태에 따라 천연가스를 200~250배로 압축하여 사용하는 압축천연가스(CNG, Compressed Natural Gas)와, 천연가스를 냉각(-162℃)하여 부피를 약 600배로 압축, 액화시킨 액화천연가스(LNG, Liquefied Natural Gas)로 구분된다. 액화천연가스도 자동차 연료로 사용 가능하지만 온도를 -162℃로 유지하여야 하기 때문에 이를 보관하는 단열용기 개발이 미흡하여 현재는 주로 압축천연가스 상태로 사용되고 있다.

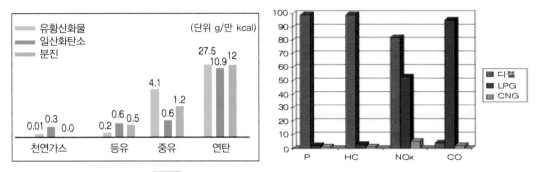

그림 연료의 불순물 함유량 및 배출가스 특성

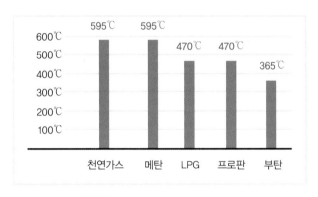

그림 연료별 자연발화 온도

(2) 수소(hydrogen)

수소는 연소할 때에 질소산화물을 약간 배출하는 외에, 일산화탄소, 탄화수소, 이산화탄소와 같이 탄소를 포함한 대기오염 물질이나 온실가스를 발생하지 않는다. 수소는 가스나 액체 상태로 저장하여 운송할 수 있으며 궁극적으로 지구상에 무한정으로 존재하는 물을 원료로 하여 생산할 수 있고, 연소 후에 발생한 물은 다시 재순환되기 때문에 재생 가능한 꿈의 에너지이다.

수소를 자동차에 이용하는 경우에는 수소 연료전지의 연료로 사용하는 경우와 수소 내연기관의 연료로 사용하는 방법이 있다. 연료전지가 내연기관에 비해 효율이 높고 배출가스가 훨씬 청정하기 때문에 수소 연료전지 자동차의 개발이 활발히 추진되고 있으나 연료전지의 가격과 내구성 등 해결해야 할 문제가 남아 있어서 빠른 도입시기를 전망하기 어려운 상황이다.

현재 상업화된 수소 제조기술은 생산비용이 저렴한 천연가스의 수증기 개질법 또는 부분 산화법이다. 그러나 화석연료의 한계성을 고려하면 미래의 제조방법으로는 바람직하지 않기 때문에 태양에너지에서 비롯된 각종 재생에너지원을 이용하여 발전된 전기에 의해 물을 전기 분해하여 제조하는 방법이 연구되고 있다.

(3) 바이오 연료

바이오 연료(Biofuel)는 바이오매스(Biomass)로 부터 생물학적 처리 기술을 거처 얻어지는 지속 가능한 에너지를 말하는데, 바이오매스란 광합성에 의해 빛 에너지가 화학에너지로 축적된 식물자원을 의미한다. 바이오매스는 자연계 내에서 쉽게 구할 수 있는 태양에너지, 물, 이산화탄소 등을 재료로 하는, 광합성을 통한 지속적 생산이 가능한 자원으로, 바이오매스로 만드는 바이오 연료 역시 지속적 생산이 가능하다.

즉 석유나 원유가 아닌, 콩, 옥수수, 감자 등 각종 전분질계 곡물을 비롯해 볏짚과 왕겨, 사탕수수와 사탕무와 같은 당질계 곡물, 동물의 배설물이나, 사체와 미생물의 균체를 포함하는 단백질계의 원료물질에서 생산되는 바이오 연료는 한번 쓰면 없어지는 화석연료와 달리, 에너지를 저장할 수 있고 또한 재생이 가능한 신재생 에너지라 할 수 있다.

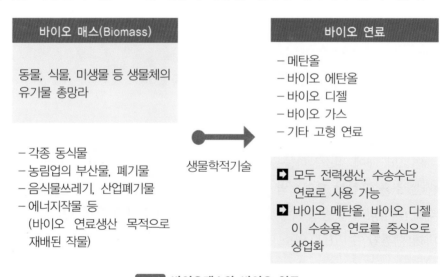

그림 바이오매스와 바이오 연료

광합성을 통해 생산되는 바이오매스의 양은 무한하기 때문에 그 중 일부만 에너지로 전환해 사용하더라도 인류는 에너지 고갈의 염려가 없는 풍부한 에너지원을 획득하는 것은 물론 석유자원을 확실하게 대체할 수 있게 된다.

재생에너지로는 바이오 연료 이외에도 태양광, 풍력, 수소 등 다양한 종류가 있지만 이러한 재생에너지는 전용 차량과 기반 시설의 구축이 필요하다는 문제가 있다. 즉 태양광, 풍력 등은 전기를 생산하므로 전기 자동차의 개발이 필요하며, 수소의 경우에는 수소 또는 연료전지로 구동되는 자동차의 개발이 필요하다.

또한 전기나 수소를 차량에 공급하기 위해서는 충전소도 많은 장소에 설치되어야 하기 때문에 많은 비용이 소요되므로 이러한 재생 에너지원을 사용하는 차량은 단기적인 해결책이 될 수 없다.

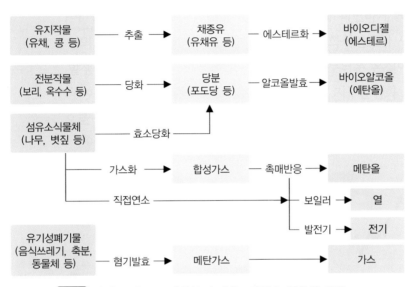

그림 바이오 매스로 생산할 수 있는 바이오 연료의 종류

하지만 바이오 연료는 기존의 연료인 휘발유, 경유 등과 혼합하여 자동차에도 그대로, 혹은 약간의 개선을 통해 사용할 수 있는 장점이 있다. 따라서 주유소와 같은 추가적인 기반 시설 구축 비용이나 기간이 필요 없다. 또한 바이오 연료를 태울 때 내뿜는 이산화탄소는 원료인 식물이 자라는 과정에서 이산화탄소를 흡수하기 때문에, 대기 중 이산화탄소 농도가 증가되지 않는 효과가 있다. 따라서 바이오 연료는

그림 바이오 에탄올과 바이오 디젤

지구 온난화 문제 해결에 도움이 될 뿐만 아니라 자원의 고갈 문제도 해결할 수 있으며, 원자력 등의 다른 에너지와 비교할 때 환경 보전적인 안전하고 경제적인 연료라 할 수 있다. 그러나 바이오매스 자원을 확보하기 위해 넓은 면적의 토지가 필요하며, 자원량 생산의 지역적 차이가 크며, 과도하게 이용할 경우 환경파괴의 가능성을 내포하고 있다는 것이 단점으로 지적되고 있다.

1) 바이오 에탄올

바이오 에탄올은 바이오매스로부터 얻은 당을 발효, 정제, 탈수과정을 거쳐 생산하며, 가솔린 엔진에 직접 사용 가능한 가장 보편적인 바이오 연료이다. 바이오 에탄올은 미국과 브라질이 세계 연료용 에탄올 90%를 생산하고 있으며 가장 많이 대중화 되어 있다. 미국은 주로 옥수수를 주 원료로 이용하고 있고, 브라질은 사탕수수를, 유럽은 밀과 보리 등의 곡물과 사탕무를 주 원료로 이용하고 있다.

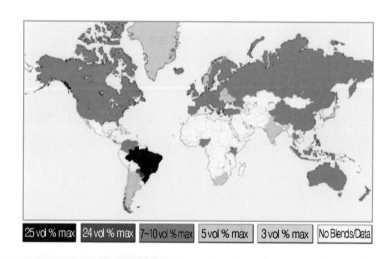

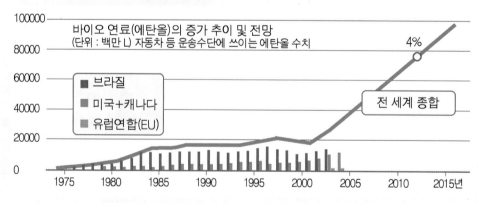

그림 국가별 바이오 메탄올 보급현황 및 증가 추이

자동차에서는 휘발유에 바이오 에탄올을 5%이하로 혼합하여 사용하는 경우, 기존 차량의 큰 개조 없이 사용이 가능한 것으로 알려져 있다. 에탄올 혼합비율이 증가할수록 연료 계통 상의 부식발생 등의 우려로 인해 기관 및 연료시스템과 관련된 부품의 개선이 필요하기 때문에, 바이오 에탄올은 일반적으로 휘발유 90%에 바이오 에탄올 10%를 섞은 E10 연료가 주류를 이루고 있다. 바이오 에탄올은 휘발유와 특성이 비슷하므로 가솔린 엔진의 연료로 사용되며, 바이오 디젤과 같이 식물자원에서 생산되므로 그의 장단점은 아래와 같다.

① 재생 가능한 식물자원에서 생산되므로 에너지 자원의 고갈 문제가 없다.

② 자동차에서 배출된 이산화탄소는 바이오 작물의 육성과정에서 광합성작용으로 회수되므로 온실가스의 배출량을 줄이는 데에 아주 효과적이다.

③ 연료에 산소성분을 포함하고 있어서(산소 34.8% 함유) 일산화탄소와 같은 가솔린 자동차의 유해 배출가스를 줄일 수 있고, 벤젠과 같은 독성물질의 배출이 없으며, 생분해도가 높아서 유출되는 경우에 환경오염이 적다.

④ 휘발유에 10% 이내 혼합하는 경우에는 엔진을 개조하지 않고 그대로 사용할 수 있다.

⑤ 발열량이 크게 낮아서 연비가 떨어진다.

⑥ 비점이 휘발유보다 높아서 순수 에탄올을 연료로 사용하는 경우에는 겨울철 시동성을 개선하기 위한 보조장치가 필요하다.

⑦ 연료계통의 일부 금속재료를 열화시키고 고무나 합성수지를 변형시키므로 고농도로 혼합하여 사용하는 경우에는 연료계 부품의 재질을 변경해야 한다.

⑧ 공기 중의 수분을 흡수하여 가솔린과 에탄올이 분리되는 특성이 있으므로 연료의 저장이나 유통에 사용되는 인프라(주유소의 저유탱크 등)를 개조할 필요가 있다.

2) 바이오 디젤

바이오 디젤은 동·식물성 기름을 에스테르화하여 생산하는데, 주 원료로는 유채가 가장 널리 이용되고 있고, 해바라기, 대두, 야자 등의 식물성 기름과 폐식용유, 어류나 동물의 유지도 이용되고 있다. 바이오 디젤은 경유의 대체 연료로 디젤 엔진에 사용되며, 디젤차 보급률이 높은 유럽에서 전 세계의 약 80%를 사용하고 있다. 또한 일산화탄소, 질소산화물, 미세먼지, 이산화탄소의 배출량을 10~35% 저감시킬 수 있어, 일반 경유에 비하여 환경 친화적이며, 경유와 물성이 유사하여 경유와 다양한 비율로 혼합하여 사용된다.

하지만 연비가 약 4~5% 정도 떨어지고, 수분 함량의 증가로 연료계 부품의 부식 또는 손상의 원인이 될 수 있고, 저온 유동성이 나빠 동절기에는 디젤보다 쉽게 어는 등의 단점을 가지고 있다. 바이오 디젤은 혼합 정도에 따라 BD5(5% 혼합), BD20(20% 혼합), BD30(30% 혼합), BD100(순 바이오 디젤)이 있다.

현재 디젤자동차용 연료로 사용하고 있는 경유에 대한 바이오 디젤의 장점은 다음과 같다.

① 재생 가능한 식물자원(바이오매스)에서 생산되므로 에너지 자원의 고갈 문제가 없고, 폐식용유 등 폐자원을 유효하게 활용할 수 있다.

② 자동차 연료로 사용하여 배출된 이산화탄소는 바이오 작물의 육성과정에서 광합성 작용으로 회수되므로 온실가스의 배출량을 줄이는 데에 아주 효과적이다.

③ 연료에 산소성분을 포함하고 있어서(산소 10% 이상 함유) 발암물질인 입자상물질이나 CO, HC 등 디젤자동차의 유해 배출가스를 크게 줄일 수 있고, 벤젠과 같은 독성물질의 배출도 줄일 수 있으며, 생분해도가 높아서 유출되는 경우에 환경오염이 적다(3주 이내에 90% 이상 분해).

④ 경유에 소량 혼합하는 경우에는 엔진을 개조할 필요가 없고 성능이나 연비 변화도 거의 없다.

다만, 연료가 산화되기 쉬워서 이를 개선하기 위하여 산화방지제 등을 첨가해야 하고, 유동점이 높아서 온도가 낮아지면 흐르기 어려워지기 때문에 저온에서도 연료가 쉽게 굳지 않도록 첨가제 등을 사용하여 품질을 개선할 필요가 있다.

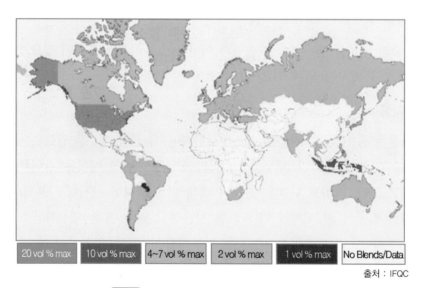

출처 : IFQC

그림 국가별 바이오 디젤 보급 현황

자동차용 바이오 연료의 장·단점과 파급효과			
연료	재료	장단점	파급효과

바이오 에탄올	사탕수수, 옥수수, 밀	– 재생가능 에너지
		– 제조시 화석연료 사용에
		  대한 비난
			– 식량 부족
			– 사료, 계란, 육류 가격
			  상승

바이오 디젤	유채씨, 콩, 야자유	– 이산화탄소 배출 감축 – 산림파괴 논란	– 식물성 기름값 급등 – 식품가격 상승

(4) 합성연료 자동차

합성연료란 원유와 같이 자연계에 존재하는 연료가 아니라, 화학적으로 합성하여 인위적으로 제조하는 연료를 말한다. 자동차용 합성연료에는 디메틸에테르(DME)와 지티엘(GTL)이 있으며, 이들 모두 디젤 자동차의 연료로 사용하기 위하여 기술개발이 추진되고 있다.

이들 연료의 가장 큰 차이점은 동일한 합성연료이기는 하나 제조방식이 다르다는 점이고, GTL은 상온에서 액체이나, DME는 상온에서 기체이기 때문에 자동차에 사용하기 위해서는 LPG(액화석유가스)와 같이 가압하여 액체상태로 만들어 사용해야 하는 점이 있고, DME는 연료에 산소성분을 포함하고 있어서 디젤 엔진에서 배출되는 입자상물질을 거의 배출하지 않으나, GTL은 경유와 유사하나 보다 청정하고 입자상물질의 배출량을 수십 퍼센트 정도 줄일 수 있다는 점이다.

다만 DME는 기체연료이므로 디젤 엔진에 적용하려면 엔진의 연료계통을 개조해야 하나, GTL은 액체연료이므로 디젤 엔진의 개조 없이 그대로 사용할 수 있다는 편리성이 있다.

1) DME 연료

디메틸에테르(DME : dimethyl ether)는 1개의 산소 분자와 2개의 메틸기가 결합한 에테르화합물(CH_3OCH_3)이다. DME는 천연가스, 석탄, 바이오매스 등 다양한 자원에 의해 제조가 가능하고, 사용처도 발전용, 버너 등 연소기기용, 자동차용 등 아주 다양하다. DME는 연료에 산소를 포함하고 있어서 경유에 대체하여 디젤 자동차 연료로 사용하는 경우에 디젤 자동차의 문제점인 검댕이와 같은 입자상 물질을 거의 배출하지 않고, 일산화탄소나 탄화수소의 배출도 줄일 수 있는 청정한 연료이다. 그동안에는 주로 스프레이용 추진체 등으로 사용하여 왔으나, 값싸게 제조할 수 있는 직접합성법이 개발됨에 따라서 최근에 연료로 사용하기 위한 대량 제조기술과 이용기술이 활발히 연구되고 있다.

DME는 LPG와 유사하게 상온에서 약 5기압 정도의 압력을 가하면 쉽게 액화가 되는 가스연료로서, 현행 LPG 차량의 연료용기나 충전소 등을 활용할 수 있는 장점이 있다. 반면에, 상온에서 가스인 연료이기 때문에 액체연료를 고압으로 분사하여 연소시키는 디젤 엔진에 바로 사용할 수는 없다. 이는 점도가 낮아서 연료 분사계에서 연료가 누설되기 쉽고, 윤활성이 낮아서 엔진 연료계 부품의 마모를 증가시킬 수 있고, 액체상태에서도 압력을 높이면 체적이 점차 줄어드는 성질이 있어서 엔진에 공급되는 연료량을 정밀하게 제어하기가 어렵기 때문이다.

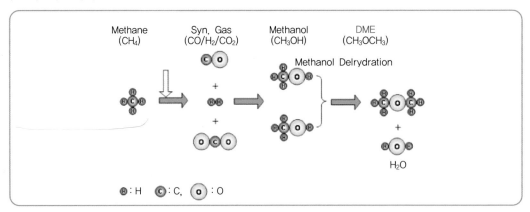

그림 DME의 분자 구조

2) GTL 연료

지티엘(GTL)은 일산화탄소와 수소 등의 합성가스로부터 제조하는 액체연료로서 '가스에서 액체로(gas to liquid)'를 줄여서 GTL이라고 부르고 있다. GTL은 합성가스 제조 → FT합성 → 수소화 분해의 공정을 거쳐 제조되며, 천연가스의 분자를 분해하여 석유를 구성하는 보다 긴 고리형 분자로 재조합하는 과정이다. 이러한 공정을 통하여 냄새, 유황, 질소 등 오염물질이 전혀 없는 순수한 합성유가 생산되며, 방향족 탄화수소가 포함되지 않아서 기존의 휘발유나 경유보다 훨씬 청정하다.

GTL은 DME와 마찬가지로 천연가스, 석탄, 바이오매스 등 다양한 자원에서 제조가 가능하며, GTL로 부르나 원료에 따라 보다 세분화하여 천연가스로부터 만들어진 연료는 GTL, 바이오매스로부터 만들어진 연료는 BTL(biomass to liquid), 석탄으로부터 만들어진 연료는 CTL(coal to liquid)라고 부르기도 한다.

BTL은 목재, 생물쓰레기, 보릿짚, 톱밥 등 바이오매스를 고온에서 처리, 합성가스를 분리하여 액화과정을 거쳐서 생산된다. BTL의 장점은 재생 가능한 바이오 자원을 활용한다는 측면과 차량에서 배출된 이산화탄소는 식물이 광합성할 때에 흡수되므로 탄소중립인 연료라는 점이다.

03
chapter

차체 구조와 신기술

1 차체 구조 및 안전기술

(1) 차체 구조 및 종류

차체는 섀시의 프레임 위에 설치되거나 현가장치에 직접 연결되어 사람이나 화물을 실을 수 있는 부분이며 일반승용차의 경우 엔진룸, 승객실, 트렁크로 구성되고 프레임과 별도로 차체를 구성한 프레임 형식과 프레임과 차체를 일체화시킨 프레임 리스 형식이 있다.

그림 프레임 형식과 프레임 리스 형식

프레임은 자동차의 뼈대가 되는 부분으로 엔진을 비롯한 동력전달장치 등의 섀시 장치들이 조립된다. 프레임은 비틀림 및 굽힘 등에 대한 뛰어난 강성과 충격 흡수 구조를 가져야 하며 가벼워야 한다.

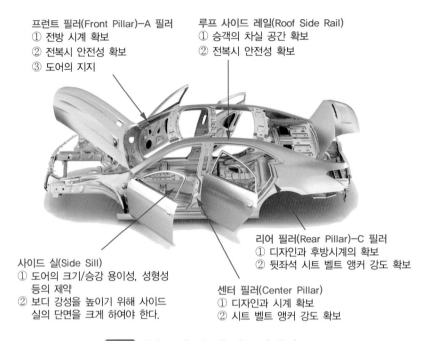

프런트 필러(Front Pillar)-A 필러
① 전방 시계 확보
② 전복시 안전성 확보
③ 도어의 지지

루프 사이드 레일(Roof Side Rail)
① 승객의 차실 공간 확보
② 전복시 안전성 확보

리어 필러(Rear Pillar)-C 필러
① 디자인과 후방시계의 확보
② 뒷좌석 시트 벨트 앵커 강도 확보

사이드 실(Side Sill)
① 도어의 크기/승강 용이성, 성형성
   등의 제약
② 보디 강성을 높이기 위해 사이드
   실의 단면을 크게 하여야 한다.

센터 필러(Center Pillar)
① 디자인과 시계 확보
② 시트 벨트 앵커 강도 확보

그림 차체 구성 파트별 기능 및 특징

1) 보통 프레임

보통 프레임은 2개의 사이드 멤버(side member)와 사이드 멤버를 연결하는 몇 개의 크로스 멤버 (cross member)를 조합한 것으로 사이드 멤버와 크로스 멤버를 수직으로 결합한 것을 H형 프레임이라 하고 크로스 멤버를 X형으로 배열한 것을 X형 프레임이라 한다.

① H형 프레임의 특징

H형 프레임은 제작이 용이하고 굽힘에 대한 강도가 크기 때문에 많이 사용되고 있으나 비틀림에 대한 강도가 X형 프레임에 비해 약한 결점이 있어 크로스 멤버의 설치 방법이나 단면 형상 등에 대한 보강 및 설계가 고려되어야 한다.

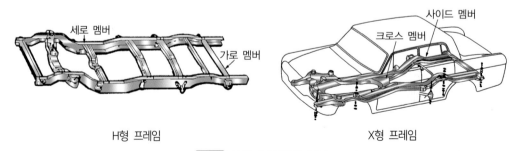

세로 멤버

가로 멤버

사이드 멤버

크로스 멤버

H형 프레임

X형 프레임

그림 보통 프레임의 종류

② X형 프레임의 특징

X형 프레임은 비틀림을 받았을 때 X멤버가 굽힘 응력을 받도록 하여 프레임 전체의 강성을 높이도록 한 것이며 X형 프레임은 구조가 복잡하고 섀시 각 부품과 보디 설치에 어려운 공간상의 단점이 있다.

2) 특수형 프레임

보통 프레임은 굽힘에 대해서는 알맞은 구조로 되어 있으나 비틀림 등에 대해서는 비교적 약하며 경량화하기 어렵다. 따라서 무게를 가볍게 하고 자동차의 중심을 낮게 할 목적으로 만들어진 것이 특수형 프레임이며 종류는 다음과 같다.

플랫폼형 프레임

백본형 프레임

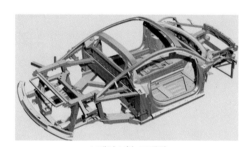

스페이스형 프레임

그림 특수형 프레임의 종류

① 백본형(back bone type)

백본형 프레임은 1개의 두꺼운 강철 파이프를 뼈대로 하고 여기에 엔진이나 보디를 설치하기 위한 크로스 멤버나 브래킷(bracket)을 고정한 것이며 뼈대를 이루는 사이드 멤버의 단면은 일반적으로 원형으로 되어 있다. 이 프레임을 사용하면 바닥 중앙 부분에 터널(tunnel)이 생기는 단점이 있으나 사이드 멤버가 없기 때문에 바닥을 낮게 할 수 있어 자동차의 전고 및 무게 중심이 낮아진다.

② 플랫폼 형(platform type)

플랫폼 형 프레임은 프레임과 차체의 바닥을 일체로 만든 것으로 외관상으로는 H형 프레임과 비슷하나 차체와 조합되면 상자 모양의 단면이 형성되어 차체와 함께 비틀림이나 굽힘에 대해 큰 강성을 보인다.

③ 트러스 형(truss type)

트러스 형 프레임은 스페이스 프레임(space frame)이라고도 부르며 강철 파이프를 용접한 트러스 구조로 되어 있다. 트러스 형은 무게가 가볍고 강성도 크나 대량생산에는 부적합하여 스포츠카, 경주용 자동차와 같이 소량생산에 대해 적용하고 있고 고 성능이 요구되는 자동차에서 사용된다.

3) 프레임 리스 보디

프레임 리스 보디는 모노코크 보디 (monocoque body)라고도 부르며 이것은 프레임과 차체를 일체로 제작한 것으로 프레임의 멤버를 두지 않고 차체 전체가 하중을 분담하여 프레임 역할을 동시에 수행하도록 한 구조이다. 모노코크 방식은 차체의 경량화 및 강도를 증가시키며 차체 바닥높이를 낮출 수 있어 현재 대부분의 승용자동차에서 사용하고 있다. 프레임 리스 보디에서는 차체 단면이 상자형으로 제작되며 곡면을 이용하여 강도가 증가되도록 조립되어 있다. 또한 현가장치나 엔진 설치부분과 같이 하중이 집중되는 부분은 작은 프레임을 두어 이것을 통하여 차체 전체로 분산이 되도록 하는 단체 구조로 되어있다. 모노코크 보디의 특징은 다음과 같다.

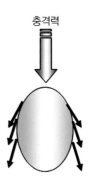

그림 모노코크 보디와 단체 구조의 특징

① 일체구조로 구성되어 있기 때문에 경량이다.
② 별도의 프레임이 없기 때문에 차고를 낮게 하고, 차량의 무게중심을 낮출 수 있어 주행 안전성이 우수하다.
③ 프레임과 같은 후판의 프레스나 용접가공이 필요 없고, 작업성이 우수한 박판 가공과 열 변형이 거의 없는 스폿용접으로 가공이 가능하여 정밀도가 높고 생산성이 좋다.
④ 충돌 시 충격에너지 흡수율이 우수하고 안전성이 높다.
⑤ 엔진이나 서스펜션 등이 직접적으로 차체에 부착되어 소음이나 진동의 영향을 받기

쉽다.

⑥ 일체구조이기 때문에 충돌에 의한 손상 영향이 복잡하여, 복원수리가 비교적 어렵다.

⑦ 박판강판을 사용하고 있기 때문에 부식으로 인한 강도의 저하 등에 대한 대책이 필요하다.

(2) 프런트 보디의 요구 성능

1) 프런트 엔드(Front End)

외관성, 공력 및 냉각특성과 각 취부의 서비스성 및 강도/강성이 확보되어야 하고 손상 부위의 정비성이 우수해야 한다.

2) 프런트 사이드 멤버(Front Side Member)

충돌에너지 흡수성, 엔진/파워트레인을 지지하는 강도/강성, 엔진 점검을 위한 공간부여 및 취부강도 및 체인 장착 타이어와의 간섭유무를 비롯하여 현가장치를 지지하는 어퍼 사이드 멤버구조를 가진다. 또한 프런트 보디를 구성하는 가장 중요한 골격부재로서 대쉬패널 아랫부분에서부터 프런트 플로어 아랫면과 결합하여 강도/강성을 확보한다. 저속 충돌시에는 변형이 없어야 하며 고속 충돌시에는 좌굴변형을 통하여 에너지를 흡수하는 구조를 가져야 한다.

3) 데크(Deck)

프런트 필러(Front Pillar)부를 연결하는 부재의 강도/강성과 조향컬럼을 지지하는 강도/강성, 엔진의 소음을 차단하는 기능을 가지며 공조성능에 우수한 덕트기능을 가져야 한다.

4) 휠 에이프런(Wheel Apron)

프런트 사이드 멤버와 같이 서스펜션의 입력을 지탱하며 노면으로부터의 먼지, 물 등이 엔진룸에 침입하는 것을 방지한다.

5) 에어박스 패널

좌우 프런트 필러(Front Pillar)를 연결하는 부재이며 전체 차체 강성에서 큰 비중을 차지하며 에어박스 패널로 구성된 부위를 프런트 데크(Deck)라 한다.

6) 대시 패널(Dash Panel)

엔진룸과 차실을 분리하는 격벽으로 엔진 소음이 실내로 유입되는 것을 막고 공조장치의 관류부하를 차단한다.

7) 후드 패널(Hood Panel)과 프런트 펜더 패널(Front Fender Panel)

정강성이 뛰어나고 내덴트성이 우수해야 하며 후드 전체의 굽힘, 비틀림 강성을 확보해야 한다. 또한 충돌시 적절한 소성변형을 일으켜 승객안전을 확보한다.

(3) 언더 보디(Under Body)의 요구 성능

언더 보디는 서스펜션, 구동계, 제동계, 배기계, 연료계, 시트 어셈블리 등 차량을 구성하는 부품을 지지해야 하므로 강도·강성이 우수해야 한다.

(4) 사이드 보디(Side Body)의 요구 성능

사이드 보디는 차체 전체의 굽힘 강성을 지배하므로 사이드 보디를 구성하는 개개의 부재는 부재 단독의 설계요건과 전체 강성의 균형을 고려하여 설계할 필요가 있으며 일체형 사이드 보디의 경우 외판을 프런트 필러, 센터 필러, 리어 필러, 루프 사이드 레일 및 실을 포함한 대형 일체 프레스 제품으로 만드는 형식이다.

(5) 루프(Roof)의 요구 성능

루프레일(Roof Rail)과 루프보강용 패널(Roof Reinforcement panel) 등으로 이루어져 있으며 필러류(Pillar)는 시계의 확보와 전복시 안정성 확보를 위해 매우 중요한 역할을 한다.

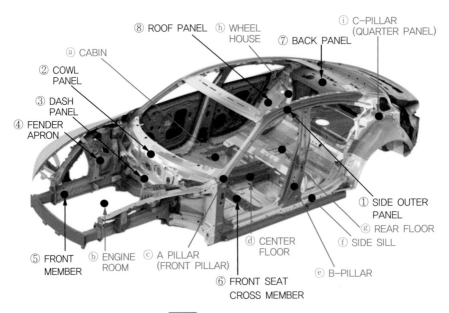

그림 차체구조 명칭

(6) 차체 안전구조

대부분의 자동차 모노코크(응력외피·여러 방향의 응력을 패널 면적으로 흡수) 보디는 얇은 강판으로 만들어져 있다. 보디의 외판은 두께가 1mm 이하로 가장 두꺼운 뼈대 부분이라도 4mm가 넘지 않는다. 강판을 잘라내 형상만 만들어서는 엔진을 장착하거나 사람을 태우지 못하지만 강판을 성형하여 요철(凹凸)을 만들거나 봉투 모양처럼 폐쇄 단면의 구조를 요소요소에 배치하면 주행 중에 노면에서 전달되는 충격을 흡수하면서 타이어가 지면에 잘 접지될 정도의 강성과 만일의 충돌 시에 탑승객을 보호할 수 있는 강도를 얻을 수 있다. 예전의 자동차는 봉 모양의 강철을 사다리 모양으로 용접한 H형 프레임(ladder type frame)을 하고 있었으며, 지금도 대형의 SUV나 트럭은 프레임 구조를 갖추고 있지만 대부분의 승용차는 모노코크 구조를 적용하고 있다.

현재의 모노코크 보디는 상당히 견고한 상태로 제작되고 있으며, 중요한 성능은 크게 2가지로 강성과 강도로 나눌 수 있다. 강성은 타이어를 노면에 확실하게 접지시키고 타이어를 통해 보디로 전달되는 노면의 반력을 잘 흡수하여 보디가 비틀리거나 구부러지지 않도록 억제하는 성능이다. 강도는 충돌할 때 최대한 자동차 실내(cabin) 주변의 보디에 대한 변형을 억제하거나 또는 사전에 계산된 형태로 모든 부분이 변형되도록 하는 성능이다. 자동차 메이커의 보디 설계부서에서는 주어진 치수와 중량 속에서 이 두 가지 성능의 밸런스가 유지되도록 하는 작업이 이루어지고 있다.

앞 유리 양쪽의 A필러(가장 앞쪽의 지주)가 구부러지고 있다. 최근 승용자동차에는 이 A필러의 각도가 작아지면서 「기울어져 있는」 모양이 많은데 그 이유는 충돌 에너지를 루프(roof) 방향으로 효율적으로 보내기 위해서다(동시에 관성에 의해 보디 후방의 중량이 A필러를 뒤에서 앞쪽으로도 민다). A필러가 구부러지지 않으면 탑승객을 위한 생존 공간을 확보할 수 있다.

이런 충돌 후에도 탑승객을 구출하기(혹은 탑승객이 자력으로 탈출하기)위해 도어를 열 수 있어야 한다. 그 때문에 도어 자체는 변형되어도 캐치(catch)의 기능에는 견고함이 요구된다. 충돌에 의한 충격으로 도어가 열리게 되면 탑승객이 밖으로 튕겨져 나갈 위험성이 있다.

충돌에 의한 충격이 A필러가 시작되는 곳으로 집중하는 것처럼 보이지만 실제로는 내부의 뼈대 부분이 대부분의 충격을 흡수하여 스스로 차체 구조를 「찌그러뜨림」으로써 충돌 에너지를 방출한다. 0.01초 단위의 아주 짧은 시간이긴 하지만 최대한 천천히 찌부러짐으로써 더 커다란 에너지를 흡수할 수 있는 기술이 포함되어 있다.

도어 아래쪽의 사이드 실이 구부러지는 것은 충돌에 의한 충격을 바닥 방향으로 분산시키고 있기 때문이다. 바닥에는 세로(차량 중심선과 평행) 방향 뿐만 아니라 가로(차량 중심선과 직각으로 교차) 방향으로도 뼈대가 있어서 옆 도어 쪽으로 다른 차량이 부딪쳐 올 때의 측면충돌 에서는 세로 방향의 뼈대가 서로 간에 협력하면서 충돌 에너지를 넓은 범위로 분산시킨다.

후드는 유연할 뿐만 아니라 충돌 시에는 사전에 계산된 모양으로 파손되도록 설계되어 있다. 후드가 이처럼 깔끔하게 구부러지지 않으면 실내 쪽으로 파고들어 탑승객에게 위해를 가할 우려가 있기 때문이다. 또한 얼마 전부터는 보행자나 자전거와 가볍게 접촉했을 때 사람을 보호하기 위해 후드에는 「부드럽게 찌그러지는」 성능이 더욱 요구되고 있다.

전면 충돌할 때 장애물로 인해 자동차가 갈 길이 막힌다 해도 보디에는 관성력에 따른 속도가 남아 있어서 자동차를 앞으로 계속 밀어붙이기 때문에 자동차의 앞쪽이 찌그러지는 것이다. 이 테스트의 경우 보디의 우측(운전석 쪽)이 부딪쳤기 때문에 보디의 후방에 남아있던 관성력에 의해 자동차 전체가 좌측으로 돌아가 있다. 사진에서 보이는 앞바퀴 위치인 ▲마크 위치를 주목해 주길 바란다. 충돌 후 자동차는 더 회전하게 되면서 거의 횡으로 정지하였다. 이것이 주행 중에 자동차끼리 부딪쳐 일어나는 「측면 충돌」인데, 실제 상황은 더 복잡해진다.

그림 차체 충돌 안전

차량의 중량이 가벼운 자동차가 충돌 시험의 결과에서 유리하기 때문에 충돌 시의 에너지는 차량 중량의 제곱에 비례한다. 중량이 800kg인 자동차의 충돌에너지를 「1」이라고 하면 중량이 1.5ton인 자동차의 충돌에너지는 「3.5」가 된다. 단독으로 벽에 부딪치는 충돌 실험에서는 「3.5」가 압도적으로 불리하다.

같은 점수를 획득하려면 무거운 자동차는 보디를 강하게 하여야 하지만 반대로 가벼운 자동차는 별다른 대책이 필요 없어 그 상태로 실제의 도로에서 충돌 사고가 발생되었을 때 가벼운 자동차 쪽의 탑승객에게는 큰 피해가 초래된다. 충돌 실험의 결과는 같은 차량 중량의 자동차끼리만 횡적으로 비교할 수 있을 뿐이다.

| 강 도 | 외부에서 가해지는 힘(주로 압축력)에 대해 어디까지 「변형」이나 「파괴」에 견딜 수 있는지를 나타내는 지표. |

인장강도
어느 이상의 힘으로 당기면 「찢어지는(파손되는)」 한계

항복점 강도
어느 이상의 힘을 가하면 「원래 형상대로 돌아가지 않는」 한계

연성
어느 이상의 힘을 가하면 「찢어지는(파손되는)」 한계점에서의 변위량

그림 차체 강도

강 성	외부에서 가해지는 「굽힘」「비틀림」등의 힘에 대해 「변형 난이도」를 나타내는 지표.

축 강성 축 방향으로 가해지는 힘(종이컵을 위에서 눌러서 찌그러트리려는 것 같은)에 대한 변형의 어려움과 쉬움의 정도

굽힘 강성 물체를 「굽히는」힘(각도 당 굽히려는 힘)에 대한 변형의 어려움과 쉬움의 정도

비틀림 강성 물체를 「비트는」힘(걸레를 양손으로 비트는 것 같은)에 대한 변형의 어려움과 쉬움의 정도

그림 차체 강성

단순하게 표현하면 자동차는 튼튼한 상자에 바퀴가 붙어 있는 것과 같으며 적정 하중에는 변형될 것으로 생각되지 않는다. 하지만 주행 중인 자동차 보디는 미세하게나마 변형을 일으킨다. 4개의 바퀴가 지면 위를 굴러갈 때는 조그마한 요철을 타고 넘기만 해도 노면의 반력이 항상 보디에 전달된다. 얼마만큼의 힘이 전달되었을 때 어떻게, 어느 정도로 변형을 일으키는지는 보디의 강성이라는 말로 표현된다. 이것은 변형이 잘 일어나지 않는 정도이다.

타이어 → 휠 → 서스펜션 → 보디 순서로 힘이 전달되고, 보디에 장착된 시트에 앉아 있는 탑승객은 그 힘을 진동이나 소리로 느낀다. 아래 그림은 실제 래더(사다리꼴) 프레임 차량을 분석한 데이터로서 강성에 대한 개념을 보여준다. 중앙 정면에서 보디로 한 개의 붉은 실선를 기준으로 그 주위에 작용하는 힘에 대해 저항하는 성질이 비틀림 강성이고, 보디를 중앙 측면에서 보았을 때 구부러지는 힘에 대한 저항력을 굽힘 강성이라고 부른다.

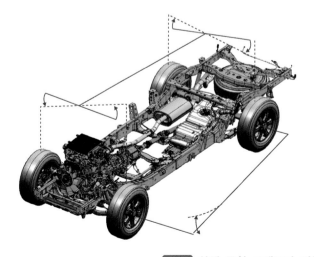

「굽힘 강성」은 앞뒤 어느 한 쪽의 차축(이 일러스트에서는 뒤 축)을 고정하고, 그 반대쪽 차축을 위아래로 굽히는 식의 힘을 가했을 때(파란 화살표)의 「변형 난이도」로 Nm/deg로 나타낸다. 「비틀림 강성」은 앞 차축과 뒤 차축을 각각 반대방향으로 비트는(붉은 화살표) 힘을 가했을 때의 「변형의 어려움과 쉬움의 정도」로 Hz(헬츠)로 나타낸다. 「동(動)강성」에는 역학적인 정의는 없지만, 이것이 높은 쪽이 운전 조작에 대한 반응이 정확하다고 해석하면 거의 틀림없을 것이다.

그림 차체 굽힘 모멘트와 비틀림 모멘트

흥미로운 것은 각각을 표현하는 단위이다. 정강성(靜剛性)은 Nm/deg(작용각도)로 메이커 공식수치를 보면 푸조 308은 17.7Nm/deg로 이 이하의 힘만 가해진다면 보디는 변형되지 않는다. 한편 동강성(動剛性)은 Hz로 나타낸다. 노면에서 받는 힘을 진동이라고 생각하고, 이 주파수 이하에서는 보디가 변형되지 않는다는 의미이다.

정강성과 동강성에는 수식으로 표현되는 상관관계가 있지만 실제로 자동차를 운전할 때 느끼는 강성 감각은 더 복잡하다. 덧붙이자면 정강성은 낮고 동강성이 높은 자동차가 있는가 하면, 그 반대인 경우도 존재한다. 다만 일반적으로는 정(靜)강성이나 동(動)강성 모두 숫자가 클수록 변형이 잘 일어나지 않는 즉, 조향 입력(스티어링 조작)에 대한 응답성이 좋다고 받아들여진다.

강성(Stiffness)과 혼동하기 쉬운 것이 외부에서 가해지는 힘에 대해 얼마만큼 견딜 수 있는가를 나타내는 강도(Strength)이다. 자동차의 경우 충돌이 발생했을 때 보디가 변형에 견딜 수 있는 정도를 강도라고 부른다. 주행이 아니라 파괴에 대한 저항력이라고 생각하면 된다. 또한 강판의 강도를 나타낼 때 사용하는 MPa은 파괴되기 전에 얼마만큼의 힘을 흡수할 수 있는지(변형을 모아둘 수 있는지)를 나타내는 지표이다.

2 이종/복합재료 및 경량화 구조기술

최근의 자동차개발 추세를 살펴보면 소형화, 경량화, 연비향상, 고성능화 등을 목표로 하고 있다. 이러한 추세는 대기오염과 관련된 유해 배출가스의 배출, 지구온난화의 주범인 CO_2의 배출, 화석연료의 고갈 등의 문제에 대응하기 위해 적용된 것으로 특히 최근 들어 환경에 대한 관심이 증가함에 따라 저공해 자동차 개발과 자동차의 연비향상 및 유해 배기가스 저감에 대한 획기적인 기술들이 적용되고 있다.

위와 같은 사회적, 환경적 측면과 기술적 수준으로 현재 자동차의 경량화가 지속적으로 발전하고 있으며 자동차에 적용하는 경량화 및 연비 향상 기술은 다음과 같다.

(1) 재료 치환기술

알루미늄과 마그네슘 또는 플라스틱 제품으로 전환시키는 경량재료 사용방법과 철판 재료의 두께를 얇게 하여 경량화시키는 고장력 강판 등의 적용이 있다.

(2) 성능 및 효율 향상

성능 및 효율 향상은 엔진, 동력전달 및 보조기능 등의 효율 향상으로 구분할 수 있다. 엔진효율 향상은 마찰 손실절감이나 배기 연소법 개선, 구동계와 엔진의 접촉성 등과 같은 구조개선이 되고 있다.

(3) 주행 저항감소

주행저항 감소대책에는 차체의 공기저항, 타이어의 구름마찰 저항 및 기타 저항감소 등의 개선방안이 있다. 이를 위해서 차체, 휠, 타이어 등의 구조설계의 최적화 모델링이 있다.

경량화	연비 성능	3.8% 향상
	가속 성능	8% 향상(0~100km/h 도달 시간)
	제동 정지 거리	5% 단축
	조향 성능	핸들 조향 능력 6% 향상
	내구성	섀시 내구 수명 1.7배 향상
	배기가스	CO(4.5%↓), HC(2.5%↓), NOx(8.8%↓)

그림 차체중량 대비 8~10% 경량화에 따른 성능 향상지표

이러한 여러 가지 연비향상 대책 중에서 재료경량화에 의한 연비개선의 기여율이 가장 높으며 차량의 연비를 개선하고 배출가스를 효과적으로 줄일 수 있는 방법을 크게 4가지로 분류하면 다음과 같다.

① 이산화탄소가 없거나 줄어든 대체연료를 사용하는 저공해 자동차 또는 전기 자동차를 개발한다.

② 엔진의 효율성을 증가시킨다.

③ 공기의 저항을 감소시킨다.

④ 차량의 중량을 감소시킨다.

특히 차량의 경량화는 차량의 각 부위에 작용하는 힘의 감소로 유지 보수비용의 절감, 중량 감소분에 비례한 에너지의 절감, 동일한 에너지로 구동력 및 속도의 향상 등의 여러 가지 효과를 거둘 수 있는 장점이 있다.

차체의 중량은 차량 총중량의 1/3의 수준이다. 또한, 차체의 무게가 감소되고 나면 섀시, 브레이크, 엔진 및 변속기와 같은 다른 시스템들도 보다 작으면서 가볍게 제작될 수 있다. 결과적으로 차량의 전체 중량은 차체의 중량 감소와 다른 시스템의 중량감소가 추가되면서 더 큰 효과를 기대할 수 있다.

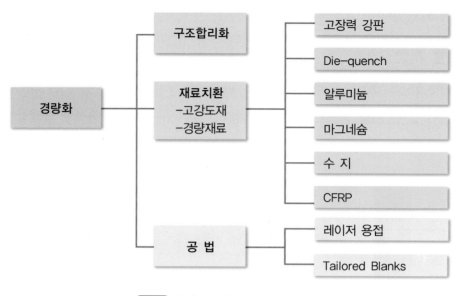

그림 차체 경량화의 방법과 소재

차체 경량화는 단순히 무게만을 낮추는 것이 아니고 중량의 저감을 목적 함수로 하고 구조 강도 및 강성, 내구 및 충돌 변형 등의 사항들을 구속조건으로 하는 다목적 최적설계로 접근되어야 하며 이러한 최적설계는 고장력강 및 다 재료(multi-material)의 적용, 구조 최적화, 생산 공법 합리화 등의 기술 등을 통해 지속적으로 발전하고 있다.

(4) 경량화 재료

자동차의 경량화 재료로서 알루미늄(Al), 마그네슘(Mg), 고장력 강판 등의 금속재료와 플라스틱, 세라믹 등이 많이 사용되고 있다.

1) 알루미늄(Aluminium)

알루미늄(Al)은 1827년 발견된 원소로서 규소(Si) 다음가는 지구상에 다량으로 존재하는 원소이다. 비중은 2.7이며, 현재 공업용 금속 중 마그네슘(Mg) 다음으로 가벼운 금속이다. 주조가 용이하며 다른 금속과 합금이 잘되고, 상온 및 고온에서 가공이 용이하다. 또한 대기 중에서 내식력이 강하며 전기와 열의 양도전체이다. 이러한 알루미늄은 경량화 재료로서 엔진블록, 트랜스미션, 브레이크 부품, 보디 부품, 열 교환기 등에 사용되어지며 이중 알루미늄 주조품의 사용량이 현재까지 압도적으로 많다. 알루미늄은 경량화뿐만 아니라 비강도, 내식성, 열전도도 등이 우수하여 자동차용 재료로 사용되면 최고 40%가량 경량화를 이룰 수 있으며, 종래 자동차 생산라인의 설비를 그대로 사용할 수 있다는 장점으로 자동차 경량화를 위한 대체 재료로 주목받고 있다.

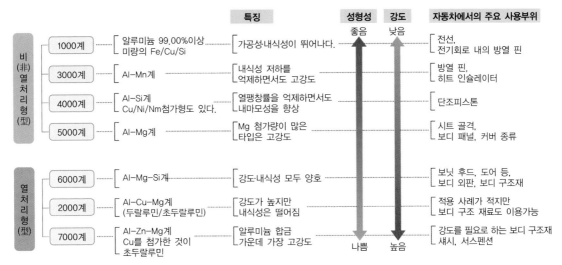

재료	비중	종탄성계수(GPa)	용접(℃)	도전율(%IACS)	열전도도 kW/S·mK(20℃)	선팽창계수 10⁻⁶/℃(20℃)
순알루미늄	2.71	68	646~657	57	0.22	23.6
철	7.65	192	약 1530	16	0.07	11.7

그림 알루미늄 합금의 종류와 특징

또한 철강 재료와 알루미늄의 특징을 비교하면 다음과 같다.

① 비중이 낮아 경량화 가능하다.

② 재활용성 우수하다.

③ 탄성계수가 낮아 스프링 백 현상이 심하다.

④ 국부변형률이 작아(4%) 헤밍 등의 이차가공이 불리하다.

⑤ 소성변형비가 낮

아 성형성이 불리하다.

⑥ 반사율이 높아 레이저 용접이 불리하다.

⑦ 도전률이 높아 스폿 용접이 불리하다.

2) 마그네슘(Magnesium)

마그네슘(Mg)은 실용금속 중 가장 가벼운 금속이다(비중 1.79~1.81). 주로 가볍다는 특성과 리사이클이 용이하고 전자파 차폐 기능도 우수하여 최근 수지부품에 대신하여 유럽, 미국에서는 자동차부품에, 일본에서는 휴대용 전자기기 부품에, 마그네슘의 적용이 증가해 왔다.

또한 자동차에 있어서는 진동 흡수성이 높다는 점을 살려 스티어링 휠의 합금으로 사용되고 있는 것을 비롯해 실린더 헤드커버, 스티어링 컬럼 키, 실린더 하우징, 휠, 클러치나 트랜스미션의 하우징 등에 사용되고 있다. 휠은 주조품이지만 기타는 거의 다이케스팅(Die casting)에 의한 것이다.

3) 철강 재료(Steel)

자동차의 재료로써의 철(Fe)의 요구조건은 일반적으로 자동차의 구조상 또는 기능상으로부터 기계가공성 및 열 처리성 등이 좋아야 하는 내구성, 소성 표면 처리성 등과 양호한 외관성, 경량화, 안정성 및 경제성 등이 있다. 다음은 자동차의 철강 재료의 요구 조건이다.

① 강인성, 내식성 내마모성 및 내열성이 있어야 하며 특별히 피로한계가 높은 재료여야 한다.

② 프레스 성형성이 우수하고 도장성, 도금성이 좋아야 한다.

③ 비중이 적은 철강재료 및 두께를 줄인 고장력 강판을 적용한다.

④ 인성, 열처리성 등이 우수하고 잔류응력이 없는 재료여야 한다.

⑤ 가격이 저렴하고 절삭성 및 가공성이 우수해야 한다.

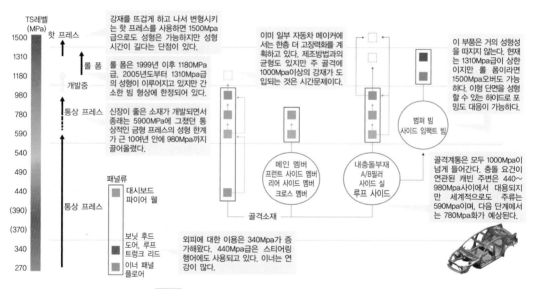

그림 차체 구조용 강판의 종류 및 가공방법

자동차에 쓰이는 철강제품으로는 냉연강판(용접성과 도장성이 우수하여 가장 일반적으로 사용되는 소재), 전기아연도금 강판(도장 후 내식성 및 외관이 미려하여 자동차 외관에 사용), 용융아연도금 강판(내식성이 우수하여 내판 및 부품류에 사용), 유기피복 강판(수지 피막을 코팅한 것으로 가공부위의 내식성이 가장 우수하여 자동차 내 외판에 사용) 등이 있다. 또한 현재 초고장력 강판의 적용으로 강도가 우수하며 경량화된 강판의 적용이 증가 하는 추세이다.

4) 섬유강화수지(FRP : Fiber Reinforced Plastics)

플라스틱이 자동차 1대에 차지하는 구성 비율은 약 8%정도이다. 플라스틱에는 다양한 종류가 있으며 여러 가지 용도로 사용되고 있다. 플라스틱의 공통된 특성으로서 가볍고, 부식되지 않으며, 가공하기 쉽다는 것을 들 수 있다.

엔진부품으로서 실린더 헤드커버, 흡기 매니폴드, 라디에이터 탱크 등 외장부품에는 범 퍼, 휠 커버, 헤드램프 렌즈, 도어 핸들, 퓨얼 리드 등이 수지화되어 있다. 일반적인 플라스 틱은 강도에 있어 금속에 떨어지므로 강도가 필요한 보디 셸에는 아직 응용되고 있지 않 다. 일반적으로 수지소재는 탄성률이 낮고 강한 충격을 받았을 경우 쉽게 파손되기 때문에 강판처럼 변형되면서 에너지를 흡수할 수가 없기 때문에 그 대책으로 나온 것이 수지를 탄성률이 높은 강화 소재와 조합하여 만든 복합 재료이다. 일반적으로 말하는 섬유강화수 지(FRP : Fiber Reinforced Plastics)로서 가벼울 뿐만 아니라 비강도(specific strength)가 높은 재료를 만들 수 있으며 강화 소재로 유리섬유를 사용하는 것이 GFRP(Glass Fiber Reinforced Plastics), 탄소섬유를 사용하는 것이 CFRP(Carbon Fiber Reinforced Plastics)로 불리며, 그밖에 케블러(kevlar)나 자이론(합성섬유 상품명) 등의 섬유가 강화 소재로 이용된다.

그림 CFRP의 모노코크 보디를 적용한 람보르기니 12기통 아벤타도르

탄소섬유는 탄소 원자 6개로 만든 육각형이 그물망처럼 연속된 흑연의 결정 구조를 갖 고 있다. 이것은 상당히 튼튼한 분자 구조로서 다이아몬드와 조성이 같고 구조만 약간 다

르다. 요컨대 상당히 강한 강도와 탄성을 갖고 있으며 복합재료로 만들어지면서 탄성률과 비강도 문제가 해결된 CFRP는 고장력 강판에 비하여 인장강도가 5배, 비중은 1/4이며, 중량당 강도가 20배나 되는 상당히 고성능 재료로 적용되고 있다.

이 특성을 활용하여 예를 들면 여객기에서는 중량 대비 기체의 50% 이상을 CFRP로 만들어 경량화를 달성하면서 연비의 효율을 2할 이상 향상시키고 있다. 자동차 분야에서도 F1 머신을 필두로 하는 레이싱 머신의 모노코크 보디는 예전부터 CFRP가 상식이었다. 가볍고 강성이 뛰어난 CFRP의 모노코크 보디는 랩 타임의 향상에 크게 공헌할 뿐만 아니라 많은 드라이버가 초고속에서의 사고로부터 무사하게 살아난 실적도 갖고 있다. 이러한 특성을 갖춘 CFRP는 승용자동차 보디용 소재로도 최적이라 생각된다. 그러나 성능적인 면에서는 문제가 없지만 생산성을 포함한 제조단가가 너무 비싸다는 것이 단점이다.

차체 경량화 소재 물성 비교

	밀도 (g/cc)	인장강도 (MPa)	인장탄성률 (GPa)	비강도 (106cm)	비탄성률 (108cm)
탄소 섬유(TR50S)	1.82	4900	240	27.5	13.5
무알카리 유리섬유	2.55	3430	74	13.7	2.9
아라미드섬유(케블러49)	1.45	3630	13.1	25.5	9.2
스테인리스강(SUS304)	8.03	520	197	0.7	2.5
두랄루민(A2024-T7)	2.77	422	74	1.6	2.6

5) 세라믹(Ceramics)

자동차용 세라믹스는 고온성, 고강도성, 내마모성, 화학적 안정성, 경량성 등으로 신소재로서 개발이 확대되고 있으며, 그 용도로서는 기능성 세라믹스와 구조용 세라믹스로 대별되고 있다.

① 기능성 세라믹스

세라믹스의 전자기적 혹은 광학적 특성을 이용하여 자동차용 각종 센서나 표시장치에 적용되고 있다.

② 구조용 세라믹스

경량으로 고온 강도나 내마모성 등의 특징으로 디젤엔진 부품으로 사용되고 있다.

(5) 경량화 차체 구조기술

최근 양산 자동차의 보디 구조에 있어서 기술의 동향은 우선 각 방향에 대하여 충돌의 대책에 관한 요구가 상당히 높아짐에 따라 엔진룸을 상하·좌우의 4방향으로 둘러싸는 크로스 멤버, 그리고 차량의 실내 측면 하부의 사이드 멤버와 필러, 심지어 플로어의 형상을 만드는 사다리형상의 골재, 그리고 차체 뒤쪽 좌우의 크로스 멤버와 주요 멤버를 강인하게 하는 동시에 외부 충격의 입력에 대한 변형을 컨트롤할 수 있도록 판의 두께나 형상을 설계하는 것이 정석으로 되어 있다.

또한 강판 자체의 개량도 진보하면서 인장강도가 높은 고장력강, 초고장력강이 자동차 차체용 소재에서 요구되는 성형성 등의 문제를 해결해 줌으로써 사용하는 사례가 증가하고 있다. 다만 이러한 강재는 강도가 높지만 강성까지 향상되는 것은 아니기 때문에 파괴에 이르는 변형이 시작되는 항복점(yield point)을 증가시키기 위한 부위에 사용하여야만 의미가 있다.

1) Mercedes Benz S-class (W221) 고강도 경량화 차체구조

유럽의 주요 메이커는 강판 뼈대의 진화를 적극적으로 추진하고 있으며, 그 한 가지 예가 여기에 소개하는 메르세데스 벤츠의 신형 차량들이다. 주요 보디구조에 고장력 강판을 사용한 부위가 크게 증가되었으며, 특히 높은 내구력이 요구되는 측면 충돌에 대응하여야 하는 부위에는 최신의 고장력 강판을 많이 사용하고 있다. 한편 응력을 크게 받지 않는 외부 패널 덮개 종류, 즉 개폐 면에는 모두 알루미늄 합금을 사용함으로써 그 비중만큼의 가벼움을 살리며 경량화 구조를 적용하고 있다.

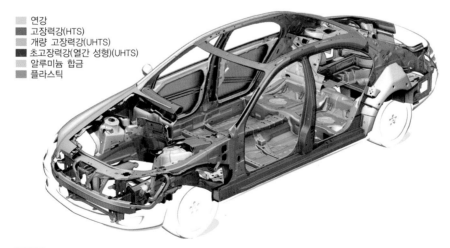

▨ 연강
▨ 고장력강(HTS)
▨ 개량 고장력강(UHTS)
▨ 초고장력강(열간 성형)(UHTS)
▨ 알루미늄 합금
▨ 플라스틱

그림 Mercedes Benz S-class (W221)의 고장력 강판 및 알루미늄 합금 적용

2) BMW 5-series(E60계열) 고강도 경량화 차체구조

독자적인 자동차의 제작을 주로 하는 유럽 메이커인 BMW는 E60 계열의 차체에는 강철과 알루미늄 합금의 혼성 방법을 도입해 왔다. 아래 그림과 같이 엔진룸 주변은 알루미늄 합금의 소재이며, 서스펜션 어퍼 서포트 부분은 금형의 주조 제품으로 되어 있다. 운전실 앞면 격벽에서부터 뒤쪽은 강판 구조를 하고 있으며, 양쪽의 접합은 리벳(50㎜ 간격)과 접착제를 같이 사용한다. 차량 운동의 질감에 있어서는 알루미늄의 합금에 의해 단단함이 나타나는 감촉이다.

■ 고강성(그 중에서도 비틀림 방향) 차체의 주요 뼈대
■ 측면충돌 대응 보강 부재
■ 충돌 에너지 흡수변형 억제 부재
■ 뒷면 충돌 에너지 흡수 영역
■ 충돌 흡수 범퍼 유지 구조

그림 BMW 5-series(E60계열) 차체의 이종금속 적용 및 강성확보 구조

3) 2세대 Audi-TT 경량화 차체구조

아우디의 제2세대 TT도 알루미늄의 사용 방법을 잘 연구한 성과가 반영되어 있다. 쿠페와 로드스터 모두 보디 구조는 거의 공통이다. 프런트의 사이드 멤버, A필러 포스트 등에 알루미늄의 주조 소재를 사용하며, 단면적이 큰 사이드 실과 플로어의 정(井)자 형상 등은 알루미늄의 압출 소재를, 보디 셸에는 알루미늄의 판재를, 그리고 뒤쪽의 플로어 주변에는 강판의 프레스 부품을 사용하고 있다. 강철과 알루미늄의 접합 부분에는 셀프 피어싱 리벳과 접착으로 완성한다. 중량 배분의 최적화라고 아우디는 말하지만 리어 서스펜션의 접지성이나 차체의 앞뒤에 대한 강성의 밸런스까지 고려한 차체구조를 적용한 것이다.

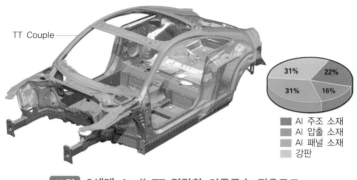

그림 2세대 Audi-TT 경량화 이종금속 적용구조

- AI 주조 소재
- AI 압출 소재
- AI 패널 소재
- 강판

3 차체구조 설계 기술 동향

(1) 차체설계 부분 및 전체구조에 대한 해석

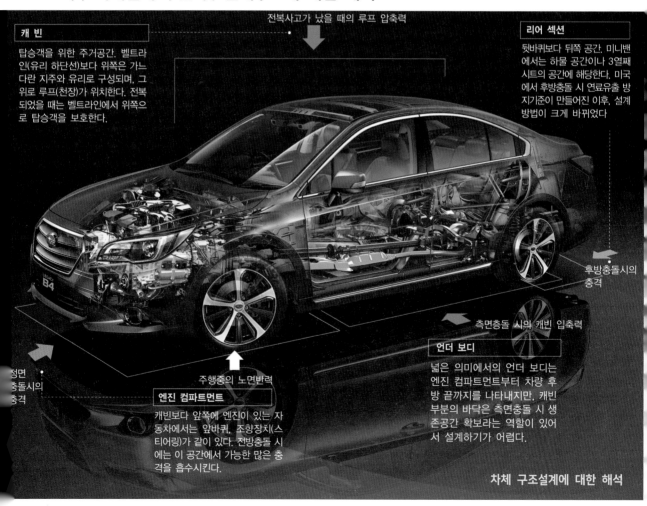

캐빈

탑승객을 위한 주거공간. 벨트라인(유리 하단선)보다 위쪽은 가느다란 지주와 유리로 구성되며, 그 위로 루프(천장)가 위치한다. 전복되었을 때는 벨트라인에서 위쪽으로 탑승객을 보호한다.

전복사고가 났을 때의 루프 압축력

리어 섹션

뒷바퀴보다 뒤쪽 공간. 미니밴에서는 하물 공간이나 3열째 시트의 공간에 해당한다. 미국에서 후방충돌 시 연료유출 방지기준이 만들어진 이후, 설계방법이 크게 바뀌었다

후방충돌시의 충격

측면충돌 시의 캐빈 입축력

언더 보디

넓은 의미에서의 언더 보디는 엔진 컴파트먼트부터 차량 후방 끝까지를 나타내지만, 캐빈 부분의 바닥은 측면충돌 시 생존공간 확보라는 역할이 있어서 설계하기가 어렵다.

정면충돌시의 충격

주행중의 노면반력

엔진 컴파트먼트

캐빈보다 앞쪽에 엔진이 있는 자동차에서는 앞바퀴, 조향장치(스티어링)가 같이 있다. 전방충돌 시에는 이 공간에서 가능한 많은 충격을 흡수시킨다.

차체 구조설계에 대한 해석

1) 프런트 보디부

엔진 컴파트먼트 주변에는 노면에서 올라오는 입력에 대해 보디가 변형되지 않도록 강성을 높이기 위한 부자재가 다수 있으며, 충돌 내구 부자재 역할을 겸한다. 노면에서 올라오는 입력으로 인해 진동·소음이 증가하지 않도록 대책을 세우는 부분으로 색으로 구분된 부분이 진동과 소음을 맡는 동시에 보디 강성이나 충돌 충격에도 대응한다.

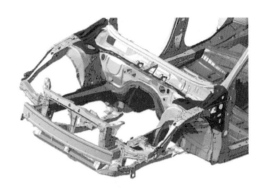

그림 프런트 보디부 차체구조 설계

2) 언더 보디부

보디 전체를 설계할 때는 진동·소음, 강성, 충돌 내구강도가 전체적으로 잘 조화되도록 항상 조정이 이루어진다. 설계파트는 부분별로 나누어져 있지만, 전체를 감독하는 입장의 엔지니어에게는 부분별로 설계된 차체구조를 전체 차체구조에 적용하기 위한 밸런스 감각이 요구된다.

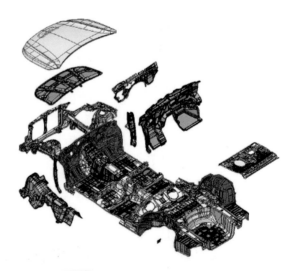

그림 언더 보디부 차체구조 설계

3) 리어 보디부

캐빈 앞뒤로 배치되는 바퀴, 그것을 지지하는 서스펜션, 차체에 대한 서스펜션 연결, 후방에서의 추돌대책 등 세단은 전체성능에서 이점이 있다.

그림 리어 보디부 차체구조 설계

(2) 하이브리드 보디

승용차를 비롯한 자동차 차체 구조는 지속적인 발전을 통하여 진화되고 있으며 특히 현재 하이브리드 보디 구조에 대한 차체 설계 및 구조 개선방법이 적용되고 있다. 하이브리드란 복합, 혼합이라는 의미로서 다시 말하면 여러 소재를 같이 사용하는 구조를 말한다.

자동차용 강판에는 단단한 것부터 부드러운 것까지 다양한 종류가 있기 때문에 자동차 보디를 만드는데 있어서 선택에 제한이 없으나 무거운 강재가 적용되는 보디 구성부에 대하여 근래에는 고강도, 초고강도 강판을 사용하고 그 대신에 판 두께를 얇게 하는 게이지 다운이 유행하고 있지만, 강판을 얇게 하면 단면적이 줄어들어 강성이 떨어지는 문제가 발생한다.

따라서 강성이 필요한 부위에는 강도는 떨어져도 약간 두꺼운 강판을 사용한다. 즉 강판으로만 만들어진 보디도 넓은 의미에서는 하이브리드 구조라고 할 수 있다. DP강, TRIP강, BH강, HSS, AHSS 등 성질이 다른 강판을 적재적소에 사용하는 하이브리드 구조인 것이다. 그리고 근래에는 이종소재의 하이브리드 구조가 서서히 증가하고 있다.

어떤 소재를 보디의 어떤 요소에 적용할지는 모두 이유가 있으며 보디 각 부위의 역할을 고려해 알맞은 소재를 사용한다. 다만 양산 승용차에는 제작 편리성이나 비용의 관리가 필수이기 때문에, 이러한 요소와 절충해가면서 소재를 선정한다. 또한 차체 구조 설계에서 부분을 생각하고 전체를 생각하며 부분마다 최적화했더라도 보디 전체를 보았을 때 뭔가 이상이 있으면 안되기 때문에 이런 점이 자동차 보디 설계의 어려움으로 나타나고 있다.

또한 제조설비도 고려하지 않으면 안 된다. 보유하고 있는 공장설비로 제조할 수 있는지, 아니면 신규설비를 도입해야 하는지. 이런 점은 제조비용과의 균형이 있어서, 비용이 상승하면 이익률을 감소시키거나 판매가격을 인상하는 판단이 요구된다. 나아가서는 정비 및 수리성도 중요한 차체 설계의 고려 요소이다.

(3) 차체 구성 파트별 설계 및 성능

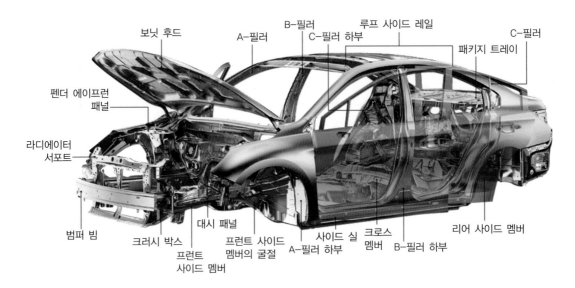

보닛 후드
A-필러
B-필러
C-필러 하부
루프 사이드 레일
패키지 트레이
C-필러
펜더 에이프런 패널
라디에이터 서포트
범퍼 빔
크러시 박스
프런트 사이드 멤버
대시 패널
프런트 사이드 멤버의 굴절
A-필러 하부
사이드 실
크로스 멤버
B-필러 하부
리어 사이드 멤버

그림 차체 구성요소

01 범퍼 빔(Bumper Beam)

차체 가장 앞에 위치하면서 폭 방향으로 넓은 형상을 하고 있다. 실제 도로 상에서 정면으로 충돌하는 경우는 거의 없고, 차체 중심선의 좌측이나 우측 어느 한 쪽으로 치우치는 옵셋 충돌 경우가 대다수이다. 그런 경우라도 차량의 한쪽으로 충격이 집중되지 않도록, 강도가 높은 소재로 만들어진 범퍼 빔이 먼저 상대 차량이나 물체와 부딪쳐 엔진 컴파트먼트 내에 있는 2개의 전방 사이드 멤버로 충격이 유도되도록 작동한다.

02 라디에이터 서포트(Radiator Support)

라디에이터를 고정하는 틀. 강도는 필요 없기 때문에 수지로 만드는 경우도 증가했다.

03 크러시 박스(Crush Box)

좌우대칭 위치에 있으며 범퍼 빔은 여기에 장착된다. 가벼운 충돌은 이 부분이 찌그러지면서 충돌의 충격을 흡수해 차량 본체에 데미지가 전달되지 않도록 한다.

04 프런트 사이드 멤버(Front Side Member)

엔진 컴파트먼트 내에서 앞바퀴보다 안쪽에 좌우 대칭으로 위치한다. 엔진 중량을 잡아주고 전면충돌이 발생했을 때는 그 충격을 흡수하는 역할을 한다.

05 펜더 에이프런 패널(Fender Apron Panel)

대부분의 자동차는 이 위치에 앞바퀴 댐퍼(쇽 업소버)가 고정된다. 주행할 때는 노면으로부터의 힘(反力)을 가장 많이 받는 부위이기도 하다. 알루미늄 보디의 경우 이 부분은 튼튼한 주물을 사용하는 경우가 많다.

06 대시 패널(Dash Panel)

방화벽, 벌크 헤드라고도 불린다. 엔진 컴파트먼트와 차량실내를 나누는 견고한 벽체로 횡 보강재 등이 장착된다.

07 보닛 후드(Bonnet Hood)

예전에는 전면충돌 때 보닛 후드가 실내로 들어와 탑승객에게 손상을 주는 사고가 많았지만, 현재는 계산된 굴절이 이루어진다. 심지어 보행자 보호규정이 도입된 이후에는 보행자 사고발생 시 가해성을 낮추는 설계로 바뀌었다.

08 프런트 사이드 멤버의 굴절

자동차 보디 안에서 가장 강하고 튼튼하게 만들어지는 프런트 사이드 멤버는 엔진 컴파트먼트보다 뒤쪽에서 바닥 아래로 잠입하듯이 뻗어나간다. 그 때문에 굴절 포인트가 생긴다. 현재의 자동차가 갖고 있는 약점 가운데 하나이다.

09 A필러(A Piller)

전에는 앞 유리와 지붕을 떠받치기만 하는 기둥이었지만, 현재는 전면 충돌 시 충격을 지붕 방향으로 유도하는 역할도 맡는다. 충격을 넓은 범위로 전달하는 부위를 로드 패스(Road Path)라고 부르는데 A필러도 그 가운데 하나이다.

10 A필러의 하부(뿌리)

80년대 후반기의 자동차와 현재의 자동차를 비교하면 이 부분의 설계가 가장 많이 변했다. 한쪽 프런트 사이드 멤버만으로 큰 충격을 흡수해야 하는 차량중심 편차(옵셋) 충격에 있어서 이 부분으로 큰 파괴력이 작동한다. 또한 프런트 사이드 멤버보다 바깥쪽인 만큼 차량 전폭 가운데 가령 10% 정도가 부딪치는 상황에서는 최종적으로 모든 충격을 여기서 막아낸다.

11 사이드 실(Side Sill)

이 부분을 제대로 설계할 수 있다면 열 사람 몫은 하는 것이라고 이야기될 정도로 설계가 어렵다. 측면 충돌 시 이 부분이 큰 충격을 부담하는 동시에 보디 강성에 있어서도 중요한 부위이다. 게다가 근래에는 차체설계를 여러 모델에서 공유하기 때문에 사이드 실에서 횡폭의 확대축소에 대응하지 않으면 안 된다.

12 B필러(B Piller)

캐빈 중앙에서 천장을 떠받치는 지주. 측면 충돌 시에는 이 한 개의 기둥만으로 상대 차량의 침입을 막아내야 하고, 전복이 됐을 때는 지붕이 찌그러지는 것을 막아내야 한다. 근래에는 제조기술의 혁신이 추진되는 중심부분이기도 하다.

13 B필러 하부(뿌리)

보디 강성 측면에서 보면 사이드 실과 B필러의 결합은 강하고 튼튼해야 한다. 그러나 측면 충돌 시에는 이 부분을 일부러 크게 변형시켜 충돌에너지를 흡수하는 역할이 요구된다.

14 크로스 멤버(Cross Member)

차량 실내를 좌우로 횡단하듯이 바닥 면에 배치되는 횡단 골격 자재. 방화벽 바로 밑, 앞좌석 바로 밑, 뒷바퀴 부근까지 3개의 크로스 멤버를 배치하는 경우가 많다.

15 C필러 하부(뿌리)

뒷바퀴 휠 하우스 바로 위 또는 바닥 방향으로는 폐쇄된 단면(폐단면)을 한 상자 모양의 리인 포스먼트(Lean Forcement)가 들어가는 경우가 많다. 서스펜션에서 보디로 전달되는 입력을 확실하게 막아내기 위해서이다. 또한 댐퍼를 보디 쪽에 고정하는 위치 부근도 이에 비슷한 보강이 이루어진다. 다만 어떤 식이든 차량 실내로 튀어나오기 때문에 실내 공간과 보강과의 절충이 필요하다.

16 루프 사이드 레일(Roof Side Rail)

앞 유리 양쪽의 A필러, 뒤 유리 양쪽의 C필러가 각각의 외관으로 간주되던 시대는 아주 오래 전이다. 현재는 아치(원호)를 그리는 1개의 곡선을 그리면서 루프 사이드 레일이 과연 어디서부터 어디까지인지 정의하기가 어렵다. 필러와 일체화되었기 때문이다.

17 패키지 트레이(Package Tray)

뒷자리 후방에 위치하는 이 구획 판은 세단이기 때문에 배치되는 부품이다. 리어 서스펜션을 위쪽에서 좌우로 연결하는 구조재로서 이것이 없는 왜건 보디는 세단에 비해 보디의 강성이 떨어지는 운명을 가질 수밖에 없다.

18 C필러(C Piller)

자동차를 정중앙 위에서 보았을 때(평면도), 현재의 일정 치수 이상의 자동차는 벨트 라인부터 위쪽 캐빈이 보디 후방을 향해 안쪽으로 좁아진 경우가 많다. 이 처리를 평면조임이라고 부른다. 공기저항이 줄어드는 효과가 있지만 뒤 유리 면적이 작아진다.

19 리어 사이드 멤버(Rear Side Member)

뒷바퀴보다 뒤쪽에도 프런트 사이드 멤버와 비슷한 리어 사이드 멤버가 좌우 대칭으로 배치된다. 연료 탱크는 그 안쪽에 위치한다.

4 차체 제조 공법 및 가공기술

(1) 프레스 성형

보디에 있어서는 예전부터 강판을 프레스 가공으로 성형한 부품을 용접으로 조립하는 공법이 주류를 이루고 있다. 프레스 가공은 성형 방법에 의한 소성(塑性) 가공의 한 종류로서 세트를 이루는 금형 사이에 가공 소재를 넣고 강한 힘을 가하여 가공 소재를 금형 내면과 똑같은 형상으로 만드는 공법이다. 가공 시간이 짧고 설비만 도입하면 장시간 연속적으로 운용할 수 있어서 생산 효율의 향상에 크게 기여한다.

프레스 공정에서 이루어지는 처리를 크게 분류하면 **펀칭**, **굽힘**, **드로잉** 3종류이다. 펀칭은 가공 소재를 절단하거나 제품의 내부에 구멍을 뚫는 등 제품 외형의 모양을 만드는 가공법이다. 굽힘은 가공 소재를 구부리거나 굴곡이 지도록 만드는 가공법이다. 드로잉은 가공 소재를 컵(자루) 모양으로 성형하는 가공법이다. 자동차용 보디의 구성부품도 몇 단계의 공정을 거치면서 이들 가공법을 조합시켜 성형되며 프레스 생산공정의 종류는 아래와 같다.

1) 진행(progressive)

코일의 형태로 감겨 있는 강판을 언코일러에 올린 다음 레벨러 피더로 바르게 펴면서 블랭킹 프레스로 공급된다. 블랭킹 프레스의 기본적인 기능은 펀칭하여 가공을 하는 공작기계로 가공품이 항상 같은 평면상에 있고 거기에 한 방향으로만 압력을 가하기 때문에 복잡한 형상은 가공하지 못한다.

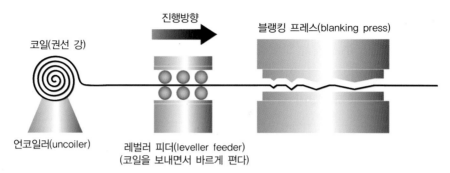

그림 프레스 진행(progressive) 공정

2) 트랜스퍼 프레스

스택 스탠드에 놓인 강판을 컨베이어를 이용하여 트랜스퍼 프레스로 운반한다. 가공품이 프레스에 들어가는 단계에서 핑거로 고정된 상태에서 피드 바로 운반되어 간다. 프레스 공정마다 핑거를 움직여 가공품의 방향을 바꿀 수 있기 때문에 금형설계와의 조합을 통하여 복잡한 형상을 가공할 수 있다.

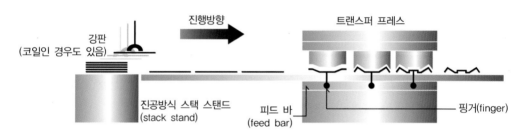

그림 트랜스퍼 프레스 공정

3) 로봇 프레스

한 개의 프레스 내에서 연속적으로 프레스를 하는 것이 아니라 공정마다 범용 프레스를 이용함으로써 순차적으로 작업을 진행하는 방법이다. 한 공정에서 다른 공정으로 가공품을 운반하는데 로봇을 사용한다는 점이 특징이다.

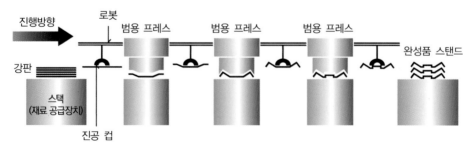

그림 로봇 프레스 공정

4) 탠덤(Tandem)

가장 기본적인 연속 프레스 공정이다. 각 프레스에 한 사람씩 작업 인원이 배치되어 위쪽 공정에서 흘러온 가공품을 담당 프레스에 올려 가공이 완료되면 다음 공정으로 이동한다. 단기간에 집중적으로 특정 양을 생산하는 경우에는 비용의 절감이나 특수 형상, 소량품 대응 등에 기여하기 때문에 현재도 이용되고 있는 공정이다.

그림 텐덤 프레스 공정

5) 핫 스탬핑 공법

핫 스탬핑(Hot Stamping)이란 950℃이상의 고온으로 가열된 철강소재를 금형에 넣고 프레스로 성형한 뒤 금형 내에서 급속 냉각시키는 공법을 말한다. 이 공법의 장점은 원 소재를 인장강도 1.5GPa이상의 초 고장력강(AHSS: Advanced High Strength Steel)으로 만들 수 있고 또 복잡한 형상을 성형할 수 있으며, 우수한 치수정밀도를 갖는다는 장점이다. 핫 스탬핑은 기존 두께를 유지하면서 강도는 2~3배 높일 수 있기 때문에 기존 스탬핑 방식 대비 약 15~25%의 자동차 경량화를 실현할 수 있다.

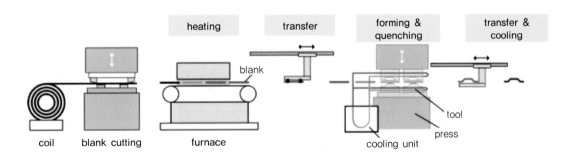

그림 핫 스탬핑 공정

(https://dreaming-gongdori.tistory.com/10)

최근 자동차 경량화 요구에 따라 차체업계에서는 보다 강하고 가벼운 경량소재 적용을 위해 개발된 핫 스템핑 기술을 도입양산에 적용하고 있지만, 원천기술의 부재 및 과잉 설비투자, 과도한 사이클 타임으로 생산성에 문제가 있어 전기로가 아닌 유도가열 방식을 통해 온도를 상승시킨 뒤 퀜칭시키는 공법이 연구되고 있다. 그러나 고주파 유도가열은 금속의 원하는 물성을 얻기 위한 고주파 전류조건과 형상에 맞는 유도코일이 설계되어야 열처리 효과를 극대화할 수 있으므로 최적의 고주파유도가열 시스템에 대한 연구가 필요하다.

(2) 차체 용접기술

1) 압접법·스폿 용접

구리의 전극봉 사이에 2개의 금속판을 끼우고 전극을 누르면서 큰 전류를 흐르게 함으로써 접합면에서 발생하는 줄(joule) 열로 금속판의 접합부를 용융시켜 전극의 인가 가압(印加加壓)을 사용하여 접합시킨다. 전기가 흐르는 전력은 자동차용 강판의 경우 전류가 7,500A, 전압이 15~20V 정도다.

용접면의 최대 용융 깊이가 연속되어 있는 부위를 너깃(nugget)이라 부르며, 그 형상은 전극의 형상에 따라서 달라진다. 접합부의 강도는 너깃의 원주 길이로 정해지며, 자동차용 보디의 제조라인에서 용접용 로봇이 화려한 불꽃을 비산시키는 것은 이 스폿 용접의 공정이다. 한 타점 당 소요되는 시간이 1~2초 정도로 짧고 로봇에 의해서 연속적으로 작업이 가능하기 때문에 생산성의 향상을 높이기 쉬운 용접법이다.

반면에 분류 현상에 의한 용접의 불량을 피하기 위해 용접 타점 간의 거리에 제한이 있으며, 또한 입력이 클 경우는 박리가 생길 가능성도 있다. 이러한 단점을 고려한 용접 가공의 설계가 필요한 것이다.

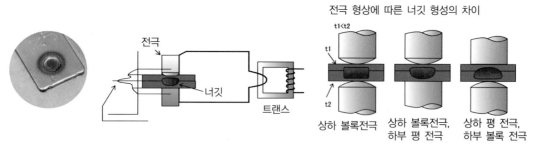

그림 스폿 용접

2) 프로젝션 용접, 심 용접

접합부에 미리 통전용의 돌기(rib)를 만들어 두고 돌기에 전류 및 전압을 집중시켜 용융 부위를 접합시키는 것이 프로젝션 용접이다. 전기가 흐르는 부분 중 저항값이 가장 큰 부분이 용접되며, 자동차 부품용 강판에 이용할 경우 13,000~15,000A라는 큰 전류가 이용된다. 판재에 너트를 용접할 경우나 판재끼리라도 극단적으로 판재의 두께가 다를 경우 또는 대형의 평면 전극을 사용하여 복수의 부위를 한 번에 용접할 경우에 이용된다.

심 용접은 스폿 용접의 선 용접 판이라고 생각하면 이해하기 쉬울 것이다. 회전 전극에 2장의 금속판을 끼우고 압력을 가하면서 큰 전류를 공급하거나 차단을 반복하여 금속판의 접촉부를 용융시켜 이음새를 봉합시키는 방법으로 접합한다. 스폿 용접과 똑같은 너깃이 연속적으로 생성되는 연속 용접이기 때문에 용접의 원주 길이를 세이브하기 좋지만 회전 전극과 이음매가 필요하기 때문에 가공할 수 있는 제품의 형상에는 제한이 있다.

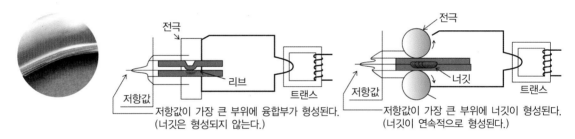

그림 프로젝션 용접, 심 용접

3) 융접법·아크 용접

전극 사이의 방전 현상(아크)에 의해 발생되는 열을 이용하여 용접재 또는 용가재와 모재의 접합면을 용융시켜 접합하는 용접 기술이다. 소모 전극식은 용접 토치부에 송급되는 용접재(와이어) 자체가 소모되는 전극으로 모재와의 사이에서 아크(arc)가 발생한다. 아래 그림은 피소모 전극식으로 용융의 소모가 거의 없는 텅스텐 전극으로 아크를 발생시켜 모재 자체를 용융시켜 접합한다. 용접 부위의 산화나 환원을 방지하기 위하여 가스로 피복시키면서 용접이 이루어진다.

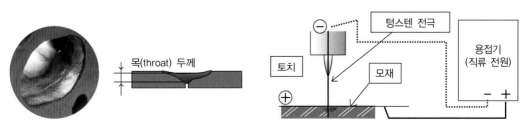

그림 아크 용접

4) 레이저 용접

발진기(發振器)에서 생성한 고출력의 레이저 광선을 광파이버나 미러의 광 통로를 통하여 집광 시스템에 전송한 다음 집광 렌즈에서 적절한 크기로 조정하여 용접 부위에 조사하면 고열에 의해 용융이 되며, 아크 용접과 마찬가지로 용접 부위에 실드 가스를 분출시키면서 용접한다.

모재를 끼우지 않고 용접할 수 있기 때문에 용접의 자유도가 높은 반면에 피용접물에는 높은 판금의 정밀도가 요구된다. 또한 교환 소모 부품이 비싸고, 저항 용접과 비교하여 초기의 투자가 높다는 점 등이 단점이다.

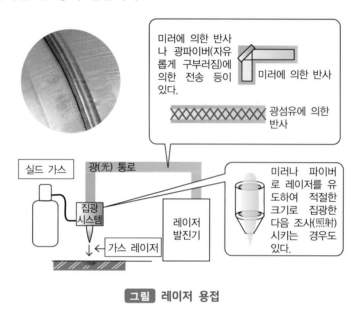

그림 레이저 용접

5) 마찰교반용접(FSW; Friction Stir Welding)

근래, 용접을 대신할 새로운 접합기술로 주목받고 있는 것이 FSW(Friction Stir Welding : 마찰 교반 접합)이다. 동일한 면상에 맞대는 형태로 배치한 2개의 접합할 소재에다 고속으로 회전하는 툴을 누른 다음 거기서 발생하는 마찰로 가열하는 동시에 교반(攪拌)하여 인접한 소재를 섞어 접합하는 방식이다.

일반 용접과 크게 다른 것은 온도이다. 용접이 대상인 소재에 융점 이하의 온도를 가하여 소재를 액화시켜 작업하는 용융 결합인데 반해, FSW는 융점이하에서 소재가 부드러워지는 정도로 가열하여 고체(固相) 상태로 섞어주는 고체 상태의 결합이다. 비교적 저온으로 작업할 수 있기 때문에 소재에 대한 열의 영향을 최소한으로 할 수 있다. 즉, 융점 660℃인 알루미늄의 경우는 400~500℃에서 이 유동성을 가진 고체 상태가 된다.

기본적으로는 고체이기 때문에 중력에 의해 흐르는 경우는 없지만 회전하는 툴에 휘감겨 붙는 형태로 교반되어 서로 섞인다. 필요한 것은 툴의 회전과 그 이동에 소비되는 에너지뿐이다. 툴의 회전수는 수 백 rpm부터 높아야 2,000rpm 정도가 되기 때문에 전기로 열을 발생시키는 용접과 비교하면 훨씬 적은 에너지만 있어도 용접공정이 이루어지므로 FSW의 큰 장점으로 적용되고 있다.

툴을 소재에 밀어줄 필요가 있기 때문에 안쪽에서 눌러줄 수 없는 자루형태(saccate)의 부재나 3차 곡면처럼 접합이 어려운 분야도 있지만 조건만 맞으면 많은 면에서 이종 금속의 용접을 비롯하여 일반용접을 능가하는 것이 FSW이며 개발시점이 20년 정도밖에 지나지 않은 새로운 기술인만큼 아직도 지속적인 발전을 이루고 있다.

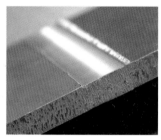

그림 마찰교반용접

(3) 차체 접합기술

두 개 이상의 물체를 매개의 부재를 사용하여 기계적으로 접합시키는 방법이 체결이다. 지금까지 설명해 온 여러 가지의 방법과 크게 다른 것은 체결에는 결합한 부위를 한 번 더 쉽게 분리할 수 있는 수단이 있다는 것이다. 구체적으로는 나사류를 이용하면 공구로 탈착할 수 있다. 접합한 후에도 분리할 가능성이 있는 곳 예를 들면 라디에이터 서포트나 범퍼 빔 등의 구조부재, 도어 힌지 등의 가동부위 등에 대해서는 볼트와 너트로 고정하도록 설계한다.

물론 체결에도 분리가 되지 않는 방법이 있는데 그때는 리벳을 이용한다. 용접할 수 없는 부위나 맞지 않는 소재들을 체결하는 등에 사용하며, 한 번 체결하면 쉽게 분리할 수 없다. 그러나 한편으로는 용접과 달라서 체결부위를 파괴하면 다시 분리할 수 있다는 것도 특징이다. 나사류, 리벳류 모두 기계적 강도를 높이고 싶으면 스폿 용접처럼 체결부위 수를 증가시키거나 혹은 나사와 리벳의 소재를 고강도의 것을 이용하면 된다. 대개는 모재와 다른 금속을 이용하게 되는데 그때는 전해부식이 생기지 않도록 수단을 강구할 필요가 있다.

접착은 주로 수지를 이용하는 접착제를 매개로 해서 두 개 이상의 물체를 붙이는 방법이다. 부재들을 크게 가공하지 않아도 되기 때문에 열 변형이 일어나지 않고 밀봉성이 뛰어나다는 등의 장점이 있지만 접착 면적을 크게 하지 않으면 강도를 확보할 수 없다는 점, 수지를 주체로 하기 때문에 고열에 약하다는 점, 접합 수단으로 역사가 짧기 때문에 시간의 경과에 따른 데이터가 적다는 점 등이 약점으로 지적된다.

그림 차체접합 사례

1) Self-Piercing Riveting

2장 이상의 판재를 체결하는 수단으로 리벳의 하부를 모재에 체결하는 동시에 변형시킴으로써 뺄 수 없는 구조로 만든다. 그림과 같이 리벳은 관통하지 않고 모재를 감싸 변형되면서 일체화된다. 시공할 때는 밑에서 받침대를 적용하기 때문에 압착 공구가 들어갈 만한 공간이 필요하며 알루미늄끼리 연결

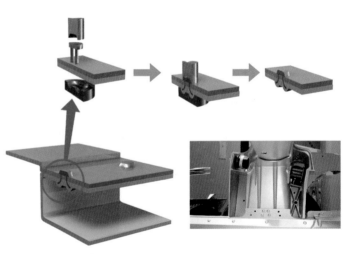

그림 셀프 피어싱 리벳팅 접합기술

하는 방법으로 많이 사용되는 이유는 알루미늄은 열 및 전기의 전도율이 강재보다 높고 스폿 용접에 대한 전기 에너지가 사라져 저항 용접이 이루어지지 않기 때문이다. 따라서 같은 점 접합이면서 기계적 수단을 이용하게 되었으며 통상적인 리벳 시공 때와 같이 미리 구멍을 뚫어둘 필요도 없기 때문에 강도 저하의 우려가 적다는 것도 특징이다.

2) Solid Punch Riveting(SPR)

아우디의 알루미늄 접합기술 가운데 하나로 구멍이 뚫리지 않은 2개의 판재에 대해 쐐기모양의 원통부재를 강제적으로 눌러서 결합한다. 가공 면이 평평해지기 때문에 예를 들면 TT에서는 루프나 필러 주변 등 미관을 손상시키지 않는 부분에 이용된다. 약칭은 SPR이며 공정이 까다롭기 때문에 주의가 필요하다.

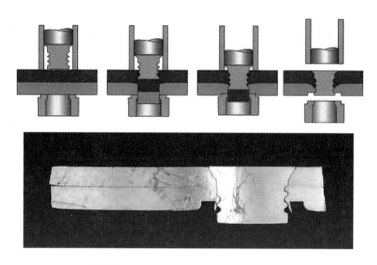

그림 솔리드 펀치 리벳팅 접합기술

3) Flow Drill Screwing(FDS)

올 알루미늄 보디에서 바뀌어 중요 부재에는 강재를 이용하게 되었기 때문에 알루미늄과의 접합하는 수단으로 사용된 것이 FDS이다. 소위 말하는 나사 고정의 일종으로 전해부식에 대한 대책 때문에 강재와 알루미늄 사이에는 접착제를 바르고 시공하며 사전에 모재에는 구멍을 미리 가공할 필요가 있다. 나사 고정이기 때문에 체결부위를 다시 분리시킬 수 있다는 것도 장점이다.

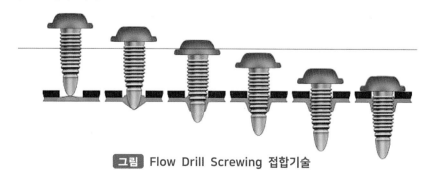

그림 Flow Drill Screwing 접합기술

4) 구조용 접착제

CFRP(Carbon Fiber Reinforced Plastics)나 GFRP(Glass Fiber Reinforced Plastic) 등과 같은 합성물 구조에 있어서는 자동차의 구조부분을 체결할 때 접착을 사용하는 방법이 이미 널리 사용되고 있다.

스미토모 3M 주식회사가 자동차 수리용 에폭시 수지계 2액형 구조용 접착제인 패널 본딩 시스템을 발매한 것은 1999년이다. 각종 수지, 금속 및 금속+세라믹, 폴리올레핀계 수지용 등과 같은 일반용 각종 2액 실온 경화형 접착제인 EPX 접착 시스템 각 제품과 함께 자동차 수리 현장에서는 일반적으로 사용되고 있다. 스미토모 3M 패널 본딩의 대표적 품번인 8115의 경화 후 접착강도는 강판끼리의 접착인 경우 전단강도 23.5MPa, 박리강도는 7kN/m(공식치)이다.

이것을 용접과 비교하면, 대략 접착 면적 $2cm^2$ 당 스폿 타점 1군데에 상당하는 체결력이며 스폿 용접에 있어서 분전 분류(分電分流)가 생기지 않는 하한 간격은 조건에 의해 30mm~50mm로 나타나고 있기 때문에 어느 선 길이에 대한 구조용 접착제의 접착 강도는 스폿 용접과 동등하거나 약간 상회하는 정도의 접합강도를 나타내며 실제 박판 강판 등으로 접착 강도의 테스트 결과 접착부의 박리보다 모재가 먼저 파괴되는 테스트 결과가 있다.

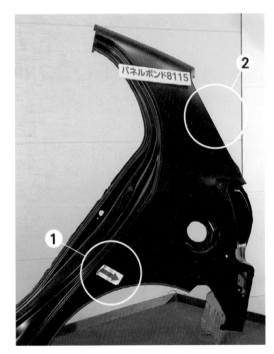

그림 패널 본딩 시스템의 적용사례

■ 장점

① 접착 강도와 비강도가 높다.

② 콜드 프로세스를 위한 모재의 물성에 영향을 끼치지 않는다.

③ 철 ↔ 알루미늄, 금속 ↔ 수지 등 이종 재료 사이의 접착이 가능하다.

④ 접착제는 절연체이기 때문에 이종 금속 간의 체결에도 전식(電蝕)이 생기지 않는다.

⑤ 체결과 동시에 체결부의 방청과 수밀 실(水密seal)이 가능하다.

■ 단점

① 경화시간이 길다.(완전 경화까지 평균 90min 소요)

② 준비, 공정에 약간의 조직과 경험을 필요로 한다.

③ 자외선이나 연식 등에 따른 열화 등에 대한 신뢰성이 부족하다.

④ 내열성이 낮다.

04
chapter

섀시구조 및 기술동향

1 파워트레인 시스템의 구조 및 작동원리

(1) 파워트레인 개요

동력전달장치는 운전자의 의지를 담아 차량의 주행환경에 알맞게 동력원의 회전력과 회전 속도를 변화시켜 구동륜에 전달하는 역할을 한다. FF 자동차인 경우에는 클러치, 변속기 및 라이브 샤프트(Drive Shaft) 등으로 구성되어 있으며 엔진, 클러치, 트랜스액슬, 액슬축, 휠 순으로 동력이 전달되고 FR 자동차인 경우에는 클러치, 변속기, 추진축 및 리어액슬 등으로 구성되어 있으며, 엔진, 클러치, 변속기, 추친축, 종감속기어 및 차동기어장치, 액슬축, 휠 순으로 동력이 전달된다.

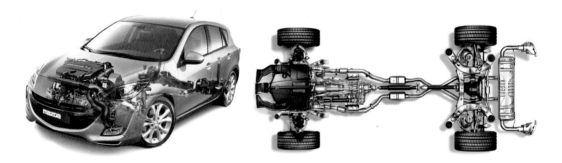

그림 전륜구동 및 후륜구동 파워트레인 구성

자동차의 구동방식은 엔진과 구동되는 바퀴의 위치에 따라 2륜 구동과 4륜 구동으로 구분한다. 먼저 2륜 구동 방식에는 앞 엔진 앞바퀴 구동방식, 앞 엔진 뒷바퀴 구동방식, 중앙 엔진 뒷바퀴 구동방식, 뒤 엔진 뒷바퀴 구동방식이 있고, 4륜 구동방식은 풀 타임 4륜 구동 방식과 파트 타임 4륜 구동방식으로 구분할 수 있다. 각각의 구동방식은 각 방식만의 특징과 장단점이 존재하며, 동력전달장치의 구성 요소에도 영향을 미친다.

1) 앞 엔진 앞바퀴 구동방식(FF)

FF는 'Front Engine Front Wheel Drive'의 약자로 차량 전면부에 탑재된 엔진이 앞바퀴를 굴려 자동차를 끌어가는 방식으로, 현재 가장 보편적으로 쓰이는 방식이다. FF 방식의 장점은 부피를 많이 차지하는 엔진이 차량 앞부분에 자리 잡고 있기 때문에 뒷좌석을 차지하지 않으며, 엔진의 동력을 뒷바퀴까지 전달해 주는 추진축(Propeller Shaft) 등의 부품이 필요치 않아 실내공간이 넓어지고 무게가 가벼워지게 되어 연비향상 및 제작 비용절감 등 경제성이 높다.

또한 눈길이나 험로 등을 주행할 때 앞바퀴의 착지지점을 빨리 찾을 수 있어 조종성능이 좋다는 장점이 있다. 그러나 앞바퀴가 조향과 구동을 모두 수행하기 때문에 회전 시 원하는 방향보다 덜 꺾이는 언더스티어가 발생하고, 차량의 무게 중심이 앞쪽으로 쏠리게 되므로 밸런스가 잘 맞지 않아 앞 타이어의 마모가 심하다. 또한 무게 배분이 불균형해서 앞, 뒤 서스펜션의 강도가 다르게 세팅되어 승차감이 좋지 않고, 강한 브레이킹시에 차량이 앞쪽으로 밀리게 되는 현상이 발생한다는 단점이 있다.

그림 FF 타입의 엔진 배치형식(가로/세로배치)

2) 앞 엔진 뒷바퀴 구동방식(FR)

FR은 'Front Engine Rear Wheel Drive'의 약자로 엔진은 차량의 전면부에 장착되어 있지만 FF 방식과 달리 뒷바퀴를 굴려 자동차를 밀어가는 방식을 말한다. 따라서 엔진의 동력을 뒷바퀴까지 전달해주기 위해 추진축(Propeller Shaft) 외에도 여러 부품들이 사용된다. 이 FR 방식은 FF와 달리 조향과 구동을 앞바퀴와 뒷바퀴가 따로 수행하며 무게 배분이 50 : 50에 가까워 안정적인 승차감을 보인다.

따라서 언더스티어가 발생할 가능성이 낮으며 핸들링이 비교적 유리하며 FF 방식에 비해 브레이킹 능력이 상당히 높다. 그러나 FR 방식은 원하는 방향보다 많이 회전하는 오버스티어가 발생하기 쉽다는 단점을 가지고 있다. 또, 엔진의 동력을 뒷바퀴로 전달해주기 위한 각종 부품들로 인해 차체 중량이 증가되어 연비가 낮아지고 뒷좌석 가운데 부분이 튀어나와 실내 공간의 확보에 불리하다. 그리고 축하중이 걸리지 않기 때문에 미끄러운 노면에서 주행이 어렵다는 단점을 가지고 있다.

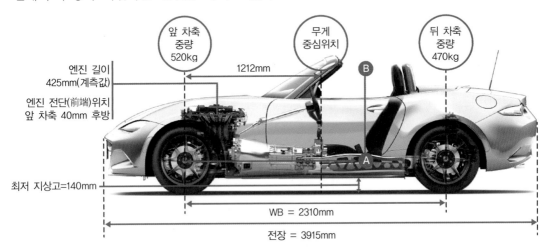

그림 로드스터 FR 타입 구조

3) 뒤 엔진 뒷바퀴 구동방식(RR)

RR은 'Rear engine Rear wheel drive'의 약자로 FF방식과는 완전히 반대되는 개념으로 엔진이 뒷바퀴 뒤쪽에 위치해 있고 뒷바퀴를 굴려 차체를 밀어가는 방식을 말한다. RR 방식은 뒷바퀴의 접지력이 매우 높아 가속 성능이 뛰어나고 엔진 및 주요장치가 트렁크 쪽에 위치하여 실내 공간의 확보가 용이하지만 무게 배분이 뒤쪽에 많이 쏠려 있기 때문에 급가속시에 앞바퀴의 접지력이 급격하게 떨어지고, 오르막이나 눈길을 달리는 것이 어렵다. 과거의 '스바루360' 같은 소형차들이 이 방식을 사용했다.

4) 중앙엔진 뒷바퀴 구동방식(MR)

MR은 'Mid Engine Rear Wheel Drive'의 약자로 엔진이 운전석과 뒷바퀴 가운데에 탑재되어 있으며, 뒷바퀴를 굴리는 방식이다. 가장 무거운 엔진이 중앙에 위치하여 대략 40 : 60의 무게 배분을 가지고 있어 회전관성상 유리하여 타 구동방식 대비 주행성능이 뛰어나다. 또한 고속시의 빠른 코너링, 급가속, 급발진, 가벼운 핸들링이 가능해 운동성능이 우

그림 미드쉽 구조

수해야 하는 경주용차나 고성능 스포츠카에 주로 적용된다.

하지만 MR 방식은 엔진이 중앙에 위치하기 때문에 탑승공간이 좁아지고 엔진이 운전석 바로 뒷부분에 위치하고 있기 때문에 진동과 소음에 취약하다는 단점을 가지고 있다.

5) 4륜 구동방식(4WD)

4륜 구동방식은 엔진이 자동차 앞부분에 설치되어 있고 앞뒤 바퀴에 모두 동력을 전달하여 구동하는 자동차이다. 4륜 구동방식의 동력전달 방법을 살펴보면, 엔진, 클러치, 변속기, 트랜스퍼 케이스, 앞 추진축을 통해 앞 휠로 동력을 전달함과 동시에 추진축, 종감속기어 및 차동기어 장치를 통해 뒷바퀴에도 동력을 전달하게 된다.

이런 4륜 구동방식은 크게 파트타임 4륜 구동(Part Time 4WD)과 풀타임 4륜 구동(Full Time 4WD)으로 나눌 수 있다. 두 방식 모두 네 바퀴를 굴린다는 점에서 동일하지만, 약간의 차이점이 있다.

① 파트타임 4륜 구동

파트타임 4륜 구동은 2륜 구동 또는 4륜 구동 방식을 선택해 주행할 수 있도록 만들어진 방식이다. 주로, 일반적인 차량으로는 통과하기 힘든 험난한 지형에서 많이 쓰이는 방식으로 등판 시나 험로 주행 등에만 4륜을 구동시켜 주행하고 평탄한 도로 주행 시에는 뒷바퀴만 구동시켜 주행하는 것이 가능하다.

② 풀타임 4륜 구동

풀타임 4륜 구동은 항상 네 개의 바퀴에 구동력을 전달하는 방식이다. 일반적으로 평상

시에는 전·후 구동력을 일정비율로 맞추어 달리다가 코너링시나 위기 상황에는 전,후 혹은 네 바퀴 전체의 구동력을 기계적 혹은 전자적 제어장치로 조절하여 매우 안정적인 주행이 가능하도록 도와주는 방식이다. 바퀴의 접지력이 최적화될 수 있어 안정적인 주행이 가능하나 각종 추가적인 부품들과 전자제어 시스템으로 인해 가격이 상승하고 무게가 증가해 연비가 저하된다.

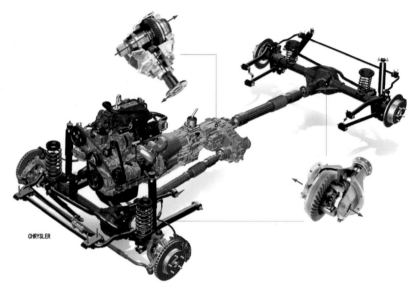

그림 AWD의 구조

(2) 클러치(Clutch)

클러치(Clutch)는 변속기에 전달되는 엔진의 동력을 필요에 따라 단속하는 장치로 엔진을 시동하거나 기어변속을 할 때, 엔진과의 연결을 차단하고 출발할 때에는 엔진의 동력을 서서히 연결하는 역할을 수행한다. 이러한 클러치는 엔진을 기동할 때 동력을 차단하여 무부하 상태로 유지하는 기능과 변속기의 기어를 변속할 때 엔진의 동력을 일시 차단 및 후진하기 위한 기능

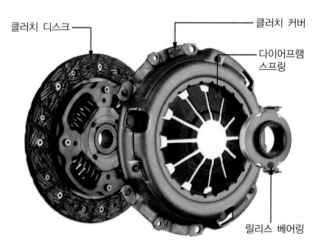

클러치 디스크 ───── ───── 클러치 커버

───── 다이어프램 스프링

───── 릴리스 베어링

그림 건식 단판 클러치의 구조

그리고 자동차의 관성 운전(慣性運轉)을 하기 위해 필요하다. 또한 클러치 시스템은 동력 전달 및 차단 기능, 차량의 부드러운 출발, 내열 및 내구성, 방진 및 방음 등 다양한 기능을 가져야 한다.

동력전달 기능(Torque transmit capacity)은 엔진의 동력을 변속기에 전달하는 클러치의 기본적인 기능이다. 동력차단 기능(Declutch operation capacity)은 차량의 초기 엔진 시동 및 주행 중 기어변속, 기타 동력차단을 필요로 할 경우에 클러치 조작으로 엔진의 동력을 차단(Declutch or Disengagement)하는 것이다.

차량을 출발시키기 위해 동력을 변속기로 전달 시 미끄럼, 즉 클러치 페달(clutch Pedal)을 반 정도 작동시켜서 운전자가 임의로 클러치 슬립(clutch slip)을 시키면서 차량을 부드럽게 구동시키는 조작방법인 반(半) 클러치를 허용함으로써 출발 및 주행 시 엔진의 동력을 자유롭게 조절할 수 있어 원활한 주행을 할 수 있게 한다.

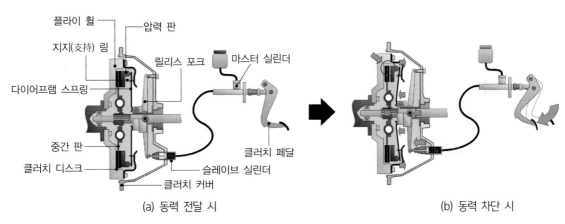

(a) 동력 전달 시   (b) 동력 차단 시

그림 클러치의 작동원리

클러치의 내열 및 내구성 기능은 엔진의 토크 및 차량 충격(Shock)을 완충시켜 구동계 강도나 내구력을 보호하며 그 자체적으로 열변형 및 열에너지의 흡수 능력을 가지고 있다. 또한 차량의 엔진이 구동할 때에는 회전 각속도 변동 및 토크 변동에 의한 비틀림 진동이 발생한다. 이러한 엔진의 비틀림 진동은 차량의 아이들링(Idling) 및 주행 중에 구동계에 전달되어 각종 진동을 발생시켜 운전자에게 불쾌감을 준다.

또한 플라이 휠과 클러치가 접촉할 때 접촉 충격이 발생하게 되며 클러치 시스템은 이러한 엔진의 비틀림 진동 및 접촉 충격을 1차적으로 감쇄(Damping or Reduction)시킬 수 있는 특성을 가지고 있어 방진 및 방음 기능을 수행한다.

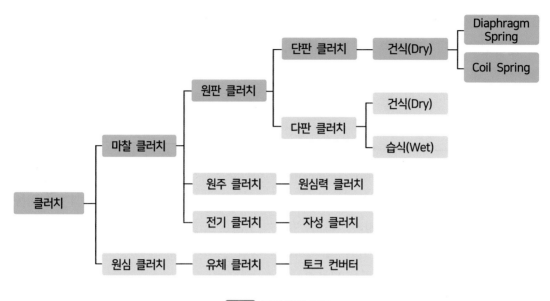

그림 클러치의 분류

자동차에 사용되는 클러치에는 마찰력을 이용한 마찰 클러치, 유체의 유동 작용을 이용한 유체 클러치, 전자력을 이용한 전자 클러치 등이 있으며 구조나 조작 방법에 따라 분류하면 수동변속기용으로 가장 많이 사용되는 클러치는 구조가 간단하고, 점검과 정비가 쉬운 건식 단판의 마찰 클러치이며 사용되는 스프링은 소형차의 경우 다이어프램식이, 대형차인 경우는 코일 스프링이 많이 사용되며 작동 방법으로는 유압식이 많이 사용된다. 그러나 전달 토크 용량을 크게 필요로 하는 대형차량이나 회전속도가 높고 급격한 조작을 필요로 하는 경주용 차량에서는 관성모멘트를 작게 하기 위하여 다판식이 사용되기도 한다.

마찰 클러치   유체 클러치(토크 컨버터)   전자 클러치

그림 특성별 클러치 종류

1) 단판클러치의 구조

클러치 시스템은 클러치 커버 어셈블리(Clutch Cover Assembly), 클러치 디스크 어셈블리(Clutch Disc Assembly), 클러치 릴리스 컨트롤(Clutch Release Control)의 세 부분

으로 구성된다.

　클러치 시스템은 엔진의 크랭크축과 일체가 되어 회전하는 플라이휠의 뒷면에 클러치 커버 어셈블리인 클러치 커버 플레이트, 압력판, 클러치 스프링이 조립되고 클러치 디스크 어셈블리는 변속기 입력축에 스플라인으로 결합되어 플라이휠의 회전력을 클러치 축을 통해서 변속기로 전달한다. 그리고 클러치를 조작하기 위한 클러치 릴리스 컨트롤인 릴리스 베어링과 포크, 클러치 페달 어셈블리 등이 조립되어 있다.

그림 **건식 단판 클러치의 구성**

　클러치 커버 어셈블리는 커버 플레이트, 클러치 스프링, 와이어 링, 압력판 등으로 구성되어 있다. 커버 플레이트는 플라이휠에 조립하기 위한 플렌지부, 릴리스 레버 지지부 등으로 되어 있다. 클러치 스프링은 클러치 커버와 압력판 사이에 조립되어 클러치 디스크에 평균압력을 가하며, 스프링 장력은 클러치의 동력전달 성능에 큰 영향을 준다.

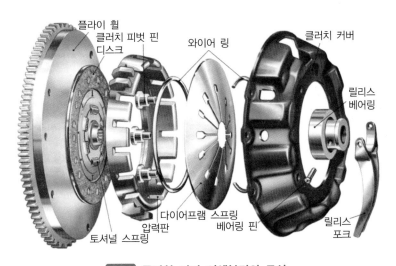

그림 **클러치 커버 어셈블리의 구성**

압력판은 클러치 스프링의 장력으로 클러치 디스크를 플라이휠에 압착하여 그 마찰력에 의해 동력을 전달한다. 클러치 접속 시에는 클러치 디스크와 플라이휠 사이에 미끄럼이 일어나므로 내열성, 내마모성이 양호하고 열전도성이 우수한 특수주철로 되어 있으며 또한 플라이휠과 함께 항상 회전하므로 동적 밸런스를 갖도록 제작된다.

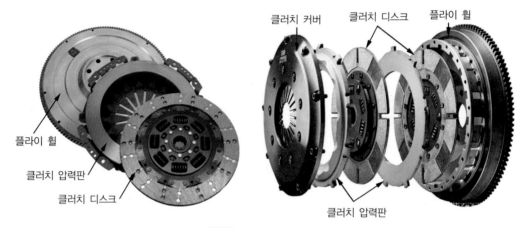

그림 압력판의 구조

스프링의 종류에 따라 클러치 커버는 크게 코일 스프링 타입(Coil Spring Type), 다이어프램 스프링 타입(Diaphragm Spring Type)으로 구분한다. 코일 스프링 타입은 여러 개의 코일 스프링 조합에 의한 탄성을 이용하여 압력판(Pressure Plate)을 클러치 디스크 마찰재(Facing) 면에 압착시키는 방식으로 커버 구조가 복잡하고, 고속회전 시 원심력에 의한 취부 하중 감소 및 마모에 의한 하중의 특성 변화가 큰 것이 단점이나 큰 크기 및 대용량을 필요로 하는 대형 트럭 및 버스에 적용된다.

(a) 코일 스프링 타입

(b) 다이어프램 스프링 타입

그림 클러치 스프링의 종류

일반적으로 클러치 페달을 놓으면 플라이휠과 클러치 커버 사이의 코일 스프링이 압력판에 압축력을 가하여 플라이휠, 클러치 디스크, 압력판은 일체가 되어, 플라이휠의 동력은 클러치 디스크를 거쳐 클러치 축으로 전달된다.

운전자가 클러치 페달을 밟으면 릴리스 베어링이 릴리스 레버를 밀게 되므로 압력판이 플라이휠 반대쪽으로 이동한다. 이에 따라 압착되어 있던 클러치 디스크가 플라이휠과 압력판에서 분리되므로 엔진의 동력이 변속기로 전달되지 않는 작동원리를 가진다.

다이어프램 스프링 타입은 코일 스프링 대신 그림과 같이 내측으로 방사선형의 슬릿(slit)이 가공된 삿갓모양의 접시 스프링을 사용한다. 다이어프램 스프링의 바깥쪽 끝은 압력판과 접촉하며, 중앙의 핑거(finger)는 약간 볼록하게 되어 있다. 바깥쪽 끝 약간 떨어진 부분에 피벗 링을 사이에 두고 클러치 커버에 설치되어 피벗 링을 지점으로 하여 압력판을 눌러준다.

다이어프램 스프링은 첫 번째로 압력판에 작용하는 압력의 분포가 균일하고 구조와 취급이 용이하다. 둘째, 부품이 원판형으로 되어 있으므로 균형이 잡혀 있고, 셋째, 클러치 페달의 답력을 작게 할 수 있다. 넷째, 클러치 디스크의 페이싱이 어느 정도 마모하여도 압력판에 가해지는 압력의 변화가 적다. 마지막으로 고속회전 시에도 안정된 작용을 한다.

코일 스프링은 고속회전 시에 원심력을 받아 변형하여, 스프링 장력이 감소하여 압력판을 미는 압력이 저하하여 슬립이 일어나 전달 토크가 저하되는 경향이 있으나 다이어프램 스프링에서는 이와 같은 현상이 적다.

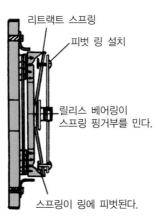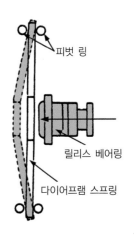

그림 다이어프램 스프링의 구조 및 작동원리

클러치 디스크는 플라이휠과 압력판 사이에 끼워져 있으며, 엔진의 동력을 변속기 입력축을 통하여 변속기로 전달하는 마찰판이다. 구조는 원형 강판(鋼板)의 가장자리에 마찰 물질로 된 페이싱(또는 라이닝 ; facing or lining)이 리벳으로 설치되어 있고, 중심부에는 허브(hub)가 있으며. 그 내부에 변속기 입력축을 끼우기 위한 스플라인(spline)이 파져있다.

또 허브와 클러치 강판 사이에는 비틀림 코일 스프링(damper spring or torsion spring)이 설치되어 클러치 디스크가 플라이휠에 접속될 때 회전 충격을 흡수한다. 페이싱 사이에는 파도 모양의 쿠션 스프링이 설치되어 클러치가 접속될 때 스프링이 변형되어 디스크의 변형, 편마멸, 파손 등을 방지한다.

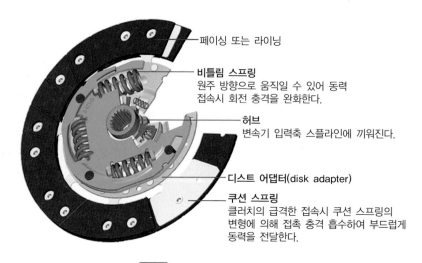

그림 **클러치 디스크의 구성**

클러치 페이싱은 클러치의 쿠션 스프링(Cushion Spring) 양면에 부착되어 마찰재의 마찰력을 이용하여 엔진의 동력을 변속기 측으로 전달하는 부품으로서 엔진의 전달 에너지의 대부분이 마찰열로 변환한다. 따라서 마찰재는 마찰열을 흡수 및 방출시킬 수 있는 능력이 있는 것으로 다음의 사항을 고려하여 신중하게 선정해야 한다.

페이싱의 재질은 높은 마찰계수, 내(耐)마모성, 최대·최소 마찰계수의 변화가 적은 안정성, 내(耐) 페이드(fade)성, 내구성뿐만 아니라 떨림 현상인 저더(Judder) 발생이 없어야 하며 압력판과 플라이휠 재질에 대한 공격성이 적어야 한다. 또한 클러치의 쿠션 스프링은 클러치를 급격히 접속시켰을 때도 파도 모양의 쿠션 스프링이 변형되어 동력전달이 원활히 되도록 하는 특성이다.

따라서 쿠션 특성은 차량의 부드러운 출발을 가능하게 하고 클러치 디스크의 변형, 편마모, 파손을 방지하는 구조이다. 이러한 특성은 쿠션의 형상 및 두께, 휨(Bending)량 등에 의하여 그 값이 결정된다. 비틀림 스프링은 클러치 디스크의 비틀림 토크 방향의 댐핑 (Damping) 특성으로서 비틀림 스프링(Torsion Spring) 특성과 히스테리시스 토크 (Hysteresis Torque) 특성으로 나누어진다. 비틀림 스프링 특성(Torsion Spring Characteristics)은 클러치 디스크가 플라이휠에 접속되어 동력이 전달될 때 엔진의 폭발 가진력에 의한 회전변동을 비틀림 스프링이 감쇄시켜 변속기로 동력을 전달하는 것이다.

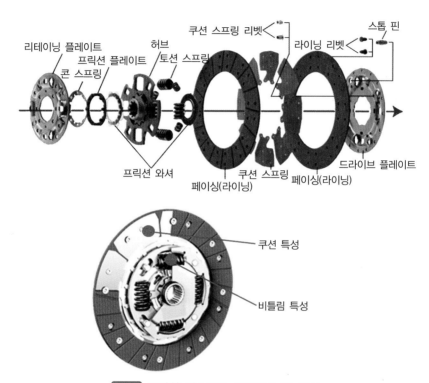

그림 클러치 디스크의 세부구조 및 특성

수동 클러치의 릴리스 포크를 작동시키는 조작(Control) 기구는 케이블이나 링크 또는 레버 등을 사용하여 포크를 움직이는 기계식과 유압을 이용한 유압식을 많이 사용한다. 기계식은 링크기구나 케이블을 이용하여 페달의 조작력을 릴리스 포크에 전달하며, 이 방식은 구조가 간단하고 가격이 비교적 저렴하나 유압식 대비 저항 손실이 커 답력에 불리하고, 엔진의 진동과 링크기구와의 간섭 그리고 케이블에 의한 운전석으로의 진동, 소음전달 등이 문제로 대두된다.

유압식은 마스터 실린더와 릴리스 실린더를 포함한 유압장치를 이용하여 페달의 조작력을 릴리스 포크에 전달하며, 작동 오일은 브레이크 오일을 사용한다. 유압식은 기계식에 비해 각부의 마찰이 적기 때문에 마모가 적으며, 페달의 조작력도 작게 할 수 있으며, 엔진과 클러치 페달의 취부 위치를 자유로이 선택할 수 있다. 또한 엔진이 요동하고 클러치 기구와 페달의 상호관계 위치가 변하여도 클러치 조작에 나쁜 영향을 주지 않는다는 특징이 있다. 하지만 구조가 복잡하고 유압계통에 공기가 혼입하거나 오일이 누출되면 조작이 불가능하다는 단점도 있다.

2) 유체클러치

유체 클러치는 2개의 날개차 사이에 오일을 가득 채운 후 한쪽의 날개차를 회전시키면 오일은 원심력에 의해 상대편 날개차를 회전시킨다. 이 작용을 이용하여 엔진의 동력을 오일의 운동에너지로 바꾸고, 이 에너지를 다시 토크로 바꾸어 변속기로 전달하는 장치이다.

유체 클러치는 엔진 크랭크축에 펌프[pump 또는 임펠러(impeller)]를, 변속기 입력축에 터빈[turbine 또는 러너(runner)]을 설치하고, 오일의 맴돌이 흐름(와류 ; 渦流)을 방지하기 위하여 가이드 링(guide ring)을 두고 있다. 그리고 유체 클러치의 날개는 모두 반지름 방향으로 직선 방사선 상을 이루고 있다.

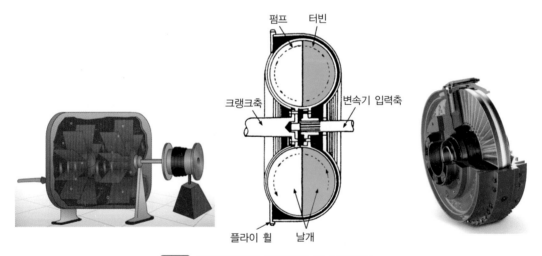

그림 **유체클러치의 작동원리 및 날개구조**

엔진에 의해 펌프가 회전을 시작하면 펌프 속에 가득 찬 오일은 원심력에 의해 밖으로 튀어 나간다. 그런데 펌프와 터빈은 서로 마주보고 있으므로 펌프에서 나온 오일은 그 운동에너지를 터빈의 날개차에 주고 다시 펌프 쪽으로 되돌아오며, 이에 따라서 터빈도 회전하게 된다.

이때 오일은 와류(vortex flow)를 하면서 회전 흐름(rotary flow)을 한다. 따라서 오일의 회전에 따른 손실을 최소화하며 오일의 순환을 최대한 이용하기 위해서 유체 클러치는 원형(圓形)으로 제작된다.

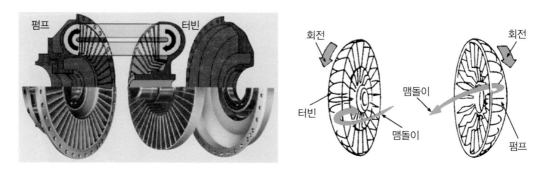

그림 유체클러치의 형상 및 동력전달 특성

3) 토크 컨버터

토크 컨버터는 내부에 오일을 가득 채우고 자동차의 주행 저항에 따라 자동적, 연속적으로 구동력을 변환시킬 수 있는 장치이다. 토크 컨버터는 임펠러, 스테이터, 터빈으로 구성되어 있으며 오일이 가득 채워진 하우징 내에 내장되어 있다. 토크 컨버터는 엔진의 플라이휠에 볼트로 체결되어 있다.

임펠러는 구동판을 통해 크랭크축에 연결되어 있으며, 스테이터는 한쪽 방향으로만 회전 가능한 일방향 클러치(one way clutch)를 통해 토크 컨버터 하우징에 지지되어 있다. 그리고 터빈은 임펠러에서 전달된 구동력을 동력전달 계통으로 전달하는 변속기 입력축과 스플라인으로 결합되어 있다.

토크 컨버터는 엔진의 토크를 변속기에 원활하게 전달하고 토크를 변환시키며 토크를 전달할 때 충격과 크랭크축의 비틀림 진동을 완화하는 기능을 수행한다. 토크 컨버터는 엔진과 자동변속기 사이에 설치되어 엔진의 기계적 에너지를 유체의 유동에너지로 이를 다시 기계적 에너지로 변화시키는 역할을 한다.

그림 토크컨버터의 구조

자동차에서는 특별한 경우를 제외하고는 대부분 3요소 1단 2상형을 사용하고 있으며 3요소란 유체의 유동 시 동력을 전달 또는 증대하는 요소로 펌프, 터빈, 스테이터를 말하고 1단은 출력 요소인 터빈의 수, 2상은 토크가 증대되는 범위인 컨버터 레인지와 토크 증대 없이 유체 클러치로서만 작용하는 범위인 커플링 레인지 2개를 말한다. 1단의 토크 컨버터로 얻을 수 있는 최대 토크 비율은 4 : 1정도이며 효율은 80% 정도이다. 최대 효율을 90% 이상 유지하려면 최대 토크 비율을 2.0~2.5 : 1로 해야 하며, 더욱 큰 토크 비율을

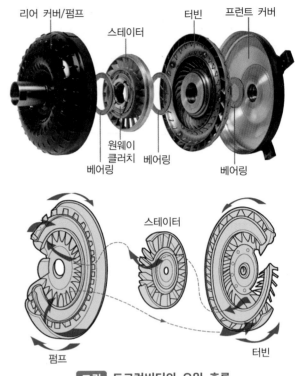

그림 토크컨버터의 오일 흐름

얻으려면 1단 또는 3단으로 해야 한다. 이때 최대 토크 비율은 4~6 : 1정도가 된다. 그러나 이것은 자동차보다도 건설기계에서 많이 사용되고 있다.

토크 컨버터는 펌프에 의하여 엔진의 기계적 에너지를 오일의 운동에너지로 변환하여 터빈을 구동시키고 다시 기계적 에너지로 변환시켜 변속기 입력축에 동력을 전달한다. 즉 엔진의 플라이휠에 조립된 펌프가 회전하면 토크 컨버터 하우징 내의 오일을 원심력에 의하여 터빈으로 보내서 변속기 입력축에 동력을 전달한다. 터빈에서 나온 오일은 정지되어 있는 스테이터를 통과하면서 그 흐름 방향이 바뀌어 다시 펌프로 들어가 순환한다.

4) 유체클러치와 토크컨버터의 차이

유체 클러치와 토크 컨버터의 차이는 날개의 형상, 스테이터의 유무, 토크 변환 비율에 있다. 유체 클러치와 토크 컨버터의 가장 큰 차이점은 펌프와 터빈의 날개형상으로 유체 클러치의 펌프와 터빈의 날개는 각도가 없이 방사선상으로 되어 있는 반면 토크 컨버터는 펌프와 터빈의 날개에 각도가 있다. 날개에 각도를 두는 것만으로는 마찰 손실이 증가하거나 유체의 흐름에 간섭이 발생하므로 계획한 토크 변환을 얻을 수 없다. 따라서 토크 컨버터는 유체 클러치와는 다르게 펌프와 터빈사이에 스테이터를 두고 있다.

스테이터는 오일의 흐름 방향을 적극적으로 바꾸어 피동쪽 날개에서 나오는 흐름의 속도를 증가시켜 구동쪽 날개로 되돌아가도록 한다. 또한 토크 변환 비율에서도 차이가 난다. 토크 변환 비율이 유체 클러치는 1 : 1을 넘지 못하는 반면 토크 컨버터는 2~3 : 1의 토크 변환 비율을 가진다. 또한 스테이터의 일방향 클러치는 한 방향으로만 토크를 전달하고 반대방향 회전 시 토크를 전달하지 않는 장치로 토크 컨버터에는 주로 롤러 타입(Roller Type)과 스프래그 타입(Sprag Type)이 많이 사용되고 있다.

유체클러치 날개   토크 컨버터 날개

펌프와 터빈의 날개에는 각도가 없다.   펌프와 터빈의 날개에는 각도가 있다.

그림 유체클러치와 토크컨버터의 날개 형상

유체클러치 내 오일의 흐름   토크 컨버터 내 오일의 흐름
(a) 유체 클러치   (b) 토크 컨버터

그림 스테이터 유무에 따른 오일 흐름

토크 컨버터의 장점으로는 첫째, 자동차가 정지하였을 때 오일의 슬립에 의해 엔진이 정지되지 않기 때문에 수동 변속기와 같은 별도의 동력 차단 장치(클러치)가 필요 없다. 둘째, 토크 컨버터의 고유 기능인 토크 증대 작용은 저속에서의 출발 성능을 향상시켜 언덕 출발 등과 같은 경우에 운전을 매우 편리하게 해준다. 셋째, 엔진의 동력을 차단하지 않고도 변속이 가능하므로 변속 중에 발생하는 급격한 토크의 변동과 구동축에서의 급격한 하

중 변화도 부드럽게 흡수할 수 있다. 마지막으로 펌프로 입력되는 엔진의 동력이 오일을 매개로 변속기에 전달되므로 엔진으로부터 비틀림 진동을 흡수하여 비틀림 댐퍼(torsional damper)를 설치하지 않아도 된다.

토크 컨버터의 단점은 펌프와 터빈 사이에 항상 오일의 슬립(slip)이 발생하므로 효율이 매우 저하된다는 것이다. 따라서 효율 향상을 위해 토크 컨버터 내에 댐퍼 클러치를 설치하여 특정 운전조건에서는 엔진의 동력이 오일을 거치지 않고 직접 터빈으로 전달하도록 하고 있으며, 그 결과 댐퍼 클러치의 내부에 비틀림 댐퍼를 두어야 한다. 댐퍼 클러치의 설치로 인해 토크 컨버터의 효율은 향상되었으나 토크 컨버터의 구조가 복잡하게 되고 무게와 가격이 상승하게 된다.

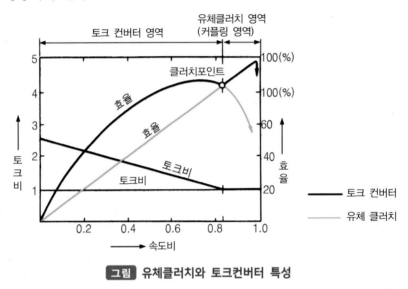

그림 유체클러치와 토크컨버터 특성

5) 댐퍼클러치

댐퍼 클러치는 토크 컨버터의 단점인 효율성의 저하를 근본적으로 없애고자 한 것으로 자동차의 주행속도가 일정 값에 도달하면 토크 컨버터의 펌프와 터빈을 기계적으로 직결시켜 미끄러짐에 의한 손실을 최소화하여 정숙성을 도모하는 장치이다. 댐퍼 클러치는 터빈과 프런트 커버 사이에 설치되어 있으며 토크 컨버터에 공급되는 오일의 흐름을 제어하는 댐퍼 클러치 밸브가 'ON'되면 댐퍼 클러치 뒤쪽으로 오일이 공급되기 때문에 유압이 상승되어 댐퍼 클러치가 프런트 커버에 압착된다.

따라서 변속기 입력축은 프런트 커버와 일체로 회전하며, 이때 동력전달의 경로는 엔진, 프런트 커버, 댐퍼 클러치, 변속기 입력축이다. 그 다음 댐퍼 클러치 컨트롤 밸브가 'OFF'

되면 토크 컨버터에 공급되는 오일은 댐퍼 클러치가 작동할 때의 역방향으로 흐르기 때문에 댐퍼 클러치 앞쪽의 유압이 높게 되어 댐퍼 클러치가 프런트 커버에서 분리되어 우측으로 이동해 프런트 커버에서 변속기 입력축으로 전달되는 동력은 차단되며 이때 동력전달의 경로는 임펠러, 오일, 터빈, 변속기 입력축이다.

그림 댐퍼클러치의 구조

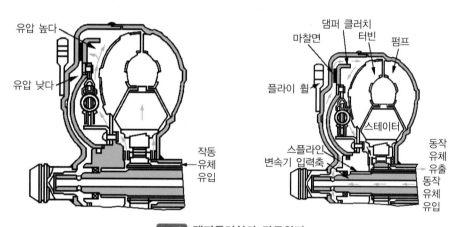

그림 댐퍼클러치의 작동원리

(3) 변속기

자동차용 변속기는 클러치와 추진축 사이에 설치되어 엔진의 동력을 자동차의 주행상태에 알맞도록 엔진의 회전을 적절히 변속하여 회전력을 증대시키거나 고속 회전으로 바꾸어 준다. 또한 엔진을 무부하 상태로 두거나 자동차를 후진하게 하는 역할을 하는 장치이다.

일반적인 자동차용 내연기관은 일정한 속도에서 토크가 최대가 되는데 달리기 시작할 때에는 더 강한 토크와 낮은 회전을 필요로 하며, 속도가 빨라짐에 따라 토크보다도 더 높은 회전속도가 필요하게 된다. 따라서 변속기는 기어를 사용하여 출발할 때에는 회전속도를 줄임과 동시에 토크를 늘려 주고, 속도가 빨라짐에 따라 회전을 높여 엔진의 회전을 일정하게 유지하기 위해 반드시 필요하며 FF 자동차에는 종감속기어, 차동장치가 일체화된 Transaxle 변속기가 사용되고, FR 자동차에는 Transmission이 사용된다.

작동 방식에 따라 변속기는 운전자가 직접 클러치 페달을 조작하여 변속을 수행하는 수동변속기와 전자장치 등을 이용하여 자동차의 주행 조건에 맞도록 자동적으로 변속을 직접 수행하도록 하는 자동변속기가 있다. 최근에는 수동변속기와 자동변속기의 장점을 구현할 수 있도록 하는 자동화 수동변속기(AMT ; Automated Manual Transmission)가 차량에 적용되고 있다. 이 방식은 수동변속기 시스템의 하드웨어를 이용하고 운전 시의 조작은 자동변속기와 동일하므로 운전 편의성을 제공한다. 이와 동시에, 주행 중의 클러치 작동 유압과 같은 동력이 필요하지 않으므로 효율이 높아 연비 측면에서 유리하다.

(a) 수동변속기   (b) 자동변속기

그림 수동변속기와 자동변속기

1) 수동변속기

엔진의 회전력은 회전속도의 변화에 관계없이 항상 일정하지만 그 출력은 회전속도에 따라서 크게 변화하는 특징이 있다. 자동차가 필요로 하는 구동력은 도로의 상태, 주행속도, 적재 하중 등에 따라 변화하므로 변속기는 이에 대응하기 위해 엔진의 옆이나 뒤쪽에 설치되어 엔진의 출력을 자동차의 주행속도에 알맞게 회전력과 속도로 바꾸어서 구동 바퀴로 전달하는 장치이다. 자동차용 수동변속기는 기어식(Gear type)으로 5~6단 변속기가 사용되며, 구조 및 조작기구 등에 의해 종류를 분류하면 다음과 같다.

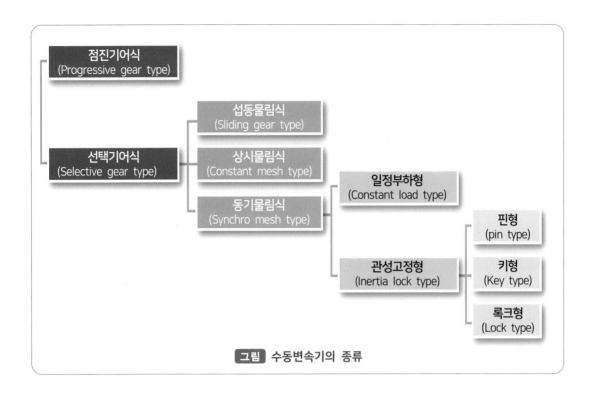

그림 수동변속기의 종류

점진 기어식 변속기는 변속단수가 보통 전진 3단, 후진 1단으로 되어 있으며 기어의 변속이 점진적으로만 가능한 형식이다. 즉 운전 중 1단에서 3단, 또는 3단에서 1단으로 변화하는 것이 불가능하다. 이러한 형식은 일반 자동차가 아닌 오토바이 또는 트랙터 등에 사용되며 유성기어식은 기구가 복잡하여 수동변속기에는 거의 사용하지 않고 있다.

선택 기어식 변속기는 근간에 가장 많이 사용하고 있는 형태로 선택 기어식 변속기에는 섭동 물림식(sliding mesh type), 상시 물림식(Constant mesh type), 동기 물림식(Synchro-mesh type)이 있다.

그림 점진 기어식 변속기

① 섭동물림식

섭동 물림식은 주축(主軸, Main Shaft)과 부축(部軸, Counter Shaft)이 평행하며, 주축에 설치된 각 기어는 스플라인에 끼워져 축 방향으로 미끄럼 운동을 할 수 있다. 변속을 할 때는 변속 레버의 조작으로 주축에 설치된 기어 한 개를 선택하여 미끄럼 운동으로 이동시켜 부축 기어에 물림으로서 동력이 전달된다. 이 형식은 구조는 간단하지만 기어를 미끄럼 운동시켜 직접 물림으로 변속 조작의 거리가 멀고, 가속 성능이 저하되며, 기어와 주축의 회전속도 차이를 맞추기 어려워 기어가 파손되기 쉽다.

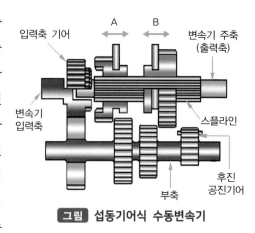

그림 섭동기어식 수동변속기

② 상시물림식

주축 기어와 부축 기어가 항상 물려 있는 상태로 작동하며, 주축에 설치된 모든 기어는 공전을 한다. 변속을 할 때에는 주축의 스플라인에 설치된 도그 클러치(dog clutch or clutch gear)가 변속 레버에 의하여 이동하여 공전하고 있는 주축 기어 안쪽의 도그 클러치에 끼워져 주축과 기어에 동력을 전달한다. 이 형식은 기어를 파손시키는 일이 적고, 도그 클러치의 물림 폭이 좁아 변속 레버의 조작 각도가 작으므로 변속 조작이 쉽고 구조도 비교적 간단하다.

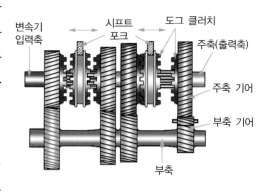

그림 상시물림식 수동변속기

③ 동기물림식

이 변속기는 주축 기어와 부축 기어가 항상 물려져 있으며, 주축 위의 제1속, 제2속, 제3속 기어 및 후진기어가 공전한다. 엔진의 동력을 주축 기어로 원활히 전달하기 위하여 기어에 싱크로메시기구(동기물림장치)를 두고 있다. 싱크로메시기구는 기어를 변속할 때 기어의 원뿔 부분에서 마찰력을 일으켜 주축에서 공전하는 기어의 회전속도와 주축의 회전속도를 일치시켜 기어 물림이 원활하게 이루어지도록 하는 방식이다.

싱크로나이저 링 싱크로나이저 키 싱크로나이저
싱크로나이저   키 스프링   싱크로나이저 콘
허브

변속기 입력축
싱크로메시 기구
변속기 출력축
싱크로나이저 슬리브
싱크로나이저 링
싱크로나이저 허브

변속기어   싱크로나이저 키 싱크로나이저   싱크로나이저 링 변속기어
슬리브

그림 동기물림식 수동변속기

④ 전륜 및 후륜구동 변속기

전륜 구동 수동변속기는 4개의 축으로 구성되어 있으며 가장 위에는 입력축(input shaft)이, 아래쪽에는 중간축(intermediate shaft)이 있다. 또한 가장 아래쪽에는 출력축 (output shaft)이 위치하고 있으며 입력축과 중간축 사이에 역회전 공전축이 있다. 그리고 출력축 왼쪽 끝에 붙어 있는 디퍼렌셜 드라이브 기어(differential drive gear)를 통하여 종감속장치와 차동장치로 동력이 전달되고, 이는 차축을 통하여 바퀴로 동력이 전달되는 구조이다.

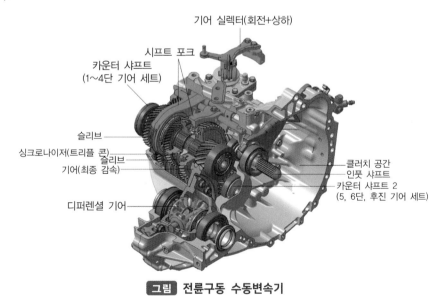

기어 실렉터(회전+상하)
시프트 포크
카운터 샤프트
(1~4단 기어 세트)
슬리브
싱크로나이저(트리플 콘)
슬리브
기어(최종 감속)
디퍼렌셜 기어
클러치 공간
인풋 샤프트
카운터 샤프트 2
(5, 6단, 후진 기어 세트)

그림 전륜구동 수동변속기

후륜 구동 수동변속기의 기어 트레인은 주축에는 1단, 2단, 3단의 단 기어가 주축 상에서 공회전하고 있으며, 이들의 회전을 주축에 원활하게 전달하기 위하여 싱크로메시

(synchromesh)기구가 같이 조립되어 있다. 또 주축(출력축)은 추진축과 같이 회전하므로 스피드 미터 드라이브 기어가 조립되어 있다.

부축은 부축과 부축에 가공되어 있는 각종 기어가 일체로 되어 있으며, 역회전 공전기어는 주축과 부축사이에 위치하여 시프트 포크에 의해 주축과 부축을 연결시켜 역회전 시키도록 되어 있다.

그림 후륜구동 수동변속기

⑤ **싱크로나이저 시스템**

싱크로메시기구는 주행중기어 변속시 주축의 회전수와 변속기어의 회전수차이를 싱크로나이저링을 변속기어의 콘(cone)에 압착시킬 때 발생되는 마찰력을 이용하여 동기시킴으로서 변속이 원활하게 이루어지도록 하는 장치이다. 싱크로메시기구의 구성은 클러치 허브, 클러치 슬리브, 싱크로나이저링과 키로 이루어져 있다.

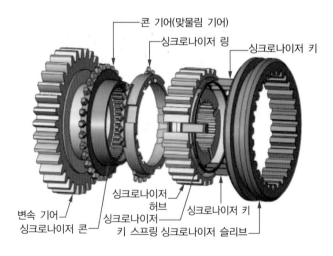

그림 싱크로 메시 기구

104

싱크로나이저 작동의 흐름은 시프트 포크에 의하여 싱크로나이저 슬리브가 이동하면 싱크로나이저 슬리브의 돌기부와 맞물려 있는 싱크로나이저 키가 동시에 이동한다. 이와 함께 싱크로나이저 키의 끝 면에서 싱크로나이저 링을 기어의 콘(싱크로나이저 콘)에 밀어 붙여 마찰이 발생되도록 함으로써 기어는 점차 싱크로나이저 슬리브와 동일한 속도로 회전하게 된다.

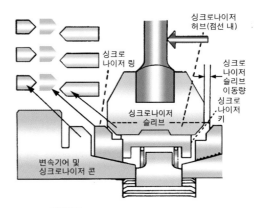

그림 싱크로나이저 작동 흐름1

싱크로나이저 슬리브가 더욱 이동하면 싱크로나이저의 홈과 싱크로나이저 키 돌기의 물림이 풀려나 스플라인으로 이동하는 상태이므로 싱크로나이저 슬리브의 스플라인 선단부가 싱크로나이저 링의 콘 기어 선단부에 부딪쳐 이동이 저지되므로 싱크로나이저 링이 더욱 강력하게 기어의 콘부를 압착하게 된다.

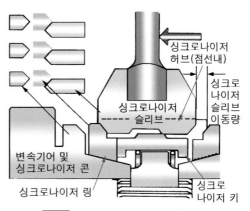

그림 싱크로나이저 작동 흐름 2

이때 싱크로나이저 슬리브와 기어의 회전속도가 동일하게 되며, 싱크로나이저 링의 회전속도도 동일하기 때문에 싱크로나이저 슬리브의 진행을 방해하지 않는다. 따라서 싱크로나이저 슬리브는 싱크로나이저 링의 콘 기어를 원활하게 통과하여 기어의 스플라인과 맞물려 변속이 완료된다. 이와 같이 완전히 동기작용이 완료될 때까지 싱크로나이저 슬리브가 기어와 치합되지 않으므로 기어를 변속하는데 무리가 없고 변속 음이나 기어의 파손을 방지할 수 있다. 싱크로나이저 허브 슬리브가

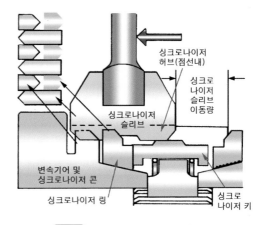

그림 싱크로나이저 작동 흐름 3

원활하게 메인 샤프트 기어와 맞물려 변속이 완료된다.

2) 자동변속기(Automatic Transmission)

자동변속기(Automatic Transmission)는 자동차의 주행속도와 부하에 맞추어 자동적으로 최적의 토크 변환을 얻을 수 있도록 클러치를 삭제하고 토크 컨버터를 이용해 동력을 전달하는 것을 말한다. 때로는 상황에 따라서 토크 컨버터와 기어 변속의 조작을 운전자 대신 TCU(Transmission Control Unit)와 유압 제어장치가 자동적으로 실행한다.

자동변속기의 장점은 기어 변속이 필요 없어 운전 조작이 쉬우며, 초기 구동력이 크고, 가속 및 감속 때의 충격이 적다는 것이다. 그러나 구조가 복잡하고 가격이 비싸며, 연료 소비율이 수동변속기에 비해 10% 정도 증가하는 단점이 있다.

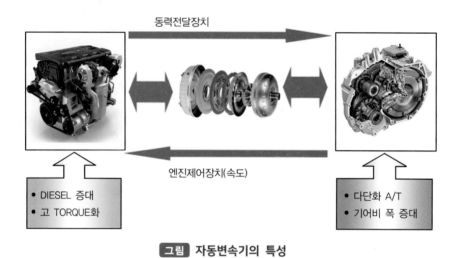

그림 자동변속기의 특성

자동차에 있어서 변속기의 핵심 개념은 수동 장치로서의 동력 전달장치라는 개념과 능동 장치로서의 엔진 회전속도 제어장치라는 이중 개념을 모두 포함하고 있으며 토크 컨버터 역시 같은 개념으로 이해할 수 있다. 자동변속기는 토크 컨버터, 오일펌프, 유성 기어, 작동기구의 클러치, 브레이크 및 제어기구의 밸브 보디가 조합된 것으로 주행 조건에 따라 엔진 출력축의 회전 속도 및 회전력을 바꾸어 자동적으로 변속기어를 선택한다.

자동변속기는 엔진의 동력을 변속기에 전달하는 토크 컨버터, 엔진 동력을 주어진 기어비로 변환하여 각 단 기어비를 구현하는 유성기어장치, 변속단 구성을 위해 엔진의 동력을 유성기어에 연결하거나 유성기어의 한 요소를 고정하는 작동기구인 클러치 및 브레이크 등 필요 작동 요소에 유압을 공급하는 유압기구와 각종 센서로부터 운전상태를 파악해 적절한 변속단을 제어하는 전자제어 시스템, 변속기의 각종 부품을 감싸며 부품의 지지 및 작동유의 통로를 제공하는 케이스와 파킹기구로 구성된다. 또한 전륜구동 자동변속기는 차동장치가 내장되어 있다.

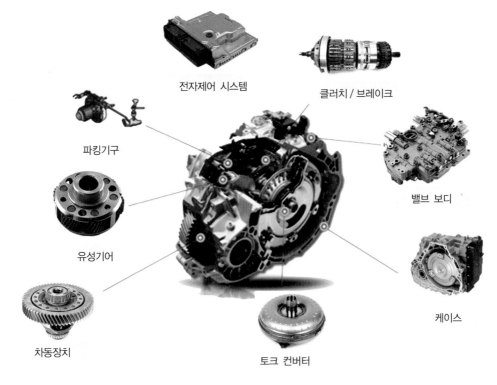

전자제어 시스템

클러치 / 브레이크

파킹기구

밸브 보디

유성기어

케이스

차동장치

토크 컨버터

그림 **자동변속기의 구성부품**

① 유성기어장치

유성기어(Planetary Gear)란 선 기어(Sun Gear) 주위의 피니언 기어(Pinion Gear)를 캐리어(Carrier)로 지지하여 회전하는 구조를 기본으로 하는 기어열(Gear Train)을 말한다. 선 기어(Sun Gear)는 중심에 위치하는 기어이며, 피니언 기어는 3개가 균일한 각도로 선 기어 주위에 배치되어 안쪽으로는 선 기어와 바깥쪽으로는 링 기어와 맞물리는 형태로 조립된다.

링 기어는 그 모양이 반지의 고리 모양으로 생겼다고 하여 애뉼러스 기어(Annulus Gear)라고도 하고, 기어 이가 안쪽으로 생겨 내접기어(Internal Gear)라고도 부르며 3개 이상의 피니언 기어 중심축을 서로 연결한 것을 캐리어라고 한다. 선 기어는 자전운동을, 피니언 기어는 자전과 공전운동을 하며, 캐리어는 공전운동을 한다. 이와 같이 선 기어를 중심으로 자전과 공전운동을 복합적으로 수행하며 일반적으로 유성기어장치라고 부른다.

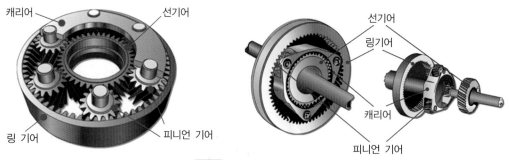

캐리어   선기어   선기어
                                                        링기어

링 기어   피니언 기어   캐리어

                                                    피니언 기어

그림 유성기어의 구성

자동변속기에는 다수의 변속 단계를 요구하기 때문에 변속장치로서 단순 유성기어를 2개 이상 조합하여 다수의 전진 변속단과 한 개의 후진 변속비를 낼 수 있는 복합 유성기어 (Compound Planetary Gear Set)를 사용하고 있다. 현재 주로 사용되는 복합 유성기어는 단순 유성기어를 조합하는 방법에 따라 크게 심프슨(simpson) 방식과 라비뇨 (Ravigneaux) 방식이 있다.

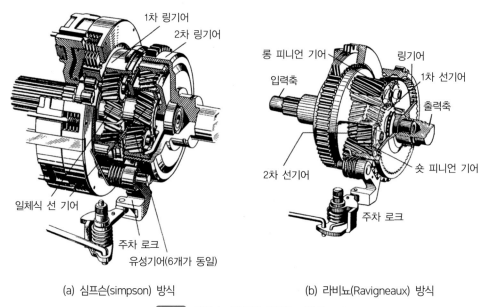

1차 링기어   롱 피니언 기어   링기어
2차 링기어   입력축   1차 선기어
                                              출력축
일체식 선 기어   2차 선기어   숏 피니언 기어
주차 로크   주차 로크
유성기어(6개가 동일)

(a) 심프슨(simpson) 방식   (b) 라비뇨(Ravigneaux) 방식

그림 심프슨 방식과 라비뇨 방식

심프슨(Simpson) 방식은 2세트의 싱글 피니언을 연이어 접속시켜 두 개의 선 기어를 고정하여 연결하는 방식을 말한다. 유성기어 캐리어는 같은 간격으로 3개의 피니언으로 구성되어 있으며 동력은 입력축과 연결된 제1 링 기어를 통해 들어가고, 출력은 제2 링 기어

를 통하여 빠져 나오는 형식이다.

심프슨(Simpson) 방식의 특징을 살펴보면, 링 기어가 입력이 되므로 강도상 유리하며, 내부를 순환하는 동력이 적으며, 구성 요소의 회전수가 적고, 효율이 양호한 특징이 있다.

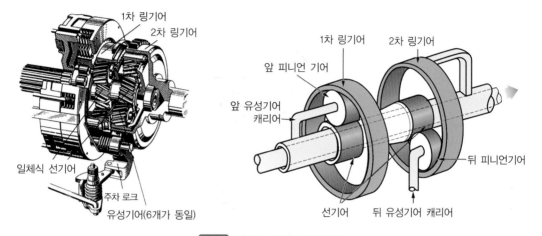

그림 심프슨 형식 유성기어

라비뇨 방식은 싱글 피니언과 더블 피니언을 연이어 접속시킨 방식에서 링 기어와 캐리어를 공용으로 사용하는 방식이다. 1차 선 기어(Small Sun Gear)는 숏 피니언 기어(Short Pinion Gear)와 물려있고, 2차 선 기어(Large Sun Gear)는 롱 피니언 기어(Long Pinion Gear)와 맞물려 있다.

숏 피니언 기어는 1차 선 기어와 롱 피니언 기어 사이에 맞물려 있으며 링 기어는 롱 피니언 기어와 맞물려 있고 1, 2차 선 기어, 캐리어를 입력으로, 링 기어를 출력으로 사용한다. 라비뇨 방식의 특징은 구성 요소가 작아 콤팩트하고 결합 가능한 구조가 많이 나오며, 축방향의 치수가 작아져 구성 요소의 회전수가 낮은 특징이 있다.

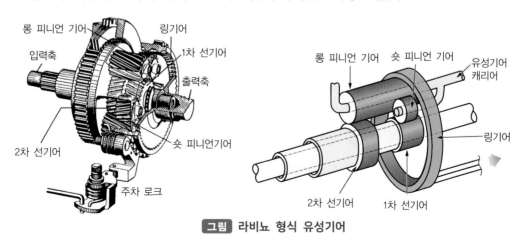

그림 라비뇨 형식 유성기어

자동변속기의 변속은 엔진의 회전력을 유성기어로 전달해 유성기어의 조합에 따라 변속이 이루어진다. 이때 엔진의 회전력을 유성기어 각 요소에 전달 또는 전환하려면 여러 종류의 클러치와 브레이크가 필요하며 대부분 여러 세트의 습식 다판 클러치, 밴드 브레이크, 일방향 클러치 등이 사용된다.

자동변속기

습식 다판 클러치

밴드 브레이크

일방향 클러치

그림 자동변속기의 클러치와 브레이크

② 습식 다판클러치

습식 다판 클러치는 유압으로 클러치판을 접촉시켜 엔진 즉, 토크 컨버터 출력의 동력을 유성기어의 각 요소에 전달 및 절환하는 기능을 수행한다. 그리고 습식 다판 클러치는 리테이너, 실(seal), 피스톤, 리턴 스프링, 마찰 플레이트, 플레이트, 밸런스 피스톤, 스냅 링, 허브로 구성되어 있다.

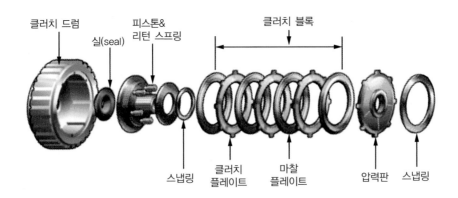

클러치 드럼

실(seal)

피스톤&
리턴 스프링

클러치 블록

스냅링

클러치
플레이트

마찰
플레이트

압력판

스냅링

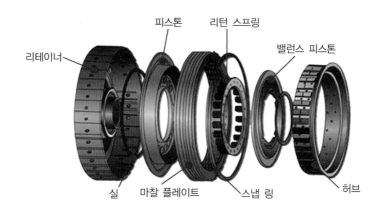

피스톤   리턴 스프링

밸런스 피스톤

리테이너

실   마찰 플레이트   스냅 링   허브

그림 습식 다판클러치의 구조

③ 밴드브레이크

밴드 브레이크는 회전체를 잡아주는 외부 수축식 브레이크로 유성기어 장치의 선 기어, 캐리어, 링 기어의 회전운동을 필요에 따라 고정시키는 기능을 수행한다. 밴드 브레이크의 작동은 유성기어에 연결되어 회전하고 있는 드럼(Drum)을 밴드 브레이크(Band Brake)가 감싸고 있는데 서보 피스톤(Servo Piston)에 유압이 작용하여 서보 피스톤과 일체로 연결된 로드(Rod)가 밴드에 작용하여 조임으로써 드럼의 회전을 구속한다. 반대로 피스톤 로드 측에 유압을 작용시키면 드럼이 해방되는 구조를 가진다.

밴드의 감김 수에 따라 싱글 랩 밴드(Single Wrap Band)와 더블 랩 밴드(Double Wrap Band)로 구분할 수 있는데, 특히 더블 랩 밴드의 경우 마지 밴드(Maji Band)라 한다.

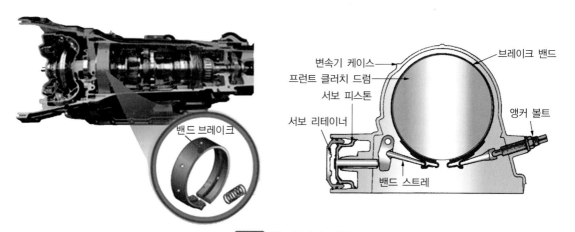

밴드 브레이크

변속기 케이스   브레이크 밴드
프런트 클러치 드럼
서보 피스톤
앵커 볼트
서보 리테이너
밴드 스트레

그림 밴드브레이크의 구조

④ 일방향클러치

일방향 클러치(One Way Clutch)는 한 방향으로만 동력을 전달하고 다른 방향으로는 동력이 전달되지 않는 기구를 말한다. 자동변속기에서 일방향 클러치가 하는 역할은 크게 두 가지로 나누어 볼 수 있다. 하나는 엔진 브레이크가 작동되지 않도록 하는 것과, 다른 하나는 다른 클러치의 역할을 대신하는 것이다. 일방향 클러치는 변속제어의 용이성으로 인해 많이 사용되어 졌으나 손실 저감을 위해 점차 생략되는 추세이다.

그림 일방향클러치의 종류(롤러식/스프레그식)

⑤ 유압제어기구

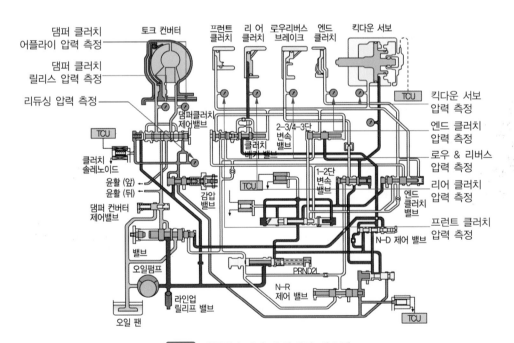

그림 자동변속기의 유압제어 시스템

자동변속기의 제어시스템은 크게 유압 제어부와 전자 제어부로 나눌 수 있으며 유압 제어부는 차종마다 다소 상이하나 기본적으로 다음과 같이 구성되어 있다. 유압 제어기구는 유압 발생원인 오일펌프, 발생 유압을 제어하는 압력 제어 밸브(Regulator Valve), 자동변속기 컴퓨터의 전기 신호를 유압으로 변환하는 솔레노이드 밸브와 각 요소에 작용하는 유압을 제어하는 압력제어 밸브 및 라인 압력을 받아 오일회로의 변환을 실행하는 각종 밸브 등과 이들을 내장하는 밸브 보디로 구성되어 있다.

⑥ **오일펌프**

자동변속기에는 엔진에 의해서 구동되는 오일펌프가 장착되어 있으며, 이 오일펌프는 자동변속기의 오일 팬에 저장되어 있는 자동변속기 오일을 흡입하여 토크 컨버터와 유압 제어 기구에 필요한 작동 유압을 공급하며 유성기어 세트, 입력축, 각종 요소 등의 마찰부분에 윤활유압을 공급한다.

그림 자동변속기의 오일펌프 구조

⑦ **밸브 보디**

자동변속기에서 밸브 보디는 변속기 측면의 앞쪽에 세로방향으로 설치되어 있다. 각 작동 요소마다 솔레노이드 밸브와 압력 제어 밸브를 설치하였으며, 라인 압력 조정은 레귤레이터 밸브(Regulator Valve)로 한다.

자동변속기에서 레귤레이터 밸브는 오일펌프에서 발생한 유압을 라인 압력으로 조정한다. 밸브에는 라인 압력이 작용하는 포트가 3개 설치되어 있어 유압이 스프링의 장력에 대항하여 라인 압력을 각 변속단계에 알맞은 유압으로 조정한다.

토크 컨버터 압력 제어 밸브는 토크 컨버터(댐퍼 클러치가 해제될 때) 및 유압을 일정하게 제어한다. 작동은 레귤레이터 밸브에 의한 라인 압력을 제어할 때 나머지 유량은 토크 컨버터 압력 제어 밸브로부터 토크 컨버터로 공급된다.

그림 자동변속기의 유압밸브보디 구조

댐퍼 클러치 제어 밸브는 댐퍼 클러치에 작용하는 유압을 제어하며, 댐퍼 클러치 솔레노이드 밸브는 자동변속기 컴퓨터의 신호에 의하여 듀티 제어되어 전기 신호를 유압 신호로 변환한다. 매뉴얼 밸브는 운전석의 변속 레버와 연동하여 변속 레버의 각 레인지마다 오일 회로를 변환하여 각 밸브로 라인 압력을 공급한다.

압력 제어 밸브(Pressure Control Valve)와 솔레노이드 밸브는 후진 클러치(Reverse Clutch)를 제외한 각 요소에 1조씩 설치되어 있다. 저속 & 후진, 언더 드라이브용 압력 제어 밸브는 클러치 유압이 해제될 때 유압이 급격히 낮아지는 것을 방지하여 클러치 대 클러치 제어를 할 때 입력축 회전속도의 상승률을 억제한다. 그리고 오버 드라이브, 2차 압력 제어 밸브는 저속 & 후진, 언더 드라이브용 압력 제어 밸브와 기능이 같다. 압력 제어 솔레노이드 밸브는 자동변속기의 컴퓨터의 신호에 의하여 듀티 제어 되어 전기 신호를 유압으로 변환하여 각 클러치 및 브레이크를 작동시킨다.

⑧ **파킹 장치**

파킹 장치는 변속레버 P 위치 시에 기계적으로 유성기어의 링 기어를 고정시킨다. 이는 고속에서는 작동이 불가하며, 아주 낮은 속도 및 정지 상태에서만 작동이 가능하다.

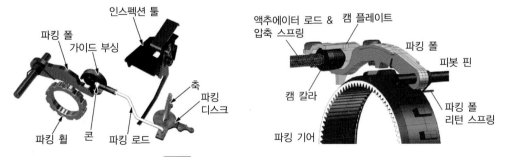

그림 자동변속기의 파킹장치 구조

3) 무단변속기(CVT)

　최근에는 자동변속기의 성능과 연비의 향상을 위해 CVT(Continuously Variable Transmission)가 차량에 적용되고 있다. CVT는 'Continuously Variable Transmission'의 약어로 주어진 일정 범위 내에서 기어비를 무한대에 가까운 단계로 제어할 수 있는 변속기이다.

　미리 정해진 몇 개의 단계로만 기어비를 제어할 수 있는 다른 변속기들과 대조적이어서 무단 변속기라고도 부른다. 기존의 변속기는 주어진 속도 및 엔진 출력에 대해 일정한 기어비로 고정되어 변속단계가 한정되어 있어 운전 중 변속과정에서 원하지 않는 변속 쇼크가 발생하고 엔진의 효율적 사용에도 제약이 있다.

　그러나 CVT는 엔진 출력과 주행저항에 맞춰 변속단계가 연속적으로 부드럽게 이루어지므로 기어변속에 따른 변속 충격이 없을 뿐만 아니라 엔진의 최적 운전이 가능해 자동변속기 대비 연비 및 동력 성능의 향상이 가능하다. 현재 실용화에 성공한 CVT는 구동 매개체에 따라 벨트 구동방식 (Belt drive type)과 파워 롤러를 이용한 트랙션 구동방식 (Toroidal drive type)이 대표적이다.

기존 유단변속기	CVT
주어진 속도 및 엔진 출력에 대해 일정한 기어비로 고정되어 움직임 → 변속단계 한정 → 변속과정 중 변속쇼크 발생 → 엔진 효율적 사용 제한	엔진출력과 주행 저항에 맞춰 변속이 연속적으로 부드럽게 이루어짐 → 기어 변속에 따른 변속충격 없음 → 엔진의 최대 연비, 최저 배기가스 영역에서 차량 구동 가능

그림 유단변속기와 CVT의 비교

　최근 차량의 구동 성능을 보장하면서 연비 성능을 향상시키기 위해 변속기의 다단화가 활발히 이루어지고 있으며 이런 다단화는 차량의 최고속도를 보장하면서 엔진의 작동 영역을 축소시킬 수 있는 특징이 있으며 따라서 이론적으로 무한히 많은 기어비를 구현할 수 있는 CVT는 차량의 속도 변화와 상관없이 엔진의 작동점을 최대 연비 영역으로 제한할 수 있다.

　연속적으로 변속 기어비를 변화시킬 수 있기 때문에 변속 시 발생하는 엔진의 동력단절이 발생하지 않아 차량의 가속성능도 기존의 유단 변속기에 비해 향상시킬 수 있다. 그러나 CVT는 무단 변속을 구현하기 위해 마찰방식으로 동력전달을 사용하기 때문에 무단변속기 자체의 동력전달 효율이 낮으며, 발진 성능의 문제가 있어 중형급 이상의 차량에 적용하기에는 어렵다.

중형급 이상 차량 적용에 어려움

무단변속 구를 위해 마방식으로 동력전달
• 변속기 자체의 동력전달 효율 낮음
• 발진 성능의 문제가 존재

그림 CVT의 한계성

① 밸트구동방식 CVT

　CVT는 무단변속을 구현하는 방식에 따라 벨트 구동방식, 트랙션 구동방식, 베리어블 스트로크 드라이브, 정유압 펌프 모터식으로 구분할 수 있다. 이 중 베리어블 스트로크 드라이브나 정유압 펌프 모터식은 소음과 진동문제로 승용차용으로는 사용되지 않고 있다.

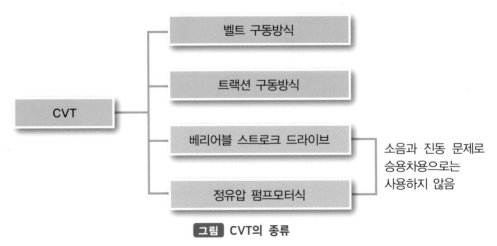

그림 CVT의 종류

벨트 구동방식은 현재 양산되는 CVT의 주종을 이루며 주요 구성부품은 벨트, 구동 풀리 그리고 종동 풀리이다. 그리고 벨트 구동방식 CVT는 토크 컨버터나 습식 클러치에 의해 엔진과 연결되어 동력을 전달한다. 또한 전·후진 변환을 위해 유성기어를 사용하고, 변속비 제어는 솔레노이드 밸브를 사용한 전자 유압방식을 채용하고 있다.

그림 **밸트구동방식 CVT**

주요 구성부품을 자세히 살펴보면 구동 풀리는 구동용 고정 시브, 유압실을 갖는 가변 시브로 구성되어 있다. 종동 풀리는 종동용 고정 시브와 유압실 및 밸런스 체임버를 갖는 종동용 가변 시브로 구성되며 CVT 벨트는 동력전달 매체로 구동 풀리에서 동력을 전달받아 종동 풀리로 동력을 전달한다. 엔진으로부터 토크가 입력되면 구동 풀리를 구동시키고 구동 풀리에 물려있는 벨트가 종동 풀리를 구동시킴으로써 임의의 변속비에 의한 출력을 얻을 수 있다.

이때 각 풀리와 벨트가 서로 결합되는 힘은 풀리에 가해진 유압으로부터 얻어지며 유압 제어를 통해 각 풀리의 압력을 조절, 벨트의 위치를 반경방향으로 변경시킴으로써 변속이 이루어지고 벨트 구동방식 CVT의 변속비는 벨트와 풀리 접촉부의 회전 반경비로 결정된다. 따라서 풀리와 접촉하는 벨트의 운전반경이 변화함으로서 연속적인 변속비를 얻을 수 있다. 벨트 구동 방식 CVT에 이용되고 있는 벨트로는 고무 벨트, 금속 체인, 금속 벨트 등이 있으며 현재 승용차에 사용되는 무단변속기는 대부분 금속 벨트를 사용하고 있다.

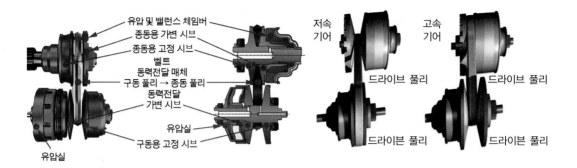

변속비는 벨트와 풀리의 접촉 부의 회전 반경비로 결정

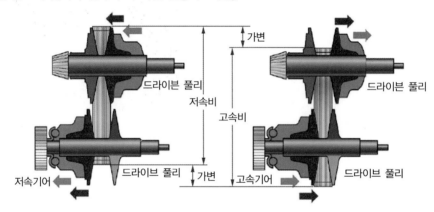

그림 금속벨트 타입 CVT의 풀리부 작동구조(그림수정)

② Traction 구동 방식 Toroidal CVT

트랙션 구동의 의미는 탄성 유막을 통하여 금속의 전동체를 이용한 동력전달을 말하며, 토로이덜 CVT는 엔진과 연결된 변속기 입력축의 입력 디스크와 종감속기와 차동장치에 연결된 출력 디스크 사이에 전달 매개체로서 롤러를 배치하여 롤러 축의 회전으로 인한 접촉반경의 변화에 의해서 변속되는 트랙션 구동방식의 무단변속기이다.

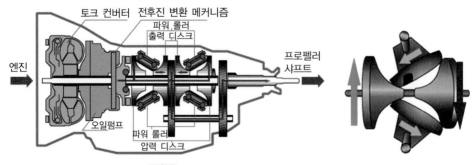

그림 토로이달 타입 CVT의 작동구조

토로이덜 CVT의 장점은 우선 벨트 구동 방식에 비해 가변 반경의 증가로 인한 넓은 변속비의 폭, 접촉 면적의 증대와 전달경로의 단축에 따른 높은 전달효율 및 신속한 변속비의 변화율, 높은 강성에 따른 정숙한 작동 등이다. 그러나 단점으로는 롤러의 정밀한 제어의 어려움과 트랙션 구동부의 피로 수명을 증가시키기 위한 구동부의 대형화로 인한 과도한 회전관성, 트랙션 구동부의 특수 재질과 높은 트랙션 물성치를 갖는 특수 윤활유의 개발이 양산을 위해서는 필요하다는 것이다.

토로이달 타입 CVT의 특징

장 점	단 점
벨트 구동방식 대비 가변 반경 증가 → 넓은 변속비 폭	롤러의 정밀한 제어 어려움
접촉면적 증대, 전달경로 단축 → 높은 전달 효율	트랙션 구동부 피로 수명의 증가를 위한 구동부 대형화 → 과도한 회전관성, 트랙션 구동부 특수 재질
높은 강성에 따른 정숙한 작동	높은 트랙션 물성치를 갖는 특수 윤활유 개발이 필요

4) DCT(Dual Clutch Transmission)

DCT는 자동화 수동변속기의 한 종류이지만 단순히 수동변속기의 변속레버와 클러치의 조작부를 자동화한 일반 자동화 수동변속기와는 그 구조와 변속방식이 완전히 다르다. 먼저 AMT의 구조는 변속레버와 클러치 조작부에 사용되는 링크와 케이블을 제거하고 그 대신 공압, 유압, 전기모터 등을 이용한 액추에이터를 사용한다.

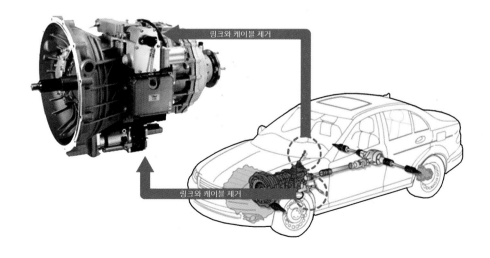

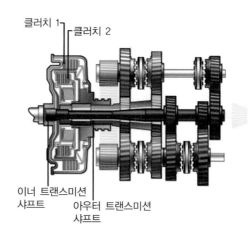

클러치 1
클러치 2

이너 트랜스미션
샤프트
아우터 트랜스미션
샤프트

(a) 건식 다판 클러치

(b) 습식 다판 클러치

그림 DCT의 구성 및 듀얼클러치 시스템

이에 반하여 DCT는 핵심 부품인 듀얼 클러치와 2개의 변속기어 열이 실축과 중공축이 병렬로 연결된 구조를 가지고 있다. 듀얼 클러치는 두 개의 클러치가 반경방향으로 장착되어 있으며 동력 전달 용량과 제어방식에 따라 건식 단판식 또는 습식 다판식이 사용되고 있다.

듀얼 클러치에 장착된 두 개의 클러치는 두 개의 변속기 입력축에 각각 연결되어 각 변속기어 열로 엔진의 동력을 전달하게 된다. 클러치 1은 홀수단의 기어열에 동력을 전달하는 실축과 연결되어 있으며, 클러치 2는 짝수단과 후진의 기어열에 동력을 전달하는 중공축과 연결되어 있다. 그리고 각 변속기어 열은 일반적인 수동변속기와 같이 싱크로나이저의 결합을 통해 변속단을 선택하고 있다.

유압장치

전기모터

(a) 유압 사용 시

(b) 유압 미사용 시

그림 DCT 액추에이터 적용 사례

또한 듀얼 클러치의 결합에 유압을 사용하는 경우 클러치 결합을 위해 오일펌프, 밸브보디 등과 같은 유압장치가 변속기에 장착되고, 유압을 사용하지 않는 경우에는 전기모터를 클러치 액추에이터로 사용한다.

DCT의 작동원리 예를 들면 자동차가 2단으로 가속 중일 때 ECU는 운전자가 곧 3단을 선택할 것을 예측하여 클러치 1을 해제하고 싱크로나이저를 이동시켜 3단 기어를 pre-select 한다. 이 후 변속시점이 되면 클러치 2가 해제되고 동시에 클러치 1이 연결된다. 그 결과로 2단에서 3단으로 동력의 끊김 없이 빠르고 부드럽게 변속이 가능하다.

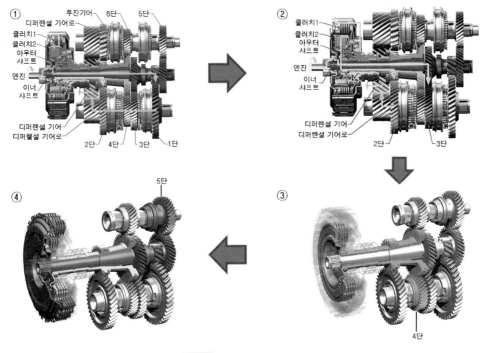

그림 DCT의 작동원리

DCT는 자동으로 변속이 이루어지므로 수동변속기에 비해 변속이 용이하고 동시에 두 클러치를 연결, 해제함으로써 변속 과정에 걸리는 시간이 매우 짧고, 변속 시 동력의 단절이 거의 없으므로 수동변속기보다 연비가 높다. 또한 두 클러치의 결합과 해제가 동시에 이루어지므로 수동변속기에서 발생하는 변속 시 변속 품질의 저하가 적은 장점이 있다. 하지만 기존의 수동변속기에 비해 구조가 복잡하고 변속기의 크기도 커지는 단점을 가지고 있다. 또한 매우 높은 수준의 정밀도로 제작되어야 함으로 생산 단가가 비싸고, 스킵 시프트가 불가능하다.

DCT (Dual Clutch Transmission)
- 수동변속기 대비 변속 용이
- 변속과정에 걸리는 시간 매우 짧음
- 변속 시 동력의 단절이 거의 없어 수동변
  속기 대비 연비 높음
- 두 클러치의 결합과 해제가 동시에 진행
  → 수동변속기에서 발생하는 변속 시 변속
    품질 저하 적음

제동력 제어기존 수동변속기 대비 복잡한 구조, 대형화
매우 높은 정밀도로 제작 → 단가 상승, 스킵 시프트 불가능

그림 DCT의 특징

(4) 추진축 및 드라이브 샤프트

드라이브 라인은 후륜구동 차량의 변속기 출력을 구동축에 전달하는 장치로서 변속기와
종감속기어 사이에 설치되어 출력을 전달하는 추진축(Propeller Shaft)과 드라이브 라인의
길이 변화에 대응하는 슬립 조인트(Slip Joint) 및 각도 변화에 대응하는 유니버설 조인트
(Universal joint)로 구성되어 있다.

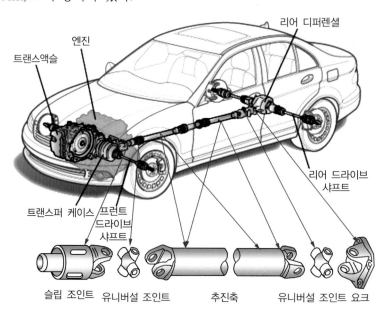

그림 추진축의 위치 및 구조

1) 추진축

추진축은 회전력을 전달하기 때문에 중심에 비해 비틀림이나 굽힘에 강한 속이 빈 탄소 강관이 일반적으로 사용되고 있으며, 회전할 때 평형을 유지하기 위한 평형추(Balance Weight)와 슬립 조인트가 설치되어 있다. 또 그 양쪽에는 유니버설 조인트의 요크가 있다.

일반적으로 소형차는 1개의 추진축으로 구성되나 변속기에서 구동축까지의 거리(Wheel Base)가 긴 자동차에서는 추진축을 두 개 또는 세 개로 나누고 각 축의 뒷부분을 센터 베어링으로 프레임의 크로스 멤버에 지지하는 구조로 되어 있다. 대형 자동차용 추진축에는 비틀림 진동에 의한 소음이나 축의 파손을 방지하기 위하여 토션 댐퍼를 설치한다.

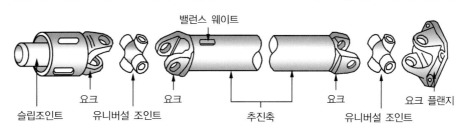

밸런스 웨이트

슬립조인트　　요크　　유니버설 조인트　　요크　　추진축　　요크　　유니버설 조인트　　요크 플랜지

그림 슬립조인트와 밸런스 웨이트

① 슬립 조인트

슬립 조인트는 변속기 주축 뒤끝에 스플라인을 통하여 설치된다. 리어 액슬의 상하 움직임에 따라 변속기와 종감속기어 사이에 길이 변화를 수반하게 되는데 이때 슬립 조인트는 추진축의 길이 변화를 가능하게 한다.

② 유니버설 조인트

유니버설 조인트(Universal Joint)는 일직선상에 있지 않은 2개의 축이 어느 각도를 이루어 교차할 때 자유로이 동력을 전달하기 위한 장치이다. 유니버설 조인트는 구동축과 피동축의 회전 각속도 차가 발생하는 부등속(不等速) 유니버설 조인트와 회전 각속도 차가 발생하지 않는 등속(等速) 유니버설 조인트로 나누어진다. 부등속 유니버설 조인트에는 훅 조인트, 볼 앤드 트러니언 유니버설 조인트 등이 있다. 후륜 구동 차량에는 부등속 유니버설 조인트를, 그리고 전륜 구동 차량에는 등속 유니버설 조인트가 많이 사용된다.

③ 훅 조인트

훅 조인트는 중심부의 십자축과 2개의 요크(Yoke)로 구성되어 있으며, 십자축과 요크는 니들롤러 베어링을 사이에 두고 연결되어 있다. 구조가 간단하고 작용도 확실하지만, 구동축의 일정속도에서도 수동축의 속도는 증속과 감속을 반복하는 성질이 있다.

예를 들어 구동축이 1,000rpm으로 정속 회전할 때 수동축에 생기는 회전수의 변동은 1회전 동안에 최대 및 최소의 점이 2회 나타나며 가속기간, 감속기간도 2회 나타난다. 이러한 결과로 변속기로부터 차동기어 등에 회전력을 전달하는 경우 추진축 앞뒤에 2개의 십자축을 같은 방향으로 조립하여 속도변화 등을 상쇄하고 있다.

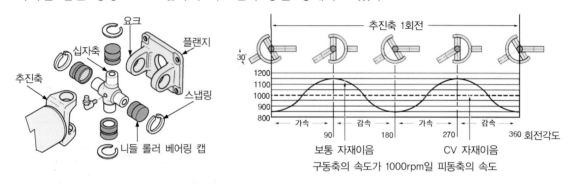

그림 훅 조인트 구조와 부등속 운동

④ 볼 앤드 트러니언 조인트

볼 앤드 트러니언 조인트는 유니버설 조인트와 슬립 조인트의 역할을 동시에 수행한다. 안쪽에 홈이 파져있는 실린더형의 보디(Body) 속에 추진축의 한끝을 끼우고 핀을 끼운 다음 핀의 양끝에 볼을 조립한 형식이다. 훅 조인트보다 마찰이 많고 전달 효율이 낮아 작은 동력을 전달하는 부분에 사용되고 있다.

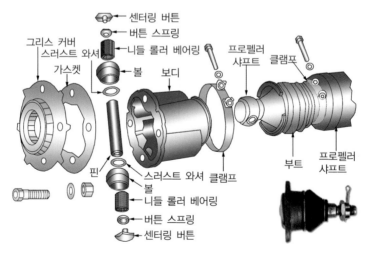

그림 볼 앤드 트러니언 조인트 구조

2) 드라이브 샤프트 및 등속 조인트

전륜구동 차량은 변속기와 종감속기어, 차동장치가 일체화된 트랜스 액슬에서 앞바퀴로
동력이 바로 전달된다. 전륜 구동 차
량에서는 이 역할을 후륜 구동의 추
진축과 유니버설 조인트 대신 드라
이브 샤프트가 대신한다. 특히 전륜
구동 차량의 드라이브 샤프트는 바
퀴가 상하의 진동에 대한 각도 변화
와 조향방향에 대하여 좌우로 변화
되는 각도 변화에 대응하기 위하여
등속 조인트(Constant Velocity
Joint)가 사용된다.

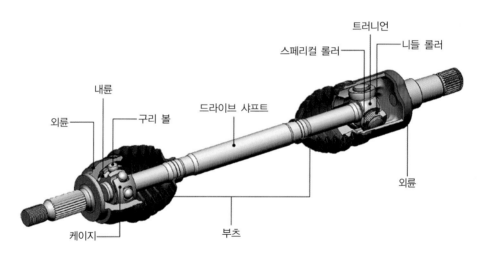

그림 등속 조인트의 위치 및 구조

등속 조인트(Constant Velocity Joint)는 종감속 기어에서 나온 구동력을 구동바퀴까지
각도의 변화와 길이의 변화를 주어 회전속도와 토크의 변동 없이 동력을 일정하게 전달하
여 진동이나 소음발생을 줄이고 승차감을 높인다.

축은 많은 힘을 받고 각의 변화가 크므로 고정형 등속 조인트를 사용하고, 종감속 기어
쪽에는 허용각도는 작지만 축 방향으로 신축 가능한 슬립형 등속 조인트가 사용되는 것이
일반적이다.

고정형 등속 조인트에는 이중 십자형 조인트(Double Cross joint), 벤딕스 와이스 타입(Bendix Weiss Type), 제파 타입(Rezeppa Type), 파르빌레 타입(Parville Type)이 있으며 슬립형 등속 조인트에는 더블 오프셋 조인트(Double Off Set Joint), 트리포드 조인트(Tripod joint) 등이 있다.

종감속 기어쪽 허용 각도는 작지만 신축이 가능

슬립형 등속 조인트 사용

축쪽 많은 힘을 받고 각의 변화 크다.

고정형 등속 조인트 사용

그림 고정형 및 슬립형 조인트 장착 위치

① **이중 십자형 조인트(Double Cross joint)**

이중 십자형 조인트는 십자축 두 개를 맞대서 센터 요크로 결합한 것으로 중심을 유지하기 위한 센터링 볼이 들어있다. 구동축과 피동축 사이에 굴절각이 존재하면 요크에는 부등속이 발생되지만 양단의 축에서는 상쇄되어 등속이 된다.

십자축   십자축   플랜지 요크

슬립 요크   센터 요크   센터링 볼 어셈블리

그림 이중 십자형 조인트의 구조

② 벤딕스 와이스 타입(Bendix Weiss Type)

벤딕스 와이스 타입은 동력 전달용으로 4개의 볼(Ball)을 사용하며, 그 중심에 볼 1개를 두고 중심을 잡도록 하고 있다. 동력 전달용 볼이 안내 홈을 따라 움직여 그 중심은 축이 형성하는 각의 2등분 선상에 있게 된다.

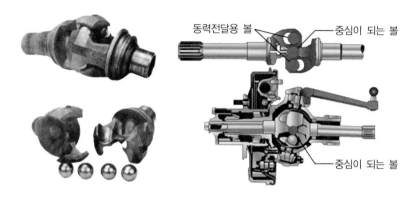

그림 밴딕스 와이어 타입의 구조

③ 제파 타입(Rezeppa Type)

제파 타입은 2개의 축이 만나는 각도에 따라 볼 리테이너가 움직여 볼 위치를 바른 곳에 유지하며, 동력 전달용 볼과 안내 홈을 사용하는 것은 벤딕스 와이스 유니버설 조인트와 같다.

제파 타입은 굴절각이 대단히 큰 47° 상태에서도 작동이 가능하지만, 축방향의 길이변화가 불가능하고 주로 전륜 구동 차량에서 구동축의 차륜쪽 유니버설 조인트로 사용된다.

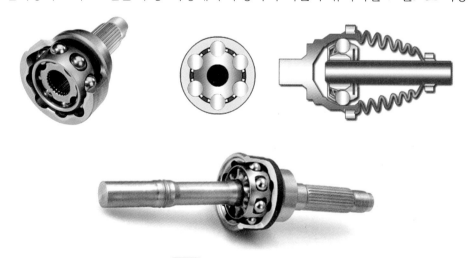

그림 제파 타입의 구조

④ **파르빌레 타입(ParvilleType)**

파르빌레형은 재파 타입을 개량한 것으로 버필드 조인트(Birfield Joint)라고도 하며 아우터 레이스의 안쪽면과 이너 레이스의 바깥쪽 면이 같은 중심을 갖는 구형으로 되어있다. 이 형식의 특징은 중심 유지용 베어링을 두지 않아도 되며, 구조가 간단하고 용량이 커 전륜 구동 차량에서 많이 사용되며, 차종에 따라 다소 차이가 있으나 최대 작동 각도 45° 이상에서도 토크 전달이 우수하다.

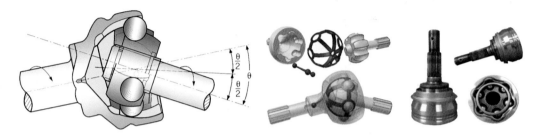

그림 파르빌레 타입의 구조

⑤ **더블 오프셋 조인트(Double Off Set Joint)**

더블 오프셋 조인트는 축방향 움직임이 가능하도록 만든 등속 조인트이다. 굴절각이 상당히 제한되는 반면 길이 변화에는 대응 할 수 있는 구조이다. 굴절각은 20°정도이며, 약 30mm까지 길이 변화가 가능하다. 주로 전륜 구동 차량의 트랜스액슬측 유니버설 조인트로 사용된다.

⑥ **트리포드조인트(Tripod Joint)**

트리포드 조인트는 구동축의 각도 변화와 길이 변화에 모두 대응할 수 있다. 3개의 핀과 조합한 3개의 롤러가 마주보는 튤립형 구조이며, 회전을 전달함과 동시에 축 방향으로 미끄럼 운동을 할 수 있도록 만들어져 있다. 굴절각은 22° 정도이며, 길이 변화도 약 30mm 정도 가능하다. 주로 전륜 구동 차량의 트랜스 액슬측 유니버설 조인트로 사용된다.

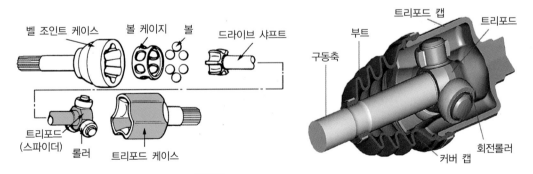

그림 트리포드 조인트의 구조

실제 전륜 구동 차량의 드라이브 라인으로 등속 조인트를 사용하는 경우 보통 휠 측은 제파 타입 조인트를 사용하고 트랜스 액슬과 결합되는 쪽은 더블 옵셋 조인트나 트리포드 조인트를 사용하여 구동바퀴의 움직임에 대처하도록 되어 있다.

(5) 종감속 및 차동기어

1) 종감속 기어

엔진에서 발생된 동력을 변속기의 변속비만으로는 구동바퀴에서 충분한 구동력을 얻을 수 없다. 따라서 종감속 기어는 기어비에 비례하여 회전속도를 감속하는 대신 구동력을 증대시켜 구동바퀴에 전달한다. 또한 종감속 기어는 후륜 구동 차량에서 뒷바퀴에 동력을 전달하기 위하여 추진축의 회전방향을 90°로 변환하여 뒷바퀴에 동력을 전달하는 역할을 수행한다.

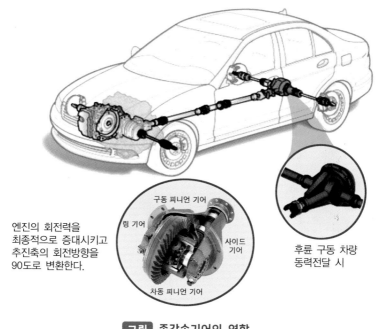

엔진의 회전력을 최종적으로 증대시키고 추진축의 회전방향을 90도로 변환한다.

구동 피니언 기어
링 기어
사이드 기어
차동 피니언 기어

후륜 구동 차량 동력전달 시

그림 종감속기어의 역할

전륜 구동 차량에서는 종감속 기어가 변속기와 일체로 구성되어 있으며, 후륜 구동 차량의 경우는 리어 액슬 하우징(Rear Axle Housing) 내에 조립되어 있다. 종감속 기어는 구동 피니언(Drive pinion)과 링 기어(Ring gear)로 구성되며, 구동 피니언과 링 기어의 조합에 따라 웜과 웜기어(Worms and Worm Gear), 베벨기어(Bevel Gear), 하이포이드 기어(Hypoid Gear)가 사용된다.

그림 구동방식에 따른 종감속기어 장착위치

하이포이드 기어는 링 기어의 중심보다 구동 피니언의 중심이 10~20% 정도 낮게 설치된 스파이럴 베벨기어의 전위(off-set) 기어이며, 구동 피니언의 오프셋에 의해 추진축의 높이를 낮출 수 있어 자동차의 중심이 낮아져 안전성이 증대되고 동일 감속비, 동일 치수의 링 기어인 경우에 스파이럴 베벨기어에 비해 구동 피니언을 크게 할 수 있어 강도가 증대된다. 또한 기어 물림률이 커 회전이 정숙한 특징이 있으나 기어이의 폭 방향으로 미끄럼 접촉을 하므로 압력이 커 극압 윤활유를 사용하여야 하고 제작이 조금 어렵다.

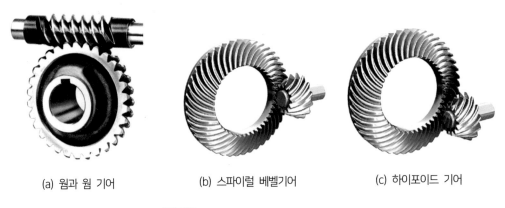

(a) 웜과 웜 기어   (b) 스파이럴 베벨기어   (c) 하이포이드 기어

그림 하이포이드기어의 구조

종감속비는 링 기어의 잇수와 구동 피니언의 잇수비로 나타낸다. 종감속비는 나누어서 떨어지지 않는 값으로 하는데 그 이유는 특정의 이가 항상 물리는 것을 방지하여 이의 편마멸을 방지하기 위함이다. 또한 종감속비는 엔진의 출력, 차량 중량, 가속 성능, 등판능력 등에 따라 정해지며, 종감속비를 크게 하면 가속 성능과 등판능력은 향상되나 고속성능이 저하한다.

2) 차동장치(Differential)

차동장치는 양쪽 바퀴의 회전수 변화를 가능하게 하여 울퉁불퉁한 도로 및 선회 시 원활한 구동을 하도록 하는 기어 장치이다. 차량이 곡선으로 선회 주행을 할 때 바깥쪽 바퀴의 회전 반경은 안쪽 바퀴보다 크므로 바깥쪽 바퀴는 안쪽 바퀴보다 많이 회전해야 하며, 요철 노면을 주행할 때에도 양쪽 바퀴의 회전수가 달라져야 한다.

만약 양쪽바퀴의 회전속도가 동일하게 고정되면 차량의 곡선 주행 시에는 한쪽 바퀴에 미끌림이 발생한다. 따라서 차동장치는 선회할 때 양쪽 바퀴의 회전수 차이가 발생되도록 하여 노면의 저항을 적게 받는 구동 바퀴 쪽으로 동력이 전달될 수 있도록 하는 장치로 차동 사이드 기어, 차동 피니언 기어, 차동 피니언 축(디퍼렌셜 스파이더), 케이스 등으로 구성되어 있다.

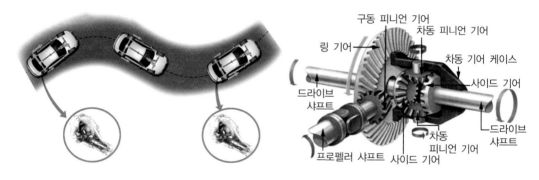

그림 차동장치의 기능 및 구조

차동장치의 원리는 랙과 피니언(Rack and Pinion)의 원리를 응용한 것으로 양쪽의 랙 위에 동일한 무게를 올려놓고 피니언을 들어 올리면 피니언에 걸리는 저항이 같아 피니언이 자전을 하지 못하므로 랙 A와 B를 함께 들어 올리게 된다.

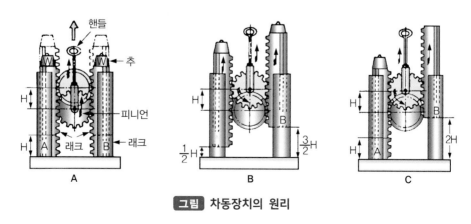

그림 차동장치의 원리

그러나 랙B의 무게를 가볍게 하고 피니언을 들어 올리면 랙 B를 들어 올리는 쪽으로 피니언이 자전을 하며 랙이 올라간 거리를 합하면 피니언을 들어 올린 거리의 2배가 된다. 이 원리를 이용하여 양쪽 랙을 양쪽 차동 사이드 기어로 바꾸고 여기에 좌우 양쪽의 액슬 축(Axle Shaft)을 연결한 후 차동 피니언을 종감속 기어의 링 기어로 구동시키도록 한다.

3) 차동제한장치(Limited Slip Differential)

차동 제한장치는 차동장치가 가지는 문제점을 극복하기 위하여 차의 상태, 노면과의 접촉상태, 차의 무게 균형에 따라 엔진의 출력을 손실 없이 전달하기 위한 장치이다. 예를 들어 한쪽 바퀴가 진흙에 빠진 경우나 빙판에 있는 경우 좌, 우 바퀴의 저항차가 심하여 오히려 저항이 많은 쪽으로 동력이 전달되지 못하고 저항이 없는 쪽만 회전하는 경우가 발생한다.

이때 차동 제한장치는 차동장치의 작용을 정지시켜 좌우 구동축으로 전달되는 토크(Torque)의 차이를 제한하여 저항이 큰 구동 바퀴에 미끄러지고 있는 바퀴의 감소된 분량만큼의 동력을 더 전달시킴으로써 미끄럼에 따른 공전 없이 주행을 할 수 있게 한다.

  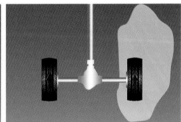

그림 차동제한장치의 작동

차동 제한장치는 기계적인 구조만으로 작동되는 방식인 마찰식 차동 제한장치, 논 스핀 차동장치(Non-Spin Differential : NSD), 헬리컬 기어 타입(Helical Gear Type) 등과 전자제어식 등 여러 가지 방식이 있다.

마찰식 차동 제한장치는 좌우 구동축 사이에 클러치 플레이트를 배치하고, 구동력 발생 시 그 힘을 이용해 클러치 플레이트를 작동시켜 차동장치의 작동을 제한하는 방식이며, 논 스핀 차동장치는 도그 클러치를 이용하여 좌우 바퀴의 회전력 차이를 제한하는 방식이다.

헬리컬 기어 타입은 구동 토크에 비례한 차동 제한력을 발생시키기 때문에 토크 센싱(Torque Sensing) 타입이라고도 부르며, 줄여서 토르센(Torsen) 타입이라고도 한다. 헬리컬 기어 타입은 기어 각부의 마찰력에 따라 차동을 제한하는 것으로 평행 축으로 된 유성

기어 타입의 헬리컬 기어가 케이스 내에 지지된 형상으로 구성되어 있다.

전자제어식 차동 제한장치는 기계적인 조건에 의해 작동이 되는 것이 아니라 차동을 제한할 필요시에만 ECU의 제어에 따라 유압 다판 클러치를 누르는 힘으로 차동 잠금(Lock) 뿐만 아니라 차동을 제한(Limit)하여 좌우 구동력을 분배할 수 있는 장치를 말한다. 이에 따라 유압회로와 유압 제어장치가 필요하다.

마찰식 차동 제한장치   논 스핀 차동 제한장치

헬리컬 기어식 차동 제한장치   전자제어식 차동 제한장치

그림 **차동제한장치의 종류**

차동기어 잠금장치는 차동장치와 차동 제한장치의 장점을 최적화 하면서, 기존의 차동 제한장치의 오프로드 성능을 대폭 향상시킨 장치이다. 차동기어 잠금장치는 눈길, 웅덩이, 빗길 등을 주행시 구동축 좌우바퀴의 회전수 차이가 100rpm 이상 발생할 경우 플라이 웨이트(Fly weight)가 회전관성에 의해 외부로 돌출된다. 이때 캠 플레이트(CAM Plate)의 이동에 의해 마찰판을 눌러 구동축의 좌우를 완전 일체화시켜 양쪽 바퀴에 최대의 견인력을 제공하여 험로의 탈출 성능을 대폭 향상시킬 수 있다.

차동장치, 차동 제한장치, 차동기어 잠금장치를 장착한 차량의 등판능력과 견인력을 비교하였을 경우 일반도로 위의 한쪽 바퀴가 미끄러지는 조건상의 0.5ton 트럭의 등판능력은 차동 기어장치는 경사도 4.5%가 가능하며, 차동 제한장치는 그보다 2배 높은 9.4%, 차동기어 잠금장치는 차동장치보다 5.8배 높은 26.3%이다. 견인력은 차동장치는 68kg, 차동 제한장치는 그보다 2.3배 많은 160kg 차동기어 잠금장치는 차동장치에 비해 4배 많은 275kg을 견인할 수 있다.

일반 차동장치와 차동잠금장치의 비교

일반 차동기어장치 (Open)	차동기어제한장치 (LSD)	차동기어잠금장치 (LD)
	2배	5.8배
4.5%	9.4%	26.3%
150Lbs(68kg)	350Lbs(160kg)	600Lbs(275kg)

(6) 휠 및 타이어

1) 휠(Wheel)

휠은 타이어와 함께 자동차의 중량을 지지하고, 구동력 또는 제동력을 지면에 전달하는 역할을 한다. 따라서 휠은 스프링 아래 질량을 작게 하여 승차감을 좋게 하기 위하여 가벼울수록 좋으며, 자동차의 무게 중심을 낮추고 조향각을 크게 하기 위하여 직경이 작을수록 유리하다.

그리고 노면의 충격력과 횡력에 견딜 수 있도록 충분한 강성을 가져야 하며, 타이어에서 발생하는 열이나 제동할 때 발생하는 제동열을 흡수하여 대기 중으로 방출이 쉬운 구조로 되어야 한다. 휠은 타이어를 지지하는 림(rim)부분과 휠을 차축의 허브에 장착하기 위한 디스크 부분으로 구성된다.

휠의 종류에는 연강판을 프레스로 가공 성형하고 디스크(disc)부와 림(rim)부를 리벳이나 용접으로 결합한 디스크 휠(disc wheel), 림과 허브를 강선으로 연결한 스포크 휠 (spoke wheel), 알루미늄이나 마그네슘의 합금을 디스크 부와 림부를 일체로 주조 또는 단조 제작한 경합금 휠이 있다.

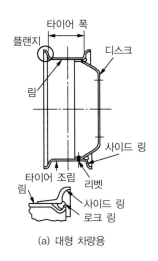

(a) 대형 차량용

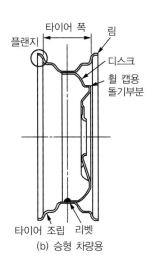

(b) 승형 차량용

그림 휠의 구조 및 명칭

디스크 휠

스파이더 휠

스포크 휠

그림 휠의 종류

2) 타이어의 구조

타이어는 파워트레인에서 만들어진 구동력과 제동력을 노면에 최종적으로 전달하여 차량의 이동 및 안정성을 확보해야 하고 주행 시 노면의 저항이나 회전저항을 감소할 수 있는 구조여야 한다. 타이어는 공기가 담긴 탄력성이 있는 용기라고 볼 수 있는데 다양한 소재와 기술로 공기압을 유지해야 하며, 휠에 조립되어 사용하기 때문에 휠과 단단히 결합되어야 한다.

또한 도로와 직접 접촉하므로 외부 충격을 보호하기 위해 외부는 고무층으로 덮여 있는데, 이 고무층은 트레드(Tread), 브레이커(Breaker), 사이드 월(Side Wall), 카커스(Carcass), 숄더(Shoulder), 비드(Bead) 등의 부분으로 구성된다.

그림 타이어의 구조

① 트레드(Tread)

트레드는 노면과 접촉하는 부분으로 두꺼운 고무층으로 되어있다. 타이어 내부의 카커스 및 벨트층을 보호하기 위해 절상, 충격에 대해 강하고 또한 타이어의 주행 수명을 늘이기 위해 내마모성이 강한 고무를 사용한다. 트레드 면에서 실제 땅에 닿는 부분을 육지(Land Area)로, 움푹 파인 부분을 바다(Sea Area)로 보고 트레드 홈의 부분이 트레드 전체 중 얼마를 차지하는지를 시랜드 비율(Sea-Land Ratio)로 나타낸다.

시랜드 비율은 네거티브 비(Negative Ratio)라고도 하는데 일반 타이어는 30 ~ 40%가 일반적이며, 스노타이어나 레이디얼타이어는 50% 이상인 것도 있다. 트레드 패턴은 제동성, 가속성, 승차감 등 타이어가 갖춰야 할 기본적인 성능 및 선회 시 코너링포스 발생과 밀접하게 연관되어 있기 때문에 타이어의 주행 성능을 높이는데 가장 중요한 역할을 하며 주행조건에 따라 다양한 패턴을 가진다.

- **RV용 타이어** : 블록이 크고 블록 간 거리가 넓은 트레드일수록 오프로드 성능이 강한 RV용
- **일반 승용차용 타이어** : 블록이 세밀하고 타이어의 새겨진 가는 홈인 사이프(sipe)가 많은 것
- **고성능 스포츠카용 타이어** : 트레드는 무늬가 적어 한 눈에도 단순해 보이는 패턴이 특징

트레드

RV   SUV   승용차(Passenger Car)   스포츠카

그림 트레드와 차종별 트레드 패턴

② 숄더(Shoulder)

숄더부는 트레드부와 사이드 월 사이에 위치하고 구조상 고무의 두께가 가장 두껍기 때문에 주행 중 내부에서 발생하는 열을 쉽게 발산할 수 있는 구조로 방열 효과가 좋아야 한다.

③ 사이드 월(Side Wall)

사이드 월은 타이어 측면의 고무 부분으로서 카커스를 보호하고 굽혔다 폈다 하는 유연한 운동을 함으로써 승차감을 좋게 한다. 이 부분에는 타이어의 종류, 규격, 구조, 패턴, 제조회사, 상표명 등 여러 가지 문자가 표시되어 있다.

④ 비드(Bead)

비드는 타이어를 림에 장착시키는 역할을 하고, 비드 와이어, 코어, 고무 등으로 구성되어 있다. 일반적으로 림에 대해 약간의 죄임을 주어 주행 중 타이어의 공기압이 급격히 감소 될 경우에도 타이어가 림에서 빠지지 않도록 설계되어 있다.

숄더   사이드 월

비드

그림 숄더 · 사이드월 · 비드 구조

⑤ 카커스(Carcass)

타이어의 골격으로 트레드와 사이드 월 고무를 제외한 나머지인 타이어 코드(Cord)지로 된 표층 전체를 카커스라고 한다. 카커스는 타이어가 부풀려진 상태에서 타이어 내부의 공기압, 하중, 충격에 견디는 역할을 한다.

보통은 나일론 코드를 평행하게 늘어놓고 발과 같이 엮어 짠 다음에 강인한 고무가 배어들게 해 코드층을 만들고 이것을 코드가 엇갈리게 몇 장씩 포갠 구조이다. 코드층의 수를 플라이(Ply)로 표시하고, 큰 하중을 받는 타이어일수록 플라이 수를 증가시킨다.

⑥ 브레이커(Breaker) 및 벨트(Belt)

브레이커부는 바이어스 타이어의 카커스를 보호하기 위해 트레드와 카커스 사이에 삽입된 코드층으로 외부로부터 받는 충격을 완화하고 트레드의 갈라짐이나 외상이 직접 카커스에 도달하는 것을 방지함과 동시에 고무층과 카커스의 분리를 방지하는 역할을 한다.

그리고 벨트부는 레이디얼 타이어, 벨트 바이어스 타이어에 있어서 트레드와 카커스 사이에 원주 방향으로 놓여진 강력한 보강대이고 브레이커와 같은 임무도 지니지만 카커스를 강하게 죄여 트레드부의 강성을 높여 주행 안정성을 높인다.

⑦ 이너라이너(Inner Liner)

이너 라이너(Inner Liner)는 타이어 내부의 튜브를 대신해 공기의 밀폐성이 우수한 고무층으로 되어있다. 보통 합성고무인 부틸(Butyl) 고무나 폴리이소프렌계통의 고무 성분으로 구성되어 있으며, 타이어내의 공기를 유지시켜 주는 역할을 한다.

그림 카커스 · 브레이커 · 이너라이너 구조

3) 타이어의 분류

타이어는 타이어가 사용되는 차종과 구조, 그리고 계절에 따라 분류할 수 있다. 그 중 차종에 따른 분류를 먼저, 살펴보면, 승용차용, 소형트럭용, 트럭 · 버스용, 건설기계용, 농경용, 산업용, 이륜차용, 항공기용 등 운행 조건과 용도에 따라 매우 다양하다.

구조에 따라서는 바이어스 타이어, 레이디얼 타이어, 벨티드 바이어스 타이어로 3가지로 분류할 수 있다. 먼저, 바이어스 타이어의 카커스는 1 플라이씩 서로 번갈아 코드의 각도가 다른 방향으로 엇갈려 있다. 따라서 코드가 교체하는 각도는 지면에 닿는 부분에서 원주방향에 대해 40° 전후로 되어 있으며, 안정된 성능은 바이어스 타이어의 강점이라 할 수 있다.

레이디얼 타이어는 카커스를 구성하는 코드가 타이어의 원주방향에 대해 직각으로 배열되어 있고 구조의 안정성을 위하여 트레드 고무층 밑에 원주방향에 가까운 각도로 코드를 배치한 벨트로 단단히 조여져 있다. 레이디얼 타이어는 트레드부의 강성이 높고, 레이디얼 구조의 카커스 코드에 의해 고속용 타이어로서의 성능을 발휘한다.

마지막으로 벨티드 바이어스 타이어는 바이어스 타이어의 카커스 위에 레이디얼 타이어와 같은 벨트를 붙인 것으로 벨트의 효과에 의해 트레드부의 강성이 높아져 지면과의 접촉을 좋게 하여 조종성과 안정성을 향상시킨다. 벨티드 바이어스 타이어는 바이어스 구조에서 레이디얼 구조로 발전된 과정에서 생성된 타이어이다.

바이어스 타이어　　　　　레이디얼 타이어　　　　　벨티드 바이어스 타이어

그림 **타이어의 분류**

계절에 따라서는 여름용 타이어, 사계절용 타이어, 겨울용 타이어로 나눌 수 있다. 먼저, 여름용 타이어(Summer Tire)는 눈이 오지 않는 시기에 사용하는 타이어로 고속주행에 따른 소음 및 승차감, 조종 안정성을 우선으로 고려한 일반적으로 가장 널리 사용되고 있는 타이어이다. 일반적으로 별도의 지침이 없는 한 여름용 타이어는 일반 타이어를 의미한다.

또한, 사계절용 타이어(All Season Tire)는 적설 기간이 짧은 지역에서 여름용과 겨울용 타이어를 교체하는 어려움을 해소하기 위해 트레드에 커프(kerf)를 여름용 타이어보다 더 많이 설계한 타이어로, 일반적으로 겨울용 타이어를 제외한 모든 계절용 타이어를 지칭한다.

마지막으로 겨울용 타이어는 승용차용, 소형트럭용, 경트럭용, 트럭·버스용 등 강설지역에서 많이 사용되기 때문에 스노타이어라고 부르기도 한다. 겨울용 타이어의 트레드는 미세한 블록으로 나뉘어져 있고, 이것은 러그형의 구동력과 리브형의 옆 미끄럼 방지의 장점을 각각 취해 눈길과 빙판길에서 주행성능을 최대한 발휘할 수 있도록 설계된다.

(a) 여름용 타이어   (b) 사계절용 타이어   (c) 겨울용 타이어

그림 계절에 따른 타이어의 분류

타이어 트레드 패턴 분류

구별	패턴의 성격	기본 패턴의 예	주용도
리브 패턴 (Rib Pattern)	장점 •회전 저항이 적고 발열이 낮다. •옆미끄러짐 저항이 크고, 조종성 및 안정성이 좋다. •진동이 적고 승차감이 좋다. 단점 •다른 형상에 비해 제동력과 구동력이 떨어진다. •홈부에 균열이나 파열이 발생하기 쉽다.		•포장도로/고속용 •승용차용 및 버스용으로 많이 사용되고 있고, 최근에는 일부 소형 트럭용으로도 사용되고 있다.
러그패턴 (Rug Pattern)	장점 •구동력과 제동력이 좋다. •비포장 도로에 적합하다 단점 •다른 형상에 비해 회전 저항이 크다.(연료비가 많이 든다) •옆미끄럼 저항이 적다. •비교적 소음이 크다.		•일반도로/비포장도로 •트럭용/버스용/소형트럭용 타이어에 많이 사용되고 있다. 대부분의 건설차량용 및 산업차량용 타이어는 러그형이다.

구별	패턴의 성격	기본 패턴의 예	주용도
리브 러그 패턴 (Rib Rug Pattern)	장점 •리브와 러그 패턴의 장점을 살린 타이어로 조종성 및 안정성이 우수하다. •포장 및 비포장도로를 동시에 주행하는 차량에 적합하다. 단점 •리그 끝부분의 마모발생이 쉽다. •리그 홈부에서 균열이 발생하기 쉽다.		•포장도로/비포장도로 •트럭용/버스용에 많이 사용되고 있다.
블럭 패턴 (Block Pattern)	장점 •구동력과 제동력이 뛰어나다. •눈길 및 진흙에서의 제동성, 조종성, 안정성이 좋다. 단점 •리브형과 러그형에 비해 마모가 빠르다. •회전저항이 크다.		•스노우 및 샌드서비스 타이어 등에 사용되고 있다.
비대칭 패턴 (Asymmetrical Pattern)	장점 •지면과 접촉하는 힘이 균일하다. •마모성 및 제동성이 좋다. •타이어의 위치 교환 불필요 단점 •현실적으로 활용이 적다. •규격간의 호환성이 적다.		•승용차용 타이어(고속) •일부 트럭용 타이어

4) 타이어의 역할

① 하중 지지

타이어는 승차감, 조종 안정성, 안정성, 내구성, 경제성 등 다양한 성능을 충족해야 한다. 어떤 타이어가 좋다고 말할 수는 없다. 오히려 고성능 타이어일수록 내구성은 떨어지고, 조향 성능을 높이면 승차감이 떨어지는 경향이 있다. 타이어는 자동차의 높은 하중을 지탱하기 위한 구조를 채용하고 적정의 공기압을 유지해야, 하중과 주행 안정성을 보장받을 수 있다.

이동하는 자동차의 하중은 각 타이어가 지지하고 있는데, 정지상태에서는 수직 하중을 받지만, 제동 시나 선회 시에는 제동력과 원심력에 의해 변화하게 된다. 타이어의 사이드 월에 표시되어 있는 하중지수(LI : Load Index)는 1개의 타이어가 견딜 수 있는 최대 하중을 코드화해 표시한 것으로, 예를 들어 하중지수가 91인 타이어는 1개 당 최대 부하하중이 615kgf이라는 것을 의미한다.

※ 하중지수(LI : Load Index)
1개의 타이어가 견딜 수 있는 최대 하중을
코드화 하여 표시한 것

그림 타이어의 하중지지 및 하중지수 표기

② 구동력·제동력 전달

구동력(Driving Force)은 자동차의 파워트레인에서 발생하여 최종 타이어에 전달되어 노면 사이의 접지면 방향으로 움직이게 한다. 자동차의 속도를 줄여 멈추게 하는 제동력은 궁극적으로 타이어와 노면의 마찰로 결정된다. 제동 시 발생하는 힘은 자동차의 진행과 반대 방향으로 마찰력이 발생한다. 이를 제동력이라고 한다.

③ 방향 전환 및 유지

타이어가 선회 시 타이어가 향한 방향과 실제 차량의 진행 방향과 어긋난 각도를 슬립(Slip) 앵글이라 하며, 접지면에 발생하는 마찰력 중 타이어 중심면에 직각으로 작용하는 힘을 사이드 포스(Side Force), 타이어가 진행하려는 방향과 직각으로 작용하는 힘을 코너링 포스(Cornering Force)라 한다. 코너링 포스의 크기에 따라 슬립 앵글의 크기도 달라지는데, 일반적으로는 코너링 포스가 큰, 즉 슬립 앵글이 작은 타이어가 스티어링 휠을 꺾을 시 타이어 방향과 동일하게 자동차가 진행한다.

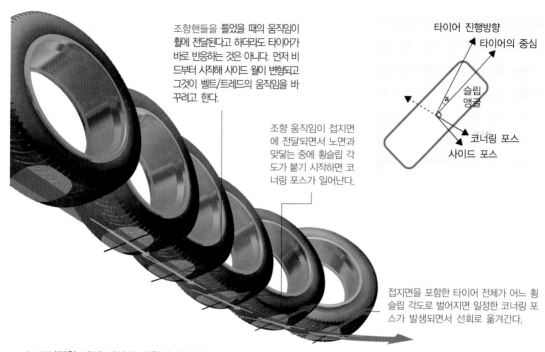

조향핸들을 틀었을 때의 움직임이 휠에 전달된다고 하더라도 타이어가 바로 반응하는 것은 아니다. 먼저 비드부터 시작해 사이드 월이 변형되고 그것이 벨트/트레드의 움직임을 바꾸려고 한다.

조향 움직임이 접지면에 전달되면서 노면과 맞닿는 중에 횡슬립 각도가 붙기 시작하면 코너링 포스가 일어난다.

타이어 진행방향
타이어의 중심
슬립
앵글
코너링 포스
사이드 포스

접지면을 포함한 타이어 전체가 어느 횡슬립 각도로 벌어지면 일정한 코너링 포스가 발생되면서 선회로 옮겨간다.

● **코너링할 때의 타이어 변형과 접지면**
직진상태에서의 접지면(contact patch)은 모서리가 둥근 사각형이 기본이다. 조향으로 인해 각도가 붙고 코너링 포스가 생기면 접지면은 선회 바깥쪽이 길어지는 부등변 사각형 모양으로 바뀌면서 접지 시작부터 접지 종료까지 회전하는 동안 어느 「점」이 조금씩 횡방향으로 이동하려는 움직임을 보인다.

그림 방향 전환 및 유지

5) 타이어 작용 기술

① TPMS(Tire Pressure Monitoring System)

TPMS는 타이어의 공기압 상태를 실시간으로 감지해 타이어의 공기압이 지정 압력보다 20% 이상 낮아지면 운전자에게 경고하는 장치로, 경주용 자동차에 처음으로 사용되었다. 고속주행 중 타이어가 파열되기 전 공기압을 모니터링 해 파열의 원인이 되는 공기압 저하를 운전자에게 알리기 위해 개발되었다.

TPMS는 직접식과 간접식으로 구분할 수 있다. 먼저, 직접식 TPMS는 타이어 공기주입 밸브 내에 설치되는 공기압 센서를 이용해 타이어의 내부 압력 등을 감지하여 공기압 부족 시 타이어의 저압 경고 표시등으로 운전자에게 알려주는 방식이다. 타이어 내부에 장착되는 4개의 무선 송신기와 자동차 내부에 설치되는 1개의 수신기, 경고등 등 표시장치로 구성된다.

간접식 TPMS는 ABS 센서를 이용해 공기압 저하 시 타이어 동하중 반경이 줄어들어 휠 속도가 증가되는 것을 공기압 부족으로 판단해 운전자에게 알려주는 방식으로 시스템 구성은 각 바퀴의 ABS 센서 4개와 ABS ECU, 자동차 내부에 설치되는 경고등 등의 표시장치로 구성된다.

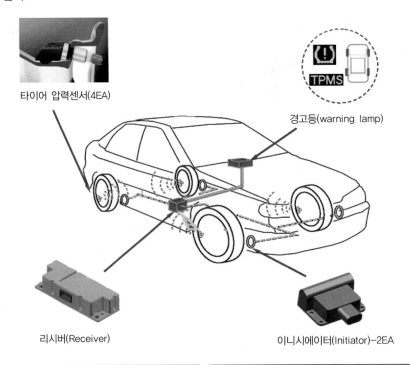

타이어 압력센서(4EA)

경고등(warning lamp)

리시버(Receiver)

이니시에이터(Initiator)-2EA

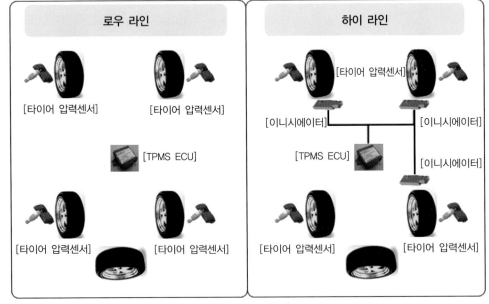

그림 TPMS의 구성

② 런플랫타이어(Run Flat Tire)

런 플랫 타이어는 타이어가 바람이 빠진 상태에서도 달릴 수 있는 타이어를 말한다. 일반 타이어는 고무 재질을 섬유질로 강화하고, 그 안에 공기를 채운 구조이기 때문에 고무질이 손상되거나 휠이 변형되어 바람이 빠지면 차가 달릴 수 없다. 바람이 서서히 빠지거나 차가 천천히 움직일 때는 상관없지만 빠르게 고속주행을 하면 자칫 큰 사고로 이어질 수 있다.

런 플랫 타이어는 80km/h 이하에서 80km의 거리를 주행할 수 있으며 실제로는 펑크 후의 주행 가능한 거리는 차량 총중량이나 차량 지지 장치의 설계 등의 조건에 좌우되기 때문에 자동차 메이커마다 기준이 다르다. 런 플랫 타이어는 타이어 내부에 들어 있는 특수 약품이 구멍 부분을 스스로 메우는 셀프 실링방식, 타이어 내부에 링 형태의 금속이나 합성수지 구조물을 넣는 방식, 사이드 월 보강방식 등이 있다.

이 가운데 사이드 월을 단단하게 만들어 바람이 빠져도 찌그러지지 않도록 한 사이드월 보강방식이 많이 쓰이는데 이 방법은 승차감이 나쁘고 소음이 커지는 단점이 있다. 사이드 월이 단단하면 충격을 흡수하지 못하기 때문이며, 이 부분에서 심한 열이 나 타이어의 수명이 줄어들기도 한다.

런 플랫 타이어는 스페어 타이어가 필요하지 않기 때문에 트렁크 공간에 여유가 생기고, 자동차의 디자인 범위가 넓어지는 등 자동차의 기능 향상에도 기여하며, 안전과 친환경 측면에도 이점이 있다.

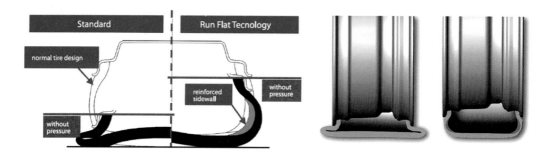

그림 런플랫 타이어의 기능

6) 타이어의 성능

① 스탠딩웨이브(standing wave)

회전하고 있는 타이어는 접지부에서 하중에 의해 변형되었다가 그 뒤에 내압에 의하여 원래의 형태로 복원하려고 한다. 그러나 자동차가 고속으로 주행하여 타이어의 회전수가 빨라지면 접지부에서 받은 타이어의 변형은 접지 상태가 지나도 바로 복원되지 않고 타이어의 회전방향 뒤쪽으로 넘어간다. 또 트레드부에 작용하는 원심력은 회전수가 증가할수록 커지므로 복원력도 커진다. 이들이 상호 작용하면서 타이어의 원둘레 상에 진동의 파도가 발생하는데, 이 진동 파도의 전달속도와 타이어의 회전수가 일치하면 외부의 관측자가 볼 때 정지하여 있는 것처럼 보여 스탠딩웨이브(standing wave)라고 한다.

이와 같은 스탠딩 웨이브가 발생하면 타이어의 구름저항이 급격히 증가하고, 타이어 내부에서 열로 변환되므로 타이어 온도는 급격히 상승하며 이 상태로 주행을 계속하면 타이어는 파손되게 된다. 이러한 스탠딩 웨이브 현상을 방지하기 위한 조건은 다음과 같다.

- 타이어의 편평비가 적은 타이어를 사용한다.
- 타이어의 공기압을 10~20% 높여준다.
- 레이디얼타이어를 사용한다.
- 접지부의 타이어 두께를 감소시킨다.

 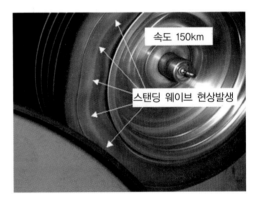

그림 스탠딩웨이브 현상

② 하이드로 플레닝(hydro planing)

하이드로 플래닝은 일반적으로 수막현상이라 하며, 젖은 노면과 타이어 트레드 간에 발생하는 현상이다. 트레드의 마모가 심하거나 젖은 노면을 고속으로 주행 시 타이어와 노면 사이의 얇은 수막에 의해 트레드와 노면이 접촉하지 못하는 현상이며 조향성능과 제동성능을 상실하여 큰 사고로 연결될 수 있다. 수막현상은 타이어의 공기압이 너무 적거나 트레드의 마모가 많은 타이어에서 주로 발생한다. 따라서 하이드로 플래닝을 방지하기 위한 조건은 다음과 같다.

• 트레드의 마모가 적은 타이어를 사용한다.

- 타이어의 공기압을 높인다.
- 배수성이 좋은 타이어를 사용한다.

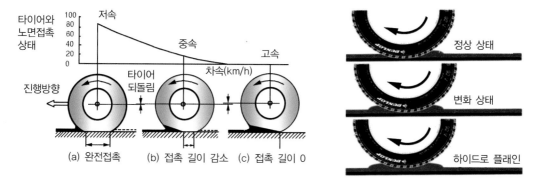

그림 하이드로플레닝 현상

③ 타이어 밸런스

바퀴(타이어 포함)에 중량의 불균형한 부분이 있으면 회전에 따른 원심력으로 인하여 진동이 발생하고 이로 인해 소음 및 타이어의 편 마모 그리고 핸들이 떨리는 원인이 된다. 원심력은 회전수에 비례하기 때문에 특히 고속으로 주행할 때에는 휠 밸런스가 정확해야 한다. 휠 밸런스는 그 성질상 정적 밸런스와 동적 밸런스로 나누어진다.

④ 정적 밸런스(static balance)

바퀴를 자유로이 회전하도록 설치하고 일부분에 무게를 두면 무게가 무거운 부분이 언제나 아래로 와서 정지된다. 이와 같은 상태를 정적 밸런스가 잡혀 있지 않다고 한다. 이러한 상태로 바퀴를 고속주행 시키면 무게가 무거운 부분이 가속과 감속을 하며 이동한다.

이러한 회전운동으로 내려올 때에는 지면에 충격을 주고 위로 향할 때는 원심력에 의해 바퀴를 들어올린다. 따라서 바퀴는 상하로 진동(tramping 현상)하며 조향핸들도 떨리게 된다.

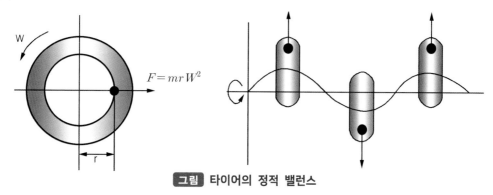

그림 타이어의 정적 밸런스

⑤ 동적 밸런스(dynamic balance)

바퀴의 정적 밸런스가 잡혀 있어도 회전 중 진동을 일으키는 때가 있는데, 이 경우는 동적 밸런스가 잡혀있지 않기 때문이다. 정적 밸런스가 잡혀있지 않으면 바퀴가 상하로 진동하는 데 비해 동적 밸런스가 잡혀 있지 않으면 옆 방향의 흔들림(shimmy)이 일어난다.

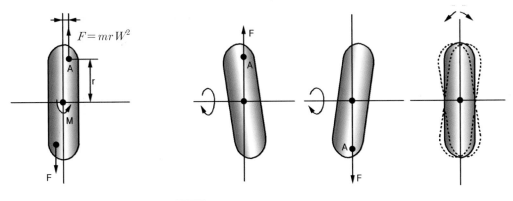

그림 타이어의 동적 밸런스

2 제동시스템의 구조 및 작동원리

(1) 제동시스템 개요

제동 장치 (Brake System)는 주행 중인 자동차를 감속 또는 정지시키고 주차상태를 유지하기 위하여 사용되는 장치이다. 제동 장치는 마찰력을 이용하여 자동차의 운동 에너지를 열에너지로 바꾸어 제동을 하며 구비조건은 다음과 같다.
- 작동이 명확하고 제동효과가 클 것
- 신뢰성과 내구성이 우수할 것
- 점검 및 정비가 용이 할 것

(2) 제동장치의 분류

제동 장치는 기계식과 유압식으로 분류되며 기계식은 핸드 브레이크에 유압식은 풋 브레이크로 주로 적용된다. 또한 제동력을 높이기 위한 배력장치는 흡기다기관의 진공을 이용하는 하이드로 백(진공서보식)과 압축 공기의 압력을 이용하는 공기 브레이크 등이 있으며 감속 및 제동장치의 과열방지를 위하여 사용하는 배기 브레이크, 엔진 브레이크, 와전류 리타더, 하이드롤릭 리타더 등의 감속 브레이크가 있다.

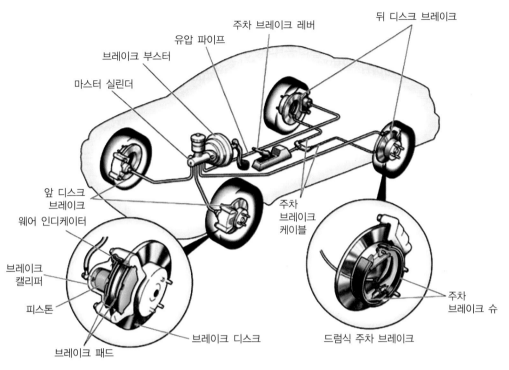

다음 그림들의 라벨:
- 브레이크 부스터
- 마스터 실린더
- 유압 파이프
- 주차 브레이크 레버
- 뒤 디스크 브레이크
- 앞 디스크 브레이크
- 웨어 인디케이터
- 브레이크 캘리퍼
- 피스톤
- 브레이크 패드
- 브레이크 디스크
- 주차 브레이크 케이블
- 드럼식 주차 브레이크
- 주차 브레이크 슈

그림 제동장치의 구성

1) 장착 위치에 따른 분류

① **휠 브레이크** : 마스터 실린더의 유압을 받아서 브레이크 슈 또는 패드를 드럼 또는 디스크에 압착시켜 제동력을 발생시키는 것이다.

② **센터 브레이크** : 센터 브레이크는 대형차에서 변속기 출력축이나 추진축에 브레이크 드럼을 설치하여 주차 브레이크로 많이 적용된다.

2) 조작 방법에 따른 분류

① **핸드 브레이크** : 핸드 브레이크는 브레이크 레버에 의해 와이어가 당겨질 때 장력에 의해 브레이크 슈가 확장되어 브레이크 드럼을 압착하여 제동 작용하는 장치이다.

② **풋 브레이크** : 주행 중인 자동차를 감속시키거나 정지시킬 경우에 사용되는 브레이크로서 브레이크 페달을 밟아 제동 작용을 한다.

3) 작동 방식에 따른 분류

① **내부 확장식** : 브레이크 페달을 밟아 마스터 실린더의 유압이 휠 실린더에 전달되면 브레이크 슈가 드럼을 밖으로 밀면서 압착되어 제동 작용을 하는 방식이다.

② **외부 수축식** : 레버를 당길 때 브레이크 밴드를 브레이크 드럼에 강하게 조여서 제동하는 형식이다.

③ **디스크식** : 마스터 실린더에서 발생한 유압을 캘리퍼로 보내어 바퀴와 같이 회전하는 디스크를 패드로 압착시켜 제동하는 방식이다.

4) 기구에 따른 분류

① **기계식** : 브레이크 페달이나 브레이크 레버의 조작력을 케이블 또는 로드를 통하여 브레이크 슈를 브레이크 드럼에 압착시켜 제동 작용을 한다.

② **유압식** : 파스칼의 원리를 이용하여 브레이크 페달에 가해진 힘이 마스터 실린더에 전달되면 유압을 발생시켜 제동 작용을 하는 형식이다.

③ **공기식**: 압축공기의 압력을 이용하여 브레이크 슈를 드럼에 압착시켜 제동 작용을 하는 방식이다.

④ **진공 배력식** : 유압 브레이크에서 제동력을 증가시키기 위하여 엔진의 흡기다기관(서지탱크)에서 발생하는 진공압과 대기압의 차이를 이용하여 제동력을 증대시키는 브레이크 장치이다.

⑤ **공기 배력식** : 엔진의 동력으로 구동되는 공기 압축기를 이용하여 발생되는 압축공기와 대기와의 압력차를 이용하여 제동력을 발생하는 장치이다.

(3) 유압식 브레이크

유압식 브레이크는 파스칼의 원리를 이용한 것이며 유압을 발생시키는 마스터 실린더, 휠 실린더, 캘리퍼 유압 파이프, 플렉시블 호스 등으로 구성되어 있다. 이러한 유압 브레이크의 특징은 다음과 같다.

- 제동력이 각 바퀴에 동일하게 작용한다.
- 마찰에 의한 손실이 적다
- 페달 조작력이 적어도 작동이 확실하다.
- 유압회로에서 오일이 누출되면 제동력을 상실한다.
- 유압회로 내에 공기가 침입(베이퍼 록)하면 제동력이 감소한다.

1) 유압브레이크의 구조와 작용

제동 시 유압 브레이크의 작동 과정은 브레이크 페달을 밟으면 마스터 실린더에서 유압이 발생하여 유압 라인을 통해 각 바퀴의 휠 실린더로 압송된다. 휠 실린더에서는 공급된 유압으로 내부의 피스톤이 좌우로 확장되어 브레이크 슈가 드럼에 압착되어 제동 작용을 한다.

제동력 해제 시의 작동 과정은 페달을 놓으면 마스터 실린더 내의 유압이 떨어지고 브레이크 슈는 리턴 스프링의 장력으로 원위치에 복귀되고 휠 실린더 내의 브레이크 액은 마스터 실린더의 저장 탱크로 복귀되어 제동력이 해제된다.

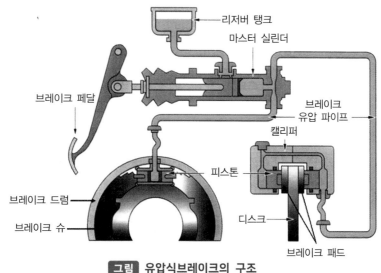

그림 유압식브레이크의 구조

2) 마스터 실린더(master cylinder)

마스터 실린더는 브레이크 페달을 밟는 힘에 의하여 유압을 발생시키며 마스터 실린더의 형식에는 피스톤이 1개인 싱글 마스터 실린더와 피스톤이 2개인 탠덤 마스터 실린더가 있으며 현재는 탠덤 마스터 실린더를 사용하고 있다.

① **실린더 보디** : 실린더 보디의 재질은 주철이나 알루미늄 합금을 사용하며 위쪽에는 리저버 탱크가 설치되어 있다.

② **피스톤** : 피스톤은 실린더 내에 장착되며 페달을 밟으면 푸시로드가 피스톤을 운동시켜 유압을 발생시킨다.

③ **피스톤 컵** : 피스톤 컵에는 1차 컵과 2차 컵이 있으며 1차 컵은 유압 발생이고 2차 컵은 마스터 실린더 내의 오일이 밖으로 누출되는 것을 방지한다.

④ **체크 밸브** : 브레이크 페달을 밟으면 오일이 마스터 실린더에서 휠 실린더로 나가게 하고 페달을 놓으면 파이프 내의 유압과 피스톤 리턴 스프링을 장력에 의해 일정량만을 마스터 실린더 내로 복귀하도록 하여 회로 내에 잔압을 유지 시켜준다. 잔압을 유지 시키는 이유는 다음 브레이크 작동시 신속한 작동과 회로내의 공기가 침투하는 것을 방지하기 위함이다.

⑤ **피스톤 리턴 스프링** : 페달을 놓았을 때 피스톤이 제자리로 복귀하도록 하고 체크 밸브와 함께 잔압을 형성하는 작용을 한다.

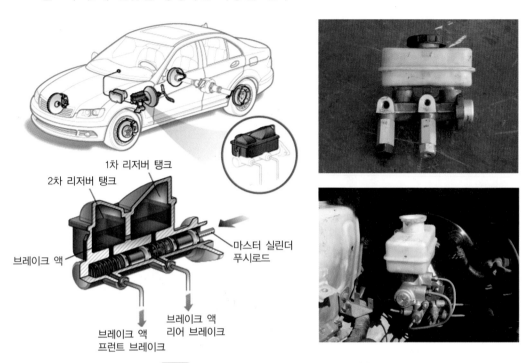

1차 리저버 탱크
2차 리저버 탱크
브레이크 액
마스터 실린더 푸시로드
브레이크 액 프런트 브레이크
브레이크 액 리어 브레이크

그림 탠덤 마스터 실린더의 구조 및 설치

3) 탠덤마스터 실린더의 작동

탠덤 마스터 실린더는 유압 브레이크에서 제동 안전성을 높이기 위해 전륜측과 후륜측에 대하여 독립적으로 작동하는 2개의 회로를 두는 형식으로 실린더 내에 피스톤이 2개가 배치되어 있다. 각각의 피스톤은 리턴 스프링과 스토퍼에 의해 위치가 결정되며 전륜측과 후륜측의 피스톤에는 리턴 스프링이 설치되어 있다.

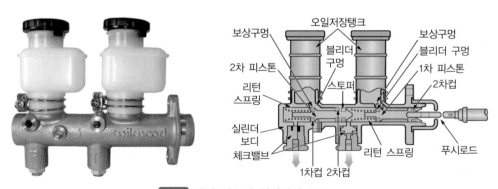

오일저장탱크
보상구멍
블리더 구멍
2차 피스톤
리턴 스프링
실린더 보디
체크밸브
1차컵 2차컵
스토퍼
리턴 스프링
보상구멍
블리더 구멍
1차 피스톤
2차컵
푸시로드

그림 탠덤 마스터 실린더의 구조

제동시 페달을 밟으면 후륜 제동용 피스톤이 푸시로드에 의해 리턴 스프링을 압축시키면서 피스톤 사이의 오일에 압력을 가하여 뒷바퀴를 제동시킨다. 이와 동시에 전륜측 피스톤도 후륜측 제동 피스톤에 의해 발생한 유압으로 앞바퀴에 제동력을 발생시킨다.

4) 브레이크 파이프(brake pipe)

브레이크 파이프는 강철 파이프와 유압용 플렉시블 호스를 사용한다. 파이프는 진동에 견디도록 클립으로 고정하고 연결부에는 금속제 피팅이 설치되어 있다.

5) 휠 실린더(wheel cylinder)

휠 실린더는 마스터 실린더에서 압송된 유압에 의하여 브레이크 슈를 드럼에 압착시키는 일을 하며 구조는 실린더 보디, 피스톤, 확장 스프링, 피스톤 컵, 공기빼기 작업을 하기 위한 에어 블리더가 있다.

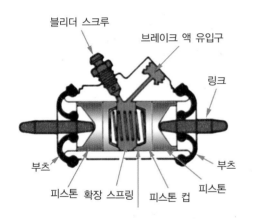

그림 휠 실린더의 구조

6) 브레이크 슈(brake shoe)

브레이크 슈는 휠 실린더의 피스톤에 의해 드럼과 마찰을 일으켜 제동력을 발생하는 부분으로 리턴 스프링을 두어 제동력 해제시 브레이크 슈가 제자리로 복귀하도록 하며 홀드다운 핀, 클립, 스프링에 의해 브레이크 슈를 지지하여 드럼과의 간극을 유지시킨다. 라이닝은 다음과 같은 구비조건을 갖추어야 한다.
- 내열성이 크고 열 경화(페이드) 현상이 없을 것
- 강도 및 내 마멸성이 클 것
- 온도에 따른 마찰계수 변화가 적을 것
- 적당한 마찰계수를 가질 것

5) 브레이크 드럼(brake drum)

브레이크 드럼은 휠 허브에 볼트로 장착되어 바퀴와 함께 회전하며 브레이크 슈에 베치되어 있는 라이닝과의 마찰로 제동을 발생시키는 부분이다. 또한 냉각성능을 크게 하고 강성을 높이기 위해 원주방향에 핀이나 리브를 두고 있으며 제동시 발생한 열은 드럼을 통하여 발산되므로 드럼의 면적은 마찰면에서 발생한 열 방출량에 따라 결정된다. 드럼의 구비 조건은 다음과 같다.

- 가볍고 강도와 강성이 클 것
- 정적·동적 평형이 잡혀 있을 것
- 냉각이 잘 되어 과열하지 않을 것
- 내 마멸성이 클 것

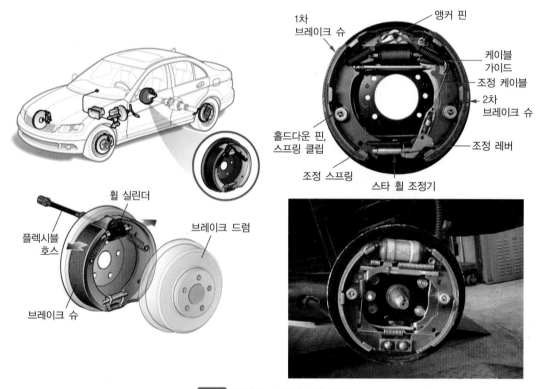

그림 드럼식 브레이크의 구조

8) 베이퍼 록

베이퍼 록 현상은 브레이크 액 내에 기포가 차는 현상으로 패드나 슈의 과열로 인해 브레이크 회로 내에 브레이크 액이 비등하여 기포가 차게 되어 제동력이 전달되지 못하는 상태를 말하며 다음과 같은 경우에 발생한다.

– 한여름에 매우 긴 내리막길에서 브레이크를 지속적으로 사용한 경우

– 브레이크 오일을 교환한지 매우 오래 된 경우

– 저질 브레이크 오일을 사용한 경우

베이퍼 록의 방지는 내리막길 주행시 엔진 브레이크를 사용하고, 브레이크액의 점검과 교환 및 비등점이 높은 브레이크 오일을 사용하는 것 등이 있다.

(4) 드럼식 브레이크 슈의 자기작동

자기 작동 작용이란 회전 중인 브레이크 드럼에 제동력이 작용하면 회전 방향 쪽의 슈는 마찰력에 의해 드럼과 함께 회전하려는 힘이 발생하여 확장력이 스스로 커져 마찰력이 증대되는 작용이다.

또한 드럼의 회전반대 방향 쪽의 슈는 드럼으로부터 떨어지려는 특성이 발생하여 확장력이 감소된다. 이때 자기 작동 작용을 하는 슈를 리딩슈, 자기 작동 작용을 하지 못하는 슈를 트레일링 슈라고 한다.

그림 내부 확장 드럼식 브레이크 구조

(5) 자동 간극조정

브레이크 라이닝이 마멸되면 라이닝과 드럼의 간극이 커지게 된다. 이러한 현상으로 인해 브레이크 슈와 드럼의 간극 조정이 필요하며 후진시 브레이크 페달을 밟으면 자동적으로 조정되는 장치이다.

(6) 브레이크 오일

브레이크 액은 알코올과 피마자유의 화합물이며 식물성 오일이다. 브레이크 액의 구비 조건은 다음과 같다.

– 점도가 알맞고 점도 지수가 클 것

– 적당한 윤활성이 있을 것

– 빙점이 낮고 비등점이 높을 것

– 화학적 안정성이 크고 침전물발생이 적을 것

– 고무 또는 금속제품을 부식 시키지 않을 것

(7) 디스크 브레이크

디스크 브레이크는 마스터 실린더에서 발생한 유압을 캘리퍼로 보내어 바퀴와 함께 회전하는 디스크를 양쪽에서 패드로 압착시켜 제동 작용을 하는 장치이다. 디스크 브레이크는 디스크가 노출되어 있으므로 열 경화(페이드) 현상이 적고 브레이크 간극이 자동으로 조정되는 브레이크 형식이다. 디스크 브레이크의 장·단점은 다음과 같다.

1) 디스크 브레이크의 장점

① 디스크가 노출되어 열 방출능력이 크고 제동성능이 우수하다.
② 자기 작동 작용이 없어 고속에서 반복적으로 사용하여도 제동력의 변화가 적다.
③ 평형성이 좋고 한쪽만 제동되는 일이 없다.
④ 디스크에 이물질이 묻어도 제동력의 회복이 빠르다.
⑤ 구조가 간단하고 점검 및 정비가 용이하다.

2) 디스크 브레이크의 단점

① 마찰면적이 적어 패드의 압착력이 커야하므로 캘리퍼의 압력을 크게 설계해야 한다.
② 자기 작동 작용이 없기 때문에 페달의 조작력이 커야 한다.
③ 패드의 강도가 커야 하며 패드의 마멸이 크다.
④ 디스크가 노출되어 이물질이 쉽게 부착된다.

3) 디스크 브레이크의 구조

디스크 브레이크의 종류는 캘리퍼의 양쪽에 설치된 실린더가 브레이크 패드를 디스크에 접촉시켜 제동력을 발생하는 고정 캘리퍼형, 실린더가 한쪽에 설치되어 캘리퍼 전체가 이동하여 제동력을 발생하는 부동 캘리퍼형으로 분류하며 구조는 다음과 같다.

① **디스크** : 디스크는 휠 허브에 설치되어 바퀴와 함께 회전하는 원판으로 제동시에 발생되는 마찰열을 발산시키기 위하여 내부에 냉각용의 통기 구멍이 설치되어 있는 벤틸레이디드 디스크로 제작되어 있다.
② **캘리퍼** : 캘리퍼는 내부에 피스톤과 실린더가 조립되어 있으며 제동력의 반력을 받기 때문에 너클이나 스트럿에 견고하게 고정되어 있다.
③ **실린더 및 피스톤** : 실린더 및 피스톤은 디스크에 끼워지는 캘리퍼 내부에 설치되어 있고 실린더의 끝부분에는 이물질이 유입되는 것을 방지하기 위하여 유연한 고무의

부츠가 설치되어 있으며 안쪽에는 피스톤 실이 실린더 내벽의 홈에 설치되어 실린더 내의 유압을 유지함과 동시에 디스크와 패드 사이의 간극을 조절하는 자동조정장치의 역할도 가지고 있다.

④ **패드** : 패드는 두께가 약 10mm 정도의 마찰제로 피스톤과 디스크 사이에 조립되어 있다. 패드의 측면에는 사용한계를 나타내는 인디케이터가 있으며 캘리퍼에 설치된 점검홈에 의해서 패드가 설치된 상태에서 마모상태를 점검할 수 있도록 되어 있다.

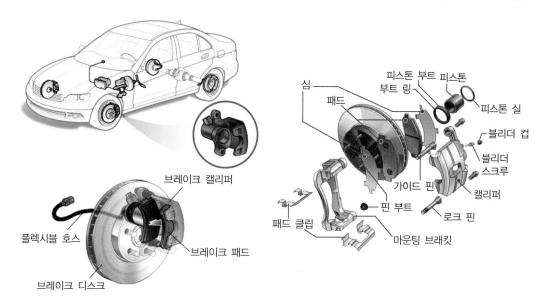

그림 디스크 브레이크의 구조

(8) 배력식 브레이크

배력식 브레이크는 유압식 브레이크에서 제동력을 증가시키기 위해 흡기다기관에서 발생하는 진공압과 대기압의 차이를 이용하는 진공 배력식 하이드로 백과 압축공기의 압력과 대기압력 차이를 이용하는 공기 배력식 하이드로 에어백이 있다. 공기 배력식은 구조상 공기 압축기와 공기 저장 탱크를 별도로 장착하여야 하기 때문에 대형차량에 많이 적용된다.

1) 진공 배력식 브레이크

진공 배력식은 흡기다기관의 진공과 대기압력과의 차이를 이용한 것으로 페달 조작력을 약 8배 증가시켜 제동성능을 향상시키는 장치이다. 또한 배력장치에 이상이 발생하여도 일반적인 유압브레이크로 작동할 수 있는 구조로 되어있다.

2) 진공배력식 브레이크의 종류

진공 배력식 브레이크의 종류에는 마스터 실린더와 배력장치를 일체로 한 일체형 진공 배력식과 하이드로 백과 마스터 실린더를 별도로 설치한 분리형 진공 배력식이 있다.

① 일체형 진공배력식

일체형 진공 배력식은 진공 배력장치가 브레이크 페달과 마스터 실린더 사이에 장착되며, 엔진의 흡기다기관 내에서 발생하는 부압과 대기압과의 압력차를 이용하여 배력 작용을 발생하는 것으로 브레이크 부스터(brake booster) 또는 마스터 백이라고도 하며, 주로 승용차와 소형 트럭에 주로 사용되고 있다.

동력 전달은 브레이크 페달 밟는 힘, 브레이크 페달, 푸시로드, 플런저, 리액션 패드, 리액션 피스톤, 마스터 실린더를 거쳐 유압이 발생한다. 이 과정에서 진공압과 대기압차에 의한 압력이 파워 피스톤에 작용하여 이 힘이 마스터 실린더 푸시로드에 작용하므로 배력 작용이 일어난다. 일체형 진공 배력식 장치의 특징은 다음과 같다.

- 구조가 간단하고 무게가 가볍다.
- 배력장치 고장시 페달 조작력은 로드와 푸시로드를 거쳐 마스터 실린더에 작용하므로 유압식 브레이크로 작동을 할 수 있다.
- 페달과 마스터 실린더 사이에 배력장치를 설치하므로 설치 위치에 제한이 있다.

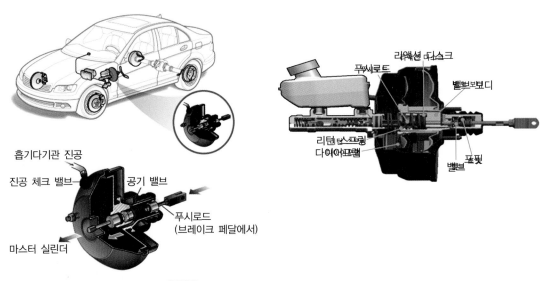

그림 진공 부스터(하이드로백)의 구조

② 분리형 진공 배력식

분리형 진공 배력식은 마스터 실린더와 배력장치가 서로 분리되어 있는 형식으로 이 배력장치를 하이드로 마스터(hydro master)라고도 한다. 구조와 작동원리는 일체형 진공식 배력장치와 비슷하다. 분리형 진공식 배력장치는 대기의 공기가 통하는 곳에 압축공기가 유입되어 파워 피스톤 양쪽의 압력차가 더욱 커지므로 강력한 제동력을 얻을 수 있도록 된 것이며 특징은 다음과 같다.

- 배력장치가 마스터 실린더와 휠 실린더 사이를 파이프로 연결하므로 설치 위치가 자유롭다.
- 구조가 복잡하다.
- 회로 내의 잔압이 너무 크면 배력장치가 항상 작동하므로 잔압의 관계에 주의하여야 한다.

(9) 공압식 브레이크

공압식 브레이크는 공기압축 장치의 압력을 이용하여 모든 바퀴의 브레이크 슈를 드럼에 압착시켜서 제동 작용을 하는 것이며 브레이크 페달에 의해 밸브를 개폐시켜 브레이크 체임버에 공급되는 공기량으로 제동력을 조절한다. 공압식 브레이크의 장·단점은 다음과 같다.

- 차량 중량에 제한을 받지 않는다.
- 공기가 다소 누출되어도 제동성능이 현저하게 저하되지 않는다.
- 베이퍼 록의 발생 염려가 없다.
- 브레이크 페달의 밟는 양에 따라 제동력이 조절된다.
- 공기 압축기 구동으로 인해 엔진의 동력이 소모 된다.
- 구조가 복잡하고 값이 비싸다.

1) 압축계통

① 공기 압축기(air compressor)

공기 압축기는 엔진의 크랭크축에 의해 구동되며 압축공기를 생산하는 역할을 한다. 공기 압축기 입구에는 언로더 밸브가 설치되어 있고 압력 조정기와 함께 공기 압축기가 필요 이상 작동하는 것을 방지하고 공기 저장 탱크 내의 공기 압력을 일정하게 조정한다.

② **압력조정기와 언로더 밸브**(air pressure regulator & unloader valve)

압력 조정기는 공기 저장 탱크 내의 압력이 약 7kgf/cm² 이상 되면 공기 탱크에서 공기 입구로 유입된 압축공기가 압력 조정 밸브를 밀어 올린다. 이에 따라 언로더 밸브를 열어 압축기의 압축작용이 정지된다. 또한 공기 저장 탱크 내의 압력이 규정값 이하가 되면 언로더 밸브가 다시 복귀되어 공기 압축작용이 다시 시작된다.

③ **공기탱크와 안전밸브**

공기 저장 탱크는 공기 압축기에서 보내온 압축공기를 저장하며 탱크 내의 공기 압력이 규정값 이상이 되면 공기를 배출시키는 안전밸브와 공기 압축기로 공기가 역류하는 것을 방지하는 체크 밸브 및 탱크 내의 수분 등을 제거하기 위한 드레인 콕이 있다.

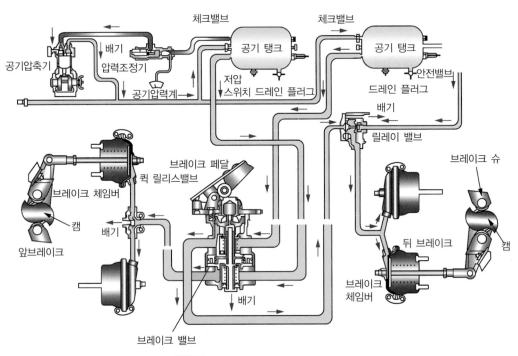

그림 공압식 브레이크 회로

2) 브레이크 계통

① **브레이크 밸브**(brake valve)

브레이크 밸브는 페달에 의해 개폐되며 페달을 밟는 양에 따라 공기탱크 내의 압축 공기량을 제어하여 제동력을 조절한다. 페달을 놓으면 플런저가 제자리로 복귀하여 배출 밸브가 열리며 브레이크 체임버 내의 공기를 대기 중으로 배출시켜 제동력을 해제한다.

② 퀵 릴리스 밸브(quick release valve)

퀵 릴리스 밸브는 페달을 밟아 브레이크 밸브로부터 압축공기가 입구를 통하여 공급되면 밸브가 열려 브레이크 체임버에 압축공기가 작동하여 제동된다.

③ 릴레이 밸브(relay valve)

릴레이 밸브는 페달을 밟아 브레이크 밸브로부터 공기 압력이 들어오면 다이어프램이 아래쪽으로 내려가 배출 밸브를 닫고 공급밸브를 열어 공기 저장 탱크내의 공기를 직접 브레이크 체임버로 보내어 제동시킨다.

④ 브레이크 체임버(brake chamber)

페달을 밟아 브레이크 밸브에서 조절된 압축공기가 체임버 내로 유입되면 다이어프램은 스프링을 누르고 이동하며 푸시로드가 슬랙 조정기를 거쳐 캠을 회전시킴으로 브레이크 슈가 확장되어 드럼에 압착되어 제동 작용을 한다.

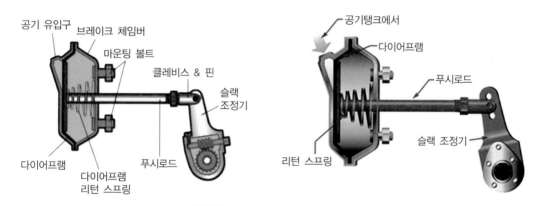

그림 브레이크 체임버의 구조

⑤ 슬랙 조정기

슬랙 조정기는 캠축을 회전시키는 역할과 브레이크 드럼 내부의 브레이크 슈와 드럼 사이의 간극을 조정하는 역할을 한다.

⑥ 저압표시기

브레이크용의 공기탱크 압력이 규정보다 낮은 경우 적색 경고등을 점등하고 동시에 경고음을 울려 브레이크용의 공기 압력이 규정보다 낮은 것을 운전자에게 알려주는 역할을 한다.

(10) 주차 브레이크

1) 센터 브레이크

① 외부 수축식

외부 수축식 브레이크는 브레이크 드럼을 변속기 출력축이나 추진축에 설치하여 브레이크 레버를 당기면 로드가 당겨지며 작동 캠의 작용으로 밴드가 수축하여 드럼을 강하게 조여서 제동이 된다.

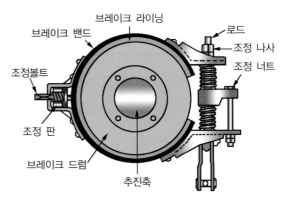

그림 외부 수축식 브레이크의 구조

② 내부 확장식

내부 확장식 브레이크는 브레이크 레버를 당기면 와이어가 당겨지며 이때 브레이크슈가 확장되어 제동 작용을 한다.

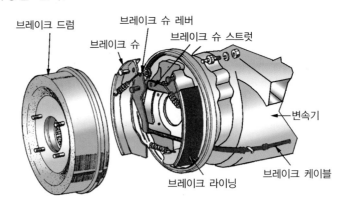

그림 내부 확장식 브레이크의 구조

2) EPB(Electric Parking Brake)

현재 대부분의 주차 브레이크 시스템은 운전자에 의해 주차 브레이크 페달을 밟거나 레버를 당김으로써 차량을 안정화시키는 역할이 주요 기능이었으나 EPB(Electric Parking Brake) 시스템은 간단한 스위치 조작으로 주차 제동을 할 수가 있으며 ESC, 엔진 ECU, TCU 등과 연계하여 자동으로 주차 브레이크를 작동시키거나 해제하고 긴급한 상황에서는 제동 안정성을 확보할 수 있도록 구성된 진보된 주차 브레이크 시스템이다.

EPB 시스템은 주차 케이블의 장력이 항상 일정하게 유지되어 케이블의 장력 조정 등이

불필요하게 되었으며 시스템에 고장이 발생되었을 때에는 비상 해제 레버를 조작함으로써
주행이 가능하도록 되어있다.

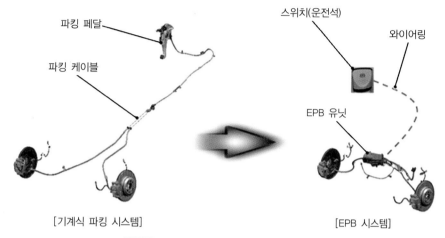

[기계식 파킹 시스템]　　　　　　　　　　　　　　[EPB 시스템]

그림 기계식 주차브레이크와 EPB 비교

EPB 유닛은 EPB ECU, 구동 모터, 기어 박스, 컨트롤 케이블, 포스 센서 등이 일체로 구
성되어 있다.

① **모터**(Motor) : 브레이크 구동용 DC모터이다.

② **기어 박스**(Gear Box) : 좌우측 브레이크를 같은 장력으로 당기며 모터 정지시 풀림
　방지기구가 장착되어 있다.

③ **컨트롤 케이블**(Control Cable) : EPB의 제동력을 좌우측 브레이크에 전달하는 역할
　을 한다.

④ **긴급해제 케이블**(Emergency Cable) : 비상시 수동으로 Release 케이블 당기면 해
　제하는 장치이다.

⑤ **포스센서**(Force Sensor) : 브레이크의 인가 장력을 항상 감시하며 브레이크 디스크
　상태에 관계없이 일정한 힘으로 주차 브레이크를 작동하는 가능을 가진다.

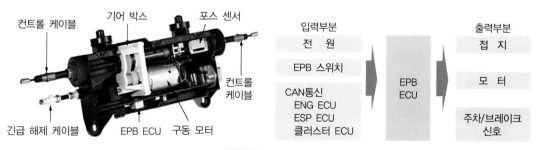

그림 EPB 구조

3) EPB 제어

EPB(Electric Parking Brake)라 불리는 전자식 주차 브레이크는 운전자가 간단하게 버튼 스위치를 조작하면, 버튼을 통해서 전자 신호가 ECU로 전달되며, ECU는 CAN 통신을 통해 모터, 기어로 구성된 EPB 액추에이터를 작동시킨다. 이때, EPB 안의 모터가 회전하면서 연결된 케이블을 인장함으로 인해서 제동력을 발생시키는 시스템이다.

이때 케이블의 장력은 센서가 감지하여 자동차의 조건 및 경사도에 따라 적절한 제동력이 가해지도록 제어함으로 주차 케이블의 내구성 향상 및 간극 조정 등에 영향을 받지 않는다. EPB 시스템의 구성부품 중 EPB ECU는 EPB 어셈블리 내부에 설치되어 있으며, EPB 시스템의 각종 센서의 신호를 감지하고, 자가진단을 실시하며, EPB의 제어 로직에 따라서 EPB 제어를 수행하는 역할을 한다.

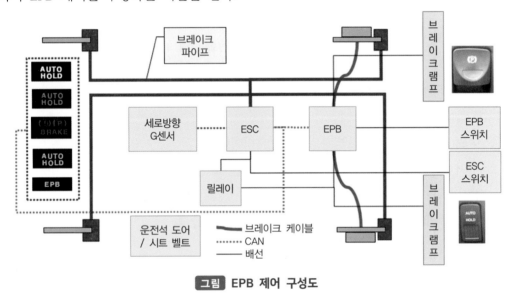

그림 EPB 제어 구성도

4) EPB의 주요기능

① **정차 기능**(Static Braking Mode) : 차량의 정지 상태에서 EPB를 작동 및 해제하는 기능이다.

② **비상 제동 기능**(DBF ; Dynamic Brake Function) : 차량의 주행 상태에서 EPB를 작동 및 해제하는 기능이다.

③ **자동 해제 기능** : EPB의 작동 상태에서 운전자가 P단에서 다른 D·R·S단으로 시프트시 자동으로 EPB ECU가 파킹 브레이크를 해제하여 원활한 차량의 출발을 구현하는 기능이다.

④ **비상 해제 기능**(Emergency Release) : EPB가 정상적인 절차를 통해 해제되지 못할 경우, 비상 해제 케이블을 당김으로써 강제 해제시킬 수 있는 기능이다.

⑤ **재 연결 기능**(Latching Run) : 비상 해제 후 EPB가 정상 작동될 수 있도록 재 연결하는 기능이다.

⑥ **안전 클러치 기능**(Safety Clutch) : EPB가 최대 허용 스트로크 이상 작동될 경우 기어 박스와 모터를 보호하기 위해 안전 클러치가 작동하는 기능이다.

⑦ **베딩 모드**(Bedding Mode) : 베딩 모드는 브레이크 라이닝의 길들이기 과정으로 주행중 EPB의 연속된 작동으로 자연스럽게 이루어지는 과정이지만 주차 브레이크 라이닝 교환 후 EPB의 초기 작동 성능을 최적화하기 위해서는 베딩 모드를 실시하는 기능이다.

(11) 보조 감속 브레이크

마찰식 브레이크는 연속적인 제동을 하게 되면 마찰에 의한 온도 상승으로 페이드 현상이나 베이퍼 록(증기폐쇄)현상이 일어날 수 있다. 따라서 긴 경사 길을 내려갈 때에는 상용 브레이크와 더불어 엔진 브레이크를 작동시켜 주 브레이크를 보호하는 역할을 한다.

그러나 버스나 트럭의 대형화 및 고속화에 따라 상용 브레이크 및 엔진 브레이크만으로는 요구하는 제동력을 얻을 수 없으므로 보조 감속 브레이크를 장착시킨다. 즉 감속 브레이크는 긴 언덕길을 내려갈 때 풋 브레이크와 병용되며 풋 브레이크의 혹사에 따른 페이드 현상이나 베이퍼 록을 방지하여 제동장치의 수명을 연장한다. 보조 감속 브레이크의 종류는 다음과 같다.

1) 엔진 브레이크

변속기 기어단수를 저단으로 놓고 엔진회전에 대한 저항을 증가시켜 감속하는 보조 감속 브레이크이다.

2) 배기 브레이크

배기라인에 밸브 형태로 설치되어 작동시 배기 파이프의 통로 면적을 감소시켜 배기 압력을 증가시키고 엔진 출력을 감소시키는 보조 감속 브레이크이다.

3) 와전류 리타더

와전류 리타더 브레이크는 변속기 출력축 또는 추진축에 설치되며 스테이터, 로터, 계자 코일로 구성되어 계자 코일에 전류가 흐르면 자력선이 발생하고 이 자력선속에서 로터를

회전시키면 맴돌이 전류가 발생하여 자력선과의 상호작용으로 로터에 제동력이 발생하는
형태의 보조 감속 브레이크 장치이다.

4) 유체식 감속 브레이크(하이드롤릭 리타더)

물이나 오일을 사용하여 자동차 운동 에너지를 액체 마찰에 의해 열에너지로 변환시켜
방열기에서 감속시키는 방식의 보조 감속 브레이크이다.

(12) 전자제어 제동장치(ABS)

일반적인 자동차의 급제동 또는 노면의 악조건 상태에서 제동할 때 바퀴의 잠김 현상으
로 인하여 자동차가 제어 불능 상태로 진행되어 조향 안정성 및 제동성능의 악영향을 초
래하며 제동거리 또한 길어지게 된다.

ABS는 바퀴의 고착현상을 방지하여 노면과 타이어의 최적의 마찰을 유지하며 제동거리
를 단축하여 제동성능 및 조향 안전성을 확보하는 전자제어식 브레이크 장치이다.

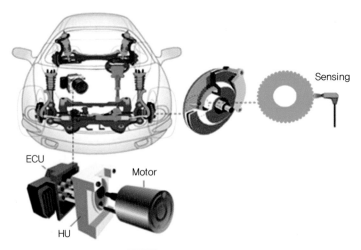

 ABS의 구성

센서(Sensor)	ECU (Electronic Control Unit)	Actuator(Hydraulic unit)
ECU가 4륜 각각의 속도 및 감가속도를 연산할 수 있도록 톤 휠(tone wheel)의 회전에 의해 검출된 Data를 항상 ECU로 전달한다.	센서에 의해 4륜 각각의 속도 및 감가속도를 연산하여 차륜의 슬립상태를 판단하며 이를 통하여 HECU의 밸브 및 모터를 구동하여 증압, 감압, 유지 형태 및 펌핑 등을 제어한다.	기본 유압 회로는 1차와 ABS 작동 시 사용되는 2차 회로로 구성되어 있으며, 실제로 각 바퀴로 전달되는 유압을 제어하는 부품들의 집합체이다. 센서로부터 전달된 검출 신호에 의해 ECU가 연산작업 실시, 슬립 상태를 판단하고 ABS작동여부가 결정되면, ECU의 제어 Logic에 의하여 밸브와 모터가 작동되면서 증압, 감압, 유지형태 및 펌핑 등이 제어된다.

1) ABS 구성 부품

① 휠 스피드 센서(Wheel Speed Sensor)

휠 스피드 센서는 자동차의 각 바퀴에 설치되어 해당 바퀴의 회전상태를 검출하며, ECU 는 이러한 휠 스피드 센서의 주파수를 인식하여 바퀴의 회전속도를 검출한다. 휠 스피드 센서는 전자유도 작용을 이용한 것이며, 톤 휠의 회전에 의해 교류 전압이 발생한다. 이 교류 전압은 회전속도에 비례하여 주파수 변화가 나타나기 때문에 이 주파수를 검출하여 바퀴의 회전속도를 검출한다.

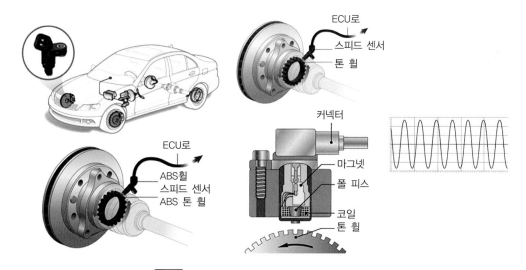

그림 휠 스피드 센서의 장착 및 작동원리

② ECU(Electronic Control Unit)

ABS ECU는 휠 스피드 센서의 신호에 의해 들어온 바퀴의 회전 상황을 인식함과 동시에 급제동 시 바퀴가 고착되지 않도록 하이드롤릭 유닛(유압 조절장치) 내의 솔레노이드 밸브 및 전동기 등을 제어한다.

③ 하이드롤릭 유닛(유압조절장치)

하이드롤릭 유닛은 내부의 전동기에 의해 작동되며 제어펌프에 의해 공급된다. 또한 밸브 블록에는 각 바퀴의 유압을 제어하기 위해 각 채널에 대한 2개의 솔레노이드 밸브가 들어 있다. ABS 작동시 ECU의 신호에 따라 리턴 펌프를 작동시켜 휠 실린더에 가해지는 유압을 증압, 유지, 감압 등으로 제어한다.

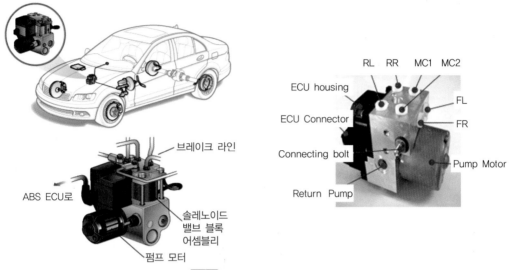

그림 하이드롤릭 유닛의 구조

솔레노이드 밸브는 ABS 작동시 ECU에 의해 ON, OFF 되어 휠 실린더로의 유압을 증압, 유지, 감압시키는 기능을 한다. 리턴 펌프는 하이드롤릭 유닛의 중심부에 설치되어 있으며 전기 신호로 구동되는 전동기가 편심으로 된 풀리를 회전시켜 증압시 추가로 유압을 공급하는 기능과 감압할 때 휠 실린더의 유압을 복귀시켜 어큐뮬레이터 및 댐핑 체임버에 보내어 저장하도록 하는 기능을 한다.

어큐뮬레이터 및 댐핑 체임버는 하이드롤릭 유닛의 아래 부분에 설치되어 있으며 ABS 작동 중 감압 작동할 때 휠 실린더로부터 복귀된 오일을 일시적으로 저장하는 장치이며 증압 사이클에서는 신속한 오일 공급으로 리턴 펌프가 작동되어 ABS가 신속히 작동하도록 한다. 또한 이 과정에서 발생되는 브레이크 액의 맥동 및 진동을 흡수하는 기능도 있다.

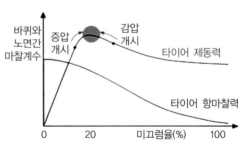

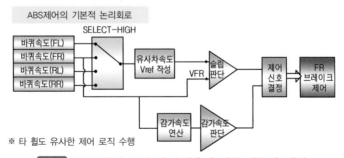

그림 ABS 제어 로직 및 슬립율에 따른 제동력 제어

(13) 전자제어 구동력 제어장치(TCS)

마찰계수가 낮은 도로(빙판길 및 눈길) 또는 바퀴의 마찰계수가 적고 미끄러지기 쉬운 도로를 주행시 자동차의 바퀴는 스스로 미끄러져 구동력이 상실되는 경우가 발생하며, 자동차의 조종 안정성에도 영향을 준다.

TCS는 이러한 구동 및 가속에 대한 미끄럼짐 발생시 엔진의 출력을 감소시키고 ABS 유압 시스템을 통하여 바퀴의 미끄러짐을 억제하여 구동력을 노면에 최적으로 전달할 수 있다. 또한 빠른 속도로 선회시 자동차의 뒷부분이 밖으로 밀려나가는 테일 아웃 현상이 발생하는데 이런 경우에도 TCS는 엔진의 출력을 제어하여 안전한 선회가 가능하다.

즉 TCS는 가속 및 구동시 부분적 제동력을 발생하여 구동 바퀴의 슬립을 방지하고 엔진 토크를 감소시켜 노면과 타이어의 마찰력을 항상 일정한계 내에 있도록 자동적으로 제어하는 것이 TCS의 역할이다.

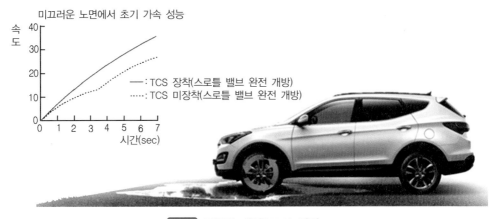

그림 구동력 제어(TCS) 원리

1) TCS의 종류

① **FTCS** : FTCS 형식은 최적의 구동을 위해 엔진 토크의 감소 및 브레이크 제어를 동시에 구현하는 시스템이다. 브레이크 제어는 ABS ECU가 제어하며 TCS 제어를 함께 수행한다. 즉 ABS ECU가 앞바퀴 구동 바퀴와 뒷바퀴의 제동력을 발생시키고 감소시키면서 최적의 구동력을 수행하며 동시에 엔진 토크를 감소시켜 안정적인 구동제어를 구현한다.

② **BTCS** : BTCS 형식은 TCS를 제어할 때 브레이크 제어만을 수행하며 ABS 하이드롤릭 유닛 내부의 모터 펌프에서 발생하는 유압으로 구동 바퀴의 제동을 제어한다.

2) TCS 작동 원리

① **슬립제어** : 뒷바퀴 휠 스피드 센서의 신호와 앞바퀴 휠 스피드 센서의 신호를 비교하여 구동바퀴의 슬립율을 계산하여 구동바퀴의 유압을 제어한다.

② **트레이스 제어** : 트레이스 제어는 운전자의 조향 핸들 조작량과 가속페달의 밟는 양 및 비 구동 바퀴의 좌측과 우측의 속도 차이를 검출하여 구동력을 제어하여 안정된 선회가 가능하도록 한다.

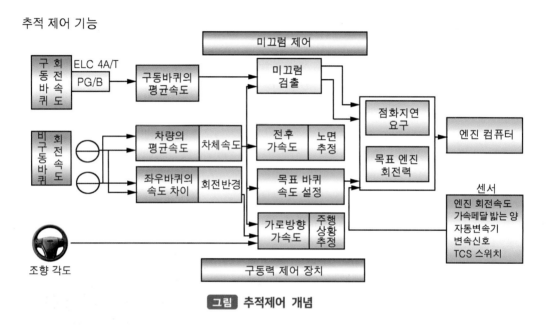

그림 추적제어 개념

(14) 전자제어제동력 배분 장치(EBD)

제동시 전륜측과 후륜측의 발생 유압 시점을 뒷바퀴가 앞바퀴와 같거나 또는 늦게 고착되도록 ABS ECU가 제동 배분을 제어하는 것을 EBD라 한다.

1) EBD의 제어 원리

EBD는 ABS ECU에서 뒷바퀴의 제동 유압을 이상적인 제동 배분 곡선에 근접 제어하는 원리이다. 제동할 때 각각의 휠 스피드 센서로부터 슬립률을 연산하여 뒷바퀴 슬립률이 앞바퀴보다 항상 작거나 동일하게 유압을 제어한다.

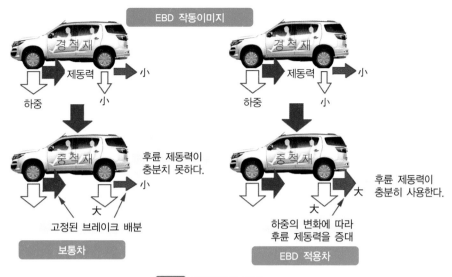

그림 EBD제어 개념

2) EBD 제어의 효과

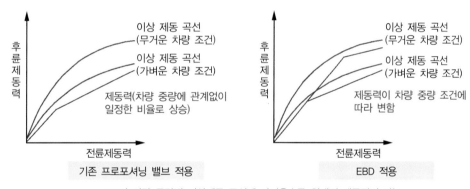

※ 각 차량 중량별 이상제동 곡선에 가까울수록 최대의 제동력이 가능

그림 EBD제어 효과

① 후륜의 제동기능 및 제동력을 향상시키므로 제동 거리가 단축된다.

② 뒷바퀴 좌우의 유압을 각각 독립적으로 제어하므로 선회시 안전성이 확보된다.

③ 브레이크 페달의 작동력이 감소된다.

④ 제동시 후륜의 제동 효과가 커지므로 전륜측 브레이크 패드의 온도 및 마멸 등이 감소되어 안정된 제동 효과를 얻을 수 있다.

(15) 차량 자세제어시스템(VDC)

VDC(Vehicle Dynamic Control System)는 스핀(Spin), 또는 오버 스티어(Over Steer), 언더 스티어(Under Steer) 등의 발생을 억제하여 이로 인한 사고를 미연에 방지할 수 있는 시스템이다. 이는 차량에 미끄럼의 발생상황을 초기에 감지하여 각 바퀴를 적당히 제동함으로써 차량의 자세를 제어한다.

이로써 차량은 안정된 상태를 유지하며(ABS 연계 제어) 스핀한계 직전에 자동 감속한다(TCS 연계 제어). 이미 미끄럼이 발생된 경우에는 각 휠에 각각의 제동력을 가하여 스핀이나 언더 스티어의 발생을 미연에 방지(요-모멘트 제어)하여 안정된 운행을 도모한다. 즉, VDC는 요 모멘트 제어, 자동 감속제어, ABS 및 TCS 제어 등에 의하여 스핀 방지, 오버 스티어 방지, 요잉 발생 방지, 조정 안정성 향상 등의 효과가 있다.

VDC는 브레이크 제어방식의 BTCS에 요 레이트 센서, 횡가속도(G) 센서 마스터 실린더 압력 센서 등을 추가한 시스템이며 차량의 주행속도, 조향각 속도 센서, 마스터 실린더 압력 센서 등으로부터 운전자의 의지를 검출하고 요 레이트 센서, 횡가속도(G) 센서로부터 차체의 거동을 분석하여 위험한 차체 거동시 운전자가 별도로 제동을 하지 않아도 4바퀴를 개별적으로 자동 제동하여 자동차의 자세를 제어함으로써 자동차의 모든 방향에 대한 안정성을 확보한다.

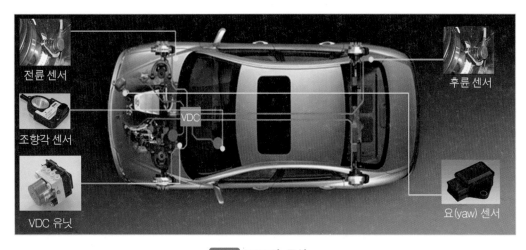

그림 VDC의 구성

ESC는 운전자의 의도를 분석

조향휠의 위치
+ 차량속도
+ 가속페달
+ 제동페달의 답력
=ECU는 운전자의 의도를 판단

조향 휠

브레이크 페달

휠

ESC 차량 거동 상태 분석

차량의 회전속도(요모멘트)
+ 측면으로 작용하는 힘(횡가속도)
= ECU는 차량 거동을 판단

ESC 제동력을 통한 차량 자세 제어

- ECU는 필요한 대책을 계산한다.
- 유압조절장치는 신속히 각 바퀴의 제동력을 독립적으로 조절한다.
- 엔진과 연결된 통신 라인을 통하여 엔진 출력을 조절한다.

그림 VDC의 제어요소

1) 요 모멘트(Yaw moment)

요 모멘트란 차체의 앞뒤가 좌, 우측 또는 선회할 때 안쪽, 바깥쪽 바퀴 쪽으로 이동하려는 힘을 말한다. 요 모멘트로 인하여 언더 스티어, 오버 스티어, 횡력 등이 발생한다. 이로 인하여 주행 및 선회할 때 자동차의 주행 안정성이 저하된다.

오버 스티어 발생시   언더 스티어 발생시

전륜 대비 후륜의 횡 슬립이 커서 과다 조향 발생
반시계 방향 Yaw control이 필요

후륜 대비 전륜의 횡 슬립이 커서 조향 부족 발생
시계 방향 Yaw control이 필요

그림 요 모멘트 제어

자동차 동적제어 장치는 주행 안정성을 저해하는 요 모멘트가 발생하면 브레이크를 제어하여 반대 방향의 요 모멘트를 발생시킴으로써 서로 상쇄되도록 하여 자동차의 주행 및 선회 안정성을 향상시키며 필요에 따라서 엔진의 출력을 제어하여 선회 안정성을 향상시키기도 한다.

2) VDC 제어의 개요

조향각 속도 센서, 마스터 실린더 압력 센서, 차속 센서, G센서 등의 입력값을 연산하여 자세제어의 기준이 되는 요 모멘트와 자동 감속제어의 기준이 되는 목표 감속도를 산출하여 이를 기초로 4바퀴의 독립적인 제동압력, 자동 감속제어, 요-모멘트 제어, 구동력 제어, 제동력 제어와 엔진 출력을 제어한다.

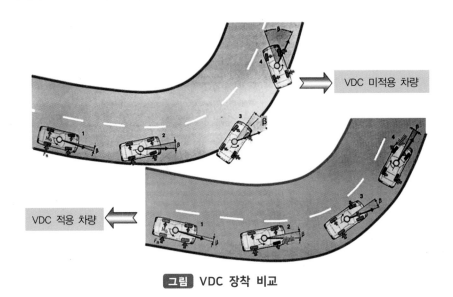

그림 VDC 장착 비교

3) 제어의 종류

① **ABS/ EBD제어** : 4개 휠 스피드의 가·감속을 산출하여 ABS·EBD의 작동여부를 판단하여 제동 제어를 한다.

② **TCS제어** : 브레이크 압력제어 및 CAN 통신을 통해 엔진의 토크를 저감시켜 구동 방향의 휠 슬립을 방지한다.

③ **요(AYC) 제어** : 요레이트 센서, 횡가속도 센서, 마스터 실린더 압력 센서, 조향 휠 각속도 센서, 휠 스피드 센서 등의 신호를 연산하여 차량 자세를 제어한다.

4) VDC 제어조건

① 주행속도가 15km/h 이상 되어야 한다.

② 점화 스위치를 ON시킨 후 2초가 지나야 한다.

③ 요 모멘트가 일정 값 이상 발생하면 제어한다.

④ 제동이나 출발할 때 언더 스티어나 오버 스티어가 발생하면 제어한다.

⑤ 주행속도가 10km/h 이하로 떨어지면 제어를 중지한다.

⑥ 후진할 때에는 제어를 하지 않는다.

⑦ 자기 진단기기 등에 의해 강제 구동 중일 때에는 제어를 하지 않는다.

5) 제동압력 제어

① 요 모멘트를 기초로 제어 여부를 결정한다.

② 슬립률에 의한 자세제어에 따라 제어 여부를 결정한다.

③ 제동압력 제어는 기본적으로 슬립률 증가 측에는 증압 제어를 하고 감소 측에는 감압 제어를 한다.

6) ABS 관련 제어

ABS의 관련 제어는 뒷바퀴의 제어의 경우 셀렉터 로우 제어에서 독립 제어로 변경되었으며, 요 모멘트에 따라서 각 바퀴의 슬립률을 판단하여 제어한다. 또한 언더 스티어나 오버 스티어 제어일 때에는 ABS 제어에 제동압력의 증·감압을 추가하여 응답성을 향상시켰다.

또한 ABS 제어 중에 슬립률이 제동력의 최대 위치에 있으면 슬립률을 증대하더라도 제동력은 증대되지 않는다. 따라서 일반적으로 복원제어의 효과가 높은 앞 바깥쪽 바퀴에 제동을 가하더라도 슬립률의 증대 효과가 작아진다. 그래서 뒤 안쪽 바퀴에 제동압력을 가하여 뒤 바깥쪽 바퀴의 슬립률이 작아지도록 제어를 한다.

7) 자동 감속 제어(제동 제어)

선회할 때 횡 G값에 대하여 엔진의 가속을 제한하는 제어를 실행함으로서 과속의 경우에는 제동제어를 포함하여 선회 안정성을 향상시킨다. 목표 감속도와 실제 감속도의 차이가 발생하면 뒤 바깥쪽 바퀴를 제외한 3바퀴에 제동압력을 가하여 감속 제어를 실행한다.

8) TCS 관련제어

슬립 제어는 제동제어에 의해 LSD(Limited Slip Differential) 기능으로 미끄러운 도로에서의 가속성능을 향상시키며 트레이스 제어는 운전의 운전 상황에 대하여 엔진의 출력을 감소시킨다. 또한 자동 감속제어는 엔진의 출력을 제어하며 제어주기는 16ms이다.

9) 선회시 제어

① **오버 스티어 발생** : 오버 스티어는 전륜 대비 후륜의 횡 슬립이 커져 과다 조향현상이 발생하며 시계방향의 요 컨트롤이 필요하게 된다.

② **언더 스티어 발생** : 언더 스티어는 후륜 대비 전륜의 횡 슬립이 커져 조향 부족현상이 발생하며 반 시계방향의 요 컨트롤이 필요하게 된다.

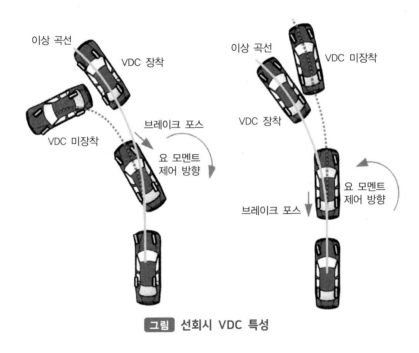

그림 선회시 VDC 특성

10) 요 모멘트 제어(Yaw moment 제어)

요 모멘트 제어는 차체의 자세제어이며 선회할 때 또는 주행 중 차체의 옆 방향 미끄러짐 요잉 또는 횡력에 대하여 안쪽 바퀴 또는 바깥쪽 바퀴에 브레이크를 작동시켜 차체제어를 실시한다.

① **오버스티어 제어**(Over Steer Control) : 선회할 때 VDC ECU에서는 조향각과 주행속도 등을 연산하여 안정된 선회 곡선을 설정한다. 설정된 선회 곡선과 비교하여 언더 스티어가 발생되면 오버 스티어 제어를 실행한다.

② **언더스티어 제어**(Under Steer Control) : 설정된 선회 곡선과 비교하여 오버스티어가 발생하면 언더스티어 제어를 실행한다.

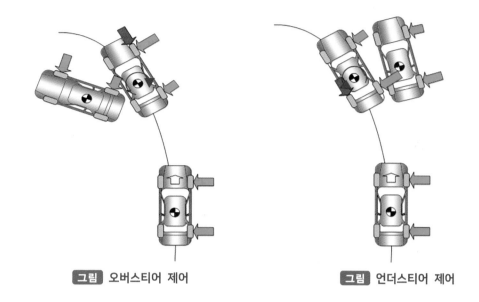

| 그림 오버스티어 제어 | 그림 언더스티어 제어 |

③ **자동감속제어 (트레이스 제어)** : 자동차의 운동중 요잉은 요 모멘트를 변화시키며 운전자의 의도에 따라 주행하는 데 있어서 타이어와 노면과 마찰 한계에 따라 제약이 있다. 즉 자세제어만으로는 선회 안정성에 맞지 않는 경우가 있다 자동감속제어는 선회 안정성을 향상시키는데 그 목적이 있다.

11) VDC의 구성

① VDC HECU(압력센서, HU 포함) ③ 조향각센서
④ 요레이트 및 횡가속도센서 ⑤ Engine ECU
⑥ ETC(Throttle Valve actuator) ⑦ Fuel Injectors
⑧ Ignition module
⑨ Acceleration pedal position sensor

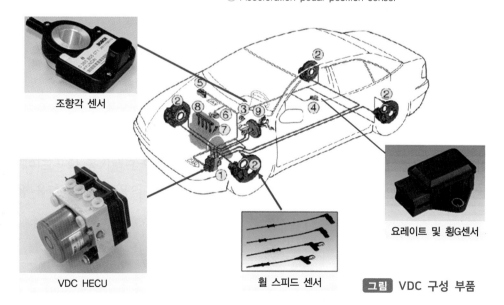

조향각 센서

VDC HECU

휠 스피드 센서

요레이트 및 횡G센서

그림 VDC 구성 부품

12) 휠 스피드센서

휠 스피드 센서는 각 바퀴 별로 1 개씩 설치되어 있으며 바퀴 회전속도 및 바퀴의 가속도, 슬립률 계산 등은 ABS, TCS에서와 같다.

그림 휠 스피드센서

13) 조향 휠 각속도센서

조향 휠 각속도 센서는 조향 핸들의 조작 속도를 검출하는 것이며, 3개의 포토 트랜지스터로 구성되어 있다.

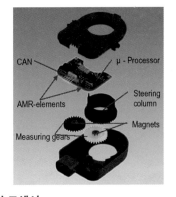

그림 조향휠 각속도센서

14) 요 레이트 센서

요 레이트 센서는 센터 콘솔 아래쪽에 횡G 센서와 함께 설치되어 있다.

15) 횡 가속도(G) 센서

횡 G센서는 센터 콘솔 아래쪽에 요 레이트 센서와 함께 설치되어 있다.

그림 횡가속도 센서

16) 하이드롤릭 유닛(Hydraulic Unit)

하이드롤릭 유닛은 엔진룸 오른쪽에 부착되어 있으며 그 내부에는 12개의 솔레노이드 밸브가 배치되어 있다.

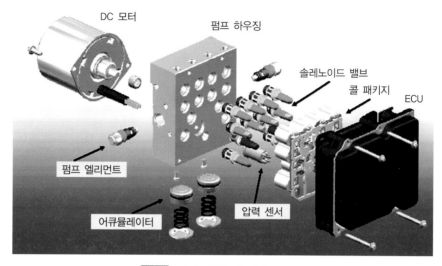

그림 하이드롤릭 유닛의 구조

17) 유압 부스터(Hydraulic Booster)

흡기다기관의 부압을 이용한 기존의 진공 배력식 부스터 대신 유압 모터를 이용한 것이며 유압 부스터는 액추에이터와 어큐뮬레이터에서 전동기에 의하여 형성된 증압 유압을 이용한다. 유압 부스터의 효과는 다음과 같다.

- 브레이크 압력에 대한 배력의 비율이 크다.
- 브레이크 압력에 대한 응답속도가 빠르다.
- 흡기다기관 부압에 대한 영향이 없다.

18) 마스터 실린더 압력센서

마스터 실린더 압력 센서는 유압 부스터에 설치되어 있으며 스틸 다이어프램으로 구성되어 있다.

19) 제동등 스위치

제동등 스위치는 브레이크의 작동 여부를 ECU에 전달하여 VDC, ABS 제어의 판단여부를 결정하는 역할을 하며 ABS 및 VDC 제어의 기본적인 신호로 사용된다.

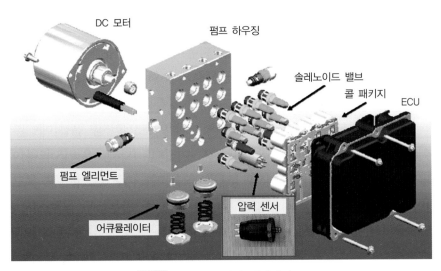

<figure>그림</figure> 마스터 실린더 압력센서

20) 가속페달 위치 센서

가속페달 위치 센서는 가속 페달의 조작 상태를 검출하는 것이며 VDC 및 TCS의 제어 기본 신호로 사용된다.

21) 컴퓨터(ECU; Electronic Control Unit)

컴퓨터는 동승석 오른쪽 아래에 설치되어 있으며 2개의 CPU로 상호 점검하여 오작동을 감지한다. 그리고 시리얼 통신에 의해 ECU 및 TCU와 통신을 한다.

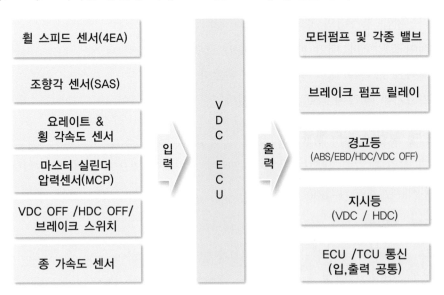

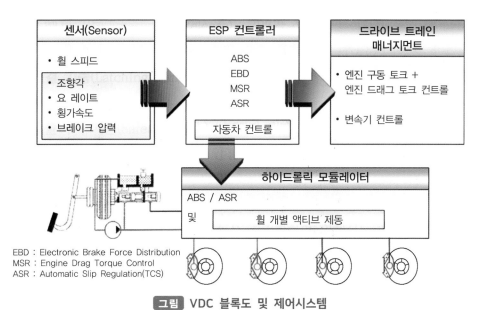

EBD : Electronic Brake Force Distribution
MSR : Engine Drag Torque Control
ASR : Automatic Slip Regulation(TCS)

그림 VDC 블록도 및 제어시스템

3 조향시스템의 구조 및 작동원리

(1) 조향시스템 개요

조향장치는 운전자의 의도에 따라 자동차의 진행 방향을 바꾸기 위한 장치로서 조작 기구, 기어 기구, 링크 기구 등으로 구성된다. 운전자가 조향 핸들을 돌리면 조향 축을 따라 전달된 힘은 조향 기어에 의해 회전수는 감소되고 토크는 증가되어 조향 링크장치를 거쳐 앞바퀴에 전달된다.

조작 기구는 운전자가 조작한 조작력을 전달하는 부분으로 조향 핸들, 조향 축, 조향 칼럼 등으로 이루어진다. 기어 기구는 조향축의 회전수를 감소함과 동시에 조작력을 증대시키며, 조작 기구의 운동방향을 바꾸어 링크 기구에 전달하는 부분이다. 링크 기구는 기어 기구의 움직임을 앞바퀴에 전달함과 동시에 좌우 바퀴의 위치를 올바르게 유지하는 부분으로 피트먼 암, 드래그 링크, 타이 로드, 너클 암 등으로 구성되며 조향 장치의 구비조건은 다음과 같다.

- 조향 조작 시 주행 중의 바퀴의 충격에 영향을 받지 않을 것
- 조작이 쉽고, 방향 변환이 용이할 것
- 회전 반경이 작아서 협소한 도로에서도 방향 변환을 할 수 있을 것
- 진행 방향을 바꿀 때 섀시 및 보디 각 부에 무리한 힘이 작용되지 않을 것
- 고속 주행에서도 조향 핸들이 안정 될 것

- 조향 핸들의 회전과 바퀴 선회 차이가 크지 않을 것
- 수명이 길고 다루기가 쉽고 정비가 쉬울 것

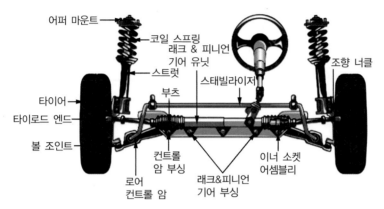

(a) 독립 현가식 조향장치 구조

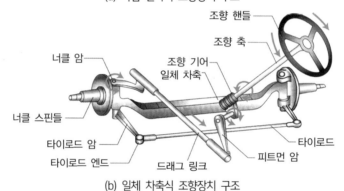

(b) 일체 차축식 조향장치 구조

그림 조향장치의 구조

1) 선회 특성

조향 핸들을 어느 각도까지 돌리고 일정한 속도로 선회하면, 일정의 원주상을 지나게 되며 다음과 같은 특성이 나타난다.

① **언더 스티어** : 일정한 방향으로 선회하여 속도가 상승했을 때, 선회 반경이 커지는 것으로 원운동의 궤적으로부터 벗어나 서서히 바깥쪽으로 커지는 주행상태가 나타난다.

② **오버 스티어** : 일일정한 조향각으로 선회하여 속도를 높였을 때 선회 반경이 적어지는 것으로 언더 스티어의 반대되는 경우로서 안쪽으

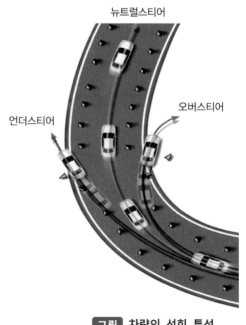

그림 차량의 선회 특성

182

로 서서히 적어지는 궤적을 나타낸다.

③ **뉴트럴 스티어** : 차륜이 원주상의 궤적을 거의 정확하게 선회한다.

④ **리버스 스티어** : 최초의 동안은 언더 스티어로 밖으로 커지는데 도중에서 갑자기 안쪽으로 적어지는 오버 스티어의 주행 방법을 나타낸다.

2) 에커먼 장토식 조향원리

이 원리는 조향 각도를 최대로 하고 선회할 때 선회하는 안쪽 바퀴의 조향각이 바깥쪽 바퀴의 조향각보다 크게 되며, 뒷 차축 연장선상의 한 점을 중심으로 동심원을 그리면서 선회하여 사이드슬립의 방지와 조향 핸들의 조작에 따른 저항을 감소시킬 수 있는 방식이다.

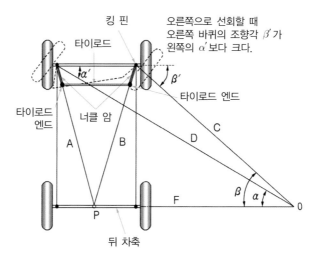

그림 에커먼 장토식 조향 원리

3) 조향기구

① 조향 휠(조향 핸들)

조향 핸들은 림(rim), 스포크(spoke) 및 허브(hub)로 구성되어 있으며, 스포크나 림 내부에는 강철이나 알루미늄 합금 심으로 보강되고, 바깥쪽은 합성수지로 성형되어 있다. 조향핸들은 조향 축에 테이퍼(taper)나 세레이션(serration) 홈에 끼우고 너트로 고정시킨다.

허브에는 경음기(horn)를 작동시키는 스위치가 부착되며, 최근에는 에어 백(Air bag)을 설치하여 충돌할 때 센서에 의해 질소가스 압력으로 팽창하는 구조로 된 것도 있다.

② 조향 축

조향 축은 조향 핸들의 회전을 조향 기어의 웜(worm)으로 전달하는 축이며 웜과 스플라인을 통하여 자재 이음으로 연결되어 있다. 또 조향기어 축을 연결할 때 오차를 완화하고 노면으로부터의 충격을 흡수하여 조향 핸들에 전달되지 않도록 하기 위해 조향 핸들과 축 사이에 탄성체 이음으로 되어 있다. 조향 축은 조향하기 쉽도록 35~50°의 경사를 두고 설치되며 운전자 요구에 따라 알맞은 위치로 조절할 수 있다.

③ 조향 기어 박스

조향 기어는 조향 조작력을 증대시켜 앞바퀴로 전달하는 장치이며, 종류에는 웜 섹터형, 볼 너트형, 래크와 피니언형 등이 있다. 현재 주로 사용되고 있는 형식은 볼 너트 형식과 래크와 피니언 형식이다.

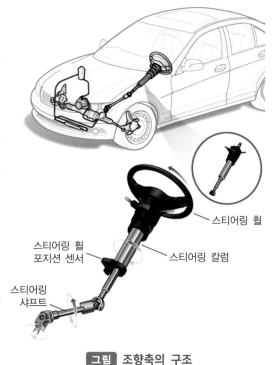

스티어링 휠

스티어링 휠
포지션 센서

스티어링 칼럼

스티어링
샤프트

그림 조향축의 구조

④ 피트먼 암

피트먼 암은 조향 핸들의 움직임을 일체 차축 방식 조향 기구에서는 드래그 링크로, 독립 차축 방식 조향 기구에서는 센터 링크로 전달하는 것이며, 한쪽 끝에는 테이퍼의 세레이션(serration)을 통하여 섹터 축에 설치되고, 다른 한쪽 끝은 드래그 링크나 센터 링크에 연결하기 위한 볼 이음으로 되어 있다.

⑤ 타이로드

타이로드는 독립 차축 방식 조향 기구에서는 래크와 피니언 형식의 조향 기어에서는 직접 연결되며, 볼트 너트 형식 조향 기어 박스에서는 센터 링크의 운동을 양쪽 너클 암으로 전달하며, 2개로 나누어져 볼 이음으로 각각 연결되어 있다. 또한 일체 차축 방식 조향 기구에서는 1개의 로드로 되어 있고, 너클 암의 움직임을 반대쪽의 너클 암으로 전달하여 양쪽 바퀴의 관계를 바르게 유지시킨다. 또 타이로드의 길이를 조정하여 토인 (toe-in)을 조정할 수 있다.

이너 타이로드
아우터 타이로드

그림 타이로드

⑥ **너클 암**

너클 암은 일체 차축 방식 조향 기구에서 드래그 링크의 운동을 조향 너클에 전달하는 기구이다.

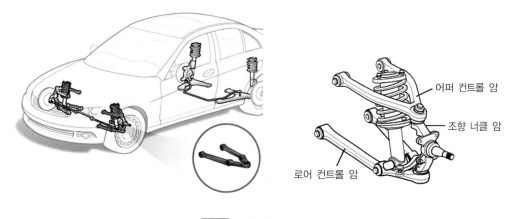

어퍼 컨트롤 암
조향 너클 암
로어 컨트롤 암

그림 너클암의 구조

4) 조향 장치의 종류

① **웜 섹터 형**

웜 섹터형은 조향 축과 연결된 웜, 그리고 웜에 의해 회전운동을 하는 섹터 기어로 구성되어 있다. 조향축을 돌리면 웜이 회전하고 웜은 섹터 축에 붙어 있는 섹터기어를 돌린다. 따라서 섹터축이 회전하면서 섹터 축 끝에 붙어 있는 피트먼 암을 회전시켜 조향이 된다. 비가역식이며, 웜과 섹터기어 간에 마찰이 크게 작용한다.

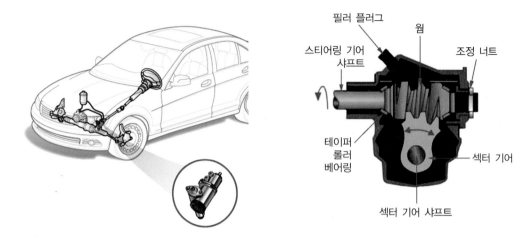

필러 플러그
웜
스티어링 기어 샤프트
조정 너트
테이퍼 롤러 베어링
섹터 기어
섹터 기어 샤프트

그림 웜 섹터형 조향장치의 구조

② 볼 너트형

이 형식은 웜과 볼 너트 사이에 여러 개의 강구를 넣어 웜과 볼 너트 사이의 접촉이 볼에 의한 구름접촉이 되도록 한 것이다. 즉, 웜 축을 회전시키면 웜 축 주위의 강구가 웜 축의 홈을 따라 이동하면서 볼 너트도 이동시킨다. 볼 너트가 이동되면서 섹터 축의 섹터 기어를 회전시키므로 섹터 축 아래 끝에 있는 피트먼 암을 회전시켜 조향 된다.

리셔큘레이팅 볼 베어링
스티어링 샤프트
섹터 기어
볼 너트
섹터 기어 샤프트
웜 기어

그림 볼 너트형 조향장치의 구조

③ 래크와 피니언 형

래크와 피니언형은 조향축 끝에 피니언을 장착하여 래크와 서로 물리도록 한 것이다. 조향축이 회전되면 피니언 기어가 회전하면서 래크를 좌우로 이동한다. 이때 래크의 양 끝에 부착되어 있는 타이로드를 거쳐 조향이 되도록 한 방식이다.

오일 라인
스티어링 샤프트
오일 호스
부트
실
피니언 기어
파워 피스톤
파워 스티어링 오일
실
래크
이너 타이로드

그림 래크와 피니언 형식의 조향장치 구조

(2) 유압식 동력 조향장치

대형 차량이나 전륜 구동형 승용차의 경우 앞 차축에 가해지는 하중이 무겁고, 광폭 타이어의 장착 등으로 인하여 앞바퀴의 접지 저항이 증가하여 조향 핸들의 조작력도 크게 필요하게 되었다. 동력 조향장치는 엔진에 의해 구동되는 오일펌프의 유압을 이용하여 조향 시 핸들의 조작력을 가볍게 하는 장치이다. 동력 조향장치의 장·단점은 다음과 같다.

동력조향장치의 장점	동력조향장치의 단점
– 조향 조작력이 경감 된다. – 조향 조작력에 관계없이 조향 기어비를 선정할 수 있다. – 노면의 충격과 진동을 흡수한다. (킥 백 방지) – 앞바퀴의 시미운동이 감소하여 주행안정성이 우수해 진다. – 조향 조작이 가볍고 신속하다.	– 유압장치 등의 구조가 복잡하고 고가이다. – 고장이 발생하면 정비가 어렵다. – 엔진출력의 일부가 손실된다.

1) 동력 조향 장치의 구조

동력 조향장치는 동력부, 작동부, 제어부의 3주요부로 구성되며 유량 제어 밸브 및 유압 제어 밸브와 안전 체크 밸브 등으로 구성되어 있다.

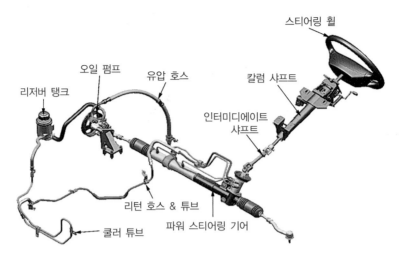

그림 동력 조향장치의 구성

① 동력부

오일펌프는 엔진의 크랭크축에 의해 벨트를 통하여 유압을 발생시키며 오일펌프의 형식은 주로 베인 펌프(vane pump)를 사용한다. 베인 펌프의 작동은 로터(rotor)가 회전하면 베인이 방사선상으로 미끄럼 운동을 하여 베인 사이의 공간을 증감시켜 공간이 증가할 때에는 오일이 펌프로 유입되고 감소되면 출구를 거쳐 배출되는 구조로 압력을 형성한다.

그림 유압펌프의 구조

② 작동부

동력 실린더는 오일펌프에서 발생한 유압을 피스톤에 작용시켜서 조향 방향 쪽으로 힘을 가해 주는 장치이다. 동력 실린더는 피스톤에 의해 2개의 챔버로 분리되어 있으며, 한쪽 챔버에 유압유가 들어오면 반대쪽 챔버에서는 유압유가 저장 탱크로 복귀하는 형식의 복동형 실린더이다.

③ 제어부

제어 밸브는 조향 핸들의 조작에 대한 유압통로를 조절하는 기구이며, 조향 핸들을 회전시킬 때 오일펌프에서 보낸 유압유를 해당 조향 방향으로 보내 동력 실린더의 피스톤이 작동하도록 유로를 변환시킨다.

④ 안전 체크 밸브

안전 체크밸브는 제어 밸브 내에 들어 있으며 엔진이 정지되거나 오일 펌프의 고장, 또는 회로에서의 오일 누설 등의 원인으로 유압이 발생하지 못할 때 조향핸들의 조작을 수동으로 전환할 수 있도록 작동하는 밸브이다.

⑤ 유량조절 밸브

오일펌프의 로터 회전은 엔진 회전수와 비례하므로 주행 상황에 따라 회전수가 변화하며 오일의 유량이 다르게 토출된다. 오일펌프로부터 오일 토출량이 규정 이상이 되면, 오일 일부를 저장 탱크(리저버)로 빠져나가게 하여 유량을 유지하는 역할을 한다.

⑥ 유압조절 밸브

조향 핸들을 최대로 돌린 상태를 오랫동안 유지하고 있을 때 회로의 유압이 일정 이상이 되면 오일을 저장 탱크로 되돌려 최고 유압을 조정하여 회로를 보호하는 역할을 한다.

(3) 전자제어식 동력 조향장치(EPS)

EPS(Electronic Power Steering)는 기존의 유압식 조향장치시스템에 차속감응 조타력 조절 등의 기능을 추가하여 조향 안전성 및 고속 안전성 등을 구현하는 시스템이다. 기존의 유압식 조향장치는 자동차의 저속주행 및 주차시에 운전자가 조향핸들에 가하는 조향력을 덜어 주기위해 유압에너지를 이용하는 방식을 사용하였다.

즉, 기존의 일반 조향장치에서 발생되었던 저속주행 및 주차시의 조향력 증가문제는 해결하였으나 고속주행 중 노면과의 접지력 저하에 따른 조향 휠의 답력이 가벼워지는 문제는 해결할 수 없었다.

이와 같은 고속주행 중 노면과의 접지력 저하로 인해 발생되는 조향휠의 조향력 감소문제를 해결하고자 전자제어 조향장치(EPS ; Electronic Control Power Steering)가 개발되었다.

EPS는 차량의 주행속도를 감지하여 동력실린더로 유입 또는 By Pass되는 오일의 양을 적절히 조절함으로써 저속 주행시는 적당히 가벼워지고 고속주행시는 답력을 무겁게 한다. 따라서 고속주행시 핸들이 가벼워짐으로써 발생할 수 있는 사고를 방지하여 안전운전을 도모하였다.

이러한 EPS의 특징은 다음과 같다.

- 기존의 동력 조향장치와 일체형이다.
- 기존의 동력 조향장치에는 변경이 없다.
- 컨트롤밸브에서 직접 입력회로 압력과 복귀회로 압력을 By Pass 시킨다.
- 조향회전각 및 횡가속도를 감지하여 고속시 또는 급조향시(유량이 적을 때) 조향하는 방향으로 잡아당기려는 현상을 보상한다.

1) EPS 입력요소

① **차속센서** : 계기판 내의 속도계에 리드 스위치식으로 장착되어 차량속도를 검출하여 ECU로 입력하기 위한 센서

② **TPS**(Throttle position sensor) : 스로틀보디에 장착되어 있고 운전자가 가속페달을 밟는 양을 감지하여 ECU에 입력시켜줌으로서 차속센서 고장시 조향력을 적절하게 유지하도록 한다.

③ **조향각센서** : 조향핸들의 다기능 스위치 내에 설치되어 조향속도를 측정하며 기존의 동력 조향장치의 Catch Up 현상을 보상하기 위한 센서이다.

2) EPS제어부

① **컴퓨터(ECU)** : ECU는 입력부의 조향각 센서 및 차속센서의 신호를 기초로 하여 출력요소인 유량제어밸브의 전류를 적절히 제어한다. 저속시는 많은 전류를 보내고 고속시는 적은 전류를 보내어 유량제어밸브의 상승 및 하강을 제어한다.

3) EPS 출력요소

① **유량제어밸브** : 차속과 조향각 신호를 기초값으로 하여 최적상태의 유량을 제어하는 밸브이다. 정차 또는 저속시는 유량제어밸브의 플런저에 가장 큰 축력이 작용하여 밸브가 상승하고 고속시는 밸브가 하강하여 입력 및 By Pass통로의 개폐를 조절한다. 유량제어밸브에서 유량을 제어함으로써 조향휠의 답력을 변화시킨다.

② **고장진단 신호** : 전자제어 계통의 고장발생시 고장진단장비로 차량의 컴퓨터와 통신할 수 있는 신호이다.

(4) 전동식 동력 조향 장치

엔진의 구동력을 이용하지 않고 전기 모터의 힘을 이용해서 조향 핸들의 작동시에만 조향 보조력을 발생시키는 구조로 더욱 효율적이고 능동적인 시스템이다. 이 장치는 전기모터

로 유압을 발생시켜 조향력을 보조하는 EHPS 장치와 순수 전기 모터의 구동력으로 조향력을 보조하는 MDPS 형식이 있다.

MDPS의 경우 토션바의 비틀림으로부터 핸들에 가한 힘을 토크 센서가 검출하고 움직임량을 ECU가 제어하여 모터에 전류를 보낸다. 주로 랙과 피니언식에 사용되고 있다.

1) 전동 유압식 동력 조향 장치(EHPS)

EHPS (Electronic Hydraulic Power Steering)는 엔진의 동력으로 유압펌프를 작동시켜 조타력을 보조하는 기존의 유압식 파워 스티어링과 달리 전동모터로 필요시에만 유압펌프를 작동시켜 차속 및 조향 각속도에 따라 조타력을 보조하는 전동 유압식 파워 스티어링이다.

EHPS는 배터리의 전원을 공급 받아서 전기 모터를 작동시켜 전기모터의 회전에 의해 유압펌프가 작동되고 펌프에서 발생되는 유압을 조향 기어박스에 전달하여 운전자의 조타력을 보조하도록 되어있다. 따라서 엔진과 연동되는 소음과 진동이 근본적으로 개선되고 조타시만 에너지가 소모되기 때문에 연비도 향상되는 장점이 있다.

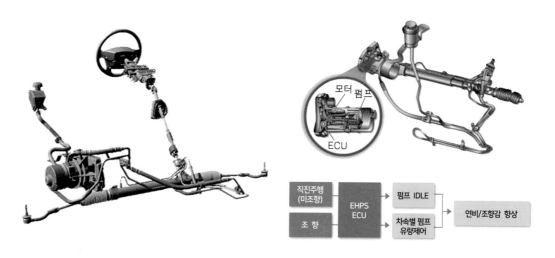

그림 EHPS 조향장치의 구성

2) 모터 구동식 동력 조향 장치(MDPS)

모터 구동식 동력 조향 장치(MDPS ; Motor Driven Power Steering)는 전기 모터를 구동시켜 조향 핸들의 조향력을 보조하는 장치로서 기존의 전자제어식 동력 조향 장치보다 연비 및 응답성이 향상되어 조종 안전성을 확보 할 수 있으며 전기에너지를 이용함으로 친환경적이고 구동 소음과 진동 및 설치위치에 대한 설계의 제약이 감소되었다.

그러나 모터 구동시 진동이 조향 핸들로 전달되며 작동시 비교적 큰 구동전류가 소모되어 ECU는 공전속도를 조절하는 기능을 추가로 설계해야 한다. 이러한 MDPS의 특징은 다음과 같다.

- 전기모터 구동으로 인해 이산화탄소가 저감된다.
- 핸들의 조향력을 저속에서는 가볍고 고속에서는 무겁게 작동하는 차속 감응형 시스템이다.
- 엔진의 동력을 이용하지 않으므로 연비 향상과 소음, 진동이 감소된다.
- 부품의 단순화 및 전자화로 부품의 중량이 감소되고 조립 위치에 제약이 적다.
- 차량의 유지비감소 및 조향성이 증가된다.

▶Power Head 구성 :
ECU + Torque Sensor
+ 모터 및 감속기어

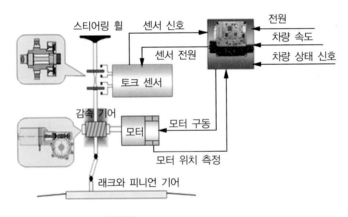

그림 MDPS 조향장치의 특징

3) MDPS의 종류

MDPS는 컴퓨터에 의해 차속과 조향 핸들의 조향력에 따라 전동 모터에 흐르는 전류를 제어하여 운전자의 조향 방향에 대해서 적절한 동력을 발생시켜 조향력을 경감시키는 장치로서 MDPS의 종류로는 모터의 장착위치에 따라서 C-MDPS(칼럼 구동 방식), P-MDPS(피니언 구동 방식), R-MDPS(래크 구동 방식)가 있다. 또한 엔진정지 및 고장시에 동력을 얻을 수 없으므로 페일 세이프 기능으로 일반 기계식 조향 시스템에 의해 조향할 수 있는 구조로 되어 있다.

① C-MDPS

전기 구동 모터가 조향 칼럼에 장착되며 조향 축의 회전에 대해 보조동력을 발생시킨다. 모터의 초기 구동시 및 정지시 조향 칼럼을 통해 진동과 소음이 조향 핸들로 전달되나 경량화가 가능하여 소형 자동차에 적용하고 있다.

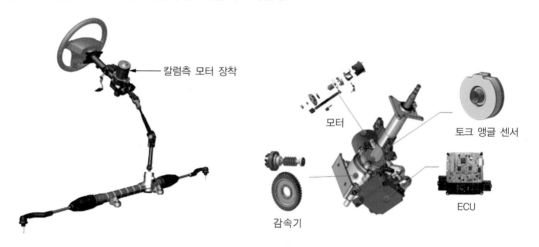

그림 C-MDPS의 구조

그림 P-MDPS의 구조

② R-MDPS

전기 구동 모터가 래크 기어부에 장착되어 래크의 좌우 움직임에 대해서 보조 동력을
발생시킨다. 엔진룸에 설치되며 공간상 제약이 있어 설계시 설치 공간에 대한 것을 고려해
야 한다.

피니언 기어
래크
전동 모터

래크에 전동 모터 장착

그림 R-MDPS의 구조

유압 파워 스티어링

전동 파워 스티어링

조향의지감지	로터리 밸브
유압 발생	오일 펌프
조타력 발생	스티어링 기어 (실린더)

조향의지감지	토크 센서
토크 발생	전기 모터
조타력 발생	스티어링 칼럼 (감속기)
	스티어링 기어

그림 유압식과 전동식 파워스티어링의 비교

4 현가시스템의 구조 및 작동원리

(1) 현가시스템 개요

현가장치는 자동차가 주행 중 노면으로부터 바퀴를 통하여 받게 되는 충격이나 진동을 흡수하여 차체나 화물의 손상을 방지하고 승차감을 좋게 하며, 차축을 차체 또는 프레임에 연결하는 장치이다.

현가장치는 일반적으로 스프링과 쇽업소버(Shock Absorber)의 조합으로 이루어지며, 노면에서 발생하는 1차 충격을 스프링에서 흡수하게 되고 충격에 의한 스프링의 자유진동을 쇽업소버가 감쇄시켜 승차감을 향상시킨다. 최근에는 자동차의 주행속도 및 노면의 상태를 인식하여 감쇄력을 조절하는 전자제어식 현가장치가 적용되고 있다.

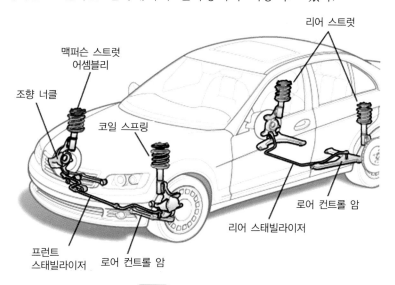

그림 현가장치의 구성

자동차의 주행에서 비롯되는 운동은 여러 종류의 힘과 모멘트로 표현된다. 이러한 여러 운동에 대한 승차감 및 주행 안정성 등의 측면에서 현가 이론은 매우 중요한 요소이다. 자동차의 주행시 승차감이 좋은 진동수는 60~120cycle/min이며   자동차

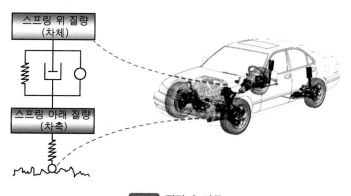

그림 질량과 진동

에서 일반적으로 발생하는 진동 및 움직임은 크게 스프링 위 질량의 진동(차체, 구동계, 승객, 짐 등)과 스프링 아래 질량(타이어, 휠, 차축 등)의 진동으로 분류된다.

(2) 스프링 위 질량의 진동(차체의 진동)

일반적으로 현가장치의 스프링을 기준으로 스프링 위의 질량이 아래 질량 보다 클 경우 노면의 진동을 완충하는 능력이 향상되어 승차감이 우수해지는 특성이 있고 현재의 승용차에 많이 적용되는 방식이다. 그러나 스프링 위 질량이 지나치게 무거우면 연비, 조종성, 제동성능 등의 전반적인 주행성능이 저하될 수 있다.

1) 바운싱

차체가 수직축을 중심으로 상하방향으로 운동하는 것을 말하며 타이어의 접지력을 변화시키고 자동차의 주행 안정성과 관련 있다.

2) 롤링

자동차 정면의 가운데로 통하는 앞뒤축을 중심으로 한 회전 작용의 모멘트를 말하며 항력 방향 축을 중심으로 회전하려는 움직임이다. 측면으로 작용하는 힘에 의하여 발생되고 자동차의 선회운동 및 횡풍의 영향을 받으며 주행안정성과 관련 있다.

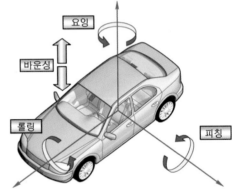

그림 차체의 운동

3) 피칭

자동차의 중심을 지나는 좌우 축 옆으로의 회전 작용의 모멘트를 말하며 횡력(측면) 방향 축을 중심으로 회전하려는 움직임이다. 피칭모멘트는 일반적으로 노면의 진동에 의해 자동차의 전륜측과 후륜측의 상하운동으로 발생되며 타이어의 접지력을 변화시키고 자동차의 고속 주행 안정성과 관련 있다.

4) 요잉

자동차 상부의 가운데로 통하는 상하 축을 중심으로 한 회전 작용의 모멘트로서 양력(수직)방향 축을 중심으로 회전하려는 움직임이다. 자동차의 선회, 원심력과 같은 차체의 회전운동과 관련된 힘에 의하여 발생되고 횡풍의 영향을 받으며 주행안정성과 관련 있다.

(3) 스프링 아래 질량의 진동(차축의 진동)

스프링 아래 질량의 진동은 승차감 및 주행 안전성과 관계가 깊으며, 스프링 아래 질량이 무거울 경우 승차감이 떨어지는 현상이 발생한다. 스프링 아래 질량의 운동은 다음과 같다.

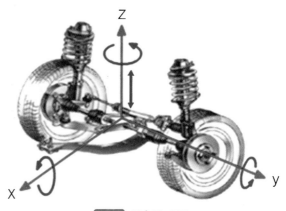

그림 차축의 운동

① **휠 홉** : 차축에 대하여 수직인 축 (Z축)을 기준으로 상하 평행 운동을 하는 진동을 말한다.

② **휠 트램프** : 차축에 대하여 앞뒤 방향(X축)을 중심으로 회전 운동을 하는 진동을 말한다.

③ **와인드 업** : 차축에 대하여 좌우 방향(Y축)을 중심으로 회전 운동을 하는 진동을 말한다.

④ **스키딩** : 차축에 대하여 수직인 축(Z축)을 기준으로 타이어가 슬립하며 동시에 요잉 운동을 하는 것을 말한다.

(4) 현가장치의 구성

1) 스프링

스프링은 노면에서 발생하는 충격 및 진동을 완충시켜 주는 역할을 하며, 종류에는 판 스프링, 코일 스프링, 토션 바 스프링 등의 금속제 스프링과 고무스프링, 공기 스프링 등의 비 금속제 스프링 등이 있다.

① 판 스프링

판 스프링은 스프링 강을 적당히 구부린 뒤 여러 장을 적층하여 탄성효과에 의한 스프 링 역할을 할 수 있도록 만든 것으로 강성이 강하고 구조가 간단하다. 판 스프링은 스프링 의 강성이 다른 스프링보다 강하므로 차축과 프레임을 연결 및 고정 장치를 겸할 수 있으므로 구조가 간단해지나 판

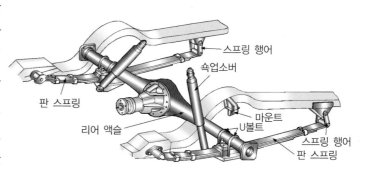

사이의 마찰로 인해 진동을 억제하는 작용을 하여 미세한 진동을 흡수하기가 곤란하고 내
구성이 커서 대부분 화물 및 대형차에 적용하고 있다.

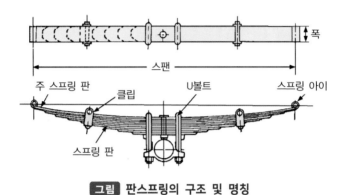

그림 판스프링의 구조 및 명칭

② 코일스프링

코일 스프링은 스프링 강선을 코일 형으로 감아 비틀림 탄성을 이용한 것이다. 판 스프
링보다 탄성도 좋고. 미세한 진동 흡수가 좋지만 강도가 약하여 주로 승용차의 앞·뒤 차축
에 사용된다.

코일 스프링의 특징은 단위 중량당 에너지 흡수율이 크고, 제작비가 저렴하고 스프링의
작용이 효과적이며, 다른 스프링에 비하여 손상율이 적은 장점이 있으나 코일 강의 지름이
같고 스프링의 피치가 같을 경우 진동 감쇠 작용과 옆방향의 힘에 대한 저항도 약한 단점
이 있다.

그림 코일 스프링의 구조

③ 토션 바 스프링

토션 바는 스프링 강으로 된 막대를 비틀면 강성에 의해 원래의 모양으로 되돌아가는
탄성을 이용한 것으로, 다른 형식의 스프링보다 단위 중량당 에너지 흡수율이 크므로 경량

화 할 수 있고, 구조도 간단하므로 설치 공간을 작게 차지할 수 있다. 스프링의 힘은 바의 길이와 단면적 그리고 재질에 의해 결정되며, 진동의 감쇠작용이 없으므로 쇽업소버를 병용하여야 한다.

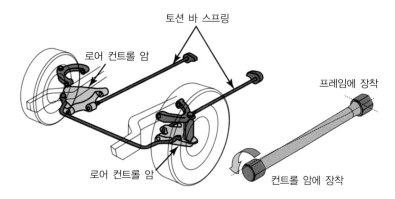

그림 토션바 스프링의 원리 및 구조

④ 에어 스프링

에어 스프링은 압축성 유체인 공기의 탄성을 이용하여 스프링 효과를 얻는 것으로 금속 스프링과 비교하면 다음과 같은 특징이 있다.

- 스프링 상수를 하중에 관계없이 임의로 정할 수 있으며 적차시나 공차시 승차감의 변화가 거의 없다.
- 하중에 관계없이 스프링의 높이를 일정하게 유지시킬 수 있다.
- 서징현상이 없고 고주파 진동의 절연성이 우수하다.
- 방음 효과와 내구성이 우수하다.
- 유동하는 공기에 교축을 적당하게 줌으로써 감쇠력을 줄 수 있다.

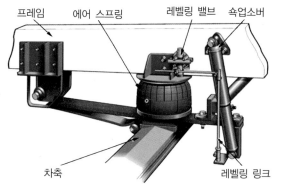

그림 에어스프링의 구조

⑤ 고무 스프링

고무 스프링은 고무를 열 가소 성형하여 이것을 금속과 접착시켜 사용하고 내유성이 필요한 곳은 합성고무를 사용한다. 금속과는 달리 변형하더라도 체적이 변하지 않는 성질이 있고, 탄성계수도 변형율과 더불어 변화하고 스프링 상수도 정확하게 결정하기 어려우나 소형 경량화가 가능하고 간단히 설치할 수 있어 엔진 및 변속기 마운트와 각종 댐퍼에 적용 된다.

2) 스테빌라이저

스테빌라이저는 토션바 스프링의 일종으로서 양끝이 좌·우의 컨트롤 암에 연결되며, 중앙부는 차체에 설치되어 커브 길을 선회할 때 차체가 롤링(좌우 진동)하는 것을 방지하며, 차체의 기울기를 감소시켜 평형을 유지하는 장치이다.

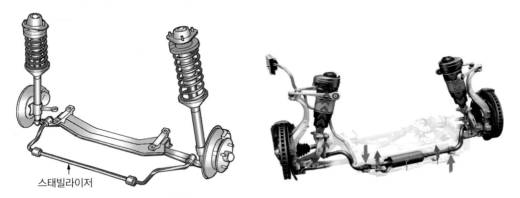

스테빌라이저

그림 스테빌라이져의 구조 및 기능

3) 쇽업소버

쇽업소버는 완충기 또는 댐퍼(damper)라고도 하며 자동차가 주행 중 노면으로부터의 충격에 의한 스프링의 진동을 억제, 감쇠시켜 승차감의 향상, 스프링의 수명을 연장시킴과 동시에 주행 및 제동할 때 안정성을 높이는 장치로서 차체와 바퀴 사이에 장착된다.

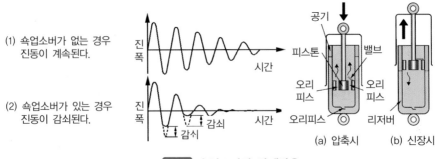

그림 쇽업소버의 감쇄작용

① 유압식 쇽업소버

유압식 쇽업소버는 텔레스코핑형과 레버형이 있으며 일반적으로 실린더와 피스톤, 오일
통로로 구성되어 감쇠작용을 한다. 유압식 쇽업소버는 피스톤부의 오일 통로(오리피스)를
통과하는 오일의 작용으로 감쇠력을 조절하며 피스톤의 상승과 하강에 따라 압력이 가해
지는 복동식과 한쪽 방향으로만 압력이 가해지는 단동식으로 나눌 수 있다.

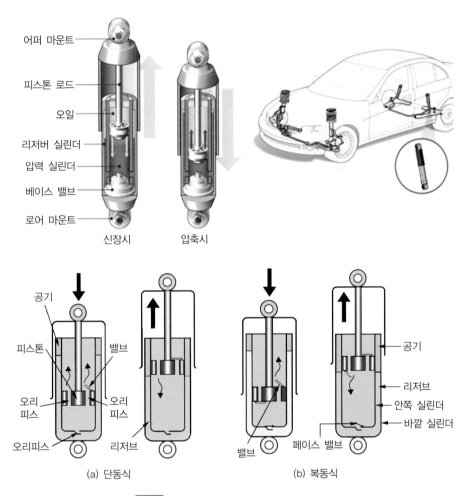

그림 유압식 쇽업소버의 종류 및 구조

② 가스봉입 쇽업소버(드가르봉식)

이 형식은 유압식의 일종이며 프리 피스톤을 장착하여 프리 피스톤의 위쪽에는 오일이, 아래쪽에는 고압($30\text{kgf}/\text{cm}^2$)의 불활성 가스(질소가스)가 봉입되어 내부에 압력이 형성되어 있는 타입으로 작동 중 오일에 기포가 생기지 않으며, 부식이나 오일 유동에 의한 문제(에이레이션 및 캐비테이션)가 발생하지 않으며 진동 흡수 성능 및 냉각 성능이 우수하다.

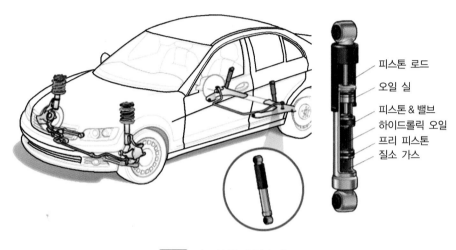

피스톤 로드
오일 실
피스톤 & 밸브
하이드롤릭 오일
프리 피스톤
질소 가스

그림 가스봉입 쇽업소버

③ 가변 댐퍼

일반적인 쇽업소버와 달리 속도, 노면의 조건, 하중, 운전 상황에 따라 쇽업소버의 감쇠력을 변환하는 장치로서, 수동식과 ECU 제어에 의한 자동식이 있다.

가변 댐퍼 시스템은 오일이 지나는 통로의 면적을 조절하여 운행 상태와 노면의 조건에 알맞은 감쇠력을 발생시켜 최적의 조건으로 진동을 흡수하고 차체의 안정성을 확보 하는 시스템이다. 오일 통로의 면적을 조절하는 방식은 액추에이터를 이용하여 제어하며 현재 고급승용차에서 에어 스프링과 함께 조합하여 적용하고 있다.

제어밸브의 세부 구조

피스톤 밸브 ─── 제어 밸브

그림 가변 댐퍼의 구조

(5) 현가 시스템의 분류

현가장치는 일반적으로 일체 차축식 현가장치, 독립 차축 현가 방식, 공기 스프링 현가 방식 등이 있다.

1) 일체 차축식 현가장치

일체 차축식은 좌우의 바퀴가 1개의 차축에 연결되며 그 차축이 스프링을 거쳐 차체에 장착하는 형식으로 구조가 간단하고 강도가 크므로 대형 트럭이나 버스 등에 많이 적용되고 있다. 사용되는 스프링은 판스프링이 많이 사용되며 조향 너클의 장착 방법은 엘리옷형(elliot type), 역 엘리옷형(reverse elliot type), 마몬형 (mar mon type), 르모앙형(lemonine type) 등이 있으나, 그 중에서 역 엘리옷형이 일반적으로 많이 사용된다. 일체 차축식의 특징은 다음과 같다.

- 부품 수가 적어 구조가 간단하며 휠 얼라인먼트의 변화가 적다.
- 커브길 선회시 차체의 기울기가 적다.

- 스프링 아래 질량이 커 승차감이 불량하다.
- 앞바퀴에 시미의 발생이 쉽고 반대편 바퀴의 진동에 영향을 받는다.
- 스프링 정수가 너무 적은 것은 사용이 어렵다.

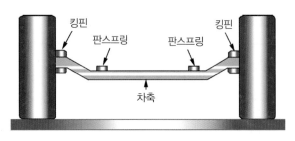

그림 일체 차축식

2) 독립 차축 현가방식

이 방식은 차축이 연결된 일체 차축식 방식과는 달리 차축을 각각 분할하여 양쪽 휠이 서로 관계없이 운동하도록 설계한 것이며, 승차감과 주행 안정성이 향상되도록 한 것이다. 이러한 독립 차축 현가장치는 맥퍼슨 형과 위시본 형식으로 나눌 수 있으며 특징은 다음과 같다.

- 차고를 낮게 할 수 있으므로 주행 안전성이 향상된다.
- 스프링 아래 질량이 가벼워 승차감이 좋아진다.
- 조향 바퀴에 옆 방향으로 요동하는 진동(shimmy) 발생이 적고 타이어의 접지성(road holding)이 우수하다.
- 스프링 정수가 적은 스프링을 사용할 수 있다.
- 구조가 복잡하고, 이음부가 많아 각 바퀴의 휠 얼라인먼트가 변하기 쉽다.
- 주행시 바퀴가 상하로 움직임에 따라 윤거나 얼라인먼트가 변하여 타이어의 마모가 촉진된다.

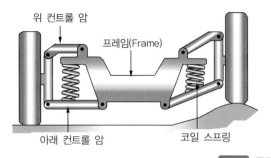

그림 독립 차축식

① 위시본 형식

이 형식은 위아래 컨트롤 암이 설치되고 암의 길이에 따라 평행사변형 형식과 SLA 형식으로 구분되며, 평행사변형 형식은 위 아래 컨트롤 암의 길이가 같고 SLA 형식은 아래 컨트롤 암이 위 컨트롤 암보다 길다. 위시본 형식은 스프링이 약해지거나 스프링의 장력 및 자유고가 낮아지면 바퀴의 윗부분이 안쪽으로 이동하여 부의 캠버를 만든다. 또한 SLA 형식은 바퀴의 상·하 진동시 위 컨트롤 암보다 아래 컨트롤 암의 길이가 길어 캠버의 변화가 발생한다.

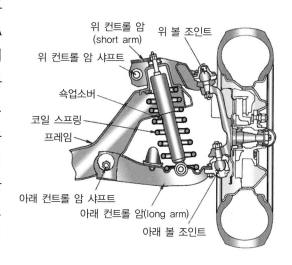

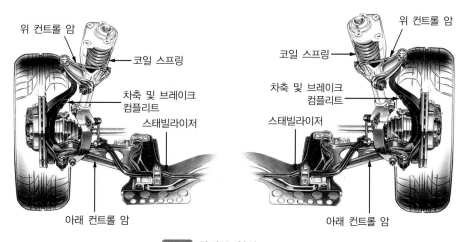

그림 위시본 형식

② 맥퍼슨 형식

맥퍼슨 형식은 위시본 형식으로부터 개발된 것으로, 위시본 형식에서 위 컨트롤 암은 없으며 그 대신 쇽업소버를 내장한 스트럿의 하단을 조향 너클의 상단부에 결합시킨 형식으로 현재 승용차에 가장 많이 적용되고 있는 형식이다.

스트럿 상단은 고무 마운팅 인슐레이터 내에 있는 베어링과 위 시트(upper seat)를 거쳐 차체에 조립되어 있다. 마운팅 인슐레이터에서 고무의 탄성으로 타이어의 충격이 차체로 전달되는 것을 최소화 하며 동시에 조향시 스트럿이 자유롭게 회전할 수 있다. 코일 스프링은 위 시트와 스트럿 중간부에 조립되어 있는 아래 시트(lower seat)사이에 설치된다.

- 위시본형에 비해 구조가 간단하고 부품이 적어 정비가 용이하다.
- 스프링 아래 질량을 가볍게 할 수 있고 로드 홀딩 및 승차감이 좋다.
- 엔진룸의 유효공간을 크게 제작할 수 있다.

그림 맥퍼슨 형식

3) 에어 스프링 현가장치

에어 스프링 현가장치는 에어 스프링, 서지 탱크, 레벨링 밸브(leveling valve) 등으로 구성되어 있으며, 하중에 따라 스프링 상수를 변화시킬 수 있고, 차고 조정이 가능하므로 승차감과 차체의 안정성을 향상시킬 수 있어 대형 버스 등에 많이 사용된다.

또한 에어 압축기, 에어 탱크 등의 부속장치가 필요하여 시스템이 복잡하고 무거워지며 측면방향의 힘에 버티는 저항력이 약하나 시스템의 개선으로 현재에는 고급승용차를 비롯한 여러 차종에 적용되고 있다. 에어 스프링 현가장치는 하중이 감소하여 차고가 높아지면 레벨링 밸브가 작동하여 에어 스프링 안의 공기를 방출하고, 하중이 증가하여 차고가 낮아지면 에어 탱크에서 공기를 보충하여 차고를 일정하게 유지하도록 되어 있다.

- 차체의 하중 증감과 관계없이 차고가 항상 일정하게 유지되며 차량이 전후, 좌우 로 기우는 것을 방지한다.
- 에어 압력을 이용하여 하중의 변화에 따라 스프링 상수가 자동적으로 변한다.
- 항상 스프링의 고유 진동수는 거의 일정하게 유지된다.
- 고주파 진동을 잘 흡수한다.(작은 충격도 잘 흡수)
- 승차감이 좋고 진동을 완화하기 때문에 자동차의 수명이 길어진다.

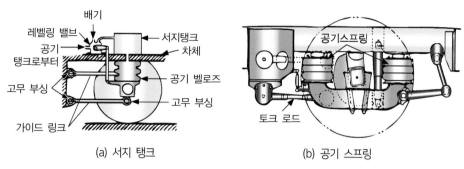

(a) 서지 탱크	(b) 공기 스프링

그림 에어식 현가장치의 구조

① **에어 스프링 현가장치의 구성**

- 에어 압축기(air compressor) : 엔진에 의해 벨트로 구동되며 압축 공기를 생산하여
  저장 탱크로 보낸다.
- 서지 탱크(surge tank) : 에어 스프링 내부의 압력 변화를 완화하여 스프링 작용을 유
  연하게 해주는 장치이며, 각 에어 스프링마다 설치되어 있다.
- 에어 스프링(air spring) : 에어 스프링에는 벨로즈형과 다이어프램형이 있으며, 에어
  저장 탱크와 스프링 사이의 에어 통로를 조정하여 도로 상태와 주행속도에 가장 적
  합한 스프링 효과를 얻도록 한다.
- 레벨링 밸브(leveling valve) : 에어 저장 탱크와 서지 탱크를 연결하는 파이프 도중에
  설치된 것이며, 자동차의 높이가 변화하면 압축 공기를 스프링으로 공급하여 차고를
  일정하게 유지시킨다.

4) 전자제어 현가장치(ECS)

ECS (Electronic Control Suspension System)는 ECU(ECU), 각종 센서, 액추에이터 등
을 설치하고 노면의 상태, 주행 조건 및 운전자의 조작 등과 같은 요소에 따라서 차고와
현가 특성(감쇠력 조절)이 자동적으로 조절되는 현가장치이다.

자동차의 기계적인 현가 시스템은 승차감과 주행 안정성의 특성을 동시에 만족 할 수
없다. 승차감을 향상시켜 서스펜션의 감쇠력을 부드럽게 할 경우 비포장 도로에서 저속주
행에는 유리하나 고속 주행시 선회 성능은 매우 나빠지게 된다.

또한 현가 특성을 강하게 만들어 주행 안정성을 확보하면 진동 흡수성이 저하되어 승차
감이 나빠지게 된다. 이러한 특성에 대하여 주행 조건 및 노면의 상태에 따라 감쇠력 및
현가 특성을 조절하는 것이 전자제어 현가장치이며 이러한 현가 시스템은 차고조절 기능

도 함께 수행한다.

그림 승차감과 조종안정성의 관계

① 전자제어 현가장치 특징

- 선회시 감쇠력을 조절하여 자동차의 롤링 방지(앤티 롤)
- 불규칙한 노면 주행시 감쇠력을 조절하여 자동차의 피칭 방지(앤티 피치)
- 급 출발시 감쇠력을 조정하여 자동차의 스쿼트 방지(앤티 스쿼트)
- 주행 중 급 제동시 감쇠력을 조절하여 자동차의 다이브 방지(앤티 다이브)
- 도로의 조건에 따라 감쇠력을 조절하여 자동차의 바운싱 방지(앤티 바운싱)
- 고속 주행시 감쇠력을 조절하여 자동차의 주행 안정성 향상(주행속도 감응제어)
- 감쇠력을 조절하여 하중변화에 따라 차체가 흔들리는 쉐이크 방지(앤티 쉐이크)
- 적재량 및 노면의 상태에 관계없이 자동차의 자세 안정
- 조향시 언더 스티어링 및 오버 스티어링 특성에 영향을 주는 롤링제어 및 강성배분 최적화

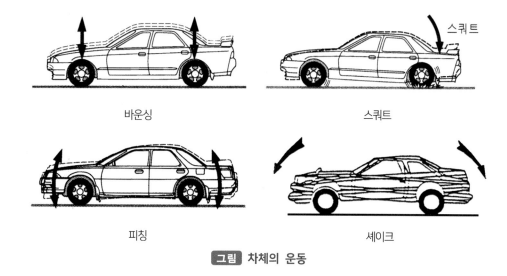

바운싱   스쿼트

피칭   셰이크

그림 차체의 운동

- 노면에서 전달되는 진동을 흡수하여 차체의 흔들림 및 차체의 진동 감소

② 전자제어 현가장치의 구성

㉠ **차속센서** : 스피드미터 내에 설치되어 변속기 출력축의 회전수를 전기적인 펄스 신호로 변환하여 ECS ECU에 입력한다. ECU는 이 신호를 기초로 선회할 때 롤(roll)량을 예측하며, 앤티 다이브, 앤티 스쿼트 제어 및 고속 주행 안정성을 제어할 때 입력 신호로 사용한다.

㉡ **G 센서(중력 센서)** : 엔진 룸 내에 설치되어 있고 바운싱 및 롤(roll) 제어용 센서이며, 자동차가 선회할 때 G 센서 내부의 철심이 자동차가 기울어진 쪽으로 이동하면서 유도되는 전압이 변화한다. ECU는 유도되는 전압의 변화량을 감지하여 차체의 기울어진 방향과 기울기를 검출하여 앤티 롤 (anti roll)을 제어 할 때 보정 신호로 사용된다.

㉢ **차고센서** : 이 센서는 차량의 전방과 후방에 설치되어 있고 차축과 차체에 연결되어 차체의 높이를 감지하며 차체의 상하 움직임에 따라 센서의 레버가 회전하므로 레버의 회전량을 센서를 통하여 감지한다. 또한 ECS ECU는 차고 센서의 신호에 의해 현재 차고와 목표 차고를 설정하고 제어한다.

㉣ **조향 핸들 각속도 센서** : 이 센서는 핸들이 설치되는 조향 칼럼과 조향축 상부에 설치되며 센서는 핸들 조작시 홀이 있는 디스크가 회전하게 되고 센서는 홀을 통하여 조향 방향, 조향 각도, 조향 속도를 검출한다. 또한 ECS ECU는 조향 핸들 각속도 센서의 신호를 기준으로 롤링을 예측한다.

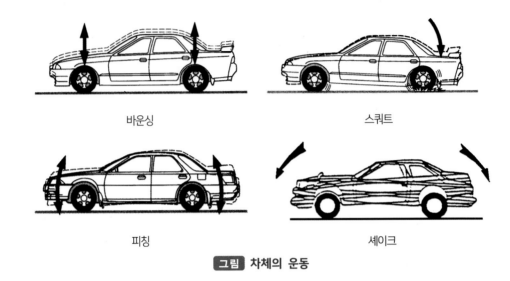

| 바운싱 | 스쿼트 |

| 피칭 | 셰이크 |

그림 차체의 운동

- 노면에서 전달되는 진동을 흡수하여 차체의 흔들림 및 차체의 진동 감소

② **전자제어 현가장치의 구성**

㉠ **차속센서** : 스피드미터 내에 설치되어 변속기 출력축의 회전수를 전기적인 펄스 신호로 변환하여 ECS ECU에 입력한다. ECU는 이 신호를 기초로 선회할 때 롤(roll)량을 예측하며, 앤티 다이브, 앤티 스쿼트 제어 및 고속 주행 안정성을 제어할 때 입력 신호로 사용한다.

㉡ **G 센서(중력 센서)** : 엔진 룸 내에 설치되어 있고 바운싱 및 롤(roll) 제어용 센서이며, 자동차가 선회할 때 G 센서 내부의 철심이 자동차가 기울어진 쪽으로 이동하면서 유도되는 전압이 변화한다. ECU는 유도되는 전압의 변화량을 감지하여 차체의 기울어진 방향과 기울기를 검출하여 앤티 롤 (anti roll)을 제어 할 때 보정 신호로 사용된다.

㉢ **차고센서** : 이 센서는 차량의 전방과 후방에 설치되어 있고 차축과 차체에 연결되어 차체의 높이를 감지하며 차체의 상하 움직임에 따라 센서의 레버가 회전하므로 레버의 회전량을 센서를 통하여 감지한다. 또한 ECS ECU는 차고 센서의 신호에 의해 현재 차고와 목표 차고를 설정하고 제어한다.

㉣ **조향 핸들 각속도 센서** : 이 센서는 핸들이 설치되는 조향 칼럼과 조향축 상부에 설치되며 센서는 핸들 조작시 홀이 있는 디스크가 회전하게 되고 센서는 홀을 통하여 조향 방향, 조향 각도, 조향 속도를 검출한다. 또한 ECS ECU는 조향 핸들 각속도 센서의 신호를 기준으로 롤링을 예측한다.

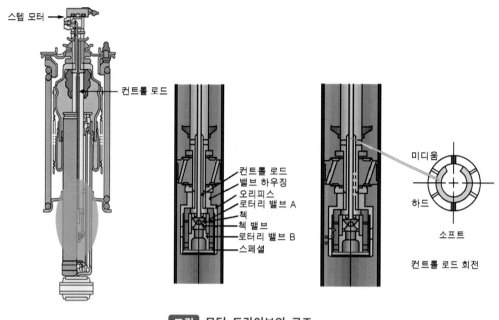

그림 모터 드라이브의 구조

(6) 에어식 전자제어 현가 시스템

에어식 전자제어 현가 시스템은 기존의 유압식 전자제어 현가장치에서 더욱 발전된 형태로서 기존의 유압식 ECS 시스템이 가지고 있는 단점을 보완하여 승차감과 핸들링 성능을 더욱 향상시키고 차고 조절 또한 신속하게 이루어져 주행 안전성을 확보하는 신기술 현가 시스템이라 할 수 있다. 또한 기존의 코일 스프링을 제거하고 애어식 스프링을 적용하여 노면과 운전 조건에 따른 신속한 스프링 상수의 변화를 통하여 승차감 및 안전성 확보에 기여하고 있다.

1) 에어식 ECS의 특징

에어식 ECS는 차고 조절 및 유지 기능과 감쇠력 조절 기능을 가지고 있다. 이러한 기능은 주행상태에 따른 최적의 차고와 감쇠력을 제어하므로 저속에서는 승차감이 향상되고 고속에서는 주행 안정성을 유지할 수 있다.

- 차고 조절과 유지 기능 : 에어 급·배기를 통한 차고 조정 (유지·상승·하강)
- 감쇠력 조절기능 : Soft부터 Hard 영역의 감쇠력 연속 대응이 가능하여 승차감 및 안정성이 향상

2) 유압식 ECS와 에어식 ECS의 성능 비교

항 목	유압식 ECS	에어식 ECS
시스템	• Open Loop(개회로)	• Closed Loop(폐회로)
차고제어반응속도 (25mm 상승시)	약 25초	약 3초
감쇄력 제어모드	Soft, Auto, Soft, Medium, Hard	무단제어
차고제어 모드	Low, Normal, High, EX-High	Low, Normal, High
감쇄력 제어장치	Step Motor	가변 제어 솔레노이드
에어스프링	• (코일) + 에어스프링 조합 • 내압 6bar (차고 조정 느림)	• 에어스프링 단독 장착 • 내압 10bar (쾌속 차고 조정)
에어 공급	• Open Loop System(저 응답성)	• Closed Loop System(신속)
차고조정 기능	• 고속도로 및 험로주행 기능	• 고속도로 및 험로주행 기능
스프링 형상		

3) 에어식 ECS 구조

전자제어 에어 서스펜션은 기존의 코일 스프링 대신 에어 스프링을 장착한 것으로 에어 압력을 형성하는 컴프레서와 에어를 공급하는 밸브 블록, 에어를 저장할 수 있는 리저버 탱크 그리고 각 센서와 그 정보를 입력 받아 제어하는 ECS ECU로 구성되어 있다.

① **컴프레셔**(Compressor) : 공압 시스템에 에어를 공급 또는 빼내는 기능을 하며 내부 에는 시스템의 안전을 위하여 압력을 배출할 수 있는 릴리프 밸브가 장착되어 있다. 에어포트는 3개가 있으며, 리저버 탱크, 밸브 블록 및 외부 공기와 연결된다.

② **리버싱 밸브**(Reversing valve) : 컴프레서 내부에 장착되어 있으며 에어 스프링에 에어를 공급 또는 배출시에 내부 밸브의 작동을 달리하여 그 과정을 수행하는 밸브이다.

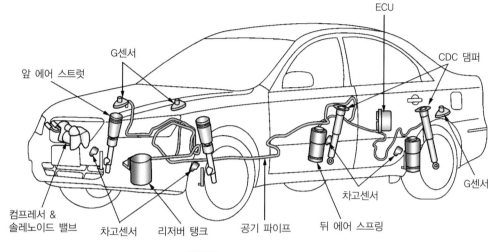

그림 에어식 ECS 구조

③ **압력해제 밸브**(Relief pressure valve) : 컴프레서에 장착되어 있으며, 컴프레서 내부 압력이 규정 압력 이상이 되면 밸브가 열려 에어를 배출하는 안전밸브이다.

④ **에어주입밸브**(Air filling valve) : 좌측 헤드램프 뒤쪽 엔진룸 내에 장착되어 있으며, 시스템 내 에어를 주입하기 위한 밸브이다. 밸브는 리저버 탱크와 연결되고 진단장비를 통하여 에어를 주입할 수 있다.

⑤ **에어 드라이어**(Air Dryer) : 공기 중의 수분을 흡수하여 시스템 내에 수분 등이 공급되지 않도록 한다. 대기압밸브를 통해 내부 공기가 외부로 방출될 때, 내부 습기도 배출된다.

⑥ **밸브블록**(Valve block) : 밸브 블록에는 솔레노이드 밸브가 장착되어 있으며 에어 스프링과 컴프레서 사이에서 에어 압력을 공급 또는 배출 하는 역할을 한다.

⑦ **압력센서**(Pressure sensor) : 밸브 블록 내부에 장착되며 시스템의 압력을 감지한다.

⑧ **리저버 탱크**(Reservoir tank) : 에어를 저장하는 탱크로 컴프레서와 에어 스프링에 에어 압력을 공급하고 압력 해제시 에어를 저장하는 기능을 한다.

4) 에어식 ECS의 전자제어 구성

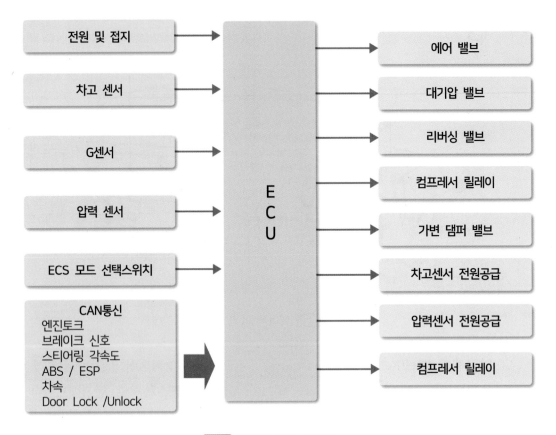

전원 및 접지		에어 밸브
차고 센서		대기압 밸브
G센서		리버싱 밸브
압력 센서	ECU	컴프레서 릴레이
ECS 모드 선택스위치		가변 댐퍼 밸브
CAN통신		차고센서 전원공급

[그림] 에어식 ECS 블록도

5) 차고제어

① **기준 레벨**(Normal level) : ECS 기능이 작동되지 않은 차량 기준 레벨로 수동 또는 자동으로 각 레벨로의 전환이 가능하다.

② **하이 레벨**(Hi- level) : 프런트 및 리어 에어 스프링의 에어 압력으로 차량의 바디가 상승되어 차량의 바디와 하체간의 간섭을 피하고 노면으로부터 충격과 진동을 최소화하기 위한 레벨이다.

③ **로우 레벨**(Highway level) : 차량이 고속으로 일정시간 이상 주행할 경우, 진입하는 레벨로 이때는 차량의 바디가 기준 레벨로부터 약 15mm 하강하여 주행저항을 줄이고, 무게의 중심점을 아래로 이동하여 보다 안정감 있는 고속 주행이 가능한 레벨로 차속 및 속도 유지 시간에 따라 자동 변환이 이루어진다.

[High]　　　　　　　　　　[Normal]　　　　　　　　　　[Highway]

차고모드	앞차고	뒤차고
High	+30mm	+30mm
Normal	0mm	0mm
Highway	15mm	15mm

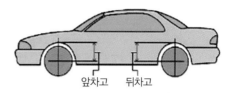

그림 차고제어

05
chapter

편의 및 주행안전 시스템

1 자동차의 공기조화 시스템

자동차용 공기조화(Car air conditioning)란 운전자가 쾌적한 환경에서 운전하고 승차원도 보다 안락한 상태에서 여행할 수 있도록 차실 내의 환경을 만드는 것이다. 이러한 공기조화는 온도, 습도, 풍속, 청정도의 4요소를 제어하여 쾌적한 실내 공조시스템을 실현한다.

(1) 열 부하

자동차 실내에는 외부 및 내부에서 여러 가지 열이 가해진다. 이러한 열들을 차실의 열 부하라 한다. 차량의 열 부하는 보통 4가지 요소로 분류된다.

① **인적 부하(승차원의 발열)** : 인체의 피부 표면에서 발생되는 열로써 실내에 수분을 공급하기도 한다. 일반 성인이 인체의 바깥으로 방열하는 열량은 1시간당 100kcal/h 정도이다.

② **복사 부하(직사광선)** : 태양으로부터 복사되는 열 부하로서 자동차의 외부 표면에 직접 받게 된다. 이 복사열은 자동차의 색상, 유리가 차지하는 면적, 복사 시간, 기후에 따라 차이가 있다.

③ **관류 부하(차실 벽, 바닥 또는 창면으로부터의 열 이동)** : 자동차의 패널(Panel)과 트림(Trim)부, 엔진룸 등에서 대류에 의해 발생하는 열 부하이다.

④ **환기 부하(자연 또는 강제의 환기)** : 주행 중 도어(Door)나 유리의 틈새로 외기가 들어오거나 실내의 공기가 빠져나가는 자연 환기가 이루어진다. 이러한 환기시 발생

하는 열 부하로서 최근에는 대부분의 자동차에는 강제 환기장치가 부착되어 있다.

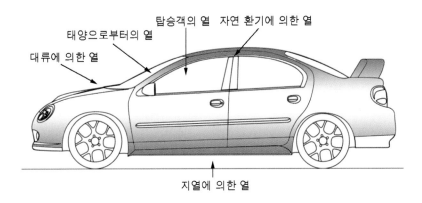

그림 자동차의 열부하

자동차의 냉방 시스템은 위와 같은 열 부하가 실내에 발생할 때 증발기에서 열을 흡수하여 응축기에서 열을 방출하는 냉각 작용을 한다.

(2) 냉방 능력

주위의 온도에 비해서 낮은 온도의 환경을 만들어 내는 것을 냉방, 냉장 또는 냉동이라한다. 냉방 능력은 냉동기가 열량을 얼마만큼 빼앗을 수 있는가 하는 능력을 말한다. 냉방능력의 표시는 단위 시간당 얼마만큼의 열량을 빼앗을 수 있는가를 나타내며 kcal/h의 단위를 사용한다.

실용적인 단위로서 냉동톤이라 하는데 24시간 동안에 0°C의 물 1톤(ton)을 0℃의 얼음으로 만드는데 필요한 열량을 일본 냉동톤이라 하고, 24시간 동안 물 200lb를 32°F(0℃)의 얼음으로 만드는데 필요한 열량을 미국 냉동톤이라 한다.

1(일본) 냉동톤 = 3320 kcal/h

1(미국) 냉동톤 = 3024 kcal/h

냉동기는 열을 저온에서 고온으로 이동시키는 것이므로 그 능력을 단위 시간에 운반하는 열량으로 표시한다. 이러한 열량을 구하기 위해서는 저온측과 고온측의 온도를 알아야 한다.

냉동기가 흡열하는 열량, 즉 냉동 능력은 단위시간 동안의 냉각열량인데 24시간에 0℃의물 1 ton을 냉동하여 0°C 얼음으로 만들 때의 열량을 말하며 3,320 kcal/h에 상당한다. 물의 응고 잠열을 79.68 kcal/kg라고 하면 다음과 같은 식이 성립한다.

$$1냉동톤 = \frac{79.68 \times 1,000}{24} = 3,320(kcal/h)$$

구 분	표준 능력	냉동톤
자동차의 냉방 능력	3,600 ~ 4,000(kcal/h)	1.0 ~ 1.5 냉동톤
가정의 냉방 능력	16 ~ 2,200(kcal/h)	0.5 ~ 0.7 냉동톤

냉방성능의 양, 불량의 판단기준의 항목은 다음과 같다.
① 증발기 입구 건구 온도
② 증발기 입구 습구 온도
③ 증발기 출구 건구 온도
④ 증발기 출구 습구 온도
⑤ 증발기를 통과하는 풍량(m^3/h)

(3) 냉동이론(4행정 카르노 사이클)

1824년 프랑스의 카르노(Sadi Carnot)는 이상적인 열기관의 효율은 동작유체의 종류에 관계없이 고온 열원과 저온 열원과의 온도에 의해서만 결정된다는 사실을 발견하였으며 동일한 고·저열원 사이에 작동하는 열기관 중 최고의 효율을 갖는 이상적인 사이클로서 2개의 등온과정과 2개의 단열과정을 가진 사이클을 주장하였는데 이 사이클을 카르노 사이클이라고 한다.

카르노 사이클은 엄밀하게 말해서 실현한다는 것은 불가능하지만 이론상으로는 가능하며 각종 사이클을 고찰하는 경우에 이론상 기본이 되는 중요한 사이클이다. 카르노라는 이상적인 열기관이란 카르노 사이클을 갖는 가역사이클에 의한 열기관이다. 고온과 저온 열원 간에 가역사이클을 행하기 위해서는 등온흡열, 등온방열이 필수조건이다.

① 가역 등온 팽창 : 고온에서 열을 흡수한다.
② 가역 단열 팽창 : 고온에서 저온으로 온도가 떨어진다.
③ 가역 등온 압축 : 저온에서 열을 방출 한다.
④ 가역 단열 압축 : 저온에서 고온으로 온도가 올라간다.

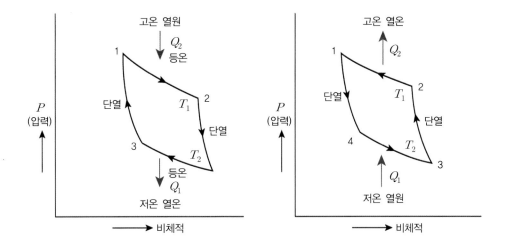

1 → 2 : 동작유체는 온도 T_1인 고온열원에 접하고 열량 Q_1을 받아 등온(온도 T_1)팽창한다.

2 → 3 : 단열팽창

3 → 4 : 동작유체는 온도 T_2인 저온열원에 접하고 열량 Q_2를 방열하여 등온(온도 T_2)압축시킨다.

4 → 1 : 단열압축

이 사이클에서 실제 받은 열량은 $Q_1 - |Q_2|$이며, 가역사이클이므로 실제 받은 열량전부가 W가 된다. 따라서 카르노사이클의 열효율은 아래와 같다.

$$\eta_c = \frac{W}{Q_1} = \frac{Q_1 - |Q_2|}{Q_1} = 1 - \frac{|Q_2|}{Q_1}$$

$$\eta_c = \frac{T_1 - T_2}{T_1} = 1 - \frac{T_2}{T_1}$$

(4) 냉매

냉매는 냉동효과를 얻기 위해 사용되는 물질이며, 저온부의 열을 고온부로 옮기는 역할을 하는 매체이다. 저온부에서는 액체상태로부터 기체상태로, 고온부에서는 기체상태에서부터 액체상태로 상변화를 하며 냉방효과를 얻는다.

냉매로서 가장 중요한 특징은 크게 높지 않은 압력에서 쉽게 응축되어야 하며, 쉽게 액체 상태로 되어야 효율이 우수한 냉방 능력을 발휘 할 수 있다. 또한 냉매 주입 시 컴프레서 작동의 윤활을 돕기 위하여 윤활유를 첨가하여 냉매가스를 충전한다.

예전에 자동차용 냉매로 사용된 R-12 냉매 속에 포함되어 있는 염화불화탄소(CFC : R-12 프레온 가스의 분자 중 Cl(염소))는 대기의 오존층을 파괴한다. CFC는 성층권의 오존과 반응하여 오존층의 두께를 감소시키거나 오존층에 홀을 형성함으로써 지표면에 다량의 자외선을 유입하여 생태계를 파괴하게 된다.

또한 CFC의 열 흡수 능력이 크기 때문에 대기 중의 CFC 가스로 인한 지표면의 온도 상승(온실효과)을 유발하는 물질로 판명됨에 따라 이의 생산과 사용을 규제하여 오존층을 보호하고 지구의 환경을 보호하기 위해 단계별로 R-12 냉매의 사용 및 생산을 규제하여 2000년부터 신 냉매인 R-134a를 전면 대체 적용하고 있는 추세이다.

1) 냉매의 구비 조건

① 무색, 무취 및 무미일 것
② 가연성, 폭발성 및 사람이나 동물에 유해성이 없을 것
③ 저온과 대기압력 이상에서 증발하고, 여름철 뜨거운 외부 온도에서도 저압에서 액화가 쉬울 것
④ 증발 잠열이 크고, 비체적이 적을 것
⑤ 임계 온도가 높고, 응고점이 낮을 것
⑥ 화학적으로 안정되고, 금속에 대하여 부식성이 없을 것
⑦ 사용 온도 범위가 넓을 것
⑧ 냉매가스의 누출을 쉽게 발견할 수 있을 것

2) R-134a의 장점

① 오존을 파괴하는 염소(Cl)가 없다.
② 다른 물질과 쉽게 반응하지 않은 안정된 분자 구조로 되어 있다.
③ R-12와 비슷한 열역학적 성질을 지니고 있다.
④ 불연성이고 독성이 없으며, 오존을 파괴하지 않는 물질이다.

(5) 냉방장치의 구성

자동차용 냉방장치는 일반적으로 압축기(Compressor), 응축기(Condenser), 팽창 밸브(Expansion valve), 증발기(Evaporator), 리시버 드라이어(Receiver drier) 등으로 구성되어 있다.

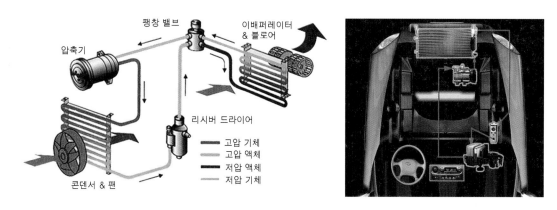

그림 냉방 사이클의 구성

1) 압축기(Compressor)

증발기 출구의 냉매는 거의 증발이 완료된 저압의 기체상태이므로 이를 상온에서도 쉽게 액화시킬 수 있도록 냉매를 압축기로 고온, 고압(약 70℃, 15Mpa)의 기체상태로 만들어 응축기로 보낸다. 압축기에는 크랭크식, 사판식, 베인식 등이 있으며 어느 형식이나 구동은 크랭크축에 의해 구동된다.

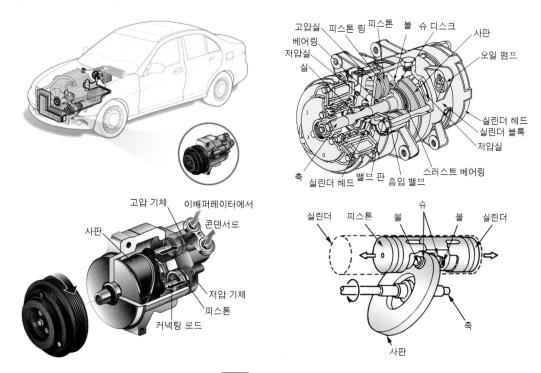

그림 압축기의 구조

압축기는 엔진의 크랭크축 풀리에 V벨트로 구동되므로 회전 및 정지 기능이 필요하다. 이 기능을 원활하게 하기 위해 크랭크축 풀리와 V벨트로 연결되어 회전하는 로터 풀리(마그네틱 클러치)가 있고, 압축기의 축(shaft)은 분리되어 회전한다.

따라서 로터 풀리는 압축이 필요할 때 접촉하여 압축기가 회전할 수 있도록 하는 장치이다. 작동은 냉방이 필요 할 때 에어컨 스위치를 ON으로 하면 로터 풀리 내부의 클러치 코일에 전류가 흘러 전자석을 형성한다. 이에 따라 압축기 축과 클러치판이 접촉하여 일체로 회전하면서 압축을 시작한다.

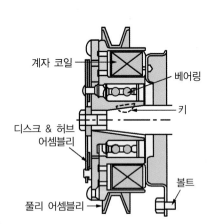
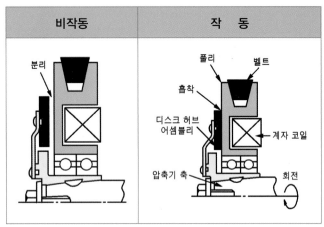

그림 마그네틱 클러치의 구조

2) 응축기(Condenser)

응축기는 라디에이터 앞쪽에 설치되며, 압축기로부터 공급된 고온, 고압의 기체 상태의 냉매의 열을 대기 중으로 방출시켜 액체 상태의 냉매로 변화시킨다. 응축기에서는 기체 상태의 냉매에서 어느 만큼의 열량이 방출되는가를 증발기로 외부에서 흡수한 열량과 압축기에서 냉매를 압축하는데 필요한 작동으로 결정된다. 응축기에서 방열 효과는 그대

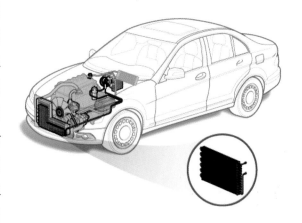

로 쿨러 (Cooler)의 냉각 효과에 큰 영향을 미치므로 자동차 앞쪽에 설치하여 냉각 팬에 의한 냉각 바람과 자동차 주행에 의한 공기 흐름에 의해 강제냉각 된다.

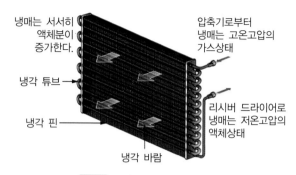

냉매는 서서히 액체분이 증가한다.

압축기로부터 냉매는 고온고압의 가스상태

냉각 튜브

리시버 드라이어로 냉매는 저온고압의 액체상태

냉각 핀

냉각 바람

그림 응축기의 구조 및 원리

3) 건조기(리시버 드라이어 : Receiver drier)

건조기는 용기, 여과기, 튜브, 건조제, 사이트 글라스 등으로 구성되어 있다. 건조제는 용기 내부에 내장되어 있고, 이물질이 냉매 회로에 유입되는 것을 방지하기 위해 여과기가 배치되어 있다. 응축기의 냉매 입구로부터 공급되는 액체 상태의 냉매와 약간의 기체 상태의 냉매는 건조기로 유입되고 액체는 기체보다 무거워 액체냉매는 건조기 아래로 떨어져 건조제와 여과기를 통하여 냉매 출구의 튜브 쪽으로 흘러간다. 건조기의 기능은 다음과 같다.

① **저장 기능** : 열 부하에 따라 증발기로 보내는 액체 냉매를 저장

② **수분 제거 기능** : 냉매 중에 함유되어 있는 약간의 수분 및 이물질을 제거

③ **압력 조정 기능** : 건조기 출구의 냉매 온도나 압력이 비정상적으로 높을 때 (90~100℃, 압력 $28\mathrm{kgf}/\mathrm{cm}^2$) 냉매를 배출

④ **냉매량 점검 기능** : 사이트 글라스를 통하여 냉매량을 관찰

⑤ **기포 분리 기능** : 응축기에서 액화된 냉매 중 일부에 기포가 발생하므로 기체상태의 냉매가 있으며 이 기포(기체냉매)를 완전히 분리하여 액체 냉매만 팽창 밸브로 보낸다.

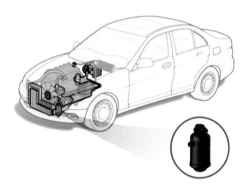

이배퍼레이터로 (냉매는 고압 액체)

콘덴서에서 (냉매는 고압 액체 상태)

스트레이너

건조제

스트레이너

그림 리시버 드라이어의 구조 및 원리

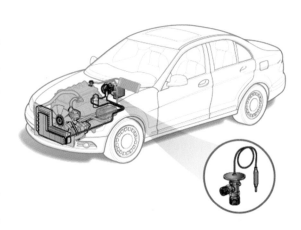

사이트 글라스

출구
이배퍼레이터로

O-링

입구
콘덴서에서

리시버
드라이어
보디

스트레이너

건조제

그림 리시버 드라이어의 구조 및 원리

4) 팽창밸브(Expansion valve)

팽창 밸브는 증발기 입구에 설치되며, 냉방장치가 정상적으로 작동하는 동안 냉매는 중간 정도의 온도와 고압의 액체 상태에서 팽창 밸브로 유입되어 오리피스 밸브를 통과함으로서 저온, 저압의 냉매가 된다. 이 때 액체 상태의 냉매가 팽창 밸브를 통과함으로써 기체 상태로 되어 열을 흡수하고 증발기를 통과하여 압축기로 나간다.

또한 팽창 밸브를 지나는 액체 상태의 냉매량은 감온 밸브(감온통)와 증발기 내부의 냉매 압력에 의해 조절되며, 팽창 밸브는 증발기로 들어가는 냉매의 양을 필요에 따라 조절하여 공급한다.

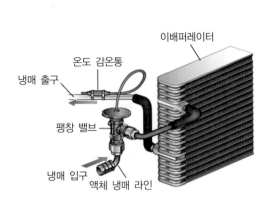

이배퍼레이터

온도 감온통

냉매 출구

팽창 밸브

냉매 입구

액체 냉매 라인

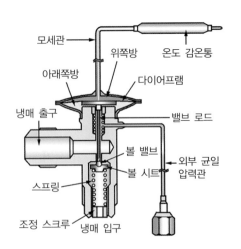

모세관

위쪽방

온도 감온통

아래쪽방

다이어프램

냉매 출구

밸브 로드

볼 밸브

외부 균일
압력관

스프링

볼 시트

조정 스크루

냉매 입구

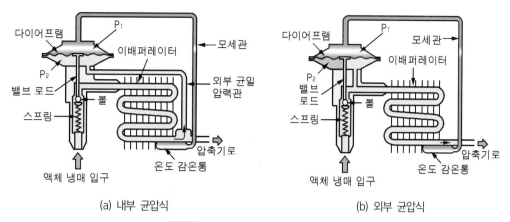

다이어프램 P₁
이배퍼레이터
P₂
밸브 로드
볼
스프링
모세관
외부 균일
압력관
압축기로
온도 감온통
액체 냉매 입구

(a) 내부 균압식

다이어프램 P₁
모세관
이배퍼레이터
P₂
밸브
로드
볼
스프링
압축기로
온도 감온통
액체 냉매 입구

(b) 외부 균압식

그림 팽창밸브의 구조 및 원리

5) 증발기(Evaporator)

증발기는 팽창 밸브를 통과한 냉매가 증발하기 쉬운 저압으로 되어 안개 상태의 냉매가 증발기 튜브를 통과할 때 송풍기에 의해서 불어지는 공기에 의해 증발하여 기체상태의 냉매로 된다. 이 때 기화열에 의해 튜브 핀을 냉각시키므로 차실 내의 공기가 시원하게 되며, 공기 중에 포함되어 있는 수분은 냉각되어 물이 되고, 먼지 등과 함께 배수관을 통하여 밖으로 배출된다.

이와 같이 냉매와 공기 사이의 열교환은 튜브(Tube) 및 핀(Fin)을 사용하므로 핀과 공기의 접촉면에 물이나 먼지가 닿지 않도록 하여야 한다. 증발기의 결빙 및 서리 현상은 이 핀 부분에서 발생한다. 따뜻한 공기가 핀에 닿으면 노점 온도이하로 냉각되면서 핀에 물방울이 부착되고 이 때 핀의 온도가 0℃ 이하로 냉각되어 있으면 부착된 물방울이 결빙되거나 공기 중의 수증기가 서리로 부착하여 냉방 성능을 현저하게 저하시키게 된다.

이러한 증발기의 빙결을 방지하기

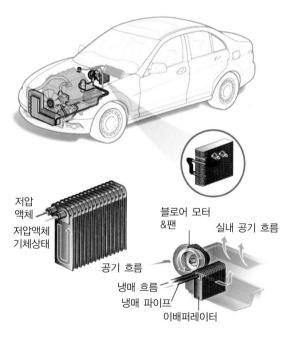

저압
액체
저압액체
기체상태
공기 흐름
블로어 모터
&팬
실내 공기 흐름
냉매 흐름
냉매 파이프
이배퍼레이터

위해 온도 조절 스위치나 가변 토출 압축기를 사용하여 조절하고 있다. 증발기를 나온 기체 상태의 냉매는 다시 압축기로 흡입되어 상기와 같은 작용을 반복 순환함으로써 연속적인 냉방작용을 하게 된다.

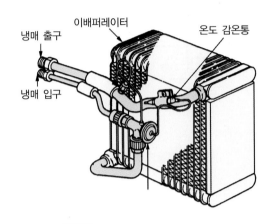

그림 증발기의 구조 및 원리

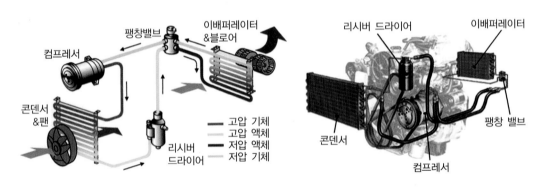

그림 냉방회로의 냉매 이동

6) 냉매 압력스위치

압력 스위치는 리시버 드라이어에 설치되어 에어컨 라인 압력을 측정하며, 에어컨 시스템의 냉매 압력을 검출하여 시스템의 작동 및 비작동의 신호로서 사용된다. 종류로는 기존의 냉방시스템에 적용되고 있는 듀얼 압력 스위치와 냉각팬의 회전속도를 제어하기 위한 트리플 압력 스위치가 있다.

① 듀얼 압력 스위치

일반적으로 고압측의 리시버 드라이어에 설치되며, 두개의 압력 설정치(저압 및 고압)를 갖고 한 개의 스위치로 두 가지 기능을 수행한다.

에어컨 시스템 내에 냉매가 없거나 외기 온도가 0℃이하인 경우, 스위치를 "Open"시켜 컴프레서 클러치로의 전원 공급을 차단하여 컴프레서의 파손을 예방한다. 또한 고압측 냉매 압력을 감지하여 압력이 규정치 이상으로 올라가면 스위치의 접점을 "Open"시켜 전원의 공급을 차단하여 A/C 시스템을 이상 고압으로부터 보호한다.

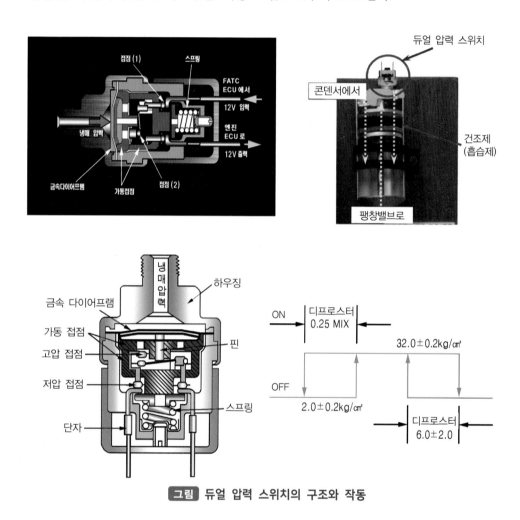

그림 듀얼 압력 스위치의 구조와 작동

② **트리플 스위치**

세 개의 압력 설정치를 갖고 있으며, 듀얼 스위치 기능에 팬 스피드 스위치를 고압 스위치 기능에 접목시킨 것이다. 고압측 냉매 압력을 감지하며, 압력이 규정치 이상으로 올라가면 스위치의 접점을 "Close"시켜 , 스피드용 릴레이로 전환시켜 팬이 고속으로 작동하도록 한다.

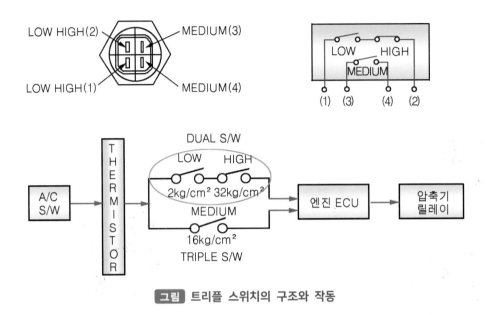

그림 트리플 스위치의 구조와 작동

7) 핀 서모센서(Fin thermo sensor)

핀 서모 센서는 증발기의 빙결로 인한 냉방 능력의 저하를 방지하기 위해 증발기 표면의 평균 온도를 측정하여 압축기의 작동을 제어하는 신호로 사용된다. 증발기 표면의 온도가 낮아져 냉방 성능의 저하가 발생 할 수 있는 경우 핀 서모 센서의 측정 온도를 기반으로 압축기의 마그네틱 클러치를 비 작동시켜 냉방 사이클의 작동을 일시 중단함으로써 증발기의 빙결을 방지한다.

그림 핀 서모센서의 위치

8) 블로어 유닛(Blower unit)

블로어 유닛은 공기를 증발기의 핀 사이로 통과시켜 자동차 실내로 공기를 불어 넣는 기능을 수행하며, 난방장치 회로에서도 동일한 송풍 역할을 수행한다.

히터　　　　　　이배퍼레이터 & 블로어

그림 히터 유닛과 블로어 모터

① 레지스터(Resister)

자동차용 히터 또는 블로어 유닛에 장착되어, 블로어 모터의 회전수를 조절하는데 사용한다. 레지스터는 몇 개의 회로를 구성하며, 각 저항을 적절히 조합하여 각 속도 단별 저항을 형성한다. 또한 저항에 따른 발열에 대한 안전장치로 방열 핀과 퓨즈 기능을 내장하여 회로를 보호하고 있다.

그림 레지스터

② 파워 트랜지스터(Power transistor)

파워 트랜지스터는 N형 반도체와 P형 반도체를 접합시켜 이루어진 능동소자 이다. 정해진 저항값에 따라 전류를 변화시켜 블로어 모터를 회전시키는 레지스터와 달리 FATC(Full Auto Temperature Control)의 출력에 따라 입력되는 베이스 전류로 블로어 모터에 흐르는 대전류를 제어함으로써 모터의 스피드를 조절할 수 있는 소자이다.

그러므로 레지스터의 스피드 단수보다 더 세분화하여 스피드 단수를 나눌 수 있다. 또한 모터가 회전할 때 여러 가지 변수에 따라서 세팅된 스피드와 다르게 회전하는 현상을 방지하기 위하여 컬렉터 전압을 검출하여 사용자가 세팅한 전압값과 적절히 연산하여 파워 트랜지스터의 베이스로 출력함으로써 일정한 스피드를 유지할 수 있다.

한편, 모터가 회전할 때 파워 트랜지스터에서 열이 발생된다. 정상적으로 모터가 회전 할 때에는 파워 트랜지스터의 열을 냉각시킬 수 있지만 모터가 구속될 경우에 더 많은 전류와 그에 따른 열이 발생된다. 이때 컬렉터와 직렬로 연결된 온도 퓨즈가 세팅된 온도에서 단선되어 흐르는 전류를 차단함으로 파워 트랜지스터의 소손을 방지할 수 있다.

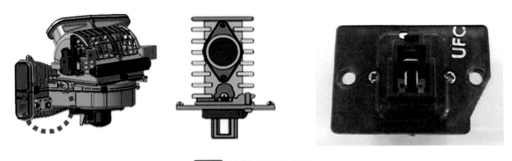

그림 파워 트랜지스터

(6) 전자동 에어컨 (Full Auto Temperature Control)

전자동 에어컨(FATC ; Full Automatic Temperature Control)은 탑승객이 희망하는 설정 온도 및 각종 센서(내기 온도 센서, 외기 온도 센서, 일사 센서, 수온 센서, 덕트 센서, 차속 센서 등)의 상태가 컴퓨터로 입력되면 컴퓨터(ACU)에서 필요한 토출량과 온도를 산출하여 이를 각 액추에이터에 신호를 보내어 제어하는 방식이다.

전자동 에어컨은 희망온도에 따라 눈, 일사량, 내외기 온도변화 등에 대해 실내 온도를 설정 온도로 일정하게 유지한다. 즉, 공기 흡입구, 토출구, 토출 온도, 냉각팬의 회전속도, 압축기의 ON-OFF 등을 자동화하여 적용한 시스템이다. 이러한 자동 제어는 수동 에어컨에 논리 제어(Logical control) 자동 에어컨 제어 기구를 부착하여 실내외 환경 검출 센서를 사용하여 자동차 실내외 온도를 정확히 감지하여 그 정보를 컴퓨터에 입력하여 실내 온도, 토출 풍량, 압축기 등을 제어한다.

1) 전자동 에어컨의 제어

1) 토출 온도 제어 : 토출 온도 제어는 설정 온도 및 각종 센서의 입력 신호에 따라 필요 토출 온도에 따른 온도 조절 액추에이터, 내외기 액추에이터, 송풍기용 전동기 및 압축기를 자동 제어하여 자동차 실내를 쾌적하게 유지한다.

2) 센서 보정 : 센서 보정은 센서의 감지량이 급격히 상승하거나 또는 하강하는 경우에 변화량을 천천히 인식하도록 보정하는 기능이다.

3) 온도 도어(door)의 제어 : 온도 도어의 제어는 설정 온도 및 각종 센서들로부터의 신호를 연산처리 하여 항상 최적의 온도, 도어 제어 온도, 도어 열림 각도(0~100%)를 유지하도록 자동으로 제어한다.

4) 송풍기용 전동기(blower motor) **속도 제어** : 송풍기용 전동기 속도 제어는 설정 온도 및 각종 센서들로부터의 신호를 연산 처리하여 목표 풍량을 결정한 후 전동기의 속도를 자동으로 제어한다.

5) 기동 풍량 제어 : 동 풍량 제어는 송풍기용 전동기의 인가전압을 천천히 증가시켜 쾌적 감각을 향상시키도록 제어한다.

6) 일사 보상 : 일사 보상은 감지된 일사량에 따라 요구 토출 온도에 따른 보상을 실행한다.

7) 모드 도어 보상 : 모드 도어 보상은 설정 온도 및 각종 센서들로부터의 신호를 연산 처리하여 필요 토출 온도를 결정한 후 이에 따라 토출 모드의 자동제어를 실행한다.

8) 최대 냉·난방 기능 : 최대 냉·난방 기능은 AUTO 상태에서 설정 온도를 17~32°C로 선택하였을 때 최대 냉·난방 기능을 실행 한다.

9) 난방 기동 제어 : 난방 기동 제어는 겨울철에 온도가 낮은 경우 엔진을 시동할 때 갑자기 찬바람이 토출되는 것을 방지하기 위해 엔진의 냉각수 온도가 50℃ 이상으로 상승될 때까지 송풍기용 전동기의 작동을 정지시킨다.

10) 냉방 기동 제어 : 냉방 기동 제어는 여름철에 온도가 높은 경우 엔진을 시동할 때 자동차 실내로 갑자기 뜨거운 바람이 토출되는 것을 방지하기 위하여 송풍기용 전동기를 저속에서 고속으로 서서히 증가시킨다.

11) 자동차 실내의 습도 제어 : 자동차 실내의 습도 제어는 외기 온도와 자동차 실내의 습도가 맞지 않아 유리에 김 서림 현상이 발생할 경우 에어컨을 작동시켜 이를 방지한다.

2) 전자동 에어컨 부품의 구조와 작동

① 전자동 에어컨의 구성 부품

ㄱ **컴퓨터(ACU)** : 컴퓨터는 각종 센서들로부터 신호를 받아 연산 비교하여 액추에이터 팬 변속 및 압축기 ON, OFF를 종합적으로 제어한다.

ㄴ **외기 온도 센서** : 외기 센서는 외부의 온도를 검출하는 작용을 한다.

 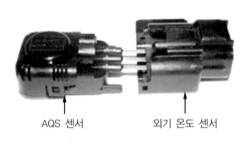

AQS 센서   외기 온도 센서

그림 외기온도센서

ㄷ **일사 센서** : 일사 센서는 일사에 의한 실온 변화 대하여 보정값 적용을 위한 신호를 컴퓨터로 입력시킨다.

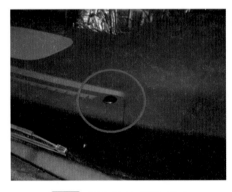  

그림 조합 상태   그림 광 센서

그림 일사 센서 설치 위치

ⓔ **파워 트랜지스터** : 파워 트랜지스터는 컴퓨터로부터 베이스 전류를 받아서 팬 전동기를 무단 변속시킨다.

그림 파워 트랜지스터 설치 위치   그림 파워 트랜지스터

ⓜ **실내 온도 센서** : 실내 온도 센서는 자동차 실내의 온도를 검출하여 컴퓨터로 입력시킨다.

그림 실내 온도 센서

ⓗ **핀 서모센서** : 핀 서모센서는 압축기의 ON, OFF 및 흡기 도어(Intake door)의 내·외기 변환에 의해 발생 하는 증발기 출구 쪽의 온도 변화를 검출하는 작용을 한다.

그림 핀 서모센서

ⓐ **냉각 수온 센서** : 냉각 수온 센서는 히터 코어의 수온을 검출하며, 수온에 따라 ON, OFF되는 바이메탈 형식의 스위치이다.

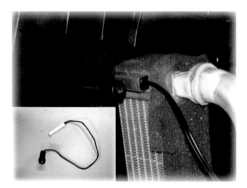

그림 냉각 수온 센서

3) 전자동 에어컨 입출력의 다이어그램

입 력 부	제어부	출 력 부
실내온도센서		온도조절 액추에이터
외기온도센서	F	풍향조절 액추에이터
일사량센서	A	내외기조절 액추에이터
핀서모센서	T	파워 T/R
냉각수온센서	C	HI 블로워 릴레이
온도조절 액추에이터 위치센서	컴	에어컨 출력
AQS센서	퓨	컨트롤 판넬 화면 DISPLAY
스위치 입력	터	센서 전원
전원공급		자기진단 출력

그림 풀 오토 에어컨 입출력도

(7) 난방시스템

자동차 난방 시스템은 일반적으로 엔진에서 발생한 열에 의해 따뜻해진 냉각수를 순환하여 자동차 실내의 히터 코어를 통해 난방을 한다. 수냉식 엔진이 장착된 자동차용 난방장치는 엔진의 냉각수 열원을 이용한 온수식, 엔진의 배기 열을 이용한 배기식, 독립된 연소장치를 가진 연소식이 있으며, 일부 국부적 난방을 위한 보조 히터로 전기 저항의 발열을 이용한 전기식 등이 있다.

그리고 난방용 공기를 도입시키는 방법에 따라 외기식, 내기식, 내·외기 변환식으로 분류된다. 대부분의 자동차용 난방장치로는 온수식 히터장치를 사용하고 있다.

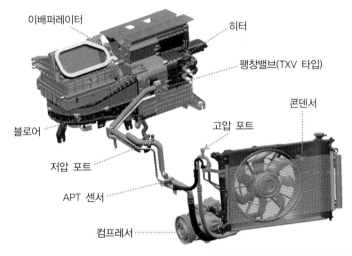

히터 & 이배퍼레이터 유닛　　　블로어 유닛

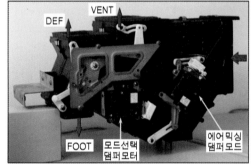

그림 히터 유닛

1) 온수식 히터

온수식은 승용자동차 등 중소형 차량에 주로 적용하는 난방 방식이다. 다음 그림은 온수식 히터의 개략적인 구조도를 나타낸 것이며 그 작동 원리는 다음과 같다.

   ① 열원인 엔진 냉각수는 실린더 내의 연소열에 의해 약 85℃까지 상승한다.

   ② 가열된 냉각수는 온수 배관을 통해 히터 코어로 유입된다.

   ③ 냉각수가 히터 코어를 통과할 때 블로어에 의해 강제 유입된 공기와 히터 코어 사이에서 열 교환이 발생하여 공기의 온도를 약 65℃까지 상승시킨다.

   ④ 가열된 공기가 차실내로 유입되어 난방이 된다.

이러한 온수식 히터장치는 블로어 모터와 히터 코어가 일체로 된 일체형과 블로어 모터와 히터 코어가 분리된 분리형 히터로 나눌 수 있다.

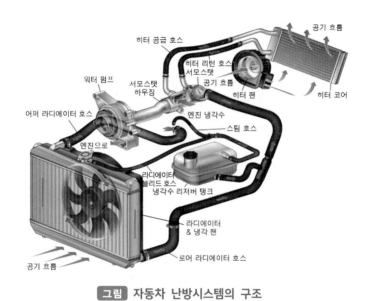

그림 자동차 난방시스템의 구조

2) 온수식 히터의 구성

① 히터 코어(Heater core)

히터 코어는 엔진에서 발생한 열로 인해 온도가 상승한 냉각수와 차실 내의 찬 공기를 열교환하여 차 실내를 따듯하게 해주는 방열기 역할을 한다. 히터 코어는 방열 효과를 높이기 위해 방열 핀이 부착되어 있으며, 히터 코어 사이를 통과한 더운 공기는 실내 및 디프로스터에 보내진다.

히터 코어는 열전달이 우수한 경량의 알루미늄 합금재를 사용하고 있으며 연결 튜브와 코어를 동시에 브레이징(Brazing)하여 생산하는 방법을 많이 사용하며 성능 및 내구성을 중요시 한다.

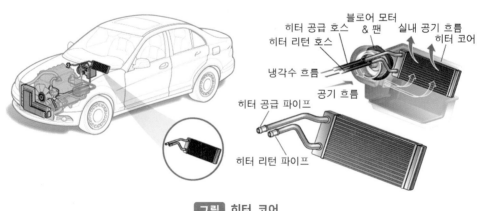

그림 히터 코어

이러한 히터 코어를 구성하는 핀 형식으로는 크게 플레이트 핀형과 코루게이트 핀형으로 나눌 수 있다.

㉠ **플레이트 핀**(Plate fin type) : 플레이트 핀형은 아래 그림과 같이 냉각 면적이 큰 평판 모양의 핀을 수관에 붙인 것으로 오래 전부터 적용한 형식 중 하나이다. 이것은 평면 핀을 일정한 간격으로 용접해 붙여 제작한 것이다.

㉡ **코루게이트 핀**(Corrugated fin type) : 코루게이트 핀형은 아래 그림과 같이 핀의 모양을 물결 모양으로 만든 것으로서 플레이트 핀에 비해 방열량이 크고 히터 코어를 경량화 할 수 있어서 현재 널리 적용되고 있다.

(a) 플레이트 핀 형식   (b) 코루게이트 핀 형식

그림 히터 코어 핀의 형식

② **워터 밸브**(Water valve)

워터 밸브는 히터 코어로 유입하는 엔진 냉각수의 유량을 제어하는 역할을 하며, 이 온수량의 제어에 의해 차실 내의 공기 온도가 조정된다. 차실 내 공기의 온도 제어방식에는 에어 믹스방식과 리히터 방식이 있으며, 각각의 방식에 적합한 워터 밸브를 사용하여야 한다. 아래 그림은 엔진 냉각수 계통도를 나타낸다. 워터 밸브는 통

그림 워터밸브

상 히터 코어의 상류부(뜨거운 냉각수의 입구, 히터 코어 입구)에 설치되어 있다.

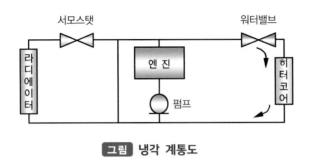

그림 냉각 계통도

워터 밸브는 ON · OFF 제어방식이 가장 많이 사용되며, 레버의 ON · OFF는 매뉴얼 에어컨에서는 수동으로 작동하고 오토 에어컨에서는 진공 스위치(Vacuum switch) 또는 서보 모터로 제어한다.

③ 블로어 시스템(송풍기)

송풍기 모터는 공기를 증발기의 핀 사이로 통과시켜 냉각한 후 자동차의 실내로 공기를 불어내기 위해 사용되는 소형 모터이며, 송풍기 스위치와 레지스터를 조합하여 송풍기 모터의 희로를 제어하고 풍량을 3단계 또는 4단계로 변환할 수 있다. 레지스터는 자동차용 히터 또는 송풍기 유닛에 장착되어 송풍기 모터의 회전수를 조절하는 역할을 하며, 레지스터는 몇 개의 저항으로 회로를 구성한다.

레지스터의 각 저항을 적절히 조합하여 각 속도 단별 저항을 형성하며, 저항에 따른 발열에 대한 안전장치로 방열 핀과 퓨즈가 내장되어 있다.

팬

히터 블로어 모터

송풍기는 송풍기를 구동하는 모터와 바람을 일으키는 팬으로 구성되며, 팬은 공기의 흐름 방식에 따라 축류식과 원심식으로 분류한다. 축류식은 축에 프로펠러 모양의 베인이 달린 형식이고, 팬에 흡입된 공기는 회전축과 평행하게 바람을 일으킨다.

또한 원심식에는 터보 팬, 원통형(Sirocco) 팬, 레이디얼 팬이 있으며, 증발기형으로는 원통형 팬을 쓰고 있다. 원통형 팬은 송풍의 효과가 높기 때문에 소형으로 할 수 있고, 회전수도 낮게 할 수 있어 소음이 작은 특징이 있다.

(a) 축류식 팬   (b) 원심식 팬

그림 송풍기 팬의 종류

(a) 터보 팬   (b) 원통형(시로코) 팬   (c) 레이디얼 팬

그림 원심식 팬의 종류

④ **내·외기 액추에이터**

증발기와 송풍기 유닛의 내외기 도입부 덕트에 부착되어 있으며, 내외기 선택 스위치에 의해 내외기 도어를 구동시켜 준다.

모드 액추에이터

그림 모드 액추에이터 위치

⑤ 온도조절 액추에이터

온도 조절 액추에이터는 히터 유닛 케이스 아래쪽에 배치되어 컨트롤러로부터 신호를 받아 소형 DC 모터를 사용하여 온도 및 도어의 위치를 조절하며, 액추에이터 내의 전위차계는 도어, 도어의 현재 위치를 컨트롤러로 피드백시켜, 컨트롤러가 요구하는 위치에 도달했을 때 컨트롤러로부터 나가는 신호를 OFF시켜 액추에이터의 DC 모터가 작동을 멈추도록 한다.

온도 조절 액추에이터

그림 온도 조절 액추에이터

⑥ 풍량 및 풍향조절 액추에이터

바람의 양 제어는 송풍기 팬의 회전수를 제어하여 덕트로 나오는 바람의 세기를 조절하는 것으로 저항 변환 방식, 파워 트랜지스터 전압 제어 방식, 파워 트랜지스터 PWM 제어 (Pulse width modulation control) 방식이 있다. 바람의 방향 제어는 각 취출구에서 최적의 공조 바람이 나올 수 있도록 제어하는 것으로 대시패널 내의 통풍 덕트에 장착된 여러 개의 도어(Door)를 작동시킴으로써 이루어진다.

3) 연소식 히터

연소식 히터는 엔진의 냉각수 온도가 낮아 충분한 난방 능력이 확보되지 않을 경우 연료의 연소에 의해 발생하는 고온의 연소가스로 엔진의 냉각수를 가열하여 자동차 실내의 난방효과를 얻는다. 이러한 연소식 히터는 엔진의 냉각수를 가열하는 온수식과 공기를 가열하는 온기식의 2종류가 있다. 일반적으로 연소식 히터는 연료를 연소시키기 때문에 유해 배출가스를 배출하고 연료 분사장치, 배기관 등이 필요하기 때문에 시스템이 복잡한 반면 큰 난방 능력을 얻을 수 있다.

연소식 히터는 시동 시 먼저 글로 플러그를 가열하여 연소실 내를 예열한 후 연료펌프로 연료를 기화하여 연소실 내로 공급한다. 이 때 연소 팬으로 연소에 필요한 공기를 연소실에 동시에 공급하고 가열된 예열 플러그로 점화시킨다.

그 후 연료와 연소용 공기의 양을 증가시켜 연소가 안정된 후에는 연소열에 의해 연료가 기화하여 연소가 계속되기 때문에 글로 플러그의 가열은 필요하지 않다. 정상 시에는 적정한 공연비 상태에서 연소를 하게 되며 고온의 연소가스가 발생한다. 이 연소 가스는 연소실

하류에 설치된 열 교환기를 통과하면서 엔진의 냉각수와 열 교환을 하여 냉각수를 가열한다. 통상 냉각수의 온도에 따라서 연소식 히터의 연소량 즉, 연료량과 공기량이 조정된다.

따라서 항상 적정한 냉각수의 온도를 유지하도록 자동적으로 제어된다. 만약 어떤 이유로 냉각수의 온도 또는 열 교환기의 온도가 비정상적으로 상승하면 온도 센서로 검출하여 소화시키거나 작동을 정지시키도록 제어한다.

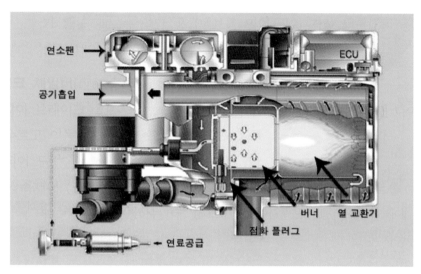

그림 연소식 히터 구조도

4) 비스커스 히터

비스커스 히터는 고점도 오일의 마찰에 의한 발열을 이용하여 냉각수를 가열하는 난방장치이다. 비스커스 히터는 마그넷 클러치에 연결된 샤프트에 원판형 로터가 고정되어 있다. 로터는 사이드 플레이트 내에 봉입되어 있는 고점도 오일 안에 설치되어 있으며 로터가 회전할 때 고점도 오일을 전단함으로서 발생하는 전단열을 이용하여 엔진의 냉각수를 가열한다.

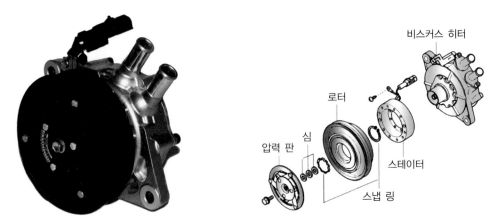

압력 판   심   로터   비스커스 히터   스테이터   스냅 링

그림 비스커스 히터의 구조

5) 전기식 히터

차량용 전기식 히터는 PTC 서미스터(Positive temperature coefficient thermistor)라 하는 세라믹 소자를 사용하여 메인 히터 코어 후측에 별도의 전기 가열 장치를 설치하여 히터측으로 유입되는 공기의 온도를 상승시켜 차량의 난방 성능을 보완해 주기 위한 난방 시스템이다.

PTC 히터는 전류가 흐르면 신속하게 온도가 상승하여 큐리(curie) 점에 도달하면 저항치가 급격히 상승하여 발열을 억제함으로써 PTC 히터 자체의 온도를 일정하게 유지하는 특성을 가지고 있다. 이러한 장점 때문에 자동차용 전기 히터뿐만 아니라 가정용 전기 히터로도 널리 이용되고 있다.

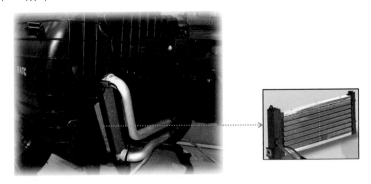

그림 PTC 보조 히터

6) 히트 펌프(Heat pump)

최근 들어 대기환경 보호 및 에너지 효율적 측면에서 개발되고 있는 하이브리드 및 전기자동차가 있다. 이러한 자동차 중 특히 순수 전기자동차는 기존 난방 시스템의 열원인 엔진

이 없기 때문에 다른 방식의 난방 시스템이 필요하다. 따라서 엔진이 없는 전기자동차는 히트 펌프를 장착하여 냉·난방 시스템을 구현하고 있다.

히트 펌프는 냉매의 발열 또는 응축열을 이용해 저온의 열원을 고온으로 전달하거나 고온의 열원을 저온으로 전달하는 냉·난방 장치로, 구동 방식에 따라 전기식과 엔진식으로 구분되는데, 현재 대부분이 냉방과 난방을 겸용하는 구조로 되어 있다.

열은 높은 곳에서 낮은 곳으로 이동하는 성질이 있는데, 히트 펌프는 반대로 낮은 온도에서 높은 온도로 열을 끌어 올린다. 초기에는 냉장고, 냉동고, 에어컨과 같이 압축된 냉매를 증발시켜 주위의 열을 빼앗는 용도로 개발되었다. 그러나 지금은 냉매의 발열 또는 응축열을 이용해 저온의 열원을 고온으로 전달하는 냉방장치, 고온의 열원을 저온으로 전달하는 난방장치, 냉난방 겸용장치를 포괄하는 의미로 쓰인다.

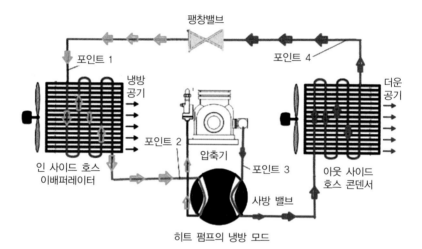

히트 펌프의 냉방 모드

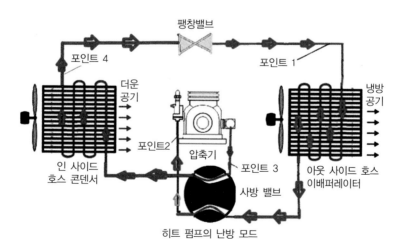

히트 펌프의 난방 모드

그림 **히트펌프의 난방과 냉방 시스템**

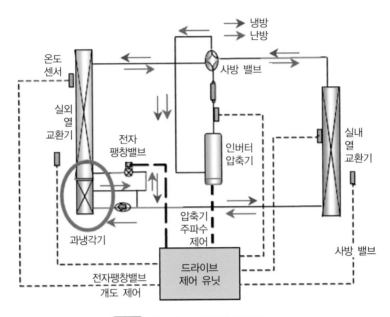

냉방
난방

온도
센서

실외
열
교환기

사방 밸브

전자
팽창밸브

인버터
압축기

실내
열
교환기

과냉각기

압축기
주파수
제어

사방 밸브

드라이브
제어 유닛

전자팽창밸브
개도 제어

그림 히트펌프 사이클 구성도

2 주행 안전시스템 및 승객 보호시스템

(1) 차선이탈 경보시스템(LDWS; Lane Departure Warning System)

차선이탈 경보시스템은 전방의 카메라를 통하여 차선을 인식하고 일정속도 이상에서 타이어가 차선을 밟거나 이탈 할 경우 클러스터 및 경보음을 통하여 운전자에게 알려주는 주행 안전장치이다.

그림 LDWS 기능

차량의 윈드 실드에 내장된 카메라를 통하여 차선을 인식한 후 차량의 타이어가 차선을 이탈할 때 경고 신호 및 경보음을 발생시키며, 특정 속도 이상으로 주행 시 작동되는 구조이다. 차선 위에서 차량의 자세와 위치를 실시간으로 모니터링 하여 운전자가 방향지시등의 작동 없이 차선을 이탈할 경우 등 비정상적인 움직임을 보이면 경보 신호를 전달하여 운전자가 위험한 상황을 회피할 수 있도록 제어한다.

1) LDWS의 작동 방해 조건

① 차선이 명확하게 인식되지 않는 경우(눈, 비, 안개 등으로 시야가 흐릿할 때, 윈드 실드(앞 유리)가 지저분할 때, 햇빛이 눈부실 때, 차선이 부분적으로 가려졌을 때 등)
② 급격히 구부러진 도로나 앞 차량과의 거리가 매우 가까운 경우
③ 차선의 표시가 낡아서 흐릿해 분간이 어려운 경우나 차선의 폭이 매우 넓은 경우
④ 길이 매우 좁은 경우

정상 작동시

차선 감지 불가능

좌측 차선, 우측 차선 이탈

그림 차선 인식 및 경보기능

(2) 주행 조향 보조 시스템(LKAS; Lane Keeping Assist System)

차선 이탈 경보 시스템(LDWS)의 기능보다 성능이 더욱 향상된 장치로서 차선을 유지할 수 있도록 전자식 동력 조향장치와 연동되어 작동되며, 스스로 차선을 유지할 수 있는 시스템이다. 즉 자율주행 시스템의 한 종류로서 차선을 이탈하면 단순히 경보만으로 끝나는 것(LDWS)이 아니라 전동식 동력 조향장치(MDPS)를 제어하여 운전자가 차선을 유지할 수 있도록 보조해 주는 편의 장치를 말한다.

LKAS는 카메라 또는 근거리 레이더 등의 센서를 이용하여 차선을 확인하고 이에 따라 자동차의 방향과 위치를 결정한다. 차량의 앞 유리에 장착된 카메라가 전방의 차선을 인식하고 레이더를 이용하여 차간거리를 유지할 수 있는 스마트 크루즈 컨트롤 시스템의 융합 기술이라 할 수 있으며, 차선의 유지를 능동적으로 제어하는 첨단 안전 시스템이다.

그림 LKAS 기능

LDWS와 LKAS의 가장 큰 차이점은 LKAS의 알고리즘에서와 같이 최종적으로 위치를 보정을 하는 방식이 운전자에게 경고를 주는 수동적인 방법에서 자동차가 스스로 수행하는 능동형으로 개선되었다. 실제로 자동차는 스스로 차로 내로 복귀하기 위해서 횡 방향으로의 움직임을 유발하는 장치를 사용하여야 하는데 이때 사용하는 장치는 아래와 같다.

1) 조향입력 보조를 이용하는 방법

① 차로 유지 보조장치가 도로 상의 차선 표시를 감지하고, 자동차가 차로를 유지할 수 있도록 조향 핸들을 이용하여 운전자의 조향을 보조한다.

② 자동차가 차로를 벗어나는 것을 감지하면 운전자에게 소리와 함께 시각적인 경고를 제공한다.

③ 운전자의 반응이 없거나, 차로 이탈을 계속 진행할 시 자동차가 차로를 벗어나지 않도록 미소의 역조향 토크(EPS ; Electronic Power Steering System 등 이용)를 발생한다.

(3) 자동 긴급 제동장치(AEB; Advanced Emergency Braking System)

자동 긴급 제동 시스템은 차량의 전면에 탑재된 레이더를 통해 전방에 주행 중인 차량과의 거리를 측정하며, 일정 거리 이상 가까워져서 충돌의 위험을 인식하면 자동으로 제동을 걸어 차량의 속도를 감속시키는 기능이다.

AEBS 기능을 통해서 운전자의 부주의, 졸음운전, 시야의 확보가 힘든 환경 등으로 인해 발생 할 수 있는 앞 차량과의 충돌 사고를 최대한 예방하거나 또는 피해를 경감시키는 역할을 할 수 있다. 자동 긴급 제동 시스템의 작동 과정은 앞 차량과의 거리 및 속도를 고려한 충돌 가능 위험성을 기준으로 크게 두 가지로 나눌 수 있다.

그림 AEB 기능

1) 충돌의 위험을 감지하였을 때

① 운전자에게 경고음으로 위험을 알린다.

② 운전자의 페달 조작에 신속히 반응할 수 있도록 제동 시스템의 대기 모드를 작동시킨다.(유압식 브레이크 시스템의 Pre-filling을 통해 브레이크 시스템의 반응속도를 향상)

2) 충돌의 위험이 있는 상황에서 운전자가 브레이크를 밟지 않는 경우

① 브레이크를 자동으로 약하게 작동시켜 지정된 감속도로 차량의 속도를 감속한다.

② 차량의 사양에 따라서 헤드업 디스플레이에 붉은색 경고 표시 및 경고음을 발생한다.

전방 충돌 사고 예방을 위한 주행 안전장치는 크게 FCW(Forward Collision Warning) 시스템과 AEB(Assist Emergency Brake) 시스템 두 가지로 나눌 수 있다. FCW 시스템의 경우, 전방에 주행하는 차량의 상대적인 속도와 거리를 감지하여 충돌 상황의 발생이 예상될 때, 운전자에게 경고 메시지를 전달하여 운전자가 위험한 상황에 대하여 인지하고 적절한 대응을 하도록 하는 장치이다. 반면, AEB시스템은 운전자가 비상 상황을 감지하고 브레이크 페달을 밟았을 때, 브레이크 페달을 밟는 속도 또는 힘을 분석하여 사고 상황으로 판단될 때는 자동으로 추가적인 제동력을 발생시켜 제동거리를 단축시키는 장치이다.

(4) SCC 시스템(Smart Cruise Control System)

SCC 시스템은 차량의 전방에(라디에이터 그릴 후방) 장착된 전파 레이더를 이용하여 선행 차량과의 거리 및 속도를 측정하여 선행 차량과 적절한 거리를 자동으로 유지하는 시스템이다.

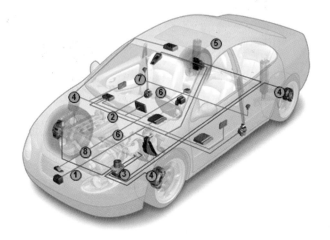

① SCC센서 & 컨트롤 유닛
② ECM
③ ESP(Brake)
④ 휠 스피드 센서
⑤ 요레이트 센서
⑥ 스티어링 휠 센서
⑦ 클러스트
⑧ CAN(데이터 통신)

그림 SCC의 구성

SCC 센서와 컨트롤 유닛은 라디에이터 그릴 안쪽에 장착되어 전방의 차량에 대한 정보를 인식하며 주요 제어를 실행하게 된다. ECM은 엔진 컨트롤 유닛으로 SCC 시스템에서 감속 또는 가속에 대한 정보를 보내게 되면 이를 ETC 시스템을 이용하여 엔진의 rpm과 토크를 제어하는 일을 하게 된다.

VDC 시스템에서는 제동장치를 제어하여 속도를 저감할 때 작동하고, 휠 스피드 센서나 요레이트 센서, 그리고 스티어링 휠 센서 등은 차량의 상태와 운전자의 운전 의도를 파악하기 위해서 사용된다. 클러스터 모듈에서는 현재 SCC 시스템의 상태나 운전 정보 등을 운전자에게 알려주고 이러한 모든 정보들은 CAN 통신 라인을 통해 공유된다.

1) 제어순서

① 운전자가 스위치를 조작한다.
  - 목표 속도 조작
  - 목표 차간 거리
② SCC 센서 & 모듈에서 아래의 내용을 연산 후 EBS 모듈에 가·감속도 제어를 요청한다.
  - 선행 차량 인식 (정지물체는 인식은 하나 제어는 하지 않는다.)
  - 목표 속도, 목표 차간 거리, 목표 가·감속도 계산

③ 클러스터에 제어 상황을 표시한다.
- 설정 속도 표시
- 차간 거리 단계 표시
- 경보(부저를 울리게 하고, 부저는 클러스터에 장착된다.)
④ EBS 모듈은 ECM에 필요한 토크를 요청하고, 감속도 제어 시 브레이크 토크가 필요
하면 토크를 압력으로 변환하여 브레이크 압력을 제어한다.
※ 클러스터, SCC, VDC, ECM은 CAN 통신을 하며, 서로의 정보를 주고받는다. 자동변
속기 제어는 하지 않고 TCU에 맵이 반영 되어 있다.

2) 작동원리

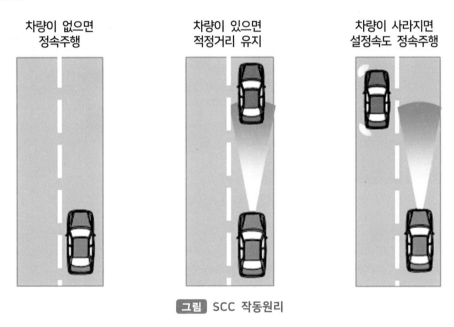

차량이 없으면
정속주행

차량이 있으면
적정거리 유지

차량이 사라지면
설정속도 정속주행

그림 SCC 작동원리

(5) BSD & LCA(Blind Spot Detection & Lane Change Assist)

차선 변경 보조 시스템(BSD & LCA ; Blind Spot Detection & Lane Change Assistant
System)은 차량의 후방 좌·우측의 사각지대에 대상 차량의 존재 여부를 감지하여 경보 하
는 기능(BSD) 및 차량의 후방 좌·우측에서 접근하는 대상 차량에 대해 경보하는 기능
(LCA)을 수행한다.

차량 후미의 좌·우측에 각각 장착된 2개의 전파 레이더를 이용하여 후행 차량과의 거리
및 속도를 측정하여 경고 기능을 구현한다. 운전자에게 BSD, LCA 경보 정보를 제공하여 운
전자가 차선을 변경할 때의 편의성을 증대하는 편의 장치이다.

차선 변경 보조 시스템의 기능은 크게 1차 경보와 2차 경보로 구분한다. 1차 경보는 BSD 영역에 차량이 존재하는 경우나 LCA 영역에 차량이 고속으로 접근하는 경우 사이드미러에 경고등의 점등과 HUD 그래픽 경고등 점등을 통해 운전자에게 정보를 제공한다.

2차 경보는 경고등의 점등 중 방향지시등을 조작하여 차선을 변경하는 경우 1차 경고와 더불어 햅틱 시트를 통한 진동 경보와 스피커를 통해 경고음을 울려 1차 경고보다 다양한 방법으로 운전자에게 정보를 제공한다.

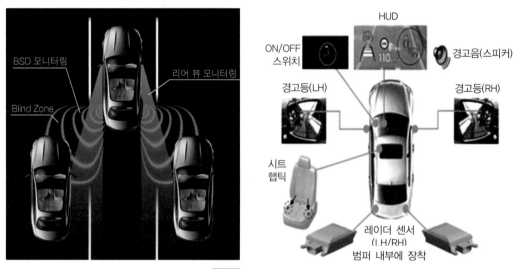

그림 BSD & LCA

(6) 에어백 시스템

에어백 시스템은 차량 충돌 시 차내에 장착되어 있는 에어백을 작동시켜 운전자 및 탑승 자를 부상으로부터 보호하기 위한 보조 안전장치이다. 에어백 시스템은 각종 센서, 에어백 시스템 컨트롤 유닛인 ACU, 에어백 모듈로 구성되어 있으며, ACU는 차량 충돌 시 심각성 을 판단하여 에어백 모듈의 전개여부를 결정한다.

그림 에어백 구성

에어백 모듈은 차량의 사양에 따라 운전석 에어백, 동승석 에어백, 사이드 에어백, 커튼 에어백, 무릎 에어백의 조합으로 되어있다. 센서로는 차량의 사양에 따라 정면충돌 감지 센서, 측면 충돌 감지 센서, 승객 감지 시스템 등이 있다.

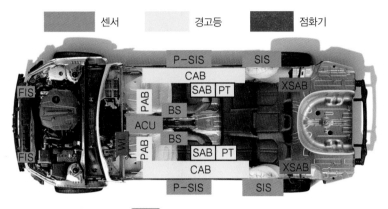

그림 에어백 시스템 구성

DAB (Driver Air Bag)	운전석 에어백
PAB (Passenger Air Bag)	동승석 에어백
SAB (Side Air Bag)	측면 에어백
CAB (Curtain Air Bag)	커튼 에어백
KAB (Knee Air Bag)	무릎 에어백
BPT (Seat Belt Retractor Pretensioner)	안전 벨트 프리텐셔너
ACU(AirbagControl Unit)	에어백시스템 컨트롤 유닛
FIS (Front Impact Sensor)	전방 충돌 감지 센서
SIS (Side Impact Sensor)	측면 충돌 감지 센서

1) 에어백 컨트롤 유닛(ACU)

ACU는 우선 충돌 감지 신호를 받아 충돌량을 계산하며, 충돌량에 따른 에어백 전개 여부를 결정하고 에어백 시스템 고장 시, 고장 내용을 기억해 진단장비를 통해 표출하거나 클러스터 경고등을 통해 운전자에게 인지시키는 기능을 수행한다.

ACU는 차량의 중앙에 설치되어 있으며, 대부분의 차량이 차량 중앙의 핸드 브레이크 앞에 장착이 되어 있고 일부 차종들은 오디오 하단에 장착이 되기도 한다. ACU 옆에 있는 접지선은 ACU의 전체적인 접지로 매우 중요하며, ACU는 화살표의 진행방향을 반드시 확인하고 장착해야 한다. ACU가 내장하고 있는 전자식 가속도 센서는 단결정 실리콘의 표면 마이크로 머시닝 기술을 이용하여 제작된 전기 저장 타입 센서로써 필터 및 증폭기를 자체 내에 내장하고 있으며 자기진단 기능을 포함하고 있다.

차량이 진행 중 충돌 발생시 가속도 값이 충격 한계 이상일 경우 에어백을 전개 시켜 운전자의 안전을 확보하고 차량 충돌 시 산출한 데이터를 바탕으로 에어백 ECU는 각 에어백 모듈의 점화시기를 결정한다. 그리고 전기적인 노이즈에 의한 오판을 막기 위하여 기계식 안전센서를 장착하여 에어백 ECU가 에어백 점화를 최종 결정한다.

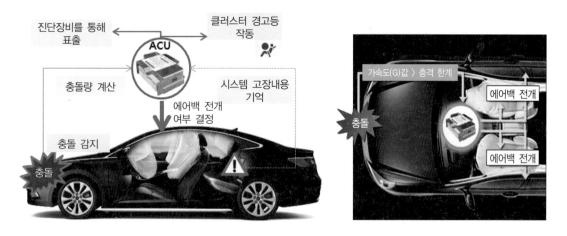

그림 에어백 컨트롤 유닛의 작동

또한 차량의 충돌이 감지되면 ACU는 충돌 출력 신호인 디지털 신호를 출력하는데, 이 신호를 BCM에 제공하여 도어 언록(Door Unlock) 기능을 하도록 한다. 이 충돌출력 신호는 500mA의 감시 전류를 회로에 흐르게 하여 배선의 이상 및 충돌 신호를 감시하며 BCM은 이 전압을 감지하여 도어록 액추에이터를 언록(UNLOCK)으로 구동하게 한다.

만일 이 배선이 차체에 단락되면 BCM은 차량이 충돌한 것으로 판단하고 이 배선이 단선이 되면 차량이 충돌해도 도어가 언록(UNLOCK) 되지 않는다. ACU는 차량의 속도에 따라서 에어백의 전개 조건을 결정한다. 충돌 각도에도 영향을 받지만 차속에 의한 전개의 조건은 고정 콘크리트 벽을 직각으로 충돌했을 때의 전개 조건으로 설명한다.

차량의 속도가 14.4km/h 이하로 충돌 시 시트 벨트 프리텐셔너 및 에어백은 전개되지 않는다. 14.4~22.4km/h의 속도에서 충돌 시 시트 벨트 프리텐셔너 및 에어백은 비전개되거나 전개될 수 있다. 즉, 범퍼 충돌 시 비전개 될 수도 있고 차체 충돌 발생 시 전개될 수도 있다. 차량의 속도가 22.4km/h 이상에서 충돌 시 시트 벨트 프리텐셔너 및 에어백은 전개된다.

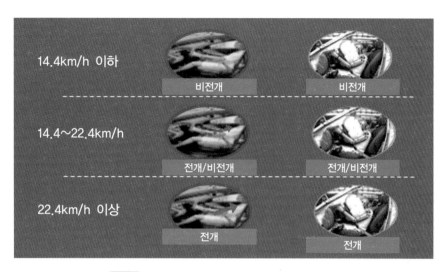

14.4km/h 이하	비전개	비전개
14.4~22.4km/h	전개/비전개	전개/비전개
22.4km/h 이상	전개	전개

그림 차량속도에 따른 에어백 전개 작동

2) 전방충돌 감지센서(FIS)

전방 충돌 감지 센서는 차량 전면의 충돌을 감지하여 가속도 데이터를 ACU에 전달함으로써 운전석 에어백과 동승석 에어백을 전개하도록 한다. FIS는 크게 차량의 엔진룸에 장착되는 타입과 ACU에 내장이 되어 있는 타입이 있다. 엔진룸에 장착되는 타입은 엔진룸 라디에이터 서포트 어퍼 범퍼 안쪽 좌·우측에 각각 1개씩 장착되어 있다.

전방 충돌시 에어백 전개는 충돌 상황이 발생하면 차량의 엔진룸 라디에이터 서포트 어퍼 범퍼 안쪽의 좌·우에 장착된 전방 충돌 감지 센서에서 신호가 발생된다. 이 신호는 ACU로 입력되는데 입력 신호의 크기를 ACU가 판단하여 에어백의 전개 유무를 판단하고 제어한다.

전방 충돌 시 탑승자 보호 시스템은 1차적으로 안전벨트를 순간적으로 강하게 작동해 실내 장치에 신체가 충격되는 것을 방지하고 이와 거의 동시에 운전석 및 동승석 에어백을 전개시킨다. 무릎 에어백이 적용된 차량은 무릎 에어백도 전개시킨다. 전방 충돌로 인해 에어백 모듈이 작동하는 경우, 1차적인 충격 완화를 위해 시트벨트 프리텐셔너가 함께 작동한다. 이때 감지된 충격의 크기가 기준을 초과하면 시트벨트를 착용했는지 여부에 관계없이 무조건 에어백 모듈이 작동한다.

프리텐셔너의 경우는 운전자의 의지를 반영하여 시트벨트 미착용 시에는 프리텐셔너가 전개되지 않지만, 고장 시에는 사고의 방지를 위해 시트벨트 미착용시에도 프리텐셔너가 전개된다.

프리텐셔너의 경우는 운전자의 의지를 반영해 시트벨트 미착용시에는 프리텐셔너가 전개되지 않지만, 고장시에는 사고방지를 위해 시트벨트 미착용시에도 프리텐셔너가 전개된다.

그림 프런트 임팩트 센서 장착위치

3) 측면충돌 감지센서(SIS)

측면 충돌 발생 시 에어백 시스템의 컨트롤 모듈은 측면 충돌 감지 센서의 신호를 이용하여 측면 에어백의 전개 여부와 전개시기를 결정한다. 좌·우측 B필러와 좌·우측 C필러 부근에 각각 1개씩 장착되어 있다.

측면 충돌 발생 시 차량의 사이드 방향, y축으로 전달되는 감속도 신호는 측면 충돌 감지 센서에 내장된 y축 가속도 센서에 의해 감지되며, 또한 측면 충돌 감지 센서에 내장된 컨트롤러에 의해 사이드 에어백의 전개 및 비전개 조건을 구별하고 최적의 점화 순간을 결정한다.

전개 조건으로 판정 시에는 ACU로 점화 메시지를 전송하며 이때, ACU에 내장된 전기적 센서의 y축 가속도 센서 값을 읽어 "측면 안전" 상태를 판정한다. 이 두 가지 조건이 모두 만족되면 ACU는 최종적으로 사이드 에어백을 점화시킨다.

그림 사이드 임팩트 센서

4) 인플레이터

인플레이터는 충돌 시 ACU로 부터 작동신호를 받아서 에어백의 팽창을 위한 가스를 발생시키는 일종의 화약식 점화장치이며, 가스 발생 방법에 따라서 파이로 타입(PYRO TYPE)과 하이브리드 타입(HYBRID TYPE)이 있다.

그림 에어백 인플레이터

파이로 타입은 운전석 에어백에 사용되는 인플레이터로 점화장치, 고체 추진체, 필터로 구성되어 있다. 소형이고 경량이라 운전석 에어백에 적합하지만 유독가스가 발생할 수 있는 취급상의 어려움이 있다. 하이브리드 타입은 동승석 에어백과 커튼 에어백에 사용되는 인플레이터로 압축가스와 소량의 고체 추진체를 함께 사용한다. 하이브리드 타입은 온도에 관계없이 작동하며, 파이로 타입에 비해 열효율이 좋다. 하지만 무겁고 부피가 크기 때문에 운전석 보다는 동승석, 커튼 에어백에 사용된다.

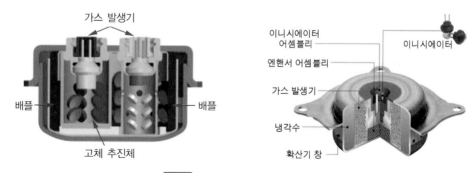

그림 파이로 타입 인플레이터

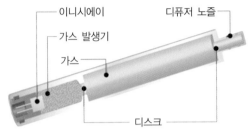

그림 하이브리드 타입 인플레이터

5) 승객감지장치(PPD)

동승석에 설치된 승객감지장치의 상태에 따라 동승석 사이드 에어백 및 벨트 프리텐셔너의 점화 조건이 달라진다. 즉, 동승석에 승객이 없는 경우에는 수리비의 절감을 위해 동승석 사이드 에어백 및 벨트 프리텐셔너의 점화를 금지하고 그 외의 경우에 대해서는 승객의 보호를 위해 점화된다.

승객감지장치 센서는 동승석 시트 내에 장착이 되어 있다. 쿠션부분에 장착이 되어 있고 시트백 부분에는 미장착 된다. 센서에는 하중에 따라 저항값이 바뀌는 압전 소자가 설치되어 있으며, 전류의 방향을 한 방향으로 흐르도록 다이오드가 장착되어 있다.

감지되는 무게에 따라 저항값이 변하는데 일정 하중 이상이 감지되면 사람이 승차한 것으로 인식하고, 이하이면 승차하지 않은 것으로 인식해 하중 여하에 따라 에어백을 작동시키게 된다. 이는 에어백이 불필요하게 펼쳐지는 것을 막아 수리비를 절감해 주는 효과가 있으며 승객 감지의 기준은 저항값 50kΩ 이하, 무게 15kg 이상인 경우 사람이 승파한 것으로 간주한다.

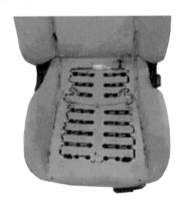
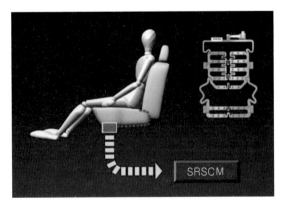

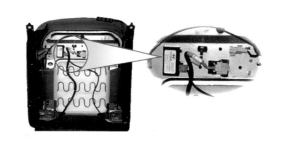

그림 승객감지장치

6) 시트벨트 버클센서

시트 벨트 버클 센서는 운전석과 동승석에 장착된 시트 벨트의 착용 유무를 감지하여 ACU가 차량이 충돌시 설정된 속도에 따라 에어백 및 벨트 프리텐셔너를 제어할 수 있도록 하는 센서이다. 즉, 시트 벨트 착용에 따른 제어를 시트 벨트와 에어백 모듈을 독립회로로 제어한다.

시트 벨트 버클 센서는 일반적인 스위치로 되어 있는 리드 스위치 타입과 홀 센서가 내장된 홀 센서 타입이 있다. 리드 스위치 타입의 센서에서는 시트 벨트 미착용시 ACU에서 출력되는 센싱 전압이 시트 벨트 스위치를 지나 접지로 흐른다. 이 경우엔 시트 벨트 스위치 내에 있는 3kΩ의 저항을 통해 전류가 흐르므로 ACU는 벨트가 미착용 된 것으로 판단한다. 시트 벨트를 착용하면 리드 스위치가 접촉되어 3kΩ의 저항을 통하지 않고 전류가 흐르기 때문에 ACU는 전류의 값이 낮아 시트 벨트가 착용되지 않았다고 판단한다.

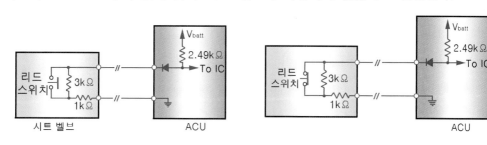

(a) 시트 벨트 미착용   (b) 시트 벨트 착용

그림 시트벨트 버클센서 작동

(7) 액티브 후드 시스템(AHLS ; Active Hood Lift System)

액티브 후드 시스템이란 보행자와 차량의 충돌 시 범퍼 내부에 있는 센서가 보행자의 충돌을 감지하고 후드를 상승시켜 보행자의 머리와 엔진룸 부품의 2차 충격을 예방하고 완충 작용을 통하여 보행자의 머리 상해를 축소하는 보행자 충돌 안전 시스템을 말한다.

| 1. 보행자충돌 | 2. 충돌감지 | 3. 후드상승 | 4. 상해축소 |

그림 액티브 후드 시스템의 작동

이러한 AHLS는 충돌을 감지하는 레일 센서, 보행자 및 물체를 구분하여 액추에이터에 작동신호를 보내는 ECU, 그리고 보행자 머리 충돌 전 후드를 상승시켜 주는 액추에이터와 후드 힌지, 후드 래치로 구성되어 있다. 일반적인 AHLS의 작동은 다음과 같다.

1) 액티브 후드 시스템(AHLS) 작동 조건
- 엔진 시동 후 차량이 25km/h에서 50km/h 속도로 주행 시
- 액티브 후드 시스템은 차량 속도, 충돌 각도, 충돌 힘을 고려하여 작동한다.

2) 액티브 후드 시스템(AHLS) 작동 상황
- 작동조건 범위 안에서 보행자 충돌시
- 차량이 높은 곳에서 떨어지거나 배수로로 떨어질 때
- 보행자가 없는 상황에서 전방에 충격이 감지될 때
- 장애물이나 다른 차량에 작동 조건(일정 속도, 일정 충돌 각도 등)으로 충돌할 때

3) 액티브 후드 시스템(AHLS) 비작동 상황

- 측면 충돌이나 후방 충돌, 전복 상황
- 전방 범퍼가 손상되었거나 개조를 할 경우
- 보행자가 비스듬히 서 있다가 부딪힌 경우
- 보행자가 도로에 누워 있을 경우
- 보행자가 충격을 흡수할 수 있는 물체를 가지고 있을 경우

그림 액티브 후드 시스템의 센서 및 액추에이터

3 램프 시스템

자동차의 램프 시스템은 운전자 및 보행자 안전과 원활한 교통 소통을 위하여 차량 전후의 적절한 위치에서 빛을 밝혀 시야를 확보해 주고 차량의 위험, 방향지시등의 신호를 통해 차량의 운전정보를 제공하여 안전 운행 및 사고 예방을 하기 위해 꼭 필요한 시스템이다. 또한 차량 외관의 디자인 이미지 및 차량 정체성을 구현하는데 중요한 역할을 한다.

(1) 프런트 헤드램프

프런트 램프는 프런트 헤드램프와 프런트 포그 램프로 이루어져 있으며, 프런트 헤드램프는 렌즈, 반사경, 하우징의 조합으로 구성되어 있다. 프런트 헤드램프는 주행 중 전방을 조명하여 운전자에게 시각 정보를 제공함으로써 도로의 여건 및 장애물을 확인하는 기능을 수행한다.

HID 헤드램프

할로겐 헤드램프

LED 헤드램프

그림 프런트 램프의 종류

1) 프런트 헤드램프의 구성

렌즈는 반사경(Reflector)을 통하여 나오는 빛을 필요한 방향으로 집광 및 확산시켜 주는 것으로 그 역할은 반사경의 다중 반사면 각각의 스텝에서 이루어진다. 렌즈의 재질은 일반적으로 폴리카보네이트(Polycarbonate)를 사용하고 있다.

반사경은 광원에서 나오는 빛을 필요한 방향으로 진행할 수 있도록 집광시켜 주는 역할을 하며, 일반적으로 포물면(Paraboloid)을 형성하고 있다. 반사경의 재질로는 250℃ 정도까지 내열성을 지닌 벌크 몰딩 콤파운드(Bulk Molding Compound)를 사용하고 있으나, 이는 열경화성 수지로써 재활용이 안 되는 단점을 지니고 있기 때문에 최근에는 고온 내열성을 지닌 열가소성 수지가 개발되고 있다.

하우징은 렌즈와 결합하여 실링(Sealing)을 유지하고 반사경과 같은 내부 부품을 고정 및 지지하는 역할을 하며, 반사경을 상·하, 좌·우 조정이 가능하도록 하는 조정장치(Aiming Unit)가 부착되어 빛의 직진 및 확산방향을 조정 또는 제어할 수 있도록 되어 있다. 하우징 재질로는 폴리프로필렌(Polypropylene)을 사용한다.

프런트 헤드램프의 구성

렌즈(LENS)		반사경(REFLECTOR)		하우징(HOUSING)	
	• 빛을 집광 및 확산 시킴 • 다중반사면 각 스텝에서 집광 및 확산 • 폴리카보네이트 사용		• 광원에서 나오는 빛을 집광 시킴 • 포물면 형성 • 벌크 몰딩 컴파운드 사용 • 최근 열가소성 수지 개발 중		• 렌즈와 결합하여 실링 유지 • 내부부품 고정 및 지지 • 빛의 직진 및 확산방향 조정 • 폴리프로필렌 사용

2) 프런트 헤드램프의 분류

램프 시스템은 광원에 따라 분류할 수 있는데 광원에 따른 분류로는 할로겐 헤드램프, HID 헤드램프, LED 헤드램프로 분류된다. 할로겐 헤드램프는 미량의 할로겐 물질을 함유한 불활성 가스를 봉입하여, 할로겐 물질의 화학 반응을 이용한 텅스텐 전구이다. 초기에는 요오드를 봉입하여 할로겐 전구를 만들었고, 최근에는 브롬 등의 할로겐 화합물을 이용하여 만들고 있다.

① HID 램프

HID(Highly Intensity Discharge) 헤드램프는 고휘도 방전등이란 의미로 양 전극 사이에 제논(Xenon), 수은(Hg), 메탈 헬라이드 솔트(Metal halide salt; 금속 염화물) 등의 가스가 들어 있다. 양 전극에 고전압을 공급하면 전기 스파크에 의해 빛 에너지가 발생한다.

자동차에 사용되는 HID 헤드램프는 전구(Bulb)와 이그나이터(Ignitor), 그리고 밸러스트(Ballast)로 구성되어 있다. HID 헤드램프의 전구는 할로겐 헤드램프 처럼 필라멘트 전등식 램프가 아니라 방전형 램프이기 때문에 스위치를 켬과 동시에 약24,000V로 전압을 약 0.4초간 안전하게 상승시켜 주는 밸러스트가 필요하다. 밸러스트를 지난 전류는 이그나이터에서 고전압 펄스를 발생시켜 램프를 점등하게 된다.

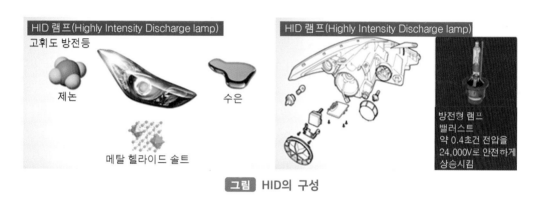

그림 HID의 구성

이러한 HID 헤드램프는 4가지 장점이 있다.

첫째로 **광도가 뛰어나고 조사거리가 길다**는 점이다. 전원이 공급되면 방전관 양끝에 설치된 몰리브덴 전극에서 플라즈마 방전이 일어나면서 에너지화 되어 빛을 방출하기 때문이다.

둘째는 **램프의 수명이 길다.** HID 헤드램프는 필라멘트가 없어 차체 진동에 의한 전극의 손상 우려가 없다. 또한 밸러스트라는 유닛이 있어 항상 안정된 전원이 램프에 공급되어 램프의 수명을 연장시키는데 기여 한다.

셋째, **점등이 빠르다.** 초기 작동 시 밸러스트가 고압의 전원을 전극에 공급하여 점등이 빨리 되도록 한다.

넷째, **전력소모가 적다.** 기존 할로겐 헤드램프의 경우 평균 55W(와트)의 전력을 소모하는데 반해, HID 헤드램프는 약 40%나 적은 35W의 전력으로 안정되게 작동시킬 수 있다. 또한 HID 헤드램프는 넓은 범위로 밝은 빛을 방사하기 때문에 마주 오는 차량의 운전자가 눈부심을 느낄 수 있는데 이때는 광축을 자동으로 조절하는 장치를 같이 장착하여야 한다.

② LED 램프

LED(Light Emitting Diode)는 발광 다이오드 고체 소자로 산업용과 상업용으로 우리생활에 친숙해져 있다. LED 조명이 자동차에 성공적으로 채택되기 위해서는 먼저 자동차용 조명에 적합한 LED 패키지 개발이 필요하다. 국내 LED 패키지 업체들은 자동차 회사들과 협력하여 다른 조명들에 비해 출력을 높이고 효율을 극대화한 LED 패키지를 개발하고 있다.

개발되는 자동차용 LED 패키지의 광속은 600~1000루멘(lm), 소비 전력은 10와트(W) 수준이다. 이와 같은 LED 패키지를 개발하기 위해서는 렌즈 등을 만드는 광학설계 기술, 열을 제어할 수 있는 방열설계 기술, 상황에 따른 제어를 위한 제어기술이 뒷받침 되어야 한다.

광학설계 기술은 자동차 디자인의 특성을 살리면서 LED 배치, 광학 렌즈와 반사판 등을 설계하는 것이다. 특히 AFLS, AILS 등 구현을 위한 분야가 지속적으로 연구되고 있으며, 이를 위한 렌즈 개발도 계속 이루어지고 있다. 방열설계는 LED 조명 제품이 자동차의 엔진 열이나 히터 및 냉각기 등의 영향으로 인해 성능 저하를 방지하기 위한 것이다.

또한 LED 자체 발열에 따른 문제를 해결하기 위한 방열 설계 및 구조 설계, 구동 회로 설계 기술과 재료의 경량화가 매우 중요하다. 또한 자동차 외부 환경의 악조건에 대응하고 방수 및 방염, 충격과 진동 상황을 제어할 수 있는 제어기술이 필요하다. 그리고 자동차 환경에 적합한 LED 조명 제어 기술과 고효율화에 따른 원가절감 기술도 요구된다.

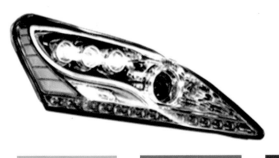

600~1000lm의 광속
10W의 소비 전력

| 광학설계 기술 | 방열설계 기술 | 제어 기술 |

그림 LED 램프의 적용 기술

이러한 LED의 장점은 첫째 반영구적 수명으로 한번 설치하면 교체나 유지보수가 거의 필요 없다. 둘째는 발광효율이 높고 저전류에서 고출력을 얻을 수 있으며 셋째로, 전구의 1/10, 형광등의 약 1/2의 매우 적은 전력이 소비된다. 넷째로 반응시간이 짧아 예열시간이 불필요 하다는 것이다. 그리고 다섯째로는 다양한 연출을 들 수 있으며 여섯째는 소형, 초경량이 가능하다는 것이다. 일곱째는 내구성이 우수하며 여덟째는 수은 등의 유해물질 배출이 없다는 점이다.

그림 LED 램프의 특징

(2) 리어 콤비 램프

리어 콤비 램프는 크게 다섯 부분으로 구성되어 있다. 후방 방향 지시등(Rear Turn Signal Lamp), 제동등(Stop Lamp), 미등(Tail Lamp), 후부반사기(Reflex Reflector), 후퇴등(Back Up Lamp)으로 되어있다. 리어 콤비 램프는 주·야간 차량의 운행 시 차량의 위치 및 방향 전환, 후진 등 차량의 운행 상태를 알려주며, 차량의 외관 디자인 이미지를 구현하는데 중요한 역할을 하고 있다.

그림 리어 콤비 램프의 구성

(3) 램프 적용 기술

1) AFLS(Adaptive Front Lighting System)

AFLS는 Adaptive Front Lighting System의 약자로 조명 가변형 전조등 시스템을 말한다. AFLS는 헤드램프의 조사 각도를 능동적으로 제어함은 물론, 차속에 따라 최적의 빔 패턴을 자동 구현하는 빔 패턴 변환 기능까지 적용하여 차별화된 전방 시계성을 제공하는 기술을 말한다.

AFLS의 로 빔 패턴은 빔 패턴의 변화, 다이나믹 밴딩 라이트, 오토 레벨링으로 구분할 수 있다. 빔 패턴의 변화는 각각 다른 패턴의 LED 광원의 밝기 및 각도를 차속에 따라 개별 제어하여 상황에 맞는 최적의 빔 패턴을 구현하는 것이다. 또한 다이나믹 밴딩 라이트는 핸들 방향 및 차속에 따라 로 빔이 좌·우로 조정되는 것이며 오토 레벨링은 차량의 기울기에 따라 로 빔이 상·하로 조정되는 것을 말한다.

K9에 최초로 탑재된 하이빔 어시스트 시스템은 시속 40km/h 이상으로 주행할 때 전방 200m 이내의 선행 차량이나 400m 이내의 맞은 편 차량을 감지하여 조사각을 조절하는 장치이다. 상대 차가 감지되면 상향등은 하향등으로 전환하고, 차량이 지나가면 다시 상향등으로 전환되는 시스템이며 또한 주변의 조명상황을 자동으로 인식해 하이빔의 작동을 자동으로 ON·OFF함으로써 야간 주행의 편의성을 높인다.

AFLS
(조명 가변형 전조등 시스템)

그림 AFLS 시스템

2) AILS(Active Intelligent Lighting System)

AILS는 차세대 지능형 헤드램프 시스템으로 내비게이션에서 도로정보를 받아 주행경로를 예측해 교차로·곡선로 등에서 운전자가 방향을 변환하기 전 전조등의 조명 방향을 스스로 조절한다. 평균적으로 야간 주행 시 운전자의 시력이 50% 정도 저하되는 점을 감안하면 AILS를 통해 야간 주행 시 사각지대를 최소화시켜 안전사고 예방에 기여할 수 있다.

AFLS는 운전자의 핸들 조작 이후 전조등 각도를 조절했지만, AILS는 핸들의 조작 없이 전조등을 미리 조정하는 것이 가장 큰 특징이다. 독일의 경우 교차로에서만 작동되는 반면 현대모비스의 AILS는 도로 유형을 읽고 일반-도심-고속도로의 3개 조명 모드로 자동 전환하여 가로등 빛이 충분한 도심지에서는 전방보다는 좌우 양 측면의 가시거리를, 고속도로에서는 측면보다 전방의 가시거리를 자동으로 극대화한다.

곡선로

그림 AILS 시스템

3) DRL(Daytime Running Lights ; 주간 주행등)

DRL은 주간에 발생하는 사고의 위험을 감소시키기 위한 등화장치이다. DRL은 커넥터만 연결하면 작동되는 '플러그 앤 플레이(Plug&Play)' 시스템을 채택하여 자동차의 시동과 함께 점등된다.

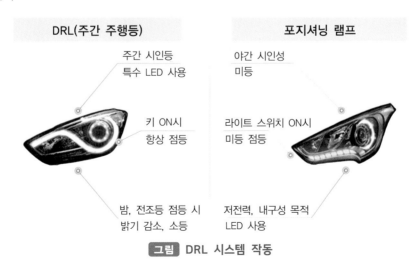

DRL(주간 주행등)

주간 시인등
특수 LED 사용

키 ON시
항상 점등

밤, 전조등 점등 시
밝기 감소, 소등

포지셔닝 램프

야간 시인성
미등

라이트 스위치 ON시
미등 점등

저전력, 내구성 목적
LED 사용

그림 DRL 시스템 작동

DRL과 포지셔닝 램프와의 차이점은 광량과 작동법이다. 충분한 광량으로 낮에 시인성을 갖추기 위해서는 일반적인 LED가 아니라 특수 LED를 사용해야 하며 Key-On시 항상 점등되고, 밤이 되거나 전조등(하향등)을 켜면 밝기가 줄어들거나 소등하여 맞은편 차량과 앞 차량에 불편함을 주지 않도록 설계되어야 한다.

포지셔닝 램프의 경우 주간 점등이 아니라 야간 시인성을 갖추기 위해 사용하며 우리가 흔히 알고 있는 미등이다. 라이트 스위치를 작동할 때 미등-전조등(하향)순으로 작동하며 최근 출시 차량의 경우 할로겐 램프 대신 저전력, 내구성을 목적으로 LED를 사용한다.

4) ARLS(Adaptive Rear Lighting System)

ARLS는 급제동 경고 장치의 역할을 한다. ARLS는 차량 주행 시 전방의 돌발 상황 발생으로 차량의 제동시 상황에 따라 제동등(Stop-lamp), 보조 제동등(HMSL), 비상 점멸 표시등(Hazard warning signal) 등을 자동으로 작동시켜 후미 운전자의 신속 제동 반응 유도를 통해 추돌 방지 등의 주행 안전성 향상을 위한 지능형 후미등 시스템이다.

제동등
(Stop Lamp)   보조제동등(HMSL)   비상점멸 표시등
(Hazard Warning Signal)

※ HMSL:High Mounted Stop Lamp

그림 ARLS 시스템 작동

4 전장/편의 시스템

(1) 보디 컨트롤 모듈(BCM)

자동차 보디 컨트롤 모듈(BCM; Body Control Module)은 안전운행을 위한 차량의 각종 편의장치를 제어하는 전자 유닛으로, 차량 내부의 주요한 기능들을 하나의 중앙제어장치로 통합해서 제어하는 기능을 수행한다.

그림 보디 컨트롤 모듈

보디 제어와 관련된 대부분의 기능은 창문을 열고 시트를 조정하는 등 운전자나 탑승자의 요청에 의해 동작을 수행한다. 즉, 보디 컨트롤 모듈은 자동차의 와이퍼, 윈도우, 차량 경보 및 경고, 도어 컨트롤, 내·외장 램프 등을 제어하는 기능을 통합하고, CAN 통신 및 LIN 통신을 수행할 수 있는 게이트웨이 역할을 담당한다.

그림 보디 컨트롤 모듈 제어항목

이와 같이 차량에서 제공되는 다양한 바디 제어 관련 이벤트는 최대 백여 개 정도가 동시에 발생할 수 있기 때문에 각 이벤트간의 우선순위를 정해서 처리해야 하며 여러 채널의 LIN 통신이나 CAN 통신을 통하여 이벤트 정보를 전송해야 해야 한다.

특히 바디 제어와 관련된 너무 많은 이벤트 요청을 동시에 수용할 때 과도한 에너지가 짧은 시간에 소모되어 차량의 전장에 과부하가 걸릴 수 있기 때문에 특정 시점에서는 어떤 이벤트를 다른 이벤트 보다 우선순위를 더 높게 책정하여 에너지 소모를 최적화여야 한다. 또한 BCM은 자동차의 엔진 제어 ECU, 섀시 제어 ECU 등과 같은 차량 내 주요 ECU와 CAN 통신으로 연결되어 차량을 효율적으로 제어할 수 있도록 하여야 한다.

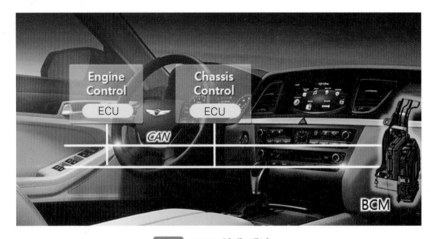

그림 BCM 연계 제어

BCM의 구조는 외부 Cover가 있으며 앞쪽으로는 메인 커넥터가 있다. BCM 내부는 가장 하단에 Base가 있으며, 그 위로 PCB Assy가 있다. 그리고 옆쪽에 Power Connector가 있고, 뒤쪽으로는 RKE 수신 Module이 있으며, RKE 수신 Module을 따라 RKE Antenna가 있다.

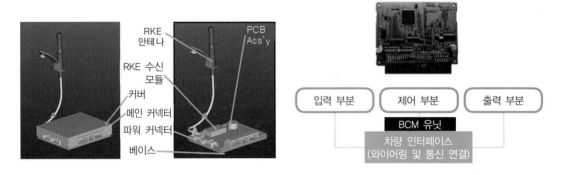

그림 BCM의 구조

BCM의 주요 기능은 차량의 경고 기능, 타이머 기능, 편의 기능, 안전 및 도난 방지 기능, 일반 기능으로 분류할 수 있다.

그림 BCM의 주요 기능

1) 경고 기능

경고 기능은 부저 소리나 계기판의 램프를 통하여 운전자 및 탑승객에게 특정 상황을 경고하는 것이다. 예를 들어, 운전자가 안전벨트를 착용하지 않고 차량의 전원이 이그니션 ON 위치에 놓았을 때, 사용자가 Key를 꽂아 놓고 도어를 열었을 때, 사용자가 규정 속도 이상으로 운행했을 때, 운전자가 변속기를 파킹 브레이크 위치에 두고 5km이상 운행했을 때, 선루프가 열린 상태에서 key out을 했을 때 등이 있다.

2) 타이머 기능

타이머 기능은 사용자의 동작 또는 편의를 위하여 작동하는 기능으로, 앞·뒷 유리열선을 장시간 동작시키지 않도록 제어하는 것, 윈도우를 올리지 않고 시동을 끄고 내릴 경우 키를 꽂지 않아도 윈도우를 올릴 수 있도록 일정시간 차량의 전원을 유지해 주는 기능이다.

3) 편의 기능

편의 기능은 사용자의 편의를 위하여 작동하는 기능으로 Key Hole 조명 제어, 실내에 키를 놓고 내리는 것을 방지하기 위한 키 리마인더 기능, 배터리 방전 방지를 위한 테일 램프 자동 소등 기능 등이 있다.

4) 안전 및 도난방지 기능

안전 및 도난방지 기능은 사용자의 안전 및 차량의 도난방지를 위하여 작동하는 기능이다. 충돌 시 도어를 언록 제어하는 기능, 차량 속도가 40km/h 이상일 때 자동 잠금 기능, 비정상적인 방법으로 도어가 열리게 될 경우 해저드 램프와 사이렌을 작동하는 도난 방지 기능 등이 있다. 도난 모드에서는 무선 도어 록 또는 언록 신호를 받아야만 모드가 해제된다.

5) 일반 기능

일반 기능은 사용자의 요구에 따라 작동하는 기능이다. 운전자의 조작 위치에 따라 와이퍼 속도를 달리하여 와이퍼를 제어하고, 차량의 각종 스위치에 의한 도어 록·언록 제어, 운전석 및 동승석의 노브 스위치 조작에 의한 록·언록 제어 등의 제어가 있다.

(2) 멀티 펑션 스위치

멀티 펑션 스위치는 자동차 운행 중 운전자가 필수적으로 사용하는 기능의 ON·OFF를 편안하게 제어할 수 있도록 제작된 다기능 스위치를 의미한다. 멀티 펑션 스위치로 작동시킬 수 기능은 턴 시그널, 램프, 와이퍼, 혼 등이 있다.

그림 멀티펑션스위치의 기능

(3) 세이프티 파워 윈도우

세이프티 파워 윈도우는 모터 내부에 있는 검출 센서를 통해 유리의 작동방향, 현재위치, 유리창이 움직이는지 여부 등을 판단하여 신체나 물건의 일부가 닿아 일정한 압력이 감지되면 유리창을 정지시키거나 반전시키는 안전장치를 말한다.

세이프티 파워 윈도우의 구성은 운전석 파워 윈도우 스위치와 도어 잠금 스위치가 있으며, 그리고 IPM이 있다. 그리고 프런트 도어 잠금 액추에이터, 리어 도어 잠금 액추에이터, 트렁크 리드 오픈 액추에이터, 동승석 파워 윈도우 스위치로 구성되어 있다.

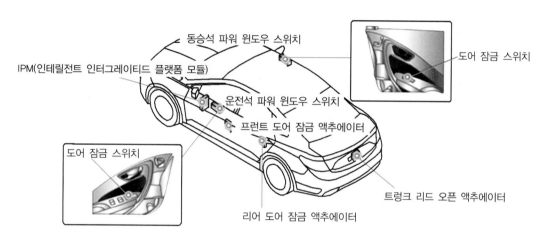

그림 세이프티 윈도우 구성

세이프티 파워 윈도우 제어는 운전석 오토-업 기능 구동 중 물체의 끼임 발생 시 작동된다. 윈도우 동작 시 발생하는 펄스로 윈도우의 위치 속도 파악, 이 조건으로 부터 물체의 감지 및 힘을 개선하여 반전여부를 판단한다.

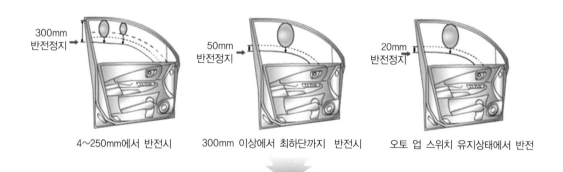

그림 세이프티 윈도우 제어

윈도우가 올라가는 중 최대 100N(뉴턴)의 힘이 윈도우에 가해지기 전에 끼임 발생을 판단하여 세이프티 기능을 수행한다. 세이프티 제어 기능 작동 시 윈도우 반전거리를 살펴보면, B필러 기준으로 4mm~250mm 구간에서 물체 감지 시 B필러 기준으로 300mm 반전된다. B필러 기준으로 250mm 이상에서 물체 감지 시 물체감지 기준 50mm 반전 위치가 최하단 위치보다 아래일 경우 최하단 위치까지 반전된다.

그리고 세이프티 기능 작동 시 윈도우 반전거리 오토-업 스위치 유지시에는 오토-업 스위치를 지속적으로 당기고 있을 경우 끼임 검출 위치로부터 25mm 반전하고, 이후 5초 동안 오토-업 동작을 하지 않으면 오토-업 스위치 지속 입력 시 매뉴얼-업 동작한다. 물체의 끼임을 검출하지 않는 구간인 불감대는 창틀 끝에서 4mm 이하의 위치에서는 윈도우 오반전 방지를 위하여 물체의 끼임을 검출하지 않는다.

(4) 스마트 키

스마트 키 시스템은 포브 키(Fob key)를 소지한 상태에서 도어와 트렁크의 잠금과 해제를 간편하게 수행할 수 있는 시스템이다. 버튼 시동 시스템은 Fob Key를 소지한 상태에서 시동 버튼을 눌러 차량의 전원 선택, 엔진 시동 및 시동 OFF가 가능한 편의 시스템으로 도난 경보제어 시스템은 도난 경계, 경보제어는 리모컨에 의해

그림 포브키(Fob key)

도어 잠금 시 도난 경계 모드로 진입함으로써 차량의 외부에서 침입 발생시 BCM에 내장된 사이렌을 작동하여 차량의 도난을 방지하는데 목적이 있다.

시동을 OFF 하고 리모컨으로 록을 하면 도어 스위치, 후드 스위치, 트렁크 도어 록 스위치, 액추에이터 스위치가 록이 되면서 BCM은 비상등 1회 점멸 후 도난 경계 상태로 진입한다. 이러한 경계상태 중 리모컨으로 언록(UnLock)하지 않고 출입구가 열리면 사이렌 구동 및 비상등 점멸을 제어하며, 시동 릴레이를 제어하여 시동이 걸리지 않게 되는 것이다.

(5) 카메라 시스템

전 · 후방 카메라는 시야가 확보되지 않은 전방 혹은 후방 사각 지역을 운전자가 AV 모니터를 통해 인식할 수 있도록 영상으로 정보를 제공한다. 전 · 후방 카메라는 차량 주변의 모

니터링을 지원함으로써 안전성과 편의성을 향상시킨다. 또한 전·후방 영상으로 주차 안내선을 제공하여 운전자로 하여금 원하는 주차 공간에 신속하고 정확하게 주차할 수 있도록 가이드 하는 주차 가이드 기능을 지원하고 있다.

전·후방 카메라 센서의 제어로직은 다음과 같다. 전방 카메라와 후방 카메라에서 수신된 비디오 신호와 조향각 센서 등에서 CAN 통신을 통해 입력된 정보 등을 PGS 유닛에서 제어하여 모니터를 통해 운전자 및 탑승자에게 정보를 제공한다. 주차 가이드 시스템(Parking guide system)은 조향각 센서 및 카메라를 이용하여 차량의 후진 예상 진행 경로를 표시해주며, 직각·평행 주차 시 각 단계별로 주차 가이드 라인을 표시하여 주차 편의성을 향상시키는 시스템 이다.

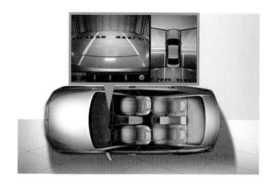

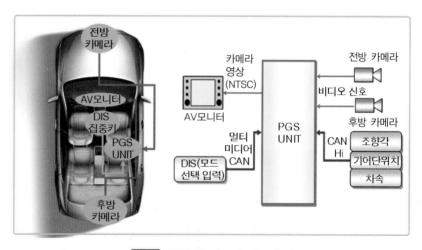

그림 전/후방 카메라 시스템

또한 어라운드 뷰 시스템인 AVM은 차량 주변 360° 상황을 차량 위에서 내려다 본 실시간 영상으로 제공하여 운전자 사각지대를 해소하고 사고를 방지할 수 있도록 설계되었다. AVM은 전방, 후방 측면의 카메라 4개, 영상 신호처리 유닛, 그리고 모니터로 구성된다. 이와 같이 AVM은 4채널의 카메라로부터 수신된 정보와 스티어링 휠 및 속도 상태에 따른 정보들이 AVM ECU에서 제어되어 운전자가 설정한 뷰 모드에 따라 현재상태를 AV모니터를 통해 영상으로 전송한다.

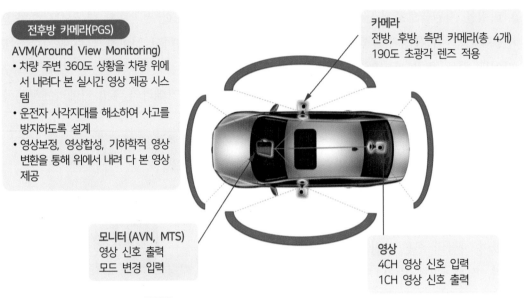

전후방 카메라(PGS)

AVM(Around View Monitoring)
• 차량 주변 360도 상황을 차량 위에서 내려다 본 실시간 영상 제공 시스템
• 운전자 사각지대를 해소하여 사고를 방지하도록 설계
• 영상보정, 영상합성, 기하학적 영상 변환을 통해 위에서 내려 다 본 영상 제공

카메라
전방, 후방, 측면 카메라(총 4개)
190도 초광각 렌즈 적용

모니터(AVN, MTS)
영상 신호 출력
모드 변경 입력

영상
4CH 영상 신호 입력
1CH 영상 신호 출력

그림 카메라 시스템과 AVM 시스템의 기능

(6) IMS 파워시트

파워시트는 전동 펌프 유압 또는 전기 모터를 이용하여 위아래 또는 앞뒤로 조절할 수 있도록 설계된 시트로 자동 조절식 시트라고도 한다. 즉 파워시트는 기계식으로 시트를 조절했던 기존 시스템과는 달리 스위치의 조작만으로 시트를 자동으로 조절할 수 있다는 장점을 갖고 있다.

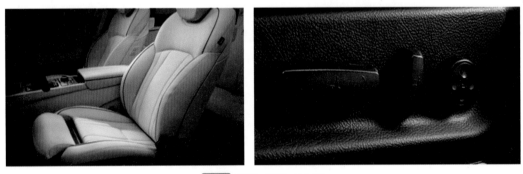

그림 파워 시트 시스템

IMS란 파워시트에 적용되는 메모리 장치이다. IMS는 자신의 체형이나 운전 습관에 맞도록 Seat, Steering과 Mirror의 위치를 기억시키고, 또 시트를 기억된 위치로 복귀시킬 수 있도록 해주는 편의 장치이다. IMS에는 크게 메모리 기능, 승하차 연동 기능, Keyless 연동 기능이 있다.

메모리 기능은 IMS 컨트롤 스위치(Control Switch)를 조작하여 운전자가 설정한 최적의 위치를 Control Unit에 기억시켜 시트 위치가 변해도 그 기억된 위치로 복귀시킬 수 있도록 해주는 편의 기능이다. IGN(Ignition) ON에서 시트 위치를 기억할 수 있으며 기억이 가능한 개수는 일반적으로 2개이다.

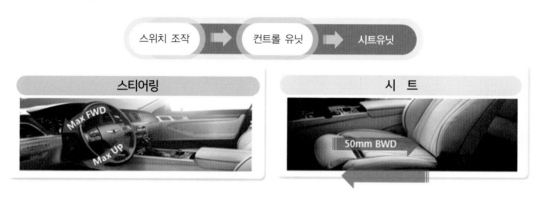

그림 IMS 파워시트의 작동

Keyless 연동 기능은 IGN(Ignition) Key를 뽑을 때, 시트의 위치를 Keyless Code에 기억시키고, 하차 시 Door Lock이 작동되면 기억 확정 신호와 Keyless 코드를 파워시트 컨트롤 유닛(Power Seat Control Unit)에 송신한다.

IMS 파워시트 기능은 운전자가 설정한 시트의 위치를 파워시트 유닛에 기억시켜 설정한 위치를 재생하는 기능으로 메모리 파워시트 기능이라고도 한다. IMS 파워시트의 시스템은 BCM(Body Control Module)을 중심으로 PWM(Power Window Main) ECU, MPS (Memory Power Seat System) ECU, MPS 스위치 모듈과 시트 위치 및 자세를 제어하는 구동 모터로 구성된다. PWM ECU와 MPS ECU는 BCM을 중심으로 CAN(Controller Area Network)을 통해 정보를 전송하며 MPS 스위치 모듈은 LIN(Local Interconnect Network)을 통해 정보를 전송한다.

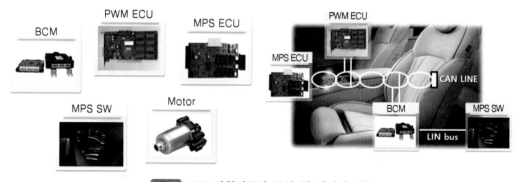

그림 IMS 파워시트의 구성 및 제어시스템

(7) 냉난방 통풍 시트 제어

냉난방 통풍 시트는 열전소자(TED; Thermo Electric Device)를 이용하여 시트를 가열, 냉각, 제습시키는 장치를 말한다. 냉난방 통풍 시트는 열원의 핵심인 열전소자, 공기의 분배를 위한 송풍 통로, 냉기 및 온기를 시트 표면으로 토출하기 위한 공기 배분층, 공기 공급을 위한 송풍 팬으로 구성된다.

그림 냉난방통풍 시트의 구성

여기에서 열전소자는 전류가 흐르면 한쪽 면은 냉각하고 다른 한쪽 면은 발열하는 펠티에(Peltier) 현상이 일어나 버튼 하나만으로 쉽게 냉난방 통풍 시트의 기능을 구현할 수 있다.

열전소자는 N형과 P형의 반도체로 구성되어 있다. 따라서 직류 전류를 흘리면 한 쪽에서 냉각하고, 반대쪽에서는 발열을 하게 된다. (+), (-) 전원의 극성을 반대로 하면 냉각과 발열의 방향이 반대로 되어 간편하게 냉각과 발열을 할 수 있다.

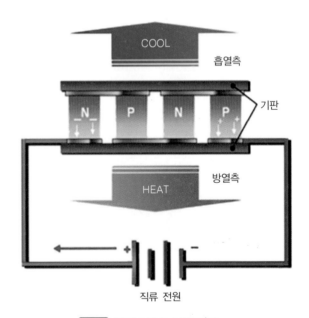

그림 열전소자의 작동원리

(8) 럼버 볼스터 시트 제어

럼버 볼스터 시트는 시트백 좌우 볼스터와 허리 측 내부에 적용된 에어 셀의 공기량을 전동식으로 조절하여 볼스터의 크기를 자유롭게 조절함으로써 운전시 운전자의 상체 지지력을 상승시켜 안정된 착좌감이 유지되도록 한다.

럼버 볼스터 시트를 조작하기 위한 스위치에는 쿠션 익스텐션(Cushion Extension), 슬라이드(Slide), 럼버 서포트(Lumbar Support), 볼스터(Bolster), 리클라인(Recline)로 총 5개의 스위치가 있다. 럼버 볼스터는 양측에 2개의 백 볼스터 에어셀과 허리측 3개의 에어셀로 구성된다. 또한 럼버 볼스터 시트는 스위치 조작에 따라 럼버 조작과 볼스터 조작으로 구분되며, 총 5가지의 시트 상태를 구현할 수 있다.

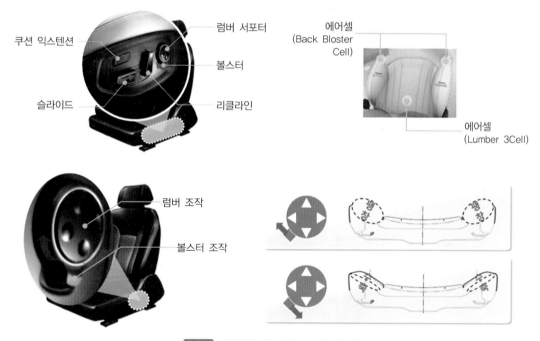

그림 럼버볼스터 제어부 및 작동부

(9) 마사지 시트제어

마사지 시트는 사용되는 구동장치에 따라 기계식 마사지 시트와 공기압식 마사지 시트로 분류된다. 기계식 마사지 시트는 DC 모터를 적용하여, 지지면적이 넓고 취급이 용이하지만 중량이 무겁다. 반면, 공기압식 마사지 시트는 공압 펌프를 적용하여 공기압을 시트의 필요한 위치에 공급하는 방식으로 중량이 가볍고 반응속도가 빠르지만 공기 셀이 손상될 수 있는 단점이 있다. 마사지 시트의 액추에이터는 러버(Rubber), 스프링(Spring), 마그넷(Magnet), 코일(Coil), 스톱퍼(Stopper)로 구성되어 있다.

마사지 시트 내 액추에이터는 자석의 N극과 S극 사이에 발생하는 자기장 내의 코일에 흐르는 전류의 힘으로 동작한다. 마사지 시스템용 구동 제어기는 액추에이터의 전기자에 인입되는 DC 전류의 방향을 변환함으로써 액추에이터의 양방향 구동 제어를 할 수 있고, 이때 제어 전류의 크기와 전류 변환 주파수를 MCU(Motor Control Unit)가 제어함으로써 액추에이터의 실제적인 진폭과 주파수를 제어하게 된다.

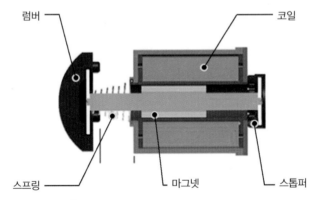

그림 마사지 시트의 종류 및 액추에이터 구조

06
chapter

친환경 자동차의 종류

1 수소 내연기관 자동차

수소 내연기관 자동차는 현재 독일 (BMW)에서는 1978년부터 개발을 추진하여 1979 년에 제1세대 수소 내연기관 자동차를 개발 출시를 하였다. 이후 2000년도에는 제5세대 자동차인 BMW 750hL을 발표하였으며 이 자동차는 양산 705iL을 개조한 것으로서 배기량 5.4리터의 수소-휘발유 바이퓨얼 스파크 점화 엔진, 트렁크 내에 탑

그림 수소 내연기관 자동차(BMW)

재한 액체수소 연료탱크, 보조 동력원으로 사용하기 위한 연료전지를 탑재하고 있다.

이 자동차는 수소나 휘발유로 주행이 가능하여, 수소로 주행하는 경우에 최대 300km 주행이 가능하고, 휘발유와 합하면 총 900km를 주행할 수 있다. 최고속도는 시속 226km이고, 정지에서 시속 100km까지의 가속에 소요되는 시간은 9.6초이다. 액체수소는 이중벽 구조의 진공 단열용기에 -253℃로 저장된다. 이 차량은 총 15대가 제작되어 운행되고 있다.

BMW에서는 2001년 이후에도 새로운 자동차를 다수 발표하였으며, 2010년도 이전에 100~10,000대 정도 수소 내연기관 자동차를 소량 생산하고, 2010년 이후에는 양산할 계획을 발표하였다. 그밖에 일본에서도 로터리 엔진을 사용한 수소 내연기관 자동차를 선보이고

있고, 미국의 GM이나 포드자동차에서도 수소 연료전지 자동차로 가기 위한 중간단계의 기술로서 수소 내연기관 자동차의 개발을 최근에 다시 시작하고 있다.

2 천연가스 자동차(NGV ; Natural Gas Vehicle)

천연가스 자동차(NGV : natural gas vehicle)는 메탄을 주성분으로 탄소량이 가장 적어 대기오염물질과 이산화탄소의 발생량이 적은 가스연료이다. 매장지역이 석유계 연료처럼 중동지역에 편중되어 있지 않고 세계 각지에 분포되어 있고, 매장량이 풍부하여 안정적이고 장기적인 공급이 가능한 석유대체 에너지이다. 또한, 천연가스는 석유, 석탄 등 화석연료 중 청정성과 안정성이 가장 뛰어나 자동차 배출가스 저감 및 지구온난화 방지를 위한 최적의 대안으로 평가받고 있다. 천연가스의 특징은 다음과 같다.

① 메탄(CH_4)를 주성분으로(83~99%) 하여 탄소량이 적은 탄화수소 연료이다.

② 옥탄가가 비교적 높고(RON : 120~136), 세탄가는 낮다(대체로 0). 따라서 불꽃점화(오토 사이클)기관에 지향하는 연료이다.

③ 가스 상태로 엔진 내부로 흡입되어 혼합기 형성이 용이하고 희박연소가 가능하다. -20 ~ -30℃의 극저온에서도 가스 상태이므로 혼합기의 형성이 용이하여 시동성이 양호하다.

④ 탄소량이 적으므로 발열량당 CO_2 배출량이 적다.

(1) 압축 천연가스(CNG : compressed natural gas) 자동차

압축 천연가스 자동차는 기체상태로 고압용기에 충전하여 사용하는 방식으로 연료의 저장과 운반성을 확보하기 위하여 약 200기압으로 압축하여 고압 가스용기에 저장하여 사용한다. 기존의 가솔린, LPG 엔진의 연소계 기술은 CNG 자동차에 전용될 수 있는 장점을 갖고 있다.

하지만, CNG의 저장용적이 크고 무거운 고압용기를 이용하여 차체 중량이 무겁고, 트렁크 등

그림 CNG 저상버스

의 이용 공간이 좁아지며, 1회의 충전으로 주행할 수 있는 거리가 가솔린의 1/2 이하인 단점이 있다. 현재 천연가스 충전소의 배치도 대도시 주변에 한정되어 있어서 노선 버스, 청소차 등 도시 내 주행차에 보급이 한정되어 있다.

(2) 액화 천연가스(LNG: liquefied natural gas) 자동차

액화 천연가스 자동차는 액체상태로 진공 단열용기를 이용하는 방식으로 -162℃의 저온에서 액화하여 단열용기에 저장하여 사용하는 자동차이다. LNG는 체적당 에너지 밀도가 CNG의 3배에 가깝기 때문에 도시 간 장거리 트럭 등 연료 소비량이 많은 차량에 대해서 LNG 차량의 보급이 최근에 확대되고 있다.

그림 LNG 버스

3 태양광 자동차

태양광 자동차는 태양 에너지를 직접 전기에너지로 바꾸어 주는 에너지 변환효율이 17% 이상인 고성능 태양전지(Solar Cell)를 사용, 에너지 효율을 극대화하고, 차체를 초경량으로 설계하여 최고속도 120 km/h의 고성능을 발휘한다.

태양광 자동차는 전기 자동차와 함께 다가오는 21세기의 유력한 교통수단으로 평가를 받고 있으며 선진 자동차 제조업체가

그림 태양광 자동차

3년마다 참가하는 호주에서 개최되는 세계 태양광 자동차 경주 대회(WSC ; World Solar Challenge)를 비롯하여 미국, 일본 등지에서 매년 열리는 태양광 자동차 경주대회 등을 통해 실용화를 위해 많은 노력을 하고 있다.

4 하이브리드(HEV) 및 플러그인 하이브리드 자동차(PHEV)

(1) 하이브리드 자동차(HEV ; Hybrid Electric Vehicle)

하이브리드(hybrid) 전기 자동차는 주동력원인 전기 배터리에 보조 동력 장치(일반적으로 내연기관)를 조합, 연결하여 운행되는 자동차이다. 이 자동차는 배터리만으로 주행 시 주행 거리가 짧은 전기 자동차의 단점을 보완하기 위하여 개발된 자동차이다. 또한 구동 시스템의 구성에 따라 엔진을 발전 전용으로 이용하고 전동 모터로 구동하는 직렬 방식, 엔진과 전동 모터를 병용하여 구동하는 병렬 방식 및 직렬 방식과 병렬 방식의 양쪽 기구를 배치하여 운전 조건에 따라 최적인 운전 모드를 선택하여 구동하는 직·병렬 방식의 3종류로 크게 구별할 수 있다. 미래에는 연료 전지와의 조합도 기대된다.

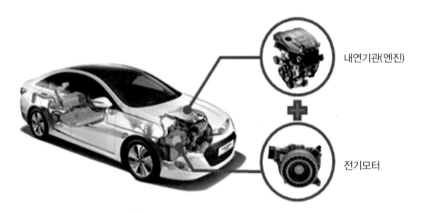

내연기관(엔진)

전기모터

그림 하이브리드 자동차의 구성

(2) 플러그인 하이브리드 자동차(PHEV; Plug-in Hybrid Electric Vehicle)

플러그 인 하이브리드 전기 자동차의 구조는 하드 형식과 동일하거나 소프트 형식을 사용할 수 있으며, 가정용 전기 등 외부 전원을 이용하여 배터리를 충전할 수 있어 하이브리드 전기 자동차 대비 전기 자동차(Electric Vehicle)의 주행 능력을 확대하는 목적으로 이용된다. 하이브리드 전기 자동차와 전기 자동차의 중간 단계의 자동차라 할 수 있다.

플러그인 하이브리드 자동차는 약 60km 이내의 단거리를 한 번의 충전으로 주행할 수 있고 심야에 가정용 전기로 충전할 수도 있다. 충전된 전기로 주행하는 구간에서는 오염물질 및 이산화탄소 배출이 없으며 엔진을 동작시켜 운행하는 구간에서도 하이브리드 자동차와 같은 높은 연비와 저공해 주행이 가능하다. 하지만 기존 하이브리드 자동차 보다 용량이 큰 배터리가 요구되어 원가 부담이 있으며 장거리 주행이나 지속적인 대출력이 필요한 차량에는 사용할 수 없다. 또한 충전 인프라가 부족하다는 단점이 있다.

주유소 연료 / 가정용 전기 / 모터 / 배터리 / 엔진 / 연료 탱크 / 엔진 / 회생제동 / 모터 / 배터리 / 연료탱크

그림 플러그인 하이브리드 자동차의 구성

(3) 마일드 하이브리드 전기 자동차(MHEV; Mild Hybrid Electric Vehicle)

현재 대부분 제조사의 차량 개발은 낮은 효율의 가솔린, 준수한 효율의 디젤, 고효율의 하이브리드 혹은 플러그-인 하이브리드 개발로 이루어져 있다. 가솔린과 디젤에 마일드 하이브리드 시스템만 적용해도 준수한 효율의 가솔린, 고효율의 디젤+하이브리드+플러그-인 하이브리드 조합이 완성된다.

마일드 하이브리드는 기존의 내연기관 구동 차량과 진정한 하이브리드 사이에 존재하는 첫 번째 단계이다. 스타트-스톱 기능이 가장 큰 특징으로 차량이 완전히 정지할 때 엔진을 멈추고, 배터리를 충전하는데 필요한 발전기가 없어도 될 만큼 전기 부하가 낮다. 이런 점은 공회전을 없애고, 브레이크 페달을 밟으면 신속하게 가속화 할 수 있도록 엔진을 회전시켜 주는 역할을 한다. EPA 드라이브 사이클에 많은 시간을 요하지 않아 북미에서 특히 존재감을 나타내며 총 주행거리를 길게 할 수 있는 특징이 있다.

특히 현재 풀 하이브리드 시스템의 적용에 대한 문제점을 해결하기 위한 수단으로 48V의 마일드 하이브리드 시스템이 주목 받고 있다. 일반 자동차에 48V 전원 시스템과 강화된 스타터 모터를 장착하는 것으로도 효율을 향상시킬 수 있다. 물론 풀-하이브리드 만큼의 효율 향상은 아니지만 제작 단계 및 비용 측면에서 큰 이점을 가지며 강력한 보급력도 강점이 된다.

그림 마일드 하이브리드 자동차의 구성

5 전기 자동차(EV)

전기 자동차는 내연기관 대신 배터리에 저장된 전기 에너지로 모터를 작동시킨다. 따라서 엔진 없이 모터와 배터리로 구성되어 외부 전원으로 충전된 배터리 전력만으로 주행한다. 따라서 이산화탄소 배출량이 없어 대기오염을 발생시키지 않으며, 소음도 거의 없다.

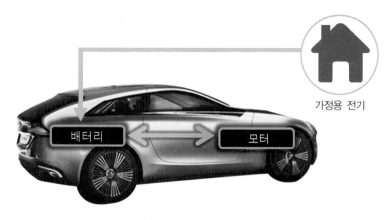

그림 전기 자동차의 구성

전기 자동차는 최근 환경을 고려하여 획기적으로 등장하였다고 생각할 수 있겠지만, 전기 자동차의 역사는 내연기관 자동차 보다 앞서 있다. 1830년대 영국 스코틀랜드의 사업가 앤더슨이 전기 자동차의 시초라 할 수 있는 세계 최초의 원유 전기 마차를 발명하였고 그 후 1900년대부터 독일, 미국에서 판매되었으며, 미국에서는 판매된 차의 40%가 전기 자동차일 정도로 인기가 많았다.

이후 미국 GM사에서 EV1을 선보였지만 짧은 주행거리에 대한 소비자의 불만과 긴 충전시간 및 비싼 차량 가격, 내연기관 자동차와 연관된 이해관계로 대중화에 실패하였다. 그러나 배터리 기술의 비약적인 발전으로 2010년 닛산(Nissan)에서는 항속거리 160km인 리프(Leaf)를 양산하여 판매하고 있다. 국내에서는 현대자동차에서 1997년 산타페 전기차를 선행 개발하였으며, 2010년부터는 경차급의 블루온 전기차를 개발하였다. 그러나 여전히 해결되어야 할 과제들이 존재하여 대중화에는 다소 시간이 필요할 것으로 보인다.

전기 자동차는 유해 배출가스를 배출하지 않아 미래의 자동차 환경문제 및 에너지 문제를 해결해 줄 수 있는 자동차로 높게 평가받고 있다. 한편 아직까지는 높은 가격, 7~8시간의 긴 충전시간, 200km 내외의 짧은 충전 주행거리 등 기술적으로 넘어야 할 과제들이 많다. 이를 해결하기 위해서는 배터리 기술이 핵심이며 한번 충전으로 500~600km를 갈 수 있고, 30분 이내로 충전시간을 단축시킨 고효율 배터리 시스템을 개발하는 것이 중요하다. 그리고 충전 인프라를 확보하게 된다면 전기 자동차의 공급 속도는 더욱 빨라질 것으로 예상된다.

그림 전기 자동차 공급에 대한 기술적 과제

6 연료전지 자동차(FCEV ; Fuel Cell Electric Vehicle)

연료 전지는 수소, 메탄올, 석탄, 천연가스, 석유, 바이오매스가스, 매립지가스 등 각종 연료의 화학적 에너지를 전기화학적 반응을 통하여 전기에너지로 직접 변환하는 발전장치로서, 기존의 발전기술 보다 높은 발전효율 그리고 공해물질 배출을 줄이면서 전기와 열에너지를 동시에 생산하는 기술이다.

기존의 화력발전은 연료를 연소시켜 열에너지로 변환시킨 후 다시 기계적 에너지로 변환시켜 전기를 생산시키는 형태이나, 연료전지는 연료로부터 직접 전기를 생산하므로 기존 에너지원보다 효율이 10 ~ 20% 정도 높으며, NOx, SOx 등의 유해가스의 배출이 1%이하로, 요즘 문제가 되고 있는 대기 환경의 획기적인 개선을 기대할 수 있는 고청정 고효율 발전 시스템이다. 또한 터빈이 필요 없어 기존의 발전방식에 비해 소음과 진동이 적어 도심설치가 가능하므로 현재의 중앙 집중식 발전을 대체하여 분산형 발전으로 전력공급 시스템을 전환시키는 것이 가능하다.

수소를 연료로 사용하는 일반적인 연료 전지는 화석연료의 구성요소를 화학적 반응을 통해 수소를 생산하여 사용하므로 개질기가 필요하나, 향후에는 태양광, 풍력 등과 같은 자연에너지와 원자력에너지를 이용해 물을 분해하여 수소를 생산하는 방법으로 활발한 연구가 진행 중이다. 화석연료를 개질하는 경우에도 탈황, 분진 제거를 충분히 할 수 있기 때문에 SOx와 분진이 거의 방출되지 않고, 종합적인 효율이 높기 때문에 이산화탄소(CO_2)의 발생도 적어 환경 친화적인 발전기술이다.

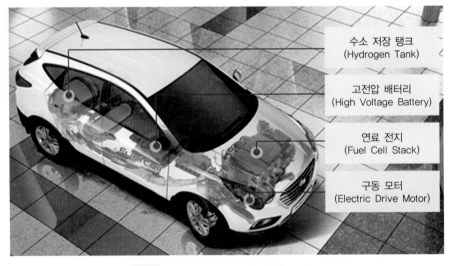

그림 수소 연료전지 자동차의 구성

연료 전지 자동차는 수소를 연료로 사용한다. 수소와 산소를 반응시켜 생산된 전기로 모터를 작동시키기 때문에 수소 연료 전지 자동차라고도 한다. 수소 연료 전지 자동차는 수소 탱크, 배터리, 연료 전지, 구동모터로 구성되어 있다.

수소 연료 전지 자동차는 수소 저장 탱크에서 수소가 연료 전지로 전달된다. 그리고 수소와 산소의 화학반응에서 생성된 전기로 모터를 구동하고 수증기는 배출한다. 즉 수소와 산소의 결합으로 전기에너지를 만들고 수증기만을 방출하기 때문에 가장 깨끗한 미래형 동력원이라 할 수 있다.

(1) 수소 연료전지 전기발생 원리

수소 연료 전지 자동차는 전기 모터를 구동시키는 전기에너지는 연료 전지에서 생성하게 되는데, 이 전기에너지는 수소와 산소 반응에서 생기는 화학에너지를 변환한 것이다. 이 원리는 물을 전기 분해하면 수소와 산소가 발생되는 것을 역으로 이용한 것이다. 또한, 수소와 산소를 반응시키면 연소반응에 의해 열이 발생하면서 물을 생성하는데, 이때 연료 전지로 전기 화학반응을 일으켜 전기를 발생시킬 수 있다.

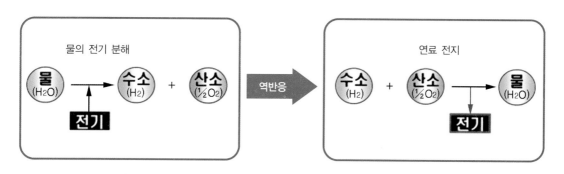

그림 연료전지의 전기발생 원리

(2) 연료전지의 구성 및 원리

연료 전지는 공기극과 연료극의 전극, 두 극 사이에 위치하는 전해질로 구성되어 있다. 연료 전지의 구성요소 중 전극은 전기 화학반응을 진행시킬 수 있는 일종의 촉매 역할을 하고 전해질은 생성된 이온을 상대 극으로 전달시켜 주는 매개체 역할을 한다.

연료 극에는 수소, 공기 극에는 공기(또는 산소)가 공급되어 각 전극에서 전기 화학반응이 진행된다. 이렇게 구성된 연료 전지 한 쌍을 단전지(Single Cell)라 하며 연료 극과 공기 극간의 전압은 약 1V 내외가 된다. 이러한 단전지를 직렬로 연결하면 원하는 만큼의 전압을 얻을 수 있다.

　연료 전지(Fuel Cell)는 수소 즉 연료와 산화제를 전기 화학적으로 반응시켜 전기에너지를 발생시킨다. 이 반응은 전해질 내에서 이루어지며 일반적으로 전해질이 남아 있는 한 지속적으로 발전이 가능하다. 연료 전지의 구조는 전해질을 사이에 두고 두 전극이 샌드위치의 극을 통하여 수소이온과 산소이온이 지나가면서 전류를 발생시키고 부산물로서 열과 물을 생성한다.

　연료 극(Hydrogen from Tank, 양극)으로부터 공급된 수소는 수소이온과 전자로 분리되고 수소이온은 전해질 층을 통해 공기 극으로 이동하게 된다. 이때 전자는 외부회로를 통해 공기 극으로 이동하며 전기를 생성한다. 공기 극(Oxygen from Air, 음극) 쪽에서 산소이온과 수소이온이 만나 반응생성물(물)을 생성하게 된다. 따라서 최종적인 반응은 수소와 산소가 결합하여 전기, 물 그리고 열이 생성된다.

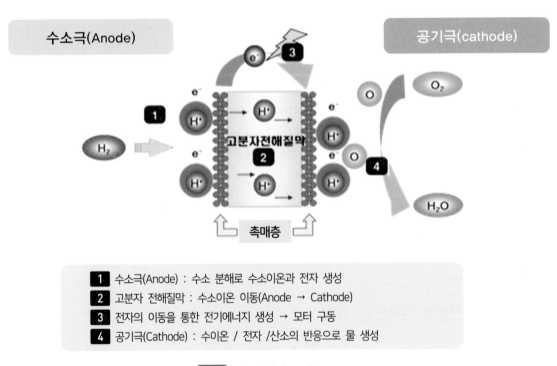

그림 연료전지의 구성

(3) 연료전지차의 특징 및 비교

전기차는 주행 시 배기가스를 배출하지는 않지만 화석연료를 사용하여 화력발전으로 생산된 전기를 쓰게 된다면 완전 무공해차로 보기는 어렵다. 또한 짧은 주행거리와 긴 충전시간이 현재 기술의 한계로 지적되고 있다. 반면 수소 연료전지차는 배기가스 방출이 전혀 없으면서도 기존 내연기관차가 가진 주행거리를 가지고 있다. 수소는 물에서 무한대로 생산되기 때문에 점차 고갈되는 화석연료의 의존도를 줄인다는 점에서 의의가 있다. 또한 3분 이내의 짧은 충전시간으로 실용성이 크다. 하지만 수소를 공급하고 저장하기 위한 인프라를 구축하는 데 어려움이 있으며 수소 탱크를 탑재하므로 차량 내부 공간이 협소하고 무게가 증가한다는 단점이 있다.

연료전지차와 내연기관의 비교

	내연기관차	연료전지차
동력기관	엔진, 트랜스미션	연료전지, 모터
연 료	화석연료	수소
효 율	20 ~ 30%	50 ~ 60%
배기물질	CO_2, HC, CO, NOx, SOx	수증기

07
chapter

내연기관의 작동원리

1 내연기관의 구조 및 작동원리

내연기관은 공기와 화학적 에너지를 갖는 연료의 혼합물을 기관 내부에서 연소시켜 에너지를 얻는 기관으로서 기관의 작동부(연소실)에서 혼합물을 직접 연소시켜 압력과 열에너지를 갖는 가스를 이용하여 동력을 얻는 열기관이며 가솔린 엔진(Gasoline Engine), 디젤 엔진(Diesel Engine), 가스 엔진(LPG, LNG, CNG Engine 등), 로터리 엔진(Rotary Engine) 등이 있다.

자동차 엔진이 포함되는 내연기관은 일반적으로 4개의 행정(흡입, 압축, 폭발(팽창), 배기)에 의하여 작동되며 모든 행정을 마친 후 다시 처음으로 돌아오는 것을 1사이클이라 한다. 왕복형 내연기관의 종류로는 4행정 사이클 엔진과 2행정 사이클 엔진이 있으며 대표적으로 가솔린 엔진과 디젤 엔진이 있다.

(1) 왕복형 내연기관의 주요 명칭

피스톤이 실린더의 최고 상부에 위치할 때를 상사점(Top Dead Center ; TDC), 최저 하단에 위치할 때를 하사점(Bottom Dead Center ; BDC)이라 하며 피스톤이 실린더의 상사점에서 하사점까지 이동한 거리를 행정(Stroke) 그때의 체적을 행정체적(Stroke volume)이라 한다. 따라서 행정체적이 곧 1개의 실린더의 배기량이 되고 실린더의 수를 곱하면 총체적(Total volume)이 되며 이 총체적을 일반적으로 자동차에서 총배기량이라고 말한다.

또한 간극 체적(Clearance volume)은 피스톤이 상사점에 있을 때 실린더 헤드와 피스톤 헤드 사이의 체적을 말하며 연소실 체적이라고도 한다. 한편 간극 체적과 행정 체적을 더한 것을 실린더 체적(Cylinder volume)이라 하며 이 실린더 체적을 연소실 체적으로 나눈 것이 바로 압축비(Compression ratio)이다. 엔진의 출력은 행정 체적에 비례하고 열효율은 압축비에 영향을 받는다.

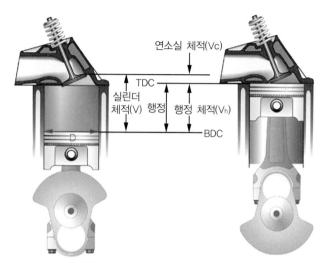

그림 왕복형 내연기관의 주요 명칭

(2) 작동방식에 의한 분류

① **왕복형 엔진(피스톤 엔진)** : 피스톤의 왕복 운동을 크랭크축에 의해 회전운동으로 변환하여 동력을 얻는 엔진으로 가솔린 엔진, 디젤 엔진, LPG 엔진, CNG 엔진 등이 속한다.

② **회전형 엔진(로터리 엔진)** : 엔진의 폭발력을 회전형 로터에 의하여 직접 회전력으로 변환시켜 기계적인 에너지인 동력을 얻는 엔진이다.

③ **분사 추진형 엔진** : 연소된 배기가스를 고속으로 분출시킬 때 그 반작용으로 추진력 발생하여 동력을 얻는 엔진으로 제트 엔진 등이 있다.

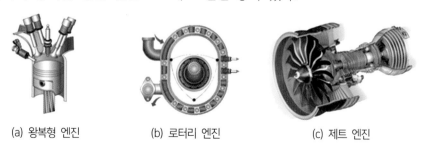

| (a) 왕복형 엔진 | (b) 로터리 엔진 | (c) 제트 엔진 |

그림 작동방식에 따른 엔진의 종류

(3) 점화방식에 의한 분류

① **전기점화엔진** : 압축된 혼합기에 점화 플러그로 고압의 전기 불꽃을 발생시켜서 점화 연소시키는 엔진으로 가솔린 엔진, LPG 엔진, CNG 엔진 등이 있다.

② **압축착화 엔진(자기착화엔진)** : 공기만을 흡입하여 고온(500 ~ 600℃), 고압(30 ~ 35kgf/cm²)으로 압축한 후 고압의 연료를 미세한 안개 모양으로 분사하여 자기 착화시키는 엔진으로 디젤 엔진이 있다.

(4) 사용 연료에 따른 분류

① **가솔린 엔진** : 엔진의 동작유체로 가솔린을 사용하는 엔진을 말하며 가솔린과 공기의 혼합물을 전기적인 불꽃으로 연소시키는 엔진이다.

② **디젤 엔진** : 엔진의 동작유체로 경유를 사용하는 엔진을 말하며 공기를 흡입한 후 압축하여 발생한 압축열에 의해 연료를 자기 착화하는 엔진이다.

③ **LPG 엔진** : 엔진의 동작유체로 액화석유가스(LPG)를 사용하는 엔진을 말하며 공기를 흡입한 후 액화석유가스와 혼합하여 전기적인 불꽃으로 연소시키는 엔진이다.

④ **CNG 엔진** : 엔진의 동작유체로 천연가스를 사용하는 엔진을 말하며 공기를 흡입한 후 압축천연가스(CNG)와 혼합하여 전기적인 불꽃으로 연소시키는 엔진이다.

⑤ **소구(열구)엔진** : 연소실에 열원인 소구(열구) 등을 장착 연소하여 동력을 얻는 형식의 엔진을 말하며 세미 디젤 엔진(semi Diesel Engine) 또는 표면 점화 엔진이라 한다.

(5) 기계적 작동 사이클에 따른 분류

① **4행정 1사이클 엔진** : 흡입 → 압축 → 폭발(동력) → 배기 4개의 행정을 1회 완료시 크랭크축이 2회전(720°)하여 1사이클을 완성하는 엔진이다.

② **2행정 1사이클 엔진** : 소기・압축 → 폭발・배기의 2개의 행정을 1회 완료시 크랭크축이 1회전(360°)하여 1사이클을 완성하는 엔진이다.

(6) 4행정 사이클 엔진의 작동

1) 흡입 행정

흡입행정은 배기밸브는 닫고 흡기밸브는 열어 피스톤이 상사점에서 하사점으로 이동할 때 발생하는 부압을 이용하여 공기 또는 혼합기를 실린더로 흡입하는 행정이다.

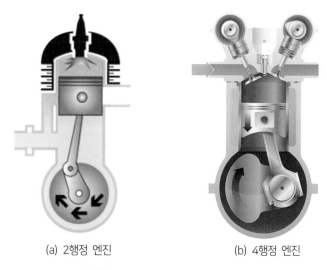

(a) 2행정 엔진   (b) 4행정 엔진

그림 2행정 엔진과 4행정 엔진

2) 압축 행정

흡기와 배기밸브를 모두 닫고 피스톤이 하사점에서 상사점으로 이동하며 혼합기 또는 공기를 압축시키는 행정이다. 압축작용으로 인하여 혼합가스의 체적은 작아지고 압력과 온도는 높아진다.

3) 폭발 행정(동력 행정)

흡기와 배기밸브가 모두 닫힌 상태에서 혼합기를 점화하여 고온 고압의 연소가스가 발생하고 이 작용으로 피스톤은 상사점에서 하사점으로 이동하는 행정이다. 실제 엔진의 동력이 발생하기 때문에 동력 행정이라고도 한다.

그림 4행정 엔진의 작동

4) 배기 행정

흡기밸브는 닫고 배기밸브는 열린 상태에서 피스톤이 하사점에서 상사점으로 이동하며 연소된 가스를 배기라인으로 밀어내는 행정이며 배기행정 말단에서 흡기밸브를 동시에 열어 배기가스의 잔류압력으로 배기가스를 배출시켜 충진 효율을 증가시키는 블로우다운 현상을 이용하여 효율을 높인다.

(7) 4행정 엔진의 구조

1) 실린더 헤드

실린더 헤드는 헤드 개스킷을 사이에 두고 실린더 블록의 상부에 결합되어 실린더 및 피스톤과 더불어 연소실을 형성하며 엔진의 출력을 결정하는 주요 부품 중 하나이다. 실린더 헤드 외부에는 밸브기구, 흡·배기 매니폴드, 점화 플러그 등이 장착되어 있으며 내부에는 엔진의 냉각을 위한 냉각수 통로가 설치되어 있고 상부에는 로커암 커버가 장착된다.

또한 실린더 헤드의 하부에는 연소실이 형성되어 연소시 발생하는 높은 열부하와 충격에 견딜 수 있도록 내열성, 고강성, 냉각효율 등이 요구 되며 재질은 보통 주철과 알루미늄 합금이 많이 사용된다. 알루미늄 합금의 경우 열전도성이 우수하므로 연소실의 온도를 낮추어 조기점화(Pre-ignition)의 방지와 엔진의 효율 등을 향상시킬 수 있다.

또한 실린더 블록과 실린더 헤드 사이에 실린더 헤드 개스킷을 조립하여 실린더 헤드와 실린더 블록 사이의 연소가스 누설 및 오일, 냉각수 누출을 방지하고 있다.

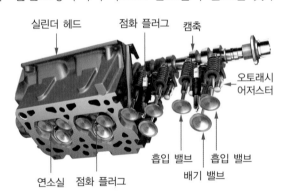

그림 실린더 헤드의 구조

2) 실린더 블록

실린더 블록은 피스톤이 왕복운동을 하는 실린더와 각종 부속장치가 설치될 수 있도록 만들어진 엔진의 본체를 말한다. 실린더 블록에는 냉각수가 흐르는 통로(Water jacket)와 엔진 오일이 순환하는 윤활통로로 구성되며 실린더 블록의 상부에는 실린더 헤드가 조립되고 하부에는 크랭크축과 윤활유 실(Lubrication chamber or Oil pan)이 조립된다.

실린더 블록의 실린더는 피스톤이 왕복운동을 하는 부분으로 정밀가공을 해야 하고 압축가스가 누설되지 않도록 기밀성을 유지해야 한다. 따라서 실린더 블록을 만드는 재료는 내열성과 내마모성이 커야하고, 고온강도가 있어야 하며 열팽창계수가 작아야 한다.

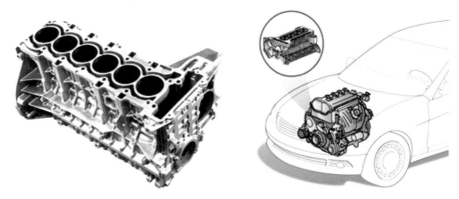

그림 실린더 블록의 구조

3) 크랭크 케이스

크랭크 케이스는 실린더 블록 하단에 설치된 것으로 윤활유 실(Lubrication chamber) 또는 오일 팬(Oil pan)이라고 말하며 엔진에 필요한 윤활유를 저장하는 공간이다. 엔진의 오일 팬은 내부에 오일의 유동을 막아주는 배플(격벽)과 오일의 쏠림 현상으로 발생할 수 있는 윤활유의 급유 문제점을 방지하는 섬프 기능이 적용되어 있다.

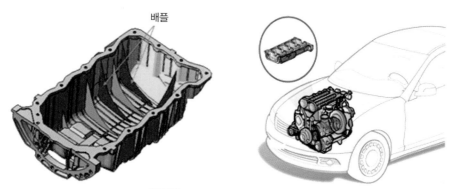

그림 크랭크 케이스의 구조

4) 피스톤

피스톤은 실린더 내를 왕복운동하며 연소가스의 압력과 열을 일로 바꾸는 역할을 한다. 실린더 내에서 고온, 고압의 연소가스와 접촉하므로 피스톤을 구성하는 재료는 열전달이 우수하며 가볍고 견고해야 하기 때문에 알루미늄 합금인 Y합금이나 저 팽창률을 가진 로엑스(Lo-Ex)합금을 사용한다. 이 합금의 특성은 비중량이 작고 내마모성이 크며 열팽창계수가 작은 특징이 있다.

피스톤에서는 상부를 피스톤 헤드(Piston head)라 하고 하부를 스커트(Skirt)부라 한다. 열팽창률을 고려하여 피스톤 헤드의 지름을 스커트부 보다 작게 설계한다. 피스톤 상부에는 피스톤 링(Piston ring)이 조립되는 홈이 있는데 이 홈을 링 그루브(Ring groove) 또는

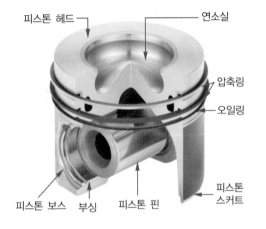

링 홈이라 하며 상단에 압축 링이 조립되고 하단에는 오일 링이 조립되어 오일제어 작용을 한다.

또한 링 홈에서 링 홈까지의 부분을 랜드(Land)라 말한다. 피스톤의 상단에 크랭크축과 같은 방향으로 피스톤 핀(Piston pin)을 설치하는 핀 보스(Pin boss)부가 있고 이 부분에 커넥팅 로드(Connecting rod)가 조립되며 이를 커넥팅 로드 소단부라 말한다.

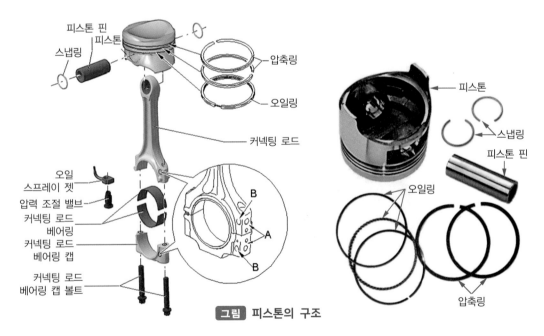

그림 피스톤의 구조

5) 커넥팅 로드

커넥팅 로드는 동력 행정에서 피스톤이 받은 동력을 크랭크축으로 전달하고 다른 행정 때는 역으로 크랭크축의 운동을 피스톤에 전달하는 역할을 한다. 커넥팅 로드의 운동은 요동 운동이므로 무게가 가볍고 기계적 강도가 커야한다. 재료로는 니켈-몰리브덴강이나 크롬-몰리브덴강을 주로 사용하고 단조가공으로 만든다.

커넥팅 로드는 크랭크축과 연결되는 대단부(Big end)와 피스톤과 연결되는 소단부(Small end) 그리고 본체(Body)로 구성 된다. 커넥팅 로드는 콘 로드(Con rod)라고도 하며 일반적으로 실린더 행정의 1.5 ~ 2.5배로 제작하여 조립한다.

그림 커넥팅 로드의 구조

6) 크랭크 축

크랭크 축(Crank shaft)은 피스톤의 직선 왕복운동을 회전운동으로 변화시키는 장치이며 회전 동력이 발생하는 부품이다. 또한 크랭크 축에는 평형추(Balance weight)가 장착되어 크랭크 축이 회전할 때 발생하는 회전 진동의 발생을 억제하여 원활한 회전을 가능하게 한다. 최근에는 크랭크 축의 진동 방지용 사일런트 축을 설치하는 경우도 있다.

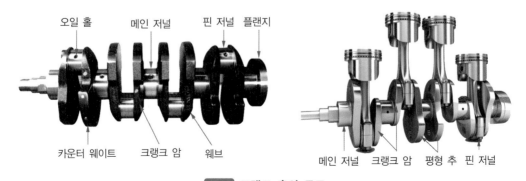

그림 크랭크 축의 구조

7) 플라이 휠

플라이 휠(Fly wheel)은 크랭크축의 끝단에 설치되어 클러치로 엔진의 동력을 전달하는 부품이며 초기 시동 시 기동 전동기의 피니언 기어와 맞물리기 위한 링 기어가 열 박음으로 조립되어 있다. 플라이 휠은 엔진의 기통수가 많을수록 작아지며 간헐적인 피스톤의 힘에 대해 회전관성을 이용하여 엔진 회전의 균일성을 이루도록 설계되어 있다.

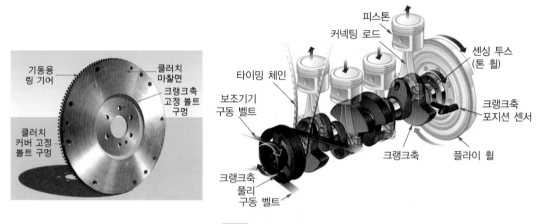

그림 플라이 휠의 구조

8) 밸브 트레인과 캠 축

밸브기구는 엔진의 행정에 따른 흡기계(공기 또는 혼합기)와 배기계의 가스흐름 통로를 각 행정에 알맞게 열고 닫는 제어 역할을 수행하는 일련의 장치를 말하며 밸브는 압축 및 동력 행정에서 밸브 시트가 밀착되어 가스누출을 방지하는 기능을 가지고 있다. 또한 캠축은 크랭크축 풀리에서 전달되는 동력을 타이밍 벨트 또는 타이밍 체인을 이용하여 밸브의 개폐 및 고압 연료 펌프 등을 작동시키는 역할을 한다.

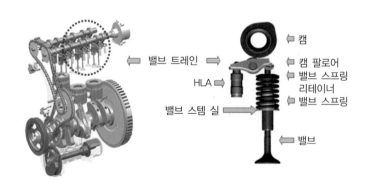

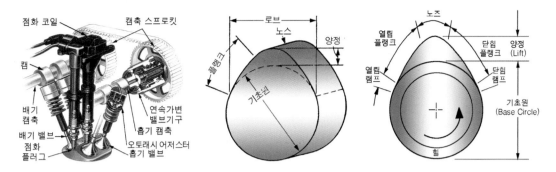

그림 밸브 트레인과 캠 축의 구조

캠은 회전운동을 왕복운동 또는 진동운동으로 바꾸는 장치로 원동체의 표면을 곡면형으로 만들고, 이 곡면으로 종동체를 밀어 종동체가 왕복 운동 또는 진동을 하게 하는 장치이다.

캠의 표면 곡선에 약간의 변화가 생겨도 밸브의 개폐시기나 개방되는 폭이 달라져 엔진의 성능에 큰 영향을 미치게 되며 흡・배기 밸브의 수와 동일한 수의 캠으로 구성된다. 캠축은 엔진 타이밍 시스템에 의해 작동되며 엔진 타이밍 시스템은 체인식, 기어식, 벨트구동 방식으로 나뉜다. 또한 자동차 경량화 추세에 맞춰 현재 중공형 캠축이 일부의 차종에 적용되고 있다.

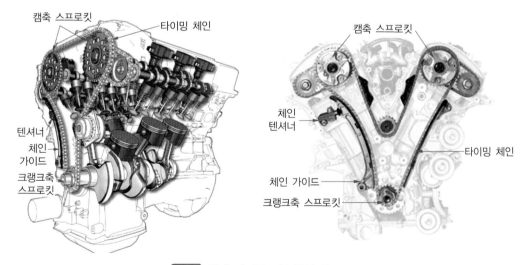

그림 엔진 타이밍 시스템의 구조

(8) 엔진 전자제어

엔진 전자제어 시스템은 출력의 향상 및 유해 배기가스의 저감을 위해 개발된 장치로서 연료를 연소실 내 직접분사 하는 연소실 내 직접 분사방식(GDI)과 흡기 다기관 내 연료를 분사하는 흡기 다기관 분사 방식(MPI, SPI)이 있다.

전자제어 연료 분사방식은 엔진에 설치되어 있는 각종의 센서에 의해 엔진의 상태를 전기적인 신호로 출력하고 이 신호를 입력받은 ECU(Electronic Control Unit)는 최적의 엔진 상태를 유지하기 위한 연료의 양을 결정한 후 인젝터를 통해 연료를 공급하며 연료 분사량, 연료 분사시기, 점화시기, 공회전 속도제어 등의 다양한 제어를 함께하는 시스템이 적용되고 있다.

그림 엔진 전자제어 개념

엔진 전자제어 시스템은 연료량, 연료분사 및 점화시기, 공회전 속도, EGR, 스로틀 밸브 개도, 밸브 타이밍 등 다양한 제어 대상들을 최적으로 제어하여 엔진의 효율 및 출력을 개선하고 유해 배출물의 발생을 줄이는 역할을 수행한다.

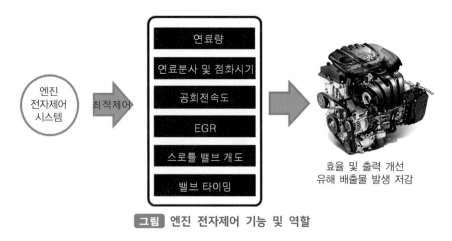

그림 엔진 전자제어 기능 및 역할

1) 엔진 전자제어 시스템 구성

엔진 전자제어 시스템은 센서 및 스위치(입력부), ECU(제어부), 액추에이터(동작부)로 구분되며 엔진까지 포함한 전체 시스템을 다루어야 한다.

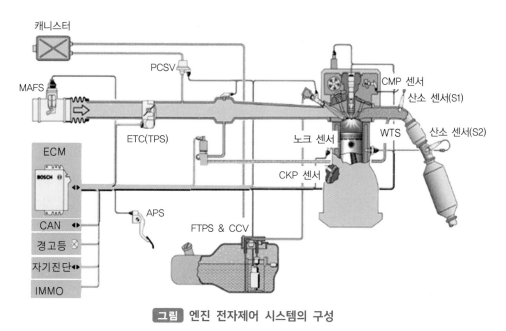

그림 엔진 전자제어 시스템의 구성

2) 엔진 전자제어 센서

센서는 압력, 온도, 변위 등의 측정된 물리량을 마이크로컴퓨터나 전기·전자회로에서 다루기 쉬운 형태의 전기신호로 변환시키는 역할을 한다. 특히 자동차에 사용되고 있는 센서는 그 신호의 형태 및 특성 자체가 광범위 하며, 전기적으로도 서로 다른 특성을 보이고 있다.

따라서 0~5V 범위의 전압만을 다루는 마이크로컴퓨터로부터 센서 신호를 받아 처리하기 위해서는 별도의 회로가 필요하며 이 기능을 하는 것이 입력 처리회로이다. 엔진의 전자제어에 적용되는 센서의 종류와 기능은 다음과 같다.

① 스로틀 밸브 개도 센서(Throttle Position Sensor) : 스로틀 밸브의 개도 위치를 검출 (액셀러레이터 페달을 밟은 정도)
② MAP 센서(Manifold Absolute Pressure Sensor) : 흡입 공기량의 계측(간접)
③ 핫 필름 타입 공기 유량 센서(Hot Film Air Flow Sensor) : 흡입 공기량의 계측(직접)
④ 냉각수온 센서(Water Temperature Sensor) : 엔진의 냉각수 온도를 계측

⑤ 흡입 공기 온도 센서(Air Temperature Sensor) : 흡입 공기의 온도를 계측

⑥ 산소 센서(O_2 Sensor) : 배기가스 중의 산소 농도를 계측

⑦ 크랭크 위치 센서(Crank Position Sensor/ Hall Sensor) : 엔진 회전수와 1번 실린더의 피스톤 위치를 검출

⑧ 차속 센서(Vehicle Speed Sensor) : 차속을 검출

⑨ 노크 센서(Knock Sensor) : 노킹(Knocking)의 발생 유무를 판단

3) 엔진 컨트롤 유닛(ECU)

컴퓨터는 각종 센서의 신호를 기초로 하여 엔진 가동 상태에 따른 연료 분사량을 결정하고, 이 분사량에 따라 인젝터 분사 시간(분사량)을 조절한다. 먼저 엔진의 흡입 공기량과 회전속도로부터 기본 분사 시간을 계측하고, 이것을 각 센서로부터의 신호에 의한 보정을 하여 총 분사 시간(분사량)을 결정하는 일을 한다. 컴퓨터의 구체적인 역할은 다음과 같다.

① 이론 혼합비를 14.7 : 1로 정확히 유지시킨다.

② 유해 배출가스의 배출을 제어한다.

③ 주행 성능 및 응답성을 향상시킨다.

④ 연료 소비율 감소 및 엔진의 출력을 향상시킨다.

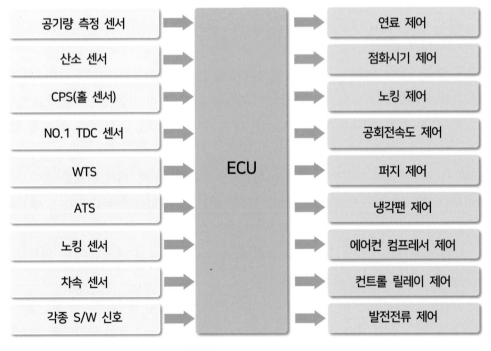

그림 ECU 제어 시스템

ECU에 의한 제어는 분사시기 제어와 분사량 제어로 나누어진다. 분사시기 제어는 점화 코일의 점화 신호와 흡입 공기량의 신호를 자료로 기본 분사시간을 만들고 동시에 각 센서로부터의 신호를 자료로 분사시간을 보정하여 인젝터를 작동시키는 최종적인 분사시간을 결정한다.

① 연료 분사시기 제어

연료 분사는 모든 실린더가 동시에 크랭크축 1회전에 1회 분사하는 동시분사 방식과 점화 순서에 동기 하여 그 실린더의 배기 행정 끝 무렵에 분사하는 동기분사 방식이 있다. 동기분사 방식도 엔진을 시동할 때 및 고부하 영역 등에는 동시분사 방식으로 전환하여 분사한다.

ㄱ **동기 분사(독립 분사 또는 순차 분사)** : 이 분사 방식은 1사이클에 1실린더만 1회 점화시기에 동기 하여 배기행정 끝 무렵에 분사한다. 즉 각 실린더의 배기행정에서 인젝터를 구동시키며, 크랭크 각 센서의 신호에 동기 하여 구동된다. 1번 실린더 상사점 신호는 동기분사의 기준 신호로 이 신호를 검출한 곳에서 크랭크 각 센서의 신호와 동기 하여 분사가 시작된다.

ㄴ **그룹(group) 분사** : 이 분사 방식은 각 실린더에 그룹(제1번과 제3번 실린더, 제2번과 제4번 실린더)을 지어 1회 분사할 때 2실린더씩 짝을 지어 분사한다.

ㄷ **동시 분사(또는 비동기 분사)** : 이 분사 방식은 1회에 모든 실린더에 분사한다. 즉, 전 실린더에 동시에 1사이클(크랭크축 1회전에 1회 분사) 당 2회 분사한다. 동시 분사는 수온 센서, 흡기 온도 센서, 스로틀 위치 센서 등 각종 센서에서 검출한 신호를 ECU로 입력시키면 ECU는 이 신호를 기초로 하여 인젝터에 제어 신호를 보냄과 동시에 연료를 분사시킨다.

② 연료 분사량 제어

연료 분사량 제어는 점화 코일의 (-)단자 신호 또는 크랭크 각 센서의 신호를 기초로 회전속도 신호를 검출하여 이 신호와 흡입 공기량 신호에 의해 작동시킨다.

ㄱ **기본 분사량 제어** : 인젝터는 크랭크 각 센서의 출력 신호와 공기 유량 센서의 출력 등을 계측한 ECU의 신호에 의해 인젝터가 구동되며, 분사 횟수는 크랭크 각 센서의 신호 및 흡입 공기량에 비례한다.

ㄴ **엔진을 크랭킹 할 때 분사량 제어** : 엔진을 크랭킹 할 때는 시동 성능을 향상시키기 위해 크랭킹 신호(점화 스위치 St, 크랭크 각 센서, 점화 코일 1차 전류)와 수온 센서의 신호에 의해 연료 분사량을 증량시킨다.

ⓒ **엔진 시동 후 분사량 제어** : 엔진을 시동한 직후에는 공전속도를 안정시키기 위해 시동 후에도 일정한 시간 동안 연료를 증량시킨다. 증량비는 크랭킹 할 때 최대가 되고, 엔진 시동 후 시간이 흐름에 따라 점차 감소하며, 증량 지속 시간은 냉각수의 온도에 따라서 다르다.

ⓔ **냉각수 온도에 따른 제어** : 냉각수 온도 80℃를 기준(증량비 1)으로 하여 그 이하의 온도에서는 분사량을 증량시키고, 그 이상에서는 기본 분사량으로 분사한다.

ⓜ **흡기 온도에 따른 제어** : 흡기 온도 20℃(증량비 1)를 기준으로 그 이하의 온도에서는 분사량을 증량시키고, 그 이상의 온도에서는 분사량을 감소시킨다.

ⓗ **배터리 전압에 따른 제어** : 인젝터의 분사량은 ECU에서 보내는 분사신호의 시간에 의해 결정되므로 분사시간이 일정하여도 배터리 전압이 낮은 경우에는 인젝터의 기계적 작동이 지연되어 실제 분사시간이 짧아진다. 즉, 배터리 전압이 낮아질 경우 ECU는 분사신호의 시간을 연장하여 실제 분사량이 변화하지 않도록 한다.

ⓢ **가속할 때 분사량 제어** : 엔진이 냉각된 상태에서 가속시키면 일시적으로 공연비가 희박해지는 현상을 방지하기 위해 냉각수 온도에 따라서 분사량이 증가하는데 공전 스위치가 ON에서 OFF로 바뀌는 순간부터 시작되며, 증량비와 증량 지속시간은 냉각수 온도에 따라서 결정된다. 가속하는 순간에 최대의 증량비가 얻어지고, 시간이 경과함에 따라 증량비가 낮아진다.

ⓞ **엔진의 출력을 증가할 때 분사량 제어** : 엔진의 고부하 영역에서 운전 성능을 향상시키기 위하여 스로틀 밸브가 규정값 이상 열렸을 때 분사량을 증량시킨다. 엔진의 출력을 증가할 때 분사량의 증량은 냉각수 온도와는 관계없으며, 스로틀 포지션 센서의 신호에 따라서 조절된다. 즉, 스로틀 포지션 센서의 파워 접점(power point)이 ON 상태이거나 출력 전압이 높은 경우에는 연료 분사량을 증량시킨다.

ⓩ **감속할 때 연료 분사 차단(대시포트 제어)** : 스로틀 밸브가 닫혀 공전 스위치가 ON으로 되었을 때 엔진의 회전속도가 규정값일 경우에는 연료 분사를 일시 차단한다. 이것은 연료 절감과 탄화수소(HC)의 과다 발생 및 촉매 컨버터의 과열을 방지하기 위함이다.

③ **피드백 제어(feed back control)**

이 제어는 촉매 컨버터가 가장 양호한 정화 능력을 발휘하는데 필요한 혼합비인 이론 혼합비(14.7 : 1) 부근으로 정확히 유지하여야 한다. 이를 위해서 배기다기관에 설치한 산소 센서로 배기가스 중의 산소 농도를 검출하고 이것을 ECU로 피드백시켜 연료 분사량을 증감하여 항상 이론 혼합비가 되도록 분사량을 제어한다.

④ 점화시기 제어

점화시기 제어는 파워 트랜지스터로 ECU에서 공급되는 신호에 의해 점화 코일 1차 전류를 ON, OFF시켜 점화시기를 제어한다.

⑤ 연료 펌프 제어

점화 스위치가 ST위치에 놓이면 배터리 전류는 컨트롤 릴레이를 통하여 연료 펌프로 흐르게 된다. 엔진 작동 중에는 ECU가 연료 펌프 구동 트랜지스터의 베이스를 ON으로 유지하여 컨트롤 릴레이 코일을 여자시켜 배터리 전원이 연료 펌프로 공급된다.

⑥ 공전속도 제어

공전속도 제어는 각 센서의 신호를 기초로 ECU에서 ISC-서보의 구동 신호를 공급하여 ISC-서보가 스로틀 밸브의 열림량을 제어한다.

- ㉠ **엔진을 시동할 때 제어** : 이 때는 스로틀 밸브의 열림은 냉각수 온도에 따라 엔진을 시동하기에 가장 적합한 위치로 제어한다.

- ㉡ **패스트 아이들 제어**(fast idle control) : 공전 스위치가 ON으로 되면 엔진의 회전속도는 냉각수 온도에 따라 결정된 회전속도로 제어되며, 공전 스위치가 OFF되면 ISC-서보가 작동하여 스로틀 밸브를 냉각수 온도에 따라 규정된 위치로 제어한다.

- ㉢ **공전속도 제어** : 이 때는 에어컨 스위치가 ON이 되거나 자동 변속기가 N레인지에서 D레인지로 변속될 때 등 부하에 따라 공전속도를 ECU의 신호에 의해 ISC-서보를 확장 위치로 회전시켜 규정 회전속도까지 증가시킨다. 또 동력 조향장치의 오일 압력 스위치가 ON이 되어도 마찬가지로 증속시킨다.

- ㉣ **대시 포트 제어**(dash port control) : 이 장치는 엔진을 감속할 때 연료 공급을 일시 차단시킴과 동시에 충격을 방지하기 위해서 감속 조건에 따라 대시 포트를 제어한다.

- ㉤ **에어컨 릴레이 제어** : 엔진이 공회전할 때 에어컨 스위치가 ON이 되면 ISC-서보가 작동하여 엔진의 회전속도를 증가시킨다. 그러나 엔진의 회전속도가 실제로 증가되기 전에 약간의 지연이 있다. 이렇게 지연되는 동안에 에어컨 부하에서 엔진 회전속도를 적절히 유지시키기 위해 ECU는 파워 트랜지스터를 약 0.5초 동안 OFF시켜 에어컨 릴레이의 회로를 개방한다. 이에 따라 에어컨 스위치가 ON이 되더라도 에어컨 압축기가 즉시 구동되지 않으므로 엔진 회전속도 강하가 일어나지 않는다.

4) 액추에이터(Actuator)

액추에이터는 센서와 반대로 유량, 구동 전류, 전기 에너지 등 물리량을 ECU의 출력인 전기 신호를 이용하여 발생시키는 것이다. 자동차에서 쓰이는 액추에이터 종류 역시 다양한 형태의 물리량을 요구하며 이를 위해 출력 처리회로가 필요한 것이다. ECU에서 사용하는 기본적인 액추에이터는 다음과 같이 연료 인젝터, 점화시기 및 공회전을 조절 기능 등으로 크게 구별할 수 있다.

① **연료 인젝터** : 연료 공급량을 조절한다.
② **점화장치(코일)** : 혼합기의 연소가 제대로 되도록 점화시기를 조절한다.
③ **공전속도 조절 장치** : 공회전시 공기량을 제어한다.
④ **퍼지 컨트롤 솔레노이드 밸브(PCSV)** : 캐니스터 내의 연료 증발가스를 적절한 시기에 연소실로 보내 연소시킨다.
⑤ **EGR 컨트롤 솔레노이드 밸브** : 배기가스를 적절한 시기에 흡기라인으로 재순환하여 연소시 연소온도를 낮추어 NOx의 생성을 억제한다.

(9) 디젤엔진

디젤 엔진은 기구학적인 요소에서 가솔린 엔진과 거의 비슷하지만, 연료의 연소과정에서 가솔린 엔진은 공기와 연료의 혼합기를 압축한 다음 전기적인 불꽃으로 점화(Spark Ignition)하는데 비해 디젤 엔진은 공기를 흡입하여 고압축비(1 : 16 ~ 23)로 압축하여 공기의 온도가 500℃이상 되게 한 후 노즐에서 연료를 안개 모양으로 분사시켜 공기의 압축열에 의해 자기착화시키는 방식으로 구성된다.

따라서 디젤 엔진에서는 가솔린 엔진에서의 점화장치가 필요치 않고 연료 펌프와 연료 분사노즐 등으로 구성된 연료 분사장치를 필요로 한다.

그림 디젤엔진의 연소

1) 압축 착화 방식

디젤 엔진의 연소는 압축 착화 방식을 이용한다. 공기만을 실린더에 흡입하여 압축행정 말기에 고온 고압으로 압축된 공기에 분사노즐 및 인젝터를 통해 연료가 분사된다. 이때 압축된 공기의 온도가 연료의 자기착화 온도보다 높아 분사된 연료는 압축된 고온의 공기 중에서 무화 증발되므로 자기착화가 가능한 최적의 혼합비가 연소실 내에 형성되어 연소가 시작된다.

이것을 압축 자기착화라 하며, 그 후 분사되는 연료는 분무 제트를 형성하여 주위의 공기와 혼합함으로써 연소가 계속 진행된다. 따라서 디젤 엔진은 전기 점화장치를 필요로 하지 않고 분사 펌프와 분사 노즐 등으로 구성된 연료 분사장치를 필요로 한다.

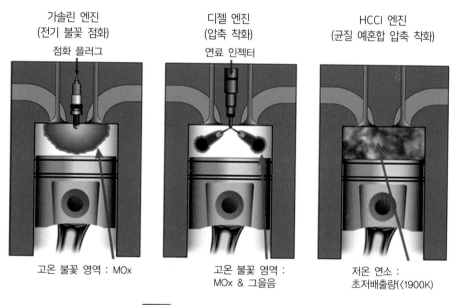

가솔린 엔진
(전기 불꽃 점화)
점화 플러그

디젤 엔진
(압축 착화)
연료 인젝터

HCCI 엔진
(균질 예혼합 압축 착화)

고온 불꽃 영역 : MOx

고온 불꽃 영역 :
MOx & 그을음

저온 연소 :
초저배출량(〈1900K)

그림 점화방식에 따른 연소특성

또한 디젤 엔진은 공기만을 압축하며 가솔린 엔진보다 압축비를 상승시켰다. 가솔린 엔진의 압축비는 8 ~ 13 정도이나 디젤 엔진 중 직접 분사방식의 엔진은 16 ~ 19, 간접 분사방식 엔진은 그 보다 높은 20 ~ 24의 압축비를 가진다. 디젤 엔진은 높은 압축비에 따라 폭발 압력도 높아져 가솔린 엔진 대비 두 배 이상의 열효율이 높으나 소음과 진동이 심하게 발생한다.

가솔린엔진   디젤엔진

그림 압축비 비교

2) 디젤 엔진의 구성

디젤 엔진은 기구학적인 요소에서 가솔린 엔진과 거의 비슷하지만, 크게 연료 분사시스템, 과급장치, 예열장치, 배기가스 후처리 장치에서 차이점이 있다.

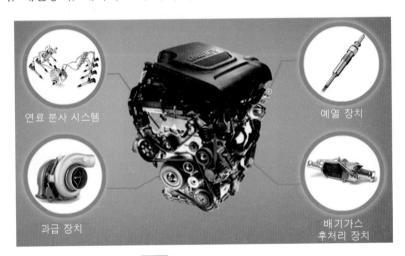

그림 디젤엔진의 구성

디젤 엔진은 연료를 연소실 내로 분사하고 공기와 혼합하여 자기착화가 되므로 최대한의 성능 및 안정된 운전을 하기 위해서는 적절한 분사량과 분사시간이 필요하며, 또한 연소가 원활히 이루어지도록 연료분사와 동시에 분무형성이 필요하다.

따라서 분사장치의 기본 기능은 첫째 분사량 제어로 엔진의 부하에 따른 연료량을 매회 각 기통에 안정적으로 분사하는 것이다. 둘째, 분사시기 제어로 회전속도, 부하에 따른 최적의 연소가 이루어 질 수 있도록 적절한 분사시기를 제어할 수 있어야 한다. 마지막은 분무형태로, 연료를 미립화 하여 연소실에 골고루 분포할 수 있는 기능을 가져야 한다.

연소실 내
연료 분사

공기와
혼합하여
작기착화

적절한 분사량과 분사시간 필요　　　연료 분사와 분무 형성이 필요

그림 디젤엔진의 연료분사 특성

3) 커먼레일 시스템(Common Rail Direct Injection System)

CRDI는 초고압 직접 분사방식의 디젤 엔진이다. 이 엔진은 기존의 기계식 연료 분사 펌프 방식의 연료 분사방식에서 벗어난 초고압 직접 분사방식의 전자제어 디젤 엔진으로 커먼레일(Common Rail)에 연료를 고압으로 압축 저장하고 이를 엔진의 ECU가 각종 입력 센서의 신호를 바탕으로 연료 분사량을 결정하여 인젝터를 통하여 연소실에 분사하는 방식이다.

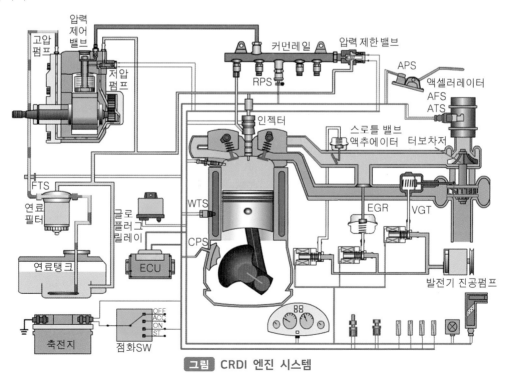

그림 CRDI 엔진 시스템

이에 따라 초고압에 의한 연소 효율의 증대와 정교한 연료 분사량의 제어로 디젤 엔진의 출력 향상, 배기가스의 현저한 감소, 엔진의 고속회전 및 디젤 엔진 특유의 소음과 진동이 감소되었다.

① 고압펌프(High Pressure Pump)

커먼레일 시스템에서 고압 펌프는 연료 시스템에 고압의 연료를 발생시켜 커먼레일로 이송하는 역할을 하며 캠축에 의해 구동되는 기계식 로터리 펌프를 말한다. 연료를 약 1,350bar~2200bar의 압력으로 가압시켜 커먼레일에서 필요한 시스템 압력을 지속적으로 발생시키며, 또한 급출발이나 레일에서 급격하게 압력을 형성시켜야 할 때 필요한 여분의 연료를 공급한다.

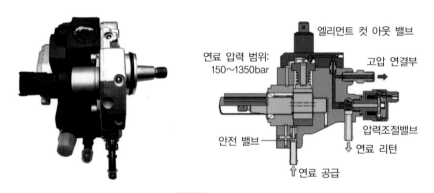

그림 고압펌프

② 커먼레일(Common Rail)

커먼레일은 고압펌프로부터 발생된 연료를 저장하는 곳이며, 인젝터에서 연료를 분사하여도 연료 압력을 일정하게 유지시킨다.

그림 커먼레일

③ 인젝터(Injector)

인젝터는 고압의 연료를 실린더의 연소실로 분사하는 장치로서 ECU(Electronic Control Unit)에 의해 제어되며 분사 개시와 분사된 연료량은 전기적으로 작동되는 인젝터로 조정된다. 이러한 인젝터는 솔레노이드와 니들 및 노즐로 구성되어 인젝터의 노즐이 열려서 분사 후 남은 연료는 리턴라인을 거쳐 연료 탱크로 되돌아간다. 최근에는 더 정확하고 효율적인 연료분사가 가능해짐에 따라 출력은 높아지고 소음도 확실하게 줄인 피에조 인젝터가 커먼레일 시스템에 사용되고 있다.

그림 연료 인젝터

④ 압력 조절 밸브(Pressure Regulating Valve)

압력 조절 밸브는 ECU가 듀티 제어하며 커먼레일에 직접 장착되어 펌프의 압력을 제어한다. 압력 제어 밸브는 엔진부하의 함수로써 레일에서의 정확한 압력을 설정하고 레일 압력이 과도하면, 압력 제어 밸브는 열리고 연료의 한 부분이 리턴라인을 통해 레일에서 연료 탱크로 돌아간다. 또한 레일 압력이 너무 낮으면, 압력 제어 밸브는 닫히고 저압단계로부터 고압단계로 라인을 형성한다.

⑤ ECU(Electronic Control Unit)

ECU는 각종 센서들의 신호를 받아 차량의 운전 상태에 따라 레일의 압력, 인젝터의 연료 분사량 및 각종 액추에이터를 제어한다. 이를 통해 디젤 연료가 적절한 순간에 알맞은 양을 분사하도록 한다.

그림 압력 조절 밸브 및 ECU

(10) 과급장치

과급기는 엔진의 출력을 향상시키고 회전력을 증대시키며 연료의 소비율을 향상시키기 위하여 흡기다기관에 설치한 공기 펌프이다. 과급기가 설치되지 않은 엔진은 피스톤의 하강 행정에서 발생되는 진공으로 공기를 흡입하기 때문에 출력의 향상을 얻을 수 없다.

따라서 흡기다기관에 공기 펌프를 설치하여 강제적으로 많은 공기량을 실린더에 공급시키므로 체적효율이 증대되어 엔진의 출력이 향상되며, 엔진의 출력이 향상되므로 회전력이 증대되고 연료의 소비율이 향상된다. 과급기는 배기가스의 압력을 이용하여 작동되는 터보차저와 엔진의 동력을 이용하여 작동되는 슈퍼차저가 있다. 과급기를 설치하면 엔진의 중량이 10~15% 증가되며, 엔진의 출력은 35~45% 증가된다.

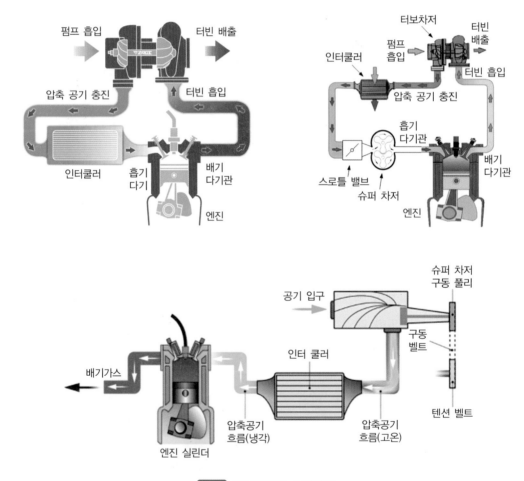

그림 터보차저와 슈퍼차저

1) 터보차저(Turbocharger)

엔진에서 배출되는 배기가스를 이용하여 터빈을 회전시킨 후 이 회전력을 이용해 컴프레서를 구동하여 흡입공기를 밀어 넣는 일종의 가압장치이다. 터보차저는 일반 자연 급기 방식(NA)보다 많은 공기를 흡입하여 큰 출력을 발생시킨다. 터보차저는 배기가스를 이용하여 흡입공기를 과급하기 때문에 흡기 온도가 상승하게 되며 흡기온도가 상승하면 부피 증가로 과급효율이 감소하게 되어 엔진의 노킹이 발생되므로 과급된 공기를 냉각시키는 인터쿨러(Intercooler) 장치를 적용한다.

그림 터보차저의 구성

2) 슈퍼 차저(super charger)

슈퍼 차저는 컴퓨터의 제어 신호에 의해서 엔진의 동력을 전달 또는 차단하는 전자 클러치, 엔진의 동력에 의해서 회전하여 공기를 압축하는 누에고치 모양의 루트, 크랭크축 풀리와 벨트로 연결되어 엔진의 동력을 받는 풀리, 전자 클러치가 OFF 되었을 때 공기를 공급하는 공기 바이패스 밸브로 구성되어 있다.

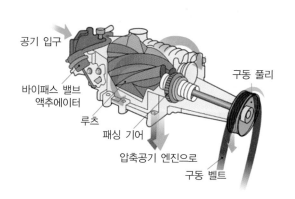 

그림 슈퍼차저의 구성

엔진의 동력을 이용하여 누에고치 모양의 루트 2개를 회전시켜 공기를 과급하는 방식으로 전자 클러치에 의해서 엔진의 부하가 적을 때는 클러치를 OFF시켜 연비를 향상시키고 부하가 커지면 클러치를 ON시켜 엔진의 출력을 향상시킨다. 이때 클러치의 제어는 컴퓨터에 의해서 이루어지며, 터보차저에 비해서 저속 회전에서도 큰 출력을 얻을 수 있는 특징이 있다.

3) VGT(Variable Geometry Turbocharger)

VGT는 배기가스 유로를 효율적으로 정밀 제어할 수 있는 전자제어 방식의 터보차저이다. 일반 터보차저의 경우 배출 가스량이 적고 유속이 느린 저속구간에서는 효과를 발휘할 수가 없다는 단점이 있다. 그러나 VGT는 베인(Vane)에 의해 터빈입구의 배기가스 유로면적을 변화시켜 저속 및 고속 전 구간에서 최적의 동력 성능을 발휘할 수 있다.

따라서 배기가스가 적게 배출되는 저속구간에서는 베인에서 터보차저로 유입되는 배기유로를 축소하여 흐름을 빠르게 한다. 이를 통해 터빈의 구동력을 높이고 가속 성능을 향상시켜 최대 토크를 5~15% 향상시킬 수 있다. 또한 배기가스가 많이 배출되는 고속구간에서는 터보차저로 유입되는 배기유로를 넓혀 많은 양의 배기가스로 터빈의 구동력을 높여 줌으로써 최고 출력을 10~15% 정도 향상시켰다. 기존의 VGT는 부압식 베인 컨트롤 액추에이터였으나 최근에 적용되는 e-VGT는 전자식으로 변경되었으며 ECU에서 전자식 모터 액추에이터를 작동시켜 더욱더 정밀하게 제어되도록 개발되었다.

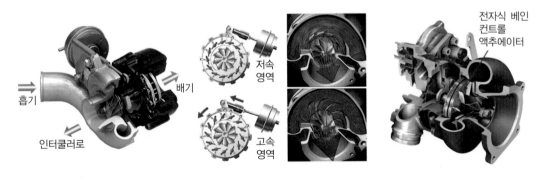

그림 VGT의 구조 및 작동

4) 트윈 스크롤 터보(Twin scroll turbo)

일반적인 터보차저는 터빈 하우징의 배기가스 통로가 하나로 되어 있지만 하나의 터보에 터빈 휠로 통하는 배기가스 통로를 2개(프라이머리 스크롤과 세컨더리 스크롤)로 분할하고 배기다기관에 컨트롤 밸브를 두어 저속영역에서는 세컨더리 스크롤로 통하는 통로를 차단하여 모든 실린더의 배기가스가 프라이머리 스크롤로 흐르도록 하여 배기가스의 유속을 증가시켜 가속력을 높인다. 또한 고속영역에서는 세컨더리 스크롤에도 배기가스를 보내 배압을 낮추어 펌핑 로스를 줄이고 흡입 공기의 충진효율을 증가시킨다.

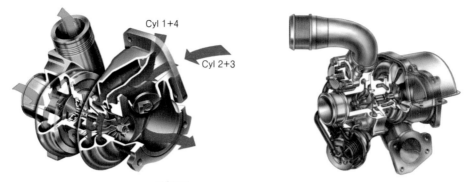

그림 트윈 스크롤 터보의 구조

5) 2-Stage 터보차저

2-Stage 터보차저는 저속형, 고속형 터보차저 2개를 직렬로 연결하여 사용 영역별 최적화로 저속 토크와 고속 출력을 동시에 증대시킬 수 있다.

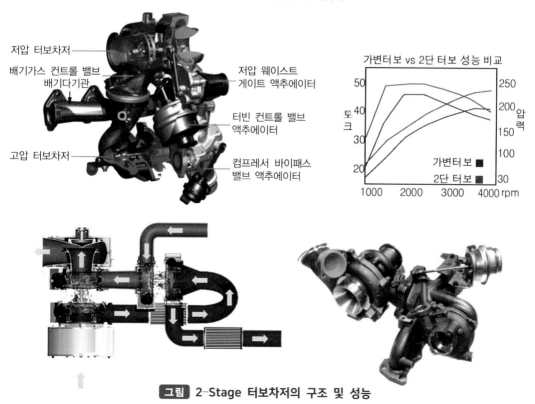

그림 2-Stage 터보차저의 구조 및 성능

내연기관 기술 개발 동향

(1) 가솔린 직접 분사식 엔진(GDI)

최근 가솔린 엔진은 흡입 행정에 맞추어 흡기 다기관에 분사된 연료를 공기와 함께 연소실에 흡입시킴으로써 발생하는 연료의 손실에 따른 출력 손실을 방지하기 위하여 연소실에 직접 연료를 분사하는 가솔린 직접 분사식 엔진(GDI : gasoline direct injection engine) 기술이 개발되었다.

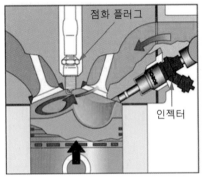 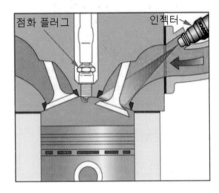

(a) GDI엔진   (b) EFI엔진

그림 GDI 엔진과 EFI 엔진의 비교

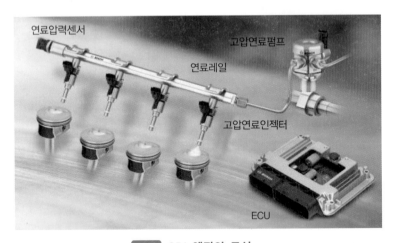

그림 GDI 엔진의 구성

1) 직립형 흡기관

일반적인 엔진과는 달리 실린더와 거의 수직으로 연결된 흡입구는 실린더로 최적의 공기 흐름으로 공급한다. 이 새로운 방식의 흡입구는 최적의 연료 분사를 위해 공기의 흐름

을 강하게 반대 방향으로 바꿔주는 피스톤의 상부 곡선에 효과적으로 공기의 흐름으로 내려 보낸다.

2) 오목형 피스톤

피스톤의 헤드가 오목하게 생긴 피스톤으로 혼합기가 실린더 내에서 섞이는 방향을 조절하여 연소를 조절한다. 그리고 연소실 내의 공기 흐름뿐만 아니라 혼합기의 형태도 조절하며 압축 행정에서 나중에 분사되는 혼합기가 흩어지기 전에 점화 플러그 앞으로 운반된다.

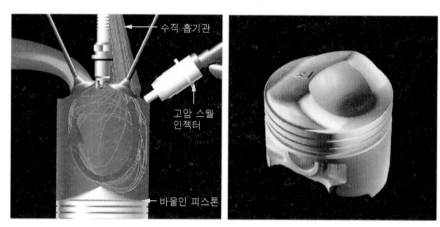

그림 직립형 흡기관 및 GDI 피스톤 헤드 형상

3) 고압 연료펌프

고압 연료 펌프는 실린더 안으로 가솔린을 직접 분사하기 위해 필요한 초고압을 발생시킨다. 연료를 압축 행정 때 분사하려면 실린더 내부의 고압을 이기고 연료가 골고루 분사될 수 있는 강한 분사력이 필요하기 때문이다.

(a) 고압 인젝터   (b) 고압 연료펌프   (c) 연료 압력센서
그림 GDI 연료계 구성부품

4) 고압 와류 인젝터

고압 와류 인젝터는 연료의 기화와 분무를 조절한다. 이 새로운 고압 와류 인젝터는 엔진의 작동 상황에 맞게 연료의 이상적인 분사 모양을 만들어 낸다. 동시에 분사되는 연료에 와류가 일어나도록 하여 저압에서도 충분한 연료를 엔진에 분사할 수 있다.

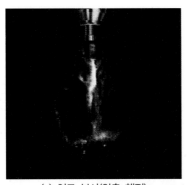 

(a) 연료 분사(압축 행정)　　　　　　　　(b) 연료 분사(흡입 행정)

그림 GDI 연료분사 패턴

5) 흡입 공기의 와류 형성

직립 흡기관에 의해 흡입되는 공기는 수직 방향으로 강력한 하강 기류가 형성되며, 하강 기류의 흡입 공기는 다시 만곡형 피스톤에 의해 공기의 흐름을 위쪽 방향으로 바꾸게 되어 흡입 공기는 상하 방향으로 강력한 와류가 형성되게 된다.

6) 압축 행정 시 연료 분사로 연료 성층화 형성

압축 행정 말기에 강력한 와류가 형성되어 있는 실린더에 고압 스월 인젝터로부터 연료를 분사한다. 연소실 내에서 강력한 공기의 와류가 형성될 때 와류의 중앙 부위는 바깥부분보다 속도가 훨씬 빠르기 때문에 바깥부분에 비해 상대적으로 압력이 떨어지게 된다. 이때 분사된 공기보다 무거운 연료 입자는 압력이 높은 바깥부분에서 낮은 중앙부위로 압력차에 의해 이동하게 되어 와류의 중심부위인 점화 플러그 주위로 대부분의 연료가 집중되어 농후한 혼합기가 형성된다.

7) 초희박 연소

성층화된 농후한 혼합기에 점화 플러그에서 스파크가 발생하면 혼합기가 연소하기 시작하여 강력한 화염이 형성된다.

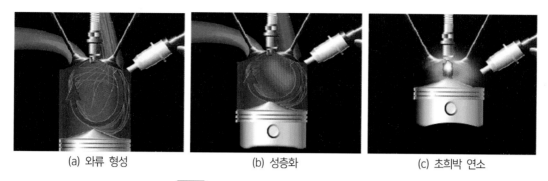

(a) 와류 형성　　　　　　(b) 성층화　　　　　　(c) 초희박 연소

그림 와류 형성, 성층화 및 초희박 연소

(2) 희박연소 엔진

기존의 엔진이 이론 공연비 14.7 : 1에 연소하는데 비해 희박 연소 엔진에서는 이보다 훨씬 희박한 공연비인 22 : 1 상태에서 연소가 가능하며, 이러한 연소 조건은 흡기 행정 중 와류의 발생과 연료 분사시간을 컨트롤함으로써 얻을 수 있다. 그러나 초희박 연소는 공연비가 희박해짐에 따라 연소가 불안정하게 되어 토크의 변동을 초래하는 단점을 가진다. 따라서 초희박 연소를 실현하기 위해서는 희박 연소 시 연소 안정성에 관한 기반 기술의 확립이 선행되어야 한다.

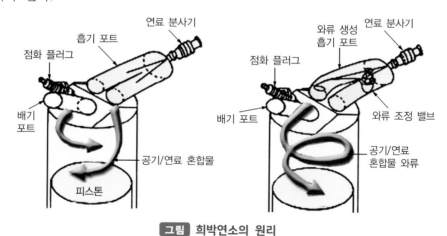

그림 희박연소의 원리

1) 성층 급기 방식

성층 급기 방식은 전체적으로는 혼합기가 희박하나 점화 플러그 근처의 공연비를 농후한 혼합기로 유도하여 혼합기의 성층화를 통해 점화가 용이하게 된다. 성층 급기 엔진에는 별도의 부연소실을 설치하여 여기에 공연비가 농후한 혼합기를 공급하고 설치된 점화 플

러그로 점화하여 연소시킴으로써 희박 혼합기가 공급된 주연소실에 연소 화염이 분출되도록 하여 화염 전파를 촉진시키는 방법이다.

2) 균질 급기 방식

균질 급기 방식은 연소실 전체에 균일한 공연비를 공급하는 방식으로서 공연비가 희박함에 따라 연소를 위한 초기 점화 에너지가 증가하게 되므로 점화장치를 대폭적으로 개선하여야 한다. 고전류, 고에너지, 방전시간 단축 혹은 지속을 통한 방법이나 플라즈마 제트, 다중 점화방식 등으로 연료의 발화와 화염의 진행을 향상시키고 있다.

또한 연소실의 설계변경을 통하여 열손실을 줄이고 연소효율을 높이기 위한 연소실 내부의 유동 개선이 주요 설계인자로서 연구되고 있다. 이를 위해 흡기 포트의 형상 설계, 스월 컨트롤 밸브(SCV), 스퀴시 면적의 확대 등이 희박 엔진에 적용되어 왔다.

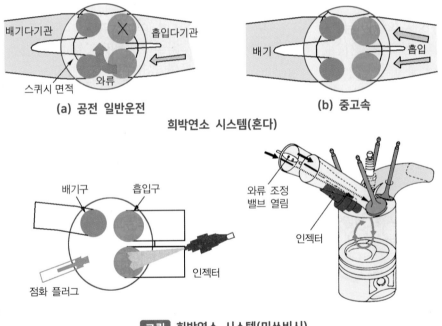

희박연소 시스템(혼다)

그림 희박연소 시스템(미쓰비시)

3) 희박 연소 엔진의 효과

희박 연소 구간에서는 극히 희박한 혼합비로 운전하게 되므로, 일반 엔진 대비 10% 이상의 연비 개선의 효과가 가능하고, 정속 운행시는 20% 이상도 가능하다. 연비 향상의 이유는 동일한 출력에서 흡입 공기량의 증가로 인하여 결국 펌핑 손실이 저감된다.

혼합기에 공기를 과잉 공급하여 연소시키는 희박 연소는 상대적으로 펌핑 손실이 적고,

정상 연소보다 비열비가 증가함으로써 엔진의 열효율이 향상된다. 그리고 연소 최고 온도가 낮아짐으로써 질소산화물(NOx)이 현저히 감소되며 완전 연소로 인한 일산화탄소(CO)가 감소하여 유해 배출가스가 줄어든다.

(3) 실린더 스톱 시스템

실린더 스톱 시스템(Cylinder stop system)은 파워가 요구되는 출발, 가속 상태에서는 모든 실린더가 작동하나, 파워가 요구되지 않는 정속주행 상태에서는 일부 실린더에 연료의 공급을 중단하고 흡배기 밸브도 닫아 피스톤을 공전하게 함으로써 연비를 향상시키는 기술이다.

실린더 스톱 시스템의 구성 및 작동은 자동차의 부하를 감지하는 부하 감지 수단과 감지된 부하가 설정치 이하인 경우에 상기 인젝터 중 적어도 어느 하나 이상의 작동을 중지시켜 실린더를 스톱시키는 제어부가 있다. 또한 스톱된 실린더의 배기 매니폴드 내의 공기가 촉매장치에 공급되지 않도록 연결되는 바이패스 관로를 설치하였으며 배기 파이프와 바이패스 관로를 제어하도록 밸브가 설치되어 작동된다.

현재 기술 개발에 있어 과제는 기통이 잠시 멈춘 후 다시 가동될 때 흡배기의 밸브 제어, 실린더 스톱 작동 시 발생하는 쇼크, 실린더 스톱 상태에서 주행 시 일어나는 진동 문제 등이 있으며, 이를 해결하기 위해 다양한 연구 개발이 진행되고 있다.

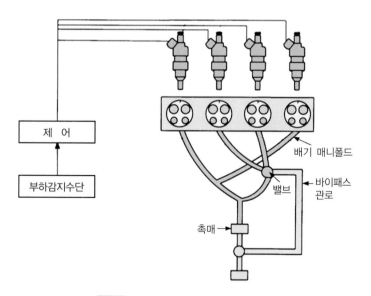

그림 실린더 스톱 시스템의 구성

(4) 커먼레일 유닛 인젝터 시스템

유닛 인젝터 시스템(unit injector system)에서는 고압 분사펌프, 고압 솔레노이드 밸브 그리고 분사 노즐이 일체로 하나의 유닛으로 조립되어 있다. 결국 분사펌프가 인젝터 가까이에 위치하기 때문에 인젝터의 분사 정밀도가 더욱 향상되고, 실린더 헤드나 실린더 블록에 직접 장착되므로 엔진의 소음을 줄일 수 있다.

현재 유닛 인젝터의 노즐 압력은 $2000\mathrm{kgf/cm^2}$까지 올릴 수 있으며, 연료 압력이 높을수록 분무 입자가 작아지기 때문에 공기와 연료의 혼합이 좋아지며 완전연소에 가까운 연소가 이루어진다. 연료는 각 실린더마다 장착된 연료 분사 모듈에 의해 분

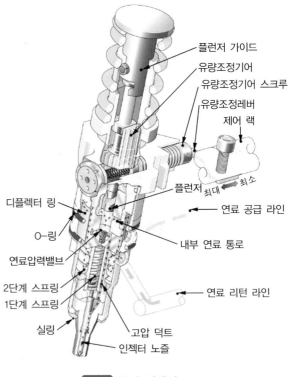

그림 유닛 인젝터 구조

사되며, 이 연료 분사 모듈 안에는 노즐과 펌프가 하나의 어셈블리 부품으로 되어 있다.

유닛 인젝터 장치는 모듈로 되어 있기 때문에 엔진에 장착하기 쉬울 뿐만 아니라 정비 시에도 다른 부품들을 탈거할 필요 없이 바로 정비할 수 있기 때문에 정비성도 좋다.

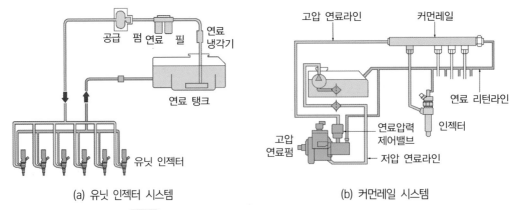

(a) 유닛 인젝터 시스템　　　　(b) 커먼레일 시스템

그림 유닛 인젝터 시스템(UIS)과 커먼레일 시스템

(5) Dual-CVVT SYSTEM

CVVT는 가변 밸브 타이밍 장치를 말하는데 이는 엔진의 흡기 또는 배기 밸브의 타이밍, 즉 밸브가 열리고 닫히는 시기를 운전조건에 맞도록 가변 제어한다는 말이다. 다시 말해 엔진의 회전수가 느릴 때에는 흡기 밸브의 열림시기를 늦춰 밸브 오버랩을 최소로 하고, 중속구간에서는 흡기 밸브의 열림시기를 빠르게 하여 밸브 오버랩을 크게 할 수 있도록 한다는 것이다.

CVVT 시스템은 흡·배기 밸브의 타이밍을 모두 가변제어 할 수 있는 시스템이 적용되는데 이러한 방식을 '듀얼(Dual)-CVVT'라고 한다.

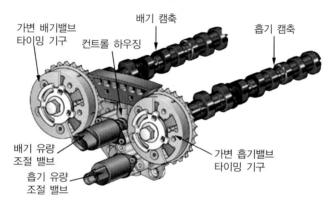

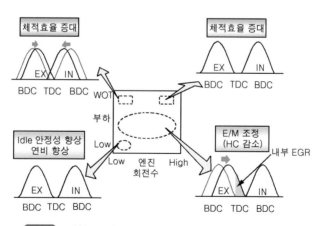

그림 듀얼(Dual)-CVVT 시스템의 구성 및 작동원리

1) 엔진 부하에 따른 CVVT 제어와 효과

Dual-CVVT 시스템은 흡·배기 밸브의 개폐시기를 동시에 제어함으로써 엔진의 영역별 최적의 성능을 발휘하게 된다. 공회전과 같은 저속 저부하 상태에서는 밸브 오버랩을 적게

하여 안정적인 연소가 가능하도록 하며, 중속의 부분부하에서는 배기 밸브를 지각시켜(싱글 CVVT에서는 흡기 밸브를 진각시켰다.) 연비의 향상, 배출가스 저감 등의 효과를 볼 수 있게 된다.

흡기 CVVT 어셈블리의 초기 위치는 최대 지각으로, 시동 후 제어 시 진각방향으로 제어되며 배기 CVVT 어셈블리의 초기 위치는 최대 진각으로 시동 후 제어 시 지각 방향으로 제어된다.

그림 Dual-CVVT의 진각·지각 제어

(6) CVVL(Continuously Variable Valve Lift)

CVVL은 엔진의 회전속도에 따른 밸브의 열림량을 제어하는 방식이다. 이 장치는 엔진의 회전수에 따라 캠 프로파일의 전환(VTEC)또는 요동 캠 기구를 이용하여 밸브의 리프트양이 조절되며, 엔진의 성능향상 및 연비를 향상시키는 시스템이다.

회전하는 캠과 밸브라는 일반적 기구 사이에 왕복 요동운동을 하는 캠을 추가하여 회전캠에 의한 움직임의 일부를 밸브로 전달되지 않도록 하여(로스트 모션) 밸브의 열림 각과 밸브의 양정을 연속적으로 가변시키는 것이다.

일반적인 캠 및 밸브 기구(Valve Train)에서도, 회전 캠의 로브(Lobe) 부분에 걸려도 밸브와의 사이에 틈을 만들어 주면 밸브가 눌리지 않게 되지만, 이 틈이 없어져 캠과 밸브가 맞닿는 순간, 양자는 심하게 부딪혀 파손되게 된다. 즉 밸브가 닫힐 때에도 심하게 밸브 시트에 충돌한다. 때문에 캠과 밸브사이의 틈이 거의 없도록 세팅되며, 캠 로브의 시작과 끝에는 완만한 라운드를 주어, 이 충격을 방지하고 있다.

이에 반해 요동 캠 방식은, 요동 캠 로브가 시작되는 시점에 램프를 주어서 회전 캠의 작동이 언제 밸브에 전달되기 시작하더라도 완만하게 밸브가 열리고 닫히도록 하며, 닫히는 쪽에서도 밸브를 충분히 감속하고 나서 밸브 시트에 부딪치도록 함으로써 밸브 구동기구 역할을 성립시킨다.

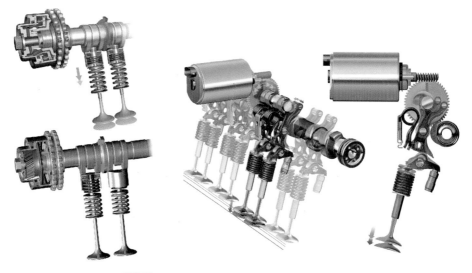

그림 요동 캠 기구 적용 밸브트로닉 기술

(7) CVVD (Continuously Variable Valve Duration)

CVVD는 밸브가 열려 있는 시간을 엔진의 동작 상태에 따라 가변하는 기술로 흡기 밸브의 개폐시간을 자유롭게 조절하여 엔진의 종합적인 성능을 높여주는 연속 가변 밸브 듀레이션 기술을 말한다.

CVVD 기술의 핵심은 캠의 회전 중심을 변경하는 것이다. 캠의 회전 중심을 이동시키면 편심이 발생하고, 멀티 링크라는 장치를 통하여 회전속도의 차이가 발생한다. 캠이 밸브를 누르면서 밸브가 열리게 되는데 캠이 밸브를 누르는 순간의 회전속도를 변경하여 밸브 듀레이션을 발생시킬 수 있는 것이다.

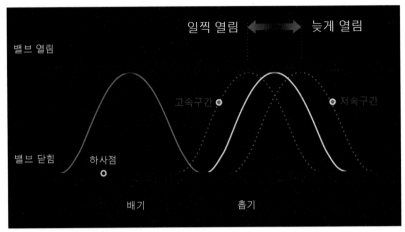

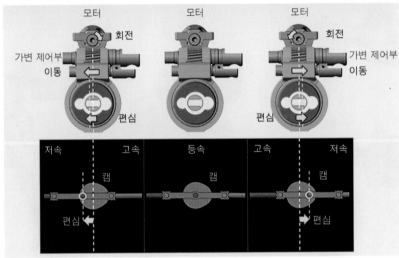

그림 CVVD의 작동원리

CVVD 시스템은 캠축에 가변 제어부, 구동 모터로 구성되어 있다. ECU가 CVVD 구동 모터를 회전시키면, 가변 제어부가 이동하여 캠축의 중심이 바뀌게 된다. 이에 따라 캠의 회전속도가 변경되고 그로 인해 캠이 밸브를 누르는 속도가 바뀜으로써, 밸브가 열리는 시간이 바뀌게 되는 것이다. 중심을 한쪽으로 이동시키면 밸브가 일찍 열려도 늦게 닫히고, 반대쪽으로 이동시키면 밸브가 늦게 열려도 일찍 닫힌다.

CVVD 기술은 지금까지는 부분적으로만 가능했던 엔진의 밸브 열림 시간 제어를 획기적으로 늘려주는 기술로 상충 관계인 엔진의 성능과 연료 소비효율을 동시에 개선시키면서 배출가스까지 감소시켜주는 것이 특징이다. CVVD 기술은 가속 주행, 연비 주행 등 운전 조건에 맞춰 흡기 밸브가 열려 있는 시간을 이상적으로 제어할 수 있고 이를 통해 성능은 4%, 연비는 5%를 향상할 수 있으며 밸브 시스템의 개선만으로 엔진의 연비 5%를 달성한 것은 매우 혁신적인 기술이다. 뿐만 아니라 연소효율이 좋아져 배출가스를 12%까지 줄일 수 있어 친환경 기술이라고도 할 수 있다.

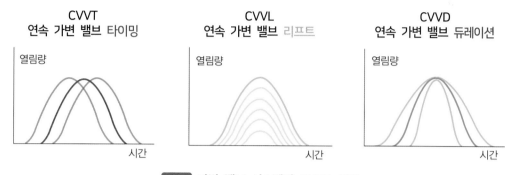

CVVT	CVVL	CVVD
연속 가변 밸브 타이밍	연속 가변 밸브 리프트	연속 가변 밸브 듀레이션

그림 가변 밸브 시스템과 CVVD 비교

(8) 가변 흡기 시스템(VIS ; Variable Intake System)

　VIS(Variable Intake System)란 가변식 흡입장치라는 뜻으로 다양한 운전자의 요구에 대응하고 저속에서 고속까지 높은 출력을 발휘하도록 개발된 엔진 흡기 계통의 부속장치이다.

　엔진의 영역별 요구조건은 혼잡한 시내 주행을 자주하는 고객은 저, 중속영역에서 높은 출력을 발휘하는 엔진을 요구하며, 고속도로 주행이나 스피드를 즐기는 운전자는 고속 영역에서 높은 출력을 발휘하는 엔진을 원한다.

　일반 엔진(자연 흡기-N/A Natural Aspiration방식의 엔진)은 저, 중속영역에서 회전력(Torque)이 크도록 설계를 하면 고속영역에서 회전력이 작아지고 반대로 고속영역에서 회전력이 크면 저, 중속영역에서 회전력이 작아지게 되는 양면적인 특성을 가질 수밖에 없기 때문에 엔진의 전 운전영역에서 높은 출력 성능을 발휘하도록 하기 위해서는 엔진 영역별 흡기 효율의 증대가 필요하다. 엔진 컴퓨터는 엔진의 회전수와 엔진의 부하를 계산하는 스로틀 밸브 열림량에 따라 VIS(Variable Intake System) 밸브 모터를 구동하여 공기 흡입 통로의 방향을 제어한다.

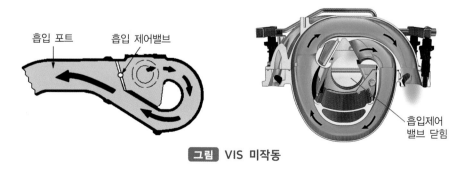

흡입 포트　　흡입 제어밸브

흡입제어
밸브 닫힘

그림 VIS 미작동

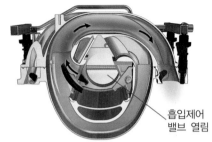

흡입 포트　　흡입 제어밸브

흡입제어
밸브 열림

그림 VIS 작동

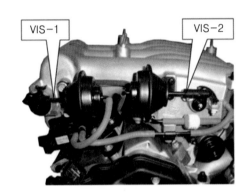

VIS-1　　VIS-2

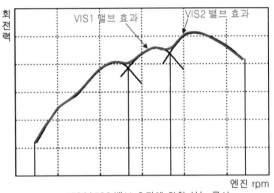

VIS1 밸브 효과　　VIS2 밸브 효과

회전력

엔진 rpm

VIS1/VIS2 밸브 효과에 의한 성능 곡선

그림 VIS 구조 및 효과

(9) ETC(Electronic Throttle Control) 시스템

ETC 시스템은 흡입 공기량 및 엔진의 rpm을 정밀 제어하여 최적의 운전성을 구현하기 위해 적용된다. 이에 따라 엔진의 공회전속도 제어, TCS 제어, SCC 제어 등을 수행하며, 배선의 감소 및 연결 커넥터 삭제 등 시스템의 간소화로 고장율 저감 및 신뢰성을 확보하게 된다.

추가적인 장점으로는 촉매의 활성화 시간 단축 및 촉매 보호 기능이 가능하여 배기가스의 저감에 유리하고 엔진 토크 및 변속기 제어의 최적화를 통한 연비 및 운전성이 개선된다.

제어 항목	기존 제어 방식	람다 엔진의 제어방식
스로틀밸브 제어	– 기계적 연결구조(악셀케이블)	ETC 모터에 의한 통합제어
공회전 속도 제어	– ISCA에 의한 제어 – 공회전속도 제어	
TCS제어 (Traction Control System)	– 보조 스로틀밸브로 TCS 제어	
SCC제어	– 보조 엑셀 케이블로 크루즈컨트롤 – 진공을 이용한 크루즈컨트롤	

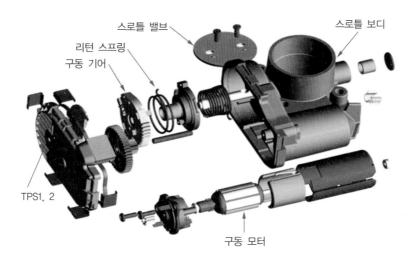

그림 ETC 시스템의 제어항목 및 구조

ETC 시스템을 제어하는데 있어서 운전자의 의도를 알아내기 위한 센서로 APS가 사용된다. 운전자가 얼마나 액셀러레이터 페달을 밟고 있는지를 가지고 목표 rpm을 계산하는데 사용하게 되고, 또한 얼마만큼 빠르게 액셀러레이터 페달을 밟았는지를 가지고 가·감속 정도를 판단하게 된다.

APS는 TPS와 마찬가지로 가변저항을 이용한 전압값의 변화를 가지고 액셀러레이터 페달의 밟은 양을 계산하게 되는데, 이 또한 TPS와 마찬가지로 APS-1과 APS-2, 두 개의 센서를 이용해 상호 보완적인 역할을 하게 된다.

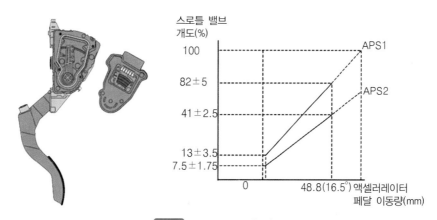

그림 APS 구조 및 작동

1) APS(Accelerator Position Sensor)

운전자의 가속의지를 판단하기 위해 액셀러레이터 페달의 밟은 량을 검출하여 ECM으로 신호를 전달하는 역할을 한다. 내부에는 포텐시오미터 가변저항 타입의 센서로서 APS 1·2 센서가 액셀러레이터 페달의 상단에 장착되어 있다. 차량이 주행 중 APS 1·2 센서 중에 한 개의 센서가 고장이 나면 다른 하나의 센서로 정상적으로 제어가 가능하나(rpm과 최고속도 제한은 있다.) APS 1·2가 동시에 고장이 날 경우 액셀러레이터 페달의 위치를 알 수 없기 때문에 공회전상태로 유지한다.

2) TPS(Throttle Position Sensor)

스로틀 밸브의 움직이는 량을 감지하여 ECM에 신호를 보내는 주는 역할을 한다. 엔진 ECM은 TPS 신호를 받아 현재의 스로틀 밸브 위치와 목표 스로틀 밸브 개도를 피드백 제어하는데 중요한 기능을 한다. 차량 주행 중 TPS 1·2 센서 중에 한 개의 센서가 고장이 나면 다른 하나의 센서로 정상적으로 제어가 가능하나 TPS 1·2가 동시에 고장이 날 경우에는 공기량 센서의 의해 측정된 공기량을 이용하여 TPS의 위치 판단으로 스로틀 모터를 작동시켜 스로틀 밸브를 제어한다.

(10) 발전 전류 제어 시스템

현재 일부 승용차량의 경우 배터리의 장착위치는 트렁크로 옮겨지게 되었는데, 배터리가 트렁크로 옮겨짐에 따라 엔진 룸과 트렁크 내부의 온도 차이로 인해 전압의 불균형이 생길 수 있게 된다. 그래서 이러한 배터리 전압의 불일치를 방지하기 위해 정확하게 배터리 상태를 확인할 수 있도록 배터리 센서가 장착되고 또한 ECM에서는 배터리의 충전 상태를 파악해 보다 더 효율적으로 충전을 실시하게 된다.

배터리의 충전 상태가 양호해서 더 이상 충전할 필요가 없는 경우, 또는 가속 시와 같이 엔진의 동력을 최대한 발휘해야 하는 경우에는 충전을 하지 않는다. 이와는 반대로 배터리의 상태가 불량하거나, 감속시와 같이 타력 주행이 가능할 때에는 충분한 충전을 통해 배터리의 상태를 양호하게 하는 등의 가변적인 제어를 하는데, 이것을 발전 전류 제어 시스템이라고 부른다.

시스템의 구성으로는 배터리와 배터리 센서, 그리고 ECM과 발전기로 구성되어 있다. 배터리 센서는 배터리의 상태를 파악하기 위해서 배터리 액의 온도(맵핑 값을 이용), 전류, 전압을 검출하는 역할을 한다. 그리고 이 정보는 LIN 통신선(1개의 선으로 구성)을 이용해서 ECM으로 전달된다.

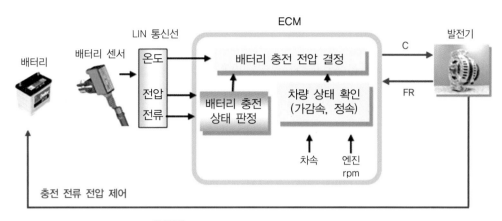

그림 발전전류 제한 시스템의 구성

ECM에서는 배터리 센서의 신호를 가지고 배터리의 충전 상태인 SOC(State Of Charge)를 연산하게 되고, 또한 이렇게 연산된 값을 가지고 필요한 충전량을 C단자를 통해 PWM 신호로 보내게 된다. 발전기 상태는 FR 단자를 통해서 피드백 받는다.

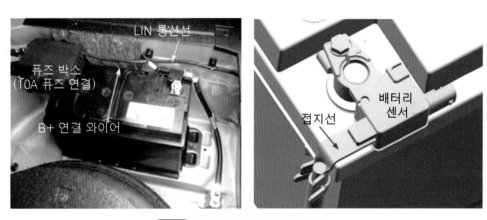

그림 배터리 센서와 LIN 통신선

(1) 가솔린 기관 후처리 기술

배기가스 규제가 강화됨에 따라 엔진 내부에서의 유해가스 저감 기술만으로는 규제를 만족하기에는 한계가 있어 후처리 기술의 적용이 불가피해졌다.

가솔린 엔진의 경우 일산화탄소(CO), 탄화수소(HC), 질소산화물(NOx)을 동시에 저감시키는 삼원촉매 기술이 사용되어 왔으나 냉간 시 촉매의 성능 하락에 따른 일산화탄소, 탄화수소의 제어 한계와 더욱 엄격하여진 미국의 배출가스 규제(ULEV)를 만족시키기 위해 예열 촉매 기술을 사용하였다.

그러나 현재는 희박 연소 기술이 발달함에 따라 희박 구간에서 질소산화물(NOx)의 삼원 촉매 정화율이 크게 떨어지는 부분을 보완하기 위해 질소산화물(NOx)의 촉매와 일산화탄소(CO), 탄화수소(HC)를 정화할 산화 촉매가 결합된 촉매 기술이 적용 및 실용화 되고 있다.

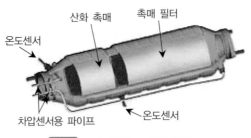

그림 NOx촉매 + 산화촉매

1) 삼원 촉매 작동원리

삼원촉매 장치(TWC ; Three Way Catalyst)는 CO, HC, NOx의 3대 배출가스를 동시에 저감하는 촉매장치를 말한다. 삼원촉매는 희박과 농후 영역에서 CO, HC와 NOx 저감의 성능이 서로 반대되며 이들 3성분을 동시에 저감할 수 있는 공연비 폭(window)이 존재함을 알 수 있으며 엔진에 공급되는 공기와 연료비가 이론공연비(stoichiometric)로 공급하여야 함을 알 수 있다.

자동차의 운전여건은 가・감속(transient) 운전이 많으며 정속(steady)일 경우도 속도와 부하조건이 폭넓게 변하기 때문에 어떤 운전 상태에서도 공연비를 항상 삼원촉매의 전환 효율 폭 이내로 맞추기 위해 ECU에 의한 전자적 연료제어가 도입되었다.

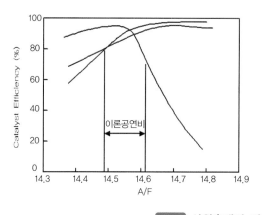
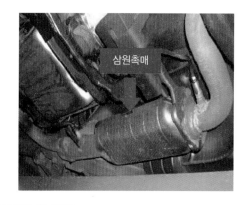

그림 삼원촉매의 전환효율 및 적용

촉매는 세라믹이나 금속으로 만들어진 본체에 해당하는 담체(substrate)에 귀금속 물질을 코팅하여 만들었으며 직접 가스와 반응하는 촉매물질을 가장 바깥에 도포하였다. 촉매는 주로 백금(Pt : platinum)과 로듐(Rh : rhodium)을 함께 사용하였으나 최근에는 팔라듐(Pd : palladium)을 포함한 Pt·Pd·Rh의 다층구조(tri-metal) 시스템이 사용되는 추세다.

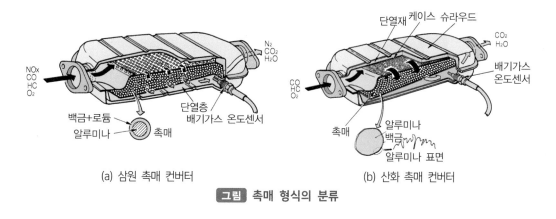

(a) 삼원 촉매 컨버터   (b) 산화 촉매 컨버터

그림 촉매 형식의 분류

촉매는 표면의 온도가 약 550℃ 이르러 정상적으로 작동하며 초기에는 촉매 온도가 낮아 정상적인 반응이 어렵다. 따라서 초기의 저온 시동시 촉매의 온도를 빠르게 상승시키는 것이 중요하여 촉매를 전기 히터나 버너 등으로 인위적으로 가열시키는 방법을 검토하고 있다. 촉매 가열속도를 빠르게 하고 겨울철 온도저하를 방지하기 위해서는 가능한 한 엔진에 가깝게 설치하는 것이 유리하지만, 반면 촉매가 고온에 장시간 노출되면 성능이 저하되는 열화(thermal aging)의 영향도 고려하여야 하기 때문에 촉매의 장착 위치도 매우 중요하다.

2) 예열 촉매

엔진은 초기 운전기간(initial warm up)중에 연료가 농후한 상태로 운전되며 온도가 낮을수록 공연비는 더욱 농후하다. 따라서 저온 시동 시 엔진으로부터 NOx는 적게 배출되나 CO와 HC는 다량 배출된다. 엔진의 배출가스에 의해 촉매가 정상 동작하는 온도까지 상승하여야 HC 및 CO를 산화시킬 수 있는데 배기관으로부터 촉매장치까지 거리가 있어 배기가스가 촉매장치를 정상온도까지 상승시키는데 어느 정도의 시간이 소요된다.

이러한 저온 시동시의 CO와 HC 저감 대책으로 엔진의 연소를 제어하거나 배출가스에 2차 공기를 공급하는 연소 제어방식과 전기 히터나 버너 등으로 촉매를 가열시키는 촉매 예열방식이 있으며 이들은 상호 보완적으로 사용된다.

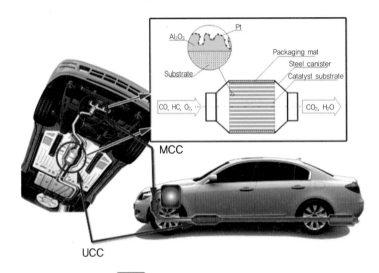

그림 자동차 촉매장착 위치

연소제어 방식은 엔진의 냉시동 시 점화시기를 지연시키고 아이들 속도를 높여 촉매를 빨리 가열시키거나 분사되는 연료를 보다 미립화 하여 연료가 공기와 잘 혼합되도록 함으로써 고온의 배기가스를 생성하여 발생한 높은 열에너지로 촉매를 가열시키려는 방식과 촉매 이전의 배기관에 2차 공기를 공급하여 미연소 HC 가스를 재 연소시켜 저감시키고, 배기가스 온도를 높여 촉매가열을 촉진시키는 방법도 사용된다.

① 가열식 촉매장치

가열식 촉매장치는 전기에너지 또는 버너로 촉매의 담체를 가열시키는 장치로서 가장 효율적인 방법으로 평가되고 있으나 히터를 가열시키기 위해서 추가 전력 공급 장치가 필요하며 고가인 것이 결점이다.

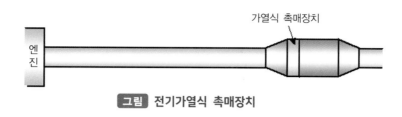

그림 전기가열식 촉매장치

② **탄화수소 포집장치**

　탄화수소 포집장치(HC trap)는 냉간 시동시 발생하는 HC를 별도의 포집장치에 흡착시켜 두었다가 촉매가 정상온도에 도달하면 포집장치에 흡수된 HC를 방출하여 촉매장치를 통과시키는 방법이다. 흡착제로는 제올라이트계(zeolite based)가 주로 사용되며 촉매와 포집장치의 배열방식에 따라 크게 자연방식과 바이패스 방식이 있다.

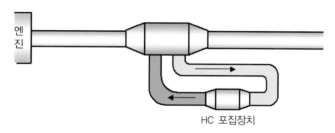

그림 HC 포집장치 촉매장치

③ **근접 장착식**

　근접 장착식(CCC : close coupled catalyst)은 삼원촉매를 엔진의 배기관 가까이에 설치하여 촉매온도가 빨리 가열되도록 하는 방법으로 경제적인 방법이다. 그러나 엔진에 가깝기 때문에 촉매가 과열되어 성능이 저하되거나 손상되기가 쉬워 이에 대한 방지책이 필요하다. 이에 대한 방안으로, 별도의 보조 촉매를 엔진의 배기관 가까이에 설치하여 엔진 초기 시동시(warm-up)만 사용하게 하고 엔진이 충분하게 데워지면 보조촉매(pre-catalyst)로의 배출가스 통로는 막고 삼원촉매로 배출가스가 흐르도록 하는 시스템도 있다.

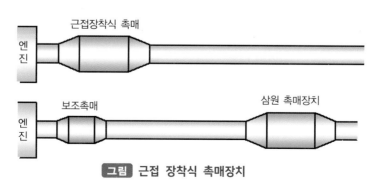

그림 근접 장착식 촉매장치

3) 질소산화물(NOx) 촉매

희박연소(lean burn)엔진이나 가솔린 직접분사(GDI) 엔진과 같이 희박 공연비에서 작동하는 엔진에서는 삼원촉매(TWC)의 적용이 곤란하다. 따라서 삼원촉매와 연계해서 NOx 환원촉매(NOx decomposition catalyst), 선택 환원촉매(SCR ; Selective Catalytic Reduction) , NOx 트랩(Trap)을 이용한 3가지 시스템이 사용되고 있다. 또한 희박연소를 기반으로 하는 디젤 엔진에서도 그대로 적용되는 기술이다.

① NO 환원촉매

산화질소(NOx) 환원촉매의 환원반응식은 $2NO = N_2 + O_2$이며 이 반응을 일으키는 효율이 우수한 촉매는 아직 많이 발견되지 않았으며 현재 가장 주목받고 있는 것은 제올라이트계인 $Cu \cdot ZSM_5$ 정도이다.

② 선택 환원 촉매

선택 환원촉매는 환원제로 HC, 암모니아, 암모니아 요소인 유레아(urea) 등을 사용하여 선택적으로 NOx를 저감하는 기술이며 가솔린은 주로 HC를 환원제로 많이 사용한다. HC를 환원제로 사용하는 방식을 희박 NOx 촉매라고 하며 HC는 NOx와 선택적으로 반응하여 N_2, CO_2, 물(H_2O)을 생성한다.

희박 NOx 촉매 방식의 종류로는 자연식과 강제식 있으며 자연식은 배출가스 중의 HC로 NOx를 저감시키는 방식으로 간단하고, 신뢰성이 있으며, 가격이 저렴하나, HC 공급이 증가하여야 NOx 저감효율이 좋아지기 때문에 실용성에 한계가 있다. 반면에 강제식은 배기계에 HC를 분사하는 방법으로 구조가 복잡해지고, 가격이 비싸지며, 연료 소모도 증가하나 자연식에 비해 NOx 저감효율이 높다.

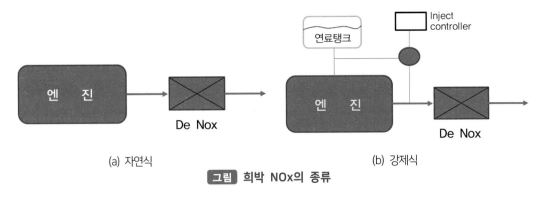

(a) 자연식   (b) 강제식

그림 희박 NOx의 종류

③ 질소산화물 포집장치

질소산화물 포집장치(NOx trap)는 희박영역에서 NOx를 포집하였다가 농후영역에서 배출함으로서 촉매에 의해 질소와 이산화탄소로 변환된다. 그 특징은 이론 공연비에서 기존의 삼원촉매 기능을 가지고 있으며 희박(lean) 영역에서 NOx 포집장치로 NOx를 흡착하여 저장한다. 연료를 분사하거나(rich spike) 공연비가 농후할 시 포집된 NOx를 정화시키고 동시에 NOx 포집장치 기능을 복원한다. 또한 고온 내구성이 우수한 장점이 있다. NOx 포집에 사용되는 물질로 바륨(Ba), 스트론튬(Sr), 칼륨(K) 등을 사용하며, 희박영역의 NO는 백금(Pt)에 의해 NO_2로 변환시켜 NOx 포집장치에 저장하고, 공연비 농후 시 NOx 포집장치(trap)에 저장되어 있는 NOx를 N_2로 환원시킨다.

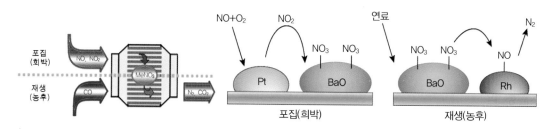

그림 NOx 촉매 + 산화촉매 및 NOx 전환 과정

(2) 디젤엔진 후처리 시스템

경유를 사용하는 디젤 엔진은 입자상 물질(PM)과 질소산화물(NOx) 등의 유해 배출가스를 다량으로 배출하는 문제가 있으며, 이에 따라 디젤 엔진의 전자제어화와 커먼레일(common-rail) 고압분사 시스템 및 대체 연료 사용 등의 전 처리 기술을 사용하고 있지만 갈수록 심해지는 세계의 높은 수준의 배기가스 규제를 만족하기에는 한계가 있어 후처리기술 적용이 불가피해졌다.

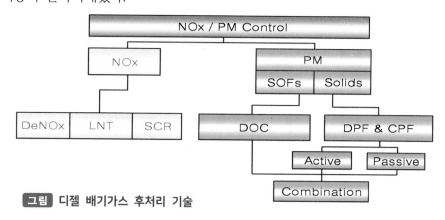

그림 디젤 배기가스 후처리 기술

1) 디젤 산화촉매(DOC ; Diesel Oxidation Catalyst)

디젤 산화촉매 기술은 가솔린 엔진에서 삼원촉매가 개발되기 이전에 사용되던 산화촉매 기술과 기본적으로 동일한 기술이기 때문에 기술의 효과나 성능은 이미 입증되어 있는 기술이다.

DOC는 배기가스 중 HC와 CO를 80% 이상 감소시키고 입자상물질(PM)의 용해성유기 물질인 SOF(Soluble Organic Fraction) 성분도 50~80%를 제거한다. 그러나 전체 입자상 물질(TPM) 중 SOF 비율이 적어 전체 PM의 20~40% 정도를 저감시킨다. 이와 같이 DOC 의 PM 저감율이 높지 못하기 때문에 단독으로 사용되기보다 필터를 이용한 매연 여과시 스템(DPF ; Diesel Particulate Filter)장치와 함께 사용되고 있다.

DOC는 또한 디젤 악취(diesel odor)와 흑연(black smoke)도 감소시키며 촉매로는 백금(Pt)이나 팔라듐(Pd)을 사용한다. 배기가스 온도가 300℃ 이상의 고온이 되면 배출가스 중의 산소와 반응하여 SO_2가 SO_3와 H_2SO_4를 생성하는 산화반응을 일으키며 이는 특히 인체에 유해하기 때문에 문제시 된다. 이를 방지하기 위한 가장 중요한 조치로는 연료에 유황 함유율 0.05%(중량) 이하의 저유황화가 선행되어야 하며 향후 0.01%까지 요구할 것으로 예상되고 있다.

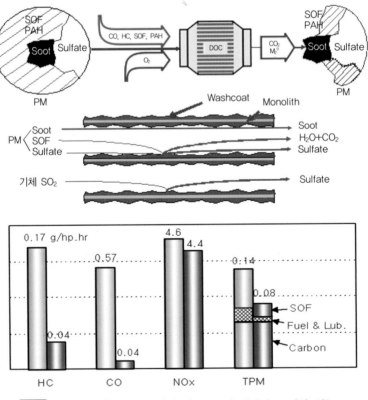

그림 디젤 산화촉매 전환 과정 및 DOC의 배기가스 저감 성능

338

2) 입자상 물질 저감장치(DPF ; Diesel Particulate Filter trap)

입자상 물질 저감장치는 일부 자동차 회사에 따라 CPF(Catalyzed Particulate Filter)라고도 하며 디젤 엔진에서 배출되는 PM을 포집하여 연소시키는 기술로서 PM을 80% 이상 저감할 수 있어 매연 저감의 성능 면에서는 아주 우수하나 가격이 높고 내구성이 아직은 부족한 것이 실용화에 장애요인이 되고 있다. 또한 필터에 PM이 포집됨에 따라 엔진에 배압이 걸리며 이것에 의하여 출력과 연료 소비율이 다소 희생된다.

DPF 기술은 크게 PM 포집(trapping)기술과 재생(regeneration)기술로 나누어지며 시스템은 기본적으로 필터, 재생장치, 제어장치의 3부분으로 구성되어 있다.

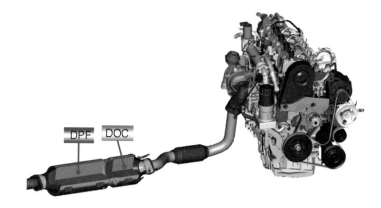

용어해설

DPF : 매연여과장치
DOC : 디젤산화촉매장치
TPM : 토탈입자상물질
CPF : 촉매여과장치
SOF : 용해성유기물질
SCR : 선택환원촉매

그림 DPF 여과장치

이와 같은 DPF의 포집기술은 배기관의 중간에 복잡한 유로로 형성된 필터를 배치하고 배기가스가 유로 사이사이를 오가는 동안 입자상 물질이 포집되는 방식이다. 필터는 세라믹 모노리스 필터(Ceramic Monolith Filter)와 세라믹 파이버 필터(Ceramic Fiber Filter), 금속 필터(Sintered Metal Filter) 등이 사용되나 주로 세라믹 모노리스 필터가 사용되고 있다.

모노리스는 실린더 모양으로 단면은 원형, 타원형, 트랙모형(racetrack) 등이다. 내부에는 작은 삼각형이나 사각형 모양의 통로(channel)가 벌집모양(honey comb)으로 배열되어 있다. 채널 입구와 출구가 교대로 막혀 있으며, 채널입구로 유입된 배출가스는 채널출구가 막혀있기 때문에 다공질 벽을 통과하여 옆 채널 출구로 빠져나가게 되며 이때 입자상물질은 유입된 채널에 남아 포집된다.

또한 필터에 포집된 PM은 가능하면 빠른 시간 내에 태워서 필터가 다시 PM을 포집할 수 있도록 하는 과정을 재생(regeneration)이라고 하며, 재생 시 필터가 과열되어 파손되지 않도록 하는 제어기술이 중요하다.

재생은 PM을 그을음(soot)의 점화온도인 550~600℃까지 가열하는 방법과 촉매를 이용하여 그을음 점화온도를 원래보다 250℃ 정도까지 낮추어 기관 배출가스로 점화시키는 방법 두 가지로 나눌 수 있다.

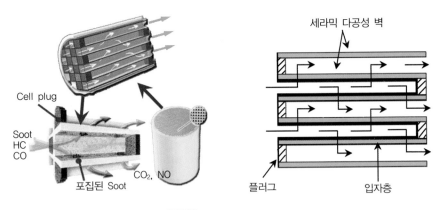

그림 모노리스 필터

① **전기 히터 방식**

전기 히터방식은 전기 히터에 의한 외부열원을 통해 포집된 입자상 물질을 가열하여 재생하는 방법이다. 배기관 내부에 설치된 압력 센서로 ECU에서 포집량이 일정량에 도달한 것을 판단하여 재생을 지시하게 되면 배터리나 올터네이터의 전원으로 히터를 가열하여 포집된 PM을 연소시켜 필터가 다시 포집할 수 있도록 재생시킨다.

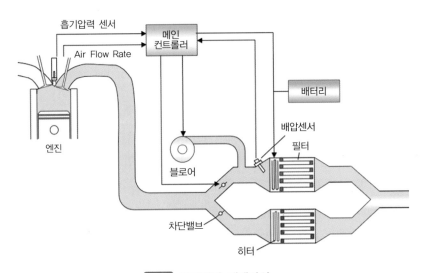

그림 전기히터 재생방식

② 경유 버너방식

경유 버너방식은 퇴적량이 일정량을 넘어서면 디젤 버너를 구동시켜 PM을 연소시키는 방식으로 장치의 구조가 간단하여 트럭 및 버스 등 대형차량에 보급이 진행되었다. 엔진의 다양한 운전상태에 대응하는 정교한 제어에 어려움이 있으며 재생중의 고열에 의한 필터의 내구성을 개선하기 위한 방법의 연구가 필요하다.

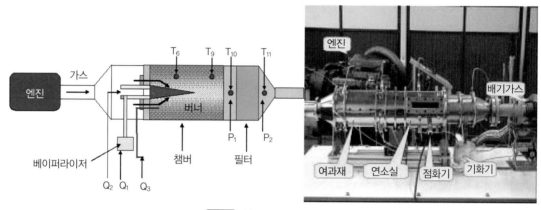

그림 경유 버너 재생방식

③ 연료 첨가제 방식

연료 첨가제 방식은 PM의 자연 재생온도는 약 650℃인데 연료 첨가제를 사용하여 PM의 재생 온도를 300℃ 수준으로 낮추고, 엔진의 배출가스 온도를 이용하여 연속적으로 PM을 연소시키는 기술이다. 구조가 간단하고, 고장이 적은 것이 장점이다. 미국의 경우 배출가스 온도가 높은 일부 시내버스 등에 적용하고 있으나 우리나라의 시내버스의 경우는 주행속도가 낮고 정차가 잦아 배출가스 온도가 250℃ 수준으로 낮기 때문에 직접 적용은 어려울 것으로 판단된다. 또한 배출가스 온도가 150~200℃로 낮은 중소형 차량에도 적용하기가 어려운 단점이 있다.

④ 촉매 코팅방식

촉매 코팅방식은 연료 첨가제 방식과 같이 첨가제가 아닌 필터에 코팅된 촉매를 이용하여 PM의 발화온도를 낮추고 배기가스 자체 열에 의한 연소로 PM을 연소시켜 재생하는 기술이다.

캐니스터 내부에 필터가 2개 설치되어 있으며, 전단의 백금 산화촉매에서 산화반응으로 NO를 NO_2로 변환시키며, CO와 HC도 저감시킨다.($2NO + O_2 \rightarrow 2NO_2$) 일반적으로 탄소입자는 550℃ 이상에서 연소되나, NO_2는 250℃에서도 탄소입자가 산화할 수 있도록 작용하며 따라서 후단에 설치된 필터(cordierite wall flow particulate filter)에 포집된 PM은 배기가스 온도가 250℃ 이상이면 연속 재생된다.(C + NO_2 →CO + NO)

첨가제 방식과 촉매 방식은 필터 내에서 연속재생이 일어나므로, 필터에 포집된 매연의 양이 적어 엔진의 배압을 낮은 수준으로 유지함으로써 타 장치에 비해 연비악화와 엔진성능의 저하 요인이 적다.

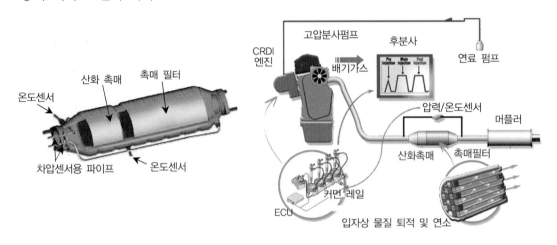

그림 촉매 코팅 재생방식

3) 선택적 환원 촉매 장치(SCR ; Selective Catalytic Reduction)

SCR은 연소 후 발생하는 질소산화물(NOx)을 제거하기 위하여 SCR 촉매에서 환원제인 암모니아와 질소산화물(Nox)을 반응시켜 질소(N_2)와 물(H_2O)로 분해하는 후처리 시스템을 말한다. 디젤 엔진에서는 별도의 요소수(Urea) 분사 장치를 설치하여, 전자제어에 의한 적정 요소의 분사를 통하여 배기가스와 혼합시킴으로써 요소수의 가수분해 반응으로부터 암모니아(NH_3)를 공급 받는다. 이 암모니아는 질소산화물과 만나 질소와 물로 환원된다. SCR은 활성화 온도 범위가 넓어 정화율이70~90%로 높아 점차 상용차 등에 확대 적용되고 있다.

Urea tank에서 펌프를 통해 일정한 압력으로 공급된 urea는 배기관에 부착되어 있는 urea injector에 의해 분사되어 관내의 배기가스와 혼합되고 분사된 urea 액적은 Mixer 표면에서 미립화 및 열분해가 가속되므로 배기가스 내에 균일하게 분포하게 되어 SCR 촉매로 유입된다. 유입된 urea는 SCR 전단에서 가수분해 되어 암모니아(NH_3)로 최종 변환된다.

촉매전단에서 형성된 암모니아는 질소산화물(NOx)과 선택반응 할 수 있는 상태로 촉매 표면에 피적되어 유입되는 배기가스를 정화시킨다. 이 과정에 필요한 정보의 입수 및 판단 그리고 pump와 injector 등의 제어는 DCU(Dozing Control Unit)가 담당한다.

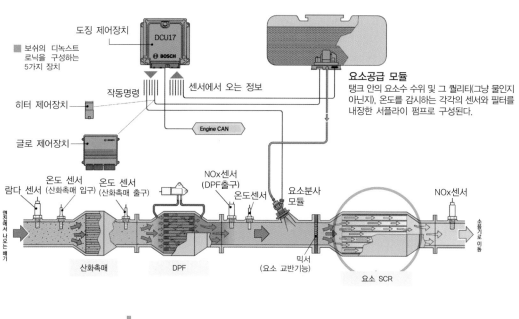

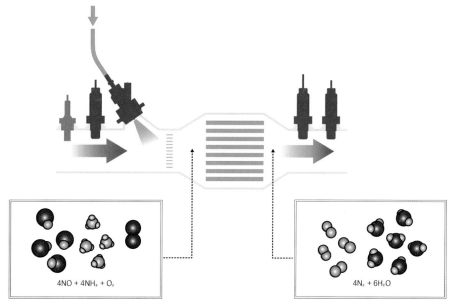

그림 선택적 환원 촉매 장치의 구성 및 NOx저감 원리

08
chapter

배터리 시스템

1 배터리 시스템 개요 및 종류

원자는 원자핵과 그 주변을 돌고 있는 전자로 구성되어 있으며 물질의 원소에 의한 전자의 수는 각각 다르다. 원자 주변의 전자는 외부에서 작용하는 에너지의 영향으로 이탈하기도 한다. 이것을 자유전자라 하며 이 전자가 연속적으로 이동하여 전류가 흐르게 된다.

원자는 전기적으로 중성 상태에서 전자가 이탈하면 전기적으로는 플러스가 되고 이것을 이온이라고 한다. 분자는 서로 다른 복수의 원자로 구성되어 있으나 전자와 이온의 관계는 같다. 따라서 이온화라는 것은 원자와 분자에서 마이너스의 전자가 분리됐기 때문에 그 원자와 분자가 플러스 전하를 갖는 상태가 된다.

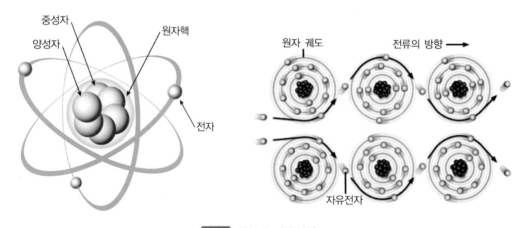

그림 원자와 자유전자

전지에는 여러 종류가 있으나 보통 우리가 말하는 전지라고 하는 것은 일반적으로 화학 전지를 말한다. 화학전지의 기본은 (+)극판과 (-)극판 사이에 전해액이 있으며, (-)극판의 분자가 전자를 남기고(이온화) 전해액 안에서 녹아 (+)극판 쪽으로 이동하며, (+)극판의 원소와 다른 경로를 통해서 온 전자와 반응하여 다른 분자로 변화한다. 그 다른 경로의 전자 흐름이 역방향의 전류라는 것이다. 전자는 전기적 성질로는 (-)이고, (-)에서 (+) 방향으로 흐르며 전류는 (+)에서 (-)로 흘러 전자의 이동방향과 반대방향으로 흐르게 된다.

(1) 1차 전지와 2차 전지

전지(battery)는 내부에 들어있는 화학물질의 화학에너지를 전기화학적 산화-환원반응에 의해 전기 에너지로 변환하는 장치이다. 전지는 화학 반응대신 전기 화학 반응이 일어나 전자(electron)가 도선을 통하여 외부로 빠져나갈 수 있도록 특별한 내부구조로 이루어져 있으며, 도선을 통하여 흐르는 전자의 흐름이 전기 에너지가 된다.

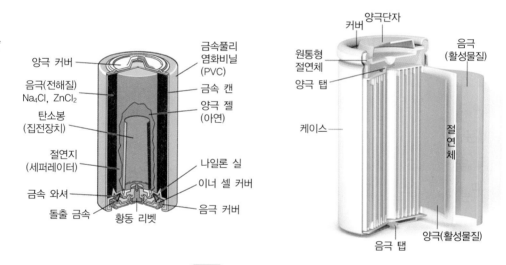

그림 망간(1차)전지의 구조

전지는 전기 에너지를 소비하면서 방전이 되는데 전압은 계속 낮아지고 결국 외부에서 전하를 이동시킬 수 없을 때까지 이르게 된다. 이러한 전지는 1차 전지와 2차 전지로 분류하는 하는데 1차 전지는 충전할 수 없는 전지로 보통 건전지와 같으며, 2차 전지는 충전이 가능하고 반복하여 사용할 수 있는 전지를 말한다. 일반적으로 자동차와 전기 자동차 등에 이용되는 것은 2차 전지이다.

일반적으로 1차 전지에는 알칼리 전지, 건전지, 수은 전지, 리튬 전지 등이 있으며, 2차 전지에는 니켈-카드뮴 전지(Ni-Cd battery), 니켈-수소 전지(Ni-MH battery), 리튬이온 이차전지(Li-Ion Secondary Batteries), 리튬이온 폴리머 이차전지(Li-Ion Polymer Secondary Batteries) 그리고 납산 축전지(Lead-acid battery) 등이 있다.

(2) 전지의 분류

	화학전지			물리전지	
일차 전지	화학에너지를 전기에너지로 변환시키는 전지로서, 화학반응이 비가역적이거나 가역적이라도 충전이 용이하지 않음		태양 전지	반도체의 p-n접합을 이용하여 광전 효과에 의해 태양광에너지를 직접 전기에너지로 변환하는 장치	
이차 전지	화학에너지와 전기에너지간의 상호변환이 가역적이어서 충전과 방전을 반복할 수 있는 전지		열전 소자	반도체의 p-n접합을 이용하여 열에너지를 직접 전기에너지로 변환하는 장치	
연료 전지	연료(천연GAS, Methanol, 석탄)의 화학에너지를 전기에너지로 직접 변환하는 화학발전 장치로서, 외부에서 연료가 연속 공급되어 발전이 가능한 전지		원자력 전지	방사성 동위원소의 에너지를 전기에너지로 변환	

[그림] 전지의 분류

전기 자동차의 각 부품 중에서 가장 중요한 역할을 하는 것 중의 하나는 전지이다. 기존의 내연기관에서 화석연료를 대체하는 근원적인 에너지원인 전기를 저장하는 장치이기 때문이다. 이러한 전지 기술이 우수한 성능의 전기 자동차를 만드는데 가장 핵심적인 사항이다.

최근 들어 전자, 통신, 컴퓨터 산업의 급속한 발전에 따라 캠코더, 휴대폰, 노트북 PC 등이 출현하여 가볍고 오래 사용할 수 있으며, 신뢰성이 높은 고성능의 소형 2차 전지 개발이 절실히 요구되고 있다. 또한 환경 및 에너지 문제 해결 방안의 하나로 전기 자동차의 실현과 심야 유휴 전력의 효율적 활용을 위한 대형 2차 전지의 개발이 대두되고 있다. 이러한 수요에 따라 그 동안 많은 기술 개발과 또한 일부 상용화되어 있는 것이 리튬 2차 전지이다.

리튬 2차 전지는 전해질의 형태에 따라 유기 용매 전해질을 사용하는 리튬금속 전지 및 리튬이온 전지와 고체 고분자 전해질을 사용하는 리튬폴리머 전지로 나눌 수 있다. 리튬금속 전지는 리튬금속을 음극으로 사용하는 것으로 사이클 수명 및 안전성이 낮아 상용화에 어려움을 겪고 있으며 이를 극복하기 위해 리튬금속 대신 카본을 음극으로 사용하는 리튬이온 전지가 개발되어 상용화되고 있다.

리튬폴리머 전지의 경우는 음극으로 리튬금속을 사용하는 경우와 카본을 사용하는 경우가 있으며 카본을 음극으로 사용하는 경우를 구별하여 리튬이온 폴리머 전지로 표기하는 경우가 있으나 일반적으로 리튬폴리머 전지로 통용하고 있다. 리튬금속을 음극으로 사용하는 전지의 경우 충·방전이 진행됨에 따라 리튬금속의 부피 변화가 일어나고 리튬금속 표면에서 국부적으로 침상 리튬의 석출이 일어나며 이는 전지 단락의 원인이 된다. 그러나 카본을 음극으로 사용하는 전지에서는 충·방전 시 리튬 이온의 이동만 생길 뿐 전극 활성물질은 원형을 유지함으로써 전지의 수명 및 안전성이 향상된다.

또한 2차 전지 중 Ni-Cd(Nickel-cadmium) 및 Ni-MH(Nickel-Metal Hydride) 전지는 메모리 효과와 유해한 Cadmium 사용 등으로 인해 점차 사용이 제한되고 있으며 휴대용, IT 기기에는 리튬이온 전지의 이용이 활발하게 진행되고 있으며 리튬폴리머 전지는 Ni-MH 를 대체하는 전지로 발전되고 있다.

(3) 2차 전지 구성

전지에는 산화제인 양극 활성물질과 환원제인 음극 활성물질 및 이온 전도에 의해 산화 반응과 환원반응을 발생시키는 전해액, 양극과 음극이 직접 접촉하는 것을 방지하는 격리판 이 필요하다. 또한 이것들을 내장하는 용기, 전지를 안전하게 작동시키기 위한 안전밸브나 안전장치 등이 필요하다. 이러한 2차 고성능 전지는 다음과 같은 조건을 갖추어야 한다.

① 고전압, 고출력, 대용량 일 것

② 긴 사이클 수명과 적은 자기 방전율을 가질 것

③ 넓은 범위의 사용 온도와 안전 및 신뢰성이 높을 것

④ 사용이 쉽고 가격이 저가일 것

위와 같은 조건을 모두 만족시키는 이상적인 전지를 얻기는 어려우므로 가능한 이와 같은 조건을 만족시키는 용도에 따라 특징이 있는 전지가 개발되고 있으며 고성능 전지의 개발을 위해서는 각 구성요소가 우수한 특성을 가져야 한다.

(4) 양극·음극 활성물질

에너지 밀도가 큰 전지를 만들기 위해서는 기전력(electro motive force : EMF)이 크고 용량이 큰 활성물질을 사용해야 한다. 전지의 음극 활성물질에는 아연(Zn))이나 카드뮴(Cd), 납(Pb)이 이용되어 왔지만 최근 개발된 전지로서 리튬 전지나 Ni-MH 전지는 리튬 또는 그 것과 같은 정도의 환원력을 가진 리튬을 삽입한 탄소 재료나 수소흡장 합금에 흡장시킨 수소가 음극 활성물질로서 이용되고 있다.

리튬은 가장 환원력이 강한 재료이고 전기 화학당량도 적어 음극 재료로서는 가장 우수한 재료라고 할 수 있다. 리튬을 음극에 이용하는 전지는 리튬의 강한 환원력을 이용하고 있기 때문에 이것과 조합시키는 재료는 다양성이 풍부하다. 또한 개발 중인 2차 전지에서는 금속 나트륨(Na)이나 아연 등의 금속과 더불어 철(Fe)이나 바나듐(V) 등의 산화환원계가 검토되고 있다.

수용액계 2차 전지의 양극에는 납(Pb), 니켈(Ni), 은(Ag) 등과 같은 산화물이나 수산화물이 이용되고 있다. 또한 산화수은(Hg_2O)도 우수한 양극 활성물질로서 소형 전지에 이용되어 왔지만 환경면에서 현재는 이용되지 않는다. 리튬 2차 전지에서는 비수용액이 이용되므로 망간(Mn)이나 니켈(Ni), 코발트(Co) 등과 같은 산화물이 이용되고 있다. 그리고 또 바나듐 산화물이나 금속유화물 등도 검토되고 있다.

2차 전지는 몇 번이고 충·방전을 반복할 수 있는 것이 특징이다. 이를 위해서는 충전하면 원래의 활성물질 상태로 흔적을 남기지 않고 되돌릴 필요가 있다. 리튬이온 전지는 음극에 탄소재료가, 양극에 코발트산 리튬 등이 이용되고 있다. 이 전지는 방전상태로 제조된 후, 양극에서 리튬이온을 빼고 음극의 탄소 내에 리튬을 삽입하는 충전과정이 있다.

이 전지의 충·방전에서 양극과 음극의 반응은 모두 리튬의 삽입 탈피라고 하는 토포케미컬(Topochemical) 반응이 된다. 토포케미컬 반응이 진행할 때 호스트 재료의 구조 변화가

완전히 가역이면 사이클 수명이 긴 전지가 된다.

리튬이온 전지에는 가역성이 높은 토포케미컬 반응을 하는 재료가 선택되고 있다. Ni-MH 전지의 경우에도 충·방전에 수소가 양극과 음극 간에서 이동하는 반응이 진행한다. 최근에 개발된 리튬이온 전지와 Ni-MH 전지가 함께 토포케미컬 반응을 이용하고 있는 것은 흥미 있는 일이다. 이것과 납산 축전지를 비교해 보면 납산 축전지에서는 다음과 같이 화학반응이 진행한다.

$$PbO_2 + 2H_2SO_4 + Pb = PbSO_4 + 2H_2O + PbSO_4$$

이와 같이 음극 활성물질 납(Pb)과 양극 활성물질 과산화납(PbO_2) 이외에 묽은황산($2H_2SO_4$)과 물이 반응에 관여한다. 엄밀하게 말하면 묽은황산과 물도 활성물질이며 이것들은 전해질 용액으로서 존재한다. 전지의 반응이 진행되면 전해액의 농도가 변화한다. 따라서 일정량 이상의 전해액이 필요해진다. 한편, 리튬전지나 Ni-MH 전지에는 전해질의 양이 극히 적어도 작동된다.

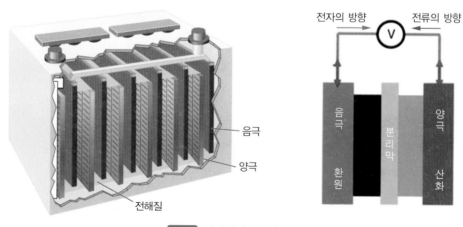

그림 납산전지의 화학 반응

① **음극재** : 음극 활성물질이 산화되어 도선으로 전자 방출
② **양극재** : 외부 도선으로부터 전자를 받아 양극 활성물질 환원
③ **분리 막** : 양극과 음극의 직접적인 접촉 방지
④ **전해질** : 양극의 환원과 음극의 산화반응이 이루어지도록 물질 이동

(5) 전해액

전해액은 전지 내에서 전기화학 반응이 진행하는 것을 제공하는 물질로서 중요한 구성 요소이다. 그러나 앞서 살펴본 납산 축전지의 경우와 같이 기전 반응에 관여하는 물질이 용 존하는 경우를 제외하고 원리적으로는 그 양이 적어도 된다. 이 이온 전도체는 묽은황산 용액이나 알칼리 수용액, 리튬전지에 사용되는 비수전해액 등과 같이 용액이 이용되는 경우도 많지만 폴리머 전해질이나 무기 고체전해질, 이온 전도성 글라스 등도 검토되고 있다.

① 전해액은 이온 전도성이 높을 것

② 충전 시에 양극이나 음극과 반응하지 않을 것

③ 전지의 작동범위에서 산화환원을 받지 않을 것

④ 열적으로 안정될 것

⑤ 독성이 낮으며 환경 친화적일 것

⑥ 염가일 것

전지의 활성물질은 분말로 만들어져 전해액에 점결제나 도전 조제를 혼합하여 합제하고 이것을 집전체에 도포함으로써 전지의 전극이 된다. 이 합제전극이 효율적으로 기능을 하기 위해서는 합제내의 이온 전도성이 높아야 한다.

(6) 격리판

전지의 기전물질은 산화제와 환원제이다. 이것들이 직접 접촉되면 자기방전을 일으킬 뿐만이 아니라 단락이 진행되어 위험하다. 격리판은 양극과 음극사이에 있어 양자의 접촉을 방지하고 있다. 물론 격리판도 이온 전도성을 나타내지 않으면 안된다. 따라서 다공성 재료를 이용하여 그 구멍 속에 전해액이 침투하여 이온 전도성을 유지시킨다. 높은 이온 전도성을 나타내는 동시에 양극과 음극의 접촉을 방지하도록 다공재료가 연구되고 있다.

그리고 산화제인 양극과 환원제인 음극에 직접 접촉되므로 화학적으로 안정되어야 하는 것이 중요하다. 2차 전지의 격리판 재료로서 현재 납산 축전지에는 글라스 매트 등이, 알칼리 2차전지나 리튬 전지에는 폴리머의 부직포나 다공성 막이 이용되고 있다.

최근의 전지에 있어서는 그 전압이 높고 에너지 밀도가 높기 때문에 폭주하면 위험하다. 예를 들면 리튬이온 전지는 이상반응이 일어나기 시작하여 전지의 온도가 상승하면 다공막이 반응함으로써 구멍이 막혀 그 이상의 반응이 진행되지 않는다. 이와 같이 고성능 전지에는 격리판이 극히 중요한 재료로 되어 있다.

전지별 분류

구분	종류	특징
1 차 전 지	망간 전지	고 부하, 고용량화용에 적합한 전지 • 양극재료 : 이산화망간 • 음극재료 : 아연 • 전해액 : 물 • 전해액 : 염화암모늄, 염화아연 • 격리판 : 크라프트지
	알카리 망간전지	전지용량이 크고 내부저항이 적어서 부하가 큰 장시간 사용에 적합한 전지이며, 원통형과 코인형으로 분류된다. • 양극재료 : 이산화망간 • 음극재료 : 아연 • 전해액 : 수산화칼륨 수용액 • 전해질 : 수산화칼륨, 수산화나트륨 • 격리판 : 부직포(폴리오레핀, 폴리아미드계)
	수은 전지	일차전지 중 높은 에너지 밀도와 전압 안정성을 가지고 있으나 수은의 유해성으로 인하여 사용이 억제되고 있다. • 양극재료 : 산화수은 • 음극재료 : 아연 • 전해액 : 수산화칼륨 또는 수산화나트륨 수용액 • 격리판 : 비닐론이나 알파화 펄프계
	산화은 전지	평활한 방전 전압과 소형, 뛰어난 부하특성으로 손목시계의 전원으로 사용되고 있다. • 양극재료 : 산화은 • 음극재료 : 아연 • 전해액 : 수산화칼륨 또는 수산화나트륨 수용액 • 격리판: 비닐론이나 알파화 펄프계
	리튬 1차 전지	고에너지 밀도의 전지로서, 주로 실용화가 되고 있는 것은 플루오르화 흑연 리튬전지와 이산화 망간 리튬전지가 있다. • 양극재료 : 플루오르화 흑연, 이산화망간에 탄소 결착 • 음극재료 : 리튬 • 전해액 : 리튬의 전해질을 용해시킨 액체 • 격리판 : 폴리프로필렌, 올레핀계 부직포
	공기아연 전지	주로 의료기(보청기)용도로 사용하고 있으며, 고에너지 밀도와 큰 전기용량, 평활한 방전특성을 갖고 있다. • 양극재료 : 공기중의 산소 • 음극재료 : 아연 • 전해액 : 수산화칼륨 수용액 • 격리판 : 폴리오레핀, 폴리아미드계 부직포

구분	종류	특징
2차전지	납산축전지	대부분의 자동차 기초전원으로 이용되고 있으며, 싼값으로 제조가능하고 넓은 온도 조건에서 고출력을 낼 수 있다. 납축전지는 안정된 성능을 발휘하나 비교적 무겁고 에너지 저장밀도가 높지 않다.
		• 양극재료 : PbO_2 • 음극재료 : Pb • 전해질 : $H2SO4$
	니켈카드뮴전지	철도차량용, 비행기 엔진 시동용 등을 비롯하여 고출력이 요구되는 산업 및 군사용으로 널리 이용되고 있으며, 밀폐형의 경우에는 전동공구 및 휴대용 전자기기의 전원으로 사용되었으나, 메모리 효과와 유해한 카드뮴 사용으로 인해 억제 되고 있다.
		• 양극재료 : $NiooH$ • 음극재료 : Cd • 전해질 : KOH(수용액)
	니켈수소전지	니켈 카드뮴 전지와 동작전압이 같고 구조적으로도 비슷하지만 부극에 수소흡장합금을 채용하고 있어, 에너지밀도가 높다. 현재 전기자동차 용으로 각광받고 있다.
		• 양극재료 : $NiooH$ • 음극재료 : MH • 전해질 : KOH(수용액)
	리튬이온전지	리튬금속을 전극에 도입하여 안전성면에서는 불완전한 형태로, 보호회로를 사용해야 한다. 리튬이온 전지는 높은 에너지 저장밀도와 소형, 박형화가 가능하며 소형 휴대용기기의 전원으로 채용이 본격화되고 있다.

2 2차 전지의 특징 및 배터리 기술 동향

전기 자동차는 리튬이온 전지, 리튬폴리머 이온전지를 제품에 채용하는 추세이다. 토요타의 프리우스, 캠리 등은 밀폐형 Ni-MH 전지 팩을 사용하여 전기 모터에 전기를 공급하였으나 리튬이온 전지와 비교할 때 Ni-MH의 전력 수준이 낮고 자기방전율이 크며 보관 수명이 3년에 불과한 Ni-MH는 EV에 적합하지 않다.

(1) 주요 1차·2차 전지의 특성

기존 리튬이온 전지는 높은 에너지를 가지며 무게가 가벼운 특징이 있으나 높은 가격, 극한 온도의 불용, 안전(리튬이온 전지의 가장 큰 문제) 때문에 리튬이온 전지는 적합하지 않다.

구분	종류	구성			공칭전압	에너지밀도
		양극	전해질	음극		
1차전지	망간전지	MnO_2	$ZnCl_2NH_4C_1$	Zn	1.5	200
	알카리전지	MnO_2	koh (ZnO)	Zn	1.5	320
	산화은전지	$Ag2_0$	KOH NaOH	Zn	1.55	450
	공기아연축전지	O_2	KOH	Zn	1.4	1,235
	플루오르흑연리튬전지	$(CF)n$	$LiBF_4/YBL$	Li	3	400
	이산화망간리튬전지	MnO_2	$LiCF_3SO_3/PC+DME$	Li	3	75
2차전지	납축전지	PbO_2	H_2SO_4	Pb	2	100
	니켈카드뮴전지	NiOOH	KOH	Cd	1.2	200
	니켈수소전지	NiOOH	KOH	MH(H)	1.2	240
	바나듐리튬전지	V_2O_5	$LiBF_4/PC+DME$	Li-Al	3	140
	리튬이온 전지	$LiCoO_2$	$LiPF_6/EC+DEC$	C	4	280

다음은 2차 전지의 특징이다.

① 외부로부터 유입된 에너지를 화학적 에너지로 변환하여 저장 후 필요에 따라서 전기 발생

② 전지 성분의 독성이 강하기 때문에 환경적 문제 발생

③ 지속적으로 충전하여 사용이 가능하기 때문에 비용 절감

④ 1차 전지에 비하여 높은 전력에 사용

종 류	특 징	적용 차종
Ni-MH 전지	– 전력수준이 낮다. – 자기방전율이 높다. – 보관수명이 짧다(3년 이내) – 메모리 효과가 있다.	– 도요타 프리우스 캠리, 하이랜더
Li-Ion 전지	– 특정한 높은 에너지를 제공 – 무게가 가볍다. – 높은 가격 – 극한 온도의 불용 – 안전상 문제	– GM 볼트 – 현대 기아차, GM Ford

(2) 2차 전지 주의사항

① 전지의 종류에 따라 역충전이 가능함으로 주의하여야 하다.

② 온도 변화에 따라 효율 저하된다.

③ 자가 방전율이 1차 전지에 비하여 높기 때문에 충분한 충전 후 사용하여야 한다.

④ 충격에 의한 폭발의 위험으로 취급 시 주의하여야 한다.

3 납산 배터리 구조 및 작동원리

(1) 납산 축전지

현재 내연기관 자동차에 사용되고 있는 전지에는 납산 축전지와 알칼리 축전지의 두 종류가 있으나, 대부분 납산 축전지를 사용하고 있다. 알칼리 축전지는 납산 축전지에 비해 많은 충·방전에 견디고 수명이 길지만 원료의 공급 등에 제한을 받고 값이 비싸다는 단점이 있다.

납산 축전지는 전극으로 납을 사용하기 때문에 전지의 중량이 무겁고 초기 개발된 납산 축전지의 에너지 밀도는 약 20 Wh/kg 전후였으나 이후 재료 개발 등의 영향으로 성능·수명이 크게 진보하여 지금도 전지의 대부분을 차지하고 있다.

현재 전기 자동차용 납산 축전지의 에너지 밀도는 약 40 Wh/kg(5 HR)이고 대전류의 방전 특성에 있어서도 비교적 양호한 특성을 보여주고 있다. 이러한 납산 축전지는 에너지의 밀도가 높지 않고 용량이나 중량이 크고 단가는 비교적 저렴한 특징이 있다.

납산 축전지는 양극의 활성물질로 과산화납(PbO_2)을 사용하고 음극에는 해면상납(Pb)을 사용하며, 전해액은 묽은황산($2H_2SO_4$)을 사용한다. 기전력은 완전 충전시 셀당 약 2.1V이고 일반 자동차용 배터리는 6개의 셀을 직렬로 합친 12.6V로 만든 것을 사용한다.

또한 승용 자동차의 납산 축전지 중에는 안티몬(Sb)의 함유량이 낮은 납 합금의 양극판을 사용함으로서 충전 중의 가스 발생이나 수분의 감소를 억제하는 메인터넌스 프리 배터리(maintenance free battery ; MF Battery)가 현재 많이 적용되고 있다. MF 축전지는 보통 전지의 문제점이라 할 수 있는 자기방전이나 화학반응을 할 때 발생하는 가스로 인한 전해액의 감소를 적게 하기 위해 개발한 것이며, 무정비(또는 무보수) 전지라 할 수 있다.

MF 축전지가 보통 전지와 다른 점은 극판 격자의 재질, 제작방식 및 모양을 들 수 있다. 격자의 재질은 보통 전지에서는 납-안티몬 합금을 쓰고 MF 축전지는 안티몬의 함량이 적은 납-저안티몬 합금이나 또는 안티몬이 전혀 들어 있지 않은 납-칼슘 합금을 쓴다.

보통 전지의 재료인 안티몬은 약한 납의 기계적인 강도를 높이고 격자의 주조를 용이하게 하기 때문에 사용한다. 그러나 안티몬은 사용 중에 극판의 표면에 서서히 석출되어 국부전지를 형성함으로써 자기방전을 촉진하고 충전 전압을 저하시키므로 자동차와 같이 일정한 전압으로 충전을 하는 정전압 충전의 경우에는 점차 충전 전류가 증가하여 물의 전기 분해량이 많아진다. 따라서 전해액의 감소나 자기방전의 원인이 되는 안티몬의 양을 적게 함유한 합금(저 안티몬합금)이나 납-칼슘 합금을 사용하여 무정비화가 가능하다. 다음은 납산축전지의 특징 및 기능을 나타낸다.

① 자동차용 배터리로 가장 많이 사용되는 방식(MF 배터리)이다.
② (+)극에는 과산화납, (-)극에는 해면상납, 전해액은 묽은황산을 적용한다.
③ 셀당 기전력은 완전 충전시 약 2.1V(완전 방전시 1.75V)이다.
④ 가격이 저렴하고 유지 보수가 쉬우나 에너지 밀도가 낮고 용량과 중량이 크다.
⑤ 초기 시동시 기동 전동기에 전력을 공급한다.
⑥ 발전장치 고장시 전원 부하를 부담한다.
⑦ 발전기 출력과 전장 부하 등의 평형을 조정한다.

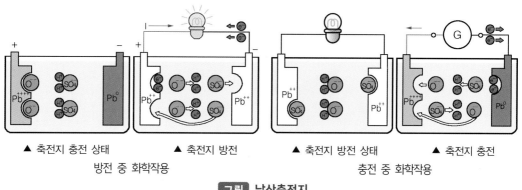

▲ 축전지 충전 상태   ▲ 축전지 방전   ▲ 축전지 방전 상태   ▲ 축전지 충전
방전 중 화학작용   충전 중 화학작용

그림 납산축전지

구분	납산 축전지	알칼리 축전지
양극판	과산화납(PbO_2, 다갈색)	수산화 제2니켈($ZLi(CH)_3 \rightarrow$ 수산화 제1니켈($ZLi(CH)_2$
음극판	해면상납(Pb, 순납)	카드뮴(Cd) → 수산화 카드뮴($Cd(OH)_2$)
전해액	비중 1.280 정도의 묽은 황산($2H_2SO_4$)	수산화알칼리 용액(KOH)
셀당기전력(완충시)	2.1[V]	1.2[V]

(2) 납산 축전지의 구조와 작용

현재 많이 이용되고 있는 납산 축전지는 여러 개의 단전지(Cell)로 이루어진 케이스가 있고 각 단전지마다 양극판과 음극판, 격리판 및 전해액이 들어 있다. 또한 양극판은 음극판보다 화학작용이 활발하여 쉽게 파손되므로 화학적인 평형을 고려해서 음극판이 한 장 더 많으며, 납산 축전지의 4대 구성 요소는 다음과 같다.

① **양극**(cathode) : 외부의 도선으로부터 전자를 받아 양극 활성물질이 환원되는 전극이다.

② **음극**(anode) : 음극의 활성물질이 산화되면서 도선으로 전자를 방출하는 전극이다.

③ **전해질**(electrolyte) : 양극의 환원 반응, 음극의 산화반응이 화학적인 조화를 이루도록 물질의 이동이 일어나는 매체이다.

④ **격리판**(separator) : 양극과 음극의 직접적인 물리적 접촉을 방지하기 위한 격리막이다.

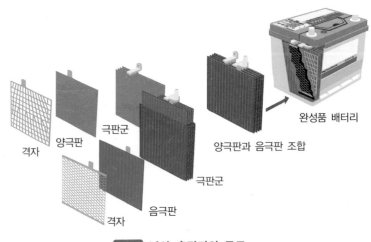

격자 양극판 극판군 극판군 음극판 격자 양극판과 음극판 조합 완성품 배터리

그림 납산 축전지의 구조

(3) 극판(plate)

납과 안티몬 합금의 격자 속에 납 산화물의 분말을 묽은황산으로 반죽(paste)하여 붙인 상태로 만든 것을 충전하여 건조시킨 후 전기 화학처리를 하면 양극판은 다갈색의 과산화납(PbO_2)으로, 음극판은 해면상납(Pb)의 작용물질로 변한다. 극판의 두께는 일반적으로 2mm 또는 3mm의 것이 사용되고 있다. 또한 최근에는 부피를 작게 하기 위하여 1.5(mm) 정도의 얇은 극판도 만들어지고 있다.

(4) 격리판(separator)

격리판의 기능은 음극판과 양극판 사이에 끼워져 두 극판의 단락을 방지하는 역할을 한다. 종류에는 강화섬유 격리판, 비공성 고무 격리판, 합성수지 격리판이 있다. 또한 이 격리판(separator)은 부도체이며, 전해액이 자유로이 확산할 수 있도록 다공성이어야 하고 내산성과 내진성이 좋아야 한다.

또한 격리판의 설치는 화학작용을 원활하게 하기 위하여 주름진 쪽이 양극판(+극판 : positive plate)쪽으로 가도록 배치한다. 홈이 있는 면이 양극판 쪽으로 끼워져 있고 단독 또는 글라스 매트(glass mat)와 함께 사용한다. 글라스 매트(유리 섬유판)는 양극판의 양면에 끼워져 어떤 일정 압력으로 눌러 진동에 약한 작용물질이 떨어지는 것을 방지한다.

(5) 유리 매트(glass mat)

양극판의 작용물질은 진동에 약하여 떨어져 나가기 쉬우므로 이것을 방지하여 전지의 수명을 길게 할 목적으로 유리 섬유의 매트로 양 극판의 양쪽에서 작용물질을 누르듯이 끼워 놓는다.

(6) 극판군(plate group)

극판군은 여러 장의 극판을 그림과 같이 조립하여 연결 편(strap)과 단자 기둥(terminal post)을 용접해서 만든다. 이렇게 해서 만든 극판군을 단전지라 하며 완전 충전시 약 2.1V의 전압이 발생한다. 따라서 6V 축전지는 단전지 3개로 되어 있고, 12V 축전지는 6개의 단전지가 직렬로 접속되어 있다.

단전지 속의 양 극판의 매수는 3~5장 정도이고, 많은 것은 14장 정도이다. 극판의 매수가 많을수록 극판의 대량 면적이 많아지므로 전지의 용량은 커진다. 단전지는 몇 장의 극판을 접속 편에 용접하여 단자 기둥에 연결한 것을 말한다. 또는 셀(cell)이라고도 한다. (+), (-)극판은 1장씩 서로 엇갈리게 조립이 되고 비교적 결합력이 강한 음극판이 바깥쪽에서 양극판을 보호하기 위하여 양극판보다 1장 더 많게 조립된다.

① **셀당 양극판의 수** : 3 ~ 5장(최고 14장)
② **완전 충전시 셀당 기전력** : 2.1V
③ **단전지 6개를 직렬로 연결** : 12V

(7) 케이스(case)

축전지의 몸체를 이루는 부분으로 내부에 칸막이를 두어 단전지(cell)를 구분하고 있다. 또한 극판 작용물질의 탈락으로 인한 침전물의 쌓임을 방지하여 단락(short)이 일어나지 않게 하는 엘리먼트 레스트가 케이스 밑 부분에 설치되어 있다.

케이스는 각 셀(cell)에 극판군을 넣은 다음 합성수지(plastic) 또는 에보나이트, 경고무 등으로 성형하고 있으며 케이스의 아래 부분에 배치되어 있는 엘리먼트 레스트(element rest)는 극판 작용물질의 탈락이나 침전 불순물의 축적에 의한 단락을 방지하는 역할을 한다.

커버의 중앙부에는 전해액이나 증류수를 주입하기 위한 주입구인 필러 플러그(filler-plug)가 있다. 플러그(plug)의 가운데 부분이나 옆 부분에 작은 통기 구멍이 있으며 이 구멍은 축전지 내부에서 발생하는 수소가스나 산소가스를 방출하는 역할을 한다.

(8) 필러 플러그(filler plug)

필러 플러그는 합성수지로 만들며 벤트 플러그(vent-plug)라고도 한다. 필러 플러그는 각 단전지(cell)의 상부에 설치되어 전해액이나 증류수를 보충하고 전해액의 비중을 측정할 비중계의 스포이드나 온도계를 넣을 때 사용한다. 또한 전지 내부에서 발생하는 가스를 외부에 방출하는 통기공이 뚫려 있다.

(9) 커넥터와 터미널(connector and terminal post)

커넥터는 납 합금으로 되어 있으며 전지 내의 각각의 단전지(cell)를 직렬로 접속하기 위한 것으로 기동시의 대전류가 흘러도 발열하지 않도록 굵게 되어 있다. 터미널은 납 합금이므로 외부의 연결체와 완전한 접촉을 이룰 수 있으며, 크기가 규격화되어 있으며, 양극이 음극보다 조금 크게 되어 있다

① **커넥터** : 각 셀을 직렬로 접속하기 위한 것이며 납 합금으로 되어 있다.

② **단자 기둥** : 납 합금으로 되어 있으며 외부 회로와 확실하게 접속되도록 테이퍼로 되어 있다.

(10) 전해액(electrolyte)

전해액은 무색, 무취의 순도 높은 묽은황산이며 전지 내부의 화학작용을 돕고 각 극판 사이에서 전류를 통하게 하는 역할을 한다. 비중이란 물체의 중량과 그 물체와 같은 부피의 물($4°C$)과의 중량비를 말하며 진한 황산의 비중은 1.835이다. 전지상태를 측정하는 방법으

로서, 보통 전해액의 비중을 측정한다.

전해액 비중은 전지가 완전 충전 상태일 때 20°C에서 1.240, 1.260, 1.280의 세 종류를 쓰며, 열대지방에서는 1.240, 온대지방에서는 1.260, 한냉지방에서는 1.280을 쓴다. 국내에서는 일반적으로 1.260(20°C)을 표준으로 하고 있다. 전해액은 순도 높은 무색, 무취의 황산에 증류수를 혼합한 묽은황산을 사용한다. 전해액은 전력을 높이고 방전시에 내부 저항의 증가를 작게 하고 있다.

(11) 납산 축전지의 화학작용

1) 방전

묽은 황산 속에 수소는 양극판속의 산소와 화합하여 물을 만들기 때문에 비중이 낮아진다.

2) 충전

양극판과 음극판에서 수소와 산소를 발생한다.

비중에 의한 충·방전 상태

충전상태	20[℃]일 때의 비중	배터리 전압
완전충전 (100%)	1.26 − 1.28	12.6 이상
3/4충전 (75%)	1.21 − 1.23	12.0
1/2충전 (50%)	1.16 − 1.18	11.7
1/4충전 (25%)	1.11 − 1.13	11.1
완전방전 (0%)	1.06 − 1.08	10.5

3) 충·방전작용

축전지의 (+), (−) 두 단자 사이에 부하(load)를 접속하여 축전지에서 전류가 흘러나가는 것을 방전(discharge)이라 하고 반대로 충전기나 발전기 등의 직류 전원을 접속하여 축전지로 전류가 흘러 들어가게 하는 것을 충전(charge)이라 한다.

방전이나 충전을 하면 축전지 내부에서는 양극판, 음극판 및 전해액 사이에 화학반응이 일어난다. 축전지의 충·방전 작용은 극판의 작용물질인 과산화납(PbO_2)과 해면상납(Pb) 및 전해액인 묽은황산($2H_2SO_4$)에 의해 화학반응을 하게 된다.

$$PbO_2 \quad + \quad 2H_2SO_4 \quad + \quad Pb \quad \underset{\text{충전}}{\overset{\text{방전}}{\rightleftharpoons}} \quad PbSO_4 \quad + \quad 2H_2O \quad + \quad PbSO_4$$

과산화납　　묽은황산　　해면상납　　황산납　　　물　　　황산납

① 방전

양극판인 과산화납은 방전하면 과산화납 속의 산소가 전해액(황산)의 수소와 결합하여 물이 생기고, 과산화납 속의 납은 전해액의 황산기와 결합하여 황산납($PbSO_4$)이 된다. 또한 음극판인 해면상납은 양극판과 같이 황산납이 된다. 이와 같이 방전시키면 양극과 음극의 극판은 황산납이 된다.

전해액은 액속의 황산분이 감소하고 생성된 물에 의해 묽게 된다. 따라서 방전이 진행됨에 따라 전해액의 비중은 낮아져 극판이 황산납으로 변하고, 극판사이의 도체인 전해액이 물로 되기 때문에 전지의 내부 저항은 증가하여 전류는 점점 흐르지 않게 된다.

② 충전

외부의 직류 전원에서 축전지에 충전 전류를 흘러 들어가게 하면 방전으로 인하여 황산납으로 변한 음극판과 양극판의 작용물질은 납과 황산기로 분해되고 전해액 속의 물은 산소와 수소로 분해된다. 분해된 황산기와 수소가 결합하여 황산이 되어 전해액으로 환원한다. 이 때 전해액의 황산 농도는 증가하여 비중이 높아진다. 이 상태로 되면 양극판은 과산화납이 되고 음극판은 해면상납으로 된다.

(12) 납산 축전지의 특성

1) 축전지 용량

축전지의 용량은 극판의 장수, 면적, 두께, 전해액 등의 양이 많을수록 커지며 다음과 같이 정의를 내릴 수 있다. "완전 충전된 축전지를 일정한 방전 전류로 계속 방전하여 단자 전압이 완전방전 종지전압이 될 때까지 축전지에서 방출하는 총 전기량"을 축전지의 용량이라 하며 다음과 같이 나타낸다.

전지의 용량[Ah] = 방전전류[A] x 방전시간[h]

여기서 방전 시간이란 완전 충전상태에서 방전 종지전압까지 연속적으로 방전하는 시간을 말한다. 이것을 암페어시 용량이라 하며, Ah(ampere hour)의 단위를 쓴다.

2) 자기방전(Self discharge)

축전지는 사용하지 않고 그대로 방치해 두어도 조금씩 자연히 방전을 일으키는 현상을 자기방전이라 한다. 전해액의 비중이 높을수록 주위의 온도와 습도가 높을수록 방전량이 크다.

자기방전의 주요 원인은 전해액 속의 불순물에 의해 음극과의 사이에 국부 전지가 생기고 또 격자(grid)와 양극판의 작용물질 사이에 국부전지가 생겨 방전하는 경우가 있다. 그리고 축전지의 외부 표면에서 생기는 누전 전류도 자기방전의 원인이 된다. 자기방전 량은 축전지 실제의 용량에 대한 백분율로 나타내며 보통 0.3~1.5% 정도다.

자기방전에서 특히 주의해야 할 점은 장기간 사용하지 않은 경우의 자기방전으로 인한 과도한 방전이다. 이 과도한 방전으로 인한 영구 황산납화 현상(sulfation)을 일으키면 완전 회복이 곤란하며 다시 사용하지 못하게 되는 경우가 있다.

4 니켈 카드뮴 전지의 구조 및 작동원리

니켈-카드뮴(Ni-Cd) 전지는 양극에 니켈계 물질, 음극에 카드뮴계 물질, 전해액에 알칼리 전해액을 사용하며, 셀당 전압은 1.2V로서 납산 축전지보다 낮지만 수명에 영향을 미치는 충·방전 횟수는 2배나 된다.

니켈-카드뮴 전지는 납산 축전지에 비해 유효 충·방전 횟수가 많고 에너지 밀도도 높기 때문에 한때 전기 자동차용 배터리로 유력시된 적도 있었지만 현재는 그보다 효율성이 높은 니켈-수소(Ni-MH) 전지가 하이브리드용으로 더 많이 사용된다.

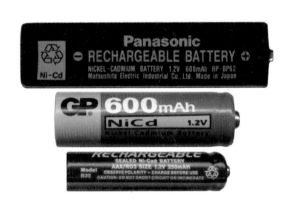

그림 니켈 카드뮴 전지의 종류

납산 축전지와 Ni-Cd 전지의 가장 큰 차이는 전해질에 황산 대신 알칼리 수용액을 사용한다는 점이다. 알칼리 수용액은 황산과 같은 산성 수용액보다 전도성이 뛰어나다는 장점이 있다. 다음은 니켈-카드뮴 전지의 특징이다.

① (+)극에는 니켈계 물질, (-)극에는 카드뮴계 물질, 전해액은 알칼리 수용액을 사용한다.

② 납산 축전지에 비하여 충·방전 횟수가 2배 정도이다.

③ 에너지 밀도는 납산 축전지의 약 1.3배 정도이다.

④ 자동차용으로 잘 사용하지 않는다.

(1) 니켈-카드뮴 전지의 원리와 구조

일반적으로 니켈-카드뮴 전지는 양극에 니켈산화물, 음극은 카드뮴화합물을 활성물질로 사용하고, 전해액은 주로 수산화칼륨 수용액을 사용하며, 반응식은 다음과 같은 식으로 표현된다.

$$2Ni(OH)_2 + Cd(OH)_2 \Leftrightarrow 2NiOOH + Cd + 2H_2O$$

원통형 니켈-카드뮴 전지의 내부는 얇은 시트 모양의 양·음극판을 나일론이나 폴리프로필렌 소재의 부직포로 된 격리판으로 감은 상태로, 강철제의 견고한 외장 캔에 저장되어 있다. 또한 과충전 시에 양극에서 발생한 산소 가스는 음극에서 흡수되어 전지 내부에서 소비하는 구조로 되어 있지만 규정 이상의 내부 가스 압력 상승에 대비하여 복귀식 가스 배출밸브를 설치하고 있다.

(2) 충전 특성

니켈-카드뮴 전지의 충전 특성은 전지의 종류, 온도, 충전 전류에 따라서 달라진다. 충전이 진행됨과 동시에 전지의 전압이 상승하여 어느 정도 충전량에 도달하면 피크 전압을 나타낸 후에 강하된다.

이 전압 강하는 충전 말기에 발생하는 산소 가스가 음극에 흡수될 때의 산화열로 전지의 온도가 상승하기 때문에 발생한다. 충전기를 설계할 때 이 음극에 흡수되는 속도 이상으로 산소 가스를 발생시키지 않아야 한다는 것이 중요한 포인트이다. 충전에는 다음과 같은 3종류가 있다.

① **트리클 충전** : 0.033 C (A) 정도의 소전류로 연속 충전하는 방법이다.

② **노멀 충전** : 0.1 C ～0.2 C (A)에서 150% 정도 충전하는 방법이다.

③ **급속 충전** : 1 C~1.5 C (A)에서 약 1시간의 충전이 가능하며, 만충전 제어가 필요하다.

(3) 방전 특성

니켈-카드뮴 전지의 방전 동작 전압은 방전 전류에 의해서 다소 변화되지만 방전기간의 약 90%가 1.2V 전후를 유지한다. 또 건전지나 납산 축전지에 비해 방전중인 전압의 변화가 적어 안정된 방전 전압을 나타낸다. 방전 종지전압은 1셀 당 0.8~1.0V가 적합하다. 또한 내부저항이 작기 때문에 외부 단락시 대전류가 흐르기 때문에 위험하여 보호부품 등의 설치도 필요하다.

(4) 메모리 효과

방전 종지전압이 높게 설정되어 있는 기기나 지속적으로 낮은 방전 레벨에서 사이클을 반복하였을 경우 그 후의 완전방전에서 방전 도중에 0.04~0.08V의 전압강하가 일어나는 경우가 있다.

이것은 용량 자체가 상실된 것이 아니기 때문에 깊은 방전(1셀당 1.0V 정도의 완전방전)을 함으로써 방전 전압은 원래 상태로 복귀한다. 이 현상을 메모리 효과라 하며 양극에 니켈극을 사용하는 니켈-카드뮴 전지나 니켈-수소 전지 등에서 일어나는 현상이다.

메모리 효과는 Cd(카드뮴) 금속 고유의 특성이다. 카드뮴 금속은 수정과 같은 결정구조를 이루고 있는데 방전이 일어나면서 반응이 일어난 부분은 결정 구조가 흐트러져 비정형 구조로 변한다. 비정형 구조와 결정 구조사이의 경계는 충전과 방전을 거듭하면서 굵어지고 이러한 경계가 메모리 효과의 원인이 된다.

(5) 니켈-카드뮴 전지의 수명 특성

니켈-카드뮴 전지의 수명은 보통 사용 조건에서는 500회 이상 반복해서 사용할 수 있지만 수명에 영향을 주는 주된 요인으로 충전 전류, 온도, 방전 심도·빈도, 과충전 시간 등이 있다. 수명과 관련한 중요한 요소는 전지 부품의 열화나 활성물질의 기능저하에 의한 용량 저하를 들 수 있으며 다른 계통의 전지에 비해 보다 안전하게 오래 사용하기 위해서는 특히 온도와 충전 전류를 고려해야 한다.

(6) 니켈-카드뮴 전지의 특징

니켈-카드뮴 전지의 특징은 다음과 같다.

① 높은 신뢰성과 견고함이다.

② 긴 수명과 경제성이다.

③ 우수한 충·방전 효율과 보수가 용이하다.

④ 다양한 기종과 건전지와의 호환성이 가능하다.

⑤ 폭넓은 온도·습도 범위에서의 사용이 가능하다.

(7) 니켈-카드뮴 전지의 종류

밀폐형 니켈-카드뮴 전지의 모양에는 원통형, 버튼형, 편평각형이 있다. 니켈-카드뮴 전지는 납산 축전지에 비해 출력의 밀도가 크고 수명이 길며 단시간 충전이 쉬운 장점이 있다. 그러나 에너지 밀도가 납산 축전지와 거의 같은 정도로 한계성을 가지고 있으며 가격이 납산 축전지에 비해 몇 배 높고, 자원적으로도 부족한 단점이 있다.

그러나 니켈-카드뮴 전지는 전기 자동차의 하이브리드 동력으로서 사용될 경우에는 매우 가능성이 높게 평가되고 있다. 에너지의 밀도가 큰 신형 전지와 조합하여 비상 주행시의 에너지원으로서 적용하거나 등판, 가속 등 큰 출력을 요구할 때 이 전지로부터 출력을 얻어내는 방식이다.

이러한 방식을 가능하도록 적용하기 위해서는 현재의 Ni-Cd 전지 자체의 출력 밀도를 보다 향상시켜야 하며 전지의 가격을 저하시킬 수 있는 방안도 함께 제시되어야 한다.

5 니켈 수소 전지의 구조 및 작동원리

니켈-금속수소화합물 전지(Ni-MH 전지 : metal hydride battery)는 기존의 니켈-카드뮴(Ni-Cd) 전지에 카드뮴 음극을 수소저장 합금으로 대체한 전지이다. 전해액 내에 양극(+)과 음극(-)을 갖는 기본 구조는 같지만 제작비가 비싸고 고온에서 자기 방전이 크며, 충전의 특성이 악화되는 단점이 있지만 에너지의 밀도가 높고 방전 용량이 크다.

기존의 니켈-카드뮴 전지나 납산 축전지의 성능향상은 거의 한계에 도달해 있으며 환경오염이 사회문제로 대두됨에 따라서 카드뮴과 같은 공해유발 물질의 사용이 규제되고 있다. 또한 자동차 배기가스에 의한 대기오염을 줄일 목적으로 무공해 자동차의 하나로 전기 자동차의 개발이 활발히 진행되고 있는데 , Ni-MH 전지는 니켈-카드뮴 전지에 비하여 에너지의 밀도가 크고 공해물질이 없어서 무공해 소형 고성능 전지로서 뿐만 아니라 전기 자동차용 등의 무공해 대형 고성능 전지로 개발이 가능한 새로운 2차 전지로서 주목을 받고 있다.

또한 안정된 전압(셀당 전압 1.2V)을 장시간 유지하는 것이 장점이다. 에너지의 밀도는 일반적인 납산 축전지와 동일 체적으로 비교하였을 때 니켈-카드늄 전지는 약 1.3배 정도, 니켈 수소 전지는 1.7배 정도의 성능을 가지고 있다.

전극의 (+)측에는 옥시 수산화니켈, (-)극에는 수소 흡장합금을 이용하고 알칼리 전해액에는 수산화칼륨을 사용하는 경우가 많다. 수소 흡장합금의 수소이온 방출 상태가 방전 특성을 촉진함으로써 전자의 흐름이 활성화 되어 고성능을 발휘한다.

니켈 수소 배터리는 1회 충전으로 200km 이상을 주행할 수 있고 충·방전의 반복이 1000회 이상 가능한 성능을 갖추고 있으며, 원통형 모듈과 사각형 모듈의 두 가지 타입이 있고 출력의 밀도나 에너지 밀도에 약간의 차이가 있다. 이와 같은 Ni-MH 전지의 특성은 다음과 같다.

① 에너지의 용량이 크다(Ni-Cd 전지 또는 lead-acid 전지의 약 1.5~2배).
② 독성물질(heavy metal)을 함유하고 있지 않다.
③ 충전, 방전 속도가 빠르다.
④ 저온, 고충전 속도에서도 에너지의 효율이 높다.
⑤ 충전, 방전시 전해질의 농도 변화가 없다.
⑥ 밀폐형 전지의 제조가 용이하다.
⑦ 원하는 특성에 따라 수소 저장합금을 선택할 수 있다.

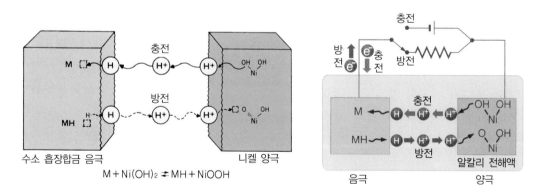

수소 흡장합금 음극   니켈 양극

$$M + Ni(OH)_2 \rightleftharpoons MH + NiOOH$$

음극   양극

그림 니켈수소전지의 구조 및 작용

(1) Ni-MH 전지의 구성과 반응

Ni-MH 전지는 기존의 Ni-Cd 전지에서 Cd극을 수소저장합금으로 대체한 것으로서 음극에 수소저장합금(MH), 양극에 수산화니켈($Ni(OH)_2/NiOOH$)이 사용되며, 격리판 으로는 Ni-Cd 전지와 같은 내알칼리성의 나일론 부직포, 폴리프로필렌 부직포 및 폴리아미드 부직포 등이 사용되고 있다. 또한 전해액은 이온전도성이 최대로 되는 5~8M KOH 수용액이 사용되고 있다.

충전시 음극에서는 물이 전기분해 되어 생기는 수소이온이 수소저장합금에 저장되는 환원반응이 양극에서는 $Ni(OH)_2$가 NiOOH로 산화되는 반응이 일어난다. 방전 시에는 역으로 음극에서는 수소화합물의 수소원자가 산화되어 물이 되고 양극에서는 NiOOH가 이 Ni $(OH)_2$로 환원되는 반응이 일어난다. 니켈의 양극이 완전히 충전된 후에도 전류가 계속 흐르면 즉 과충전이 되면 양극에서는 산소가 발생된다.

$$양극 : MH(s)+OH^-(aq) \rightarrow M+H_2O(l)+e^-$$
$$음극 : NiOOH(s)+H_2O(l)+2e^- \rightarrow Ni(OH)_2(s)+OH^-(aq)$$
$$전체 : MH(s)+NiOOH(s) \rightarrow M+Ni(OH)_2(s)$$

그러나 음극의 용량이 양극보다 크면 발생된 산소가 음극의 표면으로 확산되어 산소 재결합 반응이 일어나게 된다. 음극에서는 산소를 소비시키기 위하여 수소가 감소하게 되어 동일한 전기량이 충전되므로 전체적으로는 변화가 없다. 역으로 과방전이 되면, 양극에서는 수소가 생성되고 이 수소는 음극에서 산화되므로 전체적으로 전지의 내압은 상승하지 않는다.

이와 같이 Ni-MH 전지는 원리적으로는 과충전과 방전시 전지의 내압이 증가하지 않고 전해액의 농도가 변하지 않는 신뢰성이 높은 전지이다. 그러나 실제적으로는 충전효율의 문제로 인하여 전지의 내압이 어느 정도 상승하게 된다. 이러한 Ni-MH 전지는 다음과 같은 장단점을 가지고 있다.

(2) Ni-MH 전지의 장단점

1) 장점

① 전지의 전압이 1.2~1.3V로 Ni-Cd 전지와 동일하여 호환성이 있다.
② 에너지의 밀도가 Ni-Cd 전지의 1.5~2배이다.

③ 급속 충·방전이 가능하고 저온의 특성이 우수하다.

④ 밀폐화가 가능하여 과충전 및 과방전에 강하다.

⑤ 공해물질이 거의 없다.

⑥ 수지상(dendrite) 성장에 기인하는 단락이 없다.

⑦ 수소이온 전도성의 고체전해질을 사용하면 고체형 전지로도 가능하다.

⑧ 충·방전 사이클 수명이 길다.

2) 단점

① Ni-Cd 전지만큼 고율방전 특성이 좋지 못하다.

② 자기 방전율이 크다.

③ 메모리 효과(memory effect)가 약간 있다.

6 리튬이온 전지(Li-Ion)구조 및 작동원리

리튬은 가장 가벼운 금속 원소(원소 기호 Li, 번호 3)로서 리튬을 사용하는 리튬이온 전지(Lithium-Ion battery, Li-ion battery)는 2차 전지이며, 방전 과정에서 리튬이온이 음극에서 양극으로 이동하는 전지이다. 리튬이온 전지는 크게 양극, 음극, 전해질의 세 부분으로 나눌 수 있는데 다양한 종류의 물질들이 적용될 수 있다.

그중 가장 많이 이용되는 음극의 재질은 흑연이며 양극에는 층상의 리튬코발트산화물(lithium cobalt oxide)과 같은 금속산화물, 인산철리튬(lithium ion phosphate, $LiFePO_4$)과 같은 폴리음이온, 리튬망간 산화물, 스피넬 등이 쓰이며 초기에는 이황화티탄(TiS_2)도 쓰였다. 음극과 양극 및 전해질로 어떤 물질을 사용하느냐에 따라 전지의 전압과 수명, 용량, 안정성 등이 크게 바뀔 수 있다.

또한 리튬이온 전지는 충·방전에 따라 리튬 이온이 양극과 음극 사이를 이동하며 충·방전을 1,000회 이상 반복해도 메모리 효과가 발생하지 않아 전지를 다 쓰지 않고 재충전해도 수명이 단축되지 않으며 내구성이 좋다. 셀당 발생 전압은 3.6 ~ 3.8V 정도이고 에너지의 밀도를 비교하면 니켈 수소 전지의 2배 정도 고성능이 있으며, 납산 축전지와 비교하면 3배를 넘는 성능을 자랑한다.

동일한 성능이라면 체적을 3분의 1로 소형화하는 것이 가능하지만 제작 단가가 높은 것이 단점이다. 메모리 효과가 발생하지 않기 때문에 수시로 충전이 가능하며, 자기방전이 적고 작동 범위도 -20℃ ~ 60℃로 넓다. 앞으로는 하이브리드 자동차를 포함한 대부분의 자동차에 적용될 가능성이 크다. 다음은 리튬-이온계 배터리의 종류 및 특징을 나타낸 것이다.

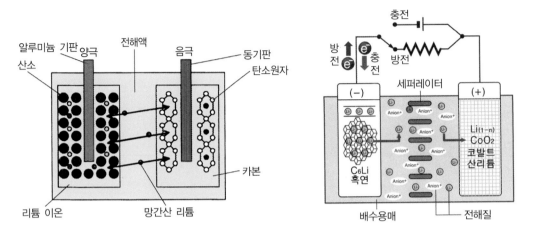

그림 리튬 이온 전지의 구조 및 작용

리튬계 전지의 종류

전지종류	리튬이온 전지	리튬폴리머 전지	리튬 금속폴리머 전지
음 극	탄소	탄소	리튬
전해질	액체전해질	고분자 전해질	고분자 전해질
양 극	금속산화물	금속산화물	금속산화물
	$LiCoO_2$, $LiNiO_2$, $LiMn_2O_4$	$LiCoO_2$, $LiNiO_2$, $LiMn_2O_4$	유기설퍼, 전도성고분자
평균전압	3.7 V	3.7 V	2.0~3.6 V
에너지밀도	높음	높음	매우 높음
저온특성	매우우수	우수	나쁨
안정성	나쁨	보통	우수

① (+)극에는 리튬 금속산화물, (−)극에는 탄소화합물, 전해액은 염+용매+첨가제로 구성된다.
② 에너지의 밀도는 니켈 수소 전지의 약 2배, 납산 축전지의 약 3배 정도의 고성능이다.
③ 발생 전압은 3.6~3.8V 정도이다.
④ 체적을 1/3로 소형화가 가능하다.

⑤ 비메모리 효과로 수시 충전이 가능하다.

⑥ 자기방전이 적고 작동온도의 범위는 -20~60℃로 넓다.

⑦ 카드뮴, 납, 수은 등이 포함되지 않아 환경 친화적인 특징이 있다.

(1) 리튬이온 전지의 원리

리튬이온 전지는 양극(anodanode)으로 Lithium oxide계(예: $LiCoO_2$)를 사용하고 음극(Cathode)으로 carbon계(예: graphite)를 사용한다. 방전 시 리튬이온은 음극인 graphite 격자구조 속에 있는 리튬이온이 빠져나와 분리 막을 거쳐 양극의 결정구조 속으로 이동해 들어간다.

충전 시에는 산화물의 양극에서 리튬이온이 빠져나와 분리 막을 거쳐 탄소의 음극 결정 속으로 이동하여 들어간다. 따라서 충·방전 시 리튬이온의 이동에 따라 결정구조는 크게 변한다. 전해질로 수용액 대신 유기용매를 사용한다.

$$LiCoO_2 + Cn \Leftrightarrow Li1-xCoO_2 + CnLix$$

$$양극\ half\ equation(산화) : LiCoO_2 \rightarrow Li_{(1-x)}CoO_2 + xLi^+ + xe-$$

$$음극\ half\ equation(환원) : xLi^+ + xe- + 6C \rightarrow LixC_6$$

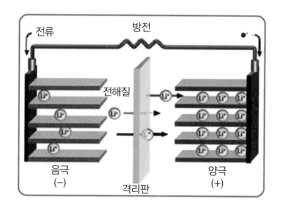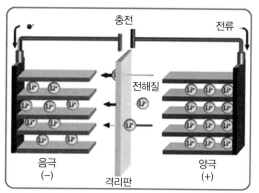

그림 리튬이온 전지 충방전 작용

따라서 전지의 작동은 충·방전 시 양쪽 전극의 전위차에 따라 전지 외부회로에서의 전자 흐름과 전지 내부에서의 이온 흐름이 동시에 일어난다. 충전은 외부의 전기에너지를 전지 내부의 전기 화학반응을 통하여 화학에너지로 바꾸는 것이다. 외부에서 음극(탄소전극)으로 전자가 들어가면 전해염의 리튬이온은 전자를 받아 환원되어 음극에 붙게 된다. 이때 양극에서는 전자가 외부회로로 흘러나가며 전극 활성물질은 산화되고 리튬이온을 잃게 된다. 방전은 충전의 역반응으로 외부회로에 전기에너지를 공급한다.

리튬이온 전지의 내부는 미세한 공극(pore)을 가진 폴리에틸렌(polyethylene) 필름의 분리 막이 시트(sheet) 형태의 양극과 음극 사이에 놓여 있는 것을 나선형으로 감은 구조로 되어있다.

(2) 리튬이온 전지의 구성

양극은 리튬 코발트 산화 금속의 활성물질을 리튬 공급원으로 사용하고 전류 집전체인 알루미늄 호일로 구성되어 있으며, 음극은 활성물질로서 흑연화 탄소와 전류 집전체인 구리 호일로 구성되어 있다.

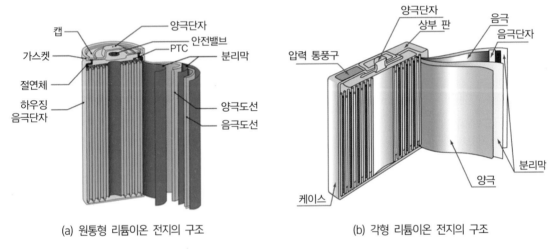

(a) 원통형 리튬이온 전지의 구조   (b) 각형 리튬이온 전지의 구조

그림 **리튬이온전지의 형상 구분**

전해액은 $LiPF_6$가 용해된 유기용매이다. 또한 리튬이온 2차 전지는 가혹한 조건하에서 내부압을 방출하기 위한 안전 벤트(safety vent)가 있으며 PTC(Positive Temperature Coefficient)와 CID(Current Interrupt Device) 소자가 있어 외부 단락에 의한 급격한 전류를 정상적인 방전 전류로 낮추어주는 역할을 한다. 전지의 용량은 mAh(밀리 암페어시) 또는 Ah(암페어시)로 표시한다.

(3) 리튬이온 전지의 특성

구　분	특　성
고에너지 밀도	• 리튬이온 전지는 같은 용량의 니켈-카드뮴(Ni-Cd), 혹은 니켈-수소 전지에 비해 질량이 절반에 지나지 않는다. • 부피는 니켈-카드뮴 전지에 비해 40~50% 작을 뿐 아니라 니켈-수소 전지에 비해서도 20~30% 작다
고전압	• 하나의 리튬이온 전지의 평균 전압은 3.7[V]로서 니켈-카드뮴이나 니켈-수소 전지 3개를 직렬로 연결해 놓은 것과 같은 전압이다.
고출력	• 리튬이온 전지는 1.5 CmA까지 연속적으로 방전이 가능하다. (1 CmA란 전지의 용량을 1시간 동안 모두 충전 또는 방전하는 전류를 말한다.)
무공해	• 리튬이온 전지는 카드뮴, 납 또는 수은과 같은 오염물질을 사용하지 않는다.
금속 리튬 아님	• 리튬이온 전지는 리튬 금속을 사용하지 않아 더욱 안전하다.
우수한 수명	정상적인 조건하에서 리튬이온 전지는 500회 이상의 충전 / 방전 수명을 지닌다.
메모리 효과 없음	• 리튬이온 전지에는 메모리 효과가 없다. 반면에 니켈-카드뮴 전지는 불완전한 충전과 방전이 반복적으로 이루어 질 때 전지의 용량이 감소하는 메모리 효과를 보인다.
고속 충전	• 리튬이온 전지는 정전류/정전압(cc/cv) 방식의 전용 충전기를 이용하여 4.2[V]의 전압으로 1~2시간 안에 완전하게 충전할 수 있다.

(4) 수용액 전지와 리튬이온 전지의 차이점

수용액 계통의 전지는 대전류에 의해 전압이 크게 변동하거나 온도가 높아지면 저장이 되지 않고 내부에서 열이 발생하여 셀을 열화시킨다. 전지의 수명을 보면 납산, 니켈-카드뮴, 니켈수소 등의 각 전지는 수명이 다 되면 갑자기 용량이 나오지 않지만 리튬이온 전지는 그렇지 않다.

수용액 계통의 전지는 (+)극과 (-)극에 있는 화합물로 결정된다. 납산 축전지에서는 양극 모두 납, 니켈-카드뮴 전지는 (+)극은 니켈계통이고 (-)극은 카드뮴, 니켈수소 전지는 (+)극은 니켈계통이고 (-)극은 수소 흡장합금이기 때문에 기본적으로 화학변화를 일으킨다. 즉 이온이 들어오거나 나가면서 화합물이 변화된다.

수용액 계통의 전지는 충·방전을 하게 되면 체적이 변화된다. 하지만 리튬이온 전지는 복합제산화물의 (+)극판과 납의 (-)극판이 다공성이고 충·방전시에 리튬이 극판에 들어가거나 나오기 때문에 극판의 손상이 없으며, 체적이 거의 변하지 않는다. 따라서 지금까지의 전지는 극판을 얇게 만들면 고장이 발생되지만 리튬이온 전지는 고장이 발생되지 않으므로 매우 얇게 할 수 있다.

또한 극판이 얇으면 저항을 작게 할 수 있기 때문에 그 만큼 표면적이 커지므로 용량이 커지게 된다. 납산 축전지의 극판 두께는 보통 1mm 정도이지만 리튬이온 전지는 20~30미크론 정도로 칠해져 있다.

또한 수용액 계통의 전지는 체적의 변화가 있으므로 스스로 극판을 유지하여야 하기 때문에 튼튼한 구조로 되어 있다. 또한 내부의 격리판이 딱딱하면 고장이 발생되므로 부직포를 사용하여 부드럽게 해야 하기 때문에 두께가 두꺼워 용량의 한계가 있다. 반면 리튬이온 전지는 체적의 변화가 일어나지 않으므로 공간이 없이 가득 차 있어도 극판의 유지가 쉽다. 이러한 점이 리튬이온 전지와 수용액 계통 전지의 커다란 차이점이다.

2차 전지의 주요 특징

구분	특 징
리튬폴리머 전지	• 전압은 3.6[V]로 폭발 위험이 없고 전해질이 젤타입 이기 때문에 전지 모양 을 다양하게 만들 수 있는 것이 장점 • 일부 휴대폰에 사용되며 리튬이온 전지를 대체하는 차세대 전지 • 리튬폴리머전지는 양극, 전해질, 음극으로 구성되어 있고 양극과 음극 사이 의 전해질이 양극과 음극을 분리하는 분리막과 리튬이온의 전달역할을 수행 • 고분자 겔 형태의 전해질을 사용함으로써 과충전과 과방전으로 인한 화학적 반응에 강하게 만들 수 있어 리튬이온전지에 필수적인 보호회로가 불필요
리튬이온 전지	• 전압은 3.6 [V]로 휴대폰, pcs, 캠코더, 디지털 카메라, 노트북, md 등에 사용 양산 전지 중 성능이 가장 우수하며 가볍다. • 리튬이온 전지는 폭발 위험이 있기 때문에 일반 소비자들은 구입할 수 없으며 보호회로가 정착된 PACK 형태로 판매 • 안전성만 확보되면 가볍고 높은 전압을 갖고 있어 앞으로 가장 많이 사용될 전지 • 리튬이온전지는 양극, 분리막, 음극, 전해액으로 구성되어 있고 리튬이온의 전달이 전해액을 통해 이루어짐 • 전해액이 누액 되어 리튬 전이금속이 공기중에 노출될 경우 전지가 폭발할 수 있고 과충전 시에도 화학반응으로 인해 전지 케이스내의 압력이 상승하여 폭발할 가능성이 있어 이를 차단하는 보호회로가 필수
니켈-수소 전지	• Ni-Cd와 Li-ion 중간단계의 전지로 특정 사이즈만 생산 • 리튬이온전지가 안정화되면 Ni-MH 전지는 특수제품을 제외한 곳에는 더 이상 사용이 안 될 것으로 예상 • 전압은 1.2 [V]이며 니켈-카드뮴 전지와 혼용하여 사용하는 제품이 많고 니켈-카드뮴 전지 보다 2 배의 용량을 갖음

구분	특징
니켈카드뮴 전지	• 전압은 1.2[V]이며 소형 휴대기기에 가장 많이 사용 • 일정한 타입 망간건전지와 비교시 내부 저항이 낮으며 단시간이라면 큰 에너지를 꺼낼 수 있음 (큰 전류를 낼 수 있음) • 충전 가능한 전지 중에서는 수명이 긴 편이며 방향을 생각하지 않고 사용할 수 있음 • 충전하지 않고는 사용할 수 없으나, 단시간에 충전가능 • 외부의 충격, 열에 약하며, 내부에 사용되고 있는 금속은 독성이 높고 약품은 극약이다.
납축전지	• 납축전지는 전압이 2.1 [V]로 자동차용 전지로 가장 많이 사용 • 자동차용 전지는 12.6 [V]로 2.1 [V] 전지를 직렬로 6개 연결 • 과방전시 전지 수명이 급속히 단축되는 특성을 지니며 특히 자동차의 경우 재충전이 안 될 경우 전지를 새로 구입해야 하는 경우가 자주 발생

7 리튬 폴리머 전지 (Lithium polymer battery)

리튬 폴리머 전지는 액체 전해질형 리튬이온 전지의 안전성 문제, 제조비용, 대형 전지 제조의 어려움, 고용량화의 어려움 등의 문제를 해결할 수 있을 것으로 전망되는 전지이다.

(1) 리튬 폴리머 전지의 개요

리튬 폴리머 전지는 리튬이온 전지와 유사하나 리튬이온 전지의 전해액을 고분자물질로 대체하여 안정성을 높인 것이 특징이다. 또한 리튬 폴리머 전지는 음극으로 리튬금속을 사용하는 경우와 카본을 사용하는 경우가 있는데 카본의 음극을 사용하는 경우를 구별하여 리튬이온 폴리머 전지로 표기하는 경우가 있으나 일반적으로 리튬 폴리머 전지로 통용하고 있다.

전해질이 고체이기 때문에 전해질의 누수염려가 없어 안전성이 확보되고 또한 용도에 따라 다양한 크기와 모양으로 전지 팩을 제조할 수 있어 기존의 리튬이온 전지에서 원통형 및 각형전지로 전지 팩을 제작할 경우 전지와 전지 사이에 전지 용량과 관계없는 공간이 발생하는 문제를 해결하여 에너지의 밀도가 높은 전지를 제조할 수 있다.

또한 자기 방전율 문제, 환경오염 문제, 메모리 효과 문제가 거의 없는 차세대 전지라 할 수 있다. 특히 전지 제조공정이 리튬이온 전지에 비하여 대량 생산 및 대형 전지의 제조가 가능할 것으로 보이므로 전지 제조비용의 저렴화 및 전기 자동차 전지로의 활용 가능성이 매우 높은 전지라 할 수 있다. 이러한 리튬 폴리머 전지가 기술적으로 해결해야 하는 것은 다음과 같다.

① 전기 화학적으로 안정되어야 한다.(과충·방전에 견디기 위해 넓은 전압 범위에서 안정)

② 전기 전도도가 높아야 한다(상온에서 1 mS/cm 이상)

③ 전극의 물질이나 전지 내의 다른 조성물과 화학적, 전기적 호환성이 요구된다.

④ 열적 안정성이 우수하여야 한다.

또한 근래 대부분의 연구는 상온에서 높은 이온 전도도를 나타내는 고체 고분자 전해질의 개발에 초점이 맞추어져 있으며 젤-고분자 전해질 및 하이브리드 고분자 전해질의 개발로 이것이 실현되었다.

이들 고분자 전해질은 액체와 고체 고분자 전해질의 문제점을 극복하기 위한 것으로 젤-고분자 전해질은 많은 양의 액체 가소제를 폴리머 호스트 구조에 첨가 하여 제조한 것이고 하이브리드 고분자 전해질은 고분자 매트릭스 내에 유기용매 전해질을 주입시켜 제조한 것으로 전기 화학적, 화학적, 열적, 전기적 특성이 우수하며 또한 제3의 물질을 첨가하여 기계적 특성을 향상시킴으로써 리튬 폴리머 전지의 상용화 가능성을 높였다.

(2) 리튬폴리머 전지의 종류

리튬 폴리머 전지는 기존 리튬이온 전지의 양극, 전해액, 음극 중 하나에 폴리머 성분을 이용한 것을 말하며 아래의 4종류가 있다.

① 폴리머 전해질 전지 진성 폴리머 전해질 전지

② 폴리머 전해질 전지 겔 폴리머 전해질 전지

③ 폴리머 양극 전지 도전성 고분자 양극전지

④ 폴리머 양극 전지 황산 폴리머계 양극전지

리튬 폴리머 전지의 공통적인 특징은 얇은 외장재에 있다. 실제로 폴리머가 들어가서 내부 물질의 무게는 기존의 리튬이온 전지보다 무겁지만 외장재가 월등히 가벼워서 전체적으로 가볍다. 그러나 실제 용량은 리튬이온보다 훨씬 떨어진다. 리튬이온 전지는 부피당 에너지 밀도가 300~350 mAh/L, 폴리머 전지는 250~300 mAh/L 이다.

같은 외형의 크기-부피일 때 리튬이온이 훨씬 오래 사용할 수 있다. 그 이유는 폴리머 전지에 첨가된 폴리머 전해질의 이온 전도도가 액체 전해질 보다 훨씬 낮고 반응성이 떨어지기 때문이다.

따라서 폴리머 전지는 온도가 낮아지면 반응성이 더 나빠져서 전지로서의 기능을 발휘하지 못한다. 반대로 고온에서는 리튬이온 전지에 쓰인 액체 전해질의 이온 전도도가 폴리머 전해질보다 높기 때문에 반응속도가 빨라져 폴리머 전지가 조금 더 안전하다.

특히 고온에서는(90°C 이상) 어떤 전지든 내부의 단락 현상이 일어나는데 폴리머 전지는 외장재가 약해 보다 일찍 파손이 일어나지만 리튬이온 전지는 외장재가 두꺼워 견딜 수 있는 압력까지 견디다 보다 크게 폭발할 위험이 있다.

(3) 리튬폴리머 전지의 특성

구 분	특 성
고전압	• 리튬이온전지와 같이 평균 전압이 3.7[V]로 니켈-카드뮴이나 니켈-수소와 같은 다른 2차전지에 비하여 3배 정도 높다.
빠른 충전특성	• 정전류/정전압(CC/CV)방법으로 충전 하는 경우 1~2 시간 이내에 완전 충전이 가능하다.
무공해	• 구성 물질 중에 환경 오염 물질인 cadmium, lead, mercury 등이 들어 있지 않다.
긴 수명주기	• 정상적인 조건에서 300회 이상의 충·방전 특성을 보인다.
메모리 효과 없음	• 니켈-카드뮴전지에서 나타나는 것과 같이 완전 충·방전이 되지 않았을 때 용량감소가 생기는 현상이 없다.
리튬이온전지보다 안전	• 셀 외부로 전해액이 누액될 염려가 없고 폴리머양이 상대적으로 리튬이온 전지보다 많으므로 더 안정하다.
낮은 내부저항	• 전극과 격리판이 일체형으로 되어 있기 때문에 표면에서의 저항이 그 만큼 줄어들어서 상대적으로 작은 내부저항을 갖는다.
얇은 배터리로 제작	• 얇은 판상 구조를 가지고 있기 때문에 얇은 cell을 만들기 적당하며 또한 bag을 사용해 package하기 용이하기 때문에 얇은 전지에 유리하다.
유연성	• 폴리머함량이 상대적으로 많아 전극 자체만으로도 film의 특성을 가질 수 있다. Cell의 경우도 이러한 film적 특성으로 인하여 형체의 자유를 어느 정도 갖게 된다.
설계의 자유	• 리튬이온 전지에서의 winding작업이 없고 여러 장의 film을 겹치는 과정이 존재하므로 film만 원하는 모양으로 자르면 원하는 모양의 cell을 얻을 수 있다.

(4) 리튬이온 전지와 리튬폴리머 전지와의 차이점

① 구조상의 특징에서 판상 구조이기 때문에 리튬이온 전지의 공정에서 나오는 구불구 불한 작업이 필요 없으며 각형의 구조에 매우 알맞은 형태를 얻을 수 있다.

② 전해액이 모두 일체화된 셀 내부에 주입되어 있기 때문에 외부에 노출되는 전해액은 존재하지 않는다.

③ 자체가 판상 구조로 되어 있기 때문에 각형을 만들 때 압력이 필요 없다. 그래서 캔 (can)을 사용한 것보다 팩을 사용하는 것이 용이하다.

(5) 리튬폴리머 전지의 구성

항목	특 징	비 고
전극	양극재료의 다양성	전도성 고분자, 유기 황 화합물
	음극재료의 다양성	리튬 화합물, 리튬합금 또는 금속
형상	박막 가능	0.1 mm이하 가능
	성형성	–
	유연성	–
	포장 용이성	Can 사용 등에 의한 어려움 없음
물성	고전압	3~4 V
	Bipolar 전지가능	2~3 cell 연결가능
	고 에너지 밀도	100~400 Wh/kg
	긴수명	1000회 이상 충·방전 가능
안전성	장기간 보관 가능	5~10년
	내열성	100°C 이상
	누전해액 문제없음	–
	과충전 대응	–
	과방전 대응	–
환경문제	재료 공급 용이	–
	공해물질 사용 않음	유해금속 사용 않음
기타	저가	–
	생산 용이성	–

(6) 리튬폴리머 전지의 장단점

단 점	장 점
• 리튬이온보다 용량이 작다	• 리튬이온보다 안전하다
• 리튬이온보다 수명이 짧다	• 리튬이온보다 가볍다.

(7) 리튬폴리머 전지의 특징

특 징	비 고
초경량. 고에너지 밀도	무게 당 에너지 밀도가 기존전지에 비해 월동하여 초경량 전지를 구현할 수 있다.
안전성	고분자 전해질을 사용하여 Hard Case가 별도로 필요치 않아 1 [mm]이하의 초 슬림 전지를 만들 수 있으며 어떠한 크기 및 모양도 가능한 유연성이 있다.
고출력 전압	셀당 평균 전압은 3.6[V] 니켈－카드뮴전지나 니켈－수소전지의 평균전압이 1.2[V]이므로 3배의 Compart 효과가 있다.
낮은 자가 방전율	자가 방전율은 20°C에서 한 달에 약 5%미만 니켈－카드뮴전지나 니켈－수소전지보다 약 1/3 수준
환경 친화적 Battery	카드뮴이나 수은 같은 환경을 오염시키는 중금속을 사용하지 않음
긴 수명	정상적인 상태에서 500회 이상의 충·방전을 거듭할 수 있음

(8) 리튬폴리머와 리튬이온 전지의 비교

종류	장 점	단 점
리튬이온 전지	• 고용량/ 고에너지일도 • 우수한 저온 성능 • 외장재의 견고함－기계적 충격 등에 강하다.	• 폴리머전지보다 무겁다. • 금속 외장재의 특성상 일반적으로 4~5 [mm] 이하의 박형의 얇은 전지와 광면적 전지를 제조하기가 어렵다
리튬폴리머 전지	• 고온에서의 안전성. • 얇은 외장재에 따른 무게의 경량화	• 얇은 외장재, 기계적 충격에 약 하다. • 저온에서 성능저하 • 용량/에너지 밀도가 매우 낮다

8 그 밖의 전지 기술

(1) 아연-공기 전지(zinc-air cell)의 개요

아연-공기 전지의 양극 활성물질은 자연계에 무한히 존재하는 공기 중의 산소이다. 즉 전지의 용기 내에 미리 양극 활성물질을 가질 필요가 없이 경량의 산소를 가스로서 외부로부터 인입하여 방전에 이용한다. 따라서 용기 내에 음극을 대량으로 저장할 수 있어 원리적으로 큰 용량을 얻을 수 있다.

또한 산소의 산화력은 강력하고 높은 전지의 전압이 얻어지므로 대용량과 함께 에너지 밀도는 매우 높아진다. 산소는 반응 후에 수산화물 이온(OH-)이 되기 때문에 전해질에는 알칼리 망간 전지나 니켈-카드뮴 전지와 동일한 알칼리 수용액(특히 수산화칼륨)이 적합하다.

알칼리 수용액은 취급에 주의를 요하지만 리튬 전지에 이용되는 유기용매와 달리 불연성이기 때문에 안전성이 높은 전지를 구상할 수 있다. 공기 양극에 대항하는 음극에는 아연이 가장 적합한 재료로서 널리 이용되고 있다.

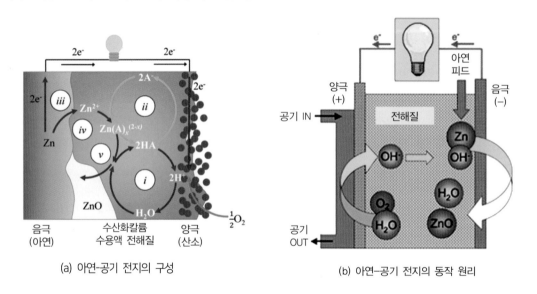

(a) 아연-공기 전지의 구성

(b) 아연-공기 전지의 동작 원리

그림 아연 공기전지의 구성 및 동작원리

아연은 지금까지 알칼리 전해질계에서 이용되어 오던 카드뮴 등에 비해 중량당의 용량이 크다. 또한 표면에서 수소를 발생시키기 어렵기 때문에 수용액 내에서 석출이 가능하고 자체 방전도 적으며, 염가이고 자원도 풍부한 공기의 양극이 가지는 특징을 전지로서 살릴 수 있는 재료이다.

$$양극 : Zn + 4OH^- \rightarrow Zn(OH)_4^{2-} + 2E^- \ (E_0 = -1.25V)$$

$$유체 : Zn(OH)_4^{2-} \rightarrow ZnO + H_2O + 2OH^-$$

$$음극 : 1/2O_2 + H_2O + 2E^- \rightarrow 2OH^- \ (E_0 = 0.34V)$$

$$전체 : 2Zn + O_2 \rightarrow 2ZnO \ (E_0 = 1.59V)$$

양극과 음극의 합계 중량에서 에너지의 밀도 1,090 Wh/kg이 유도된다. 아연 - 공기전지는 리튬이온 전지를 능가하는 극히 높은 에너지 밀도율을 실현시킬 수 있다는 것을 알 수 있다.

Zn-Air 전지는 Na-s 전지와 함께 유망한 전지 시스템으로 알려진 전지이다. 본래 이 전지는 1차 전지인 공기 건전지나 공기 습전지로서 저전류 용도로 사용되었으나 최근에 무한한 공기 중의 산소를 양극 활성물질로 활용하면서 음극 활성물질로는 안전하고도 저렴하면서 전기 화학적으로 150 Wh/kg의 높은 에너지 밀도를 갖는 아연을 이용하는 방식을 채택하여 전기 자동차의 전원으로서 관심이 집중되고 있다. 또한 이 전지는 상온에서 작동되기 때문에 고온 전지보다 취급 면에서 유리하다.

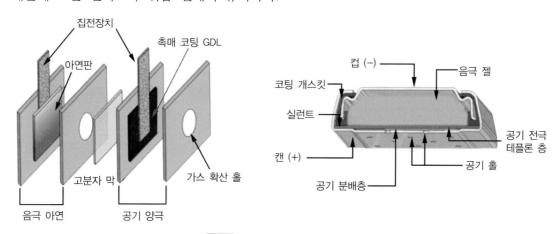

그림 아연 공기전기의 구조

(2) 공기전지(air cell)

공기 전지는 전지 내에서 반대방향의 기전력이 일어나는 것을 방지하기 위하여 복극제로 공기를 사용한 전지이다. 대표적인 것은 알루미늄-공기 전지로 값이 싸고 기전력도 일정한 장점이 있다. 이를 지속적으로 사용하려면 물과 알루미늄을 보충해 주면서 수산화알루미늄을 제거해주어야 한다. 다공질의 탄소를 양극으로 하며 이 속에 녹아 있는 산소가 일부 분해해서 유리 산소로서 작용하기 때문에 복극 작용이 일어난다.

공기 전지는 기전력이 1.45~1.50V이며 다니엘 전지나 랄랑드 전지보다 특성이 좋고 경제적이다. 50mA 정도의 비교적 소형인 전지로서 단속적으로 방전시키기에 적합하기 때문에 전화 전신에 사용된다. 구조는 아래쪽에 아연판, 그 위에 펠트 등의 절연체를 사이에 두고 탄소의 양극이 있고, 상부는 공기 중에 노출되어 있다. 보청기 등에는 금속 공기 전기가 쓰이기도 한다.

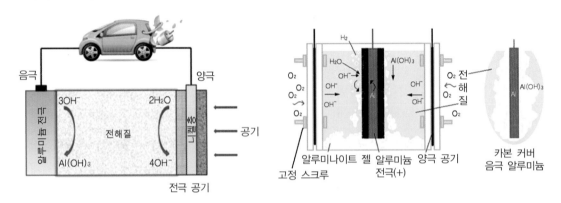

그림 알루미늄 - 공기 전지의 구조 및 동작원리

(3) 리튬인산철(LiFePO₄) 전지

리튬인산철 전지는 양극제로 폭발 위험이 없는 리튬-인산철을 사용하여 근본적으로 안정성을 확보하였고 이온(액체) 전해질을 사용하여 축전 효율도 최대화한 제품이다. 리튬-인산철은 다른 어떤 양극물질과 비교해도 저렴한 가격과 뛰어난 안전성, 성능 그리고 안정적인 작동 성능을 보이고 있다.

또한 리튬-인산철은 전기 자동차용 전지와 같이 대용량과 안전성을 동시에 요구하는 에너지 저장 장치로서 적합하다. 단점으로는 기전압이 기존 리튬-코발트 전지의 3.7V보다 0.3V 정도 낮은 3.4V라는 기전력을 가지고 있으며 또한 리튬-폴리머 전지만큼 디자인의 용이성이 떨어지는 점도 있다.

(4) 나트륨 유황 전지(Na-S Battery)

Na-S 전지는 음극의 반응 물질에 나트륨, 양극의 반응 물질에 유황을 사용하고 전해질로서 β-알루미나 세라믹스(나트륨이온 전도성을 가진 고체전해질)를 사용하고 있다. 전지의 충·방전은 300°C 부근에서 가능한 고온형 전지이다.

　전해질에는 납산 축전지의 황산이나 알칼리 전지의 KOH 수용액과는 달리 나트륨 이온에 대한 선택적 전도성을 갖는 고체 전해질을 이용하는 새로운 아이디어의 고성능 전지이다. 고체 전해질은 유리 혹은 세라믹 종류로 구성되어 있으며 특히 β-알루미나(NaAluO$_{17}$)는 나트륨 이온의 전도성이 크기 때문에 현재 개발되고 있는 Na-S의 대부분이 β-알루미나를 전해질로 사용하고 있다. 또한 β-알루미나는 전자 전도성을 갖고 있지 않기 때문에 음극과 양극을 분리하는 격리판(Separator) 역할도 한다.

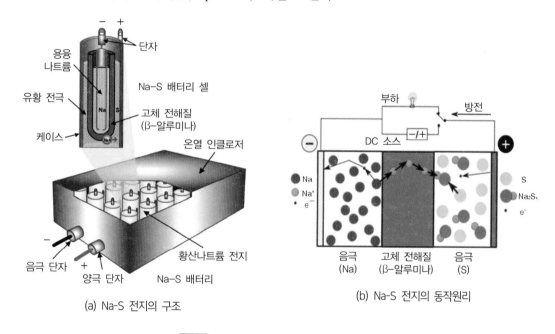

(a) Na-S 전지의 구조　　　　(b) Na-S 전지의 동작원리

그림 NA-S 전지의 구조 및 동작원리

　작동 온도는 두 전극 반응 물질이 용융되는 350±50℃이며 Na-S 전지의 우수한 특징으로는 에너지의 밀도가 상당히 높다. 납산 축전지의 에너지 밀도가 40 Wh/kg 정도인데 대해 이 전지는 약 300 Wh/kg 정도 될 것으로 보인다.

　또한 충전 특성이 우수하여 효율이 좋고 납산 축전지나 Ni-Cd 전지의 충전 필요량은 방전량의 110~140%가 요구되고 있으나, 이 전지는 방전량의 100%로도 충분하여 충전 효율이 우수하다.

　따라서 전기 자동차에 적용 시 유지비가 적게 들고 경제적인 측면에서도 상당히 유리하며, 보수가 유리하다. 이 전지는 충·방전 시 가스의 발생이 없어 완전 밀폐가 가능하고, 보통 납산 축전지와 같이 전해액 보충과 같은 유지 관리가 필요 없는 장점이 있다. Na-S 전지의 특징은 다음과 같다.

① 고에너지 밀도(납산 축전지의 약 3배)로 좁은 공간에 설치가 가능하다.

② 고충·방전 효율이 높고 자기방전이 없어 효율적으로 전기를 저장할 수 있다.

③ 2,500회 이상의 충·방전이 가능하며 장기 내구성이 있다.

④ 완전 밀폐형 구조의 단전지를 사용한 클린 전지이다.

⑤ 주재료인 나트륨 및 유황이 자연계에 대량으로 존재하여 고갈의 우려가 없으므로 앞으로 자재부족의 우려가 없다.

9 연료전지 구조 및 작동원리

(1) 고체 고분자 연료전지

전해질로 고분자 전해질(polymer electrolyte)을 이용하기 때문에 고체 고분자형 연료전지라 호칭한다. 또한 FC(Fuel Cell) 스택이라고도 호칭되기 때문에 전지라고 하는 것보다는 발전기라고 생각하는 것이 맞을지도 모른다. 앞으로 자동차가 목표로 해야 할 에코 자동차(Eco-vehicle)의 대표라고 하는 FCV(Fuel Cell Vehicle ; 연료 전지 자동차)의 핵심이 되는 부분이다.

고분자 전해질은 크게 아래와 같이 세 분류로 나눌 수 있다.

① 순수 고체 고분자 전해질계

순수 고분자 전해질계는 약간의 액체 가소제를 혼합하여 제조한다. 이러한 전해질은 용매 증발 피복법으로 박막을 제조한다.

② 젤-고분자 전해질계

젤-고분자 전해질은 순수-고분자 전해질에 비하여 상온에서의 높은 이온 전도도와 불량한 기계적 성질을 나타내는 것으로 많은 양의 액체 가소제와 혹은 용매를 폴리머 매트릭스에 첨가하여 폴리머 호스트 구조와 안정한 젤을 형성하도록 하는 것이다. 젤-고분자 전해질은 높은 이온 이동도와 높은 전하 수송물질 농도를 나타내어 주된 성능의 향상을 이루었고 또한 저온 특성도 우수하게 되었다.

③ Hybrid 고분자 전해질계

Hybrid 고분자 전해질계는 고분자 매트릭스를 1미크론 미만(submicron)으로 다공성하게 만들어 유기용매의 전해질을 이 작은 기공에 주입시켜 제조한다. 이 작은 기공에 들어간 유기용매 전해질은 누액이 되지 않고 아주 안전한 전해질로 사용할 수가 있다. 이 전해질은 이온 전도도가 유기용매 전해질의 이온 전도도와 같은 특성을 갖고 있고 용이하게 제작할 수 있는 것이 장점이라고 볼 수 있다.

고체 고분자 전해질에 순수한 불소를 통과시킬 때 공기 중의 산소와 화학 반응에 의해서 백금의 전극에 전류가 발생한다. 발전 시에는 열을 발생하지만 물만 배출시키므로 에코 자동차라 한다. 단지 자동차에 수소를 고압 탱크에 저장하여 운행하는데 주행거리는 아직 충분하지 않은 점이 개선해야 할 과제이다. 불소계의 전해질 막에서 수소이온을 교환하는 기능을 가지기 때문에 프로톤 교환 막(proton exchange membrane)의 머리글자를 따서 PEMFC(Proton Exchange Membrane Fuel Cell)라고도 호칭한다.

출력의 밀도가 높기 때문에 소형 경량화가 가능하고 운전 온도가 상온에서 80℃까지로 저온에서 작동하며, 기동·정지 시간이 매우 짧기 때문에 자동차 등의 이동용 전원이나 가반형 전원, 비상용 전원으로서 주목받고 있다. 저온 작동이기 때문에 전지 구성의 재료 면에서 제약이 적고 튼튼하며 진동에 강하다

(2) 작동과 원리

하나의 셀은 (-)극판과 (+)극판이 전해질 막을 감싸고 또 양 바깥쪽에서 세퍼레이터 (separator)가 감싸는 형태로 구성되어 있으며, 셀의 전압이 낮기 때문에 자동차용의 스택은 일반적으로 수백 장의 셀을 겹쳐 고전압을 얻고 있다. 세퍼레이터는 홈이 파져 있어 (-)쪽에는 수소, (+)쪽은 공기가 통한다.

세퍼레이터와 극판 사이를 흐르는 수소는 극판에 칠해진 백금의 촉매작용에 의해서 전자가 분리 수소 이온으로 되어 막을 통하여 (+)극으로 이동한다. 또한 산소와 만나 다른 경로로 (+)극으로 이동된 전자도 합류하여 물이 된다. 다른 경로를 통하여 이동된 전자 흐름의 역방향이 전류가 된다.

① 고체 고분자 전해질에 순수한 불소를 통과하여 공기 중의 산소와 화학반응에 의해 전기를 발생한다.
② 백금의 전극에 전류가 발생(PEMFC라고도 함)한다.
③ 출력의 밀도가 높아 소형·경량화가 가능하다.
④ 상온 80℃의 저온에서 작동하기 때문에 재료의 제약이 적다.
⑤ 강성이 우수하고 진동에 강하다.

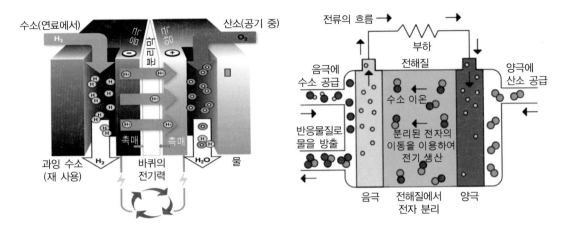

그림 고체 고분자 연료전지의 구성 및 동작원리

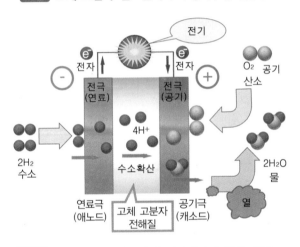

그림 고체-고분자 연료전지 전기에너지 발생 원리

(3) 전기 화학적 원리

음극과 양극의 활성물질(active material)이 리튬이온 전지와 유사하기 때문에 전기화학적 원리는 같다. 전지의 작동은 충·방전에 의해 리튬이온이 양극과 음극 사이를 이동하며 사이의 끼움에 의해 이루어진다. 전지의 작동에 의한 전극의 변화는 없기 때문에 안정적인 충·방전이 가능하다.

$$\text{Anode} : LiCoO_2(s) = LI_{1-n}CoO_2(s) + ne^-$$

$$\text{Cathode} : C(s) + nLi^+ + ne^- = CLi_x$$

$$LiCoO_2(s) + C(s) = LI_{1-n}CoO_2(s) + CLi_x$$

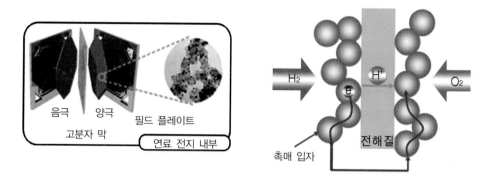

그림 연료전지 전기 화학적 원리

LIPB는 리튬이온 전지(LIB)의 전극 구성과 비슷하며 단지 전해질만 고분자 전해질을 사용하는 것이 다르다. 전해질은 고체 고분자 전해질 유기용매와 염을 고분자에 혼합한 하이브리드 겔 전해질이 있다.

(4) 고분자 분리막

고분자 분리막은 리튬의 결정 성장에 의한 양 전극의 단락을 방지함과 동시에 리튬이온 이동의 통로를 제공하는 역할을 한다. 고분자 전해질의 이온 전도도는 지속적으로 향상되고 있으나 실용화하기 위한 값에는 못 미치고 있다. 이를 개선하기 위해 전해액을 고분자에 함침된 상태에서 전지를 구동하는 겔형 리튬 폴리머 전지의 개발에 주력하는 추세이다.

겔형 고분자 전해질의 장점은 향상된 이온 전도도 외에 우수한 전극과의 접합성, 기계적 물성, 그리고 제조의 용이함 등을 들 수 있다. 대표적인 겔형 고분자는 아래와 같다.

① 폴리 산화에틸렌(PEO)

② 폴리 아크릴로니트릴(PAN)

③ 폴리 메틸메타크릴레이트(PMMA)

④ 폴리 불화비닐(PVDF)이다.

10 셀, 모듈, 팩의 특성

전지는 온도가 많이 상승하면 열화를 일으킨다. 발전이란 전류 × 저항 = 발열의 관계가 있다. 즉, 전지의 내부 저항이 크면 전지의 내부에서 열을 발생하는데 그것은 전류의 제곱에 이른다. 따라서 전류가 커지면 거의 손실이 되므로 얼마만큼 내부 저항을 작게 하는가가 고출력으로 이어지게 되며 내부 저항을 감소시키면 출력이 높아진다.

전지의 수명은 전지 시스템의 수명으로 생각하였다. 즉, 전지 하나로만 생각한 것이 아니라 직렬로 몇 개를 연결한 셀 전지로서 생각한 것으로 리튬이온 전지가 적합한 것으로 확인되었다. 납산 축전지라도 1개일 경우 수명은 길지만 셀 전지로 하였을 경우 급속하게 용량이 저하된다. 니켈-카드뮴 전지도 12V를 23개의 셀을 직렬로 연결한 경우 어떤 셀 1개의 전압이 낮아지면 방전 도중에 전압이 1셀씩 낮아져 용량이 급격하게 저하된다.

예를 들어 용량이 같은 그릇을 일렬로 진열하고 그 하나하나의 그릇을 전지의 셀, 컵 그릇 안에 들어있는 물을 전기라고 하였을 경우 충·방전시 같은 만큼의 물을 채우거나 빼내는 것이지만 어떤 그릇이 작으면 같은 양의 물을 넣을 경우 넘치게 되는데 물이 넘친다는 것은 전지의 고장이라는 것을 의미한다. 반대로 물을 빼내면 다른 그릇은 물이 남아있지만 용량이 적은 그릇은 비어있게 된다.

이와 같이 전지의 경우 셀에 전자가 없는데도 전자를 빼내려고 강제로 전기를 통하는 경우 그 셀은 손상을 입게 되며 이러한 과충전과 과방전이 전지를 손상시키는 가장 큰 요인이다. 또 하나의 고장요소는 발열이다. 온도가 50℃, 60℃, 70℃로 점차 상승되면 고장이 발생된다. 즉, 과충전, 과방전, 열의 3대 요소로 전지는 고장이 발생된다.

또한 셀 전지는 약한 셀에 부하가 가해지므로 고장이 발생되기 때문에 용량이 작아져 빠르게 과충전 또는 과방전이 된다. 약한 셀을 보호하는 시스템이라면 좋지만 약한 셀은 다른 셀보다 더 손상이 되어 고장이 발생되는 특성이 있다. 그리고 열을 발생함으로 옆의 셀을 손상시켜 시스템 전체에 확산된다.

(1) 리튬-폴리머 배터리의 구성

1셀당 약 3.75V의 전압을 나타내며, 8개의 셀이 합쳐진 것을 1모듈이라 한다. 이러한 모듈이 6개가 합쳐지면 1팩이 구성된다. 전기 자동차의 경우 약 360V를 적용하기 때문에 2팩을 직렬로 연결하여 사용한다.

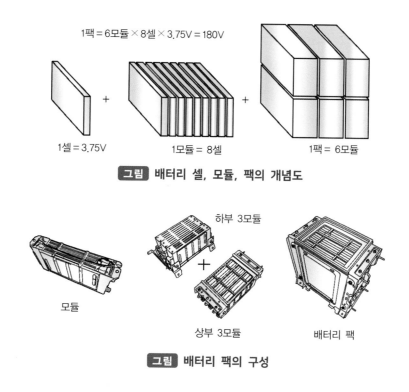

1팩 = 6모듈 × 8셀 × 3.75V = 180V

1셀 = 3.75V   1모듈 = 8셀   1팩 = 6모듈

그림 배터리 셀, 모듈, 팩의 개념도

하부 3모듈

모듈   상부 3모듈   배터리 팩

그림 배터리 팩의 구성

11 슈퍼 커패시터

(1) 커패시터의 원리

전지는 원자와 분자로부터 분리된 전자가 (-)극에서 (+)극으로 이동함으로서 전기가 발생하지만 그 한편에서 전자를 분리시킨 원자와 분자가 이온화 하여 (-)극에서 (+)극으로 이동한다. 이 양자의 움직임으로 방전이 된다. 이것에 비해서 커패시터는 전지와 같이 화학반응을 이용하여 축전하는 것이 아니라 전자를 그대로 축적해 두어 필요로 할 때 방전하는 것이다. 라디오 부품으로 예전부터 사용되어 온 콘덴서는 전기를 전자인 상태로 축척해 둔다. 커패시터는 이것이 큰 용량을 갖는 이미지로 콘덴서와 같은 뜻이다.

커패시터의 축전 구조는 라디오 부품으로서의 배리어블 콘덴서(variable condenser)와 같이 극판을 서로 마주한 구조가 아니라 전해 콘덴서라고 불리는 것과 같은 전기 이중층이라는 현상을 이용한 것이다. 전기 이중층이란 2개의 층이 접촉하고 있는 면에서 전하의 분리가 일어나 다른 종류의 전하가 서로 마주하여 연속적으로 분포하고 있는 층으로 되어있다.

예를 들어 전압을 인가한 전극과 전해액이 접촉하는 면에서 한쪽의 전극 측에 (+)의 전하가 저장되고 전해액 측에 (-)의 전하가 저장되는 현상이다. 다른 한쪽의 전극에는 그 반대의 전하가 저장된다. 전압을 차단하여도 이 현상이 유지되기 때문에 필요에 따라 방전하여 전력으로서 사용할 수 있다. 이 현상은 1879년에 헬름홀츠가 발견하여 일렉트릭 더블 레이어 즉, 전기 이중층이란 이름으로 오래전부터 알려진 현상이다.

(+)와 (-)의 전하가 서로 마주하여 존재하는 것은 그 부분이 절연상태이기 때문이지만 전압을 너무 높이면 이중층은 붕괴되어 전기분해가 시작된다. 어느 전압까지 견디는가를 내전압이라 하는데 내전압이 높거나 접촉하는 면적이 넓으면 축전 용량이 커진다. 전극의 재료로는 카본계통의 재료가 많이 사용되지만 나노 테크놀로지(nano technology)를 이용하여 개발이 진행되고 있다. 최근에는 전극 재료의 개발과 전자 회로와의 조합 등 다양하게 연구되어 전기 이중층 커패시터의 성능도 매우 높아지고 출력의 밀도뿐만 아니라 에너지의 밀도도 높아져 납산 축전지 이상의 에너지 밀도를 달성하고 있다.

(2) 커패시터의 셀 구조

실제의 커패시터는 얇은 극판으로 전해질을 감싸고 세퍼레이터와 함께 권심에 여러 겹으로 감겨 있는 구조로 되어있다. 이것은 전지와 마찬가지로 반응하는 극판 면적을 크게 하기 위함이다.

(3) 커패시터의 특징

모터를 구동시키기 위한 커패시터는 전기 이중층 커패시터라고 생각해도 좋겠다. 이 전기 이중층 커패시터의 가장 큰 특징은 출력의 밀도가 높은 것이지만 다시 그 특징을 보면 다음과 같다.

우선 출력의 밀도가 높다고 하는 것은 대전류를 얻을 수 있다는 것으로 약 10kW/kg을 넘는 방전이 가능하다. 방전 전류가 크다는 것은 충전시간이 짧다는 것과 같으며, 몇 분 안에 만충전이 가능한 것 또한 커패시터의 큰 장점이다.

또한 전지와 같이 열화가 거의 없는 것은 화학변화가 없기 때문이며, 일반적인 전지는 화학전지라고 말할 수 있다면 커패시터는 물리전지의 하나이다. 제조에 유해하고 고가의 중금속을 사용하지 않았기 때문에 환경부하도 적으며, 단자 전압으로 남아있는 전기량을 알 수 있어 이용하기 쉽다.

일반적으로 리튬이온 등의 고성능 전지와 비교하면 출력의 밀도는 비교적 높지만 에너지의 밀도가 작다. 현실에서는 커패시터의 에너지 밀도는 납산 축전지와 같은 정도이거나 그 이상이며, 리튬이온 전지의 약 1/10 정도로 순발력은 발휘되지만 지속력에서는 떨어진다. 그러나 나노 게이트 커패시터 등의 신기술로 앞으로는 고성능 전지를 이을 가능성이 내포되어 있다.

커패시터의 단점은 어느 한도를 넘으면 전기 분해가 일어나 전기 이중층이 붕괴되기 때문에 그 이상의 전압(유기계통의 전해액에서 약 3V)에서는 사용할 수 없다. 또한 충·방전에 따라 전압이 크게 변동하므로 이 점을 고려한 사용법이 필요하다.

(4) 리튬이온 커패시터

리튬이온 커패시터(LIC : Lithium-ion Capacitor)는 전기 이중층 커패시터(EDLC : Electric Double Layer Capacitor)와 리튬이온 2차 전지(LIB)의 특징을 겸비하는 하이브리드 커패시터(Hybrid Capacitor)이며, 고 에너지 밀도, 신뢰성, 긴수명, 안전성의 이점에서부터 개발이 활발해지고 있다. 리튬이온 커패시터란 음극에 리튬 첨가가 가능한 탄소계 재료를 이용하고, 양극에는 통상의 전기 이중층 콘덴서에 이용되고 있는 활성탄, 혹은 폴리머계 유기 반도체 등의 커패시터 재료를 이용한 하이브리드 커패시터이다. 음극에 전기적으로 접속된 금속 리튬이 전해액의 주액과 동시에 국부 전지를 형성해, 음극의 탄소계 재료에 리튬이온으로서 첨가가 시작한다.

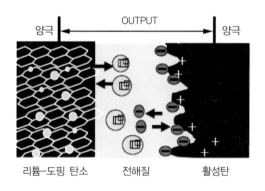

그림 리튬이온 커패시터의 구조

리튬이온 대용량 커패시터는 원리도 전기 이중층 커패시터이지만 (-)극에 미리 리튬이온을 흡장시켜 두는 것이 특징이다. 커패시터는 인가되는 전압을 높이면 그만큼 정전 용량을 증대시킬 수 있지만 내전압이 있으므로 한계를 넘으면 높일 수 없으며, 그 이상의 전압을 인가하면 전해액이 전기 분해를 시작하여 전기 이중층이 붕괴되기 때문이다.

커패시터의 전압은 (+)극과 (-)극의 전위차가 되는 것이지만 (-)극에 미리 리튬이온을 흡장시킴으로써 (-)극의 전위를 더욱 낮춰 정전 용량을 높이고 있다. 또한 극판도 보통의 커패시터와 다른 재료를 사용하고 있으며, (+)극판과 (-)극판에 모두 활성탄이 사용되었지만 리튬이온을 흡장시키는 (-)극에는 탄소계통을 적용하고 있다. 리튬이온을 흡장시키는 방법은 (-)극과 접촉시켜 리튬 필름을 붙이고 이 필름에서 (-)극판으로 리튬이온을 이동시킨다.

다만, 예전에는 전극기재에 금속의 얇은 판을 사용하고 있기 때문에 리튬이온이 그 금속판을 통과할 수가 없어 구멍을 뚫어 흡장 리튬이온이 통과할 수 있도록 하였다. 구멍은 수 미크론에서 수 밀리의 크기로 개발되고 있으며, 일반적인 커패시터는 (-)극과 (+)극의 정전용량이 거의 같지만 리튬이온을 흡장시키거나 리튬이온 커패시터는 (-)극의 정전용량을 증가시킬 수 있어 셀로서 2배의 용량을 얻을 수 있다.

에너지 밀도는 용량에 전압의 2승을 곱한 것이 되므로 2배의 용량과 1.5배 × 1.5배의 전압에서 4.5배 정도의 에너지 밀도가 얻어진다.

리튬이온 커패시터 전지의 장단점

	단 점	
리튬이온	• 값이 비싸고 충·방전 속도(출력밀도)가 충분하지 않으며 충·방전 반복에 의한 열화가 문제 • 충전에 시간이 많이 걸리는 문제와 충·방전 횟수는 1000~2000번이 한계 • 매일 충·방전을 반복하는 경우 3년 정도면 수명이 끝남 • 리튬은 철이나 알루미늄에 비해 채굴량이 많지 않은 희귀금속(희토류금속)에 속하며 안정적으로 확보하는 것이 불확실	
	장 점	**단 점**
리튬이온 커패시터	• 전기이중층 커패시터라고 하는 축전 부품과 리튬이온 2차 전지를 조합한 하이브리드 구조의 전지 • 무정전 비상전원장치에 사용 • 100만~200만번 충·방전이 가능하므로 수명은 반영구적 • 단자간의 전압으로부터 에너지 잔량을 정확히 측정할 수 있는 이점 • 50센티미터~1미터의 거리를 송수신 안테나가 상당히 떨어져 있어도 송전할 수 있음	• 에너지밀도가 낮다 • 1회 충전하고 시속 40킬로미터로 주행시 10~20분 정도에 전기에너지가 다 소진

(5) 슈퍼 커패시터의 특징

① 표면적이 큰 활성탄 사용으로 유전체의 거리가 짧아져서 소형으로 패럿(F) 단위의 큰 정전용량을 얻는다.

② 과충전이나 과방전이 일어나지 않아 회로가 단순하다.

③ 전자부품으로 직접 체결(땜납)이 가능하기 때문에 단락이나 접속 불안정이 없다.

④ 전하를 물리적으로 축적하기 때문에 충·방전 시간의 조절이 가능하다.

⑤ 전압으로 잔류 용량의 파악이 가능하다.

⑥ 내구온도(-30℃ ~ 90℃)가 광범위하다.

⑦ 수명이 길고 에너지의 밀도가 높다.

⑧ 친환경적이다.

(6) 슈퍼 커패시터의 동작 원리

충전 시에는 전압을 인가하면 활성탄 전극의 표면에 해리된 전해질 이온이 물리적으로 반대 전극에 흡착하여 전기를 축적하고, 방전 시에는 양·음극의 이온이 전극으로부터 탈착하여 중화 상태로 돌아온다.

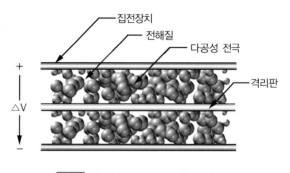

림 슈퍼 커패시터의 동작 원리

(7) 슈퍼 커패시터의 종류

전기 이중층 커패시터(Electric Double Layer Capacitor ; EDLC)의 원리 및 기본구조는 다음과 같다.

① 양측으로부터 집전체, 활성탄전극, 전해액, 격리막으로 구성

② 전극은 활성탄소분말 또는 활성탄소섬유 등과 같이 유효 비표면적이 큰 활성물질로 전도성을 부여하기 위한 도전재와 각 성분들 간의 결착력을 위하여 바인더로 구성

③ 전해액은 수용액계의 전해액과 비수용액계의 전해액 사용

④ 격리 막은 폴리프로필렌, 테프론이 적용(전극 간의 접촉에 의한 단락 방지)

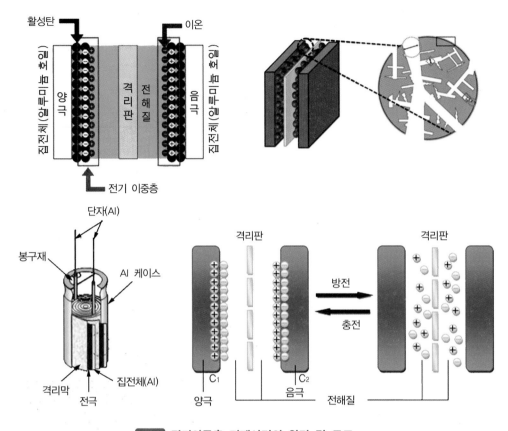

그림 전기이중층 커패시터의 원리 및 구조

(8) 크기에 따른 슈퍼 커패시터의 종류

1) 코인형 커패시터

① 한 쌍의 활성탄 전극이 격리막(Separator)을 사이에 두고 배치된 구조

② 전극에 전해액을 가하고 상·하 금속 케이스, 패킹에 의해 외장 봉입

③ 각각의 활성탄소 전극은 상·하의 금속 케이스에 도전성 접착제에 의해 접촉

④ cell의 정격 전압은 2.5V(2 cell)를 직렬로 접촉하여 5.5V의 정격 전압)

⑤ 용량은 2F 이하 저 전류부하 용도에 적용

2) 각형 초고용량 커패시터

① 알루미늄 집전체의 표면에 활성물질을 도포하여 한 쌍의 전극 사이에 격리막을 두고 대향 배치된 구조

② 전극 대향 면적이 넓고 활성탄 전극 두께의 박층화 가능

③ 전극체 중의 확산 저항이 작음

④ 코인형에 비하여 대용량, 고출력화 용이

⑤ 단자 인출방식이 간단

⑥ 대전류 부하 용도에 적용

3) 원통형 초고용량 커패시터

① 알루미늄 집전체의 표면에 활성물질을 도포하여 한 쌍의 전극 사이에 격리막을 둔 상태로 전해액을 침투시켜 알루미늄 케이스에 삽입하여 고무로 봉입한 구조

② 알루미늄 집전체에는 리드선이 연결되어 외부로 단자가 인출

③ 특성과 용도는 각형과 유사

④ 대용량 원통형의 경우 수많은 인출단자에 의해 접촉저항이 증가하고 출력특성 감소

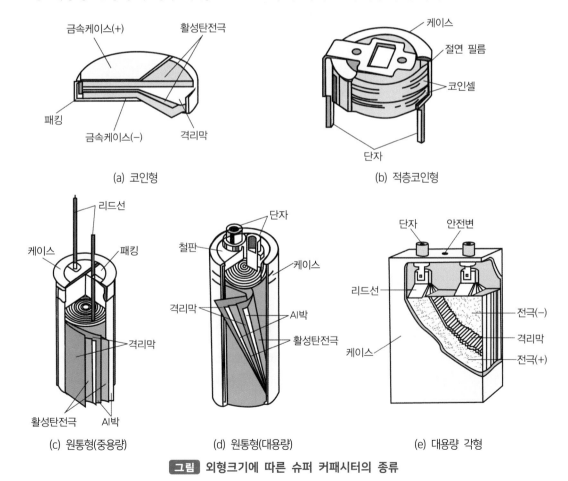

(a) 코인형

(b) 적층코인형

(c) 원통형(중용량)

(d) 원통형(대용량)

(e) 대용량 각형

그림 **외형크기에 따른 슈퍼 커패시터의 종류**

09
chapter

천연가스 자동차

1 천연가스 자동차의 구조 및 작동원리

천연가스 자동차는 저공해 자동차의 일종으로, 1930년대부터 이탈리아와 러시아에서 처음 제작되었다. 초기에는 주로 과잉 생산된 천연가스의 소비를 목적으로 했으나 1970년대 이후, 두 차례의 석유파동을 거치면서 에너지의 절약 수단으로 보급되었다. 1990년대에 들어서는 자동차로 인한 대기오염의 문제로 특히 대형 디젤 자동차의 배출가스를 근원적으로 해결하는 수단으로 보급되기 시작하였다.

초기의 천연가스 자동차는 가솔린 자동차의 구조를 변경하여 천연가스를 병행하여 사용할 수 있도록 한 바이퓨얼(Bi-Fuel) 자동차가 많았지만, 현재는 천연가스 전용엔진을 탑재한 자동차가 주류를 이루고 있다. 천연가스 자동차는 2008년을 기준으로 세계적으로 700만대가 운행 중이며, 아르헨티나, 브라질, 파키스탄, 이탈리아, 인도, 중국, 이란 등 주로 천연가스의 생산량이 많은 국가에서 많이 도입하고 있다.

천연가스 자동차는 연료를 사용하는 형태에 따라 고압으로 압축된 천연가스를 사용하는 압축천연가스(CNG ; Compressed Natural Gas) 자동차와, 액화상태의 천연가스를 사용하는 액화천연가스(LNG ; Liquefied Natural Gas) 자동차, 천연가스를 연료용기에 흡착·저장했다가 사용하는 흡착천연가스(ANG ; Adsorbed Natural Gas) 자동차로 구분되며, 이들 모두를 일컬어 천연가스 자동차(NGV ; Natural Gas Vehicle)라고 한다.

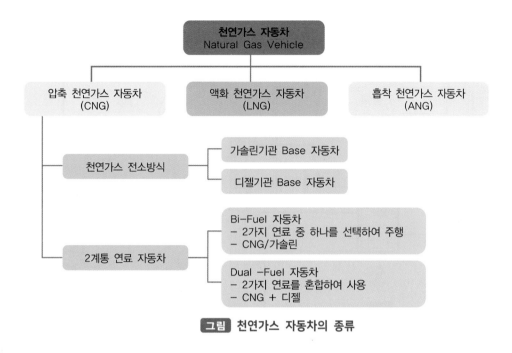

그림 천연가스 자동차의 종류

천연가스 자동차의 종류별 특징

종 류	내 용
압축 천연 가스 자동차	천연 가스를 약 200~250기압의 높은 압력으로 압축하여 고압 용기에 저장하여 사용하며, 현재 대부분의 천연가스 자동차가 사용하는 방법이다.
액화 천연 가스 자동차	천연 가스를 −162℃ 이하의 액체 상태로 초저온 단열 용기에 저장하여 사용하는 방법이다.
흡착 천연 가스 자동차	천연 가스를 활성탄 등의 흡착제를 이용하여 압축천연 가스에 비해 1/5~1/3 정도의 중압(50~70 기압)으로 용기에 저장하는 방법이다.

천연가스 자동차의 연료장치는 지속적으로 발전해 오고 있으며, 믹서를 이용하여 연료를 공급하는 가장 초기의 방식을 1세대 기술이라 하고, 인젝터를 이용하여 흡기관 스로틀 밸브 입구의 한 곳에 공급하는 방식을 2세대 기술이라고 한다.

현재는 연료를 흡기관마다 별도로 공급하는 방식인 3세대 기술이 적용되고 있으며, 이 방식은 점점 강화되는 배기가스의 규제에 대응하기 위해 운전조건에 따라 최적의 연료량을 제어함으로써, 배출가스 규제에 능동적으로 대응할 수 있다.

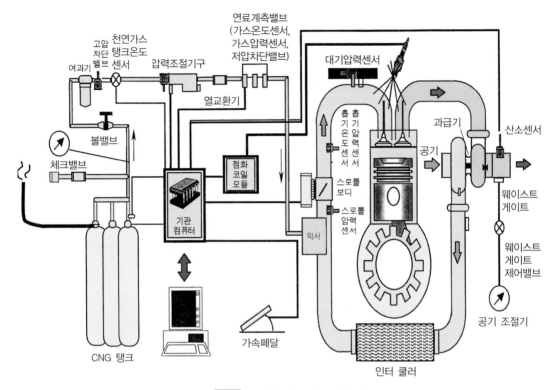

그림 2세대 가스 연료장치

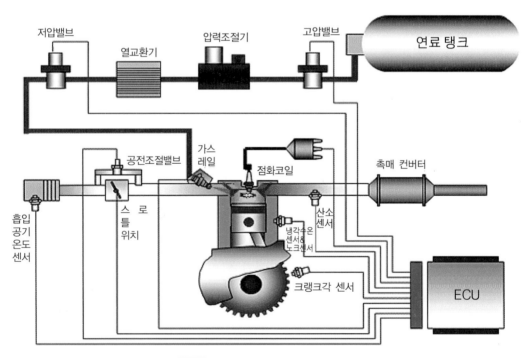

그림 3세대 가스 연료장치 개략도

천연가스 자동차의 연료장치는 가스 상의 연료를 공급하는 장치로, 가솔린 자동차의 연료장치를 제외하고는 거의 동일한 구조로 되어 있다. 하지만 디젤 엔진의 경우 천연가스를 연료로 사용하기 위해서는, 천연가스의 자기착화 온도가 높기 때문에 압축착화가 어려움으로, 압축착화 엔진에서 불꽃 점화 엔진으로 변경하여야 하며, 연료계통, 연소계통 및 제어계통 등의 변경도 필수적이라 할 수 있다.

천연가스를 사용하는 버스의 기본 구조를 살펴보면 천연가스는 고압의 가스용기에 저장되는데, 저장용기는 700℃의 화염 속에서도 파열되지 않으며 30m 높이에서 낙하시켜도 파열되지 않도록 설계되어 있다. 천연가스는 압축된 가스 용기로부터 연료 배관을 거쳐 감압밸브에서 일정한 압력으로 감압된 후 공기와 혼합되어 엔진 내부로 공급된다. 저장된 연료량은 운전석에서 압력계를 통해 알 수 있도록 되어 있으며, 내부 압력이 과다 상승 시에는 안전 밸브를 거쳐 외부로 배출되도록 하는 안전장치도 설치되어 있다.

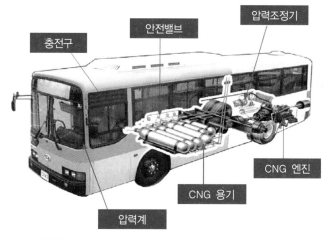

그림 천연가스(CNG) 자동차의 연료장치 구성도

(1) 천연가스 연료 계통

1) 연료 계측 밸브(FMV ; Fuel Metering Valve, 인젝터)

연료 계측 밸브는 8개의 작은 인젝터로 구성되어 있으며, 엔진 컴퓨터로부터 구동 신호를 받아 엔진에서 요구하는 연료량을 정확하게 흡입관에 분사한다.

그림 연료 계측 밸브 설치 위치

2) 천연가스 압력 센서(NGPS ; Natural Gas Pressure Sensor)

천연가스 압력 센서는 압력 변환 기구로 연료 계측 밸브에 설치되어 있어 있으며, 분사 직전의 조정된 가스 압력을 검출한다. 이 센서에 다른 센서의 정보를 함께 사용하여 인젝터에서의 연료 밀도를 산출할 수 있다.

3) 천연 가스 온도 센서(NGTS ; Natural Gas Temperature Sensor)

천연가스 온도 센서는 부특성 서미스터로 연료 계측 밸브 내에 배치되어 있다. 이 센서는 분사 직전의 천연가스 온도를 측정하며, 천연가스 온도와 천연가스 압력 센서의 신호를 함께 사용하여 인젝터의 연료 농도를 계산한다.

그림 천연가스 압력센서 및 온도센서 설치 위치

4) 고압 차단 밸브(High Pressure Cut OFF Valve)

고압 차단 밸브는 천연가스 탱크와 압력 조절 기구 사이에 설치되어 있으며, 엔진의 가동을 정지시켰을 때 고압의 연료 라인을 차단한다.

그림 고압 차단 밸브 설치 위치

5) 천연가스 탱크 압력 센서(NGPTS ; Natural Gas Tank Pressure Sensor)

천연가스 탱크 압력 센서는 압력 조절 기구에 설치되어 있으며, 천연가스의 압력을 조절하기 전에 가스의 압력을 측정한다. 이 센서는 천연가스 탱크에 있는 연료의 밀도를 산출하기 위해 천연가스 탱크 온도 센서의 신호와 함께 사용된다. 연료의 밀도 정보는 계기판 위에 설치된 연료계(fuel meter)를 구동하기 위해 사용된다.

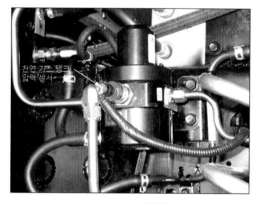

그림 천연가스 탱크 압력센서 설치 위치

6) 천연가스 탱크 온도센서(NGTTS ; Natural Gas Tank Temperature Sensor)

천연가스 탱크 온도 센서는 탱크 속의 연료 온도를 측정하기 위해 사용하는 부특성 서미스터로 연료 탱크 위에 설치되어 있다. 연료 온도는 연료 시스템을 구동하기 위해 탱크 내의 압력 센서와 함께 사용된다.

그림 천연가스 탱크 온도센서 설치 위치

7) 열 교환 기구(Heat Exchanger)

열 교환 기구는 압력 조절 기구와 연료 계측 밸브 사이에 설치되어 있으며, 감압할 때 냉각된 가스를 엔진의 냉각수로 난기 시킨다.

8) 연료 온도 조절 기구(Fuel Thermostat)

연료 온도 조절 기구는 열 교환 기구와 연료 계측 밸브 사이에 설치되어 있으며 천연가스의 난기 온도를 조절하기 위해 냉각수의 흐름을 ON, OFF시킨다.

그림 열 교환기 설치 위치

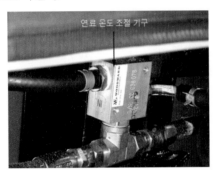

그림 연료 온도 조절 기구 설치 위치

9) 천연가스 압력 조절 기구(Natural Gas Pressure Regulator)

천연가스 압력 조절 기구는 고압 차단 밸브와 열 교환 기구 사이에 설치되어 있으며, 천연가스 탱크 내 200bar의 높은 압력을 엔진에 필요한 8bar로 감압 조절하는 역할을 한다. 천연가스 압력 조절 기구 내에 높은 압력의 가스가 낮은 압력으로 팽창되면서 가스의 온도가 낮아지기 때문에 이를 난기 시키기 위해 엔진의 냉각수가 순환하도록 설계되어 있다.

그림 천연가스 압력 조절 기구 설치 위치

(2) 천연가스 흡·배기 계통

1) 스로틀 보디 및 스로틀 위치 센서(Throttle Body & Throttle Position Sensor)

스로틀 보디는 가스와 공기의 혼합가스를 엔진의 부하에 따라 실린더로 공급하는 역할을 하며, 작동은 엔진의 컴퓨터에 의해 실행된다. 또 내부에는 스로틀 위치 센서가 설치되어 있으며, 스로틀 위치 센서는 가변 저항기를 이용하여 스로틀 밸브의 위치를 기준으로 신호 전압을 결정한다. 스로틀 밸브의 열림이 작으면 신호 전압이 낮고, 열림이 크면 신호 전압은 높아진다. 스로틀 위치 센서의 값은 엔진 컴퓨터가 지시한 대로 스로틀 밸브가 개폐되고 있는지를 확인하는데 사용된다.

그림 스로틀 보디 설치 위치

2) 흡기 온도 센서와 흡기 압력 센서(Intake Air Temperature Sensor & Intake Air Pressure Sensor)

흡입 공기의 밀도는 온도와 압력에 따라서 다르므로 흡기 압력 센서와 흡기 온도 센서를 흡기 다기관에 설치한다. 흡기 압력 센서는 압전 소자 방식을, 흡기 온도 센서는 가변 저항기 방식으로 되어 있다. 흡기 압력 센서와 흡기 온도 센서의 출력 전압을 엔진의 컴퓨터에 입력시키면 컴퓨터는 이 신호를 기초로 하여 흡입 공기의 압력과 온도에 알맞은 연료 분사량을 조정한다.

그림 흡기 온도 센서와 흡기 압력 센서 설치 위치

3) 스로틀 압력 센서(PTP ; Pre-Throttle Pressure Sensor)

스로틀 압력 센서는 압력 변환 기구로 인터 쿨러(inter cooler)와 스로틀 보디 사이의 배관에 연결되어 있으며, 과급기에 공급되기 직전의 배기다기관 내의 공기 압력을 측정한다. 측정한 압력은 그 밖의 다른 데이터들과 함께 엔진으로 흡입되는 공기의 흐름을 산출할 수 있고 또 웨이스트 게이트 밸브의 제어를 수행한다.

그림 스로틀 압력 센서 설치 위치

4) 대기 압력 센서(BPS ; Barometric Pressure Sensor)

대기 압력 센서는 압력 변환계이며, 직접 공기의 압력을 측정한다. 대기 압력 밸브를 사용하여 자동차의 운전 안정 성능, 과급기의 과속 방지, 가스 배출 압력 등을 측정한다.

그림 대기 압력 센서 설치 위치

5) 캠축 위치 센서(CPS ; Camshaft Position Sensor)

캠축 위치 센서는 엔진의 회전속도를 측정하고 어느 실린더를 작동시킬 것인지를 결정한다. 센서의 선단에는 원 둘레 방향으로 톱니 모양으로 된 센서 휠이 회전한다. 캠축 위치 센서는 센서 휠이 회전하면서 발생하는 자기장의 변화율에 따라 전압을 발생하며, 발생된 전압은 엔진의 회전 속도가 증가하면서 진폭과 주기가 커진다.

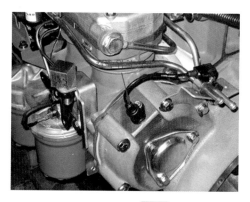

그림 캠축 위치 센서의 설치 위치와 단품

6) 냉각 수온 센서(ECT ; Engine Coolant Temperature Sensor)

냉각 수온 센서는 부특성 서미스터를 이용하여 엔진으로 유입되는 냉각수의 온도를 측정한다. 엔진의 컴퓨터는 전압 분배 회로를 제고하여 냉각수가 차가울 때에는 이 신호의 높은 전압을 읽도록 하고, 따뜻할 때에는 낮은 전압을 읽도록 한다.

냉각수온센서

그림 냉각 수온 센서 설치 위치

7) 산소 센서(Oxygen Sensor)

산소 센서는 배출가스 중의 산소 농도를 검출한다. 엔진 컴퓨터는 산소 센서로부터 공연비를 얻어 엔진이 요구하는 공연비가 되도록 연료량을 가감한다.

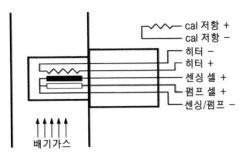

cal 저항 +
cal 저항 -
히터 -
히터 +
센싱 셀 +
펌프 셀 +
센싱/펌프 -

배기가스

그림 산소 센서 설치 위치와 구조

8) 가속 페달 센서(FPP ; Foot Pedal Position Sensor)

가속 페달 센서는 가변 저항 기구를 이용하여 페달의 위치에 따른 신호 전압을 검출한다. 가속 페달을 조금 밟은 상태에서는 상대적으로 낮은 전압이며, 많이 밟으면 높은 전압이 발생한다.

그림 가속 페달 센서 구조

9) 공기 조절 기구

공기 조절 기구는 공기 탱크와 웨이스트 게이트 제어 솔레노이드 밸브 사이에 설치되며, 공기의 압력을 9bar에서 2bar로 감압시키는 역할을 한다.

그림 공기 조절기의 설치 위치

10) 웨이스트 게이트 제어 밸브(Waist Gate Control Valve)

웨이스트 게이트 제어 밸브는 과급기의 웨이스트 게이트와 공기 조절 기구 사이에 설치되며, 웨이스트 게이트 액추에이터가 공기의 압력을 제어한다. 부압 제어 회로는 웨이스트 게이트 액추에이터의 다이어프램으로 향하는 압력을 제어하기 위해 솔레노이드를 사용하며, 압력원은 과급기와 스로틀 밸브 사이에서 임펠러의 출구 압력이다.

그림 웨이스트 게이트 제어 밸브 설치 위치

솔레노이드는 다이어프램 또는 벤트(vent)로 향하는 압력의 방향을 지정할 수 있으며, 압력이 완전히 제거되면 스프링에 의해 과급기는 최대 부압에 도달한다. 또한 압력이 웨이스트 게이트로 공급되면 부압은 최소화된다. 솔레노이드는 전원을 공급할 때 압력을 배출하며, 엔진 컴퓨터의 펄스폭은 실제 부압의 양을 제어하기 위해 솔레노이드를 조정한다.

11) 엔진 컴퓨터(ECM ; Electronic Control Module)

엔진 컴퓨터는 엔진에 설치된 흡기 압력 센서, 흡기 온도 센서 등으로부터 흡입 공기량을 산출하고 자동차에 설치된 가속 페달 센서로부터 엔진의 부하를 검출하여 엔진의 회전속도와 부하에 알맞은 연료량을 계산하여 연료 계측 밸브, 스로틀 밸브를 제어하여 계산된 연료를 분사하도록 한다.

(3) 점화 계통

1) 점화 제어 모듈(ICM ; Ignition Control Module)

점화 제어 모듈은 엔진 컴퓨터에 의해 제어되며, 점화 코일의 1차 전류를 단속하는 역할을 한다.

 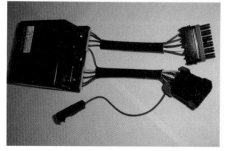

그림 점화 제어 모듈의 설치 위치와 단품

2) 점화 플러그(Spark Plug)

점화 플러그는 백금 전극의 플러그를 사용하며 점화 플러그의 간극은 0.4mm이다.

3) 점화 코일(Ignition Coil)

점화 코일은 점화 제어 모듈에 의해 제어되며, 높은 전압을 발생시켜 점화 플러그로 보낸다.

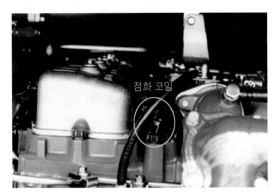

그림 점화 코일 설치 위치와 단품

2 천연가스 자동차의 종류 및 특징

(1) 압축천연가스 자동차(CNG ; Compressed Natural Gas Vehicle)

압축 천연가스 자동차는 LNG(Liquefied Natural Gas)를 상온에서 기화시킨 후, 다시 200~300bar의 고압으로 압축하여 만들어진 CNG(Compressed Natural Gas)를 사용한다. CNG는 이 과정에서 부피가 늘어나 LNG의 3배가 된다. 따라서 같은 크기의 연료 탱크에 충전할 수 있는 천연가스는 LNG의 1/3밖에 되지 않기 때문에 1회 충전 시 운행 가능한 거리가 LNG보다 너무 짧다는 단점이 있다.

하지만 냉각과 단열 장치에 필요한 비용을 절감할 수 있어 LNG에 비해 경제적이다. 따라서 CNG 자동차는 연료 충전량이 적어도 무리가 없는 시내버스용으로 주로 사용되고 있으며, 정부의 친환경 자동차 보급 정책과 함께 현재는 대부분 시내버스가 CNG 엔진을 채용하고 있다.

또한 압축 천연가스 자동차는 다른 연료와의 혼용 여부에 의해 아래와 같이 구분할 수 있다.

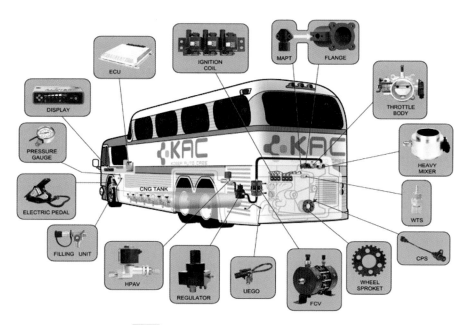

그림 압축천연가스(CNG) 자동차 구성

1) 겸용 방식(Bi-Fuel System : 가솔린/CNG)

NGV(Natural Gas Vehicle) 자동차로 가장 많이 보급되어 있는 엔진의 형태로 불꽃 점화 (SI ; Spark Ignition)방식의 가솔린 자동차에 가스 믹서와 저장 용기를 장착하여 가솔린과 천연가스 모두를 주행 연료로 사용할 수 있는 방식이다.

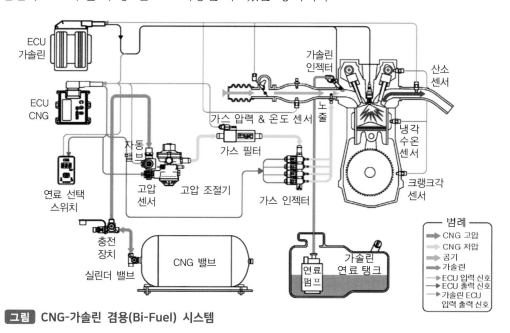

그림 CNG-가솔린 겸용(Bi-Fuel) 시스템

이 엔진은 가솔린과 천연가스를 운전자가 버튼 조작으로 간단하게 전환할 수 있다는 특징 때문에 승용차의 개조에 널리 이용되고 있다. 2가지 연료 중 하나의 연료를 선택하여 운전이 되며 기존 엔진의 압축비를 그대로 사용하게 됨으로써 출력이 약간 저하되고 연료 저장 탱크로 인한 차량 중량의 증가로 인해 연비가 약간 떨어지게 되는 단점이 있다. 이 엔진은 LPG / CNG의 형태도 가능하다.

2) 혼소 방식(Dual Fuel System : 디젤 / CNG)

혼소 엔진은 디젤 연료와 천연가스를 혼합하여 사용하는 엔진이다. 연료의 공급량에 따라 Supplementary Gas Fueling 과 Pilot Injection 방법으로 구분되며, 공급되는 디젤 연료의 공급 비율을 1%에서 100%까지 다양하게 변화시켜 엔진의 부하 조건에 따라 디젤 연료의 비율을 최적의 상태로 유지해 주는 것이 기술이다.

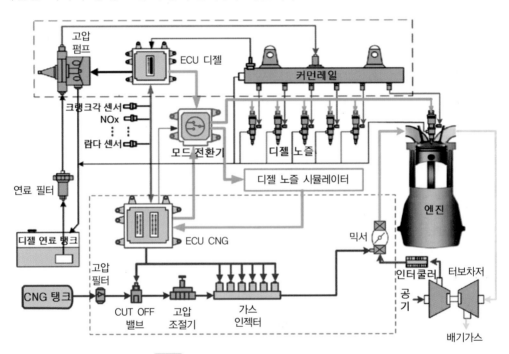

그림 CNG-디젤 혼소(Dual Fuel) 시스템

혼소 시스템의 장점은 기존의 엔진을 약간 개조하면 되므로 개조하는 가격이 저렴하고, 디젤의 연료 공급 비율을 조절하여 출력의 저하를 없앨 수 있기 때문에 디젤엔진보다는 배기가스의 저감효과가 크나, 전소 엔진보다는 다소 떨어진다. 주로 전소 시스템의 예비단계로 개발된다.

3) 전소(Dedicated Fuel System) 방식

　전소 엔진은 기존의 다른 엔진을 CNG(Compressed Natural Gas) 연료만으로 사용하도록 개조한 전소 엔진과 처음부터 CNG를 주행 연료로 사용하도록 개발된 전소 엔진의 2가지 형태가 있다. 이러한 전용 CNG 엔진은 가솔린 엔진 등의 기존 엔진과 동일한 성능을 확보할 수 있고 구조가 간단하며, 배기가스 저감의 효과를 거둘 수 있다는 특징이 있지만 전용 엔진의 개발에 대한의 부담이 있고, 기존의 엔진을 활용하기에는 제한이 있을 수 있다.

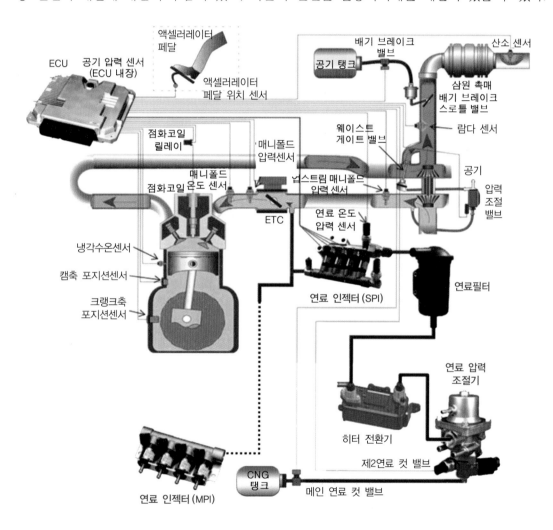

그림 전소(Dedicated) 시스템

(2) 액화천연가스 자동차(LNG)

액화천연가스(LNG) 자동차는 냉각, 액화하여 부피가 600배로 축소된 천연가스를 극저온 단열용기에 저장하여 연료로 사용하는 방식이다. 천연가스를 액화하면 부피를 크게 줄일 수 있어 연료저장 효율이 좋으므로 1회 충진당 주행거리를 CNG 기관에 비해 3배 이상 늘일 수 있는 장점이 있다. 하지만 자동차에서 LNG를 안전하게 이용하려면 초저온 단열용기를 설치해야 하는데, 이 용기는 소형화하는 것도 어렵고 비용도 비싸기 때문에 LNG는 상대적으로 크기가 크고 운행거리가 긴 시외버스나 대형 화물차에 주로 사용되고 있다.

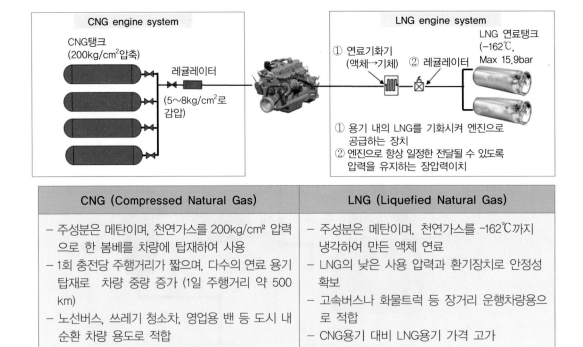

CNG (Compressed Natural Gas)	LNG (Liquefied Natural Gas)
– 주성분은 메탄이며, 천연가스를 200kg/cm² 압력으로 한 봄베를 차량에 탑재하여 사용 – 1회 충전당 주행거리가 짧으며, 다수의 연료 용기 탑재로 차량 중량 증가 (1일 주행거리 약 500 km) – 노선버스, 쓰레기 청소차, 영업용 밴 등 도시 내 순환 차량 용도로 적합	– 주성분은 메탄이며, 천연가스를 −162℃까지 냉각하여 만든 액체 연료 – LNG의 낮은 사용 압력과 환기장치로 안정성 확보 – 고속버스나 화물트럭 등 장거리 운행차량용으로 적합 – CNG용기 대비 LNG용기 가격 고가

그림 LNG차량과 CNG차량의 주요특성 비교

(3) 흡착식 천연가스 자동차(ANG ; Adsorbed Natural Gas)

흡착식 천연가스 자동차는 활성탄 등의 흡착제에 천연가스를 가압(30~60kg/cm²) 해 저장하는 방식으로 충전 압축기 등 충전 시설비용의 절감이 가능하나 흡착제의 비용이 고가이고 저장효율이 낮아 현재의 기술 수준으로는 실용화에는 많은 문제점이 있어 많이 사용되지 않고 있다.

10
chapter

하이브리드 및 플러그인 하이브리드

1 하이브리드 및 플러그인 하이브리드 기술의 정의

세계 자동차 메이커는 석유 자원의 고갈에 대비한 대체에너지의 개발, 대기 오염을 일으키는 질소산화물의 규제에 대한 대응 및 지구 온난화의 관점에서 이산화탄소의 배출량을 저감할 수 있는 새로운 개념의 고효율 저공해 자동차의 개발에 막대한 투자를 하고 있는 추세이다.

특히 21세기에 직면할 화석 연료 에너지원의 고갈과 갈수록 심각해지는 지구 온난화의 방지 차원에서 이산화탄소의 배출량이 적으면서 질소산화물, 탄화수소 등의 배출가스 규제에도 대응할 수 있는 자동차의 개발이 시급하다.

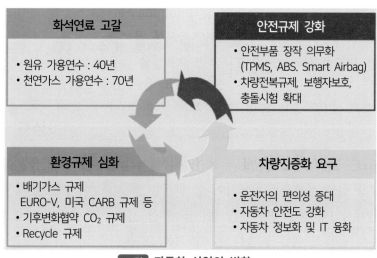

화석연료 고갈	안전규제 강화
• 원유 가용연수 : 40년 • 천연가스 가용연수 : 70년	• 안전부품 장착 의무화 　(TPMS, ABS. Smart Airbag) • 차량전복규제, 보행자보호, 　충돌시험 확대
환경규제 심화	차량지능화 요구
• 배기가스 규제 　EURO-V, 미국 CARB 규제 등 • 기후변화협약 CO_2 규제 • Recycle 규제	• 운전자의 편의성 증대 • 자동차 안전도 강화 • 자동차 정보화 및 IT 융화

그림 자동차 산업의 변화

또한 새로운 개념의 초저연비 무공해 자동차 개발을 둘러싸고 자동차 업계의 경쟁이 치열하다. 1990년대 초에는 전기 자동차가 미래형 자동차로 각광 받았으나 지금은 기술적인 문제로 벽에 부딪힌 상태다. 전기 자동차는 한번 충전으로 약 200km를 달릴 수 있지만 충전시간이 최소 3~8시간 걸리는 데다 고가의 충전장비 등이 필요한 단점이 있다.

그래서 새로운 대안으로 떠오르는 것이 하이브리드(hybrid) 자동차와 연료전지 자동차이다. 아직은 연료전지 자동차의 기술이 양산화 단계에 이르지 못하고 있기 때문에 이와 같은 관점에서 세계의 자동차는 2개의 동력원을 가진 하이브리드 자동차에 주목하고 있다. 하이브리드 자동차는 이제 환경규제와 무역 장벽을 극복하기 위한 수단으로 자리 잡고 있다.

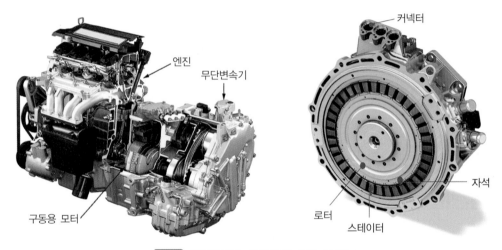

그림 하이브리드 자동차의 동력 구성도

하이브리드 자동차란 내연기관과 전기 모터처럼 두 개 또는 두 개 이상의 동력 변환장치를 이용하여 구동되는 자동차를 말한다. 가솔린 엔진과 전기 모터 외에도 엔진과 연료 전지, 천연가스 엔진과 가솔린 엔진, 디젤 엔진과 전기 모터 등의 자동차가 대표적이다. 현재 일반화 되어 있는 하이브리드 전기 자동차는 엔진에 전기 모터를 혼합한 형태의 동력원을 탑재한 차량으로 기존의 차량에 비해 연료 효율이 높고 배기가스 내 유해 물질의 배출량이 매우 낮다.

(1) 하이브리드 자동차의 장점

하이브리드 자동차의 가장 대표적인 장점은 전기 모터의 특성과 엔진의 특성을 조합하여 적은 연료로 효율을 더 높게 향상시키는데 있다. 엔진과 모터는 자동차 주행에 필요한 회전력을 발생하는 방법이 서로 다르다.

예를 들면 정지 상태에서 출발과 가속 및 감속을 지속적으로 하는 자동차의 운행 특성으로 인하여 엔진은 차량이 정지하고 있을 때에도 항상 시동이 걸려 있는 상태로 유지되어야 한다. 또한 가속 시 엔진의 회전속도는 약 700rpm에서 최고 6,000~7,000rpm까지 가변적으로 상승하여 고속회전의 특성이 우수하다. 그러나 저속 및 중속에서는 효율적이지 못하여 연료 소비율과 유해가스 배출이 증가한다.

이와 반대로 모터는 연소로 인한 유해 배출물질이 없는 것이 가장 큰 장점이고 저속 및 중속에서의 회전 특성도 엔진에 비하여 상대적으로 우수하다. 또한 차량 정지 시 엔진과 같이 시동이 걸려 있지 않아도 되기 때문에 에너지의 효율적인 이용 측면에서도 우수한 특성을 가지고 있다.

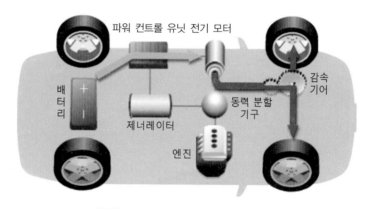

그림 FF 방식의 하이브리드 자동차

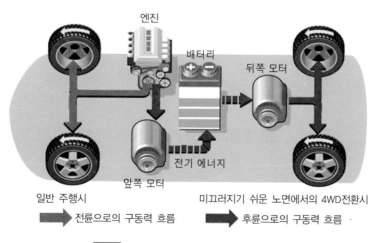

그림 4WD 방식의 하이브리드 자동차

(2) 하이브리드 자동차의 단점

하이브리드 자동차가 아직 대중적으로 보급되지 않는 이유는 제작비가 비싸고, 시스템이 복잡해지는 만큼 관련 부품이나 장비가 차지하는 공간이 커지는 것을 피할 수 없다는 등의 단점이 있기 때문이다. 모터를 구동시키기 위해서는 에너지원으로서 전기가 필요하기 때문에 배터리를 탑재해야 하는데 배터리에 저장할 수 있는 전기 에너지의 양의 한계가 문제점으로 지적되고 있다.

모터를 장시간 작동시키기 위해서는 그에 상응하는 대용량의 배터리가 필요하지만 배터리 용량을 크게 할수록 중량이 무거워지는 문제가 있다. 또한 배터리는 소모품인데다 제작비도 비싸기 때문에 이 문제를 해결하지 않고서는 하이브리드 자동차의 폭넓은 보급이 어려운 실정이다. 그 해결 방법을 찾기 위해 세계 각국의 제조사와 관련 부품 회사가 경쟁적으로 많은 노력과 투자를 하고 있다.

이와 더불어 하이브리드 자동차는 화석 에너지만을 연료로 사용하는 자동차에 비하여 유해가스 배출이 적기는 하지만 여전히 엔진이 장착되어 있기 때문에 완벽한 무공해 자동차라고는 할 수 없다.

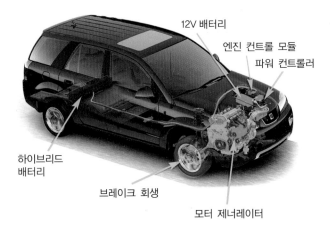

그림 하이브리드 자동차의 구성

2 하이브리드 자동차의 분류

하이브리드 자동차(HEV ; Hybrid Electric Vehicle)는 구동계통의 구조에 따라 크게 두 가지로 나뉜다. 엔진으로 발전기를 구동하여 그 전력으로 모터를 돌리는 직렬형 하이브리드와 엔진의 구동을 모터로 보조하여 엔진의 부담을 경감시키는 병렬형 하이브리드, 그 외에 복합형, 플러그-인형, 4륜 구동(4WD ; Four Wheel Drive)형 등 제작회사에 따라 여러 가지 형식으로 나누고 있다.

(1) 모터 사용 방법에 따른 분류

모터의 동력을 사용하는 방법에 따라 엔진은 발전용으로만 사용되고 바퀴의 구동에는 모터만 사용하는 직렬 방식으로 엔진의 동력을 이용하여 발전된 전기 에너지를 배터리에 저장한다. 모터를 사용 방법에 따라 하이브리드 자동차를 분류하면 직렬형 하이브리드 방식, 병렬형 하이브리드 방식 그리고 직병렬형 하이브리드 방식으로 나눌 수 있다.

직렬형 하이브리드 방식은 엔진으로 발전기를 작동시켜 얻은 전력으로 모터를 구동하며, 엔진과 모터가 직렬로 연결되어 있다. 병렬형 하이브리드 방식은 엔진과 모터가 나란히 병렬로 배열되어 두 변환장치에서 나온 출력이 모두 바퀴의 구동 에너지로 쓰인다. 직병렬형 하이브리드 방식은 자동차의 운전 상황에 따라 직렬형과 병렬형 방식이 각각 분할도 되고 합체도 된다. 구조와 작동이 다소 복잡하지만 적용성이 뛰어나며, 결합식 하이브리드라고도 한다.

1) 직렬형 하이브리드 전기 자동차(SHEV ; Series Hybrid Electric Vehicle)

직렬형 하이브리드 전기 자동차는 엔진의 동력으로 발전을 하고 자동차의 구동력은 배터리의 전원으로 회전하는 모터만으로 얻는 하이브리드 자동차 즉, 엔진을 발전 전용으로 이용하고 전동 모터로 바퀴를 구동하는 방식으로 일반 주행용의 배터리(12V)가 탑재되어 있다.

엔진은 효율이 높은 일정한 회전수로 작동이 되지만 목적에 따라 2가지의 방식이 있다. 주로 전기 자동차로 이용하는 것은 레인지 엑스텐더(range extender)라 불리고 비교적 소형의 엔진과 발전기를 조합하여 주행거리를 증가시킬 목적으로 사용된다. 다른 하나는 비교적 출력이 큰 엔진과 발전기를 조합하는 것으로 자립형이라 불리고 엔진의 초 저공해 및 연비향상이 목적이다.

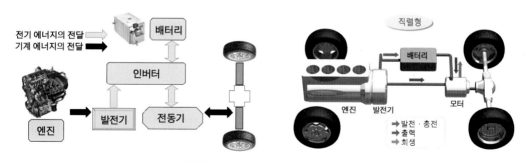

그림 직렬형 하이브리드 자동차

2) 병렬형 하이브리드 전기 자동차(PHEV ; Parallel Hybrid Electric Vehicle)

병렬형 하이브리드 전기 자동차는 구동력을 엔진과 모터 각각 단독이거나 또는 양쪽에서 동시에 얻을 수 있는 하이브리드 전기 자동차 즉, 엔진의 구동 에너지와 배터리 또는 축압 장치(accumulator system)에서 공급되는 전원을 이용하는 전동 모터의 구동 에너지가 병렬로 바퀴를 구동하는 방식이다. 자동차의 주행상태에 따라 엔진과 모터의 특징을 잘 이용하여 최적의 조건에 맞도록 조합시켜 유해 배출가스의 저감, 소음의 저감, 높은 효율(고연비)의 운전을 실현하는 것이 목적이다.

예를 들면 시가지 주행에서는 모터만을 이용하여 주행하고 교외에서는 엔진의 동력으로 주행을 하면서 충전을 하는 방법으로 분리하여 주행할 수 있는 방식이다. 또한 엔진을 구동력의 메인으로 이용하고 급가속 시에는 모터를 보조 동력으로서 이용하며, 브레이크 작동 시에는 발전기로 작동시켜 에너지를 회생하거나 일시정지 할 때 공회전 정지를 실시하여 연비가 향상되도록 하는 방식이다.

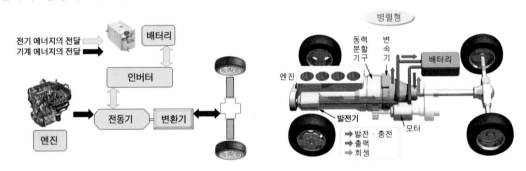

그림 병렬형 하이브리드 자동차

3) 직·병렬형 하이브리드 전기 자동차(SPHV ; Series Parallel Hybrid electric Vehicle)

직병렬형 하이브리드 전기 자동차는 직렬형 방식과 병렬형 방식의 양쪽 기구를 배치하고 운전조건에 따라 최적인 운전 모드를 선택하여 구동하는 방식으로 공회전이나 저부하 주행에서는 직렬형 방식이 엔진의 열효율이 높기 때문에 전동 모터로 운행을 하고 엔진은 발전기의 구동에만 사용하며, 고부하 주행에서는 병렬형 방식으로 변환됨으로써 모든 영역에서 높은 열효율과 저공해를 실현할 수 있다.

토요타 프리우스와 같은 직렬형 방식과 병렬형 방식을 복합시킨 컴바인드 하이브리드 전기 자동차[CH(E)V ; Combined Hybrid (Electric) Vehicle] 또는 직병렬형 하이브리드 전기 자동차도 있다. 최근의 토요타 크라운과 같이 엔진의 크랭크축 선단부에 벨트를 설치하고 엔진 정지 상태에서 발진 및 엔진 기동·발전을 하는 모터 발전기가 연결된 병렬형 토크 하이브리드 자동차의 일종의 마일드 하이브리드 자동차(Mild hybrid vehicle)가 있기 때문에 모터의 에너지만으로 통상 주행하는 스트롱 하이브리드 자동차(Strong hybrid vehicle)와 구별한다.

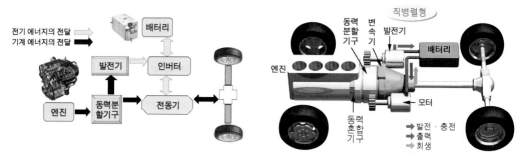

그림 직·병렬형 하이브리드 자동차

(2) 엔진 탑재에 따른 분류

일반적으로 엔진과 모터로 조합된 하이브리드 자동차의 엔진에 대하여 생각할 경우 가솔린 엔진과 디젤 엔진이 탑재된 경우가 대부분이며 LPG 엔진을 적용하는 경우도 있다.

1) 가솔린 엔진 탑재 하이브리드

승용 자동차용 하이브리드 시스템은 엔진의 주류가 가솔린 엔진이라는 것과 마찬가지로 가솔린 엔진의 특성을 활용할 수 있고 자동차용 동력이라는 측면에서 종합적으로 볼 때에 동력 발생장치로서의 조건을 만족시키고 있으며, 특징은 다음과 같다.

① 주행에 필요한 토크와 출력을 갖추고 있으며, 오랜 기간 기술의 축적으로 동력 발생장치에 요구되는 기본 성능이 이미 충분한 수준으로 동력 성능이 우수하다.

② 이미 생산 시설을 갖추고 대량 생산함으로써 제작비를 낮추고 있는 가솔린 엔진은 제작 단가의 절감으로 이어지기 때문에 제작비가 싸다.

③ 수많은 주유소가 있어 연료 공급이 쉽고, 유지비가 적게 든다.

④ 배기가스의 규제에 대한 면에서는 하이브리드 자동차나 연료전지 자동차가 유리한 조건이지만 가솔린 엔진의 전자제어 기술을 비롯한 기술의 발전도 상당한 수준까지 만족시키고 있기 때문에 환경에 대한 부하가 적다.

⑤ 자동차의 크기가 동일하다면 사람이나 화물을 싣는 공간이 클수록 실용성이 높다. 따라서 동력 발생장치는 작고 가벼울수록 좋아 가솔린 엔진이 유리하다.

⑥ 기술의 발전에 의해 고장이 잘 나지 않고 어떠한 가혹한 조건하에서도 원활하게 기능

을 발휘할 수 있어 가장 안심하고 사용할 수 있는 동력이다.

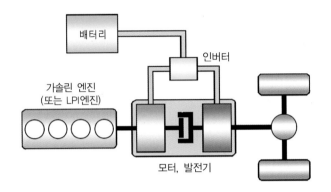

그림 가솔린 또는 LPI 엔진 탑재 하이브리드

2) 디젤 엔진 탑재 하이브리드

연비의 향상이 가장 중요한 항목이라는 점에서 본다면 가솔린 엔진보다는 경제성이 우수한 디젤 엔진이 하이브리드 자동차용으로 더 적합하다고 할 수 있다. 현재 디젤 엔진이 사용되는 하이브리드 자동차는 버스나 트럭 등 대형 자동차가 대부분이다. 대형 자동차는 경제성을 고려해서 디젤 엔진을 탑재하고 있기 때문에 하이브리드화 시킴으로서 연비의 성능을 더욱 향상시키려는 것이 주목적이다.

디젤 엔진은 가솔린 엔진과 비교했을 때 배기가스의 문제가 있지만 하이브리드 구조를 채용하면 엔진의 회전수를 일정 범위 내로 한정시킬 수 있기 때문에 디젤 엔진만으로 주행하는 자동차에 비해 배기 성능이 향상된다. 또 가솔린 엔진 자동차보다 진동이나 소음이 크고, 동일한 배기량에서 출력이 적다는 단점도 있다.

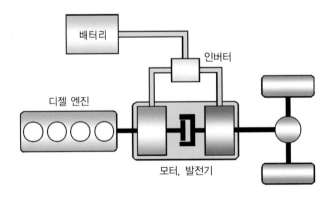

그림 디젤 엔진 탑재 하이브리드

(3) 모터의 출력 특성에 따른 분류

병렬형 하이브리드나 직병렬형 하이브리드의 경우 엔진과 모터가 모두 구동력을 담당한다. 각각의 동력이 담당하는 비율은 주행 상태 등에 따라 다르지만 전체로 보았을 때에는 그 비율에 차이가 난다. 엔진을 주동력으로 하고 모터가 보조하는 어시스트 방식과 모터와 엔진이 함께 중요한 동력으로 작동하는 방식의 두 가지로 분류된다.

1) 모터 어시스트 방식(motor assist type)

출력이 작은 모터를 사용하므로 그만큼 하이브리드 시스템이 전체적으로 간단하다. 모터가 엔진의 크랭크축과 동일한 축 상에 배치되어 있어서 공간적인 제약을 줄이고 있다. 토크가 부족한 저속회전 영역에서는 모터로 출력을 보완하고 고속 주행에서도 엔진의 출력이 부족할 경우에는 모터가 보완하도록 하고 있다.

이와 같이 필요할 때마다 모터를 작동시킴으로서 연비와 배기의 성능을 높일 수 있다. 주행의 기본 동력은 엔진이며, 기존의 엔진 시스템을 그대로 응용하여 하이브리드 시스템으로 변경하기가 쉽고 제작비가 적게 든다.

2) 엔진과 모터로 구동하는 방식

구동력을 모터가 분담하는 비율이 커질수록 엔진의 부담이 그만큼 줄어들기 때문에 연비가 향상된다. 그러나 원활한 주행 상태를 유지하기 위해서는 전체적인 출력을 일정값 이상으로 확보하지 않으면 안 된다.

이러한 점에서 볼 때 하이브리드 시스템을 대표하는 것이 엔진과 모터로 구동하는 방식으로 모터의 주행 모드를 설정하는 등 하이브리드 시스템을 활용하는 폭이 넓어지는 요소를 지니고 있다. 시스템으로서의 효율에서도 기술적으로 발전할 가능성이 가장 높지만 제작비가 상승하는 요인이 되기도 한다.

(4) 소프트 하이브리드 전기 자동차(SHEV ; Soft Hybrid Electric Vehicle)

아반떼 및 포르테 하이브리드 전기 자동차(HEV ; Hybrid Electric Vehicle)는 모터가 플라이휠에 장착되어 있으며, 오염과 관계가 없고 무한하게 사용할 수 있는 에너지원이다. 플라이휠 장착 전기장치(FMED ; Flywheel Mounted Electric Device) 형식으로 변속기와 모터 사이에 클러치를 배치하여 제어하는 방식을 소프트 하이브리드 전기 자동차라고 호칭한다.

발진시에는 엔진과 전동 모터를 동시에 이용하여 주행하고 부하가 적은 평지의 주행에서는 엔진의 동력만을 이용하며, 가속 및 등판 주행과 같이 큰 출력이 요구되는 주행 상태에서는 엔진과 모터를 동시에 이용하여 주행함으로써 연비를 향상시킨다. 또한 감속 시에는 모터를 이용하여 브레이크에서 발생하는 열에너지를 전기 에너지로 변환(회생 제동 기능)하여 배터리에 충전하며, 신호 대기 등에 의해 정차 시에는 오토 스톱의 기능으로 엔진을 정지시킴으로써 연비를 향상시킨다.

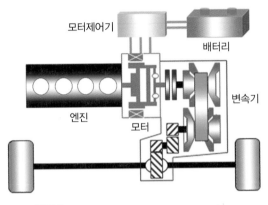

그림 소프트 하이브리드 전기 자동차

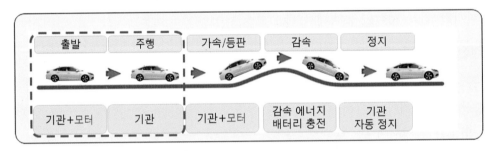

그림 소프트 방식의 구동 모드

(5) 하드 하이브리드 전기 자동차(HHEV ; Hard Hybrid Electric Vehicle)

하드 하이브리드 전기 자동차는 모터가 변속기에 장착되어 있는 TMED(Transmission Mounted Electric Device) 형식으로 엔진과 모터 사이에 클러치를 배치하여 제어하는 방식으로 발진과 저속 주행 시에는 모터만을 이용하여 주행하고 부하가 적은 평지의 주행에서는 엔진의 동력만을 이용하며, 가속 및 등판 주행과 같이 큰 출력이 요구되는 주행 상태에서는 엔진과 모터를 동시에 이용하여 주행함으로써 연비를 향상시킨다.

또한 감속 시에는 소프트 하이브리드 전기 자동차와 마찬가지로 모터를 이용하여 브레이크에서 발생하는 열에너지를 전기 에너지로 변환하여 배터리에 충전하며, 신호 대기 등에 의해 정차 시에는 오토 스톱의 기능으로 엔진을 정지시킴으로써 연비를 향상시킨다.

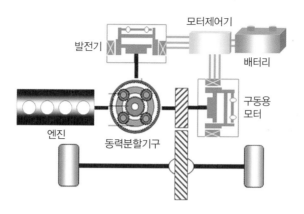

그림 하드 하이브리드 전기 자동차

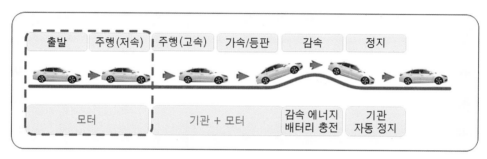

그림 하드 방식의 구동 모드

(6) 플러그 인 하이브리드 전기 자동차(PHEV ; Plug-in Hybrid Electric Vehicle)

플러그 인 하이브리드 전기 자동차의 구조는 하드 형식과 동일하거나 소프트 형식을 사용할 수 있으며, 가정용 전기 등 외부 전원을 이용하여 배터리를 충전할 수 있어 하이브리드 전기 자동차 대비 전기 자동차(Electric Vehicle)의 주행 능력을 확대하는 목적으로 이용된다. 하이브리드 전기 자동차와 전기 자동차의 중간 단계의 자동차라 할 수 있다.

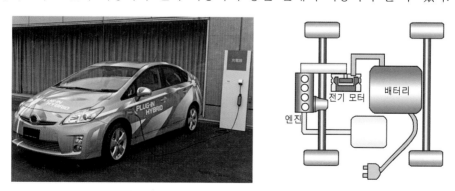

그림 플러그 인 하이브리드 전기 자동차(PHEV)

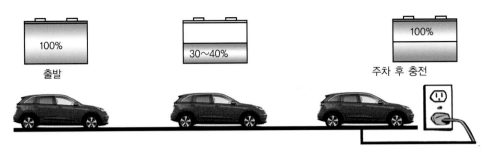

그림 플러그-인 하이브리드 운행 방법

(7) 4륜 구동 하이브리드(4WD ; Four Wheel Drive)

4륜 구동 하이브리드는 전·후륜 간의 동력전달 부품인 트랜스퍼와 프로펠러 샤프트 없이 후륜에 구동 모터를 장착하여 필요시 전륜 구동 기능을 자동 구현하고 연비 향상이 가능하도록 만든 전기식 4WD 시스템이다.

기계식 4WD 와의 차이점은 다음과 같다.

① 기존의 기계식 4WD 구동력 분배 장치 및 프로펠러 샤프트가 필요 없다.

② 휠 베이스(wheel base)가 프로펠러 샤프트에 의하여 제약을 받지 않는다.

③ 기계식 4WD의 프로펠러 샤프트의 불필요에 따른 내부 공간이 확대된다.

④ 종래의 브레이크 계통에서의 제어가 중심이었던 선회 시 미끄러짐 제어, 트랙션 제어 등을 전기적으로 제어가 가능하다.

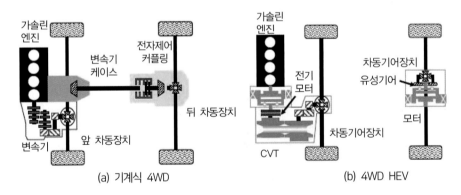

그림 기계식 4WD와 4WD 하이브리드의 비교

3 하이브리드 및 플러그 인 하이브리드 작동원리 및 기능

(1) 하이브리드 자동차의 작동 원리

병렬형 하이브리드는 소프트 방식과 하드 방식으로 구분하며, 소프트 방식은 엔진의 동력에 모터의 동력을 보조하는 방식이고 하드 방식은 모터의 동력에 엔진이 보조하는 방식이다.

소프트 방식은 출발 시 전기(모터)와 연료(엔진)를 사용하고 있고, 평지 주행 시(부하가 적음)에는 연료(엔진)만 공급하여 주행하고 있다. 소프트 방식의 주행 모드는 출발과 가속·등판 주행 시에는 연료(엔진)와 전기(모터)를 사용하고 감속 시에는 모터로 전기를 배터리에 충전한다. 정차 시에는 엔진을 정지시켜 연료를 소비하지 않는다.

하드 방식의 주행 모드는 소프트 방식과 동일하나 처음 출발과 저속 주행시 일체의 연료를 사용하지 않고 모터로만 주행을 하고 있다.

(2) 하이브리드 자동차의 기능

1) 동력 보조 기능

하이브리드 모터는 엔진과 변속기 사이에 장착되며, 하이브리드 자동차의 출발 및 가속, 급가속시는 하이브리드 모터가 엔진의 동력을 보조한다. 즉, 하이브리드 자동차의 시동시 하이브리드 모터가 시동을 담당하고 출발 및 가속, 급가속 상황이 되면 하이브리드 모터가 엔진의 동력을 보조하여 시동, 출발, 가속시 하이브리드 차량의 구동력을 보조한다. 하이브리드 모터는 엔진의 부하가 큰 상황 다시 말하면 출발시 가속, 차량의 가속시, 급가속시에 작동하여 엔진의 동력을 보조하게 된다.

파워 터미널
엔드 플레이트 + 리졸버
로터 & 영구자석
스테이터 & 코일   클러치

그림 하이브리드 모터의 장착 위치 및 구동 모터

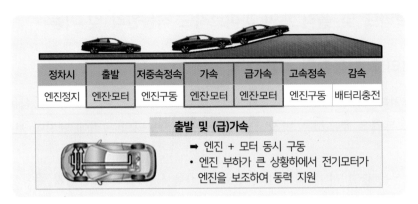

정차시	출발	저중속정속	가속	급가속	고속정속	감속
엔진정지	엔잔모터	엔진구동	엔잔모터	엔잔모터	엔진구동	배터리충전

출발 및 (급)가속

➡ 엔진 + 모터 동시 구동
• 엔진 부하가 큰 상황하에서 전기모터가
  엔진을 보조하여 동력 지원

그림 동력 보조 기능

2) 회생 제동 기능(고전압 배터리 충전 기능)

하이브리드 자동차의 감속 시 하이브리드 모터를 이용하여 고전압 배터리를 충전하게 된다. 이는 하이브리드 자동차의 감속 시 발생하는 운동에너지를 하이브리드 모터가 발전기의 기능을 수행하여 고전압을 발생시켜 고전압 배터리를 충전하는 역할을 수행한다.

회생 제동 기능은 감속 시 발생하는 차량의 관성에너지를 전기에너지로 변환하여 배터리를 충전하는 기능이다. 즉 감속시 하이브리드 모터를 동력원이 아닌 발전기로 전환하여 고전압 배터리를 충전함으로써 에너지 효율을 극대화하였다. 이렇게 충전된 전기에너지로 하이브리드 모터를 구동하여 엔진의 동력을 보조함으로써 연비 향상의 효과를 볼 수 있다.

하이브리드 자동차의 감속 및 제동 시 모터는 발전기의 역할을 수행하여 고전압 배터리를 충전하기 때문에 일반 차량과 다르게 제동 효과가 크게 걸리는 듯한 느낌이 들지만 이는 모터가 발전기로 전환되며 일어나는 정상적인 현상이다.

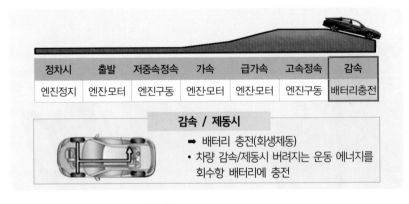

정차시	출발	저중속정속	가속	급가속	고속정속	감속
엔진정지	엔잔모터	엔진구동	엔잔모터	엔잔모터	엔진구동	배터리충전

감속 / 제동시

➡ 배터리 충전(회생제동)
• 차량 감속/제동시 버려지는 운동 에너지를
  회수항 배터리에 충전

그림 회생 제동 기능

회생 제동 기능은 우리가 일상생활에서 쉽게 접할 수 있는 자전거의 전조등을 밝히는 원리와 비슷하다고 생각하면 된다. 자전거 바퀴의 회전수가 증가 할수록 자전거 전조등 빛의 밝기는 밝아지는 것처럼 하이브리드 모터도 하이브리드 차량의 차속이 빠른 상태에서 감속을 수행하게 되면 고전압 배터리로 충전되는 전기에너지의 양이 증가 한다. 이를 회생 제동 에너지라고 한다.

감속 시 회생 제동이 되는 현상을 하이브리드 자동차의 계기판을 통해서 알 수 있는데 계기판 상에 하이브리드 모터가 고전압 배터리를 충전하는 작동 상황을 게이지를 통해서 알 수 있다.

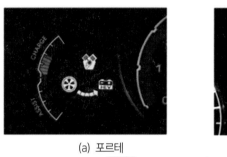

(a) 포르테   (b) 아반떼

그림 하이브리드 충전 표시창

3) 공회전 정지 기능

하이브리드 자동차는 차량 정지 시 공회전 정지 기능을 수행하여 엔진을 정지시킨다. 신호등 대기 또는 정체길 에서 하이브리드 차량은 정지하면 공회전 정지 기능에 의해 필요한 연료소비를 없애고 배기가스가 발생되지 않는다.

공회전 정지 기능의 작동 조건을 자세히 살펴보면 주행 중 하이브리드 차량의 차속이 9km/h 이상이고 2초 이상 주행 후 차량이 정지 상태가 되면 공회전 정지 기능이 수행 된다. 이후 브레이크 페달에서 발을 떼는 순간 하이브리드 모터에 의해 차량은 시동 상태가 되고 액셀러레이터 페달을 이용하여 가속을 수행할 수 있는 상태가 된다.

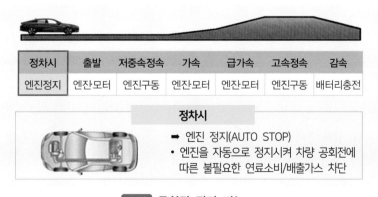

그림 공회전 정지 기능

① 정체 길에서 공회전 정지

정체 구간 주행에서는 차량이 가다 서다를 자주 반복하게 되는데, 이때 공회전 정지 기능의 진입 조건이 만족된 후 차속이 9km/h 이하로 가다 서다를 반복하게 되면 정지 시마다 공회전 정지 기능을 작동하게 된다. 하지만 이 경우 잦은 공회전 정지의 제어에 의해 고전압 배터리가 방전되는 것을 방지하기 위해 최대 10회까지만 공회전 정지 기능이 작동 된다.

그림 정체 길에서 공회전 정지 기능

② 냉·난방시 공회전 정지

냉·난방 작동시 공회전 정지 기능의 제어를 살펴보면, 하이브리드 차량은 에어컨이나 히터를 작동한 상태로 주행하더라도 연비의 향상을 위해 공회전 정지 기능은 정상적으로 작동을 수행 한다. 이 경우 공회전 정지 기능으로 진입 후 블로어 모터를 저단으로 최대 90초 동안 작동시킨 후 정지하게 된다. 그리고 공회전 정지 기능이 해제되면 자동으로 설정된 조건으로 복귀된다.

그림 냉· 난방시 공회전 정지 기능

③ 경사로 공회전 정지 기능의 제어

하이브리드 차량은 경사로 주행 중에도 공회전 정지 기능은 작동된다. 하지만 공회전 정지 기능의 진입 상태에서 도로 경사각이 크다고 판단되면(경사 10도(구배 17%) 이상) 약 1.2초 후에 바로 공회전 정지 기능을 해지하여 하이브리드 모터에 의한 시동 기능을 수행한다. 이는 급 경사로에서의 출발시 차량이 밀리는 현상을 방지하기 위한 것이다.

그림 경사로 공회전 정지 기능의 제어

④ 엔진 정지 조건

㉮ 자동차를 9km/h 이상의 속도로 2초 이상 운행한 후 브레이크 페달을 밟은 상태로 차속이 4km/h 이하가 되면 엔진을 자동으로 정지시킨다.

㉯ 정차 상태에서 3회까지 재진입이 가능하다.

㉰ 외기의 온도가 일정 온도 이상일 경우 재진입이 금지된다.

⑤ 엔진 정지 금지 조건

㉮ 오토 스톱 스위치가 OFF 상태인 경우

㉯ 엔진의 냉각수 온도가 45℃ 이하인 경우

㉰ 무단변속기(CVT) 오일의 온도가 -5℃ 이하인 경우

㉱ 고전압 배터리의 온도가 50℃ 이상인 경우

㉲ 고전압 배터리의 충전율이 28% 이하인 경우

㉳ 브레이크 부스터 압력이 250mmHg 이하인 경우

㉴ 액셀러레이터 페달을 밟은 경우

㉵ 변속 레버가 P, R레인지 또는 L레인지에 있는 경우

㉶ 고전압 배터리 시스템 또는 하이브리드 모터 시스템이 고장인 경우

㉷ 급 감속시(기어비 추정 로직으로 계산)

㉸ ABS 작동시

⑥ 엔진 정지 해제 조건

㉮ 금지 조건이 발생된 경우

㉯ D, N레인지 또는 E레인지에서 브레이크 페달을 뗀 경우

㉰ N레인지에서 브레이크 페달을 뗀 경우에는 공회전 정지 유지

㉱ 차속이 발생한 경우

(3) 하이브리드 자동차의 연비 향상 및 배출가스 저감 효과

① 엔진과 모터의 에너지를 하이브리드 컴퓨터가 최적으로 동력 분배 제어 실현
② 정차 시 시동을 OFF하여(오토 스톱) 연료 분사 금지
③ 저전압 직류 변환기(LDC ; Low voltage Direct Current-Direct Current Converter) 적용에 의한 기존의 발전기를 삭제함으로써 보조 기기 구동 벨트에 의한 동력 손실 저감
④ 엔진의 배기량을 작게 하는 다운사이징을 함으로써 연비 향상
⑤ 제동시 회생 제동(배터리로 충전)을 함으로써 에너지를 흡수하여 재사용
⑥ 자동변속기의 토크 컨버터를 삭제하여 동력 손실 저감
⑦ 주행시 차량의 공기저항을 줄이는 공력 개선으로 연비 향상

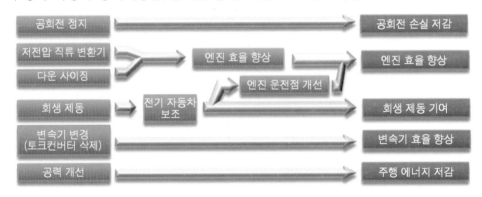

그림 하이브리드 자동차의 연비 향상 및 배출가스 저감 효과

(4) 하이브리드 통합 제어

하이브리드 통합 제어는 4개의 제어기(ECU, BMS, MCU, TCU)를 포함한 전체 하이브리드 전기 자동차 시스템을 제어하므로 각 하부 시스템 및 제어기의 상태를 파악하여 그 상태에 따라 가능한 최적의 제어를 수행하고 각 하부 제어기의 정보를 이용하여 기능 여부와 명령 수용 기능 여부를 적절히 판단한다.

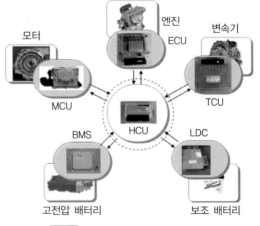

그림 하이브리드 통합 제어

(5) 하이브리드 통합 제어 유닛(HCU)

하이브리드 전기 자동차는 내연기관 + 고출력 전기 모터와 변속기에 의해 동력을 발생 구동하는 구조로 되어 있으므로 이에 따른 각종 제어기가 구성되어 있는데 일반적으로 엔진 제어기와 변속기 제어기는 일반 자동차에도 구성이 되는 부품이다.

여기에 구동 모터, 즉 하이브리드 모터를 제어하는 모터 컨트롤 유닛과 배터리의 충·방전을 제어하는 배터리 컨트롤 유닛 또 자동차의 램프 및 작종 전기 장치의 구동은 일반 자동차에서 사용하는 12V의 배터리(보조 배터리)를 사용하므로 이 배터리의 충전을 관장하는 보조 배터리 충전 컨트롤 유닛이 구성되며 이러한 각종 제어기를 전체적으로 관장하는 하이브리드 컨트롤 유닛으로 구성되어 있다.

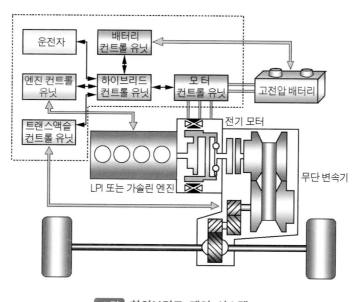

그림 하이브리드 제어 시스템

(6) 하이브리드 컨트롤 유닛의 기능 및 제어

하이브리드 컨트롤 유닛(HCU ; Hybrid Control Unit)은 전체 하이브리드 전기 자동차 시스템을 제어하므로 각 하부 시스템 및 제어기의 상태를 파악하며 그 상태에 따라 가능한 최적의 제어를 수행하고 각 하부 제어기의 정보 사용 가능 여부와 요구(명령) 수용 가능 여부를 적절히 판단한다.

하이브리드 전기 자동차에는 엔진 제어 유닛인 ECU와 모터의 출력 토크를 제어하는 모터 제어 유닛인 MCU, 자동변속기 제어 유닛인 TCU, 보조 배터리 충전 장치인 LDC 등이

각각의 해당 역할을 수행하고 있는데 하이브리드 컨트롤 유닛은 하이브리드 전기 자동차의
고유 기능을 수행하기 위해 이러한 각각에 유닛들을 캔(CAN) 통신이란 것을 통해 하이브리
드 전기 자동차의 각 상황에 따라 각 제어 조건들을 판단하여 해당 유닛을 제어하는 기능을
하는 장치라고 말할 수 있다.

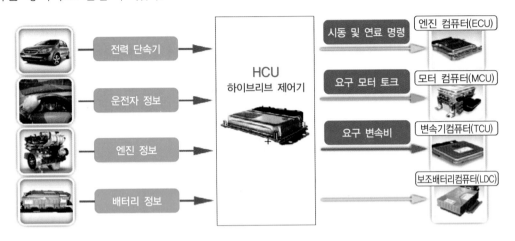

그림 하이브리드 컨트롤 유닛의 기능

1) HCU 제어 기능

① **하이브리드 전기 자동차(HEV) 모터 시동** : 키 스위치를 이용하여 시동 또는 오토
스톱 후 HEV 모터를 이용하여 시동, HEV 모터 작동 불능 시 스타팅 모터를 이용하
여 시동할 수 있도록 제어한다.

② **HEV 모터 보조** : 가속시 HEV 모터를 구동하여 엔진의 토크를 보조할 수 있도록 제
어한다.

③ **HEV 모터 회생 제동** : 감속시 HEV 모터에 의해 발전된 전기 에너지를 배터리에 저
장할 수 있도록 제어한다.

④ **무단변속기(CVT)의 변속비 제어** : 자동차의 주행 상태에 따른 최적의 변속비가 되
도록 제어한다.

⑤ **공회전 정지 제어** : D 레인지 주행 후 브레이크 페달을 밟아 정차시킨 경우 엔진을
정지, 브레이크 페달 스위치 OFF 또는 액셀러레이터 페달 스위치 ON시 재 시동이
되도록 제어한다.

⑥ **경사로 밀림 방지 제어** : D 레이지 또는 R 레인지에서 브레이크 페달을 밟아 정차
시 밀림 방지 밸브를 작동시켜 자동차의 밀림을 방지, 일정값 이상의 급경사로인 경

우 아이들 스톱 진입이 금지되도록 제어한다.

⑦ **연료 차단 및 분사 허가** : 엔진 시동시 연료가 분사되도록 허가하고 연료 차단의 금지를 요구하며, 엔진 정지시 연료가 분사되지 않도록 제어한다.

⑧ **모터 및 배터리 보호** : 180V 배터리 과충전 방지, 토크 제한, 보조(12V) 배터리 과방전 방지, 과방전시 오토 스톱 금지를 제어한다.

⑨ **부압 제어** : 브레이크 부스터의 압력이 저하된 경우 모터의 보조를 통하여 브레이크 부압이 생성되도록 제어한다.

⑩ **저전압 직류 변환 장치(LDC) 제어** : 발전 및 보조 배터리 전압을 제어한다.

⑪ **경제 운전 안내** : 자동차가 경제적인 운전 영역에서 운행할 수 있도록 유도하여 연비의 악화로 인한 불안을 해소하여 연비를 향상시킨다.

2) 하이브리드 주행 모드

① **가속 등판시 주행 모드** : 엔진에 큰 부하가 걸리면 가속 또는 등판시에 모터에서 동력을 보조하기 위하여 엔진과 모터가 함께 구동한다.

② **일반 주행 모드** : 발진 및 가속시를 제외한 일반적인 주행의 경우에는 엔진으로만 구동한다.

③ **감속 모드** : 브레이크의 작동에 의해 일반적으로 버려지는 감속 에너지를 모터가 회생시켜 배터리를 충전한다.

④ **정지 모드** : 자동차가 정차중인 경우에는 엔진을 자동으로 정지(오토 스톱)시켜 불필요한 연료 소비 및 배출가스를 저감시킨다.

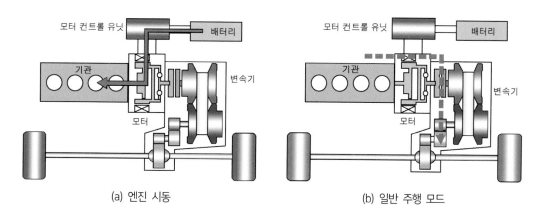

(a) 엔진 시동   (b) 일반 주행 모드

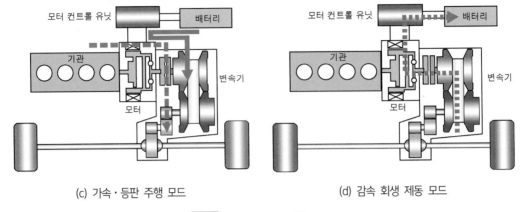

(c) 가속·등판 주행 모드　　　　(d) 감속 회생 제동 모드

그림 하이브리드 주행 모드

(7) 하이브리드 모터 시동 제어

초기 시동 또는 오토 스톱 이후 시동 시에는 하이브리드 모터로 엔진을 시동하며, 모터의 시동 금지 조건에서는 엔진에 장착된 스타팅 모터에 의해서 엔진을 시동한다. 하이브리드 모터 시동시 엔진의 공회전 속도는 ECU(Engine Control Unit)에 설정된 속도보다 높으며, 장시간 오토 스톱 후 시동 시에는 변속기의 유압 발생을 위하여 공회전 속도가 상승한다.

1) 모터의 시동 조건

① P(Parking) 레인지 또는 N(Neutrality) 레인지에서 점화 키 스위치 이용하여 시동하는 경우
② 오토 스톱이 해제되어 재 시동하는 경우

2) 모터의 시동 금지 조건

① 고전압 배터리의 방전 제한 값, 모터의 방전 제한 값(엔진 시동 토크 부족)일 경우
② 고전압 배터리의 온도가 약 -10℃ 이하 또는 약 45℃ 이상일 경우
③ 모터 컨트롤 유닛의 인버터 온도가 94℃ 이상일 경우
④ 고전압 배터리의 충전율이 25% 이하일 경우
⑤ 엔진의 냉각수 온도가 -10℃ 이하일 경우
⑥ 엔진 컨트롤 유닛(ECU), 모터 컨트롤 유닛(MCU), 고전압 배터리 시스템(BMS), 일렉트릭 컨트롤 모듈(ECM)이 고장일 경우

3) 시동 회전수

모터의 시동이 금지된 경우에는 점화 키를 이용하여 스타팅 모터로 시동하며, 오토 스톱 중 금지 조건이 발생되면 오토 스톱을 즉시 해제시키고 모터가 시동되도록 제어한다.

① 엔진 컨트롤 유닛(ECU)의 아이들 회전수 이상으로 설정한다.

② 장시간 오토 스톱 후 시동시에는 시동 회전수를 상승시킨다.

(8) 브레이크 밀림 방지 장치

밀림 방지 제어 시스템은 하이브리드 컨트롤 유닛, 자동차의 경사각을 측정하는 경사각 센서(Inclinometer), 브레이크 스위치, 안티 록 브레이크 시스템으로 구성되어 있으며, 경사로에서 오토 스톱 후 해제시 엔진이 다시 시동되어 크립 토크(creep torque)가 발생하기 전까지 자동차가 밀리는 현상을 최소화하기 위해 경사도에 따라 밀림 방지 장치를 제어한다.

밀림 방지 장치는 자동차가 일정 경사각 이상인 경우 작동하며, 브레이크 페달을 밟았을 때부터 브레이크 페달을 뗀 후에도 경사도에 따라 일정 시간 동안 제동장치를 작동시킨 후 해제된다.

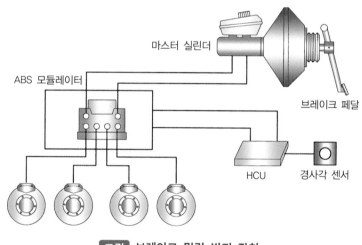

그림 브레이크 밀림 방지 장치

1) 밀림 방지 장치의 작동 조건

① 자동차가 정지 상태일 경우

② 인히비터 스위치 위치가 D(Drive) 레인지, E(Echo) 레인지, R(Reverse) 레인지, L(Low) 레인지인 경우

③ 브레이크 페달 스위치 ON 상태인 경우

2) 밀림 방지 장치의 해제 조건

① 브레이크 페달 스위치 OFF시 경사도에 따라 일정 시간 지연 후 밀림 방지 장치의 작동을 해제한다.

② 자동차가 정지 1, 2초 후 평지로 판단할 경우 브레이크 밀림 방지 장치의 작동을 해제한다.

(9) 브레이크 부압 보조 장치

하이브리드 전기 자동차는 브레이크 부압이 부족할 경우가 있다. 부압이 부족 된다고 판단되면 부압을 회복하기 위해 다음과 같이 제어한다.

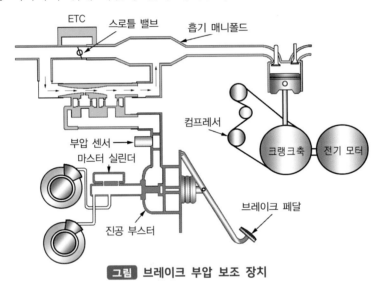

그림 브레이크 부압 보조 장치

1) 엔진 시동이 정지된 경우

오토 스톱의 경우에 엔진이 정지하면 부압이 낮아진다. 부압이 낮다고 판단하면 하이드로 모터를 통하여 엔진을 시동하여 부압을 회복시킨다.

2) 엔진 시동이 된 경우

① 저전압 직류 변환 장치에서 충전 전압(12.8V)을 낮추어 부압을 확보한다.

② 에어컨의 부하가 큰 경우(전자제어식 스로틀 컨트롤 밸브가 열려 있어 부압 저하)에 어컨을 OFF시켜 부압을 확보한다.

③ 무단변속기(CVT) 발진 클러치의 초기 출발 토크를 확보하기 위해 열려 있던 전자제어식 스로틀 컨트롤 밸브를 닫는다.

(10) 저전압 직류 변환 장치 제어

하이브리드 전기 자동차는 보조 배터리(12V)를 충전하기 위하여 기존의 교류(AC) 발전기 대신 저전압 직류 변환 장치가 장착되어 있으며, 저전압 직류 변환 장치(LDC ; Low DC/DC Converter)를 통하여 고전압 배터리 전원(180V)을 저전압(12V)으로 변환하여 보조 배터리를 충전한다.

오토 스톱의 모드에서도 보조 배터리의 충전이 가능하며, 교류(AC) 발전기보다 효율이 높고 엔진의 동력 손실을 감소시킴으로서 연비가 향상된다. 하이브리드 컨트롤 유닛(HCU)은 저전압 직류 변환 장치의 ON, OFF 제어, 발전 제어, 출력 전압 제어를 수행한다.

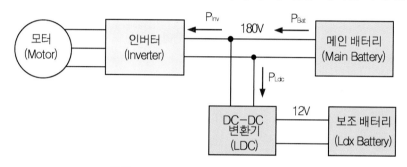

그림 저전압 직류 변환 장치 제어

(11) 하이브리드 통합 제어 입 · 출력 장치

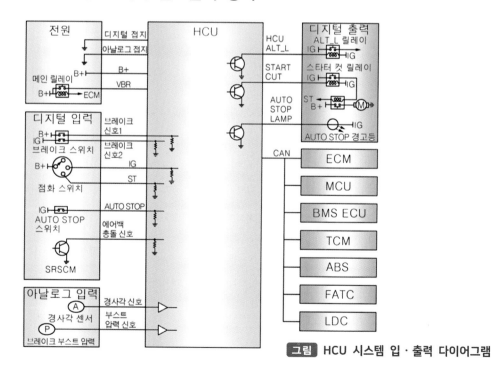

그림 HCU 시스템 입 · 출력 다이어그램

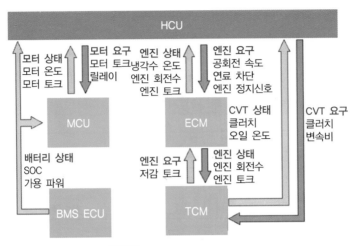

그림 HCU 시스템의 구성도

1) 보조 배터리 전원

하이브리드 컨트롤 유닛(HCU)은 보조 배터리(12V)의 전원을 공급 받아 제어기를 구동할 수 있는지 판단한다.

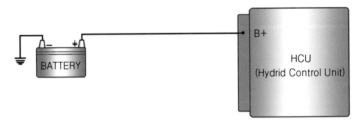

그림 보조 배터리 전원 회로

2) 브레이크 스위치

브레이크 스위치(brake switch)는 브레이크 페달 상단부에 설치되어 있으며, 브레이크 페달과 연동되어 브레이크 페달의 작동 상태를 감지한다. 브레이크 스위치는 하이브리드 컨트롤 유닛(HCU) 및 브레이크 램프와 연결되어 있으며, 하이브리드 컨트롤 유닛은 브레이크 스위치 입력 신호를 이용하여 오토 스톱 등 제어에 이용한다. 브레이크 스위치 내부에는 브레이크 스위치와 브레이크 램프 스위치가 장착되어 있다.

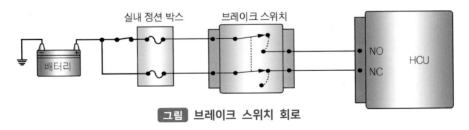

그림 브레이크 스위치 회로

3) 스타트 컷 릴레이

스타트 컷 릴레이(start cut relay)는 오디오 뒤쪽에 장착되어 있으며, 하이브리드 컨트롤 유닛(HCU)이 스타트 컷 릴레이를 제어하면 하이브리드 모터로 엔진의 시동이 가능하고 스타트 컷 릴레이를 제어하지 않으면 엔진의 스타트 모터로 엔진의 시동이 가능하다.

하이브리드 컨트롤 유닛이 정상일 경우 스타트 컷 릴레이를 항상 접지 제어하여 하이브리드 모터로 엔진의 시동이 가능하도록 제어한다. 항상 접지 제어를 하는 이유는 하이브리드 컨트롤 릴레이가 고장일 경우 스타트 릴레이를 작동시킬 수 있어 스타트 모터로 시동을 하기 위함이다.

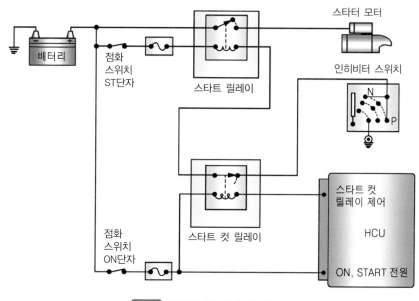

그림 스타트 컷 릴레이 회로

4) 브레이크 부스터 압력 센서(BBPS ; Brake Boo ster Pressure Sensor)

브레이크 부스터 압력 센서는 브레이크 부스터에 설치되어 있으며, 브레이크 부스터 압력을 감지하여 하이브리드 컨트롤 유닛(HCU)에 입력시키는 역할을 한다. 하이브리드 컨트롤 유닛은 이 신호를 이용하여 브레이크 부압을 모니터링 할 수 있으며, 브레이크 부스터 내의 부압이 부족할 경우에는 엔진의 부하가 낮아지도록 제어하여 비정상적인 제동을 방지하기 위하여 부압이 생성 되도록 한다.

아이들 상태에서 부압이 부족할 경우 엔진의 부하 또는 토크를 감소시켜 스로틀 밸브를 닫힘 방향으로 제어하여 부압이 생성 되도록 한다. 오토 스톱 상태에서는 부압이 부족할 경우 오토 스톱을 해제 제어(엔진 시동 유지)하여 부압이 생성 되도록 한다.

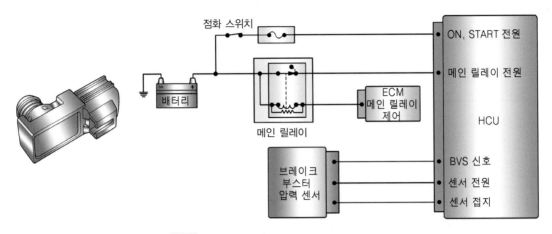

그림 브레이크 부스터 압력 센서 및 회로

5) 경사각 센서(inclinometer)

경사각 센서는 크래시 패드 중앙 하단부에 설치되어 있으며, 밀림 방지 장치의 주요 입력 신호인 자동차의 경사각을 검출하여 하이브리드 컨트롤 유닛(HCU)에 입력시키는 역할을 한다. 경사각 센서는 가속도 센서이며, 경사도에 따른 중력 가속도의 변화를 측정하여 경사각을 판정한다.

따라서 센서의 민감도가 높아 센서 단품 오차 및 장착 오차에 따라 경사각의 오차가 발생하며, 이를 보정하기 위하여 경사각 센서를 설치하거나 센서의 보정 데이터를 저장하고 있는 하이브리드 컨트롤 유닛(HCU)을 교환한 경우에는 경사각 센서의 초기화 절차를 수행하여야 한다.

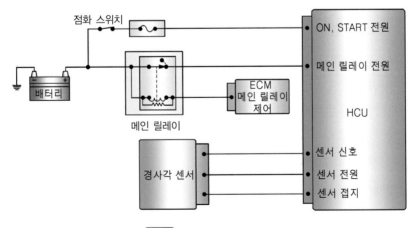

그림 경사각 센서 회로

6) 알터네이터 L 릴레이

하이브리드 컨트롤 유닛(HCU)은 저전압 직류 변환 장치(LDC)가 정상적으로 180V의 고전압을 12V의 저전압으로 변환시켜 보조 배터리를 충전하는지 확인한다. 만약 저전압 직류 변환 장치가 비정상일 경우 보조 배터리에 충전이 되지 않으면 하이브리드 컨트롤 유닛은 알터네이터 릴레이를 제어하여 보조 배터리 충전 경고등을 점등시키고 에탁스로 신호를 보내어 부하가 큰 전장품을 OFF 제어하도록 한다.

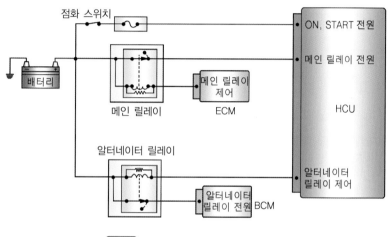

그림 알터네이터 L 릴레이 회로

7) 에어백 신호

에어백이 전개되었을 경우 에어백 엔진 컨트롤 유닛(ECU)에서 하이브리드 컨트롤 유닛(HCU)으로 에어백이 전개 되었다는 신호를 보낸다. 이 경우 하이브리드 컨트롤 유닛은 운전자 및 자동차의 안전을 위해서 하이브리드 고전압 시스템(BMS)을 중지시킨다.

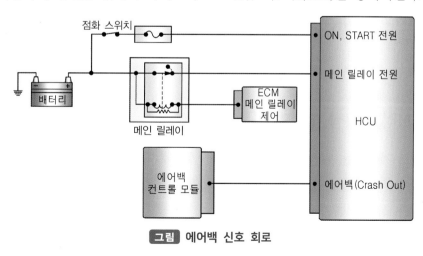

그림 에어백 신호 회로

(12) 기타 제어

1) 하이브리드 모터 보조 제어

가속시 하이브리드 모터를 작동시켜 엔진의 토크를 보조한다.

2) 하이브리드 모터 회생 제동 제어

감속시 하이브리드 모터를 작동시켜 전기 에너지를 고전압 배터리에 충전시킨다.

3) 변속비 제어

주행 상태에 따른 최적의 변속비로 제어한다.

4) 연료 차단 및 연료 분사 제어

① 시동시 연료 분사를 제어한다.
② 고전압 배터리(180V) 충전 상태 또는 변속비에 따른 연료의 차단 금지 제어를 한다.
③ 연료 분사 금지 요구 제어

5) 하이브리드 모터 로직 제어

하이브리드 모터의 토크를 제어한다.

6) 고전압 배터리 로직 제어

고전압 배터리의 과충전 금지 제어를 한다.

7) 보조 배터리(12V) 보호 로직 제어

보조 배터리의 과방전 방지 제어(과방전시 오토 스톱 진입을 금지 시킨다)

8) 경제 운전 안내 기능 제어

최적의 연비 모드에서 운전할 수 있도록 경제 운전 안내 기능을 제어한다.

4 하이브리드 구성 부품의 기능 및 특징

하이브리드 자동차는 내연기관+고출력 전기 모터로 구성된다. 고출력 전기 모터를 이용하여 전기 에너지를 구동 에너지로 변환하기 위한 고전압 배터리, 모터 제어기, 하이브리드 모터 등 같은 신규 부품이 장착된다.

핵심기술인 모터, 고전압 배터리, 무단변속기(CVT) 등이 있으며 하이브리드 전기 자동차는 엔진과 전기 모터 이외에 모터 에너지 공급용 고전압 배터리, 모터 컨트롤 유닛(MCU ; Motor Control Module), 배터리 컨트롤 유닛(BCU ; Battery Control Module), 통합 제어 유닛(HCU ; Hybrid Control Unit) 등으로 구성되어 있다.

(1) 엔진

하이브리드 자동차 엔진은 연비 상승과 배출가스 저감을 위한 목적으로 새로운 신기술이 적용되어 있어 일반 가솔린 자동차와 구조가 다른 부분이 있다.

첫 번째, 엔진 연소의 효과를 극대화하기 위해 가변흡기장치를 적용하였다. 두 번째, 운전 자의 의도에 따라서 엔진에 유입되는 공기량을 제어하는 전자제어식 스로틀 컨트롤 밸브 (ETC)를 적용하여 자동차 연비를 최우선으로 향상할 수 있도록 설계하였다. 세 번째, 일반 자동차와 같이 시동 모터로만 시동을 거는 것이 아니라 하이브리드 스타터 & 제너레이터와 하이브리드 모터로 시동이 가능하다.

일반 가솔린 자동차는 시동을 걸 때 연료를 가장 많이 소모하기 때문에, 시동 모터 보다 출력이 높은 하이브리드 모터를 이용해서 시동을 걸면 시동성, 연비, 배기가스 문제를 동시 에 해결할 수 있다. 네 번째, 엔진의 연소상태를 향상시켜 배출가스를 줄이고 연비를 향상 시킬 전자 EGR 밸브를 적용하고, 다섯 번째, 람다 센서 즉 광역 산소 센서를 적용하여 엔진 의 성능을 극대화시키고 있다.

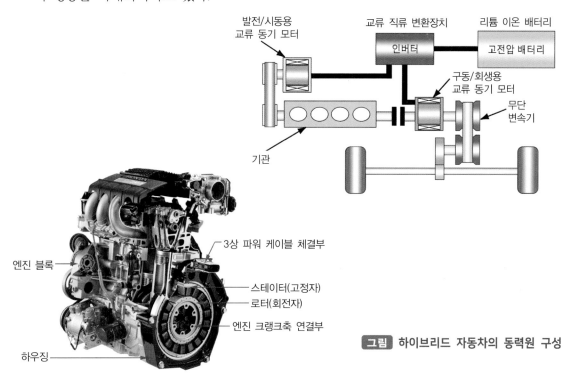

그림 하이브리드 자동차의 동력원 구성

하이브리드 자동차용 엔진은 연비 향상에 주목적을 두고 설계된다. 따라서 각각의 엔진 본체에 연비를 향상시키기 위한 기술이 복합적으로 적용된다. 하이브리드 엔진은 애킨슨(Atkinson) 사이클을 도입하여 펌핑 손실의 저감으로 엔진 효율을 향상시켰고, 압축비를 높였다. 저 중량의 밸브 스프링과 저 마찰 피스톤 링을 적용하여 무빙계에서 발생되는 운동 손실과 마찰 손실을 저감시켰다. 또한 서모스탯의 열림 온도를 높여 엔진의 연소 성능을 향상시킬 수 있도록 설계하였다.

그림 하이브리드 엔진적용 기술

또한 엔진의 시동 조건은 첫 번째 P나 N단에서의 하이브리드 모터에 의한 시동과, 두 번째 아이들 스톱(idle stop) 해제에 따른 하이브리드 시동으로 운전자가 가속 페달을 밟으면 모터가 다시 켜지며 걸리는 시동 및 모터 주행 중 엔진 시동 조건이 있으며 엔진의 시동은 아래의 그림과 같은 과정을 통하여 진행된다.

그림 하이브리드 자동차의 동력원 구성

(2) 변속기

일반적인 하이브리드 차량에는 CVT가 적용되고 있으며 무단변속기(CVT; Continuously Variable Transmission)는 정해진 범위 내에서 연속으로 변속이 가능한 변속기를 말한다. 무단변속기는 최근 추세인 다단화 자동변속기와 다르게 무단의 변속단을 가지고 있어 우수한 연비 성능 구현이 가능하다. 이러한 이유로 연비를 우선으로 제작하는 하이브리드 자동차에는 무단변속기가 적용되고 있다.

무단변속기는 크게 벨트 방식과 트로이덜 방식이 있으며 이 중 벨트 방식이 구조가 간단하여 가장 널리 사용되고 있다. 하이브리드 자동차의 무단변속기(HCVT : Hybrid Continuously Variable Transmission)는 오일의 청정도 확보를 위한 오일 팬 내부의 오일 필터와 별도로 외부에 보조 오일 필터가 장착되어 있다. 무단변속기(CVT) 전용 오일과 마찬가지로 내·외부 오일 필터는 모두 무교환 방식이다.

하이브리드 무단변속기(HCVT) 내부에는 크게 발진 장치인 전진 클러치와 후진 브레이크, 더블 피니언 방식의 단순 유성기어 그리고 변속비를 조절하는 1차 풀리와 벨트의 장력을 조절하는 2차 풀리, 금속 벨트, 밸브 바디로 구성되어 있다.

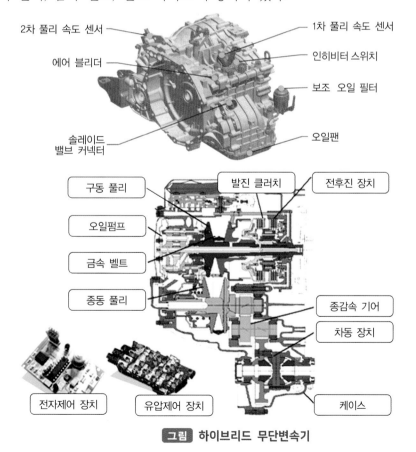

그림 하이브리드 무단변속기

(3) 모터

하이브리드 모터는 변속기에 장착되어 가속 시에는 모터로 엔진을 보조하고, 감속 시에는 발전기가 되어 고전압 배터리를 충전하는 역할을 한다. EV모드일 때는 변속기 입력축을 직접 회전시켜 순수 전기 차량으로 주행하고, HEV모드 일 때는 엔진을 보조하는 기능을 한다.

하이브리드 모터는 모터 하우징, 스테이터, 스파이더, 로터로 구성되어 있으며 스테이터는 코일이 감겨져 있어 모터의 기본 구조에서 고정자 기능을 한다. 그리고 로터는 영구자석이 내장되어 있으며 모터 고정자에 형성된 회전자계에 의해 발생된 회전 토크를 변속기 입력축으로 전달하는 회전자 기능을 한다.

[그림] 하이브리드 자동차의 모터 구성 요소

1) 모터 하우징

모터 하우징(motor housing)은 엔진과 무단변속기 사이에 장착되며 모터 고정자와 회전자 등 모터 구동 관련 부품들이 내장되어 있다.

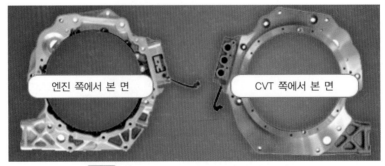

[그림] 하이브리드 자동차의 모터 하우징

2) 고정자

고정자(stater)는 엔진과 무단변속기 하우징에 체결되고 움직이지 않도록 고정되어 있다. 스테이터는 모터 고정자에 3상 전기를 공급하기 위한 계자코일이 감겨져 있으며 각 상에 인가되는 전류에 의해 회전자계를 발생시키는 역할을 한다.

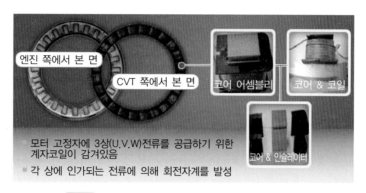

엔진 쪽에서 본 면
CVT 쪽에서 본 면
코어 어셈블리
코어 & 코일
코어 & 인슐레이터

■ 모터 고정자에 3상(U,V,W)전류를 공급하기 위한 계자코일이 감겨있음
■ 각 상에 인가되는 전류에 의해 회전자계를 발성

그림 하이브리드 자동차의 모터의 스테이터

3) 스파이더

스파이더(spider)는 로터 내부에 삽입되어 있는 모터 회전자이다.

엔진 쪽에서 본 면
CVT 쪽에 본 면
로터

■ 모터 회전자
■ 로터가 내부에 삽입

그림 하이브리드 자동차의 모터의 스파이더

4) 회전자

로터(rotor)는 모터 회전자이며 영구자석이 내부에 삽입되어 있다. 모터 고정자에 형성된 회전자계에 의해 발생된 회전 토크를 스파이더를 통해 변속기 입력축으로 전달하게 된다. 실제 구동력을 발생시키는 부분으로 엔진 크랭크축에 직접 체결되어 축과 함께 회전을 한다.

영구 자석

모터 회전자
영구자석이 내부에 삽입

그림 하이브리드 자동차의 모터의 로터

5) 리어 플레이트와 리졸버

리어 플레이트는 엔진 블록과 모터 하우징 사이에 장착되어 있으며 모터 회전자(로터)의 위치 및 속도 정보를 검출하기 위한 리졸버 센서가 장착되어 있다. 리졸버는 위치 센서의 한 종류로 위치 변위를 전기신호로 변환하여 측정하는 장치이다. 증분형과 절대값형으로 나누어진다. 증분형은 위치 증감분을 검출하는 것으로 빛의 명암을 통해 검출하는 광학식 동작원리를 이용한다. 절대값 형은 측정 위치의 절대 위치를 측정하며 자기식 원리를 이용하는 리졸버 등이 여기에 속한다.

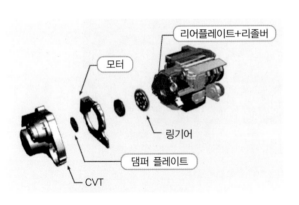

그림 리어 플레이트와 리졸버

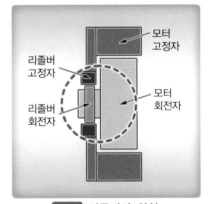

그림 리졸버의 위치

그림 리어 플레이트

그림 리졸버 센서

	증분형	절대값 형		
	증분형 인코더	절대값 형 인코더	홀 센서	레졸버
구조			모터	
동작 원리	광학식 : 디스크 회전시 수광 소자에서 빛의 명암을 검출		자기식 : 홀 효과 응용	자기식(변압기 원리)
특징	내환경성 우수/고분해 능력(1000~3000 pulse/rev)/고 응답성 (200kHz)/구조가 간단	회전유무에 무관하게 절대 위치 검출/고가/저분해능. 출력 신호 많음/디지털 출력	소형. 취급 간편/저가/온도 영향 받기 쉬움/자계 비례성 양호하나 강력한 자계에 오동작	내환경성 우수/사용온도 범위가 넓음/장거리 전송 가능/고 분해능력. 신호처리 회로 복잡/고가
출력 파형			A형 B형 C형	A형
사용 분야	유도 모터	서버, 자동화기기	BLDC 모터	영구자석 동기 모터

(4) 하이브리드 모터의 주요 기능

구동 모터는 발진시의 메인 동력원으로 또는 주행시에 엔진의 동력을 어시스트하는 역할을 하며, 네오디뮴(neodymium) 자석을 로터에 묻어 놓은 영구자석식 동기형 모터이다. 모터의 성능은 로터의 지름과 길이로 정해지며, 로터의 지름과 길이를 변경하지 않고 성능을 향상시키기 위해 보다 큰 전류가 흐르도록 설계하거나 냉각에 주안점을 둔다.

1) 동력 보조

가속시 전기 에너지를 이용하여 구동 모터를 구동함으로써 자동차의 구동력을 증대시킨다.

2) 충전 모드

감속시 구동 모터를 발전기로 작동시켜 운동 에너지를 전기 에너지로 변환시켜 고전압배터리를 충전시킨다.

3) 공회전 정지

정차시 엔진의 작동을 정지시켜 불필요한 연료 소모를 방지하고 시동시 스타팅 모터 대신 구동 모터로 엔진을 시동한다.

4) 엔진 시동

정상 조건에서 엔진 시동 및 아이들 스톱 후 재진입시 엔진 시동을 기존의 스타팅 모터 대신 구동 모터로 엔진을 시동한다.

5) 구동 모터에 의한 엔진 시동

고전압 배터리를 포함한 모든 전기 동력 시스템이 정상일 경우 구동 모터를 이용하여 엔진을 시동한다. 고전압 배터리 시스템에 이상이 있거나 배터리 충전 상태가 기준값 이하로 떨어질 경우 모터 컨트롤 유닛은 구동 모터를 이용한 엔진 시동을 금지시키고 12V 스타트 모터를 작동시켜 엔진 시동을 제어한다.

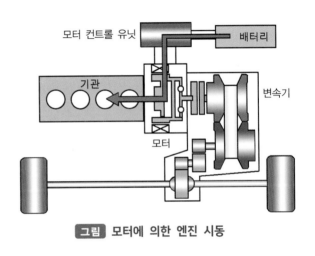

그림 모터에 의한 엔진 시동

6) 공회전 · 서행시 동력 보조

출발 및 가속시를 제외한 일반적인 주행의 경우에는 엔진으로만 구동한다.

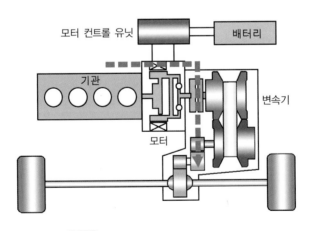

그림 공회전 · 서행시 동력 보조

7) 가속 · 등판시 구동력 보조

엔진에 큰 부하가 걸리는 가속 또는 등판시에 구동 모터에서 동력을 보조하기 위하여 엔진과 구동 모터가 함께 바퀴를 구동한다. 출발 또는 가속시에 모터 컨트롤 유닛은 운전자가 요구하는 토크량을 연산하여 엔진과 모터의 토크 분배량을 결정한다.

고전압 배터리의 충전 상태에 따라 모터의 출력을 제어한다. 또한 모터 컨트롤 유닛은 고전압 배터리의 충전 상태가 낮을 경우 출발 또는 가속 모드에서 모터 구동을 제한하거나 충전 모드로 전환시키는 제어를 실행한다.

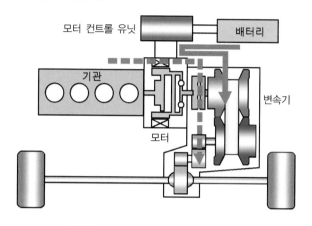

그림 가속 · 등판시 구동력 보조

8) 감속시 에너지 회수

브레이크의 작동에 의해 일반적으로 버려지는 감속 에너지를 모터가 회생시켜 배터리를 충전한다. 구동 모터를 발전 모드로 전환시켜 제동 에너지의 일부를 전기 에너지로 회수하게 된다. 모터 컨트롤 유닛은 고전압 배터리의 충전 상태에 따라 감속 또는 제동 모드에서 충전 모드로 전환시키는 제어를 실행한다.

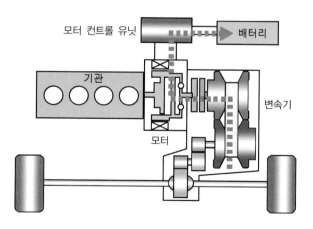

그림 감속시 에너지 회수(배터리 충전)

(5) HSG(Hybrid Starter Generator)

HSG는 엔진과 벨트로 연결되어 하이브리드 자동차 엔진의 시동 기능과 고전압 배터리의 충전을 위한 발전 기능을 수행한다.

① **시동 제어** : 엔진과 모터의 동력을 같이 사용하는 구간인 HEV 모드에서는 주행 중에 엔진을 시동한다.

② **엔진 회전속도 제어** : 엔진의 시동을 실행할 때 엔진의 동력과 모터의 동력을 연결하기 위해 엔진 클러치가 작동할 경우 엔진을 모터의 속도와 같은 속도로 빨리 올려 엔진 클러치의 작동으로 인한 충격이나 진동 없이 동력을 연결해 준다.

③ **발전 제어** : 고전압 배터리 SOC의 저하 시 엔진을 시동하여 엔진의 회전력으로 HSG가 발전기 역할을 하여 고전압 배터리를 충전하고 충전된 전기 에너지를 LDC를 통해 12V 차량의 전장 부하에 공급한다.

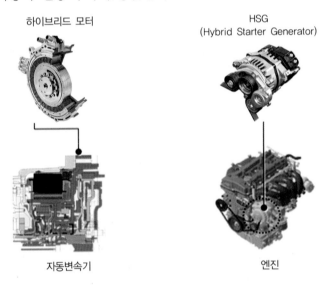

그림 하이브리드 모터와 발전기의 구조

(6) 모터 컨트롤 유닛

모터 컨트롤 유닛(MCU ; Motor Control Unit)은 자동차의 주행 특성에 알맞도록 모터의 출력을 조정하는 컴퓨터이다. 하이브리드 컨트롤 유닛(HCU)의 토크 구동 명령에 따라 모터로 공급 되는 전류량을 제어한다. 또한 MCU는 고전압 배터리의 직류 전원을 교류 전원으로 변환시키는 인버터의 기능과 배터리의 충전을 위해 모터에서 발생된 교류 전원을 직류 전원으로 변환시키는 컨버터의 기능도 동시에 수행한다.

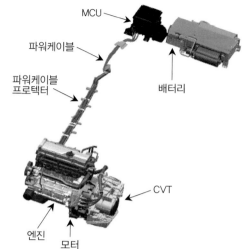

그림 하이브리드 자동차의 MCU

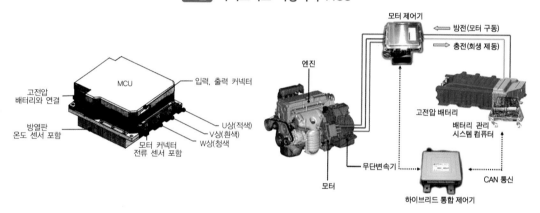

그림 모터 제어기의 역할 및 회로

1) 인버터

인버터는 직류를 교류로 변환하는 장치로 이미 에어컨과 냉장고, 세탁기 등 많은 가전제품에서도 사용하고 있지만 하이브리드 자동차, 연료전지 자동차, 전기 자동차에서는 꼭 필요한 장치로서 그 이유는 자동차의 구동에 교류 모터를 사용하기 때문이다. 반대로 말하면 인버터를 이용하여 자유롭게 교류 전류로 변환할 수 있기 때문에 고성능 교류의 동기 모터를 사용할 수 있다.

2) 컨버터

컨버터는 인버터와 정반대로 교류를 직류로 변환하는 정류기로 에너지를 회생하는 시스템을 갖추고 있는 경우에는 감속시 교류 모터가 교류 발전기로 변환되어 발전을 한다. 이때 발전한 전류는 교류이므로 2차 전지(battery)에 충전할 수 없기 때문에 교류를 직류로 정류하기 위해서 컨버터가 필요하다.

전장품용의 일반적인 12V 배터리에 충전을 하기 위한 감압도 필요하다. 또한 모터의 전압과 배터리의 전압에 차이가 있을 경우에는 승압과 감압의 기능도 필요하기 때문에 복잡한 기능을 하는 인버터에 비하면 컨버터가 단순한 가능을 한다.

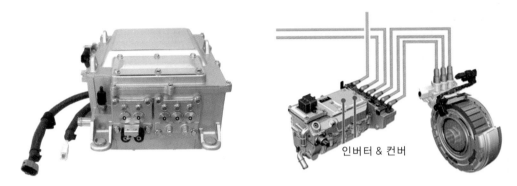

인버터 & 컨버

그림 인버터와 파워 컨트롤 유닛(컨버터 내장)

(7) 하이브리드 고전압배터리

하이브리드 자동차용 고전압 배터리는 DC 250~350V정도로 트렁크에 장착된다. 리튬-이온 혹은 리튬-폴리머 배터리로 3.75V의 셀이 용량에 알맞게 구성되어 있다. BMS는 각 셀의 전압, 전체 충·방전 전류량 및 온도를 입력 값으로 받고, BMS에서 계산된 SOC는 HCU로 보내진다. HCU는 이 값을 참조로 고전압 배터리를 제어한다.

고전압 배터리

리튬이온 폴리머
270V/5.3Ah, 72셀

냉각 시스템

BMS

전압, 전류, 배터리 온도 감지
SOC 판단, Power-cut, 냉각제어
릴레이 제어, 셀 밸런싱, 진단

Power Relay Ass'y(PRA)

릴레이 ON, OFF 제어
고전압 배터리 전류 측정

그림 고전압 배터리의 구조

PRA(Power Relay Assembly)는 IG OFF 상태에서는 메인 릴레이를 차단하고 PRA 안에 메인 릴레이가 위치한다. 또한 고전압 배터리의 냉각 시스템은 과열되지 않고 적정 온도가 유지될 수 있도록 냉각팬이 적용되어 있다. 냉각기의 입구는 차량의 내부로 연결되어 있으며, 냉각기의 출구는 차량 외부로 연결되어 있어 차량 내부에서 유입된 공기가 배터리를 지나 차량 외부로 배출되는 구조이다.

하이브리드 전기 자동차의 동력원이 되려면 높은 전압이나 전력이 필요하기 때문에 셀(cell)을 수십 개 모듈화(module)한 상태에서 자동차에 탑재된다. 다만, 오디오나 에어컨, 자동차 내비게이션, 그 밖의 램프 류 등에 필요한 전력으로 일반 12V 납산 배터리가 별도로 탑재되는 경우도 있다. 이에 비해 하이브리드 전기 자동차의 2차 배터리는 높은 전압이 필요하고 충전과 방전을 반복함에 따라 수명의 단축도 최소화 되어야 하며, 여기에 높은 전압을 얻기 위해 탑재한 배터리 자체의 무게도 가능한 한 가벼워야 한다.

니켈 수소 배터리와 리튬이온 폴리머 배터리의 비교

	Ni-MH (니켈 수소)	Li-Pb (리튬이온 폴리머)	비 고
셀당 전압	1.0V~2.5V(1.2V)	2.5V~4.3V(3.75V)	동일 전압으로 갈 때 부피가 적어진다.
수 명	약 1년 정도	약 7년 정도	
특 징	내부 수소가스 있음	내부 수소가스 없음	가스 배출 없음
자기방전	보통	거의 없음	
사용 차종	혼다시빅, 도요타 프리우스	포르테, 아반떼	

리튬이온 폴리머 배터리와 리튬 폴리머 배터리의 비교

항목	리튬이온 배터리	리튬 폴리머 배터리
케이스 재질	SUS / Al CAN	Al Film
양극 재질	3성분계(Ni + Co + Mn)	망간계
전해질	액상 전해액	겔 폴리머 전해질
분리막	다공성 필름	다공성 필름 + 세라믹 코팅
패키지 설계	기계적 강성이 우수	강성제 보강이 필요
내구 수명	발열 특성이 취약하다.	발열 특성이 우수하다.
안전성	내압 강성이 크고 폭발 가능성이 있다.	폭발의 위험성이 없다.
기술 확장성	대용량의 설계가 불리하다.	대용량, 대면적의 설계가 유리하다.

(8) 배터리 컨트롤 시스템(BMS)

고전압 배터리 컨트롤 시스템은 컨트롤 모듈인 BMS ECU(Battery Management System Electronic Control Unit), 파워 릴레이 어셈블리(PRA ; Power Relay Assembly)로 구성되어 있으며, 고전압 배터리의 SOC(State Of Charge), 출력, 고장 진단, 배터리 밸런싱(balancing), 시스템 냉각, 전원 공급 및 차단을 제어한다.

파워 릴레이 어셈블리는 메인 릴레이, 프리 차저 릴레이, 프리 차저 레지스터, 배터리 전류 센서, 메인 퓨즈 및 안전 스위치로 구성되어 있으며, 부스바(busbar)를 통하여 배터리 팩과 연결되어 있다.

전기 동력 시스템은 고전압 배터리와 3상 교류 동기 모터, 인버터, LDC(Low DC-DC Converter), 파워 케이블 등으로 구성되어 있다. 기존의 자동차에 장착되어 사용되었던 DC 12V 배터리의 경우 하이브리드 전기 자동차에서는 일반 보디 전장이나 각종 제어 ECU의 작동을 위한 보조 배터리이다. 고전압 배터리 시스템은 12V 보조 배터리와는 완전히 분리되는 독립적인 전원 시스템이다.

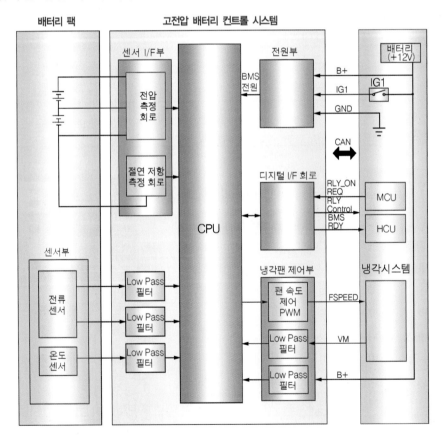

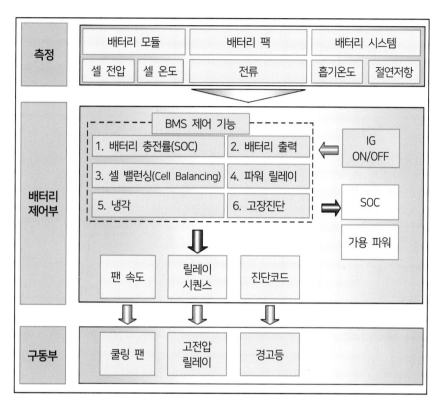

그림 BMS 시스템의 입·출력 다이어그램 및 시스템 구성도

1) 충전 상태 제어

① 배터리의 전압, 전류, 온도를 측정하여 배터리의 충전 상태를 계산하고 자동차의 제어기에 송신하여 적정 충전 상태의 영역을 관리한다.

② 충전 상태는 배터리의 사용이 가능한 에너지로 유지한다.

③ 충전 상태의 최대 제한 영역은 20~80% 이내이며, 평상시에는 충전 상태 영역이 55~86% 범위를 벗어나지 않도록 제어한다.

2) 파워 제한

① 배터리 보호를 위해 상황별 입출력 에너지의 제한 값을 산출하여 자동차의 제어기로 정보를 제공한다.

② 배터리의 가용 파워를 예측, 배터리 과충전 및 과방전 방지, 내구성 확보, 배터리 충방전 에너지를 극대화시킨다.

3) 고장 진단

① 배터리 시스템의 고장 진단, 데이터의 모니터링, 소프트웨어 재사용

② 페일 세이프 레벨을 분류하여 출력 제한 값을 규정한다.

③ 자동차측 제어 이상 및 전지 열화에 의한 배터리의 안전사고를 방지하기 위하여 릴레이를 제어한다.

4) 셀 밸런싱 제어

① 배터리 충·방전 과정에서 전압의 편차가 생긴 셀을 동일한 전압으로 매칭한다.

② 배터리 수명의 증대 및 사용 가능 에너지의 용량을 증대시키고 배터리의 에너지 효율을 증대시킨다.

③ 셀 밸런싱을 통해 48개의 각 셀당 충전 상태 값으로 제어한다.

5) 냉각 제어

① 최적의 배터리 작동 온도를 유지하기 위해 냉각 팬을 이용하여 배터리의 온도를 유지 관리한다.

② 배터리의 최대 온도 및 배터리 최대-최소의 온도 편차에 따라 냉각 팬의 속도를 제어한다.

6) 고전압 릴레이 제어

① 점화 키 스위치 ON, OFF시 고전압 배터리에서 고전압을 사용하는 패키지에 전원을 공급한다.

② 고전압 계통의 고장으로 인한 안전사고를 방지한다.

(9) 저전압직류변환장치(LDC ; Low DC-DC Converter)

LDC는 HEV 자동차의 전장에 전원을 공급하는 장치로 기존의 내연기관 자동차에서 발전기의 역할을 대신한다. 엔진 OFF 시에 원활한 전장 전원의 공급이 가능하고, 발전기보다 효율이 높아 연비의 향상에 기여한다.

저전압 직류 변환 장치는 보조 배터리의 충전을 위하여 기존의 교류 발전기 대신에 장착되어 있다. 파워 릴레이에서 고전압 배터리 전원을 공급 받아 저전압의 직류로 변환하여 보조 배터리를 충전하는 역할을 하며, 아이들링 스톱에서도 보조 배터리의 충전이 가능하다.

또한 저전압 직류 변환 장치는 직류 변환 장치로 고전압의 직류 전원을 저전압의 직류 전원으로 변환시켜 자동차에 필요한 전원으로 공급하는 장치이다. 하이브리드 전기 자동차의

저전압 직류 변환 장치는 직류의 고전압의 전원을 DC 12V의 저전압 전원으로 변환하여 공급하는 교류 발전기의 역할을 한다.

그림 LDC의 구성 및 특징

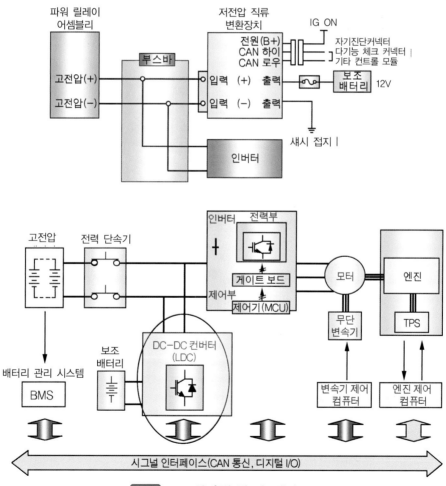

그림 LDC 입·출력 및 시스템의 구조

(10) 커패시터(capacitor)

배터리가 축전지(蓄電池)라면 커패시터는 축전기(condenser)라고 표현할 수 있으며, 전기 이중층 콘덴서를 말한다. 커패시터는 짧은 시간에 큰 전류를 축적, 방출할 수 있기 때문에 발진이나 가속을 매끄럽게 할 수 있다는 점이 장점으로 시가지 주행에서 효율이 좋지만 고속 주행에서는 그 장점이 적어진다.

또한 내구성은 배터리보다 약하고 장기간 사용에는 문제가 남아 있으며, 제작비는 배터리보다 유리하지만 축전 용량이 크지 않기 때문에 모터를 구동하려면 출력에 한계가 있다.

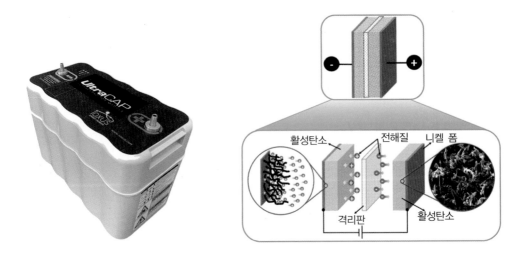

그림 울트라 커패시터

11
chapter

전기자동차

1 전기자동차(BEV:Battery Electric Vehicle)의 구조 및 개요

전기차는 환경 및 안전에 대한 규제강화, ICT 기술발달 등 급변하는 자동차 산업 패러다임에 대응하기 위하여 전기동력원을 사용하는 친환경 자동차로 분류되며 환경문제 및 유가상승 등의 영향을 비롯하여 저공해/무공해 차량개발의 중요성이 증대되고 있는 현실에서 필수적인 이동/수송 분야의 핵심기술로 인식되고 있다.

친환경 자동차는 휘발유나 경유가 아닌 청정에너지를 사용하거나, 기존 내연기관 자동차 대비 대기오염 물질을 적게 배출하는 자동차를 의미하며, 전기자동차, 태양광자동차, 하이브리드자동차, 수소연료전기차 또는 연료전지자동차(수소차) 등으로 분류하고 있다. 특히 전기자동차(BEV:Battery Electric Vehicle)는 외부전기 → 배터리 충전 → 모터 구동으로 작동되며 별도의 내연기관이 없이 전기모터와 배터리로 구성되어 구조가 간단하고 구동모터의 토크 성능 및 에너지 효율성 등의 측면에서 우수한 특성을 나타내고 있다.

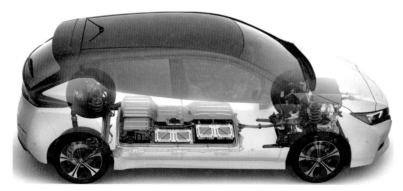

그림 전기자동차(EV) (모터 팬 Vol.32 EV PHEV 모터 헤드램프 테크놀로지)

이와 같이 엔진과 복잡한 변속시스템이 필요 없는 전기자동차는 적은 부품 수에 높은 에너지 효율의 큰 장점을 갖고 있으며 주요 특징은 다음과 같다.

① 내연기관 자동차의 복잡한 구동시스템에 비하여 전기자동차는 전동기와 축전지 로 구성되어 비교적 간단한 구조를 가진다.

② 가솔린 엔진은 최저와 최고 회전수의 차이가 10배에 달해 복잡한 변속시스템이 필요하지만 전동기는 저/중속 구동토크가 우수하고 회전수 범위를 자유자재로 할 수 있어 별도의 변속장치가 필요 없다.

③ 전동기는 특별한 구동장치 없이 전기에너지를 통한 직접 구동이 가능하기 때문에 전동기의 탑재 자유도를 확보할 수 있다.

④ 전기 자동차의 부품 수는 가솔린차 대비 60% 수준에 불과하며 그 구조도 매우 단순하기 때문에 배터리 등의 고전압 부품의 신규개발 및 단가절감을 통하여 내연기관 자동차 대비 가격경쟁력 우위성을 일부 확보할 수 있다.

⑤ 에너지 효율도 내연기관 자동차보다 탁월한 것으로 나타나고 있다.

내연기관 자동차와 전기자동차의 에너지 효율비교

차 종	내연기관 자동차		전기 자동차
	100km 당 연료	전력 환산	100km 당 전력
승용차	가솔린 8.4L	909wh/km	488wh/km(53%)
밴	가솔린 12L	1,283wh/km	600wh/km(47%)
화물트럭	디젤 16L	1,910wh/km	1,000wh/km(52%)

전기자동차는 구동력 발생장치로 전동기를 적용하고 있으며 전기에너지를 저장하는 고전압 배터리, 배터리 제어장치(BMU), 전동기 구동을 위하여 고전압 DC를 AC로 변환시키는 인버터, 회생제동 및 충전전력변환을 수행하는 AC-DC 컨버터(OBC), 고전압 DC를 자동차 전장용 저전압 DC로 전환하는 DC-DC 컨버터(LDC), 전력분배를 위한 고전압 정션시스템, 전체 자동차의 시스템을 제어하는 자동차제어기(VCU) 등으로 구성되어 있다.

전기차의 구조

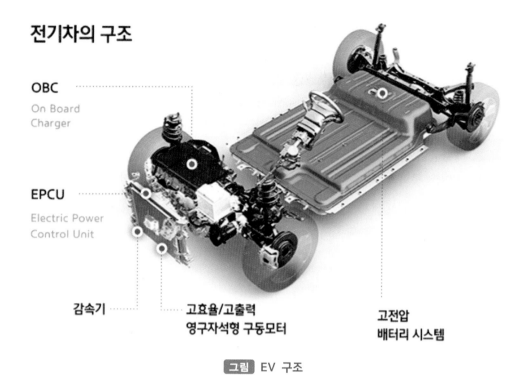

OBC
On Board
Charger

EPCU
Electric Power
Control Unit

감속기

고효율/고출력
영구자석형 구동모터

고전압
배터리 시스템

그림 EV 구조

전기 자동차는 차량 하부에 장착된 약 360~670V의 고전압 배터리 팩의 전원으로 모터를 구동하며, 구동 모터의 회전속도를 제어하여 차량 속도를 변화시키므로 변속기는 필요 없으나 구동 토크를 증대하기 위한 감속기가 장착되어 있다.

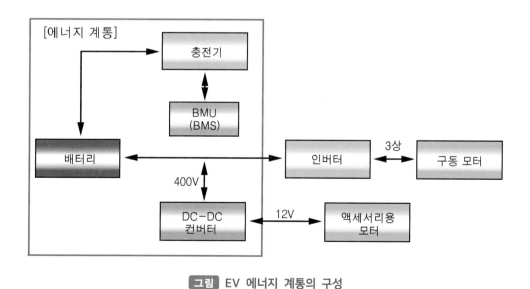

그림 EV 에너지 계통의 구성

전기자동차는 구동모터의 전력공급을 위한 DC 고전압 배터리 시스템을 탑재하고 있으며 이러한 DC 고전압을 AC로 변환하여 구동모터에 공급하고 회생제동시 AC를 DC로 변환하여 고전압 배터리의 충전제어를 하기 위한 전력변환장치(인버터/컨버터)가 반드시 필요하며 이와 같은 역할은 MCU(Motor Control Unit)에서 수행한다. 또한 차량 전장시스템의 전원을 공급하기 위하여 12V 보조전원장치가 설치되며 12V 보조배터리의 충전을 위한 저전압 DC-DC 컨버터를 장착하는데 이를 LDC(Low Voltage DC-DC Converter)라 한다. 그리고 일반적으로 전기자동차의 차량제어시스템을 총괄하며 제어시스템의 컨트롤 타워 역할을 수행하는 VCU(Vehicle Control Unit)로 구성되어 있으며 위의 3가지 핵심제어장치 MCU/LDC/VCU를 통합 모듈화하여 통합 전력제어장치인 EPCU(Electric Power Control Unit)로 구성하고 있다. 이와 같은 전기자동차의 핵심 구성요소를 간략하게 살펴보면 다음과 같다.

1) 고전압 배터리 시스템

일반적인 고전압 배터리의 구성은 기초소재(양극재, 음극재, 전해액, 분리막)에서 시작하여 배터리 셀, 배터리 모듈이 조립되고, 이것이 배터리 팩을 구성하며 최종적으로 제어기(BMS)와 냉각시스템 등과 함께 배터리 시스템을 구성한다. 배터리 셀은 전기적 에너지를 화학적 에너지로 변환하여 저장하거나 화학적 에너지를 전기적 에너지로 전환하는 장치의 최소 구성단위이고 배터리 모듈은 직렬 연결된 다수의 셀을 총칭하는 단위이며 배터리 팩은 직렬 연결된 다수의 모듈을 총칭하는 단위이다.

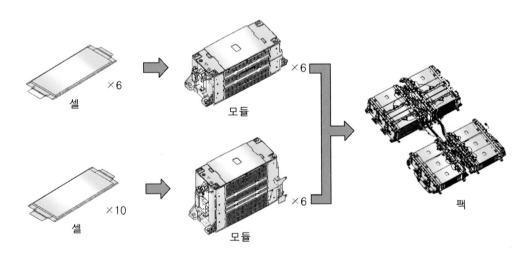

그림 고전압 배터리의 셀/모듈/팩의 구성

현재 전기자동차는 일반적으로 에너지밀도와 출력 밀도가 비교적 우수하고 자기방전율이 적은 리튬전지를 대다수 적용하고 있으며 전지의 충방전에 대한 안정성 확보 및 에너지 밀도의 향상 등 전기에너지 저장용량 및 환경에 따른 사용 안전성을 확보하기 위한 기술을 개발하고 있다. 또한 고전압 배터리 컨트롤 시스템은 컨트롤 모듈인 BMU(BMS), 파워 릴레이 어셈블리(PRA ; Power Relay Assembly)로 구성되어 있으며, 고전압 배터리의 SOC(State Of Charge), 출력, 고장 진단, 배터리 셀 밸런싱(Cell Balancing), 시스템 냉각, 전원 공급 및 차단 등을 제어한다.

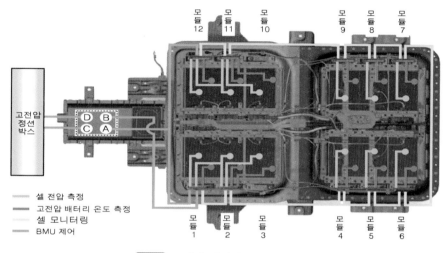

그림 고전압 배터리 시스템의 구성

2) 구동모터 시스템

전기자동차는 모터 구동 비중이 증가하면서 출력증가와 함께 소형, 경량, 고효율화가 필요하다. 전기자동차의 동력은 모터에서 비롯되는데 모터의 종류에는 직류(DC) 모터, 브러시리스 DC 모터와 영구자석 동기모터, 유도모터 등의 AC 모터가 있다.

① 직류 모터

가장 보편적으로 사용되는 방식이기는 하나, 브러시의 접촉으로 인해 기계적 소음과 전기적 잡음이 심하며 내구성이 떨어진다는 단점이 있다. 가격은 저렴하나 내구성이 중요한 전기차 구동모터로 사용하기에는 부적합한 모터이다.

② 브러시 리스 모터

브러시 리스 모터(brush less motor)는 직류 모터의 단점을 보완하여 내구성이 우수하고 마찰열이 없어 효율이 높아서 전기구동 자동차에 많이 사용되고 있으나, 순간 출력이 낮고 고열에 대한 출력 저감으로 인해 냉각장치 및 제어기를 사용해야 한다는 것이 단점이다.

③ 교류 모터

교류(AC) 모터는 브러시 리스 직류 모터에 비해 구조가 간단하고 순간 출력이 높아 고속용 자동차에 적합하지만 크기가 크고 모터의 속도를 조절하는 인버터로 인해 가격이 비싼 단점이 있으나 최근 많이 사용되고 있다.

전기 자동차는 모터의 구동 비중이 증대되면서 모터의 출력이 다양화 즉 25kW급에서 100kW급 이상까지 다양하게 필요하며 소형화, 경량화, 고효율화를 위한 기술을 발전시키고 있다.

④ 영구자석 동기모터(PMSM:Permanent Magnet Synchronous Motor)

고정자 코일을 제어하여 영구자석인 회전자를 회전시킨다는 점에서는 BLDC와 유사하나, PMSM이 더 정밀한 제어가 가능하여, 효율이 좋으며, 저속에서의 토크는 좋지만, 고속에서는 효율이 떨어진다. 아이오닉, 코나 등 한국 전기차에서 많이 사용하고 있으며, 테슬라는 최근에 이 단점을 보완한 자기저항 동기전동기를 개발하여 사용하고 있다.

⑤ 유도 모터(Induction Motor)

고정자가 만드는 회전자계에 의해 회전자에 유도전류가 발생함과 동시에 토크가 발생하여 회전자가 회전자계와 같은 방향으로 약간의 슬립을 가지고 회전하는 모터이다. 가격이 저렴하고 간단한 구조의 장점이 있으나, 저속에서 구동 토크가 낮은 단점이 있다. 테슬라의 초기 모델에 많이 적용되었다.

전기모터 종류와 특징

종류	공급전기	특 징
DC모터	DC	브러시로 인해 내구성 낮음, 제어 간편(전류로 토크 제어)
브러시 리스 DC모터	DC	브러시가 없어 내구성 높음, 순간출력이 낮음.
영구자석 동기 모터 (AC 모터)	AC	회전자는 영구자석, 3상 AC를 이용 동기화, 브러시가 없어 내구성 우수, 토크의 직접제어가 가능, 순간출력이 높음, 인버터 가격이 고가
유도모터	AC	고정자가 형성하는 회전자계에 의해 회전자에 유도전류와 토크가 발생, 저속에서 토크가 낮음.

3) 감속기

감속기는 모터의 회전을 휠에 효율적으로 전달하기 위해 적용되고 있으며 모터의 회전수를 적정 기어비를 통하여 요구수준으로 감속함으로써 더욱 높은 회전력(토크)을 얻을 수 있도록 하는 장치이다.

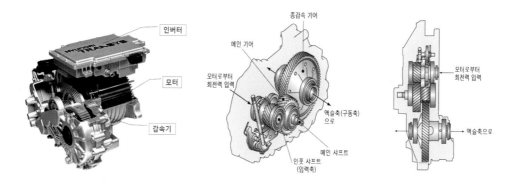

그림 일체형 EV 구동시스템

4) EPCU

EPCU는 앞서 설명한 바와 같이 전기자동차의 통합 전력제어장치이며 인버터(MCU), LDC, VCU로 구성되어 있다.

① 인버터(MCU)

인버터(MCU)는 고전압 배터리와 모터의 상호간 DC-AC/AC-DC의 전력변환 역할을 수행한다.

② LDC

LDC는 고전압 배터리의 DC 고전압을 차량 전장시스템 전력범위인 DC12V로 변환하여 차량내 보조배터리(12V)를 충전하는 DC-DC 저전압 컨버터 기능을 수행한다.

③ VCU

VCU는 전기자동차의 제어시스템을 총괄하는 메인 컨트롤 모듈이며 구동 모터 토크 제어, 회생 제동 제어, 공조 부하 제어, 전장 부하 공급 전원 제어, Cluster 표시, 주행 가능 거리 DTE(Distance to Empty), 예약/원격 충전 공조, 아날로그·디지털 신호 처리 및 진단 등의 주요기능을 가지고 있다.

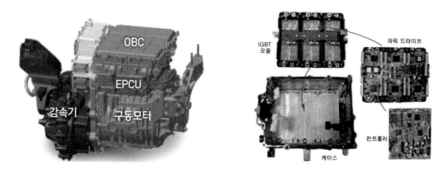

그림 통합 전력제어장치(EPCU)의 구성

5) OBC

완속 충전기(OBC; On Board Charger)는 고전압 배터리를 충전하기 위하여 차량에 탑재된 충전기이며, 차량 주차 상태에서 AC 110V 또는 220V 전원을 고전압의 DC로 변환하여 차량의 고전압 배터리를 충전한다. 고전압 배터리 제어기인 BMU와 CAN 통신을 통해 배터리 충전(정전류, 정전압)을 최적으로 제어한다.

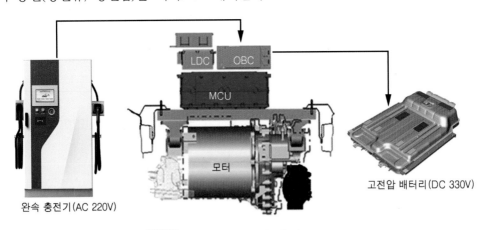

그림 고전압 배터리 완속충전 구조

2 EV 고전압 배터리의 구조

EV 고전압 배터리 시스템은 고밀도의 전기에너지를 충전, 저장 및 관리하는 기술로 전기자동차의 주행거리, 최고속도, 가속도, 충전시간, 안전성, 수명 사이클 등 주요 성능에 직접적인 영향을 미치며 배터리 시스템의 구성은 배터리 셀 배터리 모듈이 조립되고 이것이 배터리 팩을 구성하며 최종적으로 제어기(BMU)와 PRA(Power Relay Assembly), 셀 온도센서, 전류센서, CMU(Cell Monitoring Unit), OPD(Over voltage Protection Device), 배터리 히터/냉각시스템 등과 함께 고전압 배터리 시스템으로 구성된다.

일반적으로 리튬이온배터리는 양극과 음극 소재의 산화·환원 반응(oxidation-reduction reaction)으 로 인해 화학에너지를 전기에너지로 변환시킨다. 해당 반응은 반응물의 전자 이동으로 일어나는 반응이며, 전자를 잃은 경우, 산화, 전자를 얻은 경우, 환원이라 표현한다. 해당 과정에서 리튬 이온과 분리된 전자가 도선을 따라 양극과 음극 사이를 움직이며 전자가 발생 한다. 방전 과정시, 리튬 이온이 음극에서 양극으로 이동하며, 충전의 경우에는 리튬 이온이 양극에서 음극으로 이동하는 원리로 작동한다. 양극과 음극은 전하를 제공 및 저장하는 요소이기 때문에 중요도가 높은 부품으로 분류된다.

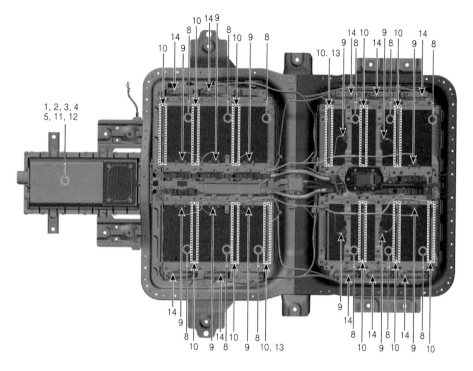

1. BMU
2. 메인 릴레이
3. 프리차지 릴레이
4. 프리차지 레지스터
5. 배터리 전류 센서
6. 안전 플러그
7. 메인 퓨즈

8. 배터리 온도 센서
9. 과충전 보호 시스템(OPD)
10. 고전압 배터리 히터(히터 시스템 적용 시)
11. 고전압 배터리 히터 릴레이(히터 시스템 적용 시)
12. 고전압 배터리 히터 퓨즈(히터 시스템 적용 시)
13. 고전압 배터리 히터 온도 센서(히터 시스템 적용 시)
14. 셀 모니터링 유닛(CMU)

그림 고전압 배터리 시스템 구성도

이와 같은 고전압 배터리 시스템은 단위 전지인 배터리 셀을 통하여 모듈, 팩을 제조하고 있으며 에너지밀도와 출력밀도가 우수한 리튬전지를 적용하고 있다. 전기자동차에 적용되는 리튬전지는 일반적인 건전지 형태와 유사한 원통형, 사각형태의 파우치형, 각기둥 형태의 각형으로 구분된다. 원통형은 가격이 싸고 안정성과 수급에 문제가 없다는 장점이 있는 반면, 셀 당 에너지의 한계가 존재하고 파우치형은 무게가 가볍고 에너지를 장기간 안정적으로 낼 수 있으며, 가공이 쉬워서 형태를 다양화 할 수 있는 장점이 있는 반면, 다른 타입에 비해 생산 비용이 높은 편이다. 또한 각형은 납작한 금속 캔 형태로 내구성이 뛰어나며 대량 생산할 경우 공정 단계가 적어 원가 절감 폭이 큰 장점이 있는 반면, 무게가 많이 나가고 열 방출이 어려워 고가의 냉각 방식을 적용해야하는 단점이 있다. 이와 같은 고전압 배터리 시스템은 다양한 전기자동차에서 요구되는 전압 및 용량에 따라 다수의 셀을 직병렬 연결한 모듈 및 팩의 형태로 제작하여 사용되고 있다.

구분	원통형(Cylindrical)	각형(Prismatic)	폴리머(Polymer)
형태			
특징	– 원통형 캔의 형태로 가격이 저렴하고 수급이 용이 – 작은 사이즈로 인해 전기차에 적용하기 위해 다량의 이차전지가 필요	– 금속캔에 이차전지를 담는 형태로 내구성이 우수 – 생산 비용이 파우치와 비교하여 상대적으로 저렴	– 파우치형은 알루미늄 호일에 배터리 구성물들이 싸인 형태 – 높은 설계 자유도를 가지고 있어 다양한 크기로 생산 가능
제조사	PANASONIC, 삼성SDI, LG화학	삼성SDI, BYD, CATL	LG화학, SKI, AESC

이와 같은 전기자동차에 적용되고 있는 고전압 배터리는 화학적 반응에 의한 전기에너지를 생성하는 장치로, 주위온도, 배터리 용량, 내부저항 등에 많은 영향을 받은 비선형적인 특징을 같기 때문에, 배터리의 SOC(State Of Charge)와 SOH(State Of Health)를 직접적인 방법으로 측정할 수는 없으며 SOC의 경우 화학적 반응을 이용하는 방법, 배터리의 전압을 이용하는 방법, 전류 적산 방법, 그리고 내부 임피던스를 이용하여 간접측정하는 방법이 있으며 SOH의 경우 정격 충전 용량 대비 실제 충전 가능 용량으로 SOH를 추정하는 방전량 측정 방법, 내부 임던던스를 측정하는 방법, 그리고 칼만 필터 등을 이용하는 방법 등을 적용하여 SOH를 측정하고 있다.

1) BMU(BMS)

BMU는 EV의 전기에너지 저장장치의 핵심부품으로 고밀도 집적화된 배터리의 안전성 및 신뢰도 높은 운용을 확보하기 위해 적용되며 고전압 배터리 시스템을 모니터링 하고 보호, 관리하는 제어기술을 포함하고 있다. BMU는 배터리 셀의 전압, 전류, 온도 센싱을 통해 SOC(State of Charge) 추정, 실시간 가용 출력 연산, 셀 간 전압 산포를 줄이는 셀 밸런싱 제어, 배터리 최적 온도를 유지하기 위한 열관리 제어(TMS : Thermal Management System), 배터리 팩의 전원을 충전/방전 및 차단하는 릴레이 ON/OFF 제어를 통한 고전압 안전 확보 기능을 수행한다.

셀 밸런싱 기술은 다수의 셀이 직렬로 연결되어 있을 때, 셀 전압을 모니터링 하여 셀 간 전압 편차를 작게 유지시켜주는 역할을 한다. 전기자동차의 배터리 구조상 직렬 연결된 수십 개의 셀은 내부저항 및 열화 속도 차이에 의해 전압 산포가 발생하게 되고, 위와 같은 셀 밸런싱 기능을 통해 산포를 최소화로 유지할 수 있도록 제어하는 것이며 배터리의 수명 및 성능향상에 직접적인 영향을 미치게 되므로 셀밸런싱 제어는 BMU의 중요한 제어항목중 하나이다. 이러한 BMU의 셀 밸런싱 방법은 높은 셀 전압을 저항으로 소비하는 패시브 셀 밸런싱 방법과 높은 셀 전압을 커패시터, 인덕터에 저장했다가 낮은 셀 전압에 충전하는 액티브 셀 밸런싱 방법으로 분류된다.

또한 BMU는 SOC 및 배터리 온도에 따른 가용 출력을 연산하여 차량 상위 제어기(VCU)에 전송함으로써 최적의 동력 분배가 가능하도록 제어하며 냉각팬 및 히팅 시스템의 제어를 통해 고전압 배터리의 최적 온도를 유지함으로써 내구 수명을 연장하는 기능을 수행하고, 고전압 안전성을 확보하기 위한 릴레이 제어를 통해 절연성능을 확보하며 배터리 팩을 하나의 BMU가 관리할 수도 있으며, 배터리 모듈 당 Sub BMU를 두고 최상위 Master BMU로 제어하는 방법으로 구성되기도 한다.

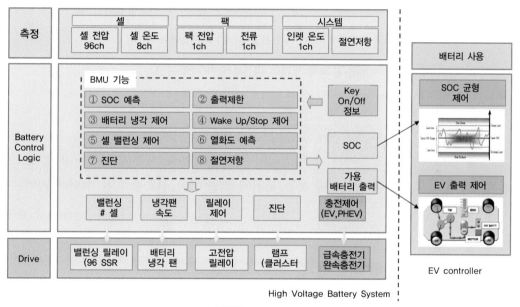

그림 BMU 기능

2) PRA

파워 릴레이 어셈블리(PRA)는 고전압 배터리 시스템 어셈블리 내에 장착되어 있으며 (+) 고전압 제어 메인 릴레이, (-) 고전압 제어 메인 릴레이, 프리차지 릴레이, 프리차지 레지스터, 배터리 전류 센서로 구성되어 있다. 차량 Key On/Off 시퀀스 신호를 통하여 전력 부품들을 보호하며, 배터리 고장 등 비상시 릴레이 Off 제어를 통하여 고전압 누설에 대한 안전을 확보한다. 이러한 릴레이는 배터리 시스템과 연결된 부품들간의 전기적 절연확보, Key Off 및 비상 상황시 전기적 안정성 확보, 사고 발생시 고전압에 의한 전기적인 감전 및 화재 등 중대한 2차 사고 발생 방지, 고전압 배터리의 암전류를 차단함으로써 배터리 심방전 방지 기능을 수행하며 BMU의 제어 신호에 의해 고전압 배터리 팩과 고전압 조인트 박스 사이의 DC 고전압을 ON/OFF 및 제어하는 역할을 한다.

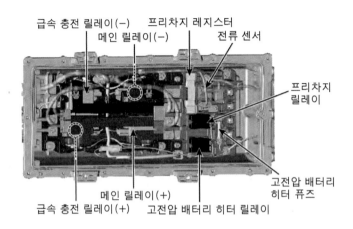

그림 파워 릴레이 어셈블리(PRA)의 구조

① 고전압 배터리 히터 릴레이

고전압 배터리 히터 릴레이는 파워 릴레이 어셈블리(PRA) 내부에 장착되어 있다. 고전압 배터리에 히터 기능을 작동해야 하는 조건이 되면 제어 신호를 받은 히터 릴레이는 히터 내부에 고전압을 흐르게 함으로써 고전압 배터리의 온도가 조건에 맞추어서 정상적으로 작동할 수 있도록 작동된다.

② 고전압 배터리 인렛 온도 센서

인렛 온도 센서는 고전압 배터리 1번 모듈 상단에 장착되어 있으며, 배터리 시스템 어셈블리 내부의 공기 온도를 감지하는 역할을 한다. 인렛 온도 센서 값에 따라 쿨링팬의 작동 유무가 결정 된다.

③ 프리차지 릴레이(Pre-Charge Relay)

프리차지 릴레이(Pre-Charge Relay)는 파워 릴레이 어셈블리에 장착되어 있으며, 인버터의 커패시터를 초기 충전할 때 고전압 배터리와 고전압 회로를 연결하는 기능을 한다. IG ON을 하면 프리차지 릴레이와 레지스터를 통해 흐른 전류가 인버터 내에 커패시터에 충전이 되고, 충전이 완료되면 프리차지 릴레이는 OFF 된다.

④ 메인 퓨즈

메인 퓨즈는 일반적으로 안전 플러그 내에 장착되어 있으며, 고전압 배터리 및 고전압 회로를 과전류로부터 보호하는 기능을 한다.

⑤ 프리차지 레지스터(Pre-Charge Resistor)

프리차지 레지스터(Pre-Charge Resistor)는 파워 릴레이 어셈블리에 장착되어 있으며, 인버터의 커패시터를 초기 충전할 때 충전 전류를 제한하여 고전압 회로를 보호하는 기능을 한다.

⑥ 급속 충전 릴레이 어셈블리

급속 충전 릴레이 어셈블리(QRA)는 파워 릴레이 어셈블리 내에 장착되어 있으며, (+) 고전압 제어 메인 릴레이, (-) 고전압 제어 메인 릴레이로 구성되어 있다. 그리고 BMU 제어 신호에 의해 고전압 배터리 팩과 고압 조인트 박스 사이에서 DC 고전압을 ON, OFF 및 제어한다. 급속 충전 릴레이 어셈블리(QRA) 작동시에는 파워 릴레이 어셈블리(PRA)는 작동한다.

⑦ 메인 릴레이

메인 릴레이(Main Relay)는 파워 릴레이 어셈블리에 장착되어 있으며, 고전압 (+) 라인을 제어하는 메인 릴레이와 고전압 (-) 라인을 제어하는 메인 릴레이, 즉 이와같이 2개의 메인 릴레이로 구성되어 있다. 그리고 BMU의 제어 신호에 의해 고전압 조인트 박스와 고전압 배터리 팩 간의 고전압 전원, 고전압 접지 라인을 연결시켜 주는 역할을 한다.

단, 고전압 배터리 셀이 과충전에 의해 부풀어 오르는 상황이 되면 고전압 보호 장치인 OPD에 의해 메인 릴레이 (+), 메인 릴레이(-), 프리차지 릴레이 코일 접지 라인을 차단함으로써 과충전 시에 메인 릴레이 및 프리차지 릴레이의 작동을 금지시킨다. 고전압 배터리가 정상적인 상태일 경우에는 VPD는 작동하지 않고 항상 연결되어 있으며 OPD는 배터리 모듈 상단에 장착되어 있다.

4) 고전압 배터리의 VIT(Voltage, Current, Temperature)**측정**

일반적으로 배터리 셀 전압 측정은 안전을 위해 절연 타입으로 전압을 측정하고 있다. 기존에는 Photomos Relay와 작은 커패시터를 사용하여 배터리 셀 전압을 커패시터에 충전하여 커패시터의 전압을 계측하여 배터리 셀 전압을 간접적으로 읽는 방식이 사용되었지만,

현재는 전용 IC를 통해 절연으로 전압을 계측하는 방식으로 발전하고 있다. 또한 배터리 팩의 전류는 배터리 상태(SOC)를 추종하기 위해 기본적으로 사용되며, Shunt 저항 방식과 CT 방식의 전류 측정법이 사용되고 있고 배터리 전류 센서는 파워 릴레이 어셈블리에 장착되어 있으며, 고전압 배터리의 충전·방전 시 전류를 측정하는 역할을 한다.

고전압 배터리의 온도 측정은 배터리 열관리 목적으로 사용되며, 온도 분포의 정확도를 위해 다수의 온도 센서를 사용하며, 일반적으로 온도에 따라 저항값이 변하는 Thermistor 방식의 온도 센서를 사용하고 있다. 배터리 온도 센서는 각 고전압 배터리 모듈에 장착되어 있으며, 각 배터리 모듈의 온도를 측정하여 CMU에 전달하는 역할을 한다.

이와 같이 고전압 배터리의 전압, 전류, 온도를 계측하여 셀 밸런싱, 배터리 상태 추정, 배터리 열관리 등을 효율적이면서 정 밀하게 제어하기 위한 목적이 있다.

5) 고전압 배터리 보호(Protection) 시스템

리튬이차 전지의 경우, 과충전이나 과방전 시에 특성이 현저하게 저하하거나 발열 또는 발화 등의 위험성이 높기 때문에 반드시 보호회로를 적용하고 있으며 보호회로의 역할은 크게 과충전(Over Charging Protection)보호, 과방전(Over Discharging Protection) 보호, 과전류(Over Current Protection) 보호가 있다.

① OVP(Over Voltage Protection)

리튬이온전지의 전압이 충전에 의해 만충전 전압이상으로 충전될 경우, 충전 보호용 FETS Off 제어하여 배터리 충전전류를 차단하는 것을 말한다.

② UVP(Under Voltage Protection)

셀 전압이 방전에 의해 종단 전압 이하가 될 경우 방전보호용 FET를 Off 제어하여 배터리 방전전류를 차단하는 것을 말한다.

③ OCP(Over Current Protection)

전지 팩의 양극과 음극이 단락되었을 경우, 대전류가 흘러 전지 셀의 열화나 보호회로가 파괴되는 것을 방지하기 위해, 방전 전류를 검출하고 규격 외의 전류가 흘렀을 경우 충전 FET과 방전 FET를 OFF 제어하는 것을 말한다.

④ 고전압 차단 릴레이(OPD; Overvoltage Protection Device)

고전압 릴레이 차단 장치(OPD)는 각 모듈 상단에 장착되어 있으며, 고전압 배터리 셀이 과충전에 의해 부풀어 오르는 상황이 되면 OPD에 의해 메인 릴레이 (+), 메인 릴레이 (-),

프리차지 릴레이 코일의 접지 라인을 차단함으로써 과충전 시 메인 릴레이 및 프리차지 릴레이의 작동을 금지시킨다.

고전압 배터리가 정상일 경우에는 스위치는 항상 ON되어 있으며, 셀이 과충전이 될 때 스위치는 차단되면서 차량은 주행이 불가능하다.

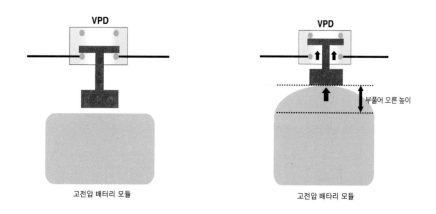

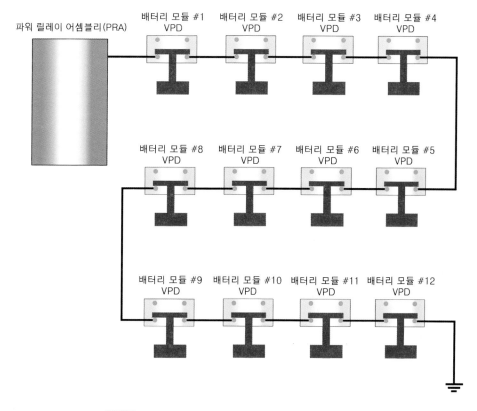

그림 고전압 차단 릴레이(OPD)의 작동 및 적용 회로

6) 고전압 배터리 열관리 시스템

① 고전압 배터리 히팅 시스템

고전압 배터리 팩 어셈블리의 내부 온도가 급격히 감소하게 되면 배터리 동결 및 출력 전압의 감소로 이어질 수 있으므로 이를 보호하기 위해 배터리 내부의 온도 조건에 따라 모듈 측면에 장착된 고전압 배터리 히터가 자동제어 된다. 고전압 배터리 히터 릴레이가 ON이 되면 각 고전압 배터리 히터에 고전압이 공급된다. 릴레이의 제어는 BMU에 의해서 제어가 되며, 점화 스위치가 OFF 되더라도 VCU는 고전압 배터리의 동결을 방지하기 위해 BMU를 정기적으로 작동시킨다. 고전압 배터리 히터가 작동하지 않아도 될 정도로 온도가 정상적으로 되면 BMU 는 다음 작동의 시점을 준비하게 되며, 그 시점은 VCU의 CAN 통신을 통해서 전달받는다.

또한 고전압 배터리 히터가 작동하는 동안 고전압 배터리의 충전 상태가 낮아지면, BMU의 제어를 통하여 고전압 배터리 히터 시스템을 정지시킨다. 고전압 배터리의 온도가 낮더라도 고전압 배터리 충전상태가 낮은 상태에서는 히터시스템은 작동하지 않는다.

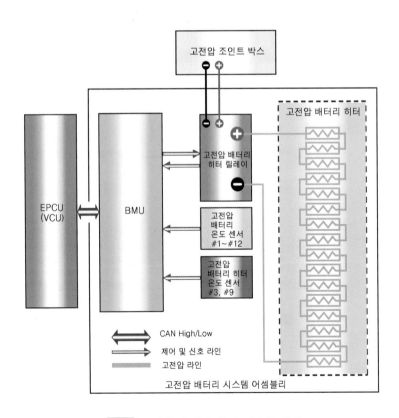

그림 고전압 배터리 히터 시스템 회로

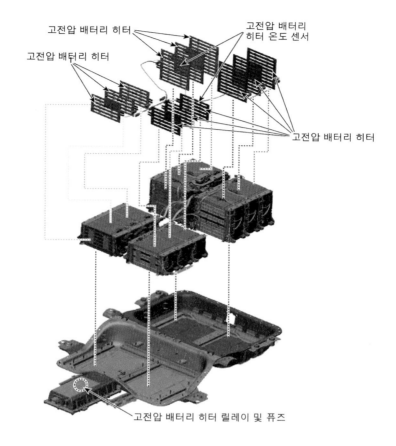

고전압 배터리 히터

고전압 배터리 히터

고전압 배터리
히터 온도 센서

고전압 배터리 히터

고전압 배터리 히터 릴레이 및 퓨즈

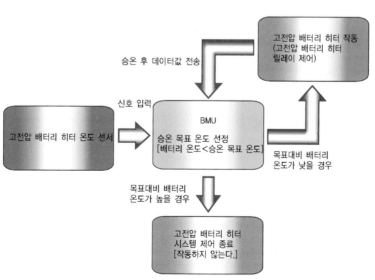

고전압 배터리 히터 온도 센서

신호 입력

BMU
승온 목표 온도 선정
[배터리 온도＜승온 목표 온도]

승온 후 데이터값 전송

고전압 배터리 히터 작동
(고전압 배터리 히터
릴레이 제어)

목표대비 배터리
온도가 낮을 경우

목표대비 배터리
온도가 높을 경우

고전압 배터리 히터
시스템 제어 종료
[작동하지 않는다.]

그림 고전압 배터리 히터 시스템 구성 및 작동원리

② 고전압 배터리 쿨링 시스템

고전압 배터리 쿨링 시스템은 공랭식의 경우 쿨링팬, 쿨링 덕트, 인렛 온도센서로 구성되어 있으며, 시스템 온도는 1번~12번 배터리 모듈에 장착된 12개의 온도센서 신호를 바탕으로 BMU에 의해 계산되며, 고전압 배터리 시스템이 항상 정상의 작동 온도를 유지할 수 있도록 제어한다. 또한 쿨링팬은 차량의 상태와 소음·진동 상태에 따라 9단계로 제어한다. 기존 전기자동차의 고전압 배터리 쿨링 시스템은 공냉식을 적용하고 있었으며, 실내의 공기를 쿨링팬을 통하여 흡입한 후 고전압 배터리 팩 어셈블리를 냉각시키는 역할을 한다.

그림 고전압 배터리의 공냉식 냉각시스템

③ 전자식 워터 펌프(EWP)와 수냉식 PE 냉각시스템

전기 자동차 시스템을 구성하는 구동 모터, 완속 충전기(OBC), 전력 제어 장치(EPCU) 등은 작동 중에 필연적으로 고열이 발생하므로 적합한 냉각장치를 필요로 한다. 전력 제어 장치(EPCU)는 각 부품의 작동 온도를 모니터링 하여 필요시 전자식 워터 펌프(EWP)를 작동시켜 냉각수를 순환시킨다. PE 시스템의 냉각수 온도가 전력 제어 장치(EPCU)에 설정 온도 이상일 때 전력 제어 장치(EPCU)는 모터 시스템 전력 제어 장치(EPCU), 모터, 완속 충전기(OBC)에서 냉각 회로에 냉각수를 순환시키는 역할을 하는 전자식 워터 펌프(EWP)를 작동하기 위해 CAN 라인에 전자식 워터 펌프(EWP)의 작동 명령 신호를 보낸다. 또한 전자식 워터 펌프(EWP)는 작동 유무를 CAN 통신을 통해 전력 제어 장치(EPCU)로 전송하는 구조이다.

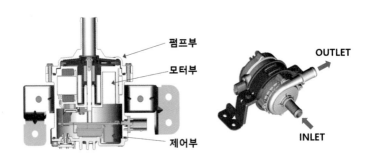

그림 전자식 워터펌프 구조(그림수정)

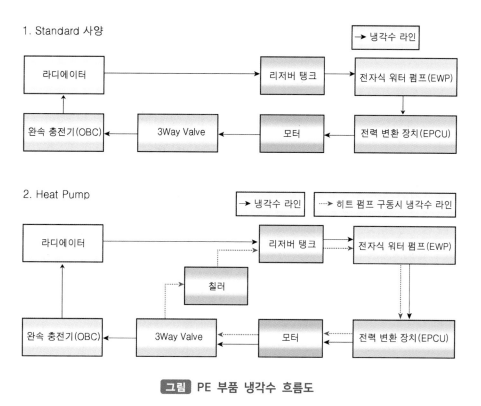

그림 PE 부품 냉각수 흐름도

④ 인렛 온도센서

인렛 온도 센서는 고전압 배터리 모듈, 배터리 승온 히터, 냉각수 호스에 장착되어 있으며, 배터리 및 전장 시스템 내부의 냉각수 온도를 감지하는 역할을 한다. 인렛 온도 센서 값에 따라 EWP RPM 및 3웨이 밸브의 방향 변환이 결정된다.

⑤ 3웨이 밸브

히트 펌프 작동시 Chiller(냉간)쪽으로 추가 열원이 되는 데워진 냉각수를 공급하여 히트 펌프의 난방 성능을 향상시키며 3웨이 밸브는 전압 인가시 전류를 제어하는 전자식 액추에이터, 냉각수를 보내는 밸브 하우징, 실제 냉각수 유동을 제어하는 밸브로 구성되어 있다. 모터가 정지하고 밸브 고장으로 인해 정상적으로 작동하지 않을 경우 토션 스프링의 자동 안전 기능이 밸브를 히트 펌프의 OFF 방향으로 회전시킨다. 이때는 라디에이터 쪽으로 냉각수의 유로가 설치되어 냉각수의 온도가 상승하지 않는다.

③ EV 충전인프라 및 기술동향

전기자동차 충전인프라(Electric Vehicle Charging Infrastructure, EVCI)는 전기자동차 배터리의 충전과 관련된 hardware와 software 전반에 대한 총칭으로 전기자동차 충전인프라는 차량 외부에서 전기자동차로 교류 및 직류 전력을 공급하여 차량 내 배터리를 충전하는 전기자동차 전원공급장치(EVSE, Electric vehicle supply equipment)와 충전전력 전달을 위한 충전인터페이스, 충전관리시스템 및 상위시스템과의 통신시스템 등을 포함한다.

전기자동차 전원공급장치는 차량에 장착된 탑재형 충전기에 교류 전력을 공급하여 배터리를 충전하는 교류 충전방식(AC Charging type)과 외부에서 차량 내 배터리에 직접적으로 직류 전력을 공급하여 충전하는 직류 충전방식(DC Charging type)으로 분류되며 전력공급설비는 전기자동차 충전기로 전원공급을 위한 송배전 인프라와 전력량계, 배선, 분전반, 차단기, 전력량계, 제어기 등을 포함한다.

충전인터페이스는 충전기와 전기자동차를 연결해 주는 케이블과 플러그, 무선송수신패드, 커넥터와 정보교환을 위한 통신모듈이 포함되며 EV에 전력과 통신을 연결하는 장치이다. 충전관리 시스템은 충전기 상태 정보와 이용자 정보, 위치 정보 등을 확인하여 효율적인 충전기 운용이 가능하도록 하며, 사용자 인식 및 인증, 충전전력 제한, 충전기 관리자에게의 정보제공 등의 다양한 기능을 수행하고 충전기의 운영제어, 사용자 관리와 정보제공, 과금, 결재 등 충전인프라의 전반적인 운영과 관리를 위한 시스템이다.

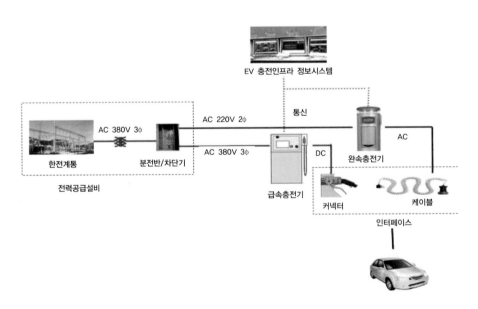

그림 전기자동차 충전인프라의 구성(전기자동차 공공충전인프라 설치 지침, 환경부)

이와 같은 EV 충전방식은 크게 직접(접촉)충전, 비접촉 충전, 배터리 교환방식으로 구분할 수 있다. 직접충전방식은 전기자동차에 플러그를 연결하여 AC 또는 DC로 에너지를 공급하는 방식으로 충전기의 충전시간과 용도에 따라 DC 급속과 AC 완속 충전기로 구분된다. 2017년까지 국내에 보급된 급속충천기는 교류를 사용하는 AC3상(CCS Type II)과 직류를 사용하는 CHAdeMO, DC 콤보(CCS type I combo) 3가지 종류가 사용되고 있었다. 그러나 2018년부터 보급되는 급속충전기는 충전구 표준화에 따라 대부분 CCS type 1 Combo로 통일되어 설치되고 있다. 배터리 교환방식은 충전인프라 운영업체에서 축전지를 구매하여 사용자에게 임대 또는 사업자가 직접 운영하는 방식으로 배터리 교환소에서 자동 교환하는 방법이다. 비접촉 충전방식은 주차면 바닥에 매설된 고주파 전력 공급장치(송신패드, 1차측 장치)로부터 EV에 장착된 수전패드(2차측 장치)에 자기유도/공진 방식으로 전력을 전달하여 배터리를 충전하는 방식으로 아직 상용화되지는 않고 있다.

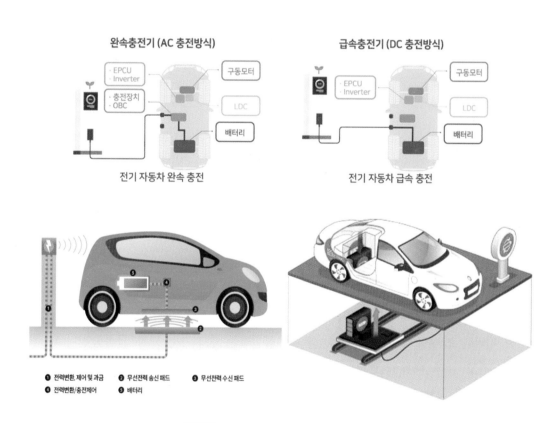

그림 전기자동차 충전시스템의 종류

1) 접촉식 충전방법

접촉식 충전시스템은 전기자동차와 EVSE가 직접적인 전기적 연결을 통해 충전전력을 전달하는 방식으로 현재 일반적으로 사용되는 완속충전 및 급속충전이 해당되며 교류(AC)를 이용하여 수 시간에 걸쳐 충전하는 완속충전방식과 직류(DC) 또는 콤보(AC/DC)전원을 사용하여 10~30분 안에 충전하는 급속충전방식으로 구분된다. 완속충전방식 용량은 가정용의 경우 3.2~3.3kW, 공용의 경우 7.4kW 규모로 완전 방전상태에서 완전 충전까지 대략 6~8시간, 3~6시간이 소요되며 급속충전은 50kW 직류방식을 표준으로 하고 있으며, 완전 방전상태에서 80% 충전까지 20~30분 정도 소요된다.

충전속도에 따른 충전기 분류

구분	급속 충전기	완속 충전기
공급용량	50kW	3~7kW
충전시간	15~30분(완전 방전 → 80% 충전)	4~5시간(완전 방전 → 완전 충전)
주요 설치 장소	고속도로 휴게소, 공공기관 등 외부장소	주택, 아파트
사용 요금	약 2,700원/100km	약 1,100원/100km

교류 충전방식 중 3kW~7kW 수준의 탑재형 충전기가 갖는 입력 용량을 고려하여 차량에 수 kVA 수준의 교류 전력을 제어·공급하는 전기자동차 교류 충전기가 있으며, 일반적으로 이러한 교류 충전기는 장시간 충전 동작이 요구되기 때문에 교류 완속충전기(AC Slow Charger)라고 한다. 국내 보급된 교류 완속충전기는 7~7.7 kVA급의 정격용량을 지니고 있으며, 충전을 필요로 하는 차량과 제어 파일럿(Control pilot) 신호나 디지털 통신 신호를 주고받으면서 상호 간의 충전준비 상태나 현재 충전동작 상태 등을 확인하고 있다. 또한 차량 탑재형 충전기 중에는 내부 전력변환회로 구성에 따라 수십kW 수준의 용량을 갖는 경우도 있으며 이러한 탑재형 충전기에 교류 전력을 공급하는 충전기는 교류 급속충전기(AC Fast Charger)라고 한다. 대용량 교류전력 공급을 위해서는 3상 교류를 공급하는 것이 유리하며, 이에 따라 현재 국내 보급된 교류 급속충전기도 3상 전력공급이 가능한 구조를 가진다.

직류 충전기는 차량 외부에서 전력계통의 교류 전력을 직류로 전력변환하고, 변환된 직류를 차량 내 배터리에 직접 공급하는 방식으로, 차량 외부에 전력변환회로를 구성하기 때문에 전력용량을 수십~수백kW까지 증가시킬 수 있으며, 대전력으로 배터리를 빠른 시간 내에 충전할 수 있기 때문에 직류 급속충전기(DC Fast Charger)라고 한다. 현재 국내 보급된 직류 급속충전기는 50kW급 전력을 공급하는 것이 일반적이며, 최근 차량 탑재 배터리의 용량 증가와 충전시간 단축 요구에 따라 100kW급 이상의 직류 급속충전기에 대한 보급이 검토되고 있으며, 장기적으로는 최대 400kW급 수준의 직류 충전기가 개발되고 있다.

EVSE의 종류 및 특징

	Mobile AC Charging	AC Slow Charging	AC Fast Charging	Fast DC Charging
Capacity	Low ≤ 3kW	Medium ≤ 7kW	Large ≥ 10kW	Large ≥ 50kW
Charging Time	Very long ≥ 10 hour	Long ≥ 5 hour	Medium ≥ 30 minute	Medium ≥ 10 minute
Merits/Demerits	• Low price • Very Slow	• Long time	• (more) Fast • OBC with High Power	• Fastest • Expensive • Rarely

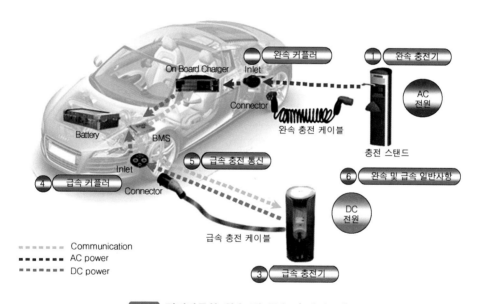

그림 전기자동차 완속 및 급속 충전시스템

또한 교류 충전방식에는 특정위치에 고정된 형태가 아닌, 전력계통 충전인터페이스, 케이블 어셈블리, 충전제어를 위한 제어박스 등으로 제어 및 보호장치(IC-CPD, In-Cable Control and Protection Device)으로 이루어진 이동형(Portable) 혹은 모바일(Mobile) 충전기도 있으며 이동형 충전기는 다양한 형태로 구성이 가능하며, 특정 위치에 고정되어 이동이 용이하도록 가볍고 간단한 구조를 지니고 있는 것이 특징이다.

그림 EV 이동형 충전기

설치 유형에 따른 충전기 분류

구분	벽부형 충전기	스탠드형 충전기	이동형 충전기
용량	3~7kW	3~7kW	3kW(Max)
충전시간	4~6시간	4~6시간	6~9시간
특징	• 분전함, 기초패드 설치 • U형볼라드, 차량스토퍼, 차선도색(설치 또는 미설치)		• 220V 콘센트에 간단한 식별장치(RFID 태그) 부착하여 충전 • 태그가 부착된 다른 건물에서도 충전 가능
사진			

EV 충전기 커넥터 및 차량측 소켓

구분	AC단상 5핀(완속)	AC3상 7핀(급속/완속)	DC차데모 10핀 (급속)	DC콤보 7핀 (급속)
충전기커넥터				
차량측 소켓				
가능차종	블루온, 레이, 쏘울, 아이오닉, 스파크, i3, Leaf, 볼트	SM3	블루온, 레이, 쏘울, 아이오닉, Leaf	스파크, 볼트, 아이오닉, i3, 코나

2) 비접촉식 충전방법

비접촉식 충전방법은 기존의 주차장 바닥하부에 교류를 발생시키는 급전 선로를 자성재료(코어)와 함께 매설하고, 자동차 바닥부에는 지하에서 발생한 교류에 의한 자기장을 받아 유도전류를 발생시켜 에너지를 전달받는 집전장치가 장착되며, 집전장치에서 발생된 전류는 정류를 거쳐 배터리로 충전이 되는 방식이다.

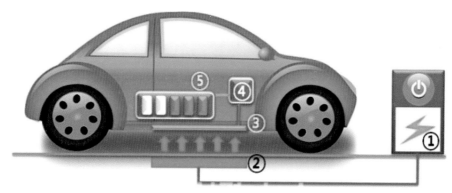

① 전력변환, 제어 및 과금, ② 무선전력 송신 패드,
③ 무선전력 수신 패드, ④ 전력변환/충전제어, ⑤ 배터리

그림 무선충전 시스템 구성

무선전력전송 기술은 전기에너지를 전자기파 형태로 변환하여 전송선 없이 무선으로 에너지를 부하로 전달하는 기술이다. 전기에너지를 전자기파로 변환하기 위해 특정 주파수의 RF 신호로 전기에너지를 변환하여 그로부터 발생하는 전자기파를 이용하여 에너지를 전달하는 기술이다. 이러한 RF 무선전력전송 기술은 자기장을 이용하는 근거리 무선전력 전송 기술과 안테나를 이용한 원거리 무선전력 전송기술로 구분되며 현재 개발되고 있는 대부분의 무선전력 전송기술은 자기장을 이용한 근거리 전송기술이다.

RF를 이용한 근거리 무선전력 전송기술은 에너지를 전송하는 방식과 전송가능 거리에 따라 크게 두 가지로 구분할 수 있다. 첫 번째 방식은 자기유도 방식으로 코일에 유기되는 자기장을 이용하여 전력을 전달하는 방식이다. 자기유도 방식의 개념은 1차 코일에 흐르는 전류로부터 발생하는 자기장의 대부분이 2차 코일을 통과하면서 2차 코일에 유도 전류가 흘러 부하로 에너지를 공급하는 기술이다. 이와 같은 에너지 전달방식은 기존의 변압기의 동작원리와 유사한 방식이다. 자기유도 방식의 특징은 각 코일의 고유 공진주파수가 실제 에너지를 전달하는 전송주파수와 다르다는 점에 있다. 이는 코일의 소형화를 가능하게 하지만 코일의 크기가 줄어듦에 따라 전송 가능한 거리 또한 줄어든다는 단점을 동시에 가지게 된다. 현재 자기유도 방식은 대부분의 휴대기기의 무선충전에 적용되고 있으며 일부 전기자동차 무선충전에 이용되고 있는 방식이다.

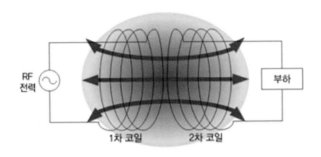

그림 자기유도 방식 무선전력 전송원리

두 번째 방식은 코일 사이의 공명현상을 이용하여 에너지를 전송하는 자기공명 방식이다. 자기공명 방식은 1차 코일에 흐르는 전류로 부터 발생하는 자기장들이 2차 코일을 통과하여 유도전류가 발생하는 것은 자기유도 방식과 유사하지만 1차 코일의 공진주파수와 2차 코일의 공진주파수가 모두 동일하게 제작되어 코일 간의 공진모드 에너지 결합을 통해 1차 코일에서 발생한 에너지가 2차 코일로 전달되는 방식이다.

자기공명 방식은 각 코일의 공진주파수와 에너지 전송주파수가 동일하게 제작되어야 하며 공진기의 높은 Q를 이용하여 자기유도 방식에 비해 전송거리 측면에서 유리하지만 높은 Q를 확보하기 위해 각 코일의 크기가 자기유도 방식에 비해 크게 제작되어야 한다는 단점이 있다. 이와 같은 자기공명 방식은 자기유도 방식에 비해 다양한 분야에 적용이 가능하다.

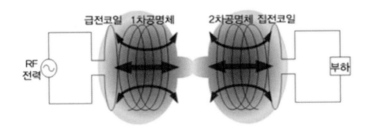

그림 자기공명 방식 무선전력 전송원리

이와 같이 전기차 증가와 함께 기술적 과제가 되고 있는 배터리의 긴 충전시간과 짧은 주행거리, 충전의 불편함 등을 해결할 수 있는 해법으로 무선충전 기술이 떠오르고 있으며 무선충전 기술은 앞서 살펴본 바와 같이 자기공진방식, 자기유도 방식, 전자기파 방식 등 3가지 방식으로 나눌 수 있으나, 전기자동차에 주로 적용되는 방식 중 자기공진방식은 자기유도방식에 비해 10m 이내의 비교적 먼 거리에서도 충전이 가능하고 효율도 떨어지지 않아서 큰 주목을 받고 있다.

RF 에너지 전송의 비교

방식	자기유도 방식	자기공명방식	전자기파 방식
동작 원리	송수신 코일간의 자기유도 현상을 이용함 전송거리 : 수 mm 내외 전송효율 : 수 mm 이내 90%	송수신 공진기간의 자기공진 특성을 이용함 전송거리 : 10m 이내 전송효율 :1m에서 90%, 2m에서 40%	마이크로파 대역에서 송수신 안테나 간의 방사특성 이용함 전송거리 : 수 km 내외 전송효율 : 10 ~ 50%
장점	– 수 cm이내 전송 및 코일 소형화에 유리함 –기술 성숙도가 높음 – 휴대폰에서 이미 상용화 성공 – 소형화가 이루어짐 – 인체에 무해함 – 지중 및 수중에서도 이용 가능	– 1m이내 전송에 유리하고 코일간 정렬 자유도가 높음 – 자기 유도 방식에 비해 전송거리가 길어서, 전기차 및 각종 전자 기기들에 광범위하게 적용 가능 – 상용화 및 표준화를 위한 기술개발 중	–1m 이상의 원거리 에너지 전송이 가능함 –고출력으로 이용 가능
단점	– 전송거리가 짧음 – 코일간 정렬에 민감함	– 코일 설계가 어려움 전자파 환경 극복 필요 – 충전 시간이 상대적으로 긴 편임	–송수신안테나의 크기가 크고 전송효율이 낮음 –전자파 환경 문제 등 인체 유해성 문제 발생
적용 분야	휴대기기, 전기자동차 등	휴대기기, 전기자동차, 공공 서비스 등	우주 태양광발전 무선전력전송 등

3) 배터리 교환방식

충전소 사업자가 부하율이 낮은 시간대의 전력을 활용하여 예비용 배터리를 충전하고, 운전자가 충전소 스테이션에서 전기자동차 배터리를 반자동으로 교환받는 방식이다.

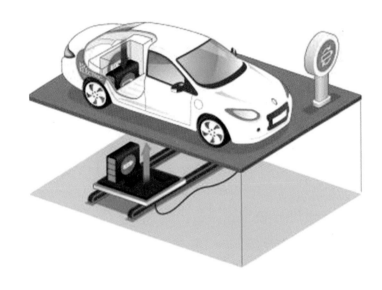

그림 배터리 교환방식의 충전 시스템

전기 자동차의 충전 방법으로 가정 또는 주차장에서 기존의 전력 시설(220V 콘센트 등)을 통해 충전하는 완속 충전, 자동차 내 배터리에 직접 DC 전원을 공급하는 급속 충전 기술이 주로 연구되고 있으며, 전자기 유도 방식을 이용한 비접촉식 충전 기법과 배터리 교체식 기법 또한 연구되고 있다.

배터리 충전 시간에 걸리는 시간은 운전자가 차량 운행 도중에 멈춰서 대기하기에는 매우 긴 시간이다. 비교적 대기 시간이 짧은 급속 충전 시스템은 단시간에 고전압으로 충전하기 때문에 배터리의 수명에 영향을 미칠 수 있으며 또한 전력 소비량이 큰 급속 충전기를 설치하기 위해서는 전력망을 증축해야 하는 문제가 있다.

이에 따라 배터리 교체식에 이용하는 배터리 및 충전 품질은 완속 충전 방식을 통해 충전했을 때와 비슷한 성능을 나타내고 있으며 따라서 시간 대비 높은 성능과 효율을 나타내고 있으나 시스템 운용을 위한 보안, 표준화, 안전성 등에 대한 대책 마련이 필요하고 배터리 인증, 배터리 수명예측, 사용자 인증 등 다양한 정보 및 보안에 대한 세부적인 기술적 대응이 필요하다.

4 EV 전력변환 및 제어시스템

EV용 전력변환장치는 일반적으로 차량 장착 위치 및 적재 가능 공간, 출력 요구 성능, 패키지 공용화 등을 종합적으로 고려하여 설계하며 인버터, 컨버터 등으로 구성된다. 또한 전력변환장치 패키지 설계는 차량 진동/충격으로부터의 구조적인 안정성, 단품의 정상동작 및 내구성능을 만족시킬 수 있는 적절한 냉각 성능 확보, 기밀 구조 확보, 고전압으로부터 안정적인 절연거리 확보 등을 종합적으로 고려하여 설계한다.

1) 인버터

인버터는 직류를 교류로 바꾸기 위한 전기적 장치로써 적절한 변환 방법이나 스위칭 소자 및 제어 회로를 통하여 원하는 전압과 주파수를 얻어내는 기능을 가지고 있다. 인버터를 말 그대로 해석하면 '변환장치'라는 뜻으로써 넓은 의미에서는 직류에서 교류로 변환을 실행하는 기능 외에 교류에서 직류로 변환하는 장치도 인버터라 부를 수 있지만 후자는 일반적으로 컨버터 또는 어댑터라고 부른다. 전기 자동차의 인버터에서는 짧은 시간에 직류 전기를 흐르게 하거나 차단하는 것을 반복하면서 교류 파형으로 만들어 나간다.

EV와 HEV 등에서 모터제어를 위하여 직류전원을 교류로 변환하는 장치를 인버터(inverter)라고 하며, 회전자의 회전속도 및 계자의 위치 관계를 파악할 수 있는 위치 센서의 신호를 참조하여 제어기는 인버터를 매우 낮은 주파수와 전류로 모터를 시동하고 주파수를 조금씩 높여 가면서 회전수를 조절한다.

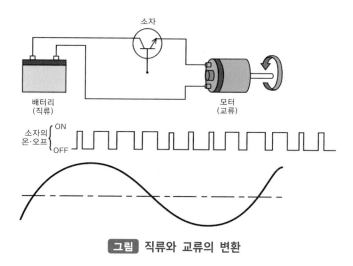

그림 직류와 교류의 변환

앞서 설명한 바와 같이 EV 차량의 직류 고전압 배터리로부터의 전기를 사용하여 교류 모터를 구동시키기 위해서는 전류의 형태를 변환시키는 방법이 필요하며 EV에 적용되고 있는 동기 모터는 모터에 걸리는 부하가 매우 작을 경우에는 공급 전원의 주파수에 따라 형성되는 스테이터의 회전 자계에 의해 회전자인 로터가 회전을 시작할 수 있으나 대부분의 수많은 동기 모터는 순간적인 전원공급 만으로는 곧바로 회전할 수 없는 구조이다. 이와 같이 회전자가 움직이는 시작하는 모터의 시동 시에는 주로 가변 전압과 가변 주파수의 전원을 이용하여 시동하고, 같은 방법으로 출력 성능을 제어한다.

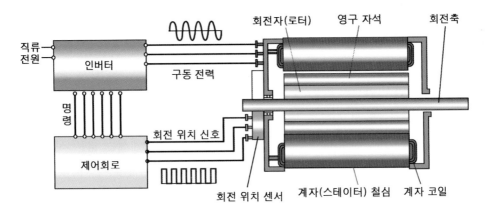

그림 인버터의 주파수 제어 회로 구조

인버터는 직류를 교류로 변환하는 역할을 하며, 가변의 전압과 주파수를 출력하는 기구를 VVVF(Variable Voltage Variable Frequency) 인버터라고도 한다.

인버터는 스위칭 작용이 있는 전력용 반도체 소자인 트랜지스터 또는 FET(Field Effect Transistor)를 ON/OFF하는 초핑제어(chopping control)에 의해 전압과 주파수를 변조하는 PWM(Pulse Width Modulation)제어를 한다.

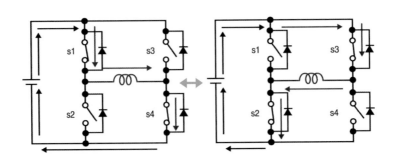

그림 인버터의 기본회로

위의 그림은 인버터를 구성하는 가장 기본적인 회로로서 좌우의 그림을 비교하면 대각으로 배치한 스위치를 ON으로 하는 2가지 패턴에 따라 중앙의 코일에 흐르는 전류의 방향이 바뀌게 되는 것을 알 수 있다. 스위치에 병렬로 배치되는 다이오드는 스위치를 OFF시킨 후에 역기전력의 전류를 회로 내에 환류(흐름이 되돌아옴) 되도록 유도하여 스위치 (트랜지스터)를 보호하기 위한 것으로 프리 휠 다이오드라고 한다.

전기 자동차에서 사용하는 인버터는 고전압의 직류를 3상 교류로 변환함과 동시에 모터의 회전수를 제어하기 위한 전압과 전류를 변환하는 기능을 한다. 인버터는 배터리에 저장된 직류를 교류의 사인 파형으로 변환함과 동시에 주파수를 변화하여 모터의 구동 회전수를 조절하며, 파형의 주기가 짧고 주파수가 빠를수록 모터의 회전수 속도는 빨라진다.

또한 전력(W) = 전류(A) × 전압(V)이므로 전력량을 높이는 방법은 전류 또는 전압을 높이거나 아니면 전압과 전류를 동시에 높이면 된다. 그러므로 인버터는 주파수와 듀티 값을 동시에 변화시켜 전류와 전압의 조절함으로서 모터의 회전수를 조절한다.

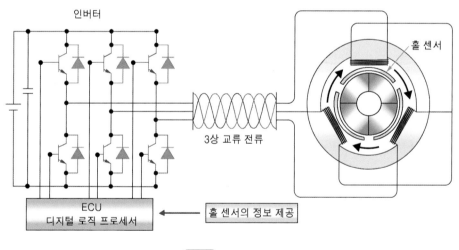

그림 인버터 회로

또한 솔레노이드 코일의 특성에 따라 인가하는 시간 비율을 조절하여 전압과 전류량을 조절하는 제어를 초핑제어라고 한다. 초핑제어 구간에서 1회 ON 구간과 1회 OFF 구간을 합한 것이 1주기이며, 1초 동안 반복되는 주기의 횟수를 주파수(Hz)라고 한다.

또한 펄스 폭 변조 방식(PWM)에서는 동일한 스위칭 주기 내에서 ON 시간의 비율을 바꿈으로써 출력 전압 또는 전류를 조정할 수 있다. 듀티비가 낮을수록 출력 값은 낮아지며, 출력 듀티비가 50%일 경우에는 기존 전압의 50%를 출력한다.

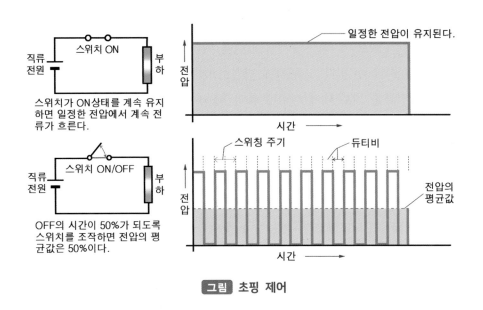

그림 초핑 제어

IGBT(Insulated Gate Bipolar Transistor)는 6개의 트랜지스터 중에 2개씩 조를 이루어 순차적으로 ON·OFF하는 PMW 제어에 의해 삼상 교류와 유사한 출력을 가능하게 한다.

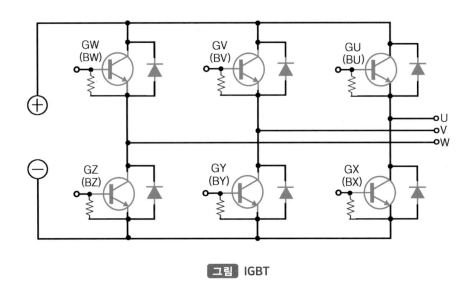

그림 IGBT

2개의 소자 중에 한쪽의 스위칭 소자가 ON일 때 흐르는 전류를 순방향이라면, 다른 한쪽의 스위칭 소자가 ON일 때에는 반대방향으로 전류가 출력되며, 이 때 듀티비를 연속적으로 증가 또는 감소하는 방향으로 변화시키면 출력 전압은 교류와 유사한 파형 즉 사인 곡선에 가까운 교류의 출력이 가능하다. 이러한 출력을 유사 사인파 출력이라 한다.

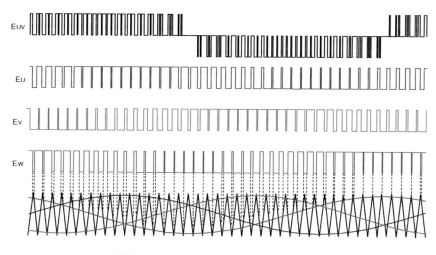

그림 3상 U, V ,W상의 PWM 출력 조정

① **전압형 인버터**

　교류전원을 사용할 경우 교류 측 변환기출력의 맥동을 줄이기 위하여 LC필터를 사용. 인버터 측에서 보면 저 임피던스 직류 전압원으로 볼 수 있기 때문에 전압형 인버터라 한다. (PAM 제어인 경우 컨버터부에서 전압이 제어되고, 인버터부에서 주파수가 제어되며 PWM 제어인 경우 컨버터부에서 정류된 DC 전압을 인버터부에서 전압과 주파수를 동시에 제어함) 전압형 인버터의 특징은 다음과 같다.

　㉠ 1, 2 상한 운전만 가능
　㉡ 4 상한 운전이 필요한 경우에는 Dual converter 사용
　㉢ 전류 파형의 Peak치가 높기 때문에 주 소자와 변압기 용량이 증대
　㉣ 인버터의 주 소자를 Turn-off시간이 짧은 IGBT, FET 및 Transistor 사용
　㉤ PWM 파형에 의해 인버터와 모터 간에 역률 개선용 진상콘덴서 및 서지absorber를
　　　부착하지 말 것
　㉥ 인버터 출력주파수 범위가 광범위

　이와 같은 전압형 인버터는 상용전원을 컨버터를 통하여 직류로 변환한 후 콘덴서에서 평활된 전압을 인버터부에서 소정의 주파수의 교류출력으로 변환한다. 즉, 전압형 인버터는 전압의 주파수를 변환해서 모터의 회전수를 변환하는 방식이다. 전압형인버터는 효율이 매우 높고, 제어회로가 비교적 간단하며 속도제어범위가 확실한 장점이 있다. 또한 모든 부하에서 정류가 확실하고 주로 소·중용량에 적용된다. 단점으로는 dv/dt Protection이

필요하고 유도성 부하만을 사용할 수 있으며 스위칭 소자 및 출력 변압기의 이용률이 낮고 전동기가 과열되는 등 전동기의 수명이 짧아지는 단점이 있다.

전압형 인버터의 시스템 구성은 컨버터부, DC-LINK 부, 인버터부로 구성되며 컨버터부는 3상 교류 입력전압을 직류로 변환시키는 Diode Module(DM)과 EMI 노이즈 제거를 위한 Surge Absorber(ZNR)로 구성되며 DC-LINK 부는 정류된 DC 전압을 Filtering(평활)시키는 전해 콘덴서(CB), 전원 Off시 전해 콘덴서에 충전된 전압을 방전시키는 방전저항(RB)와 인버터 운전시 VDC에서 발생되는 스위칭 노이즈를 제거하기 위한 고조파용 고전압 Film 콘덴서(C), 입력전원 On시 과전류에 의해 PM(IPM, TR)소자의 손상을 방지하는 전류제한저항과 릴레이로 구성된다.(인버터 출력단 Short 및 기타 문제발생시 과전류에 의한 Power 소자 손상 방지용 DC Reactor 구성)

그리고 인버터부는 변환된 직류를 트랜지스터, IGBT 등의 고속스위칭 반도체 소자를 통해 PWM제어방식에 의하여 DC 전압을 임의의 교류 전압 및 주파수를 얻으며, 또한 Turn-on 및 off시 주 소자에 인가되는 과전압과 스위칭 손실을 저감시키거나 전력용 반도체의 역 바이어스 2차 항복파괴방지 목적으로 연결된 Snubber회로로 구성된다.

② 전류형 인버터

전류형 인버터는 DC LINK 양단에 평활용 콘덴서 대신에 리액터 L을 사용하며 인버터 측에서 보면 고 임피턴스 직류 전류원으로 볼 수 있기때문에 전류형 인버터라 한다.(전류 일정제어) 전류형 인버터의 특징은 다음과 같다.

㉠ 회생(Regeneration)이 가능
㉡ 인버터의 주 소자를 Turn-off 시간이 비교적 긴 Phase control용 SCR를 사용
㉢ 인버터 출력단과 모터 간에 역률개선용 진상콘덴서 사용가능
㉣ 인버터의 동작 주파수의 최소치와 최대치가 제한(6~66Hz)
  - 최소 주파수 : 전동기의 맥동 토크
  - 최대 주파수 : 인버터의 전류 실패(Commutation failure)
㉤ 전류제어를 할 경우 토크-속도 곡선의 불안정영역에서 운전되기 때문에 반드시 제어 루프가 필요

전류형 인버터는 콘덴서 대신에 코일(리액터)이 있으며 컨버터에서 직류로 변환한뒤 전류를 리액터로 평활해서 인버터에서 교류로 출력한다. 즉, 전류형 인버터는 전류의 주파수를 변환해서 모터의 회전수를 변환하는 방식이다. 이러한 전류형 인버터는 4 상한 운전이 가능하고 전류가 제한되므로 Pull-out 되지 않으며 전류회로가 간단하고, 고속 사이리스터

가 필요 없는 장점을 가지고 있다. 또한 과부하시에도 속도가 낮아지지만 운전이 가능하고 스위칭 소자 및 출력 변압기의 이용률이 높으며 유도성 부하 외에 용량성 부하에도 사용할 수 있고 일정 전류특성으로 강력한 전압원을 가한 것처럼 기동 토크가 크고 넓은 범위에서 효과적인 토크제어를 할 수 있다. 단점으로는 구형파 전류로 인해 저주파수에서 토크 맥동이 발생하고 피드백(Closed제어방식)제어를 하기 때문에 제어회로가 복잡하며 부하 전동기 설계시 누설 인덕턴스 문제와 회전자에서의 Skin effect를 고려해야 하고 부하전류 인버터(Load commutated inverter)이므로 전압 Spike가 크기 때문에 전동기 동작에 영향을 미칠 수 있다.

전류형 인버터의 시스템 구성은 컨버터부, DC-LINK 부, 인버터부로 구성되며 컨버터부는 Controlled Rectifier라고 하며, 인버터 출력전류의 크기를 제어하고 DC-LINK 부는 DC-LINK 내의 직류전류를 평활하는 역할을 수행하며 인버터부는 Controlled Rectifier 에서 제어된 직류 전류를 인버터부에서 원하는 주파수로 스위칭하여 출력을 발생(출력주파수제어)한다.

2) 컨버터

교류에서 직류로 변환하는 것도 인버터가 하는 기능이나 일반적으로 컨버터로 명칭을 사용한다. 우선 파형을 가진 전기의 + 또는 - 중 어느 한쪽의 전기만 흐르도록 반도체 소자를 사용하여 파형의 한쪽만을 남기도록 한다. 그 결과 일시적으로 전기를 모아 두는 것이 가능한 콘덴서를 사용하여 전기를 많이 흐르게 하거나 조금밖에 흐르지 않게 하면서 산 모양의 하나의 파형을 평탄하게 만든다. 이렇게 해서 전기의 흐름이 직선적으로 이루어져 직류 전기의 흐름이 되는 것이다. 또한 배터리는 화학 반응에 의해 전극 금속의 전자 교환을 이용함으로써 전기의 저장을 가능하게 한다. 납 배터리나 리튬이온 배터리에서는 약간 다르지만 전극 사이를 전자가 이동 하는 점에서는 같다고 말할 수 있다. 콘덴서는 전기 그대로를 에너지로서 일시적으로 저장해 두는 장치로 전기의 입·출력, 즉 방전과 충전을 빈번하게 반복하기 위해서는 콘덴서가 적합하다. 배터리는 화학 반응을 이용하므로 약간의 시간차가 발생가기 때문에 정류회로에 콘덴서를 적용한다.

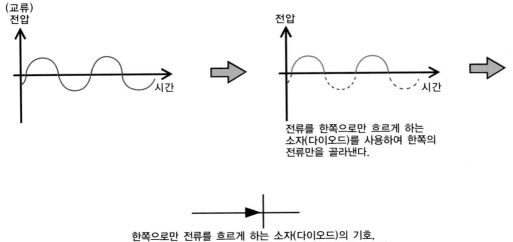

전류를 한쪽으로만 흐르게 하는
소자(다이오드)를 사용하여 한쪽의
전류만을 골라낸다.

한쪽으로만 전류를 흐르게 하는 소자(다이오드)의 기호,
왼쪽에서 오른쪽으로만 흐르게 하고 오른쪽에서 왼쪽으로는
흐르지 못하게 한다.

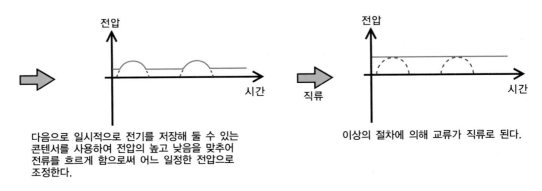

다음으로 일시적으로 전기를 저장해 둘 수 있는
콘덴서를 사용하여 전압의 높고 낮음을 맞추어
전류를 흐르게 함으로써 어느 일정한 전압으로
조정한다.

이상의 절차에 의해 교류가 직류로 된다.

그림 교류의 직류 변환

교류를 직류로 변환하는 것을 정류라 하며, 정류를 실시하는 장치를 AC·DC 컨버터 또는 정류기라 한다. 단순히 컨버터라는 것도 많으며, 정류에는 반도체 소자인 다이오드의 정류 작용(일정 방향으로만 전류를 흐르도록 하는 작용)을 이용한다. 단상 교류인 경우 4개의 다이오드, 삼상 교류인 경우는 6개의 다이오드로 정류회로를 구성할 수 있다. 그러나 다이오드만으로는 전압이 변동하는 맥류로 변환할 수 없기 때문에 콘덴서 및 코일에 의한 평활 회로에서 변화를 제어하는 것이 많다.

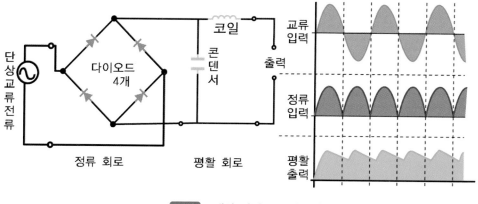

그림 4개의 다이오드 정류 회로

콘덴서는 전압이 높아질 때 충전을 하며, 전압이 낮아지면 방전을 하는 성질이 있기 때문에 전압의 변화를 억제할 수 있다. 코일은 자기 유도 작용에 의해서 전류의 변화를 억제하는 작용이 있기 때문에 전압의 변화를 억제할 수 있다.

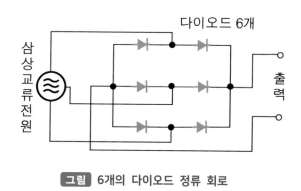

그림 6개의 다이오드 정류 회로

입력 전압이 일정하고 출력에 요구되는 전압이 일정한 AC·DC 컨버터의 경우는 2개의 코일을 조합한 트랜스의 상호 유도 작용으로 교류 전압을 변환하고 정류할 수도 있지만 입력 전압이 변동하거나 출력에 요구되는 전압이 변화하는 경우는 반도체의 스위칭 소자에 의한 초퍼 제어로 전압을 조정한다. DC·DC 컨버터의 경우도 전압 조정에는 초퍼 제어가 사용된다.

전압을 낮추는 경우는 스위치의 ON·OFF를 반복하여 전류의 흐름을 규칙적인 시간 간격으로 단속함으로써 평균 전압으로 출력할 수 있는데 이를 강압 컨버터라고 한다. 또한 전압을 높일 때는 스위칭 소자에 코일을 병용하다. 코일에 전류를 축적하는 작용이 있기 때문에 스위치가 ON일 때는 코일에 전류가 흐르고 OFF가 되면 코일에 흐르는 전류와 전원의 전류가 동시에 출력되기 때문에 전압이 높아지는데 이를 승압 컨버터라고 한다.

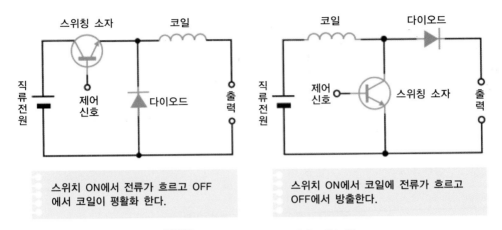

스위칭 소자 코일 코일 다이오드

직류전원 제어신호 다이오드 출력 직류전원 제어신호 스위칭 소자 출력

스위치 ON에서 전류가 흐르고 OFF에서 코일이 평활화 한다.

스위치 ON에서 코일에 전류가 흐르고 OFF에서 방출한다.

그림 강압 및 승압 컨버터의 기본 회로

3) 커패시터

커패시터(capacitor)는 전기 자동차가 감속할 때 회생 제동 시스템에 의해 발생되는 전기 에너지를 저장하고 출력 밀도가 낮은 2차 배터리를 보완하는 장치이다.

슈퍼 커패시터는 전기 이중층 캐패시터(EDLC)로서 2차 배터리 대비 낮은 에너지 밀도를 갖으나 낮은 내부 저항의 특징으로 20배 이상 출력 밀도를 구현할 수 있어 급속 충·방전 가능하고 높은 충·방전 효율 및 반영구적인 사이클 수명 특성으로 보조배터리나 배터리 대체용으로 사용되고 있다. 이와 같은 슈퍼커패시터는 축전용량이 대단히 큰 커패시터로 울트라 커패시터(Ultra Capacitor) 또는 초고 용량 커패시터라고 부른다. 화학반응을 이용하는 배터리와 달리 전극과 전해질 계면으로의 단순한 이온의 이동이나 표면화학반응에 의한 충전 현상을 이용한다.

그림 슈퍼커패시터

슈퍼커패시터의 원리는 활성탄 표면에 전하의 물리적 흡·탈착으로 에너지를 충전 또는 방전하는 원리로 순간적으로 많은 에너지를 저장 후 높은 전류를 순간적 혹은 연속적으로 공급하는 고출력 동력원이다. 슈퍼커패시터의 기본구조는 양극과 음극으로 구성하는 다공성 전극(Electrode), 전해질(Electrolyte), 집전체(Currentcollector), 분리막 또는 격리막(Separator)으로 이루어져 있는데, 단위 셀 전극의 양단에 수 볼트의 전압을 가해 전해액 내의 이온들이 전기장을 따라 이동하 여 전극표면에 흡착되어 발생되는 전기화학적 메커니즘으로 작동하게 된다. 슈퍼커패시터는 2차 전지에 비하여 구조는 비교적 단순한 형태로 구성한다. 장기적으로 슈퍼 커패시터는 에너지 저장 장치로 에너지 밀도를 높이면 2차 배터리를 대체할 수 있는 장치로 전기 자동차의 핵심 기술로 주목받고 있다.

슈퍼커패시터의 용도별 분류(한국에너지기술연구원)

용도	소형(1F 이하)	중형(1~100F)	대형(100F~)
메모리 백업	전자기기 클록/메모리	산업용 기기 메모리	–
전원전력 백업	–	상시기동 대기 전자기기 (가전기기, 통신기기)	UPS, 수변전설비
태양광 발전 시스템	솔라워치	자발광식 도로등	주택태양광 발전 시스템 전력저장
이차전지 수명향상	PDA, 셀룰러 단말	PDA, 셀룰러 단말	차세대 저공해 자동차 (HEV, PEV, FCEV)
전압변동 흡수	PDA, 셀룰러 단말	PDA, 셀룰러 단말	차세대 저공해 자동차 (HEV, PEV, FCEV)

4) 파워 반도체 디바이스

전기 회로에 사용되는 부품을 소자라고 하며, 모터의 전력 제어에 사용되는 반도체 소자는 컴퓨터 등에 사용되는 것에 비해서 높은 전압과 대전류를 취급하는 것이 특징이며, 전력용 반도체 소자 또는 파워 디바이스라고 한다.

반도체 소자 중에서 트랜지스터는 증폭과 스위칭 작용을 하며, 스위칭 소자를 이용하면 기계적인 스위치에서는 불가능한 고속의 스위치 조작이 가능하고 높은 전압 및 대전류 등에서 발생하는 문제를 해소할 수 있다. 정류 소자인 다이오드는 일정 방향으로는 전류가 흐르지 않는 성질이 있어 교류를 직류로 변환할 때 사용된다.

반도체 소자는 능동적인 작용이 있기 때문에 능동소자(active element)라고 하지만 전기 회로 에서는 저항기나 콘덴서, 코일과 같은 수동소자(passive element)도 많이 사용한다.

저항기는 전력을 소비하고 전압과 전류를 제어하기 위해서 사용되며, 커패시터 기능의 콘 덴서는 전기를 모으거나 방출할 수 있는 것으로 전압의 변화를 방지하기 위해서 사용된다.

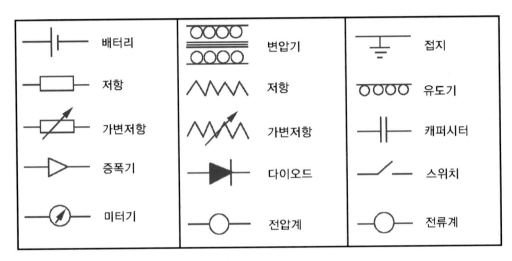

그림 전기 소자 기호

① BJT(Bipolar Junction Transister)

BJT는 쌍극성 접합 트랜지스터로 반도체 3개를 붙여서 만든 전류 증폭 소자를 말하며 베이스, 에미터, 콜렉터의 세부분으로 구성된다. BJT는 PNP 트랜지스터와 NPN 트랜지스 터가 있으며 PNP 트랜지스터는 에미터, 콜렉터가 P형 반도체 물질로 구성되어 있고 베이 스는 N형 반도체 물질로 구성되어 있다. NPN 트랜지스터는 PNP 트랜지스터와 반대로 에 미터, 콜렉터가 N형 반도체 물질로 구성되어 있고 베이스는 P형 반도체 물질로 구성되어 있다. NPN형 BJT를 동작시키기 위해서는 베이스-에미터에 순방향 바이어스 전압을 그리 고 베이스-콜렉터에 역방향 바이어스 전압을 걸어주고 먼저 베이스-에미터에 순방향 전압 을 걸어주면 PN접합이 순방향 바이어스 된 것과 같아 다이오드와 비슷하게 작동된다. NPN BJT를 올바르게 동작시키기 위해서는 베이스-에미터에 순방향 바이어스 전압을 그 리고 베이스-콜렉터에 역방향 바이어스 전압을 걸어준다. 먼저 베이스-에미터에 순방향 전압을 걸어주면 PN접합이 순방향 바이어스 된 것과 같아 다이오드와 비슷하게 작동한다. 이후에 베이스-콜렉터에 역방향 바이어스 전압을 걸어주면 전자의 일부만 베이스로 나가게 되고 나머지 전자들은 더 높은 전압이 걸린 콜렉터로 이동한다. 그러나 베이스-콜렉터에 전압이 걸리지 않으면 전자들이 PN접합을 뛰어넘을 에너지가 없어서 전류가 거의 흐르지 않으며 따라서 베이스에 전압을 걸어서 전류를 흘려줘야만 콜렉터로 전류가 흐르게 되고 증폭을 하게 되는 구조이다.

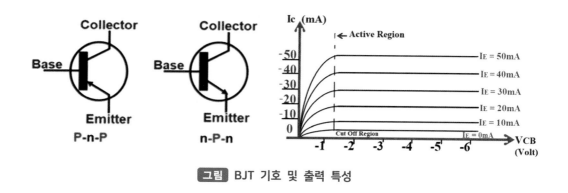

그림 BJT 기호 및 출력 특성

② **MOSFET**(Metal-Oxide-Semiconductor Field-Effect Transistor)

금속 산화막 반도체 전계효과 트랜지스터(metal-oxide-semiconductor field-effect transistor)는 디지털 회로와 아날로그 회로에서 가장 일반적인 전계효과 트랜지스터(FET)이다. 줄여서 MOSFET이라고도 하며 모스펫은 N형 반도체나 P형 반도체 재료의 채널로 구성되어 있고, 이 재료에 따라서 크게 엔모스펫 (NMOSFET)나 피모스펫 (PMOSFET), 두 가지를 모두 가진 소자를 씨모스펫(cMOSFET)으로 분류한다.

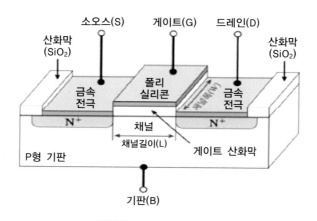

그림 MOSFET의 구조

MOSFET의 트랜지스터 3개 단자는 게이트(Gate), 소스(Source), 드레인(Drain)으로 구성되고 MOSFET의 기능은 캐리어(정공 또는 전자)의 흐름과 함께 채널 폭에서 발생하는 전기적 변화에 따라 달라지며 전하 캐리어는 소스 단자를 통해 채널로 들어가고 드레인을 통해 나가는 구조를 가지고 있다. 채널의 너비는 게이트의 전극의 전압에 의해 제어가 되며 소스와 드레인 사이에 존재하고 매우 얇은 금속 산화물층 근처의 채널로부터 절연되어 있는 구조를 가진다. 즉 소스는 전하 캐리어를 공급하고 게이트는 전하 캐리어의 흐름을 조절하며 드레인은 전하 캐리어를 흡수하는 기능을 가진다. 일반적으로 3층의 적층형 구조를 가지며 게이트가 유도되는 전류 전도 채널로부터 절연되어 있는 구조를 가진다. 상층부에 해당하는 금속에 가까운 고농도 Poly Silicon을 적용한 게이트단자는 고 농도로 이온이 주입되어 높은 전도도를 가지며 산화막과 화학반응 하지 않으면서도 고온에 견딜 수 있다. 중간층에 해당하는 얇고 우수한 절연성 있는 산화실리콘(SiO_2)을 사용한 산화막층은 게이트와 기판 간에 일종의 커패시터를 형성하고 게이트 양쪽에 소스 및 드레인이 위치한다. 바닥층은 N형 또는 P형 실리콘 단결정 반도체 기판으로 구성되며 이 층은 불순물층으로 기판(Substrate)/벌크(Bulk)/바디(Body)라고도 한다. 드레인과 기판(D-B), 소스와 기판(S-B) 사이에는 PN 접합이 형성되어 있으며 이들은 항상 역 바이어스가 걸려 있어야 정상 동작한다.

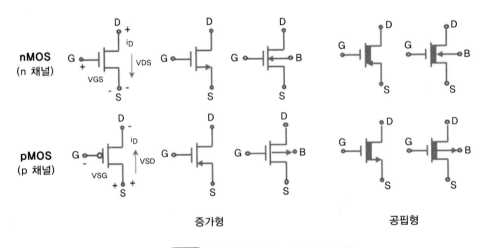

그림 증가형/공핍형 MOSFET 기호

③ IGBT(Insulated Gate Bipolar Transistor)

MOSFET와 Power Transistor의 장점을 결합한 것으로 MOSFET는고 내압화하면 on 저항이 급속히 커지는 문제가 있어서 200V 정도가 실용의 한계로 보고 있는 반면 IGBT는 MOSFET에 비해 on 저항이 낮지만 MOSFET와 동등의 전압제어 특성을 지니고 있으며, 또한, 스위칭 특성에서는 MOSFET 보다는 늦지만 바이폴라 트랜지스터나 GTO보다 빠른 이점으로 인해 중소용량의 인버터를 중점으로 산업용에서부터 일반가정용까지 폭넓게 사용되고 있다.

IGBT는 MOSFET와 유사한 구조인데 컬렉터측에 P층을 추가한 것으로 스위칭 시간과 온전압의 트리거 오프 또한 소자설계의 개량과 패턴의 미세화 등 개선이 진전되어 600V 소자에서 온 전압이 초기소자의 1/2 정도까지 저감되었다.

IGBT는 MOS와 같이 LSI 미세 가공기술을 사용하기 위해 칩 크기가 15㎜²정도로 제한하고 있다. 더욱이 IGBT는 병렬동작이 용이하므로 복수개의 칩을 병렬접속하여 일체화된 모듈형으로 대용량화가 대응 가능하다. 모듈화에 있어서 단순히 복수의 IGBT 칩을 병렬접속한 것이 아니라 다이오드 및 각종 보호회로를 포함한 IPM(Intelligent Power Module)화되고 있으며 실장설계에 있어서도 표류인덕턴스나 열저항을 저감하기 위한 새로운 기술이 개발되고 있다.

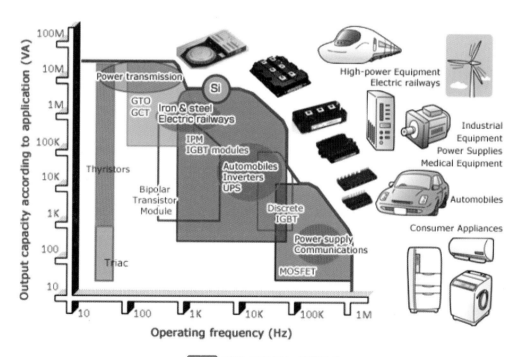

그림 파워 디바이스 응용분야

IGBT의 동작원리는 MOSFET와 비슷하지만 차이점은 ON 상태에서는 컬렉터 측의 P영역에서 N영역으로 정공이 주입되므로 N영역의 저항이 감소되어 결국 N영역의 전도도 변조(5~10배)로 인하여 전류용량을 크게 할 수 있다.

그러나 다음 그림과 같은 등가회로에서 보는 바와 같이 게이트에 제어전압을 인가하면 PNP형 트랜지스터는 베이스전류가 흘러서 결국 컬렉서 전류가 흐르게 된다. 이는곧 PNP형 트랜지스터의 베이스를 흐르게 하므로 PNP형 트랜지스터의 베이스전류를 증폭시키고, 이는 다시 NPN형 트랜지스터의 베이스를 또 증폭시키므로 latch up 현상이 생길수 있다. 그러므로 이 문제를 해결하기 위한 방법으로 PNP형 트랜지스터의 전류 이득을 감소시켜주고 있다.

인버터에서 IGBT를 사용하는 이유는 과전류에 강인하고, 적절한 스위칭 속도를 가지고 있으며, 고압에서 적은 손실이 발생하기 때문이며 스위칭 주파수가 무조건적으로 높으면, 전압 링잉, 전자파 문제 등을 야기할 수 있어 인버터에서는 적절한 스위칭 속도가 중요하기 때문이다.

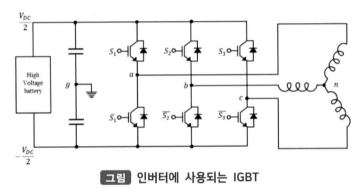

그림 인버터에 사용되는 IGBT

BJT/MOSFET/IGBT 특성 비교(위와 같음)

특성	BJT	MOSFET	IGBT
기호	Collector Base Emitter	Drain Gate Source	Collector Gate Emitter
구동 방식	전류	전압	전압
구동 회로	복잡	용이	용이
정격 전압	높음	높음	매우 높음
정격전류	높음	보통	높음
입력 임피던스	낮음	높음	높음
출력 임피던스	낮음	보통	낮음
스위칭 속도	느림(~μs)	빠름(~ns)	보통
포화 전압	낮음	높음	낮음
가격	낮음	보통	높음

4) 전기자동차 제어시스템

아래 그림의 고전압 결선도와 같이 고전압 배터리, 파워 릴레이 어셈블리1·2(PRA;
Power Relay Assembly 1·2), 전동식 에어컨 컴프레서, LDC(Low DC/DC Converter),
PTC 히터(Positive Temperature Coefficient heater), 차량 탑재형 배터리 완속 충전기
(OBC), 모터 제어기(MCU) 및 구동 모터가 고전압으로 연결되어 있으며, 배터리팩에 고전
압 배터리와 파워 릴레이 어셈블리 1·2 및 고전압을 차단할 수 있는 안전 플러그가 장착되
어 있다.

파워 릴레이 어셈블리 1은 구동용 전원을 차단 또는 연결하는 릴레이이며, 파워 릴레이
어셈블리 2는 급속 충전 시 BMU의 신호를 받아 고전압 배터리에 충전될 수 있도록 전원을
연결하는 기능을 한다.

전동식 에어컨 컴프레서, PTC 히터, LDC, OBC에 공급되는 고전압은 정선 박스를 통해
전원을 공급받으며, MCU는 고전압 배터리에 저장된 직류를 파워 릴레이 어셈블리 1과 정
선박스를 거쳐 공급받아 전력 변환기구(IGBT) 제어로 고전압의 3상 교류로 변환하여 구동
모터에 고전압을 공급하고 운전자의 요구에 맞게 모터를 제어한다.

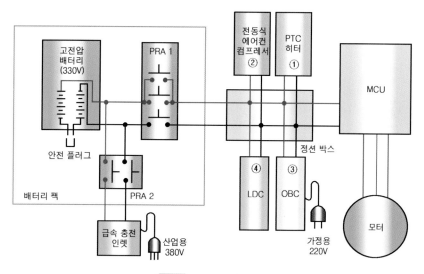

그림 고전압 흐름도

또한 전력 통합 제어 장치(EPCU)는 대전력량의 전력 변환시스템으로서 고전압의 직류를
전기자동차의 통합 제어기인 차량 제어 유닛(VCU) 및 구동 모터에 적합한 교류로 변환하는
장치인 인버터, 고전압 배터리 전압을 저전압의 12V DC로 변환시키는 장치인 LDC 및 외
부의 교류 전원을 고전압의 직류로 변환해주는 완속 충전기인 OBC 등으로 구성되어 있다.

① VCU(Vehicle Control Unit)

전기 자동차 제어기는 MCU, BMU, LDC, OBC, 회생 제동용 액티브 유압 부스터 브레이크 시스템(AHB; Active Hydraulic Booster), 계기판(Cluster), 전자동 온도 조절장치(FATC; Full Automatic Temperature Control) 등과 협조제어를 통해 최적의 성능을 유지할 수 있도록 제어하는 기능을 수행한다.

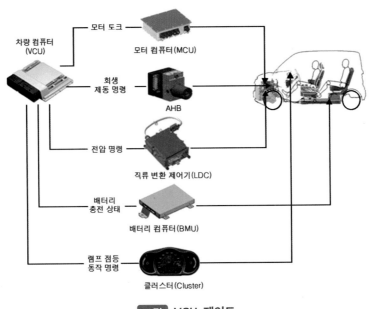

그림 VCU 제어도

VCU의 주요 기능

주요 기능	상세 내용
구동 모터 토크 제어	배터리 가용 파워, 모터 가용 파워, 운전자 요구(APS, Brake SW, Shift lever)를 고려한 모터 토크 지령 계산
회생 제동 제어	회생 제동을 위한 모터 충전 토크 지령 연산, 회생 제동 실행량 연산
공조 부하 제어	배터리 정보 및 FATC 요청 파워를 이용하여 최종 FATC 허용 파워 전송
전장 부하 공급 전원 제어	배터리 정보 및 차량 상태에 따른 LDC On/Off 및 동작 모드 결정
Clister 표시	구동 파워, 에너지 Flow, ECO level, Power down, Shift lever position, Service lamp 및 Ready lamp 점등
주행 가능 거리 DTE(Distance to Empty)	배터리 가용 에너지, 과거 주행연비를 기반으로 차량의 주행 가능 거리 표시, AVN을 이용한 경로 설정 시 경로의 연비 추정을 통하여 DTE 표시 정확도 향상
예약/원격 충전 공조	TMU와의 연동을 통해 Center·스마트폰을 원격제어, 운전자의 작동 시각 설정을 통한 예약기능 수행
아날로그·디지털 신호 처리 및 진단	APS, Brake s/w, Shift lever, Air bag 전개 신호 처리 및 판단

VCU는 모든 제어기를 종합적으로 제어하는 최상위 마스터 컴퓨터로서 운전자의 요구 사항에 적합하도록 최적인 상태로 차량의 속도, 배터리 및 각종 제어기를 제어한다.

㉠ 구동 모터 토크 제어

BMU는 고전압 배터리의 전압, 전류, 온도, 배터리의 가용 에너지율(SOC, State Of Charge) 값으로 현재의 고전압 배터리 가용 파워를 VCU에게 전달하며, VCU는 BMU에서 받은 정보를 기본으로 하여 운전자의 요구(APS, Brake S/W, Shift Lever)에 적합한 모터의 명령 토크를 계산한다.

더불어 MCU는 현재 모터가 사용하고 있는 토크와 사용 가능한 토크를 연산하여 VCU에게 제공한다. VCU는 최종적으로 BMU와 MCU에서 받은 정보를 종합하여 구동모터에 토크를 명령한다.

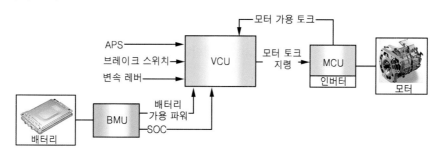

그림 모터 제어 다이어그램

- VCU: 배터리 가용 파워, 모터 가용 토크, 운전자 요구(APS, Brake SW, Shift Lever)를 고려한 모터 토크의 지령을 계산하여 컨트롤러를 제어한다.
- BMU: VCU가 모터 토크의 지령을 계산하기 위한 배터리 가용 파워, SOC 정보를 제공받아 고전압 배터리를 관리한다.
- MCU: VCU가 모터 토크의 지령을 계산하기 위한 모터 가용 토크 제공, VCU로 부터 수신 한 모터 토크의 지령을 구현하기 위해 인버터(Inverter)에 PWM 신호를 생성하여 모터를 최적으로 구동한다.

㉡ 회생 제동 제어

AHB 시스템은 운전자의 요구 제동량을 BPS(Brake Pedal Sensor)로부터 받아 연산하여 이를 유압 제동량과 회생 제동 요청량으로 분배한다. VCU는 각각의 컴퓨터 즉 AHB, MCU, BMU와 정보교환을 통해 모터의 회생 제동 실행량을 연산하여 MCU에게 최종적으로 모터 토크를 제어한다. AHB 시스템은 회생 제동 실행량을 VCU로부터 받아 유압 제동량을 결정하고 유압을 제어한다.

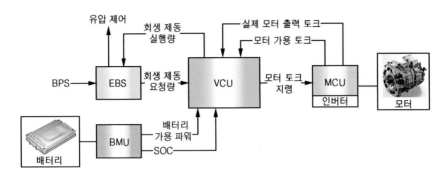

그림 회생 제동 제어 다이어그램

- **AHB** : BPS값으로부터 구한 운전자의 요구 제동 연산 값으로 유압 제동량과 회생 제동 요청 량으로 분배하며, VCU로부터 회생 제동 실행량을 모니터링 하여 유압 제동량을 보정한다.
- **VCU** : AHB의 회생 제동 요청량, BMU의 배터리 가용 파워 및 모터 가용 토크를 고려 하여 회생 제동 실행량을 제어한다.
- **BMU** : 배터리 가용 파워 및 SOC 정보를 제공한다.
- **MCU** : 모터 가용 토크, 실제 모터의 출력 토크와 VCU로 부터 수신한 모터 토크 지령 을 구 현하기 위해 인버터 PWM 신호를 생성하여 모터를 제어한다.

ⓒ **공조 부하 제어**

전자동 온도 조절 장치인 FATC(Full Automatic Temperature Control)는 운전자의 냉·난방 요구 시 차량 실내 온도와 외기 온도 정보를 종합하여 냉·난방 파워를 VCU에게 요청하며, FATC는 VCU가 허용하는 범위 내에 전력으로 에어컨 컴프레서와 PTC 히터를 제어한다.

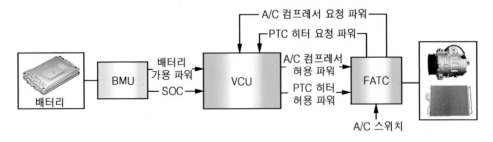

그림 공조 부하 제어 다이어그램

- **FATC** : AC SW의 정보를 이용하여 운전자의 냉난방 요구 및 PTC 작동 요청 신호를 VCU에 송신하며, VCU는 허용 파워 범위 내에서 공조 부하를 제어한다.
- **BMU** : 배터리 가용 파워 및 SOC 정보를 제공한다.
- **VCU** : 배터리 정보 및 FATC 요청 파워를 이용하여 FATC에 허용 파워를 송신한다.

ⓒ **전장 부하 전원 공급 제어**

VCU는 BMU와 정보 교환을 통해 전장 부하의 전원 공급 제어 값을 결정하며, 운전자의 요구 토크 양의 정보와 회생 제동량 변속 레버의 위치에 따른 주행 상태를 종합적으로 판단하여 LDC에 충·방전 명령을 보낸다. LDC는 VCU에서 받은 명령을 기본으로 보조 배터리에 충전 전압과 전류를 결정하여 제어한다.

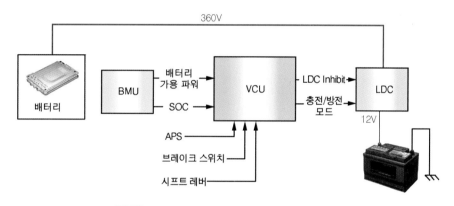

그림 전장 부하 전원 공급 제어 다이어그램

- **BMU** : 배터리 가용 파워 및 SOC 정보를 제공한다.
- **VCU** : 배터리 정보 및 차량 상태에 따른 LDC의 ON/OFF 동작 모드를 결정한다.
- **LDC** : VCU의 명령에 따라 고전압을 저전압으로 변환하여 차량의 전장 계통에 전원을 공급 한다.

ⓐ **클러스터 램프 점등 제어**

VCU는 하위 제어기로부터 받은 모든 정보를 종합적으로 판단하여 운전자가 쉽게 알 수 있도록 클러스터 램프 점등을 제어한다. 시동키를 ON 하면 차량 주행 가능 상황을 판단하여 'READY'램 프를 점등하도록 클러스터에 명령을 내려 주행 준비가 되었음을 표시한다.

그림 클러스터 램프 제어

ⓗ **주행 가능 거리**(DTE; Distance To Empty) **연산 제어**

- VCU : 배터리 가용에너지 및 도로정보를 고려하여 DTE를 연산한다.
- BMU : 배터리 가용 에너지 정보를 이용한다.
- AVN : 목적지까지의 도로 정보를 제공하며, DTE를 표시한다.
- Cluster : DTE를 표시한다.

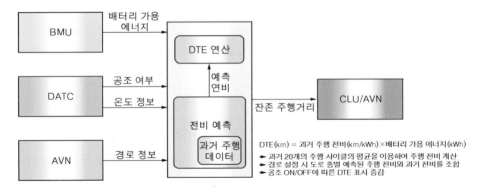

그림 DTE 연산 제어 다이어그램

② **MCU**(Motor Control Unit)

MCU는 내부의 인버터(Inverter)가 작동하여 고전압 배터리로부터 받은 직류(DC) 전원을 3상 교류(AC) 전원으로 변환시킨 후 전기 자동차의 통합 제어기인 VCU의 명령을 받아 구동 모터를 제어하는 기능을 담당한다.

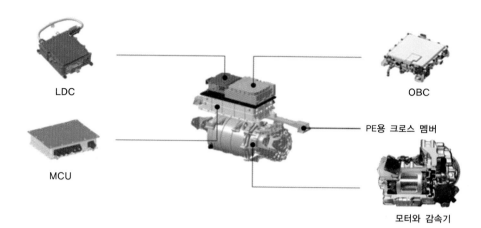

그림 MCU 제어 구성

배터리에서 구동 모터로 에너지를 공급하고, 감속 및 제동 시에는 구동 모터를 발전기 역할로 변경시켜 구동 모터에서 발생한 에너지, 즉 AC 전원을 DC 전원으로 변환하여 고전압 배터리로 에너지를 회수함으로써 항속 거리를 증대시키는 기능을 한다. 또한 MCU는 고전압 시스템의 냉각을 위해 장착된 EWP(Electric Water Pump)의 제어 역할도 담당한다.

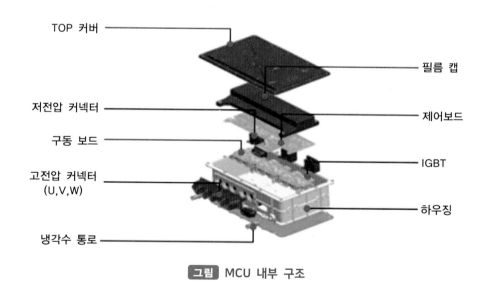

그림 MCU 내부 구조

③ **LDC**(Low Voltage DC-DC Converter)

LDC는 고전압 배터리의 고전압(DC 360V)을 LDC를 거쳐 12V 저전압으로 변환하여 차량의 각 부하(전장품)에 공급하기 위한 전력 변환시스템으로 차량 제어 유닛(VCU)에 의해 제어되며, LDC는 EPCU 어셈블리 내부에 구성되어 있다.

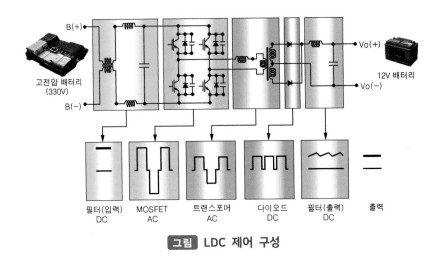

| 필터(입력) DC | MOSFET AC | 트랜스포머 AC | 다이오드 DC | 필터(출력) DC | 출력 |

그림 LDC 제어 구성

LDC의 역할 및 기능

입력	고전압 배터리(360V)	
출력	보조 배터리(12V)	
용도	보조 배터리 충전 및 전장 부하 전원 공급	
특성	• Idle stop : 전원 공급 가능	• 온도특성 : 정출력

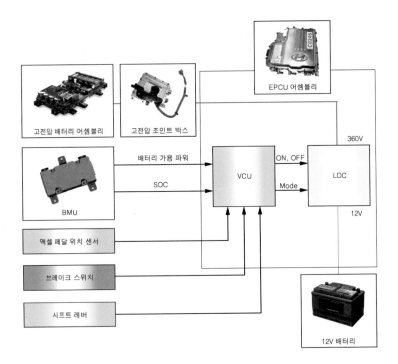

그림 전기 자동차의 전장 부하(12V) 전원 공급 흐름도(BMU-VCU-LDC)

④ OBC(On Board Charger)

전기자동차 충전 방법으로는 완속 충전 포트를 이용한 완속 충전과 급속 충전 포트를 이용하는 급속 충전이 있는데, 완속 충전은 AC 100·220V 전압의 완속 충전기(OBC)를 이용하여 교류 전원을 직류 전원으로 변환하여 고전압 배터리를 충전하는 방법이다. 완속 충전 시에는 표준화된 충전기를 사용하여 차량의 앞쪽에 설치된 완속 충전기 인렛을 통해 충전하여야 한다. 급속 충전보다 더 많은 시간이 필요하지만 급속 충전보다 충전 효율이 높아 배터리 용량의 90%까지 충전할 수 있으며, 이를 제어하는 것이 BMU와 IG3 릴레이 #1,2,3이다.

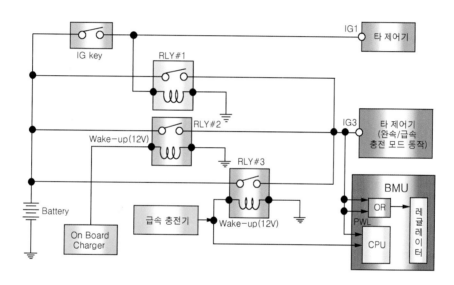

그림 충전 회로도

IG 릴레이의 작용

구분	작용
IG3 신호	전기 자동차에만 있는 신호의 종류로서 저전압 직류 변환장치(LDC), BMU, 모터 컨트롤 유닛(MCU), 차량 제어 유닛(VCU), 완속 충전기(OBC)가 신호를 받게 된다.
IG3 #1 릴레이	완속 또는 급속 충전중일 때를 제외하고 고전압을 제어하는 제어기가 작동하는 조건에서는 IG3 #1 릴레이를 통해서 IG3 전원을 공급 받는다.
IG3 #2 릴레이	완석 충전 시에 IG3 전원을 공급하기 위해 작동한다.
IG3 #3 릴레이	급속 충전 시에 IG3 전원을 공급하기 위해 작동한다.

IG3 릴레이를 통해 생성되는 IG3 신호는 저전압 직류 변환장치(LDC), BMU, 모터 컨트롤 유닛 (MCU), 차량 제어 유닛(VCU), 완속 충전기(OBC)를 활성화시키고 차량의 충전이 가능하게 한다.

ⓐ 완속충전 방식

- **충전 전원** : 220V, 35A
- **충전 방식** : 교류 (AC)
- **충전 시간** : 약 5시간
- **OBC의 최대 출력**(EVSE) : 6.6kW
- **충전 흐름도** : 완속 충전 스탠드 → 완속 충전 포트 → 완속 충전기(OBC) → PRA → 고전압 배터리 시스템 어셈블리
- **충전량** : 고전압 배터리 용량(SOC)의 90~95%

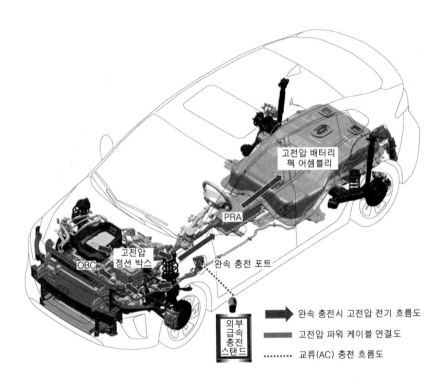

그림 완속 충전 방식(전기자동차 이론과 실무 p.112)

OBC의 주요 제어 기능

분류	항목	내용	주요 항목
제어 기능	입력 전류 Power Factor 제어	AC 전원 규격 만족을 위한 Power Factor 제어	• 예약/충전 공조 시 타시스템 제어기와 협조제어 • DC link 전압 제어
보호 기능	최대 출력 제한	• OBC 최대 용량 초과시 출력제한 • OBC 제한 온도 초과시 출력제한	• EVSE, ICCB 용량에 따라 출력 전력 제한 • 온도 변화에 따른 출력 전력 제한
보호 기능	고장 검출	OBC 내부 고장 검출	• EVSE, ICCB 관련 고장 검출 • OBC 고장 검출
협조 제어	차량 운전 협조 제어	• BMU와 충전에 따른 출력 전압 전류 제한 • 예약 · 충전 공조 시 타 시스템 제어기와 협조제어	• BMU와 충전 시작 · 종료 시퀀스 • 예약 충전시 충전진행 Enable

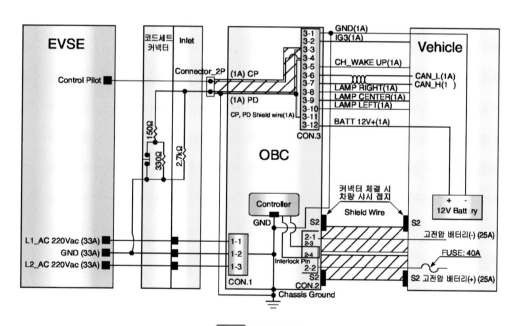

그림 OBC 회로

ⓒ 급속 충전 방식

급속 충전은 차량 외부에 별도로 설치된 차량 외부 충전 스탠드의 급속 충전기를 사용하여 DC 380V의 고전압으로 고전압 배터리를 빠르게 충전하는 방법이다. 급속 충전 시스템은 급속 충전 커넥터가 급속 충전 포트에 연결된 상태에서 급속 충전 릴레이와 PRA 릴레이를 통해 전류가 흐를 수 있으며, 외부 충전기에 연결하지 않았을 경우에는 급속 충전 릴레이와 PRA 릴레이를 통해 고전압이 급속 충전 포트에 흐르지 않도록 보호한다.

기존 차량의 연료 주입구 안쪽에 설치된 급속 충전 인렛 포트에 급속 충전기 아웃렛을 연결하여 충전하고 충전 효율은 배터리 용량의 80~84%까지 충전할 수 있으며, 1차 급속 충전이 끝난 후 2차 급속 충전을 하면 배터리 용량(SOC)의 95%까지 충전할 수 있다.

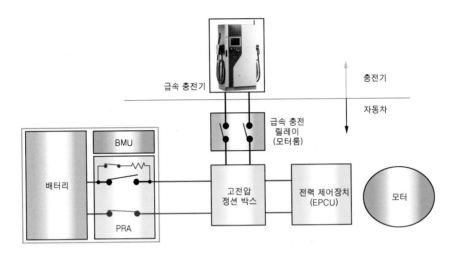

그림 급속 충전 회로도

- **충전 전원** : 100kW 충전기는 500V 200A, 50kW 충전기는 450V 110A
- **충전 방식** : 직류 (DC)
- **충전 시간**: 약 25분
- **충전 흐름도** :
  급속 충전 스탠드
  → 급속 충전 포트
  → 고전압 정션
  박스 → 급속 충전
  릴레이 (QRA) →
  PRA → 고전압
  배터리 시스템
  어셈블리
  - **충전량** : 고전압
  배터리 용량
  (SOC)의 80~84%

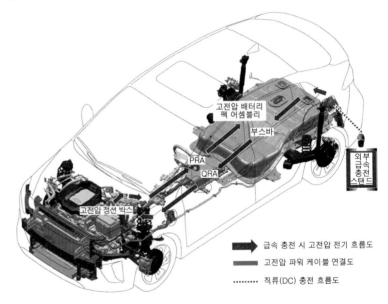

그림 급속 충전

5 전기 기초이론 및 EV 구동 모터시스템

1) 전압 · 전류 · 저항

모든 물질은 분자로 구성되어 있으며, 분자는 원자의 집합체로 구성되어 있다. 또 원자는 원자핵 과 전자로 구성되어 있으며, 원자핵은 다시 양성자와 중성자 분류한다. 그리고 전자 궤도를 형성하 고 있는 전자 중에서 가장 바깥쪽 궤도를 회전하고 있는 전자를 가전자라 부르며, 이 가전자는 원 자핵으로부터 구속력이 약하기 때문에 궤도에서 쉽게 이탈할 수 있으므로 이와 같은 전자를 자유 전자(free electron)라고 한다.

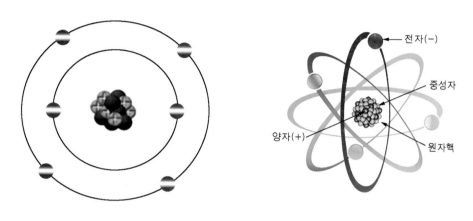

그림 **원자의 구조**

① 전류

전류란 물질에 존재하는 자유전자가 외부의 자극에 의해 이동하는 현상을 전류라고 하며, 전자가 이동 할 수 있는 물질을 도체, 흐르지 않는 물질을 부도체라고 한다. 또한 도체에 (+)극과 (-)극 의 두 극을 서로 연결하면 전기는 (+)극에서 (-)극으로 흐른다고 약속하고 있으며, 정설은 영국의 물리학자 톰슨에 의해 전자는 (-)쪽에서 (+)쪽으로 이동하고 있다고 정리한다. 도체를 흐르는 전류의 크기는 도체의 한 점 을 1초 동안에 통과하는 전하의 양으로 표시하며, 전류의 단위는 암페어(A, 기호는 I)를 사용한다. 단위와 종류는 아래와 같다.

$$1A = 1,000mA \qquad 1mA = 1,000\mu A$$

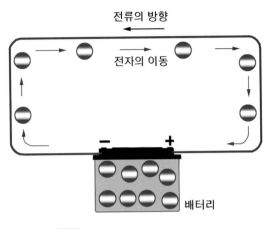

전류의 방향

전자의 이동

배터리

그림 전자와 전류의 흐름 방향

② 전압

전기회로에서는 (+)전하와 (−)전하 사이를 전선으로 연결하면 (+)전하는 전위차에 의하여 전선을 통하여 (−)전하를 향하여 전류가 흐르며, 이때의 전위차를 전압이라 한다. 전류의 흐름 은 전압의 차이가 클수록 커지며, 전압의 단위는 볼트(V ; 기호는 E)로 표기한다. 1V란 1옴(Ω)의 도체에 1암페어(A)의 전류를 흐르게 할 수 있는 전기적인 압력을 말하며, 단위와 종류는 아래와 같다.

$$1Kv = 1,000V \qquad 1V = 1,000mV$$

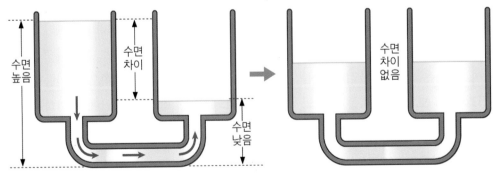

수면이 높고 낮음에 따라 물의 흐름을 만든다.　　　수면의 차이가 없으면 물은 흐르지 않는다.

그림 수압(수면)과 물의 흐름

516

③ 저항

전자가 도체 속을 이동할 때 자유전자의 수, 원자핵의 구조, 도체의 형상 또는 온도에 따라 저항은 변화한다.

즉 도체에 길이가 증가하면 많은 원자 사이를 뚫고 흘러야 하므로 저항은 증가하고 전류의 방향과 수직되는 방향의 단면적이 커질수록 전류가 흐르기 쉬운 조건이 형성되므로 도체의 저항은 그 길이에 정비례하고 단면적에 반비례하며, 저항의 단위는 옴(Ω, 기호는 R)을 사용한다.

도체의 단면 고유 저항을 ρ(Ωcm), 단면적을 A(cm²), 도체의 길이 ℓ(cm)인 도체의 저항을 R(Ω)이라 하면 $R = \rho \times \dfrac{\ell}{A}$의 관계가 있으므로 도체와 그 형상이 결정되면 저항값을 계산할 수 있다.

④ 절연저항

절연체의 저항은 그림과 같이 절연체를 사이에 두고 높은 전압을 가하면 절연체의 절연 저항 정도에 따라 매우 적은 양이기는 하지만 화살표 방향으로 전류가 흐른다. 절연체의 전기 저항은 도체의 저항에 비하여 대단히 크기 때문에 메가옴(MΩ)을 사용하며, 절연 저항이라 부른다. 절연 저 항은 다음의 공식으로 표시한다.

$$R = \frac{E}{I} \times 10^{-6}$$

여기서, R : 절연저항(MΩ), E : 공급한 전압(V) , I : 공급한 전류(A)

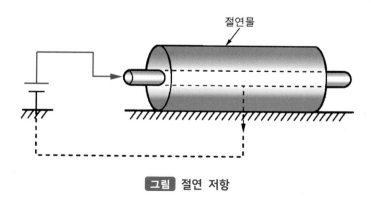

절연물

그림 절연 저항

도체의 저항은 온도에 따라서 변화하며, 온도가 상승하면 보편적인 금속은 저항값이 직선적으로 증가하지만 반대로 반도체 및 절연체 등은 감소한다. 온도가 1℃ 상승하였을 때 변화하는 저항값의 비율을 온도계수에 따른 저항변화 라고 한다. 구리선의 경우 온도가 1℃ 상승하면 그 저항은 약 0.004배가 증가한다. 따라서 어떤 온도에서 저항이 1Ω이었을 경우 1℃ 상승하면 1.004Ω이 되고 20℃ 상승하면 1Ω +(0.004Ω × 20)=1.08Ω이 된다.

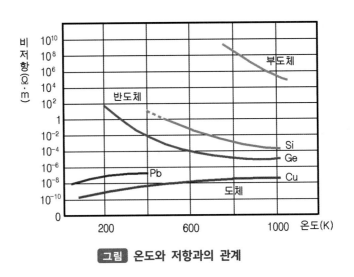

그림 온도와 저항과의 관계

또한 접촉 저항은 도체와 도체를 연결할 때 헐겁게 연결하거나 녹이나 페인트 및 피복을 완전히 제거하지 않고 연결하면 그 접촉면 사이에 저항이 발생하여 전류의 흐름을 방해한다. 이와 같이 접촉면에서 발생하는 저항을 접촉 저항이라고 한다.

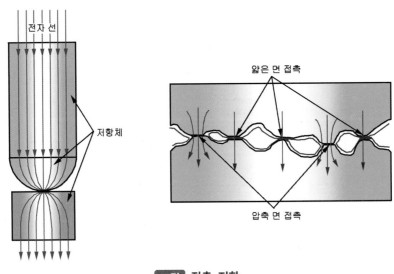

그림 접촉 저항

⑤ **전력과 전력량**

전구 또는 전동기 등의 부하에 전위차가 있는 전류를 흐르게 하면 열이 발생하거나 또는 기계적인 일을 한다. 이와 같이 전기가 일정 시간에 하는 일 또는 에너지량의 크기를 전력이라고 하며, 전력은 전압과 전류를 곱한 값이므로 전압과 전류가 클수록 커진다. 또한 전력에 시간을 곱한 것을 전력량 또는 작업량이라 하며 공식은 다음과 같다.

$$P = E \times I$$

여기서, P : 전력(W), E : 전압(V), I : 전류(A)

2) 옴(Ohm)의 법칙과 저항의 접속방법

① **옴의 법칙**(Ohm' law)

전기회로에 흐르는 전압, 전류 및 저항은 서로 일정한 관계가 있으며, 1827년 독일의 물리학자 옴 (Ohm)에 의해 도체를 흐르는 전류는 도체에 가해진 전압에 비례하고, 그 도체의 저항에 반비례한다고 정리하였으며, 이를 옴의 법칙이라 한다.

$$E = I \times R$$

여기서, E : 도체에 가해진 전압(V), I : 도체를 흐르는 전류(A), R : 도체의 저항(Ω)

② **저항의 접속방법**

여러 개의 저항을 접속하는 방법에는 직렬접속과 병렬접속이 있다. 어느 접속이든지 전체의 저항 (R)은 전압(E)을 전체 전류(I)로 나눈 $R = \dfrac{E}{I}$가 되며, 회로의 저항 전체를 합성하는 경우에는 이를 합성 저항 또는 전체 저항이라 한다.

⊙ 저항의 직렬접속

여러 개의 저항을 한 줄로 접속하는 것을 직렬접속이라 한다. 3개의 저항을 직렬로 접속하면 각 저항에 흐르는 전류는 일정하고 각 저항에는 공급 전원전압이 나누어져 흐르게 된다. 그리고 합성 저항은 각 저항의 총합과 같으며, 각각의 저항에 흐르는 전류는 모두 같은 값이다. 또 한 각 저항에 공급된 전압의 총합은 공급전원전압과 같다.

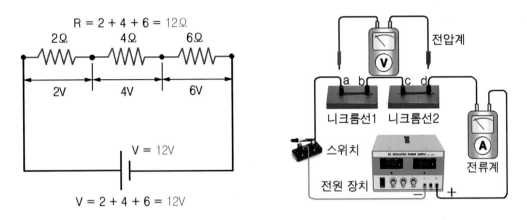

그림 직렬회로의 전압 분배

⊙ 저항의 병렬접속

여러 개의 저항을 그림과 같이 양단의 두 단자에서 공통으로 연결하는 것을 병렬접속이라 하며 작은 저항을 얻고자 할 경우, 또는 부하에 흐르는 전류를 조절 하고자 할 때 사용한다.

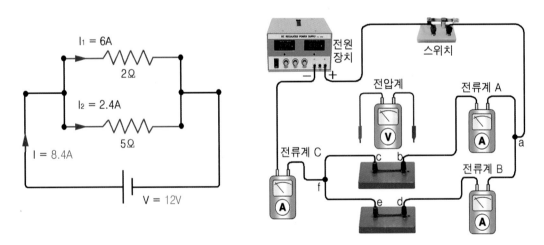

그림 병렬회로의 전압 분배

3) 전압 강하(voltage drop)

전원으로부터 전선을 따라 흐르는 전류는 저항(R)을 통과하면서 전압의 크기가 낮아지는 현상을 전압 강하라고 말하며, 전압강하량은 전원에서 멀어짐에 따라 점점 낮아진다.

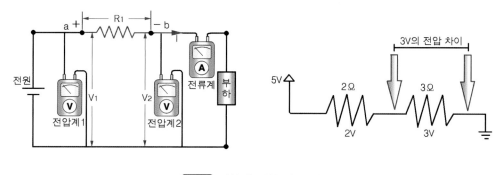

그림 저항에 의한 전압 강하

전기회로 내의 전압강하량은 전자의 이동량을 표현하는 전류(I, 단위 A), 전류의 흐름을 억제하는 저항(R, 단위 Ω) 및 전류가 흐를 수 있도록 압력을 가하는 전압(E, 단위 V) 등을 옴의 법칙 (E=I×R) 에 따라 전압 강하량을 계산할 수 있으며 직렬전기회로 내에 저항이 증가하면 전압 강하의 값은 커진다.

4) 키르히호프의 법칙(Kirchhoff's Law)

복잡한 회로의 전압·전류 및 저항을 다룰 경우에는 옴의 법칙을 발전시킨 키르히호프의 법칙을 사용한다. 즉, 전원이 2개 이상인 회로에서 합성 전력의 측정이나 복잡한 회로망의 각 부분의 전류 분포 등을 구할 때 사용하며, 제1법칙과 제2법칙이 있다.

① 키르히호프의 제1법칙

이 법칙은 전류에 관한 공식으로 직렬회로에서는 전체 전류는 모든 저항을 통하여 같은 값으로 흐르지만, 병렬회로에서는 각각의 회로에 나누어져 흐른 후 다시 합쳐져 흐른다. 그러나 회로의 연결과는 관계없이 회로 내의 어떤 한 점에 유입된 전류의 총합과 유출한 전류의 총합은 같으며 이를 키르히호프의 제1법칙이라 하며 공식은 다음과 같다.

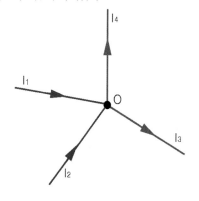

그림 키르히호프의 제1법칙

② 키르히호프의 제2법칙

이 법칙은 전압에 관한 공식이며, 기전력 E(V)에 의해 R(Ω)의 저항에 I(A)의 전류가 흐르는 회로에서 옴의 법칙에 따라 E=I×R 이 된다. 이것을 문자로 나타내면 "기전력 = 전압강하에 의한 전압의 합"으로 되어 A → B → C→ D의 방향에서는 기전력과 전압강하가 같다는 것을 뜻한다. 이상의 설명은 간단한 회로의 경우이지만 전원이 2개 이상 있는 복잡한 회로, 즉 임의의 폐회로(하나의 접속점을 출발하여 전원·저항 등을 거쳐 본래의 출발점으로 되돌아오는 닫힌회로)에 있어 기전력의 총합과 저항에 의한 전압 강하의 총합은 같다.

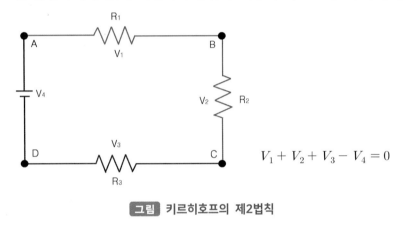

$$V_1 + V_2 + V_3 - V_4 = 0$$

그림 키르히호프의 제2법칙

5) 직류 · 교류 · 맥류

① 직류(DC ; Direct Current)

직류란 흐르는 방향과 전압이 일정한 전류이며, 더불어 극성이 같은 영역에서 전압의 변화는 있어도 전류의 변화가 없는 전류 또한 직류이다. 즉 시간에 따라 흐르는 극성(방향)과 전압의 크기가 변하지 않는 전류를 일반적으로 DC라고 한다.

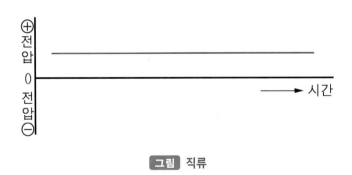

그림 직류

② **교류(AC ; Alternating Current)**

교류는 시간의 흐름에 따라 그 크기와 극성(방향)이 주기적으로 변화하는 사인 곡선 특성의 전류이다. 더불어 1초 동안 반복되는 사이클의 총 횟수를 주파수라고 하며, 단위는 Hz로 표시한다.

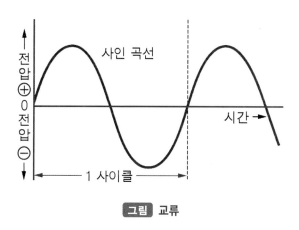

그림 교류

③ **맥류(PC ; Pulsate Current)**

전압이 주기적으로 변화하는 전류 또는 일정한 전압에서 ON과 OFF를 반복하는 펄스파의 전류를 맥류라고 한다. 즉 시간에 따라 흐르는 극성이 변화하지 않지만, 전압의 크기가 변화하는 전류는 DC의 일종이며 맥류(PC)라고 한다.

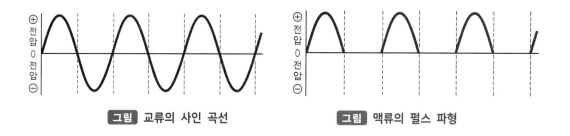

그림 교류의 사인 곡선   그림 맥류의 펄스 파형

6) 주기·사이클 및 주파수

교류의 사인 곡선에서 산 1개와 골짜기 1개를 이루는 파형을 사이클이라 하며, 1사이클에 소요되는 시간을 주기라고 한다. 또한 주파수는 1초 동안의 반복되는 사이클의 총횟수이며, 사이클 내에서 전류 또는 전압의 위치를 위상이라고 한다.

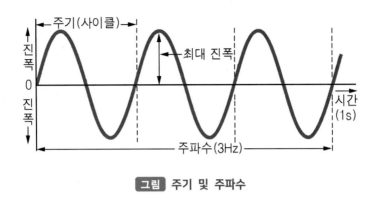

그림 주기 및 주파수

1개의 사인파를 출력하는 전류는 단상교류이며, 삼상교류는 3개의 단상이 주기가 1/3(위상 120°간격)씩 엇갈린 상태에서 같은 주파수 및 전압으로 변화하는 전류로서 삼상 교류는 속도제어용 모터에 적합하다.

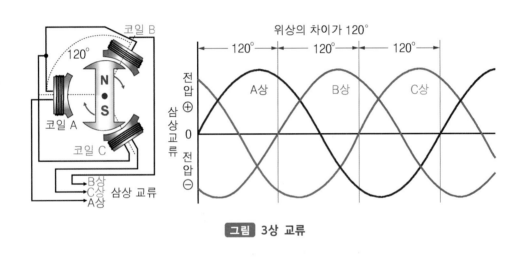

그림 3상 교류

7) 자력

자기는 자석(magnet)이 가지고 있는 힘이 주위에 발생하는 현상으로 자석의 N극이 다른 자석의 S극 부분을 자신의 영역 가까이 끌어들이려는 성질을 자성이라 하고 자석이 가지고 있는 흡인하는 힘을 자기력이라고 한다.

① 자기의 성질

N극과 S극의 극성이 있는 자기의 극성이 있는 부분을 자극이라 하며, 서로 다른 이극끼리는 흡인 력으로 서로 끌어당기고, 동극끼리는 반발력으로 서로 밀어낸다. 또한 자석에 의해 자성체가 끌려가는 것은 일시적으로 발생한 자석의 성질 때문이다.

이와 같이 자기를 띠는 현상을 자화라고 하며, 일시적인 자화현상은 시간이 경과하면 자석의 성질은 없어지기도 한다. 더불어 시간이 경과 해도 자기의 성질을 유지하는 것을 영구자석이라고 한 다. 모터에서 주로 사용되고 있는 자석은 페라이트 자석과 희토류 자석이며, 자석의 자력은 고온 이 되면 자력이 저하되기 쉽다.

② **자력선**

자력이 미치는 범위를 자계 또는 자장이라 하며, 자력선은 N극에서 S극으로 흐르고 도중에 갈라지거나 교차하지 않으며, 자력이 강할수록 자력선의 간격은 좁다. 물질의 종류에 따라서 자력선이 통과하는 성질은 차이가 있으며, 자력선은 가장 짧은 거리로 통과하려는 성질이 있다.

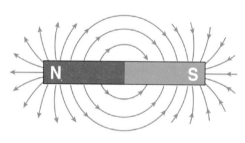

그림 자력선의 흐름

③ **전자석**(Electromagnet)

도선에 전류가 흐르면 도선의 주위에는 동심원의 자계가 발생한다. 자력선이 향하는 방향은 앙페르의 오른 나사 법칙에서와 같이 전류의 방향에 대해서 시계 방향으로 형성되며, 전류의 흐름에 따라 형성되는 자석을 전자석이라고 한다.

일반적으로 도선을 감은 형상의 코일이 사용되며, 코일 내에 철심을 넣으면 자력선이 통과하기 쉬워 더욱 강한 자계가 형성된다. 또 자석의 자계는 전류에 비례하여 강해지고 전류가 같다면 코일의 권수가 많을수록 자계가 강해진다.

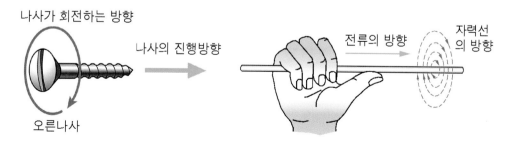

그림 앙페르의 오른나사의 법칙

④ **전자력**(Electromagnetic Force)

자계 속에 존재하는 도선에 전류가 흐를 때, 전선에 발생하는 자력선과 기존 자계 사이의 영향으로 도선의 자기는 안정된 상태가 되려는 성질 때문에 도선은 운동하는 힘이 발생하며 이 힘을 전자력이라고 한다.

이때 전류, 자계 및 전자력의 방향은 일정한 관계가 있으며, 플레밍의 왼손법칙에 따라 왼손의 엄지 손가락, 인지 및 가운데 손가락을 직교한 상태에서 인지를 자력선의 방향, 가운데 손가락을 전류의 방향에 일치시키면 엄지손가락의 방향으로 전자력이 작용하며 이를 모터의 원리에 응용하고 있다.

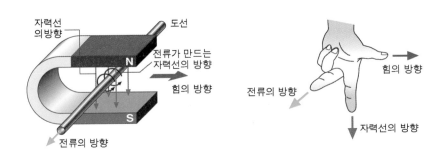

그림 플레밍의 왼손 법칙

⑤ **유도 기전력**(Induced Electromotive Force)

발전기에서와 같이 자계 속에서 도선을 움직이면 도선은 자계에 영향을 받아 도선에 전류가 흐르는 현상을 전자 유도 작용이라 하며, 발생하는 전압을 유도 기전력, 흐르는 전류를 유도 전류라고 한다. 이때 자계, 운동 및 전류의 방향은 플레밍의 오른손법칙과 같이 오른손의 엄지손가락, 인지 및 가운데 손가락을 서로 직교하여 펴서 인지를 자력선의 방향, 엄지손가락을 도선의 운동방향에 일치시키면 가운데 손가락은 유도 기전력을 방향과 같다.

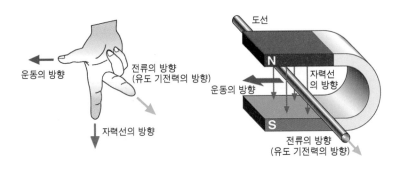

그림 플레밍의 오른손 법칙

⑥ 전자 유도 작용

　코일 자신에 흐르는 전류를 변화시키면 코일의 임피던스 영향으로 인하여 그 변화를 방해하는 방향으로 유도 기전력이 발생하는데 이를 자기유도 작용이라 한다. 또한 전기 회로에 자력선의 변화 가 생겼을 때 다른 전기 회로에 기전력이 발생되는 현상을 상호 유도 작용이라 한다.

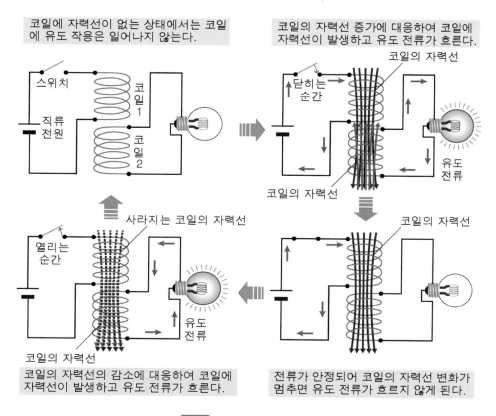

그림 자력선의 유도 작용

　도선으로 만들어진 코일 속에서 자성이 있는 막대자석을 왕복으로 움직이면 코일 자신의 임피던스에 의해 자력선이 유도되고 자석의 이동이 빠를수록, 코일의 권수가 많을수록 유도 기전력이 커진다.

　전자 유도 작용은 도선이나 코일 이외에서도 발생하는데 변화하는 자계 속에 반도체를 위치시키면 유도 전류가 흐른다. 예를 들어 동판의 한 점을 향해서 자석의 N극을 가까이 접근시키면 동판 위에 반시계 방향으로 전류가 흐르며, 이를 와전류라고 한다. 이러한 와전류는 전력의 손실을 발생시키고 모터의 효율을 떨어뜨리는 요인이 되기도 하지만 모터의 회전 원리에 이용되기도 한다.

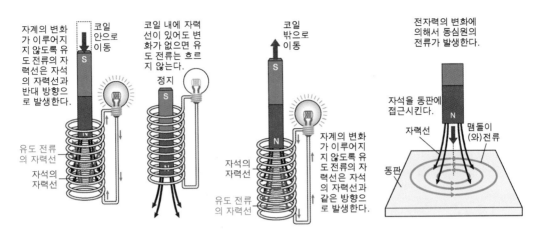

그림 전자 유도 작용과 맴돌이 전류

⑦ 자기유도 작용과 상호유도 작용

코일에 전류가 흘러 전자석이 되는 과정에서 상대편 코일은 리액턴스에 의하여 자기장의 흐름을 방해하는 방향으로 기전력이 발생하며 또한 코일에 흐르는 전류가 차단될때에도 코일에는 유도성 기전력이 발생한다. 즉 전류의 흐름이 차단될 때 자신의 코일에 발생하는 기전력을 자기유도 작용 이라 하고, 자계를 공유할 수 있도록 배치한 이웃한 코일 사이에서 코일의 권수비에 따라 발생하는 유도 기전력을 상호유도 작용이라 한다.

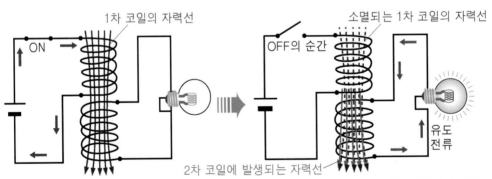

1차 코일의 전원을 OFF하는 순간 상호 유도 작용에 의해 2차 코일에 자력선을 발생시키도록 유도 전류가 흐른다. 1차 코일에 전원을 ON하는 순간에도 상호 유도 작용은 일어난다.

그림 자기 유도 작용과 상호 유도 작용

8) 모터와 발전기

전류가 만드는 자기장을 이용하여 회전운동의 힘을 얻는 모터와 전자 유도 작용으로 기전력을 발생시키는 발전기의 원리는 모두 자기장을 이용한다. 기전력의 크기는 자기장의 세기와 도체의 길이 및 자기장과 도체의 상대적 속도에 비례하며, 기전력의 방향은 플레밍의 오른손 법칙에 의해 이해 할 수 있다.

발전기 내부에는 자기장을 만들기 위한 자석과 기전력을 발생시키는 도체가 있으며, 그림과 같이 회전 계자형은 도체가 정지하고 자기장이 회전하는 발전기이고, 회전 전기자형은 자기장이 있는 도체가 회전하는 형식이며 자석의 N(+)극에서 S(-)극을 향해 자력선이 작용하고 있으며, N극과 S극의 밀고 당기는 반발력 의 특성을 이용한 것이 모터이다.

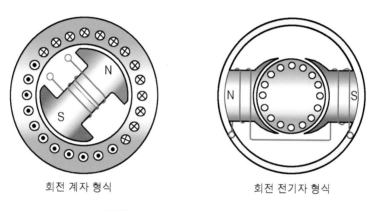

회전 계자 형식　　　　　　회전 전기자 형식

그림 발전기 회전자 형식의 종류

9) 단상 유도 전동기

구조는 고정자는 주로 프레임에 0.35mm의 얇은 규소강판을 성층한 것이며, 회전자는 적층된 철심에 동, 알루미늄 막대를 끼우고 양단에 단락 링으로 단락하여 샤프트에 고정하였으며, 외부 프레임, 냉각 날개, 공기 입^출구, 축 및 단자 박스 등으로 구성되어 있다.

그림에서 고정자 권선에 단상 전류를 흘리면 교번 자계가 발생하여 회전자 권선에 회전력이 발생한다. 그러나 단상유도전동기의 회전자가 정지하고 있을 경우에는 회전력을 발생하지 않으므로 코일 또는 보조 권선에 컨덴서를 접속하여 회전자의 기동장치 역할을 한다.

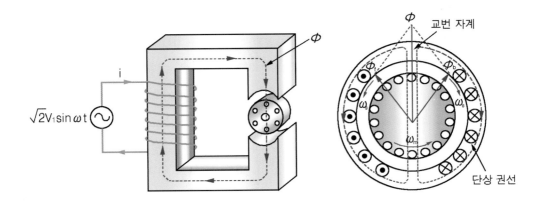

그림 단상 유도 전동기의 원리

단상 유도 전동기의 특성 비교

전동기 종류	토크		정격부하를 가할 때		출력범위 (HP)	가격 (%)	적용 분야
	기동시	최대 토크	역률	효율			
분산 기동형	100 ~250	300	50 ~65	55 ~65	1/20 ~1/3	100	팬, 펌프, 세탁기 등의 기동토크가 작은 분야
커패시터 기동형	250 ~400	350	55 ~65	55 ~65	1/10 ~3	125	컴프레서, 펌프, 컨베이어, 냉장고, 에어컨, 세탁기 등의 부하를 기동하기 힘든 분야
커패시터 구동형	100 ~200	250	60 ~70	60 ~70	1/10 ~1	140	팬, 펌프, 송풍기 등 저소음이 요구되는 장비
커패시터 기동-구동형	200 ~300	250	60 ~70	60 ~70	1/2 ~3	180	컴프레서, 펌프, 컨베이어, 냉장고 등 저소음이 요구되고 기동하기 힘든 장비
쉐이딩 코일형	40 ~60	140	25 ~40	25 ~40	1/30 ~1/3	60	팬, 헤어드라이어, 장난감 등 기동 토크가 작은 분야

10) 3상 교류 전동기

3상의 교류를 사용하는 3상 동기모터는 전기 자동차의 구동에 적합하며 교류 동기 모터(Synchronous motor)의 한 종류이다.

① 고정자의 권선법

전기 에너지를 기계 에너지로 변환하는 중간 과정에서 손실되는 에너지를 방지하기 위해서는 고정자의 권선법이 중요하며, 고정자와 회전자 사이의 공극에 양질의 자속을 만들어

시간적으로 회전하는 회전 자계를 만드는 코일의 구성 방법으로 집중권, 분포권, 치집중 권으로 나누어지며, 양질의 자속을 만들려면 공극 자속이 정현적인 파형을 보여야 한다. 하지만 그림은 이상적인 파형이며, 실제 모터에서 사용되는 전기의 주파수에 따른 코일의 리액턴스 등의 요인으로 공간 고조파(harmonics)가 생기며, 고조파가 커질수록 크면 모터의 소음과 진동이 커지고 이는 에너지 손실이 발생한다. 고조파를 방지하기 위해 '스큐'라는 방식으로 슬롯의 각도를 비틀어 고조파의 유입을 방지(고조 파가 서로 상쇄 됨)한다.

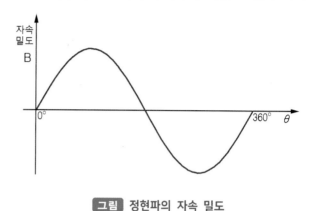

그림 정현파의 자속 밀도

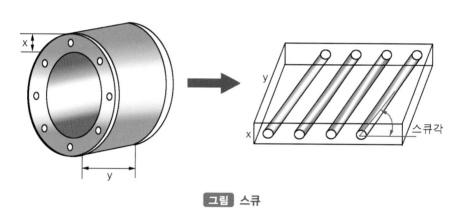

그림 스큐

권선법의 종류는 크게 고정자에 2개 이상의 슬롯에 코일을 분포해서 감는 분포권과 각각의 코일 을 독립적으로 집중해서 감는 집중권(치집중권 포함) 및 분포권으로 나눌 수 있다. 권선 도체 면적을 슬롯 면적으로 나눈 값을 점적율이라고 하며, 점적 율이 높게 되면 코일을 많이 감을수 있기 때문에 기자력이 높고(F=NI) 이는 모터가 더 큰 힘을 낼 수 있다. 하지만 장점만이 있을 수는 없어서 기자력이 큰 집중권의 단점으로는 고조파가 크다는 엄청난 단점이 있으므로 유도 전동기의 권선법으로는 거의 사용하지 않는다. 분포권의 장·단점은 위의 집중권과 거의 대비되는데 회전축의 면에 코일을 감는 것으로 자극의 회전이 원활하며, 분포 단절권은 고조파가 가장 작아 공극 자속 밀도를 가장 정현적으로 만들수 있는 권선법이다.

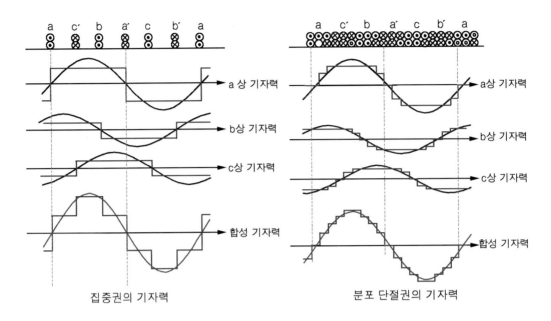

집중권의 기자력   분포 단절권의 기자력

그림 공극의 합성 기자력 비교

실제 모터에서 권선법을 구분하기는 어렵지만 슬롯으로 구분하는 방법으로 슬롯수를 상수로 나누어 주고 이 값을 다시 극수로 나누어 주면 q이다. 즉 q가 1 이하이면 집중권인데 예를 들어 모터가 3상 8극 12슬롯이라고 가정하면

$$\frac{12}{3} = 4, \ \frac{4}{8} = 0.5$$ 가 되므로 따라서 이 모터는 집중권이다.

권선법

권선법	집중권	분포권		치집중권
		전절권	단절권	
모터				
기자력	크다	다소 작다	다소 작다	크다
고조파	크다	중간	작음	매우 크다
점적율	높다	중간	낮음	매우 높다

② 삼상 회전 자계

권선수와 성능이 동일한 3개의 코일을 중심 위치에서 120°간격으로 배치한 후, 각각의 코일에 삼상 교류를 공급하여 전류가 흐르면 회전 자계가 형성되는데 이를 삼상 회전 자계라 한다.

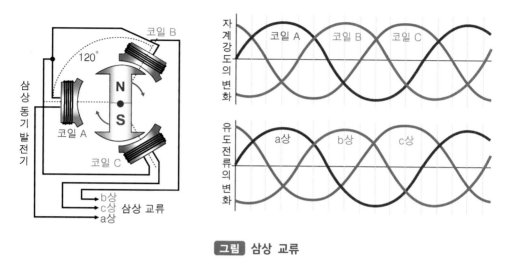

그림 삼상 교류

③ 슬립(Slip)

모터 계자의 회전 자기장의 속도는 회전자 (Rotor)의 회전 속도보다 항상 빠르며, 모터가 정지한 상태에서 기동하는 과정에서는 회전 자기장과 로터의 상대적인 속도차이가 가장 크다. 이때 로터에 유도되는 전류가 가장 크며, 이어서 로터의 회전속도가 가속되면서 최고속도에서는 동기속도에 가까워진다. 이와 같이 회전 자기장의 속도(동기속도)와 실제 로터와의 속도 차이를 슬립(Slip)이라고 한다. 슬립은 토크(Torque)를 형성하기 위해 꼭 필요하며, 부하에 따라 슬립율은 달라질 수 있다. 부하가 커질수록 로터의 속도는 느려지고, 그만큼 로터에 더 많은 전류가 유도되며, 모터의 소요 동력은 커진다.

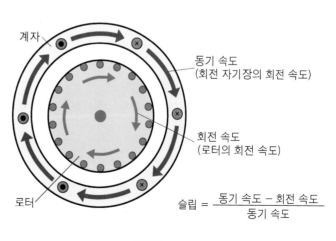

$$슬립 = \frac{동기\ 속도 - 회전\ 속도}{동기\ 속도}$$

그림 슬립

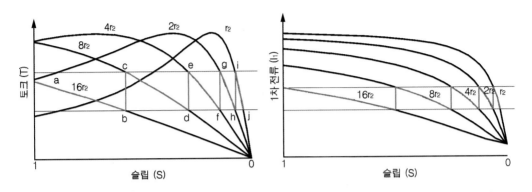

그림 2차 저항에 따른 토크 및 전류 특성

④ **모터의 회전수**

모터를 일정속도로 구동하고 변속기를 사용하는 방법보다 인버터를 사용하여 제반여건에 따른 변수를 적용하여 최적으로 모터의 회전수를 제어하면 소요 동력은 회전수의 3승에 비례해서 감소하므로 큰 전기 에너지를 절감할 수 있다.

소요 동력은 회전속도 3승에 비례하므로

$$P_2 = P_1 \times \left(\frac{N_2}{N_1}\right)^3$$

여기서 N1 : 정격속도, N2 : 인버터 제어시 회전속도

P1 : 정격시 동력, P2 : 인버터 제어시 동력

㉠ **인버터(Inverter)에 의한 가변속시 장점**

• DC 모터나 권선형 모터의 속도 제어에 비하여 AC 모터 사용 시 모터의 구조가 간단하며, 소형이다.

• 보수 및 점검이 용이하다.

• 모터가 개방형, 전폐형, 방수형, 방식형 등 설치 환경에 따라 보호구조가 가능한 특징을 가지고 있다.

• 부하 역률 및 효율이 높다.

㉡ **속도제어 방법**

극수 제어 방법

모터의 극수와 회전수 그리고 주파수에 따라 모터의 회전수는 결정되며, 분당 주파수를

모터의 극수로 나눈 값이다.

$$N = \frac{120 \times f}{P} \times (1-s)[rpm]$$

여기서 N : 모터의 회전속도(rpm), P : 모터의 극수

f : 주파수, s: 슬립

위의 식에 따라 모터의 회전수는 모터의 극수와 주파수에 의해 분류되므로 극수 P, 주파수 f, 슬립 s 를 임의로 가변시키면 임의의 회전속도 N을 얻을 수 있다.

일반적으로 산업용에서 사용되는 모터는 4극 모터가 대부분이며, 필요에 따라 빠른 속도를 원할 경우는 2극 모터를, 속도가 느리며, 큰 토크를 원할 경우에는 6극 모터로 설계한다.

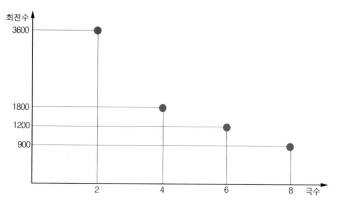

그림 모터 극수에 따른 회전수

슬립제어

슬립을 제어할 경우 저속 운전 시 손실이 커지게 된다.

주파수 제어

모터에 가해지는 주파수를 변화시키면, 극수(P) 제어와는 달리 제어는 rpm에서 연속적인 속도제어가 가능하며, 슬립(s) 제어보다 고효율 운전이 가능하게 된다.

주파수를 변화하여 모터의 가변속을 실행하는 부품이 인버터(Inverter)이며, 인버터는 컨버터에 비하여 직류를 반도체 소자의 스위칭에 의하여 교류로 역변환을 한다. 이때에 스위칭 간격을 가변시킴으로써 원하는 임의로 주파수로 변화시키는 것이다.

실제로는 모터 가동 시 충분한 회전력(Torque)을 확보하기 위하여 주파수뿐만 아니라, 전압을 주파수에 따라 가변시킨다. 따라서 Inverter를 VVVF(Variable Voltage Variable Frequency)라고도 한다.

⑤ 삼상 모터의 2극과 4극 분류

모터를 구성하는 스테이터(고정자) 슬롯에 원호방향으로 120°간격의 코일을 형성하므로 각상의 자계는 공간적으로 120°의 분포를 유지한다. 스테이터 코일에 전류에 의해 형성된 자계가 N극 1개와 S극 1개이면 2극(2-pole) 모터, 각각 2개씩이면 4극(4- pole)모터이며, 8극 또는 16극 까지 설계하여 사용한다.

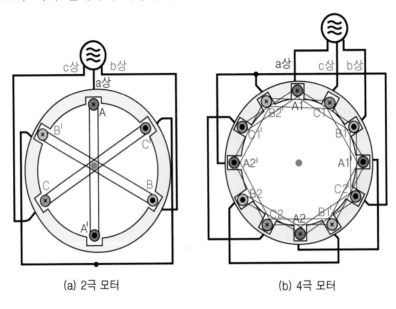

(a) 2극 모터 　　　　　　　　　(b) 4극 모터

그림 삼상 모터의 2극과 4극

⑥ 삼상 교류 모터의 회전 자계 이용

회전 자계를 이용하는 이너로터형 삼상교류모터는 스테이터 코일이 회전 자계를 형성하고 로터 슬롯에 영구자석을 설치하는 영구자석형 동기 모터를 일반적으로 사용한다.

이외에도 전자석을 로터에 채택하는 권선형 동기 모터, 철심만으로 로터를 구성하는 릴럭턴스형 동기 모터 등이 있으며, 이와 같은 동기 모터는 모두 동기 발전기로도 기능을 할 수 있다.

11) 모터의 구조 및 분류

전기모터는 전류의 자기 작용을 이용하여 전기에너지를 운동에너지로 변환하며, 직선적인 힘을 발생하는 리니어 모터와 토크를 발생하는 로터리 모터(회전형 모터)가 있다. 또한 모터는 엔진의 경우와 마찬가지로 토크와 회전수를 곱하여 출력을 나타낸다. 모터는 코일, 철심 등의 계자(스테이터)와 전기자(로터)로 구성되며, 조합에 따라 다음과 같이 분류한다.

① 이너 로터형 모터

일반적으로 많이 사용하는 구조이며 케이스에 스테이터(계자)가 배치되고 그 내부에 로터(회전축과 전기자)가 배치되어 있다.

그림 이너 로터형 모터

② 아우터 로터형 모터

회전자가 바깥 둘레에 배치되어야 유리한 구동용 휠에 적용하며 회전자(케이스)에 자성의 로터를 배치하고 내부에 회전자계를 형성하는 스테이터(계자)가 배치되어 있으며 인 휠(In Wheel) 모터라고도 한다.

그림 아우터 로터형 모터

모터는 전력을 이용하여 회전축의 토크를 만드는 기구이며, 크게는 사용 전원에 따라 직류와 교류 모터로 구분하고 각각의 구조에 따라 세분화 한다.

그림 모터의 분류

12) 전원의 구분에 따른 모터의 분류

① 직류(DC) 모터

조절된 직류 공급량을 회전자(rotor)에 공급하여 회전력을 얻는 모터이며, 고정자(stator: 모터 케이스에 붙어 있는 부분)인 계자는 고정되어 있고 회전자의 자계는 회전하는 방식으로서 브러시가 있는 DC모터 또는 브러시가 없는 BLDC(Brushless Direct Current) 모터가 있다.

더불어 회전자에 공급하는 전류는 직류이므로 회전자계를 만들기 위하여 브러시(brush)를 사용하거나 또는 BLDC 컨트롤러를 이용하여 BLDC 모터를 구동한다.

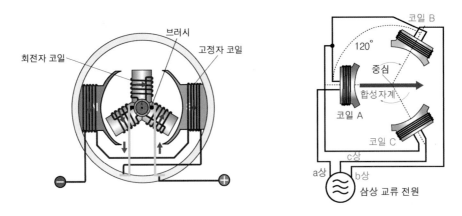

그림 브러시가 있는 DC 모터와 교류 모터

이와 같은 직류모터는 배터리를 전원으로 간단하게 동력을 발생시키며, 기구가 간단하여 저렴하다. 또한 크기가 작아서 소형 가전제품 등 이용 범위가 다양한 장점이 있으나 전기의 흐름을 바꾸기 위해 브러시라고 하는 접점이 필요하며, 장기간 사용으로 브러시가 마모되면 교환을 하여야 하고 브러시와 같은 접점이 있기 때문에 고속 회전용으로는 사용할 수 없는 문제가 있다.

DC모터의 특징

구조	• 브러시 : 전기자에 전류를 흘리도록 정류자와 접촉하는 접점 • 정류자 : 전기자 권선에 일정한 방향의 전류가 통전토록 하는 기구 • 전기자 : 권선(Coil)이 감겨진 회전자 • 계자 : 자계(磁界)를 발생시키는 전자석(또는 영구자석)	
구동 원리	정류자에 의해 전기자 권선에 의한 자기력과 계자 자속이 항상 직교하는 기자력과 자속에 의하여 회전 토크를 발생	
토크	$F = B \times l \times i, \ T = k \times \Phi \times I_a \ (N \cdot m)$ 토크 제어 방법 : ①전기자 전류 제어, ② 계자 자속 제어	
종류	• 자여자 방식(전기자와 계자 권선의 결합방식에 따라 구분) 　① 직권 모터 ② 분권 모터 ③ 복권 모터 • 타여자 방식 : 전기자 권선과 계자 권선이 분리되어 있어, 여자 전류를 별도의 독립 전원으로부터 공급 • 영구 자석형 모터 : 계자 자속이 고정된 타려자 방식	• 직권 : 가변속, 고시동 토크(시동모터) • 분권 : 정속도, 정토크, 정출력의 부하 • 복권 : 정속도, 고시동 토크
장점	• 소용량부터 대용량까지 폭넓은 제품 스펙트럼(수십 W ~ 수십 kW) • 직류 전원 직결 사용 가능(ON/OFF 구동) • 가변 전압(또는 DC Chopper) 연결 시 제어성 용이	차량 적용 예 : EQUUS - DC 모터 적용
단점	• 고속 및 대용량 응용에의 난점(정류자의 기계적 한계) • 내구성의 한계(정류자 및 브러시의 마모 및 주기적 보수 필요)	친환경 차량용 구동 모터로서 부적합

② 교류(AC) 모터

교류 모터는 가정용 가전제품 등에서와 같이 많이 사용되고 있으며, 교류는 시간의 경과에 따라 주기적으로 전기의 크기와 방향이 (+)와 (-)가 번갈아 교차한다. 모터에 인가하는 교류 전기의 크기, 방향 및 주파수를 변화시키면서 제어하는 모터이며, 계자(고정자)의 자계가 회전하는 형식과 회전자의 자계가 회전하는 형식이 있다. 또한 계자의 회전자계와 회전자의 회전자계의 동기 여부에 따라 동기형식과 비동기식 모터로 나누어지며, 고정자 권선에 교류를 인가하면 고정자에 회전하는 자계가 생성된다.

AC 모터의 구조 및 원리

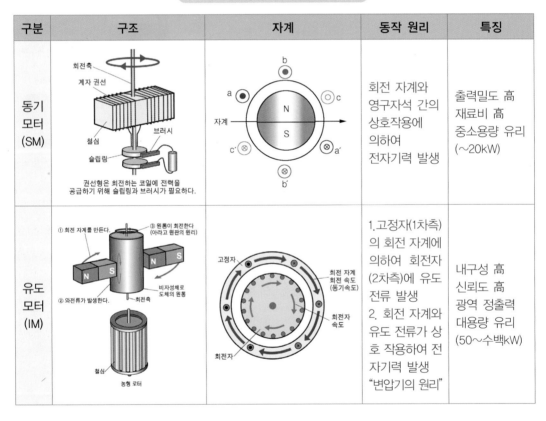

구분	구조	자계	동작 원리	특징
동기 모터 (SM)	회전축 계자 권선 철심 브러시 슬립링 권선형은 회전하는 코일에 전력을 공급하기 위해 슬립링과 브러시가 필요하다.	b a c 자계 N S c' a' b'	회전 자계와 영구자석 간의 상호작용에 의하여 전자기력 발생	출력밀도 高 재료비 高 중소용량 유리 (~20kW)
유도 모터 (IM)	① 회전 자계를 만든다. ③ 원통이 회전한다 (아라고 원판의 원리) N S N S ② 와전류가 발생한다. 회전축 비자성체로 도체의 원통 철심 농형 모터	고정자 회전 자계 회전 속도 (동기속도) 회전자 속도 회전자	1.고정자(1차측) 의 회전 자계에 의하여 회전자 (2차측)에 유도 전류 발생 2. 회전 자계와 유도 전류가 상 호 작용하여 전 자기력 발생 "변압기의 원리"	내구성 高 신뢰도 高 광역 정출력 대용량 유리 (50~수백kW)

교류는 주기적으로 전기의 방향이 (+)와 (-)가 변환되기 때문에 직류 모터에서 필요했던 브러시가 필요 없으며, 더욱이 전기의 방향이 바뀔 때 전기의 크기도 변화하므로 같은 극성의 자장은 서로 반발력에 강약을 주어서 회전력을 얻을 수 있으며, 이것이 유도 모터 모터의 특징이다.

㉠ 영구자석형 동기 모터

영구자석형 동기 모터는 회전하는 자계속에 영구자석의 회전자(로터)를 배치하면 회전자는 자기의 흡인력에 의해서 회전하는 구조이며, 모터에 부하가 걸리지 않은 무부하의 경우에는 회전자의 N극과 계자(스테이터)의 S극은 거의 정면으로 마주한 상태로 회전하지만, 실제로 모터를 사용할 때에는 부하가 걸리므로 계자 자극의 회전보다 회전자 자극이 조금 늦게 회전하고 부하가 일정하다면 같은 각도만큼 오프셋 상태에서 회전을 한다. 이때의 오프셋 각도를 부하각이라고 한다.

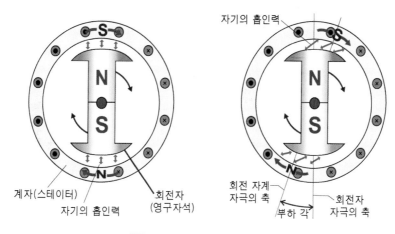

그림 자기의 흡인력과 부하각

교류 모터 중에서 전기 자동차나 하이브리드 자동차의 모터에 주로 사용되는 것이 동기 모터이며, 회전축 쪽에 강력한 영구자석을 이용한다. 동기 모터는 바깥쪽의 전자석에 흐르는 교류에 의해 바뀌는 N극과 S극이 형성되면서 서로 밀고 당기는 자력을 이용하는 것이 특징이며 회전축의 자력선의 세기를 세밀히 조절하여 속도를 조절한다.

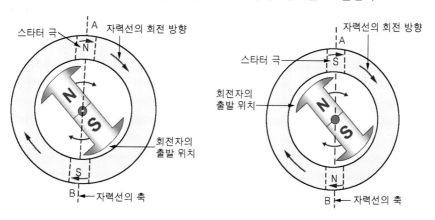

그림 자력선의 동기

㉡ 권선형 동기 모터

권선형 동기 모터는 로터 코일에 전류를 공급하기 위하여 슬립링과 브러시를 사용하므로 구조가 약간 복잡하다.

㉢ 릴럭턴스형 동기 모터

릴럭턴스 동기 모터(reluctance synchronous motor)는 회전자(로터)에 자석을 사용하지 않고 계자(스테이터)의 극수와 같은 수의 돌출부(돌극)를 배치한 철심을 사용하기 때문에 돌극 철심형 동기 모터라고도 한다.

자력선은 N극에서 S극으로 최단 거리의 경로를 형성하기 위해 회전자의 돌극이 계자(스테이터) 자

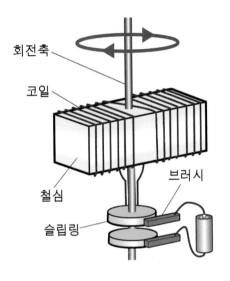

그림 권선형 동기 모터의 구조

극의 정면이 되도록 회전자를 회전시키며, 회전자에 부하가 걸리고 있으면 자력선이 늘어지다가도 고무줄의 장력과 같은 힘이 발휘되어 회전 토크가 발생된다.

이와 같이 릴럭턴스(자기저항)가 최소의 상태가 되도록 토크를 발생하기 때문에 릴럭턴스 형이라고 하며, 이때의 토크를 릴럭턴스 토크라고 한다. 영구자석형에 비하면 구조가 간단하고 제작비를 줄일 수 있지만 발생되는 회전력이 작다. 또한 영구 자석형은 자기의 흡인력에 의해서 회전하지만 릴럭턴스형도 늘어진 자력선에 의해서 회전하며, 또한 영구 자석형은 로터의 자력선도 합세하기 때문에 릴럭턴스 형보다 큰 토크를 발생한다.

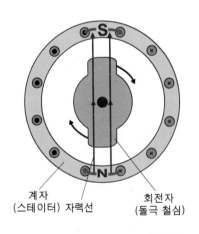
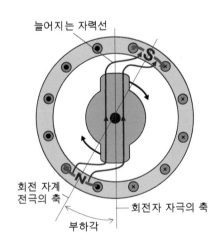

그림 릴럭턴스형 동기 모터

③ SPM형 회전자와 IPM형 회전자

영구자석형 동기 모터의 회전자(로터)에는 자석의 배치 방법에 따라서 표면 자석형 회전자와 매립자석형 회전자가 있으며, 표면 자석형을 SPM(Surface Permanent Magnet)형 회전자라고도 한다. 계자(스테이터)와 자석의 거리가 가깝기 때문에 자력을 유효하게 활용할 수 있고 토크가 크지만 고속회전 시에 원심력으로 자석이 벗겨져 떨어지거나 비산될 가능성이 있고 매립 자석형은 IPM(Interior Permanent Magnet)형 회전자라고도 하며, 고속회전 시의 위험성이 없지만 자력이 약하고 토크가 작다.

(a) SPM형 회전자　　　(b) IPM형 회전자

그림 SPM형 회전자와 IPM형 회전자

모터의 특징 비교

구분	BLDC	IPM	SPM
구조			
전류 파형			
장단점	저소음, 고효율/제작공정 특이 온도특성 불리/고출력 밀도화	BLDC 대비 저효율 Low Cost / 간단구조, 내구성	BLDC 대비 저효율 Low Cost / 간단구조 진동, 소음(토크리플)
토크 발생 특징	SPM; Magnetic IPM ; Magnetic + Reluctance	Slip	Reluctance 차이에 의한 회전 동작

표면 부착형 영구자석과 매입형 영구자석 동기 모터의 비교

구분	SPM 동기모터	IPM 동기모터	그림
돌극성	없음	존재	
정출력(약계자)	곤란	가능	
토크	전자기상호력	전자기상호력 + 릴럭턴스 토크	
용도	서보(정토크)	트랙션(정출력) or 서보(정토크)	
환경차량	불리	유리	

④ IPM형 복합 회전자

전기 자동차 및 하이브리드 자동차의 구동용 모터로 사용되며, 구조가 간단하고 강력한 희토류 자석에 의해 큰 토크가 발생되는 영구 자석형 동기 모터이다. 회전자(로터)는 IPM형 회전자를 채택하여 사용하는 경우가 늘어나고 있지만 토크의 면에서 SPM형 회전자보다 불리하며, 자석에 의한 토크와 릴럭턴스 토크도 발생할 수 있도록 철심에 돌극을 배치하는 회전자를 IPM형 복합 회전자라고 한다.

회전자의 위치에 따라서 릴럭턴스 토크가 역방향에도 발생할 수 있어 1회전 시에 발생하는 토크의 변동이 크지만 합계에서 얻는 복합 토크를 SPM형 보다 크게 할 수 있다.

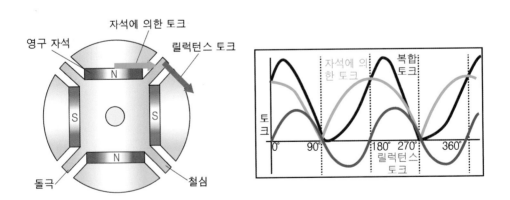

그림 IPM형 복합 회전자

13) 동작 원리에 따른 모터의 분류

① 유도형 모터(비동기 모터, Asynchronous motor)

교류 전동기에서 가장 많이 사용하는 모터이며, 계자(고정자)가 만드는 회전 자계에 의해 전기 전도체의 회전자에 유도 전류가 발생하면서 회전 토크가 발생하여 회전력을 발생시키는 모터이다.

회전 자계 내에 원통형 도체를 부착한 회전자를 배치하면 패러데이 법칙에 의하여 원통형 도체에 전기장이 유도되어 전류가 흐르면서 이 전류는 다시 자기장을 만든다. 더불어 회전자에 유도된 자기장은 계자의 회전하는 자기장을 따라가는 힘이 발생되므로 회전자는 이 힘에 의해서 회전한다. 만약, 회전자의 회전속도가 고정자의 회전 자계의 회전속도와 같게 되면 계자와 회전자 상호간의 상대속도는 0이 된다. 즉, 상대적으로 변화하지 않는 자기장에 놓인다. 패러데이 법칙에 의하여 변화하지 않는 자기장에서는 전기장이 생성되지 않으므로 결국 회전자의 회전력은 발생하지 않는다. 결국, 비동기 모터는 회전 자계와 동기가 맞지 않을 때에 힘이 발생하며, 전자기 유도(induction)의 원리를 이용한 모터 또는 유도 전동기(induction motor)라고도 하며, 유도 전동기는 사용 전원에 따라 3상 및 단상 유도 전동기로 나뉜다.

유도 모터는 회전자에 자계의 변화가 없으면 전자력이 발생하지 않으며, 모터는 회전자계의 회전속도(동기속도)보다 회전자의 회전속도가 약간 지연되면서 회전한다. 이와 같은 회전자의 회전속도 지연을 유도 모터의 슬립이라고 하며, 로터의 슬립은 0.3정도에서 최대 토크가 발생되는 모터가 많다. 유도 모터는 교류 전원에 연결하는 것만으로도 시동이 가능하지만 슬립이 많고 토크가 작으나 인버터로 주파수와 슬립각을 제어하여 시동시 토크를 크게 할 수 있으며 시동 이후에는 회전수 제어가 자유로운 특징이 있다.

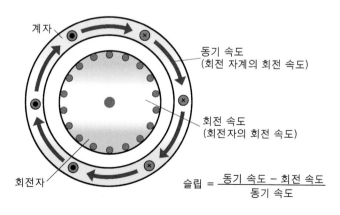

그림 회전자의 슬립

  3상 유도 전동기는 회전자의 구조에 따라 농형과 권선형으로 나뉘는데 예전에 농경사회
에서 사용하던 바구니 모양이란 뜻의 농형(squirrel cage rotor)이라한다.

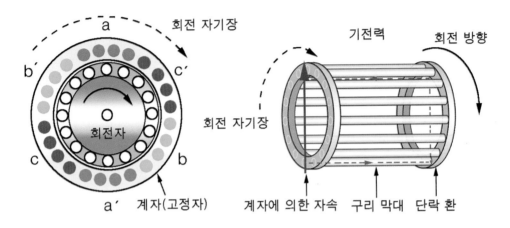

그림 농형 3상 유도 전동기

⊙ 단상 유도 전동기

  외부의 영구자석을 회전시키면 내부의 도체 원통은 전자 유도 작용으로 영구 자석의 회
전방향과 같은 방향으로 회전하는 현상을 이용하는 것이다. 영구자석 대신에 코일을 감고
교류 전원을 인가하면 자기장이 형성되면서 농형의 회전자가 회전하는 원리이며, 일정 방
향으로 기동 회전력을 주는 장치가 있다.

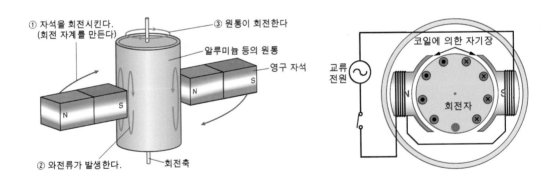

그림 단상 유도 전동기

② **동기형 모터(Synchronous motor)**

동기 모터의 회전자는 자성체이고 자성체를 만드는 방법은 영구자석을 이용하는 방법과 회전자에 코일을 감아서 직류를 흘리는 방법을 쓸 수도 있다. 회전자의 자계와 계자의 자력으로부터 회전력을 얻어내는 방식이며, 주변에서 흔히 보이는 대부분의 동기 모터들은 영구자석을 사용한다. 동기 모터는 직류 모터의 회전자와 고정자가 뒤바뀐 구조와 같다. 동기형 모터는 직류 모터에서 사용하는 브러시가 필요 없기 때문에 이를 브러시 없는 직류 모터(BLDC: Brushless DC motor)라고도 하며, 회

그림 **동기형 모터**

전자에 고정된 자계는 고정자의 회전자계를 따라 가려는 힘이 발생한다. 즉, 회전자계의 회전과 동기를 맞추어 회전자가 회전하게 되므로 동기 모터라고 부른다.

14) 브러시의 존재 여부에 따른 분류

① 직류 정류자 모터

자동차에서 구동용 이외에 사용되는 모터의 대부분은 직류 정류자 모터 Brushed DC motor이다.

㉠ 브러시 부착 직류 모터

직류 정류자 모터는 주로 계자에 영구자석을 사용하고 전기자에 브러시를 통하여 코일 권선에 전류를 공급하는 형식이며, 현재는 브러시리스 모터의 채택도 조금씩 늘어나면서 구별하기 위하여 브러시 부착 직류 모터 또는 브러시 부착 DC 모터라고 한다.

㉡ 영구 자석형 직류 정류자 모터

직류 정류자 모터가 회전하는 원리는 전기자의 코일에 전류가 흐르면 플레밍의 왼손법칙에 따라 전자석이 되면서 전자력이 발생되고 이어서 자기의 흡인력과 반발력에 의해서 회전한다. 그러나 그림과 같은 구조에서는 어느 경우에도 90°를 회전하면 정지하기 때문에 연속적으로 회전하기 위해서는 전류의 방향을 바꿔야 하며, 방향 전환을 위하여 사용되는 것이 정류자와 브러시로 기계적인 스위치의 일종이라고 할 수 있다.

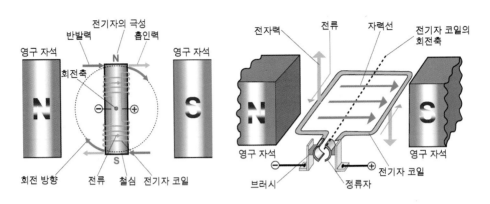

그림 모터의 회전 원리

　그림과 같은 모터라면 180°회전할 때마다 전류의 방향을 바꾸면 전기자가 연속해서 회전을 한다. 이러한 모터의 경우 정류자의 간격을 벌리고 전류가 끊기는 순간을 만들지 않으면 합선이 되며, 만약 간격의 위치에서 전기자가 정지하면 다시 시작할 수 없다. 그래서 실제의 모터에서는 그림과 같이 3개 이상의 코일이 사용된다.

- 전기자의 각 코일에 발생하는 자기의 흡인력과 반발력에 의해서 전기자가 회전한다. 코일　2와 코일 3은 브러시에 직렬로 연결되어 있다.
- 계자의 N극과 정면으로 마주하는 코일 2는 전류가 흐르지 않기 때문에 자력이 발생되지 않지만 코일 1의 흡인력과 코일 3의 반발력으로 회전을 계속한다.

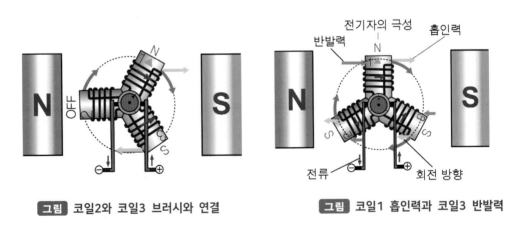

그림 코일2와 코일3 브러시와 연결　　　　**그림** 코일1 흡인력과 코일3 반발력

- 코일 1과 코일 2는 브러시에 직렬로 연결되어 각 코일에 전류가 흐르는 것으로 회전을 계속한다.
- 이후에도 계자의 자극과 정면으로 마주한 코일은 전류가 흐르는 흐르지 않지만 다른 코일의 흡인력과 반발력으로 계속 회전을 한다.

② 브러시리스 모터(BLDC 또는 BLAC 모터)

영구 자석형 직류 정류자 모터는 시동시의 토크가 크고 효율도 높으며, 제어하기 쉬운 특성이 있지만 정류자와 브러시에 취약점이 있다. 이 취약점을 해소한 모터가 브러시리스 모터(Blushless motor)이다.

㉠ 전자적 회로에 의해서 전류의 방향을 변환

직류 정류자 모터는 정류자와 브러시에 의하여 기계적으로 코일에 흐르는 전류의 방향을 변환하고 있지만 브러시리스 모터는 회전자의 위치에 따라 인가하는 전류를 조절하여 방향과 회전량을 변환한다. 브러시리스 모터는 브러시리스 DC 모터와 브러시리스 AC 모터로 나눌 수 있으며, 전기 자동차 및 하이브리드 자동차의 구동용 모터의 주류는 브러시리스 AC 모터라고 할 수 있다.

㉡ 브러시리스 모터의 회전 원리

그림은 아우터 로터형 BLDC 모터로서 코일이 3개인 직류 정류자 모터의 정류자와 브러시를 전자적인 회로로 대체한 것이다. 3개의 코일은 전기자이며, 밖에 설치된 영구자석으로 만들어진 계자는 회전하는 아우터 로터형이다. 전기자 각각의 코일에는 2개의 스위치가 있으며, 스위치(IGBT)가 차례로 ON, OFF됨으로써 전기자가 연속해서 회전을 한다.

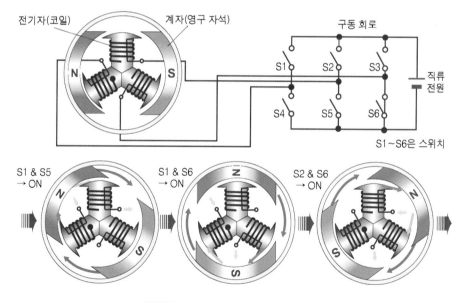

그림 브러시리스 모터의 회전 원리

브러시리스 모터의 구동 방법은 브러시리스 모터가 회전하는 원리에서 설명한바와 같이 전기자 코일이 3개, 계자의 자극이 2극인 브러시리스 모터의 경우 6개의 스위치가 사용되며, 각 스위치는 1회전하는 동안에 120°간격으로 ON이 된다.

이러한 구동 방식을 펄스파(pulse wave) 구동 또는 사각파(Square wave) 구동이라고 하며, 전류의 흐름이 120°간격으로 이루어지고 있다.

또한 사다리꼴 파형으로 구동을 하면 전류의 변화가 완만하고 모터의 진동과 소음을 억제할 수 있으며, 사인파 구동을 하면 회전이 더욱 원활하게 되지만 제어하기 위한 회로가 그만큼 복잡해지게 된다.

AC 전류 구동방식인 사인파 전류는 교류에 가깝고 사인파 구동을 하는 브러시리스 모터를 브러시리스 AC 모터라고 하며, 제어하는 회로는 인버터가 일반적이고 인버터를 통하여 직류 전원을 변환한 교류를 이용하여 구동하고 있다.

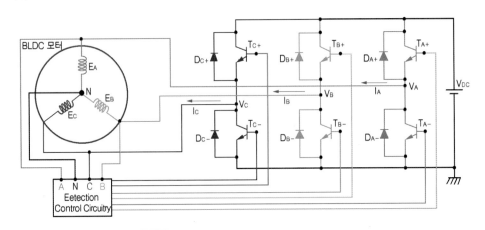

그림 브러시리스 DC 모터의 스위치 동작

15) 브러시 모터와 브러시리스 동기 모터

브러시리스 모터가 회전하는 원리는 영구자석의 회전자와 인버터에 의한 고정계자의 회전자계를 이용하는 모터를 동기형 브러시 리스 모터라고 한다.

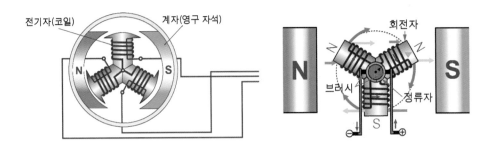

그림 브러시 모터와 브러시 리스 모터

16) 직류 직권 모터

권선형 직류 정류자 모터의 경우 전기자 코일과 계자 코일에 전류가 흐르도록 하여야 하며, 전기자 코일과 계자 코일을 직렬로 접속하는 방법으로 직류 직권 모터는 기동 회전력이 큰 특성이 있어 엔진 시동 장치의 스타터 모터에 사용된다.

그러나 직권식은 소음이 발생하기 쉽고 브러시를 교환하여야 한다. 또한 브러시와 정류자 사이에서는 전류의 흐름을 단속 때문에 고전압이 발

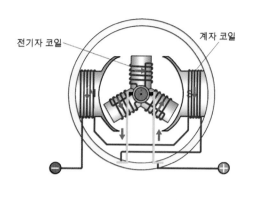

그림 직류 직권 모터

생하고 불꽃 방전에 의해 브러시의 손상 또는 유도기전력에 의해 코일이 손상될 수도 있다.

17) 모터와 동력전달 장치

모터의 출력 토크는 회전 초기부터 최대 토크를 유지할 수 있는 특성상 변속기가 필요 없으며, 엔진의 회전을 전달 또는 차단하는 클러치도 필요 없게 된다. 그러나 일반 자동차의 경우에는 엔진 회전수가 낮을 때는 출력 토크가 낮고, 회전수가 높아짐에 따라 큰 토크를 발생하므로 출발 또는 가속시에 변속기의 도움이 필요하다. 또한 모터는 엔진과 같이 아이들링의 필요가 없으므로 간단한 조작, 즉 가속 페달을 밟으면 스위치가 ON되고, 이후 가속 페달의 밟는량에 따라 전류량을 조절한다.

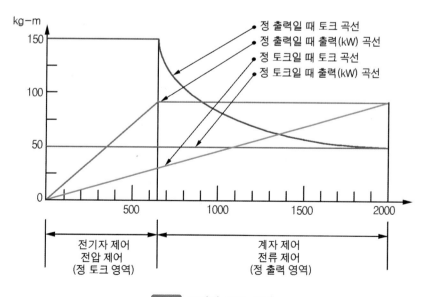

그림 모터의 토크 곡선

① 동기 모터의 주파수 제어

모터는 정격 회전수 보다 높아지면 리액턴스에 의해 흐르는 전류량이 작아지면서 토크가 작아지지만 모터가 회전을 시작할 경우에는 토크가 크므로 구동 모터에 적합하다. 또한 동기 모터에 공급되는 전류 주파수를 인버터로 제어할 경우 최대 토크 및 정격출력을 어느 정도의 회전수까지 유지할 수 있는 특성이 있으므로 변속기 없이 구동하는 자동차에 적합하다.

② 동기 모터의 특성

모터는 고온에서 연속하여 사용하면 발열에 의해 코일이 손상되는 경우가 존재 할 수 있으므로 온도, 기계적 강도, 진동 및 효율 측면에서 모터는 적정 한계 회전수를 설정하고 있다. 이에 따라 최대 토크는 모터에 흐를 수 있는 정격 전류로 결정되며, 회전수가 높아지면 출력은 상승하지만 열의 발생이 많아지기 때문에 출력을 제어한다. 전기 자동차 등의 경우 모터에 공급되는 전원은 고전압 배터리에 축전된 에너지의 출력에 한계가 있어 그 이상의 전력을 방출할 수 없는 문제점과 모터의 토크 곡선 그림에서와 같이 고회전 수에서는 급격히 회전력이 떨어지는 특성이 있다.

③ 구동 장치

인휠 모터를 구동 바퀴에 설치하여 자동차 운행에 필요한 구동력을 직접 전달하여도 되지만, 모터의 높은 회전영역과 출력을 감안하여 자동차는 감속기를 사용하며 또한 커브길 주행을 위한 차동기어 장치와 구동 바퀴에 회전을 전달하는 구동축을 갖춘 구동장치를 사용한다. 그러나 모터는 인버터에 의해 3상 코일의 여자 순번을 바꾸면 회전방향을 정방향과 역방향으로 변환시킬 수 있으므로 전후진의 변환 기구는 필요하지 않다.

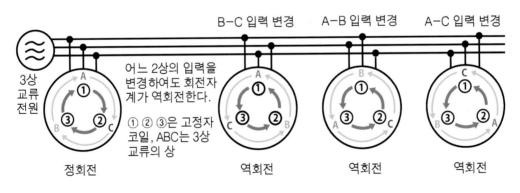

그림 모터의 정회전과 역회전

④ 모터의 효율과 손실

모터는 엔진에 비하면 효율이 높으며, 영구자석형 동기 모터는 효율이 95%에 이르지만 고온과 고 회전수에서는 효율이 저하하는 성질이 있으므로 냉각 설계가 중요하다. 냉각 장치는 공기의 흐름에 의해서 냉각하는 공랭식과 모터 내부의 액체 냉각액을 통해서 냉각하는 수랭식이 있으며, 모터뿐만 아니라 배터리 및 전자제어 장치에 냉각 장치를 설치하여 열적 특성을 관리하여야 한다.

모터 냉각 장치

배터리 냉각 장치   컨트롤 유닛 냉각 장치

그림 모터 구동에 관련된 냉각 장치

6 EV Power Train의 구조

EV 파워트레인은 모터에서 타이어까지 회전력(torque)을 전달하는 기구를 구동장치라고 하며, 전기 자동차의 구동장치는 클러치와 변속기가 없기 때문에 매우 간단하며, 가장 심플한 방식은 구동 모터를 휠에 장착한 인휠 모터 방식이라고 한다. 한편 대부분의 전기 자동차는 내연기관 자동차와 비슷하게 모터의 회전력을 종감속 기어 및 차동 장치를 거쳐 좌우의 휠에 전달하는 파워트레인을 구성하고 있다.

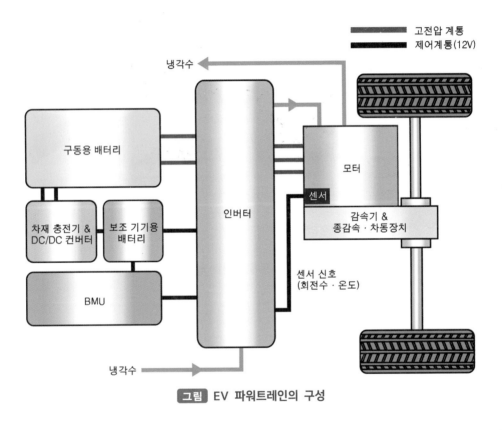

그림 EV 파워트레인의 구성

일반적인 내연기관 자동차의 경우 엔진-변속기-종감속 및 차동장치-휠의 순으로 동력전달이 이루어지며 하이브리드 자동차의 경우 엔진과 모터-인버터-변속기-종감속 및 차동장치-휠의 순으로 동력이 전달되는 복잡한 구조를 가진다. 그러나 전기 자동차의 경우 저/중속 모터의 우수한 토크성능 및 특성으로 인하여 모터-인버터-차동장치-휠 순의 간단한 동력전달 계통구조를 가지게 된다. 내연기관 자동차에서는 변속비에 따라 변속하면서 가속하지만 전기 자동차의 감속기는 후진과 중립을 위해서 장착되었으며, 모터 특성상 저속회전에서 고속회전까지 안정적으로 회전력을 계속 출력할 수 있는 특징을 나타내고 있다.

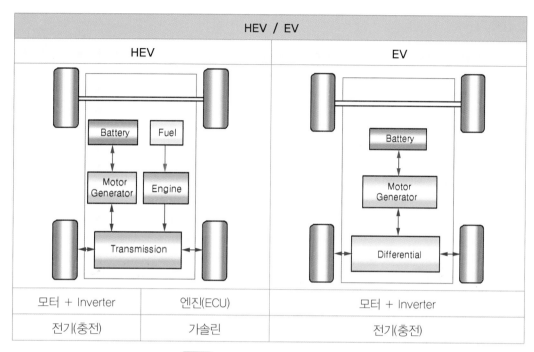

HEV / EV		
HEV		EV
모터 + Inverter	엔진(ECU)	모터 + Inverter
전기(충전)	가솔린	전기(충전)

그림 HEV/EV 파워트레인 비교

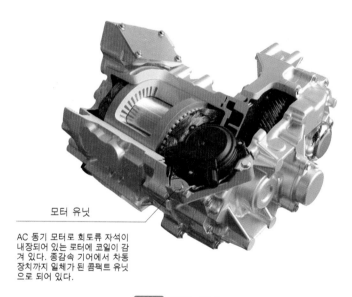

모터 유닛

AC 동기 모터로 회토류 자석이
내장되어 있는 로터에 코일이 감
겨 있다. 종감속 기어에서 차동
장치까지 일체가 된 콤팩트 유닛
으로 되어 있다.

그림 모터 유닛

1) 감속기

전기 자동차용 감속기는 일반 차량의 변속기와 같은 역할을 하지만 여러 단이 있는 변속기와는 달리 모터의 동력을 일정한 감속비로 감속하여 자동차 차축으로 전달하는 역할을 하며, 감속기라고 부른다. 이와 같은 감속장치는 모터의 고 회전 저 토크를 적절히 감속하여 토크를 증대시키는 역할을 하며 감속기 내부에는 파킹 기어를 포함하여 4~5개의 기어가 있고 수동변속기 오일을 사용하며, 오일은 무교환을 원칙으로 하나 가혹 운전시 매 120,000km 마다 점검 및 교환하는 구조를 가지고 있다.

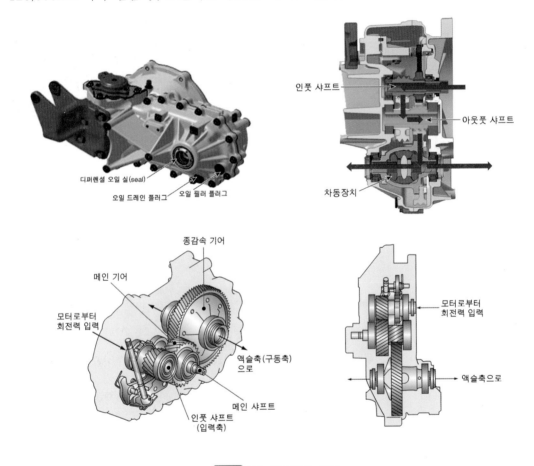

그림 EV 감속기의 구조

① 감속기의 구성

감속기의 주요 기능으로는 모터의 동력을 받아 기어비 만큼 감속하여 출력축(휠)으로 동력을 전달하는 토크 증대의 기능과 차량 선회시 양쪽 휠에 회전속도를 조절하는 차동 기능, 차량 정지 상태에서 기계적으로 구동 계통에 동력전달을 단속하는 파킹 기능 등을 가지고 있다.

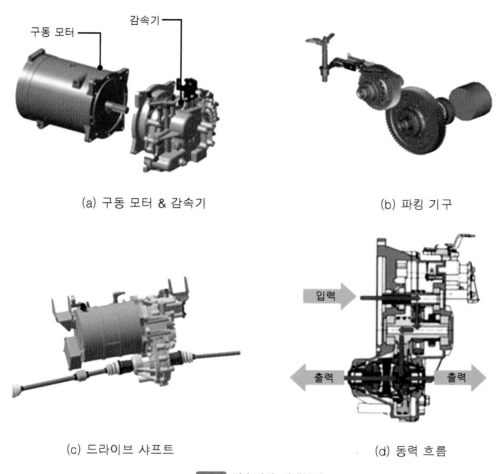

(a) 구동 모터 & 감속기

(b) 파킹 기구

입력

출력

출력

(c) 드라이브 샤프트

(d) 동력 흐름

그림 감속기의 어셈블리

② 감속기 컨트롤 시스템

전자식 감속기 컨트롤 시스템은 SBW(Shift By Wire) 타입으로 버튼 조작을 통해 차량의 변속으로 주행·주차 시 변속 편의성을 향상시키고 D·R 위치에서 시동 OFF시 자동 P위치 체결, D·R 위치에서 주행 중 도어 열림시 P단 체결 등의 안전 로직 적용으로 차량 안전성을 증대시키는 제어시스템을 가지고 있다. 또한 N위치에서 시동 OFF 이후 3분 이내 도어 열림시 자동 P위치 체결로 안전성을 확보(N위치에서 시동 OFF 이후 3분 초과 하면 계속 N위치 유지)하고 있으며 기계식 변속레버 대비 크기 축소로 콘솔 공간의 활용성 및 디자인 자유도를 증대할 수 있는 구조를 가지고 있다.

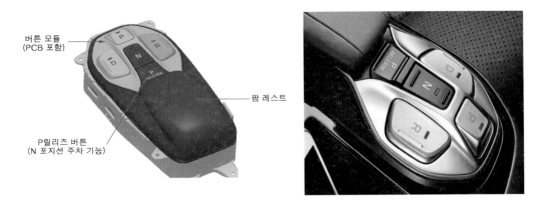

그림 전자식 감속기 컨트롤 버튼

7 회생 제동 브레이크 시스템

차량의 감속, 제동 시 발생되는 운동에너지를 전기에너지로 변화시켜 배터리에 충전하는 것을 회생 제동이라고 하며, 회생 제동량은 차량의 속도, 배터리의 충전량 등에 의해서 결정되고 가속 및 감속이 반복되는 시가지 주행시 큰 연비 향상의 효과가 가능하다. 전기 자동차의 브레이크 컨트롤러는 액셀러레이터 페달에서 발을 떼고 브레이크 페달을 밟아서 감속시킬 때에는 회생에 의해 이루어진 감속과 브레이크 디스크와 패드의 마찰에 의한 감속을 동시에 실행한다. 즉, 제동시 전기 자동차의 구동 모터 코일에서 발생되는 리액턴스는 로터의 회전을 방해하는 저항으로 작용하면서 제동 효과가 발생한다. 더불어 제동 시에 발전기의 역할을 행하면서 전기를 발생시키는 작용을 하며, 발전량을 증가시키면 강한 감속효과가 얻어진다.

또한 전기 자동차에서 유압제동력은 회생제동력과 협조제어가 이루어진다. 제동력의 배분은 유압 제동을 제어함으로써 배분되고 전체 제동력(유압+회생)은 운전자가 요구하는 제동력이 되며 고장 등의 이유로 회생 제동이 되지 않으면 운전자가 요구하는 전체 제동력은 유압 브레이크 시스템에 의해 공급된다.

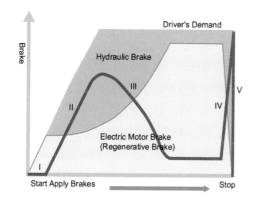

		Driver's Demand = Friction Brake + Electric Brake
I	Electric Brake	Driver's Demand = Electric Brake
II		Pressure Increase
III	Blended Brake	Pressure Decrease
IV		Fast Pressure Increase
V	Friction Brake	Driver's Demand = Friction Brake

그림 회생 제동 협조 제어

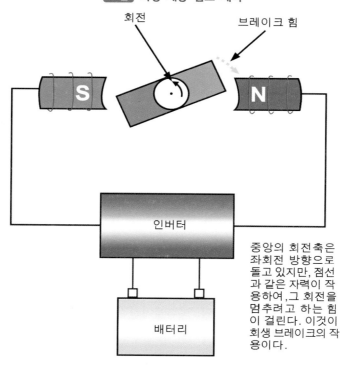

중앙의 회전축은 좌회전 방향으로 돌고 있지만, 점선과 같은 자력이 작용하여, 그 회전을 멈추려고 하는 힘이 걸린다. 이것이 회생 브레이크의 작용이다.

그림 회생 브레이크가 작용하는 구조

1) AHB (Active Hydraulic Booster)

AHB 시스템의 구성 부품으로 크게 고압 소스 유닛(PSU; Pressure Source Unit), 통합 브레이크 액추에이션 유닛(IBAU; Intergrated Brake Actuation Unit)으로 구성되어 있다.

첫 번째로 고압 소스 유닛(PSU)은 제동에 필요한 유압을 생성하는 역할을 한다. 진공 부스터 사양에서 운전자가 브레이크 페달을 밟았을 때 진공에 의하여 배력되는 것과 마찬가지로 마스터 실린더에 증압된 유압을 공급함으로써 전체 브레이크 라인에 압력을 공급한다.

두 번째로 통합 브레이크 액추에이션 유닛(IBAU)은 고압 소스 유닛(PSU)에서 발생된 압력을 바퀴의 캘리퍼에 전달하는 역할을 한다. 또한 브레이크 페달과 연결되어 운전자의 제동 요구량 및 제동 느낌을 생성하며, 기존의 VDC 기능인 ABS, TCS, ESC 등을 수행한다.

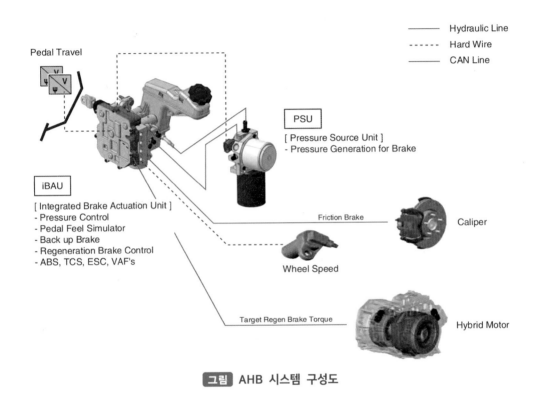

그림 AHB 시스템 구성도

고압 소스 유닛(PSU)과 통합 브레이크 액추에이션 유닛(IBAU) 사이에는 180bar에 이르는 상시 고압이 형성되어 있으며 Apply Mode에서 운전자가 브레이크 페달을 밟으면 IN 밸브가 열리면서 PSU에서 형성된 고압의 브레이크 압력이 통합 브레이크 액추에이션 유닛(IBAU)에 의해 캘리퍼까지 전달되어 제동력을 발생한다. 또한 제동력은 페달 스트로크 센서에서 측정된 운전자의 제동 의지를 IBAU가 연산하여 결정하게 되며 Release Mode에서 운전자가 브레이크 페달을 해제하면 OUT 밸브는 열리고 IN 밸브는 닫히게 되면서 유압은 Reservoir로 되돌아간다. 이때 CUT 밸브는 ON상태가 되어 Master Cylinder로 유압의 역류를 막는다. 만일 고압 소스 유닛(PSU)이나 통합 브레이크 액추에이션 유닛(IBAU)이 고장이 나면 IN 밸브와 OUT 밸브가 모두 닫히고 CUT 밸브도 OFF 상태가 되면서 운전자가 페달을 밟는 답력으로만 브레이크의 제동력이 형성된다.

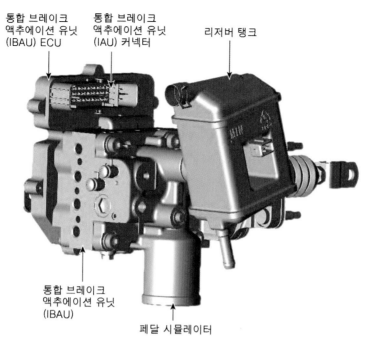

통합 브레이크
액추에이션 유닛
(IBAU) ECU

통합 브레이크
액추에이션 유닛
(IAU) 커넥터

리저버 탱크

통합 브레이크
액추에이션 유닛
(IBAU)

페달 시뮬레이터

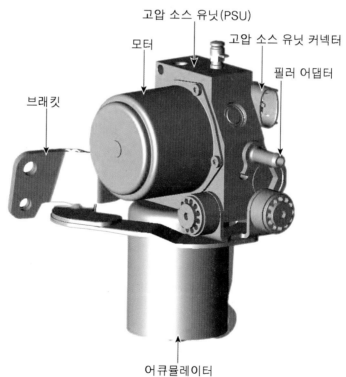

고압 소스 유닛(PSU)

모터

고압 소스 유닛 커넥터

필러 어댑터

브래킷

어큐뮬레이터

그림 브레이크 액추에이션 유닛과 하이드롤릭 파워 유닛

8 EV 공조시스템

전기구동 자동차의 경우 기존 내연기관 자동차와는 달리 차량의 구동원으로 순수 전기 에너지에만 의존하기 때문에 공조시스템의 경우도 기존과는 완전히 다른 전기에너지를 사용하는 시스템으로 개발되어야 한다. 차실내에 냉방과 난방을 제공하여 승객에게 쾌적성을 제공하는 공조시스템은 기존 내연기관을 사용하는 경우, 냉각수를 이용하여 차실내를 난방하거나, 내연기관의 동력을 이용하여 압축기를 구동하는 기계식 난방시스템이 주를 이루고 있었다. 전기자동차는 내연엔진에 비해 방출되는 열의 양은 적지만 전기자동차의 모터, 인버터, 배터리도 냉방과 난방을 필요로 한다. 전기자동차는 내연엔진의 히터 대신 PTC(Positive Temperature Coefficient)히터, 히트펌프, 전기히터로 난방을 하게 된다. 전기자동차에는 구동모터, 인버터, 배터리 충전기, 고전압 배터리 및 PCU(Power Control Unit) 등의 고용량 전장기기들로 구성되어 있으며 이러한 전장기기들의 사용은 전기구동 자동차의 주행 시간 및 주행 능력과 밀접한 연관 관계를 맺는다. 따라서 배터리 및 구동모터를 포함한 고전압 핵심부품들의 효율적인 열관리 기술은 전기구동 자동차에서 해결해야 하는 중요한 과제이다.

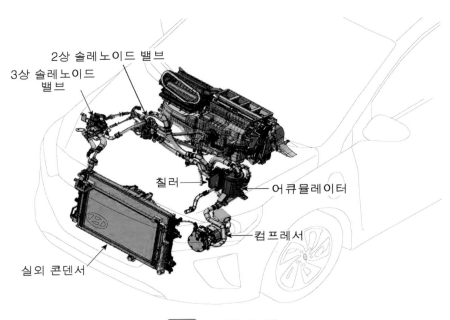

그림 EV 공조시스템

① 히트펌프

히트펌프는 공기를 열원으로 하는 매우 효과적인 난방 기술로서 난방열량은 공기로 부터 흡수하는 열량과 배터리에서 공급되는 전기 에너지를 합한 값이 된다. 냉방운전에서는 외부 열교환기와 내부 열교환기는 응축기 역할을 하고 실내 증발기에서 공기를 냉각시키는데 내부 댐퍼에 의해 실내로 유입되는 공기가 실내 응축기를 통과하지 못하도록 하고 있다. 따라서 최대한 증발기 능력이 반영되어 차량내의 냉방이 가능하도록 하며 이때 외부 열교환기 앞의 전자식 팽창밸브는 완전 개방된다.

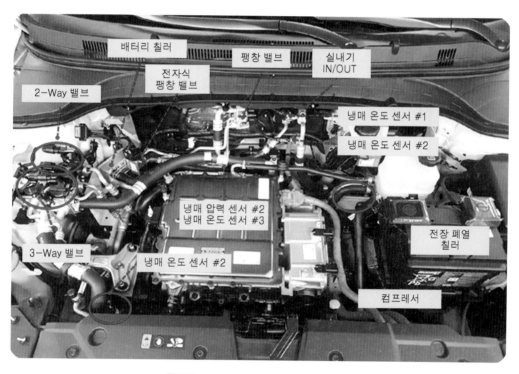

그림 히트 펌프 시스템의 부품 위치

난방운전 에서는 실내 증발기는 사용하지 않고 외부 열교환기와 내부 열교환기가 사용되는데 이때 외부 열교환기는 증발기로, 내부 열교환기는 응축기로 사용되고 내부 댐퍼는 실내 유입 공기가 내부 열교환기를 통과하도록 개폐된다. 외부 열교환기 앞의 전자 팽창밸브는 완전 개방이 아닌 개도 조절을 하여 팽창하도록 한다. 제습운전에서 내부 열교환기는 응축기 역할을 하고, 외부 열교환기는 내부 열교환 기의 응축열량 조절을 위한 열교환기로 작용한다. 이에 따라 냉매는 외부 열교환기 앞 단의 팽창밸브에 의해 적절히 팽창하도록 하고 후단의 팽창밸브에 의해 한번 더 팽창하여 실내 증발기로 유입된다. 실내 댐퍼에 의해 유입되는 공기가 실내 증발기와 내부 열교환기를 통과하도록 하여 제습 및 가열이 되도록 한다. 외부 열교환기 앞단의 팽창정도에 따라 그 역할이 바뀌는데 팽창 후의 냉매 온도가 외기 온도보다 높을 경우 응축기 역할, 낮을 경우 증발기 역할을 하게 되어 난방용량 또는 냉방 용량을 조절할 수 있게 된다.

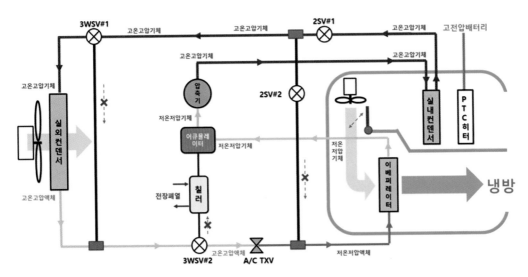

그림 EV 냉방시스템 구성도

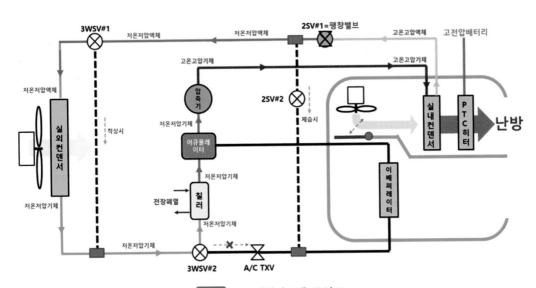

그림 EV 난방시스템 구성도

564

② 전동식 압축기

전동식 압축기는 고전압 배터리 전력을 이용하여 차량의 냉매를 압축하는 장치로 현재 하이브리드 및 전기자동차의 냉난방 시스템에 적용되고 있다. 특히 기존 내연기관의 압축기와 비교하여볼 때 저속 및 정체 구간에서 냉방효율이 저하되지 않으며 탑재자유도가 증가하고 외기조건에 따른 최적제어를 통하여 차량의 에너지 효율을 향상 시킬수 있다. 또한 제어부와 모터부, 압축부를 일체화하여 소형 집적화가 가능한 특징을 가진다.

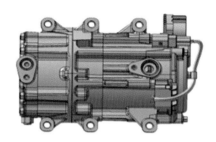

그림 기계식 압축기와 전동식 압축기

이와 같은 전동식 압축기는 압축부, 모터부, 제어부로 분류되며 압축부는 구동 Shaft가 편심된 Drive Bushing에 동력을 전달하고 선회 Scroll이 편심 선회운동을 하여 고정 Scroll과 순차적으로 냉매를 압축 후, 고정스크롤 중앙부에 위치한 토출구로 고압의 냉매를 토출하는 구조를 가진다. 압축부는 고정/선회스크롤, 자전방지기구, Bushing 등으로 구성되어 있다. 모터부는 Stator에 생성된 자기장과 Rotor의 영구자석 자기장 사이에 발생하는 Torque를 이용하여 Shaft에 회전동력을 전달하는 BLDC 모터를 적용하고 있으며 Stator, Rotor, Insulator, Magnet 등으로 구성된다. 마지막으로 제어부는 차량에서 인가된 직류전원을 요구되는 가변전압 및 가변주파수의 전원으로 변환시켜 모터의 회전 속도를 제어하는 장치로 PCB, 고전압 Capacitor, Switching 소자 등으로 구성되어 있다.

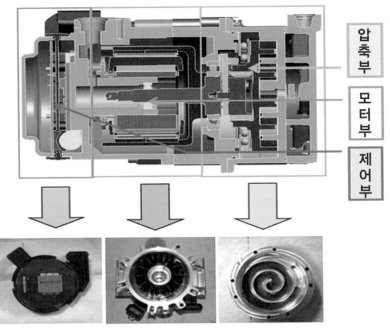

압축부

모터부

제어부

그림 전동식 압축기의 구조

③ 실내콘덴서

실내콘덴서는 차실내 공조업셈블리에 장착되며 전동식 압축기로부터 압축된 고온고압의 기체냉매를 통과시키는 역할을 한다. 특히 전기 자동차의 난방 시스템에서 고온고압의 기체 냉매로인한 열원을 확보하여 차실내 난방시스템으로 활용하며 PTC 히터와 공용으로 적용된다.

④ 에어컨 프레셔 트랜스듀서

에어컨 프레셔 트랜스듀서(압력센서)는 쿨링 팬을 고속 및 저속으로 구동시켜 압력 상승을 방지하고, 엔진룸의 에어컨 고압라인의 압력을 측정하여, 냉매 압력이 너무 높거나 낮으면 컴프레서의 작동을 단속하여 에어컨 시스템을 최적화하여 보호하는 장치이다.

⑤ 이베퍼레이터 온도 센서

이베퍼레이터 온도센서는 이베퍼레이터 코어의 온도를 감지하여 이베퍼레이터의 결빙을 방지할 목적으로 이베퍼레이터에 장착된다. 센서 내부는 부특성 서미스터가 장착되어 있어 온도가 낮아지면 저항값은 높아지고 온도가 높아지면 저항값은 낮아진다.

⑥ **실내 온도 센서**

실내 온도 센서는 히터 & 에어컨 컨트롤 유닛 내에 장착되어 있으며 실내 온도를 감지하여 , 토출 온도제어, 센서 보정, 믹스 도어 제어, 블로어 모터 속도제어, 에어컨 오토 제어, 난방 기동 제어 등에 이용된다. 실내의 공기를 흡입하여 온도를 감지하여 저항치를 변화시키면 그에 상응한 전압치가 자동온도 조절 모듈에 전달된다.

⑦ **포토 센서**

포토센서는 디프로스트 노즐 중앙에 위치해 있고 일광 센서는 포토 센서와 오토 라이트 센서의 기능을 합친 복합 센서이며, 광기전성 다이오드를 내장하고 있다. 일사량 감지 발광은 빛이 받아 들여지는 부분에 나타나며 발광의 양에 비례하며 전기력이 발생되고 이 전기력이 자동온도 조절 모듈에 전달되어 풍량 및 토출 온도를 보상한다.

⑧ **외기 온도 센서**

콘덴서 전방부에 장착되어 있으며 외기 온도를 감지한다. 온도가 올라가면 저항값이 내려가고 온도가 내려가면 저항값이 올라가는 부특성 서미스터 타입이다. 토출 온도제어, 센서 보정, 온도 조절 도어 제어, 블로어 모터 속도제어, 믹스 모드 제어, 차내 습도 제어 등에 이용된다.

9 차량내 통신 (IVN; In Vehicle Network)

1) 통신

통신은 인류의 발생과 함께 시작되었으며, 인간이 사회를 형성하고 생활해 나가기 위해서는 개인 대 개인, 사회 대 사회 사이의 의사소통은 절대적인 필수요건이다. 만일 그 상대가 근접해 있을 때에는 몸짓이나 언어로 의사가 통하지만 양자의 거리가 멀어짐에 따라 말이나 몸짓으로 통할 수 없게 되기 때문에 타인을 통하거나 빛·연기·소리 등을 통하여 의사를 전하였다.

통신이란, 말 그대로 어떠한 정보를 전달하는 것이라고 할 수 있으며, 일상생활에서 통신이란 단어를 많이 사용하고 통신을 할 수 있는 도구를 많이 사용한다. 예를 들면 집이나 사무실에서 사용하는 전화기, 휴대폰, 인터넷 등이 있다.

자동차의 기술이 발달하면서 성능 및 안전에 대한 소비자들의 요구는 안전하고 편안한 차량을 요 구하고, 이에 대응하기 위해 자동차는 많은 ECU와 편의 장치가 적용되며, 그에 따른 배선 및 부 품들이 갈수록 많이 장착되고 있는 반면에 그에 따른 고장도 많이 나고 있다. 특히 전장품들이 상 당수 추가 되면 배선도 같이 추가되어야 되고 그러면 고장이 일어날 수 있는 부위도 그만큼 많아 진다는 것이다. 이러한 문제를 조금이나마 줄이기 위해서 각각의 ECU에 통신을 적용하여 정보를 서로 공유하는 것이 주된 이유이다.

2) 자동차에 통신 적용 시 장점

① 배선의 경량화

모듈간 통신선을 통하여 제어를 하는 ECU들간의 통신으로 배선이 줄어든다.

② 전기장치의 설치장소 확보용이

전장품의 가장 가까운 ECU에서 전장품을 제어한다.

③ 시스템의 신뢰성 향상

배선이 줄어들면서 그만큼 사용하는 커넥터 수의 감소 및 접속점이 감소하여 고장률이 낮고 정확한 정보를 송수신할 수 있다.

④ 진단 장비를 이용한 자동차 정비

통신 단자를 이용하여 각 ECU의 자기진단 및 센서 출력값을 진단 장비를 이용하여 알 수 있어 정비성이 향상 된다.

3) 배선 유무에 따른 통신의 구분

① 유선 통신

유선 통신이란 송·수신 양자가 전선로로 연결되고, 전선에 의하여 신호가 전달되는 전기 통신을 총칭한다. 대표적인 것은 전신·전화인 데, 하나의 송신에 대하여 다수의 수신을 원칙으로 하는 무선 통신과는 달리 1:1의 통신이 원칙인 것이 유선 통신방식이다. 우리가 사용하는 대부분의 통신방식이 여기에 해당되며, 이 장에서 학습하고자 하는 자동차 통신을 말하며, 전화기, 팩스, 인터넷, 자동차 ECU 통신 등이 해당된다.

그림 유선통신

② **무선 통신**

무선 통신은 정보를 전달하는 방식이 통신선이 없이 주파수를 이용하는 것을 말하며 무전기, 휴대폰, 자동차 리모컨 등이 해당된다.

그림 무선 통신

4) 정보 공유

정보를 공유한다는 것은 각 ECU들이 필요한 정보를 받고 다른 ECU들이 필요로 하는 정보를 제공함으로써 알아야 할 정보를 유선을 통해 서로에게 보내주는 것이다. 우리가 사용하는 인터넷과 같이 어떠한 정보를 찾아가기 위해 우리는 컴퓨터에 검색 프로그램을 실행하고 검색 창에 원하는 단어나 문구를 쓰면 컴퓨터는 인터넷에 연결된 모든 컴퓨터에서 검색창에 쓰여진 단어나 문구와 유사한 내용을 사용자에게 알려준다. 자동차에 장착된 ECU들은 서로의 정보를 네트워크에 공유하고 자기에게 필요한 데이터를 받아서 이용한다.

5) 네트워크 및 프로토콜

네트워크라는 단어를 살펴보면 Net+Work이다 Net는 본래 뜻이'그물'이고 Work는'작업'이므로 그대로 직역한다면'그물일'이 될 것이다. 네트워크는 정확히 말하면 'Computer Networking'으로서 컴퓨터를 이용한'그물작업'이 될 것이다. 즉 네트워크는 컴퓨터들이 어떤 연결을 통해 컴퓨터의 자원을 공유하는 것을 네트워크라 할 수 있으며 이와 같은 통신을 위해 ECU 상호간에 정해둔 통신 규칙을 통신 프로토콜(Protocol)이라 한다.

6) 자동차 전기장치에 적용된 통신의 분류

통신의 분류

구분	데이터 전송방식			전송 형식		전송 방향		
	직렬	병렬	직병렬	동기	비동기	단방향	반이중	양방향
MUX			○		○	○		○
CAN		○		○	○			○
LAN		○		○	○	○		○
LIN	○				○	○		
참고	PWM 시리얼				BUS 통신			

7) 직렬 통신과 병렬 통신

데이터를 전송하는 방법에는 여러 개의 Data bit를 동시에 전송하는 병렬 통신과 한 번에 한 bit 식 전송하는 직렬 통신으로 나눌 수 있다.

통신의 구분

구분	병렬 통신	직렬 통신
기능	여러 개의 data 전송 라인이 존재하며, 다수의 bit가 한 번에 전송이 되는 방식	한 개의 data 전송용 라인이 존재하며, 한 번에 한 bit씩 전송되는 방식
장점	전송 속도가 직렬 통신에 비해 빠르며 컴퓨터와 주변장치 사이의 data 전송에 효과적	구현하기 쉽고 가격이 싸며, 거리의 제약이 병렬 통신보다 적다
단점	거리가 멀어지면 전송 설로의 비용이 증가한다	전송속도가 느리다
사용 예	MUX통신, CAN통신, LAN통신	PWM, 시리얼 통신

① 직렬 통신

컴퓨터와 컴퓨터 또는 컴퓨터와 주변 장치 사이에 비트 흐름(bit stream)을 전송하는 데 사용되는 통신을 직렬통신이라 한다. 통신 용어로 직렬은 순차적으로 데이터를 송, 수신한다는 의미이다. 일반적으로 데이터를 주고받는 통신은 직렬 통신이 많이 사용된다. 예를 들면, 데이터를 1bit씩 분해해서 1조(2개의 선)의 전선으로 직렬로 보내고 받는다.

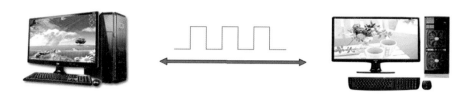

그림 직렬 통신(전기자동차 이론과 실무 p.74)

② 병렬 통신

병렬 통신은 보내고자 하는 신호(또는 문자)를 몇 개의 회로로 나누어서 동시에 전송하게 되므로 자료 전송시 신속을 기할 수 있으나 회선 및 단말기 등의 설치비용은 직렬 통신에 비해서 많이 소요된다.

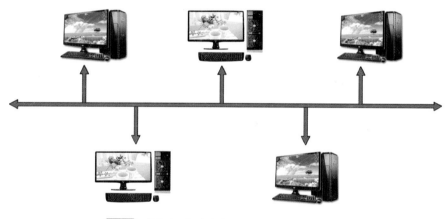

그림 병렬 통신(전기자동차 이론과 실무 p.74)

8) 단방향과 양방향 통신

통신방식에는 통신선 상에 전송되는 data가 어느 방향으로 전송이 되고 있는가에 따라서 아래와 같이 구분할 수 있다.

단방향과 양방향 통신

분류	내용	사용 예
단방향 통신	정보의 흐름이 한 방향으로 일정하게 전달되는 통신방식	라디오, 텔레비전
반이중 통신	정보의 흐름을 교환함으로써 양방향통신을 할 수는 있지만 동시에는 양방향통신을 할 수 없다.	워키토키(무전기)
시리얼 통신	1선으로 단방향과 양방향 모두 통신할 수 있다.	자동차 자기진단 단자
양방향 통신	정보의 흐름이 동시에 양방향으로 전달되는 통신방식이다.	전화기

① **단방향 통신(LAN ; Local Area Network)**

운전석 도어 모듈과 BCM은 서로 양방향 통신을 하면서 서로에게 자기의 정보를 출력하고 실행한다. 그러나 동승석 도어 모듈과는 단방향으로 통신을 하며, 동승석 도어 모듈은 운전석 도어 모듈의 DATA만 수신할 뿐 자기의 정보를 출력하지는 않는다.

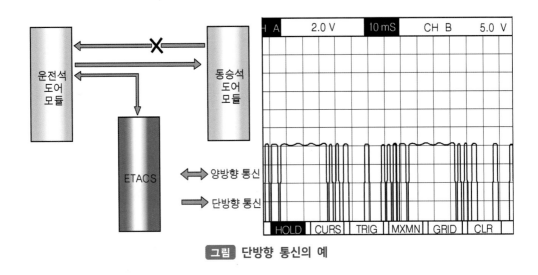

그림 단방향 통신의 예

② **LIN 통신(Local Interconnect Network)**

LIN 통신이란 근거리에 있는 컴퓨터들끼리 연결시키는 통신망이며, 단방향 통신의 한 종류이다.

③ **양방향 통신(CAN, Controller Area Network)**

양방향 통신은 ECU들이 서로의 정보를 주고받는 통신 방법으로 2선을 이용하는 통신이며 CAN 통신은 ECU들 간의 디지털 신호를 제공하기 위해 1988년 Bosch와 Intel에서 개발된 차량용 통신 시스템이다. CAN은 열악한 환경이나 고온, 충격이나 진동 노이즈가 많은 환경에서도 잘 견디기 때문에 차량에 적용이 되고 있다. 또한 다중 채널식 통신법이기 때문에 Unit간의 배선을 대폭 줄일 수 있다.

9) CAN 통신 (Controller Area Network)

CAN BUS 라인은 전압 레벨이 낮은 Low 라인과 높은 High 라인으로 구성되어 전압 레벨의 변화 신호로 데이터를 송신한다. 또한 CAN 통신은 통신 속도에 따라 High speed CAN과 Low speed CAN으로 구분한다.

① High speed CAN

High speed CAN은 CAN-H와 CAN-L 두 배선 모두 2.5V의 기준 전압이 걸려 있는 상태를 열성(로직1)이라 하며, 데이터 전송 시에는 하이 라인은 3.5V로 상승하고 로우 라인은 1.5V로 하강하여 두 선간의 전압 차이가 2V이상 발생했을 때를 우성(로직0)이라 한다. 고속 캔 통신은 데이터를 전송하는 속도(약 125Kbit ~ 1 Mbit)가 매우 빠르고 정확하다.

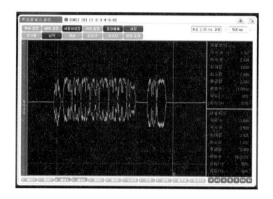 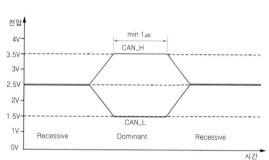

그림 고속 CAN 통신 파형

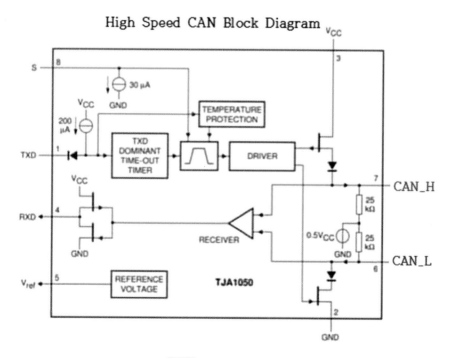

그림 고속 캔 ECU회로

② Low speed CAN

저속 캔 통신의 BUS line A는 0V(ECU내부 차동 증폭기 1.75V)의 전압이 걸려 있는 열성(로직1) 상황에서 데이터가 전송되는 우성(로직0)이 되면 약 3.5V(ECU 내부 차동 증폭기 4V)의 전압으로 상승하고 CAN BUS line B는 5V(ECU 내부 차동 증폭기 3.25V)의 전압이 걸려 있는 열성 상황에서 데이터가 전송되는 우성이 되면 약 1.5V(ECU 내부 차동 증폭기 1V)의 전압으로 하강한다. 이와 같이 CAN BUS A 및 B 라인은 X축의 같은 시점에서 전압이 변화한다.

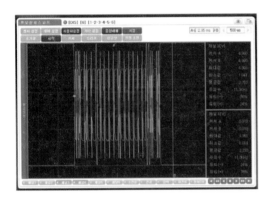 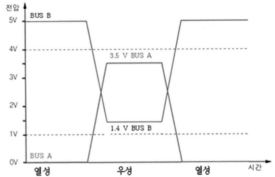

그림 저속 CAN 통신 파형

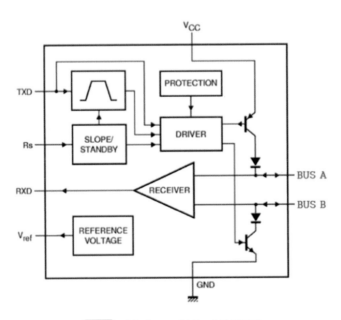

그림 저속캔 ECU블록 다이어그램

574

10) 고속 CAN 라인의 저항

고속 CAN 통신 라인에서 전송되는 "1" 또는 "0"의 신호는 통신 라인의 끝단에서 전송량과 전압 신호가 변조되는 경우가 발생할 수 있으므로 신호전압의 안정화를 위하여 캔 라인의 끝단에 설치하는 저항을 종단(터미네이션) 저항이라고 한다.

그림과 같이 ECU1과 ECU2 및 ECU3을 통신 라인에 병렬로 연결되어 있으며, 캔 통신 라인 끝부분인 종단에 120Ω의 종단 저항이 설치되어 있다.

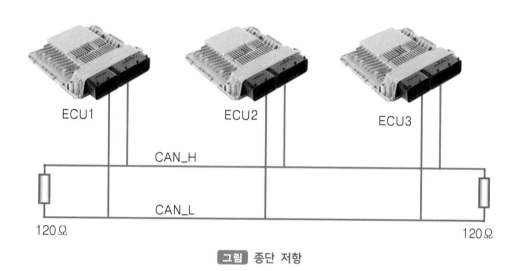

그림 종단 저항

10 EV 미래 신기술 동향

최근 출시되는 전기차의 경우, 완충 주행거리가 300마일(약 482km)에 이르며, 1 회 충전 평균 주행거리는 190마일(약 305km) 수준으로 전기차 업계는 차체 재설계를 통한 배터리 탑재 추가공간 확보, 배터리 고에너지 확보를 위한 양극활 물질에 니켈(Ni) 함량 상향/음극 활 물질에는 실리콘(Si) 비율 상향, 안정적이고 에너지 밀도가 높은 차세대 배터리 연구 등의 관점으로 개발이 이루어지고 있다.

배터리의 경우, 실내공간 확보를 위한 부피감소 기술, 안전성을 높이기 위해 충격 에 강한 셀 설계기술, 차세대 전지로서 양극과 음극 사이의 전해질을 고체로 대체 한 전 고체전지 개발기술 등이 주요 핵심 기술로 주목받고 있다.

또한 전기차 충전은 고출력에 의한 충전시간 단축을 목표로 하나, 고속충전은 배터리 수명을 열화시킬 수 있으므로 전자기유도방식, 자기공명방식 등의 무선 충전 기술을 통한 운전자 편의성 및 배터리 신뢰성 향상에 초점을 맞춰 연구개발이 이루어지고 있으며 무선충전 방식에는 고정충전 방식(Static Charging)과 특정 구간에 정차 시 충전되는 세미-다이나믹 충전 방식(Semi-Dynamic), 도로에 충전시설을 내장해 주행 중 충전하는 다이나믹 방식(Dynamic) 등이 주로 개발되고 있다.

1) 고효율 배터리 분야

① 전고체전지

전고체 전지(All-Solid State Battery)는 전지의 주요 구성요소(양극재, 음극재, 전 해질, 분리막)가 모두 고체로 되어있는 이차전지 형태(Platform)를 말한다. 전고체 전지와 기존 리튬이차전지의 작동원리는 같지만, 기존 리튬이온전지의 액체 또는 젤(Gel) 상태의 전해질은 온도에 따라 동파·기화·팽창하거나, 외부 충격으로 전해질이 누출될 시 화재·폭발 발생 위험이 있는 가연성 액체로 구성되어 안전성 문제가 대두되고 있었다. 이에 대하여 전고체 전지는 전해질을 고체전해질로 바꾸어 온도변화와 외부 충격에 따른 화재·폭발 위험이 현저히 감소하는 장점이 있다. 또한 전고체 전지는 온도변화와 외부 충격 등에 대비한 안전장치 및 분리막이 필요 없으므로 동일한 크기로 원가절감과 고용량 구현이 가능하고 화재위험이 없으므로 배터리 팩 공간의 30% 이상을 차지하는 냉각장치가 제거된 공간에 추가적으로 배터리 셀을 채워 넣어 에너지밀도 증대 측면에서도 유리한 특징이 있다.

리튬이차전지 및 전고체 리튬이차전지 비교

구분	리튬이차전지	전고체 리튬이차전지
양극재	고체(리튬, 니켈, 망간, 코발트 등)	고체(리튬, 니켈, 망간, 코발트 등)
음극재	고체(흑연, 실리콘 등)	고체(리튬금속)
전해질	액체(용매+리튬염+첨가제)	고체(황화물, 산화물, 폴리머)
분리막	고체 필름	필요 없음
그림		

전고체 리튬이차전지의 특징	
구분	주요 내용
특징	• 폭발 및 화재 가능성이 낮아 안전성이 우수 • 냉각장치가 불필요해 전지의 크기가 줄어들어 소형화가 용기 • 액체 전해질을 사용하지 않으므로 고온에서도 내부 압력 발생이 없어 안정 • 고체 전해질 사용 시 액체 전해질에 비해 부반응(Side Effect)이 적어 수명 향상 • 음극에 리튬금속을 사용해 에너지 밀도 향상 가능

② **리튬공기전지**

리튬공기전지는 불용성 반응물(리튬 과산화물) 생성으로 인한 낮은 수명 특성 개선 및 리튬금속 음 극 사용의 안전성 확보를 위한 기초원천 연구 중심으로 기술개발이 진행되고 있다. 공기 중의 산소와 리튬이온이 반응하는 양극은 촉매제로서의 기능을 수행하기에 높은 비표면적의 다공성 구조로 설계되며, 탄소재료 및 비탄소재료(금속·금속산화물 등)로 구분되고 전해질의 경우 유기계, 수계, 하이브리드(유기계+수계) 형태로 사용되며, 성능 및 안전성 개선을 위한 첨가제 연구와 더불어 고체 전해질 관련 연구도 진행되고 있다.

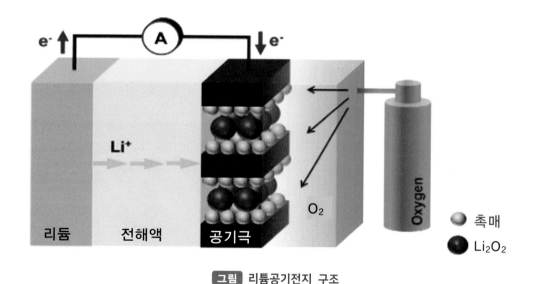

그림 리튬공기전지 구조

③ 플렉서블전지

물리적 변형 시의 전극 균열·박리를 방지할 수 있도록 재료 및 구조 관점에서 유연성을 극대화하기 위한 연구가 진행되고 있으며 기존 금속 기반의 집전체 및 전극 재료를 유연성 탄소 소재로 대체한 3차원 구조를 개발하여 리튬이온전지 및 차세대 전지 등에 적용하려고 하고 있으며 기계적 변형에 따라 발생하는 응력을 보다 쉽게 상쇄할 수 있는 새로운 구조(지그재그 패턴 도입, 일차원 케이블 구조 등)의 플렉서블전지 연구에 집중하고 있다.

그림 플렉서블전지

④ 프린터블전지

프린팅 방식에 최적화된 유변학적(Rheological) 특성을 가지도록 잉크를 설계·개 발하는 것이 핵심 기술이며 2차원 프린팅 기법으로는 스텐실, 분무, 철판인쇄, 잉크젯 등이 있으며, 주로 2차원의 평판형 집전체 위에 양극, 전해질, 음극을 순차적으로 인쇄하는 것이 특징이다. 3D 프린팅에는 높은 점도의 슬러리나 고체상의 필라멘트 잉크가 사용되며, 가교 혹은 소성 공정을 통해 프린팅 이후에도 입체적인 구조를 유지하는 특징이 있다.

그림 프린터블전지

⑤ 레독스흐름전지

리튬이온전지 대비 낮은 에너지 밀도를 감안하여 가격에서 비교 우위를 점하기 위한 소재 및 공정개선 연구 중심으로 기술개발이 이루어지고 있으며 산화·환원 반응성 향상을 위한 촉매, 바나듐 이온 투과 선택성이 높은 분리막 개발과 더불어 바나듐 전해액 생산 및 전극 전처리 효율화를 위한 공정개선 중심기술을 개발하고 있다. 또한 브롬(Br)과 아연

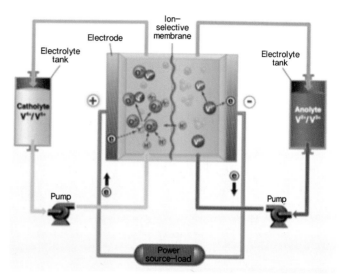

그림 바나듐 계 레독스 전지의 구조

(Zn)의 반응 속도 불균형으로 발생하는 농도 분극 현상과 아연금속 음극의 수지상(Dendrite) 성장을 억제할 수 있는 전해질 첨가제 역시 활발하게 연구하고 있다.

⑥ 소듐이온전지

소듐이온은 리튬이온 대비 직경이 큰 탓에 전기화학 반응시 삽입/탈리가 용이하도록 양극 및 음극 활물질을 설계 및 개발하는 것이 핵심기술이며 소듐이온전지는 리튬이온전지에 비해 에너지 밀도가 낮고 안전성 및 성능의 신뢰성이 충분히 검증되지 않은 상황이나, 수급의 안정성 및 저가인 장점을 기반으로 연구개발이 확대되는 추세이다. 소듐(Sodium, Na) 이온의 삽입/탈리 반응에 최적화된 새로운 구조(층상구조, 금속산화물 코팅 등)의 양극 활물질 합성기술과 소듐이온의 삽입/탈리가 용이한 탄소계 음극 및 합금/전환 반응기반 물질의 나노 구조화 기술을 중심으로 연구하고 있다.

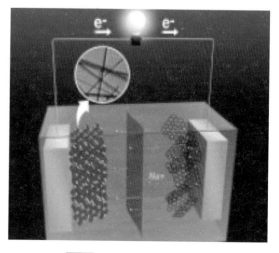

그림 나트륨이온전지의 원리

⑦ 아연공기전지

양극은 산소의 산화·환원 반응을 동시에 수행하는 양기능성 촉매 개발에, 음극 및 전해질 분야는 수지상 억제와 자가 방전 개선을 위한 연구에 집중하고 있으며 알칼리성 전해질 분위기에서 산소환원반응(ORR)과 산소발생반응(OER)을 동시에 수행할 수 있는 양기능성(Bi-functional) 촉매가 양극 소재의 핵심기술이고 아연금속의 불규칙적 수지상(Dendrite) 성장을 억제하기 위

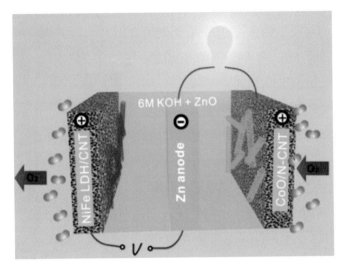

그림 아연공기전지의 원리

해 아연금속 표면에 보호층을 적용하는 것이 음극소재 핵심기술이다. 또한 전해질은 아연금속 음극의 안전성 확보와 더불어 자가 방전을 개선할 수 있는 전 해질 및 이의 첨가제 개발에 집중하고 있으며 특수 목적(전력공급이 열악한 환경, 비상용, 군용 등)으로 상용화되어 있으나 향후 레저 산업 등으로 확대될 전망이다.

2) 충전 시스템 분야

① 초고속 충전기(Hyper Charger, HPC)

전기차 개발 동향이 고용량·고전압 배터리 탑재로 전환되고 있으며, 이에 따른 충전기 용량도 350kW 이상의 초고속 충전기에 대한 설치 및 수요가 증가하는 추세이다.

특히 유럽이 선도적으로 초고속 충전기에 필수적인 고출력 커넥터·충전 케이블 및 고전압 범위에서 충전이 가능한 파워컨버터(전력변환부)에 대한 개발을 진행하고 있으며, 핵심 부품인 전력변환부의 고전압·고출력(1,000V, 400A) 및 고효율화 (96%)를 개발하고, 이에 따른 고출력 커넥터·케이블 및 냉각기 등에 대한 개발을 진행중에 있다. 전력변환부는 고전압(1,000V)뿐만 아니라 기존 보급된 저전압(500V 이내) EV에 대한 충전에도 안정적인 충전효율이 나오게 하는 부분이 가장 큰 핵심 기술이며, 이외에도 충전효율을 더 높이고 사이즈를 줄이기 위한 기술 개발이 충전기 제조사 를 통해 진행되고 있다. 또한 고전압·고

전류 충전시 고온의 열이 발생 되어 커넥터·케이블의 사이즈가 커질수 밖에 없는데, 이에 따라 200kW 충전용량만으로도 일반 커넥터·케이블(1.8m 기준)의 무게는 한 사람이 들 수 있는 무게 한계치(23kg)를 초과한 약 30kg이 되어 350kW 이상에는 적용할 수 없는 문제가 있다. 이에 대하여 냉각시스템이 탑재된 커넥터· 케이블을 개발했는데, 냉각시스템을 적용할 경우 냉각효율이 높아져 350kW 충전 용량에서도 약 23kg 정도로 무게가 유지되어 사용자 편의성이 확보된 충전 인프라 구축을 구현하였다. 이와 같은 초고속 충전 방식의 경우 콤보(CCS1)와 차데모(CHAdeMO) 타입을 혼용해서 설치중이며, 초고속 충전기의 경우 콤보타입의 충전 방식을 채택하고 있다.

② **무선충전(무선전력전송) 방식**

무선충전기술은 크게 자기공진방식, 자기유도방식, 전자기파방식 등 세가지 방식으으로 나눌 수 있으나, 자기공진방식은 자기유도방식에 비해 10m 이내의 비교적 먼 거리에서도 충전이 가능하고 효율도 떨어지지 않아서 전기차 충전으로 주목받고 있는 기술이다.

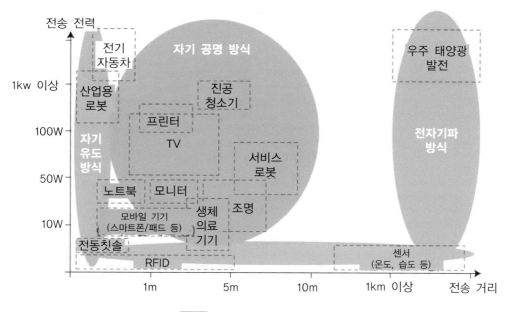

그림 무선전력전송 응용 분야

3) 전력변환 시스템

차량 전장화 및 친환경화에 따라 제어기를 갖는 다수의 전장품과 고전압 시스템의 장착이 확대되고, 이에 따라 각종 전장부품에 전력을 공급하기 위한 다양한 전력변환 시스템이 자동차 산업에도 적용되기 시작하고 있다. 전력변환 시스템은 다양한 산업분야에서 전기에너지 활용을 위한 핵심적인 요소로 활용되고 있으며, 최근 자동차산업에서도 전기에너지 기반의 HEV나 EV에서 그 활용도가 높아지고 있는 추세이다.

전력변환 시스템은 차량 내 제한된 공간에 장착해야 하기 때문에, SiC, GaN 등의 WBG 반도체 소자를 활용한 전력변환 시스템의 소형 경량화 및 고전력 밀도화를 중심으로 발전하고 있다. 고효율 및 방열특성이 우수한 WBG 소자 적용을 통해 차량 연비에 영향을 미치는 전력변환 시스템의 중량을 경감하고 보다 소형화시킴으로써 차량 장착성을 향상시키고 있으며 냉각효율 자체를 향상시키거나 수냉식 방열구조를 통해 방열부가 차지하는 크기와 중량을 감소시키는 기술을 구현하고 있다.

 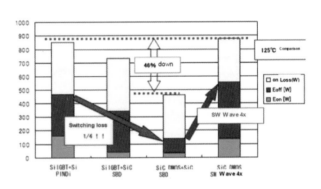

그림 SiC 기반 인버터 장점

전력변환 시스템의 효율개선을 위해 ZVS(Zero voltage switching), ZCS(Zero current switching) 등의 소프트스위칭 (Soft switching)기법을 적용하고 보다 효율성이 높은 토폴로지(Topology)를 적용하는 등의 회로 설계 기술이 지속적으로 연구되고 있으며 발열특성 개선 및 소형화를 위해 SiC나 GaN 등의 소재를 사용한 반도체 소자의 사용이 확대되고 있고 스위칭 주파수를 상승시켜 수동소자의 크기를 줄이기 위한 접근방법도 활발하게 연구되고 있다.

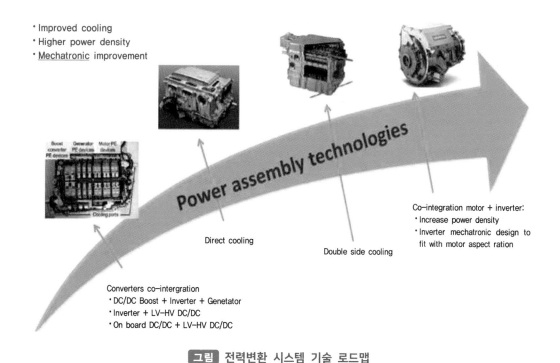

- Improved cooling
- Higher power density
- Mechatronic improvement

Power assembly technologies

Direct cooling

Double side cooling

Boost converter PE devices | Generator PE devices | Motor PE devices

Cooling ports

Co-integration motor + inverter:
- Increase power density
- Inverter mechatronic design to fit with motor aspect ration

Converters co-intergration
- DC/DC Boost + Inverter + Genetator
- Inverter + LV-HV DC/DC
- On board DC/DC + LV-HV DC/DC

그림 전력변환 시스템 기술 로드맵

또한 xEV는 수많은 전장품이 존재함에 따라 와이어 하네스의 복잡성은 점진적으로 증가하고 있기 때문에 이를 간략화하면서 안정적인 동작을 확보할 수 있는 인터페이스 기술에 대해 관심이 높아지고 있다. 따라서 차량 내 시스템의 복잡성 해소, 와이어 하네스 감소, 유지보수의 용이성, 장착 공간의 확보, 냉각구조 공유 등의 다양한 목적 달성을 위해, 점차적으로 전력변환 시스템은 타 시스템과 혹은 전력변환 시스템 간 일체화된 구조로 개발되고 있는 추세이다. xEV의 핵심 전력변환 시스템인 인버터, DC-DC 컨버터(HDC, LDC)가 일체형으로 구성되거나, LDC와 탑재형 충전기(OBC)가 일체형으로 구성되며 구동 모터용 인버터는 모터의 수냉 구조 공유 및 와이어링 저감 등이 가능토록, 인버터 일체형 모터 구조로 개발이 추진되기도 하며, 인버터 구조를 이용한 충전회로 구성도 가능하다.

4X Cost Reduction
35% Size Reduction
40% Weight Reduction
40% Loss Reduction

2012 Electric Drive System
$30/kW, 1.1 kW/kg, 2.6 kW/L
90% system efficiency

55kW SYSTEM COST OF $1650
Today's electric drive systems use discrete components, silicon semiconductors, and rare earth motor magnets.

2022 Electric Drive System
$8/kW, 1.4 kW/kg, 4.0 kW/L
94% system efficiency

55kW SYSTEM COST OF $440
Future systems may meet these performance targets through advancements such as fully integrating motors and electronics, wide bandgap semiconductors, and non-rare earth motors.

그림 xEV용 인버터 일체형 모터시스템의 개선효과

4) 전기 구동시스템

현재 EV에 적용되고 있는 구동용 모터는 효율, 출력 등 성능과 경량화 측면에서 유리한 매입형 영구자석 동기모터(IPMSM)가 주를 이루고 있으며, 탈 희토류 및 가격 경쟁력 측면에서 강점을 가지는 유도모터(IM), 권선형 동기모터(WFSM)가 차량에 적용되고 있다. 이러한 전기 구동시스템의 효율과 성능을 향상시키기 위한 세부 기술 동향은 다음과 같다.

① 헤어핀(Hairpin) 권선 적용 기술

헤어핀 권선방식이란 평각동선과 같은 사각동선을 헤어핀 모양으로 성형하여 슬롯에 삽입 후 단자부를 용접하는 권선방법으로 기존 환선(원형코일) 대비 높은 점적률 실현을 통해 모터 효율 개선이 가능한 모터제조 기술이다.

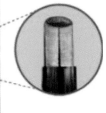

그림 헤어핀 권선 구조기술

② 치 집중 권선법 (Concentrated Winding)

집중권은 치(teeth) 1개에 권선을 감는 방법으로 권선을 여러 개의 치에 분산시켜 감는 분포권 대비 엔드코일 길이를 감소시켜 모터 동손 저감이 가능하고 분할코어 제작방식에 적용될 경우 권선 와인딩 과정에서 점적율을 높일 수 있어 동손 저감에 더욱 효과적으로 활용된다.

그림 분포권과 집중권

③ 동 다이캐스팅 기술

기존 알루미늄 또는 구리를 이용한 농형 유도전동기는 Fabrication 방식으로 제작되며 Fabrication 방식은 회전자 슬롯의 점적률이 낮아져 손실이 커지는 단점을 가진다. 따라서 동 다이캐스팅을 이용한 유도전동기는 기존 알루미늄 Bar구조 대비 동손 저감을 통해 효율 측면에서 장점을 가지며, 동일 효율도 개발할 경우 사이즈 측면에서 기존 대비 약 15% 이상의 사이즈 감소가 가능할 것으로 예상된다.

④ 영구자석 형상(Shape, Layer)

xEV용 구동모터는 고속운전영역에서의 고조파에 의한 철손이 증가되므로 공극 자속의 고조파 성분 저감이 모터의 고효율화에 필수적이며 기존의 Bar형 영구자석 구조 외에 V자형 또는 A자형의 영구자석 형상 채택을 통해 고조파 성분을 감소시켜 철손 저감이 가능하다.

⑤ 영구자석 분할(Separation, Split, Step)

전도성을 갖고 있는 영구자석 표면에서의 와전류손은 모터의 고속운전 시 철손 증가시킨다. 이러한 와전류손은 영구자석 분할 배치를 통해 저감이 가능하며 분할은 Stack방향 분할과 Radial방향 분할로 구분되고, 영구자석 와전류손은 영구자석 1분할당 1/4배 감소된다.

⑥ **전자기적 다단기어 적용 기술**

  도로 주행시 고빈도 운전영역은 시내주행 시의 저중속 가속영역과 고속도로 주행시의 고속 크루징 영역으로 구분된다. 따라서 다단형 기어를 이용하여 고빈도 운전영역의 두 부하점으로 고효율 운전점을 이동시키는 것이 필요하다. 2단 이상 기계식 감속기어는 고효율 운전이 가능하나 기계적인 손실 증가와 구조가 복잡하므로, 전기적·자기적 다단기어 적용을 통해 xEV 주행 효율 향상이 가능하다.

그림 인기어 및 인기어 장착 파워트레인

⑦ **다단 변속 및 인휠 적용 기술**

  전기자동차는 주행거리 향상 및 추가적인 가격 저감의 노력이 필요하다. 2025년에는 대부분의 전기자동차가 다양한 방식의 2단 이상 변속기를 장착하고 배터리 용량의 증대로 인해 3단 변속기도 부분적으로 적용될 것으로 예측된다. 아울러 변속기, 디퍼렌셜 등을 제거하고 인휠(In-Wheel)모터를 삽입한 직접구동(Wheel Hub Drive)기술이 각광 받을 것으로 예측된다.

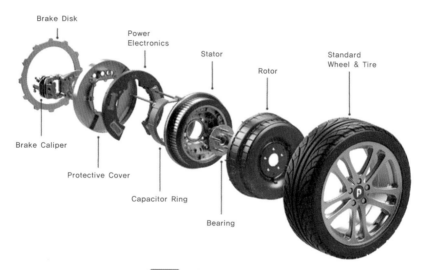

그림 인휠모터 시스템

⑧ 모터 회전자 경량화

모터의 출력밀도 증대를 위해서는 부피당 출력 또는 무게당 출력의 증대가 필요하며 회전자 경량화는 관성 감소와 모터의 응답성 향상과 함께 재료 사용량을 줄여 모터의 원가 절감도 가능하다.

⑨ 모터 냉각성능 개선 기술

모터 출력밀도는 냉각성능 개선을 통해 증대가 가능하며 기존 차량 구동 모터의 경우, 고정자 외피부에 냉각부가 위치하여 고정자 권선을 냉각시키는 구조였으나 최근에는 모터 출력밀도는 더욱 향상시키기 위해 고정자 엔드코일을 직접적으로 냉각하는 방법과 중공형 회전자를 이용해 직접 회전자를 냉각하는 등의 새로운 냉각구조가 개발 및 적용되고 있다.

냉각방식	공랭식	수냉식	유냉식(또는 혼합방식)
대표사례	[Zytec, 25kW]	[Nissan Leaf, 60kW]	[Nissan, 136kW] [Zytec, 170kW]
특징	• 20kW 이내 소형 전기구동 시스템에 사용 • 구조가 간단, 가격이 저렴 • 열전달 성능↓ • 스테이터와 로터 직접 냉각 • 미세입자 필터 기술 필요	• 출력 20~100kW 이내 대부분 전기구동 시스템에 적용되고 있음 • 열전달 성능↑ • 스테이터 직접 냉각, 로터 냉각 한계 • Magnet의 Hot Spot 방지 • 누수방지 기술 필요	• 20kW이내 소형 전기구동시스템 또는 Personal Mobility 구동모터에 유냉식 적용 • 열전달 성능↑ • 스테이터와 로터 직접 냉각 • 감속기 윤활오일 활용 가능 • Magnet의 Hot Spot 방지 • 오일 온도 및 흐름 제어 시술 필요

⑩ **차량용 SR 모터**

  기존 스위치드 릴럭턴스 모터(SR모터)는 팬 또는 블로워와 같은 소형모터에 적용되었으나 최근 급격히 상승된 희토류 가격 문제를 해결하기 위해 스위치드 릴럭턴스 모터를 차량 구동모터로 적용하고자 하는 연구개발이 진행 중에 있다.

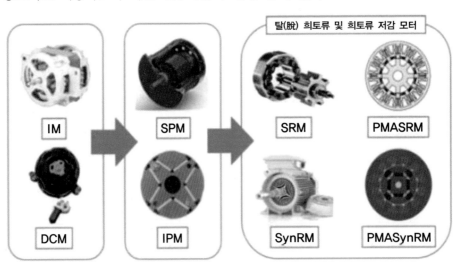

그림 자동차 구동용 전동기의 개발 방향

⑪ 중희토류 저감 기술

디스프로슘(Dy)는 네오디뮴 영구자석 보자력 향상을 위한 첨가하는 원소로 고온 성능이 중요한 차량 구동모터용 영구자석에 Dy 원소의 함량이 높다. 네오디뮴 영구자석에 함유된 Dy 원소는 2011년 kg당 500달러 이하에서 2012년 kg당 3000달러 이상으로 대폭 상승하였고, 네오디뮴(Nd) 원소 대비 10배 이상 고가로 네오디뮴 영구자석 가격변동에 주원인으로 주목받고 있다.

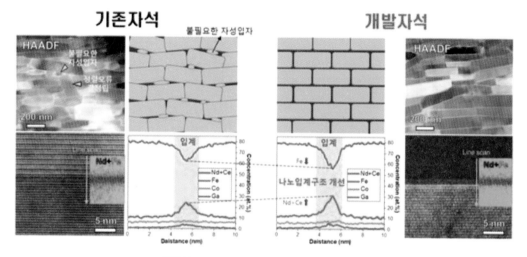

그림 희토류 저감형 영구자석 소재 기술

⑫ 차세대 Dy-free 영구자석 재료 기술

사마리움-철-질소 영구자석은 네오디뮴 영구자석에 준하는 높은 자석 특성을 가지는 재료로 Dy 원소를 사용하지 않는 고성능 자석재료로서 각광 받고 있으며, 일본 산업기술 종합연구소(AIST)는 Sm-Fe-N계 영구자석 분말을 소결하는 방법을 개발하고 있다.

● 집필진

함성훈　대림대학교 미래자동차학부 교수
이정호　대림대학교 미래자동차학부 교수
국창호　대림대학교 미래자동차학부 교수

xEV시리즈 **1**

차세대 미래자동차 공학

초판 발행 | 2022년 1월 10일
제1판2쇄발행 | 2024년 1월 10일

지 은 이 | 함성훈 · 이정호 · 국창호
발 행 인 | 김길현
발 행 처 | (주)골든벨
등 　 록 | 제 1987—000018 호　ⓒ 2022 Golden Bell
I S B N | 979-11-5806-553-9
가 　 격 | 25,000원

이 책을 만든 사람들

교 정 및 교 열 | 이상호
제 작 진 행 | 최병석
오 프 마 케 팅 | 우병춘, 이대권, 이강연
회 계 관 리 | 김경아

편 집 · 디 자 인 | 조경미, 박은경, 권정숙
웹 매 니 지 먼 트 | 안재명, 서수진, 김경희
공 급 관 리 | 오민석, 정복순, 김봉식

⊕ 04316 서울특별시 용산구 원효로 245(원효로1가 53-1) 골든벨빌딩 5~6F
● TEL : 도서 주문 및 발송 02-713-4135 / 회계 경리 02-713-4137
　　　　내용 관련 문의 02-713-7452 / 해외 오퍼 및 광고 02-713-7453
● FAX : 02-718-5510　　● http : // www.gbbook.co.kr　　● E-mail : 7134135@ naver.com